全国环境监察培训系列教材

环境行政处罚

环境保护部环境监察局　编

中国环境科学出版社·北京

图书在版编目（CIP）数据

环境行政处罚/环境保护部环境监察局编. —北京：中国环境科学出版社，2012.4（2012. 12 重印）
全国环境监察培训系列教材
ISBN 978-7-5111-0899-9

Ⅰ. ①环… Ⅱ. ①环… Ⅲ. ①环境保护法：行政处罚法—中国—技术培训—教材 Ⅳ. ①D922.68

中国版本图书馆 CIP 数据核字（2012）第 021260 号

责任编辑 黄晓燕
文字编辑 侯华华
责任校对 唐丽虹
封面设计 玄石至上

出版发行 中国环境科学出版社
（100062 北京东城区广渠门内大街 16 号）
网 址：http://www.cesp.com.cn
电子邮箱：bjgl@cesp.com.cn
联系电话：010-67112765（编辑管理部）
010-67112735（环评与监察图书出版中心）
发行热线：010-67125803，010-67113405（传真）
印装质量热线：010-67113404
印 刷 北京市联华印刷厂
经 销 各地新华书店
版 次 2012 年 4 月第 1 版
印 次 2012 年 12 月第 3 次印刷
开 本 787×1092 1/16
印 张 29.75
字 数 600 千字
定 价 80.00 元

本书编审委员会

主　　编　刘定慧　赵　柯

副 主 编　宋海鸥　刘　湘　李　铮

编写人员　戴秋香　毛应淮　曹晓凡　宫银海

杜　卫　韩小铮　姚宝军　王仲旭

序

目前，我国经济进入了工业化、城镇化快速发展的关键时期，传统发展方式带来的经济社会发展与人口资源环境压力加大的矛盾日益凸显。党中央、国务院高度重视我国环境保护监督管理水平的提高，国务院发布的《关于加强环境保护重点工作的意见》（国发[2011]35号）明确指出应强化环境执法监管，并提出完善督查体制机制，加强国家环境监察职能。这为我们全面做好“十二五”环保工作、积极探索中国环保新道路、大力提高生态文明建设水平指明了方向。

周生贤部长指出，环境执法监督是环保部门的立局之本。加强环境执法监督，是全面贯彻落实科学发展观、推动环保历史性转变的有效手段，是维护群众环境权益、保障和改善民生的基本要求，是环保部门参与宏观决策的依据、环境综合管理的基础。建立权责明确、行为规范、监督有力、高效运转的环境执法监督体系至关重要。“十二五”期间，环境执法工作要紧紧围绕主题主线新要求，以环境执法监督理念和模式转变为主攻方向，以解决影响科学发展和损害群众健康的突出环境问题为工作重点，逐步实现环境执法“精细化、科学化、效能化、智能化”，构建完备的环境执法监督体系，适应经济社会发展新要求和人民群众的新期待。

环境监察队伍是我国环境保护现场监督管理的专门执法队伍，肩负着环境执法监督的重要任务，奋战在环境保护工作的第一线，他们的素质能力和知识水平直接关系到党和国家环境保护方针政策能否落到实处、环境保护法律法规能否得到贯彻执行。如何建设一流环境监察人才队伍，为环保事业的发展提供有力的人才保障和智力支持，是当前面临的一项重大课题。环境保护部一直十分重视环境监察队伍培训工作，特别是《关于加强全国环境保护系统人才队伍建设的若干意见》发布实施后，以规范环境监察队伍管理、提高执法效能为出发点，统筹规划，创新方式，实施全覆盖、多形式、高质量的环境监察岗位培训，切实提高了环境监察人员的综合素质和执法能力，为建设生态文明、探索环保新道路提供了环境执法保障。

为了进一步规范环境监察培训，夯实环境监察培训基础性工作，环监局组织有关专家，在总结全国环境执法实践的基础上，综合基层环境监察机构的需求，编制了环境监察专业知识培训系列教材。本系列培训教材的编制完成，对指导全国环境监察的岗位培训、提高环境监察人员的执法水平和业务素质、促进环境监察培训工作水平的提升，将发挥重要作用。希望环境监察战线的同志们认真学习，再接再厉，为做好环保执法工作、加快推进环保历史性转变、积极探索环保新道路、全面推进生态文明建设作出更大的贡献。

张力军

2011 年 12 月 22 日

前　言

本书是《环境监察》系列辅助教材之一，是在《环境监察（第三版）》第七章的基础上对环境监察工作中的环境行政处罚理论与方法进行较为详尽的阐述。

环境行政处罚是环境监察工作的有机组成部分，是环境监察的重要内容。为规范行政处罚行为，环境保护部已经先后发布了 9 个文件。如对执法依据进行梳理形成了《法律、行政法规和部门规章设定的环境保护部门行政处罚目录》（环办[2009]107 号）；对处罚程序进行规范发布了《环境行政处罚办法》（环境保护部令第 8 号）、《环境行政处罚案件办理程序暂行规定》（环监发[2009]42 号）、《环境行政处罚听证程序规定》（环办[2010]174 号）；对证据的收集和审查提出具体要求，印发了《环境行政处罚证据指南》（环办[2011]66 号）；对裁量权进行规范形成了《规范环境行政处罚自由裁量权若干意见》（环发[2009]24 号）、《主要环境违法行为行政处罚自由裁量权细化参考指南》（环办[2009]107 号）；针对执法文书制作形成了《环境行政处罚主要文书制作指南》（环办[2010]51 号）；为强化处罚执行发布了《环境行政执法后督察办法》（环境保护部令第 14 号）。

依据环境保护部出台的一系列规范性文件，为解决环境行政执法和环境行政处罚工作中的一些具体问题，我们编写了《环境行政处罚》和《环境典型案例分析与执法要点解析》两本教材。编写过程中，我们力求教材内容实用、翔实、全面，符合基层执法实践工作的特点。

《环境行政处罚》一书主要面对环境监察执法工作人员的工作需要，结合实践需求讲解法律基本知识、环境执法中常见问题、注意事项和解决方法，力争在环境执法领域结合环境执法实际问题、难点和困惑，尽可能细致、全面地进行分解和提示，以求为环境监察工作人员提供一本环境执法工作实用参考书。

本教材分为总论和分论两部分。总论为：环境行政处罚概述、环境行政处罚的实施主体与管辖、环境行政处罚的程序、环境行政处罚的执行、环境行政处罚的结案与归档、环境行政处罚的监督与救济；分论分别为：环境行政处罚证据、自由裁量权的运用、环境行政处罚听证程序、主要环境违法行为的认定、法律文书的制作、环境行政处罚常见疑难问题解析。

本教材由环境保护部环境监察局组织编写，作为国家和省级环境监察岗位培训的辅助教材。本教材由刘湘、宋海鸥、刘定慧、戴秋香、毛应淮、曹晓凡、宫银海、杜卫、韩小铮、姚宝军、王仲旭编写；总论第一、二、三、四、五、六章由宋海鸥负责编写，分论第一、二章由刘湘负责编写，第三章由宫银海负责编写，第四章由刘定慧、戴秋香负责编写，第五、六章由刘定慧负责编写。全书由刘定慧、宫学栋统稿。

本教材可以作为基层环境执法人员的执法参考书，也可作为大专院校环境法与环境监察等相关专业的参考教材。

因编者水平有限，如有不妥之处，请指正。修改意见和建议请发至：dinghui_liu@sohu.com。

编　者

2011 年 10 月 30 日

目　录

第一篇　总　论

第二篇 分 论

第一篇　总　论

第一章　环境行政处罚概述

第一节　环境行政处罚的概念

一、环境行政处罚的概念

环境行政处罚是指国家环境保护监督管理部门，依照法定权限和程序对违反环境法律规范但尚不构成犯罪的单位或个人实施的一种行政制裁。其中，“环境保护监督管理部门”是指《环境保护法》第七章所规定的县级以上人民政府环境保护行政主管部门和其他依照法律规定行使环境保护监督管理权的部门。其他依照法律规定行使环境保护监督管理权的部门包括：海洋、港监、渔政、军队、公安、交通、铁道、民航管理部门，以及县级以上人民政府的土地、矿产、林业、农业、水利行政主管部门。此外，在某些场合，县级以上人民政府也行使环境行政处罚权。例如，对经限期治理逾期未完成治理任务的企业、事业单位，可由作出限期治理决定的人民政府责令其停业、关闭。

在日常的监督管理中，环境行政处罚的实施主体具体包括：县级以上环境保护行政主管部门，经法律、行政法规、地方性法规授权的环境监察机构在授权范围内实施环境行政处罚。环境保护行政主管部门在法定职权范围内可以委托环境监察机构实施行政处罚，受委托的环境监察机构应以委托其处罚的环境保护主管部门的名义实施行政处罚。

环境行政处罚的对象，是指违反了环境法律、法规但尚未构成犯罪的单位和个人。根据环境法律法规的规定，公民、法人或者其他组织均可为被处罚对象。

环境行政处罚是针对那些违反了环境行政法律规范（而非民事或刑事法律规范）的环境管理相对人的环境违法行为，实施的行政管理行为；该环境违法行为损害了环境质量，破坏了对环境的保护，损害了环境管理秩序；且有主观的故意或者过失。

二、环境行政处罚的目的

环境行政处罚的目的是实施行政处罚行为所期望达到的目标，是《环境行政处罚办法》制定的出发点和归宿。

（一）保障和监督行政机关有效实施行政管理，维护公共利益和社会秩序

行政处罚是行政管理的手段，而行政管理的主要任务是维护公共利益和社会秩序。行

政处罚制度的设立，可以保障和监督行政机关正确行使行政处罚权，从而达到有效实施行政管理，维护公共利益和社会秩序的目的。

（二）惩罚被处罚者的违法行为，教育排污者主动采取措施遵守法律规定，促进其履行法律义务

行政处罚是对违反法定义务的排污者实施的一种惩罚性措施，包括申诫罚、行为罚、能力罚和人身罚。但是，行政处罚不是目的，只是教育排污者履行其法定义务、遵守法律规定的一种手段。

三、环境行政处罚的特征

从上述环境行政处罚的概念可知，环境行政处罚具有如下特征：

（1）行政处罚的主体是特定的环境保护行政机关和法律、法规授权的组织。

“特定的环境保护行政机关”是指依法享有环境行政处罚权的环境保护行政机关，即包括县级以上人民政府环境保护行政主管部门和其他依照法律规定行使环境保护监督管理权的 14 个部门，而不是所有的国家行政机关。这些享有环境保护行政处罚权的行政机关只能在法律、法规规定的权限范围内实施行政处罚；否则就是违法，其行政处罚决定无效。[①]

根据《中华人民共和国行政处罚法》（以下简称《行政处罚法》）的规定，环境保护行政机关可以依据法律、法规的规定，授权具有管理公共事务职能的组织实施行政处罚权，或者依据法律、法规、规章的规定委托符合条件的组织实施行政处罚权；被授权或者受委托的组织必须在法定范围内实施行政处罚，否则就属于违法。

我国环境保护法尚未规定有关授权的条款，但是“委托”则在 1991 年 8 月 29 日发布的《环境监理工作暂行办法》中已有规定。国家环保总局在 1999 年 5 月 31 日《关于委托环境监理机构实施行政处罚有关问题的复函》中再次明确了环境保护行政主管部门可以委托符合法定条件的组织行使行政处罚权。

（2）行政处罚的对象是环境行政相对人中的违法者。

即实施了违反环境法律、法规行为，造成环境污染或者生态破坏，应受到行政处罚的公民、法人或者其他组织。这些环境行政相对人与环境保护监督管理部门之间存在着被监督与监督的行政法律关系。据此，环境行政相对人的环境行为将受到环境保护监督管理部门的监督与约束。反之，环境保护监督管理部门对环境行政相对人的环境行为必须加强监督检查，当发现环境行政相对人实施违反环境法律、法规的行为时，必须依法及时查处。

（3）环境行政处罚的性质是以惩戒违法行为为目的的行政制裁措施，是一种特殊的具体行政行为。

环境行政处罚是具有惩戒性、强制性的行政制裁措施，环保部门的其他具体行政行为则不具有惩戒性。如，颁发许可证、征收排污费、审批环境影响评价文件等均不具有

[①] 例如，根据《大气污染防治法》第五十八条第二款规定，对建筑施工造成扬尘污染的处罚，由建设行政主管部门决定，当地环境保护行政主管部门则无此处罚权。如果擅自作出行政处罚决定，其决定无效。见《行政处罚法》第三条、第十五条。

惩戒性。

（4）环境行政处罚的程序有严格的规定。

《环境行政处罚办法》对处罚程序做了严格的规定。如，环保部门对立案登记的违法行为必须由专人负责、及时调查取证；调查终结的，案件调查机构要提出已查明违法行为的事实和证据、初步处理意见，送本机关处罚案件审查部门审查。审查部门负责人经过审查，做出处理决定；案情复杂或者对重大违法行为给予较重的行政处罚的，环境保护主管部门负责人应当集体审议决定。作出处罚决定后制作处罚决定书并送达当事人。

四、环境行政处罚的分类

在理论上，根据不同标准可以作出多种分类。在我国行政法学界，一般将行政处罚分为申诫罚、财产罚、行为罚和人身罚四种。

（一）申诫罚

申诫罚是指行政机关向行政违法行为人提出其行为已经构成行政违法的警戒的一种行政处罚，主要适用于行政违法行为比较轻微、危害后果不太严重的违法行为当事人。申诫罚的行使在于使当事人在精神、声誉及名誉等方面受到一定程度的影响和压力，能够促使其改正自己的违法行为，并在以后的活动中不再重犯。因此，也有学者将其称为“精神罚”或者“声誉罚”。在环境行政处罚领域，申诫罚的主要形式是警告。

（二）财产罚

财产罚是以限制和剥夺被处罚人财产权益为特征的处罚形式，包括罚款和没收两种形式。这种处罚的特点是对被处罚人在经济上给予制裁，迫使其履行金钱给付义务。财产罚不影响行政相对人的人身自由或者其他活动，又能起到惩戒作用。财产罚中的罚款是处罚机关运用最广泛、最频繁的一种处罚形式。据 2011 年 11 月 22 日《人民日报》援引中央党校校委研究室副主任周天勇的文章数据称，中国预算内外的收费罚款收入“共计约 21 962 亿元，超过税收的 1/3”。[①]在环境行政处罚领域，财产罚的表现形式主要有罚款、没收违法所得、没收非法财物。

（三）行为罚

行为罚也称为“能力罚”或者“资格罚”，是对行政相对人的行为进行限制或者剥夺的一种制裁措施，包括暂扣许可证或者执照，吊销许可证或者执照，责令停产、停业等形式。行为罚通常会间接造成被处罚人的经济损失，但其直接目的是限制或者剥夺被处罚人的行为能力，而不是限制或者剥夺被处罚人的财产，由此可将行为罚与财产罚区分开来。

（四）人身罚

人身罚又称为“自由罚”，是限制或者剥夺违法者人身自由的行政处罚。理论界一般

---

① 中国收费罚款收入 21 962 亿元相当于 1/3 税收．人民网，[2011-12-1]．http://xj.people.com.cn/GB/16355948.html.

认为我国行政处罚中人身罚包括行政拘留和劳动教养两种形式。[①]其中，行政拘留一般为10日以下，加重情形不超过5日。

人身权是宪法规定的公民各种权利得以存在的基础，人身权受到限制或者剥夺，意味着其他任何权利都将难以行使。因此《行政处罚法》第九条第二款规定："限制人身自由的行政处罚，只能由法律设定"，且人身罚的行使仅限于公安机关，以防止人身罚的滥用而严重影响公民的最基本权利。

第二节　环境行政处罚的原则

环境行政处罚的原则，是指立法机关在环境法中设置行政处罚规范和环境保护监督管理部门实施行政处罚时必须遵循的指导思想。它贯穿行政处罚的全过程，是具有约束力且必须普遍遵守的法律规范，是合法、适当行使环境行政处罚权的法律保障。准确理解和把握环境行政处罚的原则，对于依法行政，提高行政执法水平和效率，保障行政相对人的合法权益具有重要意义。

根据《行政处罚法》和《环境行政处罚办法》规定的精神，环境行政处罚的主要原则可概括为：处罚法定原则、公正公开原则、罚教结合原则、保障当事人合法权益原则、一事不再罚原则、查处分离原则。

一、处罚法定原则

处罚法定原则，是由《行政处罚法》第三条规定的一项基本原则，是指环境保护监督管理部门必须严格依照环境法规定的处罚依据、形式、程序，对承担行政责任者实施行政处罚。这是依法行政对环境行政处罚的基本要求和具体化。

（一）处罚的设定权法定

即各种不同类型的行政处罚必须依照法定的程序制定和公布，无权设定的国家机关不得设定，有权机关也不得越权设定。应当严格按照《行政处罚法》第九条至第十四条的规定设定行政处罚："地方性法规可以设定除限制人身自由、吊销企业营业执照以外的行政处罚"。

（二）处罚的依据法定

行政处罚必须是环境法律、法规、规章明确规定的。根据《行政处罚法》关于行政处罚设定权的规定，只有环境法律、法规和规章才能在各自的权限范围内认定相应的行政处罚权，亦即只有环境法律、法规及规章才能作为行政处罚的依据，除此之外其他的规范性文件不得设定行政处罚，亦即不能作为环境行政处罚的依据，否则处罚无效。

---

① 罗豪才．行政法学．北京：中国政法大学出版社，1996：215-216.

（三）实施处罚的主体和职权法定

首先，实施处罚的主体必须是法定的环境行政主体，即享有行政处罚权的环境保护行政机关及其职责必须由环境法律、法规或者规章明确规定。《行政处罚法》第十五条规定，“行政处罚由有行政处罚权的行政机关在法定职权范围内实施”。因此，并非所有的行政机关都具有行政处罚权，都能成为行政处罚的实施主体，而只有那些依法享有行政处罚权的行政机关才能行使该职权。另外，并非只有行政机关才是行政处罚的唯一实施者，根据《行政处罚法》第十七条、十八条、十九条的规定，法律、法规授权的具有管理公共事务职能的组织、依法成立的管理公共事务的事业组织受行政机关的委托，也可以实施行政处罚。但是，不管是行政机关，还是被授权、被委托的组织，若要成为行政处罚的实施主体，都必须具备行政处罚法规定的法定条件。

在环境行政处罚领域，根据环境相关法律的规定，具有行政执法主体资格的部门有：县级以上人民政府的环境保护行政主管部门；其他依照法律规定行使环境保护监督管理权的部门以及地方县级以上人民政府。未经环境法律、法规授权或者环境保护行政机关委托的任何组织和个人均不能擅自实施行政处罚。

其次，这些具备了法定资格的主体在行使处罚权时，必须遵守法定的职权范围，不得越权和滥用权力。所谓越权，是指行使行政处罚权的机关和组织超越了法定的权力。越权的行政处罚，经常表现在以下几个方面：① 行政机关行使了属于司法机关的权利，如环保部门限制涉及重大污染的当事人的人身自由；② 行政机关行使了属于其他机关的权利，如环境环保部门对属于公安机关管理的噪声污染实施处罚；③ 下级行政机关或其授权、委托的组织行使了其上级行政机关的职权。越权行为超出了法定职权，不仅是一种无效的行政处罚行为，而且是一种违法行为。所谓滥用权力，主要是指行政机关在行使行政处罚权时，违反法定的幅度和范围，胡乱地使用权力。最突出的是所谓“罚态度”，即视相对人的态度好坏决定处罚轻重。

（四）处罚程序法定

实现法治社会的基本内容，一方面是要保障法律关系主体依法享有的基本权利，另一方面就是要求行使、保障这些权利得以实现的程序法定，那些只重视实际处理结果而忽视程序要求的观点和做法是坚决不可取的。《行政处罚法》主要就是一部程序法，它对处罚的程序作了较为详尽的规定，针对不同的实际情况规定了处罚的简易程序、一般程序和对重大处罚适用的听证程序，对于违反法定程序实施的行政处罚，在《行政处罚法》“法律责任”一章中都有处理办法。当事人可拒绝处罚，可以检举、控告，可以要求赔偿损失，对违法实施者应给予行政处分，情节严重的可以追究刑事责任。环境保护行政机关及其工作人员实施行政处罚必须严格执行上述法定程序，如若违反，将导致行政处罚决定无效。

二、公正、公开原则

公正、公开原则，是由《行政处罚法》第四条第一款规定的一项重要原则。它是指环境保护行政机关对违反环境法律规范的行政相对人提起行政处罚程序，直至决定给予行政处罚时，必须做到客观、公平和有透明度。公正、公开原则的含义和要求如下：

（1）公正原则要求：一是环境保护行政机关实施行政处罚必须以事实为根据，要查明违法事实，没有违法事实，不得给予处罚；二是给予行政处罚必须以法律为准绳，处罚与违法行为的事实、情节、性质以及社会危害程度相符合，不得滥罚；三是与当事人有直接利害关系的环境行政执法人员应当回避；四是听证应当由环境行政机关指定的非本案调查人员主持；五是对情节复杂或者重大违法行为需要给予较重行政处罚的，应当集体讨论决定。

（2）公开原则有两层含义：一是行政处罚所依据的环境法律、法规和规章必须正式公开，即凡是要求行政相对人遵守的，应当事先公布；二是对违法者依法给予行政处罚必须要公开，即要公开处罚程序。公开处罚程序要求环境行政机关及其执法人员实施行政处罚时必须做到如下几点：

① 告知当事人作出行政处罚决定的事实、理由及依据，并告知当事人依法享有的权利。值得注意的是如果不告知，行政处罚决定不能成立；

② 充分听取当事人的意见。如果拒绝听取当事人的陈述或者申辩，行政处罚决定不能成立；

③ 符合法定条件且当事人要求听证的，应当组织听证；

④ 决定给予行政处罚的，应当制作行政处罚决定书（简易程序除外）；

⑤ 行政处罚决定书应当在宣布后当场交付当事人，当事人不在场时，应当依法送达。

三、罚教结合原则

处罚与教育相结合的原则，是《行政处罚法》第五条所明确的一项基本原则。它是指环境保护行政机关在实施行政处罚之前，首先要对行政相对人进行环境法制宣传，通过教育和帮助使其认识到违法行为的危害，提高守法意识，在此基础上施以必要的处罚，以达到制止和预防违法的目的。

（一）实施行政处罚必须以教育为先

实施行政处罚不是目的，更不是唯一的手段，实施行政处罚是为了纠正违法行为，教育行政相对人自觉守法。即通过“惩”已然违法行为，达到“戒”未然违法行为的目的，以保障环境行政机关有效地实施环境监督管理。

（二）教育必须以行政处罚为后盾

教育的特殊功能在于启发、感化和引导，但教育不是万能的，教育也不能代替行政处罚，教育必须借助行政处罚的强制手段才能发挥其最大功效。因此，对违法者进行环境法制教育和帮助的同时，给予必要的适当的行政处罚，二者必须兼顾，不可偏废，才能达到制止和预防违法的目的。

处罚与教育相结合的原则，要求环境保护行政机关在实施行政处罚时，必须注意如下三点：

（1）明确行政处罚的目的在于教育，在于制止和预防违法。环境保护行政机关必须清醒地认识到实施行政处罚不是目的，而是一种环境监督管理手段，只有把处罚与教育相结合，才是最有效的环境监督管理手段，也才能收到最佳的管理效果；环境保护行政机关实施行政处罚要以人为本，要体现行政相对人的切身利益，要相信和依靠行政相对人，对违法的行政相对人既要坚决依法给予处罚，又要坚持进行耐心细致的环境法制教育，使其心服口服。通过一次处罚，使当事人受到一次环境法制教育，增强环境法制观念，提高守法的自觉性，同时也使其他行政相对人也受到一次环境法制教育。

（2）注重提高行政相对人的环境法律意识和守法的自觉性。环境保护行政机关坚持处罚与教育相结合的原则，应当主动向行政相对人进行环境法制宣传教育，利用各种形式宣传环境法律、法规及政策，帮助广大的行政相对人增强和提高环境法律意识和守法的自觉性。可以说，这是一项带有根本性的重要任务，是减少和避免违法行为发生的基础性措施。因此，各级环境保护行政机关要把环境宣传教育作为“实现国家环境保护意志的重要方式，要加大环境保护基本国策和环境法制的宣传力度”；要把“教育”不仅贯穿于行政处罚的全过程，也应贯穿于环境监督管理的日常工作中，将环境行政执法工作变成一个不断宣传法制、教育和自我教育的过程。

（3）行政处罚与部门利益分开。如前所述，行政处罚的目的是教育行政相对人，制止和预防违法行为的发生。但是，一些地方环境保护行政机关及其执法人员把行政处罚同“部门利益”“个人利益”混在一起，出现了以罚代管，以罚代教，重罚轻教，变相“吃、拿、卡、要”的不良现象。甚至有的对罚款数额定指标、定任务，突击检查，动辄罚款，该罚的不罚，不该罚的乱罚，在群众中造成了不良影响。坚持处罚与教育相结合的原则，环境保护行政机关必须端正环境监督管理指导思想，坚决纠正行政处罚混同于“部门利益”“个人利益”的不正之风，正确行使法律赋予的行政处罚权；通过加强思想、组织、作风、制度、能力建设，提高队伍的整体素质，在加大外部环境行政执法力度的同时，重视内部环境执法监督，实行环境行政执法责任追究制度，以树立良好的执法形象。

四、维护当事人合法权益原则

维护当事人合法权益原则，是《行政处罚法》第六条及第四十二条第一款规定的一项基本原则。它是指环境保护行政机关对违反环境法的行政相对人实施行政处罚时，在行政处罚的整个过程中必须依法保障相对人的合法权益不受任何侵害。为保障行政相对人的合法权益，《行政处罚法》明确规定当事人依法享有如下权利：

（一）陈述、申辩权

陈述、申辩是当事人在环境行政处罚中依法享有的最基本的权利。当事人通过行使这项权利，可以充分发表自己的意见，进一步了解环境保护行政机关作出处罚决定的事实、理由及依据，切实维护自身的合法权益；环境行政机关通过当事人的陈述和申辩，可以防止和避免处罚错误，以便提高行政处罚的质量和效率。

（二）听证权

听证是为加大行政处罚的透明度，保证行政处罚的公开、公正、公平，更好地接受行政相对人的监督而设置的当事人依法享有的一项重要权利。行政相对人在可能受到较重的处罚或者较高额罚款且符合法定条件的，可以要求环境行政机关举行听证会。反之，环境保护行政机关，在实施较重的处罚或者较高额罚款时，必须告知行政相对人有要求听证的权利；当事人要求听证的，必须按照法定程序举行听证会。由于听证公开举行，可以当面辩论、质证，允许旁听，允许报道，对环境保护行政机关而言是一项有效的监督制约机制，因此，各级环境保护行政机关必须依法行政，保障当事人的听证权利。

（三）申请行政复议和提起行政诉讼权

行政复议和行政诉讼作为行政处罚的最有效的救济途径，因而是行政相对人依法享有的一项最大、最重要的权利。行政复议和行政诉讼有严格的法定程序和时效，有保障行政相对人在复议、诉讼过程中与环境保护行政机关处于平等地位的各项制度规定，从而使这一监督和制约更加公正、有效，其范围更加广泛。因此，环境保护行政机关一方面在作出行政处罚决定后，必须向行政相对人交代这一诉权；另一方面，行政相对人一旦申请复议或提起行政诉讼，必须严格按照法定程序和时效作出复议决定或积极应诉。

（四）行政赔偿请求权

行政赔偿是行政处罚的一个特殊救济方式。《行政处罚法》第六条规定："公民、法人或者其他组织因行政机关违法给予行政处罚受到损害的，有权依法提出赔偿要求。"这一规定有两层意思：一是行政相对人对环境保护行政机关违法实施处罚造成其合法权益损害的，可以在法定期限内请求作出该处罚决定的环境保护行政机关给予赔偿。如果环境保护行政机关不予赔偿或者行政相对人对赔偿数额有异议的，可以在申请行政复议或提起行政诉讼时一并提出赔偿请求。二是环境保护行政机关发现自己违法实施行政处罚侵犯行政相对人合法权益造成损害时，应当主动给予赔偿或者根据当事人的请求（或者根据行政复议决定或者法院判决）依法给予必要的赔偿。

正确实施行政赔偿请求权，对于保障行政相对人的合法权益，促使环境保护行政机关依法行政，控制和减少职务违法行为具有十分重要的意义。

五、一事不再罚原则

（一）一事不再罚的含义

《行政处罚法》第二十四条规定："当事人的同一个违法行为，不得给予两次以上罚款的行政处罚。"该"一事不再罚款"的规定被认为是我国法律中"一事不再罚"的原则规定。事实上，《行政处罚法》的规定并非完全意义上的"一事不再罚"，这样的规定在理论界遭到激烈的批判。原因在于因为确立这一原则的目的是防止因行政主体的滥罚侵害相对人的权益，而简单的规定"一事不再罚款"并不能起到保护相对人权益的作用。

在环保行政处罚中，具体适用这项原则应注意三种情况：一是同一个违法行为违反了同一个法律规范，由同一个行政机关实施处罚的，不得以同一事实和理由给予两次以上的罚款；二是同一个违法行为违反了同一个法律规范，可以由两个行政机关实施处罚的，只能由其中的一个机关给予罚款；三是同一个违法行为，违反了两个以上法律规范，依法可由两个以上行政机关给予罚款的，如一个机关给予了罚款，其他机关就不能再行实施罚款。

（二）关于“一事”的界定

在《行政处罚法》起草过程中，曾有方案考虑在总则中规定“一事不再罚”为行政处罚的一般原则，并表述为“对当事人的同一违法行为，行政机关不得根据同一事实和同一理由进行两次以上的处罚”。这一方案尽管在正式立法中没有完全体现，但对“一事”认作“当事人的同一个违法行为”的界定却得以传承。

目前，有关“一事”的争论主要有“违法行为说”“法律规范说”“构成要件说”“违反行政管理秩序说”等四种观点。本书作者采用“构成要件说”，即根据环境法律、行政法规的规定，环境行政相对人的行为只要包括了违法行为主体、违法行为客体、违法行为主观要件和客观要件四个方面，就可以认定行为的违法性。

（三）“一事不再罚”原则在环境行政处罚领域的应用

1．在持续性环境违法行为中的应用

持续性的环境违法行为是指环境行政相对人实施了一个违法行为，该行为已经完成并在时间和空间上处于持续状态的环境违法行为。如排污单位的持续超标排污行为。如果环保部门对排污单位的持续违法行为已经作出环境行政处罚后，排污单位又发生同样违法行为的，则环保部门可以再次实施环境行政处罚。这个处罚决定导致“持续状态”的中断，所以不构成对“一事不再罚”原则的违反。

2．当排污单位的一个违法行为违反多个法律的规定条款时的应用

根据《环境行政处罚办法》第九条的规定：“当事人的一个违法行为同时违反两个以上环境法律、法规或者规章条款的，应当适用效力等级较高的法律、法规或者规章；效力等级相同的，可以适用处罚较重的条款。”如某药厂未按照环评报告书的要求，对高浓度医药母液在厂区进行焚烧，其行为既构成对《固体废物污染环境防治法》的违反，也构成对《大气污染防治法》的违反。由于《固体废物污染环境防治法》和《大气污染防治法》效力相等，因此，应择一较重的条款实施处罚，而不能同时对该药厂的行为分别依照上述两部法律分别处罚，否则有违“一事不再罚”原则。

六、查处分离原则

查处分离原则包括三方面的内容，一是处罚设定权和实施权相分离；二是调查取证权与处罚决定权相分离；三是罚款决定权与罚款收缴权相分离。

（一）处罚设定权和实施权相分离

行政处罚设定权与实施权分离原则，是指行政处罚的立法权与行政处罚的执行权要互相分离，拥有行政处罚立法权的机关不应享有行政处罚执行权，而拥有行政处罚执行权的机关不应享有行政处罚立法权。因此可以说，行政处罚设定权和处罚实施权分离，实质是立法权和执行权的分离。一般来说，国家权力机关是“以表达国家意志为主要职责的机关”，

专栏 1-1-1　“一事不再罚”的来源

有关“一事不再罚”来源，通常有两种说法：

一种说法认为一事不再罚原则源于古罗马法中的“一事不再理”原则。在罗马共和国时期，法院实行一审终审制，与此相联系的就是一事不再理原则。一事不再理原则对于判决发生法律效力的案件，除法律另有规定的除外，不得另行起诉和受理。这个原则普遍适用于刑事案件，“刑事诉讼中的一事不再理原则，是指不论是有罪判决还是无罪判决，作出产生法律效力的判决后，不允许对同一行为再启动新的程序”。刑事诉讼适用一事不再理原则是为了防止法院对同一犯罪以同一事实和理由重复定罪并给予刑事处罚，而行政处罚中的一事不再罚原则是为了防止行政机关对行政违法行为以同一事实和理由给予行政相对人重复处罚，由于行政处罚中的一事不再罚原则与刑事诉讼中的一事不再理原则的内涵很相似，因此理论界普遍认为一事不再罚原则是刑事诉讼中一事不再理原则在行政处罚领域的延伸。

另一种说法认为一事不再罚原则最早来源于美国《宪法修正案》第 5 条的“双重处罚禁止”，后来被德国的《基本法》（第 103 条第 3 款）和日本《宪法》（第 39 条）所继受。它最初是适用于刑法领域的，是指任何人不能因为一次行为受到两次以上的刑事处罚。后来一事不再罚原则渐渐发展到行政法领域，成为了保障人权的一项重要原则。

资料来源：董维敏. 行政处罚中“一事不再罚原则”研究.

专栏 1-1-2　关于对同一行为违反不同法规实施行政处罚时适用法规问题的复函

国家环境保护总局　环函[2002]166 号

江苏省环境保护厅：

你局《关于对违反不同法律规定的同一行为如何进行处罚等问题的请示》（苏环法[2002]15 号）收悉。经研究，函复如下：

根据《固体废物污染环境防治法》第 75 条的规定，液态废物和置于容器中的气态废物的污染防治，适用于固体废物污染环境防治的法律规定。

另据《国家危险废物名录》的规定，从医用药品的生产制作过程中产生的医药废物，属于危险废物。

《固体废物污染环境防治法》第 16 条规定，处置固体废物的单位和个人，必须采取防止污染环境的措施。处置危险废物还必须遵守该法第四章关于危险废物污染环境防治的特别规定。

又据《大气污染防治法》第 41 条的规定：在人口集中地区和其他依法需要特殊保护的区域内，禁止焚烧产生有毒有害烟尘和恶臭气体的物质。

根据以上规定，有关单位在人口集中地区和其他依法需要特殊保护的区域内，焚烧高浓度医药废液，该行为同时违反《固体废物污染环境防治法》和《大气污染防治法》的有关规定。按照《行政处罚法》第 24 条关于“对当事人的同一违法行为，不得给予两次以上罚款的行政处罚”的规定，环保部门对违法行为人可依照两种法律规定中处罚较重的规定，定性处罚。

二〇〇二年六月十四日

而行政和司法机关则是“以执行国家意志为主要职责的机关”。两者的分离，一方面有利于制止乱设处罚、滥用处罚权的混乱行为；另一方面有利于权力的制约，符合“自己不能为自己设定权力，自己不能为自己免除义务”的现代法治要求。

（二）调查取证权与处罚决定权相分离

调查取证与决定处罚分开是环境保护主管部门的内部分工，即调查取证与决定处罚分别由环境保护主管部门内部的不同人员实施。

随着社会的不断发展，如何在加大环境执法工作力度的同时，从制度上规范和监督制约监管执法活动，对执法活动实施“过程中”的监督制约，防止执法违法、损害相对人合法权益的现象发生，避免引起行政复议、行政诉讼和行政赔偿，减少和降低行政执法成本，就显得尤为重要。建立调查权与处罚权的职能分离制度，避免职能集中，防止“执法当事人成为自己案件的法官”，杜绝相对人受到行政专制的不公正对待，使职能分设成为规范和制约行政执法过程的关键和核心制度，这也成为在当今制度框架内的最佳选择。根据环境监察机构的工作实际及机构人员设置构成情况，有必要实行立案、调查、复核、处罚四个职能环节的相对分离，确保公正执法。

（三）罚款决定权与罚款收缴权相分离

决定罚款与收缴罚款分离是环境保护主管部门与其他部门的外部分工，即环境保护主管部门决定罚款后不自行收缴罚款，罚款直接缴至财政部门或由金融机构代收后缴至财政部门。

《行政处罚法》第四十六条规定“作出罚款决定的行政机关应当与收缴罚款的机构分离”。1997 年 11 月 17 日，为了实施罚款决定与罚款收缴分离，加强对罚款收缴活动的监督，保证罚款及时上缴国库，根据《中华人民共和国行政处罚法》的规定，国务院制定了《罚款决定与罚款收缴分离实施办法》，对罚款的收取、缴纳及相关活动予以规范。

第三节 环境行政处罚的设定

“设定”是《行政处罚法》首次使用的一个重要的法律概念。在此之前，我国法律制度以及法学基础理论中均没有“设定”的提法。“设定”一词能够进入我国法学理论和法律制度，成为一个新的人所共知的法律术语，应当归功于我国行政法学者 20 世纪 90 年代中前期在研究起草《行政处罚法》过程中的创新。“设定”是一种创设新的法律规则的立法行为，凡是被“设定”出来的法律规则均具有“原创性”，也就是说，在这些法律规则所涉及的具体事项上，不存在更高级的法律规则，它们不是从任何更高级的法律规则中派生出来，不是任何更高级法律规则的具体化。设定权，是一种根据法律一般授权，就法律、法规未曾规定的事项自行立法的权力。①

① 冯军．行政处罚法新论．北京：中国检察出版社，2003：121、123.

行政处罚作为国家矫正违法行为的制裁手段具有限制、剥夺公民、法人权益的功能。因此世界各国无不对行政处罚的设定作比较严格的法律限制。从国外的一些立法来看，在单一制国家里，行政处罚设定权一般掌握在议会手中，其他组织不享有行政处罚设定权，以防止宪法规定的公民的财产权、人身权被侵害。但是，在某些单一制国家，地方也可以设定一些行政处罚，如日本、意大利。在我国，由于幅员辽阔、地域广大、人口众多，各地的政治、经济和社会等各方面的发展水平还很不平衡，特别是我国城市化发展速度的加快，一些新的城市社会问题也日益突出，单靠通过国家立法来管理这些层出不穷的社会现象已捉襟见肘。因此，在中国这样一个特定的社会条件和立法体制下，行政处罚设定权应控制在哪一层级的国家机关手中，哪些机关分别在什么条件下可设定何种行政处罚，以及如何监控行政处罚设定权的行使才能既真正保护公民、法人和其他社会组织的合法权益，又切实保障国家行政管理活动正常、高效运行，这是我国行政处罚立法实践和理论研究中亟待探讨的问题。

行政处罚权的设定具有重要的法律价值：一方面，能够保障行政权力实现的同时设定行政处罚种类，从立法上赋予行政主体必要的行政处罚权的运行方式，能够切实保障行政主体依法享有的行政处罚权的实现；另一方面，是规范行政处罚行为，实行依法行政的必然要求。依法行政，要求行政主体行政处罚权的运行方式符合行政处罚立法的规定，禁止行政主体肆意采取行政处罚立法规定之外的行政处罚权的运行方式。

在有权设定行政处罚的主体中，由于国家机关的性质和级别不同，设立行政处罚的权力也不同。划分我国行政处罚设定权，必须根据各种因素，既要合法，又要经济、合理。根据《行政处罚法》，就环境行政处罚的设定，阐释如图 1-1-1 所示：

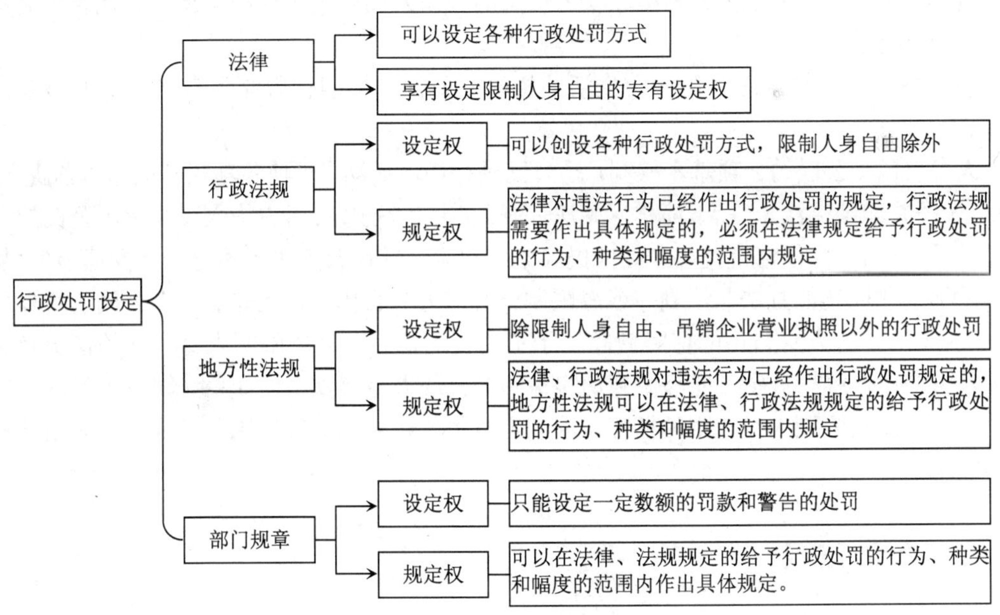

图 1-1-1 环境处罚设定权图示

一、法律

《行政处罚法》第九条规定："法律可以设定各种行政处罚，限制人身自由的行政处罚，只能由法律设定。"可见，法律具有完整的行政处罚设定权，即可以设定各种类别的行政处罚。这里的"法律"显然是指狭义的法律，即由全国人大及其常委会制定的规范性文件，包括基本法律和基本法律以外的非基本法律。

（一）法律可以设定各种行政处罚

此处的"各种"，包括以下两个方面的含义：其一，《行政处罚法》第八条规定的六种行政处罚。《行政处罚法》第八条规定了六种行政处罚，即警告、罚款、没收违法所得和没收非法财物、责令停产停业、暂扣或者吊销许可证及执照、行政拘留。法律可以设定所有这六种行政处罚。其二，《行政处罚法》第八条规定的六种行政处罚以外的其他被全国人大及其常委会认为应当作为行政处罚的新的行政处罚种类，如《行政处罚法》第八条第七项规定的"法律、行政法规规定的其他行政处罚"。即《行政处罚法》授权法律可以在已明确规定的六种行政处罚之外创设新种类的行政处罚。

（二）法律是我国设定人身罚的唯一规范性文件

限制人身自由的行政处罚只能由法律设定，而不能由法律以外的其他规范性法律文件设定，取决于两方面的原因：

（1）法律是由作为我国最高国家权力机关的全国人民代表大会和全国人民代表大会常务委员会制定的；

（2）基于人身自由对公民社会生活的极端重要性产生的在限制人身自由上的极其慎重性。

人身自由是公民的一项基本权利，是公民进行任何活动、行使各项权利的基本前提。[①]《中华人民共和国宪法》（以下简称《宪法》）第三十七条规定："中华人民共和国公民的人身自由不受侵犯""任何公民，非经人民检察院决定、并由公安机关执行，不受逮捕""禁止非法拘禁和以其他方法非法剥夺或者限制公民的人身自由，禁止非法搜查公民的身体"。可见，《宪法》对人身自由的保障问题给予了高度重视，对需要限制人身自由的情况及条件等，由法律作统一规定，能够做到切实保障公民的人身自由。而如果法律以下的规范性文件也有权规定限制人身自由的情形，因制定机关的自身利益等原因，可能产生滥用此项权力的现象。

二、行政法规

行政法规是指国务院根据宪法、法律，按法定程序制定的法律规范文件。

行政法规可以设定除限制人身自由以外的行政处罚。但是，法律对违法行为已经作出

[①] 胡锦光．行政处罚研究．北京：法律出版社，1998：74.

行政处罚设定，行政法规需要作出具体规定的，必须在法律规定的给予行政处罚的行为、种类和幅度的范围内规定。

这样的规定表明中央人民政府——国务院拥有广泛的行政处罚设定权。之所以这样规定，原因在于：

（1）从立法体制上讲，我国是以《宪法》为基础，由包括法律、行政法规、地方性法规、规章在内法律规范组成的法律体系。《宪法》赋予了国务院制定行政法规的权力，行政法规设定行政处罚是有依据的。

（2）从实践情况看，国家行政管理涉及多个领域，将行政管理的所有制度都交由全国人民代表大会及其常委会制定为法律是不可能的，也是不必要的，而且有些问题制定法律的条件尚不成熟，需要由国务院先制定行政法规，在适当时机再制定法律。

（3）国务院与国务院各部委及其他工作部门不同，部、委及其他工作部门经常具体执法，如果由他们广泛设定行政处罚，就会经常产生既立法又执法的不公正现象。而国务院是从全面考虑进行决策，不经常参与具体执法，就可避免上述不公正现象的发生。

三、地方性法规

地方性法规是省、自治区、直辖市以及省会、自治区首府所在地的市和经国务院批准的较大的市的人大及其常委会按法定程序制定的法律规范文件，仅在本行政区域内有法律效力。

《行政处罚法》第十一条规定："地方性法规可以设定除限制人身自由、吊销企业营业执照以外的行政处罚。"但是"法律、行政法规对违法行为以及作出行政处罚规定，地方性法规需要作出具体规定的，必须在法律、行政法规规定的给予行政处罚的行为、种类和幅度的范围内规定"。该条表明，法律、行政法规已设定的行政处罚，地方性法规只能据以具体化。

四、规章

规章分为部门规章和地方规章。部门规章是国务院各部委根据法律、行政法规在自身职权范围内，按照法定程序制定的法律规范文件。地方规章是省、自治区、直辖市以及省会、自治区首府所在地的市和经国务院批准的较大的市的人民政府根据法律、行政法规和本省、自治区、直辖市的地方性法规，在自身职权范围内，按照法定程序制定的法律规范文件。

《行政处罚法》第十三条规定："省、自治区、直辖市人民政府和省、自治区人民政府所在地的市人民政府以及经国务院批准的较大的市的人民政府制定的规章可以在法律、法规规定的给予行政处罚的行为、种类和幅度的范围内作出具体规定。尚未制定法律、法规的，前款规定的人民政府制定的规章对违反行政管理秩序的行为，可以设定警告或者一定数量罚款的行政处罚。罚款的限额由省、自治区、直辖市人民代表大会常务委员会规定。"上述规定表明：

地方上设定行政处罚，以地方性法规为主，规章设定行政处罚被严格限制在很小的范围内，且所设定的行政处罚是轻微的，这有利于维护法制的统一。

五、法规适用规则

（一）上位法优于下位法

环境处罚相关的法律体系如图 1-1-2 所示：

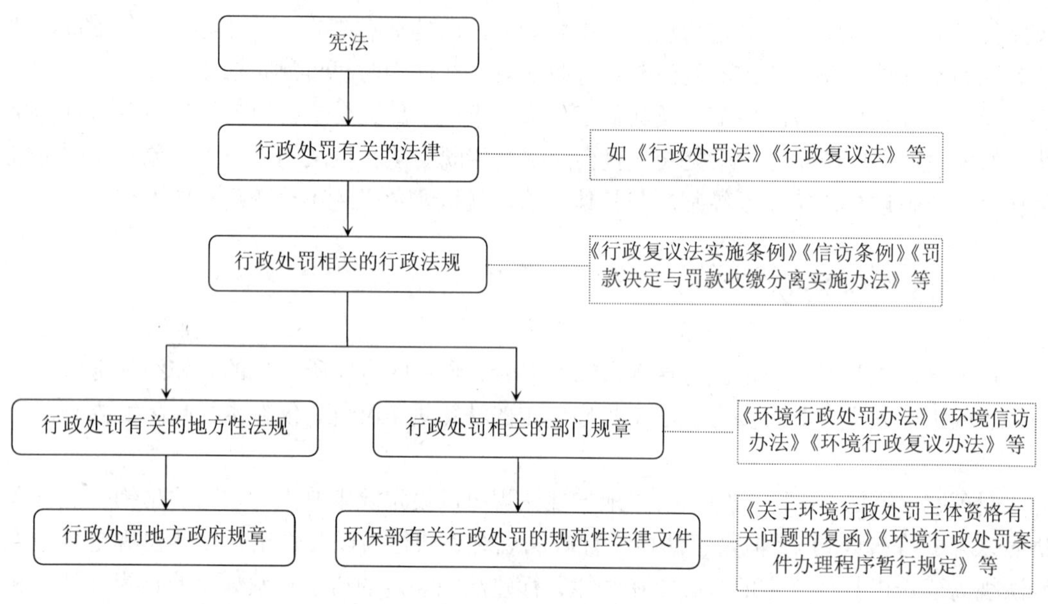

图 1-1-2　环境行政处罚法律体系图

“上位法优于下位法”明确的是法的“位阶”问题。法的“位阶”就是指法的效力等级。《宪法》具有最高的法律效力，法律的效力高于行政法规、地方性法规、规章，行政法规的效力高于地方性法规、规章，地方性法规的效力高于本级和下级地方政府规章，上级政府规章的效力高于下级政府的规章，自治条例和单行条例在自治地方内优先适用，经济特区法规在经济特区范围内优先适用。在环境行政处罚领域，法条适用中的上位法优于下位法的原则是指：

（1）行政处罚有关法律的效力高于行政法规、地方性法规、规章（含部门规章和地方政府规章）；

（2）行政处罚行政法规的效力高于地方性法规、规章；

（3）环境行政处罚地方性法规的效力高于本级和下级政府规章；

（4）省级政府制定的环保规章的效力高于行政区域内的较大的市政府制定的规章。

（二）同位阶的法律规范具有同等法律效率，在各自的权限范围内实施

同位阶的法律规范，实践中容易引起冲突的主要是部门规章之间、部门规章与地方政府规章之间，因此，立法法规定部门规章之间、部门规章与地方政府规章之间具有同等的

效力，在各自的权限范围内施行。如果规章之间发生冲突，应根据该事项属谁权限范围来确定如何适用规章。若是国务院部门规章和地方政府规章之间发生冲突，则应根据该事项是属中央管理的事项还是地方管理的事项来确定如何适用。

地方性法规与部门规章之间对同一事项的规定不一致，不能确定如何适用时，由国务院提出意见，国务院认为应当适用地方性法规的，应当决定在该地方适用地方性法规的规定；认为应当适用部门规章的，应当提请全国人民代表大会常务委员会裁决。

（三）特别法优于一般法

所谓特别规定，就是根据某种特殊情况和需要规定的调整某种特殊社会关系的法律规范。一般规定就是为调整某种社会关系而制定的法律规范。这项规则适用于同一机关制定的规范性文件不一致的情形。

同一法律、行政法规、地方性法规、自治条例和单行条例、规章内的不同条文对相同事项有一般规定和特别规定的，优先适用特别规定。

（四）新法优于旧法

法律之间、行政法规之间或者地方性法规之间对同一事项的新的一般规定与旧的特别规定不一致的，原则上应按照下列情形适用：

（1）新的一般规定允许旧的特别规定继续适用的，适用旧的特别规定；

（2）新的一般规定废止旧的特别规定的，适用新的一般规定。

（五）不溯及既往原则

法律的溯及力指法律对其生效以前的行为和事件是否有约束力的问题。如果有约束力，称有溯及力；如果没有约束力，则称无溯及力。法律规范的溯及力是关于法律规范是否有溯及既往的效力问题，即法律规范对它生效前所发生的事件和行为是否适用的问题。法是不具有溯及既往的效力的，这是为了更好地保护公民、法人和其他组织的合法权益。

在肯定这一原则的同时，特殊情况下，也可以溯及既往。

除上述适用原则外，环境保护部《规范环境行政处罚自由裁量权若干意见》（环发[2009]24 号）对地方法规和规章以及部门规章在适用中可能出现的问题也作了原则性的规定：

（1）地方法规优先适用情形。

环境保护地方性法规或者地方政府规章依据环境保护法律或者行政法规的授权，并根据本行政区域的实际情况作出的具体规定，与环保部门规章对同一事项规定不一致的，应当优先适用环境保护地方性法规或者地方政府规章。

（2）部门规章优先适用情形。

环保部门规章依据法律、行政法规的授权作出的实施性规定，或者环保部门规章对于尚未制定法律、行政法规而国务院授权的环保事项作出的具体规定，与环境保护地方性法规或者地方政府规章对同一事项规定不一致的，应当优先适用环保部门规章。

（3）部门规章冲突情形下的适用规则。

环保部门规章与国务院其他部门制定的规章之间，对同一事项的规定不一致的，应当优先适用根据专属职权制定的规章；两个以上部门联合制定的规章，优先于一个部门单独制定的规章；不能确定如何适用的，应当按程序报请国务院裁决。

第四节　环境行政处罚的种类

我国现行的环境行政处罚的种类大多规定在环境法律、法规的“罚则”或“法律责任”的章节中，环境保护部 2010 年 3 月 1 日发布实施的《环境行政处罚办法》将其归纳为七种，即警告；罚款；责令停产整顿；责令停产、停业、关闭；暂扣、吊销许可证或者其他具有许可性质的证件；没收违法所得、没收非法财物；行政拘留。下面我们对此分别加以详细论述。

一、警告

“警告”是指环境保护行政机关对那些轻微违反环境法律规范的行政相对人的谴责和告诫。“警告”是申诫罚的一种形式，其作用是通过对违法行为人精神上的惩戒，以申明其有违反环境法的行为，促使其不再违法；对他人则能起到警戒作用，告诫他人不要再去污染或者破坏环境。

“警告”作为一种对行政相对人的谴责和警戒，不涉及其实体权利，目的只是引起违法者的充分注意，防止违法行为再度发生。“警告”作为一种行政处罚形式，一般是要式行为，有法定权限的环保部门应作出书面裁决，口头警告不是行政处罚只是批评教育。

“警告”属于最轻微的处罚，但不应忽视其功能。因为在人与自然和谐的社会中，企业的环保形象对其发展影响很大。

“警告”的适用范围非常广泛，既可适用于公民个人，也可适用于法人或其他组织，所以在日常生活中经常适用，主要适用违法行为不严重的情形。“警告”能对违法者起到一定的警戒作用，但其威慑力较小，当警告不足以起到制止违法行为人再犯的作用时，就需要采取其他的处罚方式。

需要给予警告的环境违法行为包括不履行法定义务的不作为行为和故意或过失违反法定义务的作为。如违反《环境噪声污染防治法》，在城市市区噪声敏感区、建筑物集中区域内使用高音广播喇叭；违反当地公安机关的规定，在城市市区街道、广场、公园等公共场所组织娱乐、集会等活动，使用音响器材，产生干扰周围生活环境的过大音量的；从家庭室内发出严重干扰周围居民生活的环境噪声的，由公安机关给予警告，可以并处罚款。再如违反《大气污染防治法》，拒报或者谎报国务院环境保护行政主管部门规定的有关的污染物排放申报事项的；拒绝保护部门或者其他监督管理部门现场检查或者在检查时弄虚作假的；排污单位不正常使用大气污染物处理设施的，或者未经环保部门批准，擅自拆除、闲置大气污染物处理设施的；未采取防燃、防尘措施，在人口集中地区存放煤灰、煤矸石、煤渣、砂土、灰土等物料的，环保部门或享有环境监督管理权的部门可以采取“警告”等行政处罚措施。

"警告"的处罚具有以下特点：

（1）"警告"是一种最轻微的行政处罚形式。"警告"适用违法情节轻微或者尚未造成实际危害后果的违法行为。如违反《环境保护法》规定，拒绝现场检查或者在被检查时弄虚作假的，即使没有造成实际危害后果也可以根据不同情节，给予警告或者处以罚款。

（2）"警告"是以影响违法行为人声誉为内容的处罚。警告与罚款等其他处罚形式不同，是一种软约束措施，但它与普通的批评教育不同，具有行政法上的拘束力，虽然不影响违法行为人的财产权利及行为能力方面不受损失，但其声誉，即环保形象受到一定影响。

（3）"警告"是单独适用的行政处罚形式。由于"警告"是行政处罚形式中惩罚性最轻的一种，将警告与其他行政处罚形式合并适用没有意义。因此，我国环境法律、法规普遍把警告与其他行政处罚形式规定在同一条款中，由环境保护行政机关自由裁量，任选其中的一种给予处罚。例如，《环境保护法》第三十五条、《大气污染防治法》第四十六条、《噪声污染防治法》第四十九条、五十一条、五十五条，都作了如下规定："违反本法规定……可以根据不同的情节，给予警告或者处以罚款。"

尽管"警告"能对违法者起到一定的警戒作用，但其威慑力较小。虽然"警告"的适用范围较为广泛，但为了更好地发挥其作用，在对因违反环境保护法律、法规，污染环境或破坏环境的个人和组织处以警告处罚时，应当通过各种形式公开进行，以唤起社会各界的监督，使受处罚者真正认识到其行为的违法性，在思想上引起足够的重视。同时，"警告"往往是其他环境行政处罚的先行程序，如果违法者受到警告后继续进行环境违法行为，还要对其处以其他形式的处罚。由此可以看出警告的处罚方式与其他的处罚方式并不冲突，它只适合于对那些轻微违法者进行惩戒。当采取警告后还不足以发挥法律的惩戒和威慑作用时，就必须采取其他的处罚方式。

二、罚款

"罚款"是指通过环境执法主体强令损害环境者向国家缴纳一定数额的金钱，并强制剥夺违法者的一定财产权，以这种处罚方式促使其悔过，不再继续损害环境。罚款是财产罚的一种形式，在环境行政处罚中应用最广泛。罚款的作用是限制和剥夺违法者一定的财产权利，促使其纠正违法行为，不再污染或者破坏环境。罚款的实质在于通过使环境违法行为人遭受财产上的损失而受到经济制裁，也是对由违法行为所造成的社会利益损失的一种补偿。其既不影响行政相对人的人身自由，又不剥夺、限制其行为能力，同时还能起到制裁作用，因而是适用最为广泛的处罚方式。我国每一部有关环境保护的法律、法规中几乎都有"罚款"这一行政处罚方式的规定。

罚款具有如下特点：

（1）罚款是最普遍适用的行政处罚形式。

我国现行环境法律、法规、规章，几乎都规定有罚款这一行政处罚形式，而且地方环境保护行政机关在实施行政处罚中，适用的最多最普遍的也是罚款。值得注意的是，不能因此而误认为罚款可以代替其他行政处罚形式。因为每一种行政处罚形式是针对着相应的环境违法行为和违法者的不同情节而设定的，如果一概而论，即以罚款代替其他处罚形式，难免造成责罚不当而违背立法精神。

（2）罚款只对单位和非履行公职的公民适用。

根据我国现行环境法的规定，适用罚款的对象主要是单位（即企事业法人），在一些特殊场合对违反环境法的公民也可以处以罚款[①]。但对正在履行公职的人员，即因违法失职或者管理不善，造成污染或者破坏环境的，情节严重的“有关责任人员”则按规定给予行政处分[②]（构成犯罪的依法追究刑事责任，因侵权造成他人财产损失的还要承担行政赔偿责任），而不是行政处罚。

（3）罚款是对违法者一定财产权的强制性剥夺。

罚款作为剥夺违法者一定数额金钱的强制性手段，其目的是促使其醒悟，今后自觉守法，加强内部环境管理，不再以身试法。但是，违法者被强令缴纳罚款后，并不免除缴纳排污费或治理污染的责任。

（4）罚款的幅度较大。

现行环境法规定的罚款幅度普遍较大，有的条款规定的罚款，上下限之间幅度有 10 倍之差[③]。这就要求环境保护行政机关在适用罚款时，不仅要注意将罚款限定在法定幅度之内，而且还要慎重认定和把握各种情节，务求罚款的大小与违法者承担责任的轻重相当，以避免畸轻或畸重和感情罚。

“罚款”是环境行政执法主体对违反环境行政法律、法规，不履行法定义务的企业事业单位或者个人进行的一种损害其财产权利的处罚。罚款是要式行为。

根据环境法律法规的规定，罚款的实施范围主要有：

①《水污染防治法》第七十～八十三条规定：500～100 万元罚款（应缴纳排污费的 1～5 倍；……；主管人员……责任人员可以处以上一年度从本单位取得的收入的 50%以下的罚款）；

②《水污染防治法实施细则》第三十八～四十七条规定：2000～100 万元罚款（除追缴排污费……处以应缴数额 50%以下的罚款）；

③《海洋环境保护法》第七十三～九十一条规定：1 万～100 万元罚款（……没收其违法所得）；

④《大气污染防治法》第四十六～六十一条规定：200～50 万元以下罚款（……没收违法所得，处以违法所得的 2 倍以下罚款；……直接经济损失 50%以下罚款）；

⑤《固体废物污染环境防治法》第六十八～八十二条规定：200～100 万元罚款（1 倍以上 3 倍以下的罚款……；违法所得 3 倍以下的罚款）；

⑥《放射性污染防治法》第四十九～五十八条规定：1 万～100 万元罚款（……没收违法所得；……处违法所得 1 倍以上 5 倍以下罚款）；

[①] 参见《大气污染防治法》第五十七条；《噪声污染防治法》第五十八条第一款第三项。

[②] 例如，广东省纪委、省监察厅对在 2005 年 12 月 16 日因违法直接排放含镉超标污水造成北江重大水污染事故的韶关冶炼厂厂长张伟健、副厂长刘明海、生产安全部部长曾令成、动力分厂厂长关泽安、动力分厂副厂长祝云章及中金岭南公司副总经理刘侦德，分别给予行政记过、记大过、降级、撤职处分。参见《中国环境报》2006 年 2 月 7 日第二版。

[③] 参见《大气污染防治法》第五十九条、六十条，《固体废物污染防治法》第七十条、七十三条、七十四条、七十五条、七十八条、七十九条、八十二条。

⑦《清洁生产促进法》第三十七～四十一条和《建设项目环境管理条例》第二十四～二十九条规定：10 万元以下罚款；

⑧《陆源污染物污染损害海洋环境管理条例》第二十四～三十一条规定：300～20 万元；

⑨《海岸工程建设项目污染损害海洋环境管理条例》第二十六～二十八条规定：20 万元以下；

⑩《医疗废物管理条例》第四十五～五十三条规定：1 000～3 万元（……没收违法所得；违法所得 5 000 元以上的，并处违法所得 2 倍以上 5 倍以下的罚款）。

造成一般或较大污染事故的：

① 水环境污染事故的罚款：

一般水污染事故：直接经济损失×20%；

重大水污染事故：直接经济损失×30%。

② 大气环境污染事故的罚款：

直接经济损失×50%（不超过 50 万元）。

③ 固体废物污染环境事故的罚款：

一般固体废物污染环境事故：2 万～10 万元；

重大固体废物污染环境事故：直接经济损失×30%（不超过 100 万元）。

三、责令停产整顿

"责令停产整顿"是对有严重的环境违法行为且又拒不改正的企业的一种处罚形式。

该种处罚形式旨在通过责令违法行为人停止正常生产进行整顿来实现惩戒目的，是一种较为严厉的处罚形式。如《中华人民共和国水污染防治法》第七十五条规定："对在饮用水水源保护区内设置排污口且逾期不拆除的、私设暗管或者有其他严重情节的，责令停产整顿。"

依照法律规定，如需对违法行为人责令停产整顿，需县级以上地方人民政府环境保护主管部门提请县级以上地方人民政府批准。

四、责令停产、停业、关闭

"责令停产、停业、关闭"，是指作出限期治理决定的人民政府[①]，对逾期未完成治理任务的行政相对人，责令其不得继续生产或者经营的一种行政处罚形式。如《环境保护法》第三十九条规定："对经限期治理逾期未完成治理任务的企业事业单位，可以责令停业、关闭。"《放射性污染防治法》第五十七条规定："未经许可擅自从事贮存和处置放射性固体废物活动的，责令停产、停业。"

"责令停产、停业、关闭"是行为罚的一种，也称能力罚，具有如下特点：

[①] 除《固体废物污染防治法》和《水污染防治法》中规定由环境保护行政主管部门作出限期治理决定外，其他限期治理均由人民政府决定。

（1）由特定的人民政府科处。

即由作出限期治理决定的人民政府作出。责令中央直接管辖的企事业单位停业、关闭的，还须报国务院批准。之所以这样规定，是因为停业、关闭后果特别严重，地方人民政府作为当地最高的行政机关，由其作出这一决定，负面影响可能较小。

（2）对特定的行政相对人科处。

即只能对经人民政府作出限期治理决定后，逾期未完成治理任务的行政相对人科处[①]。

（3）属于最严厉的行政处罚形式。

这是与前述处罚形式比较而言的。受此行政处罚的行政相对人将不能继续从事原来的排污生产、经营活动，因此本处罚形式只能对污染特别严重，且靠一般技术治理难以奏效，经济效益不佳的单位适用。

五、暂扣、吊销许可证或者其他具有许可性质的证件

“暂扣、吊销许可证或者其他具有许可性质的证件”，是指环境保护行政机关依法暂时扣留、收回或撤销违法者已获得的从事某种活动的权利或者资格证书，剥夺或限制违法者从事某种特许活动的资格或权利的处罚形式。许可证件既包括许可证，也包括其他具有许可性质的证书或者文件。

许可证制度是环境监督管理的重要方式之一，其适用范围较广，种类较多，如排污许可证，危险废物经营许可证，医疗废物经营许可证，生产、使用、销售放射性同位素和射线装置许可证，核设施安全许可证，海洋倾废许可证等。

吊销许可证（或其他证书）是属于资格罚的一种，具有如下特点：

（1）吊销许可证（或其他证书）是严厉的行政处罚形式之一，直接涉及行政相对人的财产权利。

吊销许可证（或其他证书）剥夺和限制了行政相对人从事生产、经营的资格和能力，实质上影响了其财产权利。例如，根据《水污染防治法》的规定[②]，行政相对人享有的排污权须经环境保护行政主管部门许可，如果环境保护行政主管部门吊销了排污许可证，就等于剥夺和限制了其获取生产利润的权利，同时也会影响其生存和发展，实质上剥夺和限制了其财产权。

（2）吊销许可证（或其他证书）是资格能力罚，适用于取得从事某种对环境有影响的活动资格和特许权的违法的行政相对人。

这种处罚不同于罚款等财产罚，处罚仅适用于实施许可证的环境监督管理范围内的违法行为，且仅适用于已经取得许可证的违法的行政相对人。例如，根据《固体废物污染防治法》的规定，已经取得危险废物经营许可证的行政相对人，不按照许可证规定经营危险废物的，环境保护行政机关有权吊销其许可证，而对无许可证的行政相对人则不能适用此项处罚。

暂扣许可证件不同于直接吊销许可证件，后者直接剥夺管理相对人从事生产或者经营

[①] 例外情况是具备《大气污染防治法》第四十九条第一款规定应当给予停业、关闭处罚条件的单位。但该条款也规定，如果未达到“情节严重”的，应当先“责令改正”。可见，其基本精神是一致的。

[②] 参见《水污染防治法实施细则》第十条、第四十四条。

活动的权利，而暂扣是暂时剥夺管理相对人从事生产或者经营活动的权利，保证了违法情节尚未达到须以“吊销”形式进行处罚的违法者的合法权益。

六、没收违法所得、没收非法财物

（一）没收违法所得

“没收违法所得”是财产罚的一种，它是指环境执法主体依法将违法行为人取得的违法所得财物，运用国家法律法规赋予的强制措施，对其违法所得财物的所有权予以强制性剥夺的处罚方式。违法所得是指违法者通过非法手段获取的财产，如无经营许可证从事收集、贮存、利用、处置危险废物经营活动获取的财产等[①]。

“没收违法所得”处罚具有如下特点：

(1)“没收违法所得”是行政处罚形式之一。

没收违法所得不同于刑罚附刑中的没收财产。二者的主要区别在于：首先是性质不同。前者是由环境保护行政机关对违反环境法律规范的行政相对人的行政制裁，而后者是人民法院判处的将构成环境犯罪的犯罪分子个人所有的一部分或者全部财产无偿收归国家的刑罚附加刑。其次是适用范围不同。前者主要适用于环境行政违法行为，而后者则主要适用于严重破坏自然资源的环境犯罪行为，如非法猎捕、杀害珍贵、濒危野生动物等犯罪行为。

(2)“没收违法所得”只适用于有违法所得的环境违法情形。

对于环境违法行为采取没收违法所得的处罚，必须严格区分是否有违法所得；区分哪些是合法所得，哪些是违法所得；区分哪些是违法所得，哪些是违法用具和违禁品；区分哪些是合法财产，哪些是违法所得等。

(3)“没收违法所得”是涉及违法者财产权利的处罚形式。

环境保护行政机关将违法者违法获取的利益收归国有，使违法者已经获得的财产随之丧失，体现了对违法者的制裁。加之没收违法所得处罚一般与其他财产罚并用，因而能起到惩戒违法者的作用。如《固体废物污染防治法》第七十七条第一款规定：“无经营许可证或者不按照经营许可证规定从事收集、贮存、利用、处置危险废物经营活动的，……没收违法所得，可以并处违法所得3倍以下的罚款。”

（二）没收非法财物

2010年《环境行政处罚办法》增加了“没收非法财物”的处罚方式。“没收非法财物”是指环境执法主体将违法行为人违法获得的财物强制、无偿的收归国有的一种处罚形式，是对没收违法所得的重要补充。

《环境行政处罚法》规定依法没收的非法财物，必须按照国家规定，公开拍卖或者按照国家有关规定处理；没收的非法财物拍卖的款项必须全部上缴国库，任何行政机关或者个人不得以任何形式截留、私分或者变相私分；财政部门不得以任何形式向作出行政处罚决定的行政机关返还没收的非法财物的拍卖款项。

[①] 参见《固体废物污染防治法》第七十七条第一款、《海洋环境保护法》第七十五条。

值得强调的是，违法所得不同于非法财物。违法所得是指违法行为人因实施违法行为获取的不应归于行为人的财产，是违法行为人获取的额外利益；非法财物是指违法行为人非法占有的违禁品和其他财物，是本属于违法行为人的物品财产因违法行为而转化为非法财物。

“没收违法所得”“没收非法财物”处罚形式的设定旨在使违法者不能从环境违法活动中获利。如：《大气污染防治法》第四十九条二款规定：“将淘汰的设备转让给他人使用的，由转让者所在地县级以上地方人民政府环境保护行政主管部门或者其他依法行使监督管理权的部门没收转让者的违法所得，并处违法所得2倍以下罚款”。又如：《大气污染防治法》第五十三条规定：“违反本法第三十二条规定，制造、销售或者进口超过污染物排放标准的机动车船的，由依法行使监督管理权的部门责令停止违法行为，没收违法所得，可以并处违法所得1倍以下的罚款；对无法达到规定的污染物排放标准的机动车船，没收销毁”。《大气污染防治法》第五十四条规定：“违反本法第三十四条第二款规定，未按照国务院规定的期限停止生产、进口或者销售含铅汽油的，由所在地县级以上地方人民政府环境保护行政主管部门或者其他依法行使监督管理权的部门责令停止违法行为，没收所生产、进口、销售的含铅汽油和违法所得。”

七、行政拘留

“行政拘留”是指法定的行政机关依法对违反行政法律规范的人，在短期内限制其人身自由的一种行政处罚。“行政拘留”是最严厉的一种环境行政处罚，通常适用于严重违反环境法律法规但不构成犯罪，而警告、罚款处罚又不足以惩戒的情况。

“行政拘留”是人身自由罚的表现形式，这种环境行政处罚方式是2010年《环境行政处罚办法》新增加的处罚方式。该处罚由公安机关执行。与上述“责令停产整顿”、“责令停业关闭”需由人民政府执行相类似，尽管这些处罚权不由环保部门执行，但环保部门可以借助其行政权遏制环境违法行为。

《环境行政处罚办法》第十六条规定，“发现不属于环境保护主管部门管辖的案件，应当按照有关要求和时限移送有管辖权的机关处理。涉嫌违法依法应当由人民政府实施责令停产整顿、责令停业、关闭的案件，环境保护主管部门应当立案调查，并提出处理建议报本级人民政府。涉嫌违法依法应当实施行政拘留的案件，移送公安机关。……”

“行政拘留”通过控制环境违法者的自由，发挥强大的威慑作用，来阻止其继续进行损害环境的行为，更好地督促人们遵守环境法律法规。在我国环境行政处罚中增加行政拘留这一形式，对严重污染环境或破坏环境的行为加大惩戒力度，充分地发挥人身自由罚的作用。

在实践中要注意的是，行政拘留不由环境执法主体实施，对此类案件应当按照《环境行政处罚办法》关于外部移送的规定进行处理。环境执法主体有义务予以立案调查或者移送，请求公安机关予以实施。这样，环境执法主体是享有处罚权的最适当机构，行政拘留的执行权则给予公安机关，可以节约行政执法的成本，提高行政执法的效率。[①]

依据相关法律规定，排污单位如果违反国家规定，向水体排放、倾倒毒害性、放射性、腐蚀性物质或者传染病病原体等危险物质，非法处置危险物质违反治安管理行为的，可以

[①] 蓝楠．环境行政处罚及2010年《办法》的适用．环境保护，2010（4）：53.

由公安机关对单位直接负责的主管人员和其他直接责任人员依法给予行政拘留处罚。

第五节　环境行政处罚与相关制度的关系

一、环境行政处罚与行政命令

“行政命令”是环境保护行政机关作出的对行政相对人具有约束力但不具备惩罚性的具体行政行为。《环境行政处罚办法》第十一条第一款规定“环境保护主管部门实施行政处罚时，应当及时作出责令当事人改正或者限期改正违法行为的行政命令”，并通过第十二条对“责令改正”的形式予以列举。《环境行政处罚办法》将行政处罚与行政命令明确分开，理清了长期以来执法部门对责令改正形式性质的疑惑，是立法的一大亮点。

（一）环境行政命令的表现形式

1．责令停止建设

表 1-1-1　“责令停止建设”法律规定示范

序　号	法律名称	内　容	条　款
1	《建设项目环境保护管理条例》	建设单位未报批或未重新报批、未重新审核建设项目环境影响文件，由负责审批建设项目环境影响报告文件的环境保护行政主管部门责令限期补办手续；逾期不补办手续，擅自开工建设的，责令停止建设，可以处以 10 万元以下的罚款	第二十四条
2	《建设项目环境保护管理条例》	建设项目环境影响文件未经批准或者未经原审批机关重新审核同意，擅自开工建设的，由环境保护行政主管部门责令停止建设，限期恢复原状，并处以罚款	第二十五条
3	《环境影响评价法》	建设单位未依法报批建设项目环境影响评价文件，擅自开工建设的，责令停止建设	第三十一条

2．责令停止试生产

表 1-1-2　“责令停止试生产”法律规定示范

序　号	法律名称	内　容	条　款
1	《建设项目环境保护管理条例》	试生产建设项目配套建设的环境保护设施未与主体工程同时投入试运行的，由审批该建设项目环境影响评价文件的环境保护行政主管部门责令限期改正；逾期不改正的，责令停止试生产，可以处以 5 万元以下的罚款	第二十六条
2	《建设项目环境保护管理条例》	建设项目投入试生产超过 3 个月，建设单位未申请环境保护设施竣工验收的，由审批该建设项目环境影响评价文件的环境保护行政主管部门责令限期办理环境保护设施竣工验收手续；逾期未办理的，责令停止试生产，可以处以 5 万元以下的罚款	第二十七条

3．责令停止生产或者使用

表 1-1-3 “责令停止生产或者使用”法律规定示范

序 号	法律名称	内 容	条 款
1	《中华人民共和国环境保护法》	建设项目的防治污染设施没有建成或者没有达到国家规定的要求，投入生产或者使用的，责令停止生产或者使用	第三十六条
2	《建设项目环境保护管理条例》	建设项目需要配套建设的环境保护设施未建成、未经验收或者经验收不合格，主体工程正式投入生产或者使用的，由审批该建设项目环境影响评价文件的环境保护行政主管部门责令停止生产或者使用，可以处以 10 万元以下的罚款	第二十八条

4．责令限期建设配套设施

表 1-1-4 “责令限期建设配套设施”法律规定示范

序 号	法律名称	内 容	条 款
	《中华人民共和国大气污染防治法》	新建的所采煤炭属于高硫份、高灰份的煤矿，不按照国家有关规定建设配套的煤炭洗选设施的；排放含有硫化物气体的石油炼制、合成氨生产、煤气和燃煤焦化以及有色金属冶炼的企业，不按照国家有关规定建设配套脱硫装置或者未采取其他脱硫措施的排放含有硫化物气体的企业，不按照规定建设配套脱硫装置的，由县级以上人民政府环境保护行政主管部门责令限期建设配套设施，可以处以 2 万元以上 20 万元以下罚款	第六十条

5．责令重新安装使用

表 1-1-5 “责令重新安装使用”法律规定示范

序 号	法律名称	内 容	条 款
	《中华人民共和国环境保护法》	未经环境保护行政主管部门同意，擅自拆除或者闲置防治污染的设施，污染物排放超过规定的排放标准的，由环境保护行政主管部门责令重新安装使用，并处以罚款	第三十七条

6．责令限期拆除

表 1-1-6 “责令限期拆除”法律规定示范

序 号	法律名称	内 容	条 款
	《中华人民共和国水污染防治法》	在饮用水水源保护区内设置排污口的或者违反法律、行政法规和国务院环境保护主管部门的规定设置排污口或者私设暗管的，由县级以上地方人民政府环境保护主管部门责令限期拆除	第七十五条

7．责令停止违法行为

表 1-1-7　“责令停止违法行为”法律规定示范

序　号	法律名称	内　容	条　款
1	《中华人民共和国水污染防治法》	向水体排放剧毒废液，或者将含有汞、镉、砷、铬、铅、氰化物、黄磷等的可溶性剧毒废渣向水体排放、倾倒的，由县级以上地方人民政府环境保护主管部门责令停止违法行为	第七十六条
2	《中华人民共和国水污染防治法》	向水体倾倒船舶垃圾或者排放船舶的残油、废油；未经作业地海事管理机构批准，船舶进行残油、含油污水、污染危害性货物残留物的接收作业，或者进行装载油类、污染危害性货物船舱的清洗作业，或者进行散装液体污染危害性货物的过驳作业等行为的	第八十条
3	《中华人民共和国大气污染防治法》	拒报或者谎报有关污染物排放申报事项的；拒绝现场监察或在被检查时弄虚作假的，环境保护部门可以根据不同情节责令停止违法行为，限期改正，给予警告或者处以 5 万元以下罚款	第四十六条

8．责令限期治理

表 1-1-8　“责令限期治理”法律规定示范

序　号	法律名称	内　容	条　款
1	《中华人民共和国环境保护法》	在国务院、国务院有关部门和省、自治区、直辖市人民政府规定的风景名胜区、自然保护区和其他需要特别保护的区域内，不得建设污染环境的工业生产设施；建设其他设施，其污染物排放不得超过规定的排放标准。已经建成的设施，其污染物排放超过规定排放标准的，限期治理	第十八条
2	《中华人民共和国环境保护法》	对造成环境严重污染的企业事业单位，限期治理	第二十九条
3	《中华人民共和国环境噪声污染防治法》	对于在噪声敏感建筑物集中区域内造成严重环境噪声污染的企业事业单位，限期治理	第十七条
4	《中华人民共和国固体废物污染防治法》	造成固体废物严重污染环境的，由县级以上人民政府环境保护行政主管部门按照国务院规定的权限决定限期治理	第八十一条
5	《中华人民共和国水污染防治法》	排放水污染物超过国家或者地方规定的水污染物排放标准，或者超过重点水污染物排放总量控制指标的，由县级以上人民政府环境保护主管部门按照权限责令限期治理，处以应缴纳排污费数额 2 倍以上 5 倍以下的罚款	第七十四条

（二）环境行政命令与环境行政处罚的关系

行政命令和行政处罚都是行政机关针对行政相对人做出的具体行政行为。两者的区别如表 1-1-9 所示：

表 1-1-9 环境行政命令与环境行政处罚的区别

项 目	环境行政命令	环境行政处罚
目的不同	纠正违法行为，恢复原状，维持秩序或者状态	对违法者的惩戒，促使其以后不再犯
性质不同	不具有惩罚性，只是要求违法行为人履行法定义务，消除不良后果，没有增加新义务	具有惩罚性，对违法行为人声誉或财产造成损害的惩戒，科处新的义务
表现形式不同	停止违法行为，停止生产或使用，停止建设、限期治理等	警告、罚款、没收、责令停产停业、暂扣或者吊销许可证及执照和行政拘留等
实施程序不同	不适用行政处罚程序	经法定的行政处罚程序后作出

环境行政命令在防治环境污染和生态破坏方面的作用十分重大。

首先，环境行政命令具有补充环境法律的作用。由于环境法律的内容一般难以完全适应实际环境管理的需要，对环境法律未规定或规定欠完备的可以用环境行政命令加以补充，以适应客观形势的变化。

其次，环境行政命令具有执行环境法律的作用。环境行政机关为执行环境法律常常发布各种命令，因而环境法律经过各种命令性质的环境行政行为得以实现。

环境行政处罚与环境行政命令的联系主要表现在以下三个方面：

首先，都是由行政相对人的违法行为引起的。

其次，二者的根本目的均是维护行政管理秩序，保护公民和组织的合法权益，维护公共利益。

第三，二者同步进行（限于《行政处罚法》第二十三条规定的情形）。在实施行政处罚时，往往同时责令违法行为人改正或者限期改正违法行为。只予以行政处罚，不足以恢复正常的行政管理秩序；仅责令改正或者限期改正，不足以惩戒违法者。只有二者同步进行，才能够最终达到行政目的。

第四，责令改正或者限期改正违法行为等行政命令是行政处罚的前置程序，若违法行为人不服从命令，则将引起行政处罚程序的启动。

二、环境行政处罚与民事责任

环境行政处罚是指环境保护部门对违法环境法律、法规的行为施加的制裁措施，属于行政责任的一种；民事责任则是因环境污染或者破坏，对公民、企业或者其他社会组织造成人身、财产损害的，应当承担的损害赔偿责任。

如果被处罚人违反环境保护法律法规的规定，同时造成他人人身或财产损害的，承担行政处罚的法律责任后不免除其民事赔偿责任。《行政处罚法》第七条第一款规定：“公民、法人或者其他组织因违法受到行政处罚，其违法行为对他人造成损害的，应当依法承担民事责任。”“处罚不免除民事责任”是行政法的一项基本原则。

环境行政处罚与民事责任有如下区别：

（一）责任的性质不同

行政处罚是一种公法责任，是公民、法人或者其他组织对国家承担的一种责任，其所要保护的利益是非人格化的公共利益，具有公法责任的所有特征，如单方性、不可转让性。

而民事责任是一种私法责任，是平等主体之间相互承担的责任，其所保护的利益是人格化的公民、法人和其他组织的个体利益。

（二）社会功用不同

行政处罚是一种对违法行为的制裁，是制止违法行为或者对违法行为人某种权利予以限制、剥夺的一种惩戒措施。而民事责任虽然也有惩戒作用，但它不以惩戒为目的，而是以受害人的合法权益得到补救、补偿为目的，因此，民事责任的着眼点是补偿性。补偿的标准也大都以等价为标准。

（三）承担责任的条件不同

行政处罚的承担以被处罚人存在违法行为为前提，即存在违法环境法律、法规规定的行为，具有可处罚性，应当承担行政责任。民事责任不以加害人是否存在违反环境法律、法规规定的行为为前提，只要具备存在污染行为、有损害后果、污染行为与损害后果之间有因果关系三个条件，无法定免责事由及污染行为与损害后果之间无因果关系的证据，加害人就应当承担民事责任。换句话说，违法性仅仅是行为人是否承担行政责任的事由，不是是否承担民事责任的构成要件。

（四）承受行政处罚与民事责任的主体不同

行政处罚由行政主体直接对违法行为人适用，不产生违法行为人与他人的责任转让问题。实践中，对法人或者负有责任的人员予以处罚，是从行为人与法人及有关人员的内部责任关系上来把握的，而不是因行为人的责任转让所致。而民事责任的适用是从保护受害人的利益的角度来把握的，规定在某些情况下由一个民事主体（不一定是违法行为人）对受害人先行承担民事责任，然后再向违法行为人追偿。如《水污染防治法》第八十五条第三款规定“水污染损害是由第三人造成的，排污方承担赔偿责任后，有权向第三人追偿”。

（五）适用的程序不同

适用行政处罚是严格按行政程序进行的，行政程序的特点是体现行政权力的单方意志性，其追求的价值是行政效率。而适用民事责任原则上是按司法程序进行的，司法程序有双方当事人，其追求的价值是公正性，着眼点是解决纠纷，保护双方当事人的合法权益。

三、环境行政处罚与刑事责任

（一）环境行政处罚与刑事责任的联系

在我国法律责任体系中，行政处罚与刑事责任占有重要地位。作为公法责任的代表，行政处罚与刑事责任的关系，比其他法律责任之间的关系更为直接，对法制建设的影响也更为明显。行政处罚与刑事责任都是行为人对国家承担的责任，是公法上的两种重要制裁形式。

行政处罚与刑事责任具有许多相同之处：

（1）责任的基础相同。行政处罚与刑事责任的存在均以法律有明文规定为基础，前者遵循“法无明文规定不为罚”之原则，后者恪守“罪刑法定”主义。

（2）实施处罚的主体均须为国家权力的拥有者。无论是实施行政处罚，还是实施刑事责任，都是直接运用国家权力的体现，实施处罚的主体必须是国家权力的主体，任何非权力主体的组织和个人均不得以自己的名义实施处罚。这被称之为“国家追究主义”原则。

（3）二者均不产生责任的转让问题。行政处罚原则上和刑事责任一样只直接对行为人适用，不产生违法行为人与他人的责任转让。除此之外，行政处罚与刑事责任在其他方面还有不少相同点，比如，并罚的原则、证据的收集与运用等。

（二）环境行政处罚与刑事责任的区别

（1）性质不同。

环境行政处罚属于环境行政责任性质；环境刑事责任则属于环境刑事犯罪性质，社会危害性与法律制裁要严重和严厉得多。

（2）对象不同。

环境行政处罚的对象是违反环境法律规范应承担行政责任的环境行政相对人；环境刑事责任的对象是实施了污染或者破坏环境造成人身伤亡或者重大经济损失触犯刑律应承担刑事责任的自然人或法人。

（3）适用法律不同。

环境行政处罚实体法适用环境法规中的行政责任规范，程序法适用《行政处罚法》及《环境行政处罚办法》；环境刑事责任实体法适用《刑法》中刑事法律规范及其他有关规定，程序法适用《刑事诉讼法》。

（4）惩罚的机关不同。

环境行政处罚由环境保护监督管理机关实施；环境刑事责任则只能由人民法院实施。

（5）惩罚的形式不同。

环境行政处罚的形式包括警告、罚款、吊销许可证、责令停业关闭等，侧重于财产罚和能力罚；环境刑事责任的承担形式包括管制、拘役、有期徒刑、无期徒刑、死刑等主刑和罚金、剥夺政治权利、没收财产等附加刑，侧重于人身罚。在特殊场合，如对外国公民还可适用驱逐出境的惩罚形式。在此，罚款与罚金虽然均对环境行政相对人实施经济上的制裁，但两者性质却不同。罚款为行政制裁，由环境保护监督管理部门对违反环境法律、法规但不够刑事惩罚的行政相对人适用；罚金为刑罚的一种，只能由人民法院对严重污染或者破坏环境的犯罪分子适用。

四、环境行政处罚与缴纳排污费的义务

（一）环境行政处罚与缴纳排污费义务之间的区别

环境行政处罚是法律责任，缴纳排污费是排污者的义务。义务是指公民依法应当履行的职责，它表现为负有义务的公民必须做出一定的行为或禁止做出一定的行为。法律上的义务

具有强制的约束力，不可任意改变或者逃避。法律责任则是当未能履行、遵守法律上规定的义务时，必须接受的法律上的处罚或者制裁。没有义务的违反，则没有法律责任的承担。

（二）环境行政处罚与缴纳排污费义务的联系

排污者如果遵照法律规定的缴纳排污费的义务，及时、足额缴纳，则不会承担违反义务的行政处罚责任；相反，如果未按期、足额履行缴纳排污费义务，将承担相应的行政处罚责任。换言之，违反缴纳排污费义务是承担环境行政处罚的前提条件之一。如《固体废物污染环境防治法》第五十六条“以填埋方式处置危险废物不符合国务院环境保护行政主管部门规定的，应当缴纳危险废物排污费”规定的是排污者缴纳排污费的义务；第七十五条“不按照国家规定缴纳危险废物排污费的，由县级以上人民政府环境保护行政主管部门责令停止违法行为，限期改正，处以罚款”规定的是排污者违反法定义务后应承担的环境行政处罚法律责任。

思考题

1. 行政处罚法定原则的含义是什么？
2. 简述公正、公开原则在《环境行政处罚办法》中的体现。
3. “一事不再罚”原则的内涵及运用。
4. 简述行政处罚设定权的立法配置。
5. 环境行政处罚与行政命令的区别与联系。
6. 环境行政处罚与民事责任、刑事责任的区别与联系。
7. 环境行政处罚与缴纳排污费义务的区别与联系。

第二章　环境行政处罚的实施主体与管辖

第一节　环境行政处罚的实施主体

处罚权是一种国家权力，属于公权范畴，其宗旨是维护公共利益和社会秩序，它不同于私权（个体权利）。因此，处罚权的实施主体在性质上应具有权力的一般特点：一是主体必须是公法人，个人不能成为处罚的主体，实施处罚的责任必须是机关的责任而不是个人责任；二是在权力的取得上，必须是通过特定国家机关以一定方式授予，这是确定行政处罚主体资格的基础和根据。

行政处罚主体，亦即行政处罚实施主体，是指依法对公民、法人或者其他组织的行政违法行为实施行政处罚的社会组织。

行政处罚权是一项重要的行政权能，由谁来行使这项权利，不仅关系到公共利益和社会利益，而且关系到公民、法人和其他组织的合法权益。因此，有必要对之严格限定，克服实际存在的乱设处罚机构、随意授权或者委托以及职权交叉严重等问题。[①]

行政处罚主体具有如下本质特征：

第一，有独立的主体资格。任何一个社会组织要成为行政处罚主体，必须具有独立的主体资格，亦即能够以自己的名义独立进行社会活动。不具有独立的主体资格的社会组织，不能称之为行政处罚主体。

第二，依法享有行政处罚权。行政处罚主体，必须依照法律、法规的规定享有行政处罚权。不享有行政处罚权的社会组织，不能称之为行政处罚主体。即使是享有行政管理权但不享有行政处罚权的行政职能机关，如监察机关、人事机关等，也不能称之为行政处罚主体。

第三，能够独立承担行政处罚的行为效果。行政处罚主体必须能够独立承担行政处罚的行为效果。亦即能够以自己的名义独立承担行政处罚违法所产生的法律后果。不能独立承担行政处罚行为效果的社会组织，不能称之为行政处罚主体。

行政处罚属于国家行政的范畴，行政处罚权乃是国家行政权的有机组成部分。因此，行政处罚主体必然享有行政权，不享有行政权的社会组织不可能成为行政处罚主体。就此意义上而言，行政处罚主体亦可被称之为行政主体。

《环境行政处罚办法》第十四条规定：“县级以上环境保护主管部门在法定职权范围内实施环境行政处罚。经法律、行政法规、地方性法规授权的环境监察机构在授权范围内实

---

① 张朝霞．行政处罚法学与行政许可法学．兰州：甘肃人民出版社，2006：63.

施环境行政处罚，适用本办法关于环境保护主管部门的规定。”环境行政处罚的实施主体是指有权实施行政处罚的机构和部门。根据《行政处罚法》的规定，行政处罚由具有行政处罚权的行政机关在法定职责范围内实施，因此，环境行政处罚的实施主体是指具有环境行政处罚权的行政机关。

一、环保部门

（一）县级以上环保部门

《行政处罚法》第十五条规定：“行政处罚由具有行政处罚权的行政机关在法定职权范围内实施。”行政处罚权作为行政机关实现行政管理目标的强制手段，是行政机关的法定职权。但是，并非所有的行政机关都有行政处罚权，实施行政处罚的行政机关必须具备以下资格条件：

（1）必须具备外部行政管理职能。

行政处罚是一种外部行政行为，只能由具有外部行政管理职能的机关行使，即行政机关能够直接管理行政相对人；而具有内部管理职能的机关没有直接管理行政相对人的职能，不能履行外部行政管理职责。

（2）依法得到法定明确授权，代表国家在某一领域实施行政处罚。

由于处罚权是一项单行法授予的职权，即使具有外部行政管理职能的行政机关，如果未经法定明确授权，外部行政机关也不能成为处罚主体，不能实施行政处罚。如，县级以上环保部门属于行政机关，但是在《环境噪声污染防治法》颁布之前，对文化娱乐场所的边界噪声超标，无权实施处罚。

（3）必须在法定职权范围内。

行政机关实施的处罚应当与其管理权限相一致，适用处罚的范围与其管理的范围和对象相一致。如，县级行政机关不应被授予省级行政机关的处罚权限；环保部门也不能成为林业部门行政处罚的主体。

根据我国《环境保护法》的规定，县级以上环境保护行政主管部门的主要职责包括：实施统一监督管理；审批环境影响报告书；严守“三同时”，并监督防治污染设施的正常运行；实施排污申报登记；征收排污费；实施现场检查；实施行政处罚；作出行政复议决定；申请人民法院强制执行；发布环境状况公报；编制环境保护规则；调解处理环境污染民事纠纷；组织开展环境科学研究和宣传教育。

根据《法律、行政法规和部门规章设定的环保部门行政处罚目录》（环办[2009]107 号）的规定，县级以上环境保护行政主管部门在水污染防治、大气污染防治、固体废物污染防治、化学品管理、环境噪声污染防治、海洋环境保护、放射性污染防治、环境影响评价和“三同时”管理、排污费管理、清洁生产、监测与自动监控管理、环境污染治理设施运营资质许可管理、生态保护等方面具有环境行政处罚权。

根据《环境行政处罚办法》和有关环境法律的规定，县级以上环境保护行政主管部门有权实施的行政处罚包括四种：警告；罚款；暂扣、吊销许可证或者其他具有许可证性质的证件；没收违法所得、没收非法财物。

（二）经法律授权的环境监察机构（被授权的组织）

被授权的组织是指依据法律、法规的特别授权而取得了行政主体资格，并能行使行政职权的非国家行政机关组织。该组织作为行政处罚的主体需要具备以下条件：

（1）有法律、法规的明确授权（直接和间接）。

（2）具备授权法律、法规要求的条件（行政处罚授权组织、行政许可授权机关）。

（3）授权组织在法定权限范围内以自己的名义行使职权，独立承担法律责任（不得超越授权的范围、条件、事项和时限等）。

被授权的组织通常有以下几种表现形式：

一是派出机构。政府职能部门根据需要在辖区内设立的工作机构，经过法律、法规规章的授权，可以成为行政主体，对外在授权范围内实施行政行为。如治安派出所警告和50元以下罚款。

二是机关内部机构。包括依据授权规定直接成立的专门行政机关内部机构，如环境监察机构。

三是其他组织。包括行政性公司，如海洋石油总公司；经授权的事业单位，如证监会、银监会等；经授权的企业单位，如电力公司、邮政公司；授权的社团组织、群众组织和其他社会组织，工会、妇联等。

《行政处罚法》第十六规定："法律、法规授权的具有管理公共事务职能的组织可以在法定授权范围内实施行政处罚。"这一规定包含了三层含义：（1）该组织必须经法律、法规（含行政法规、地方性法规）授权；（2）该组织具有管理公共事务的职能；（3）该组织必须在授权范围内实施行政处罚。因此，经法律、行政法规、地方性法规授权的环境监察机构，也是环境行政处罚的实施主体。

目前，我国尚无将环境行政处罚权授予有关组织的法律和行政法规规定，但已有地方性法规将环境行政处罚权授予环境监察机构实施的规定，例如《重庆市环境保护条例》第八条第二款规定："市环境保护行政主管部门行使的行政处罚权，可以由市环境监察机构依照本条例规定实施。"[①]

（三）受环保部门委托的环境监察机构（受委托的组织）

1．受委托组织的含义

受委托的组织是指得到行政机关依照法律、法规、规章规定委托行使行政处罚权的符合法定条件的组织。受委托的组织的主要义务包括：不得超越委托权限；不得徇私舞弊；接受委托机关的监督指导，主动向委托机关请示汇报工作；认真履行受委托的职责，接受监督。

2．委托实施行政处罚的意义

行政处罚权作为行政机关的法定职权，通常情况只能由行政机关行使，不能随意转让。但是，随着行政机关行政管理任务的不断增多，其行使行政处罚权的范围也随之扩大，从提高工作效率、降低管理成本的角度考虑，将一部分行政处罚权委托给符合条件的组织行

[①] 环保部环境监察局.《环境行政处罚办法》释义．北京：中国环境科学出版社，2011：35.

使具有可行性。《行政处罚法》第十八、十九条规定了行政机关依法可以将自己拥有的行政处罚权委托给符合法定条件的组织行使。如环境保护部东北环境保护督查中心（以下简称东北督查中心）为环保部派出的执法监督机构，是环保部直属事业单位。受环保部委托，督查中心在所辖区域内承担重大环境污染与生态破坏案件的查办工作、承办或参与环境执法稽查工作等职责。

3．委托的规则

（1）委托必须具备的三个条件：环保部门进行委托必须有法律、法规、规章的规定；环保部门必须在法定权限内进行委托；受托的环境监察机构须符合《行政处罚法》第十九条规定的条件。

（2）环境监察机构以委托机关的名义实施行政处罚。

环境监察机构在委托范围内，以环保部门的名义实施行政处罚，法律后果由委托的环保部门承担。

（3）委托和受委托的禁止性规定。

①环保部门不得委托公民个人或者委托不符合法定条件的组织实施行政处罚。

②受委托的环境监察机构不得转让委托。

③环保部门要监督受委托的环境监察机构实施的行政处罚行为。主要包括：环境监察机构是否在委托的权限范围内依照法律、法规及规章的规定实施处罚。如果环境监察机构严重违法行使行政处罚权的，环保部门有权解除委托关系。

行政法领域，“授权”与“委托”的含义完全不同，两者的区别见表 1-2-1。

表 1-2-1　行政授权与行政委托的区别

区别	行政授权	行政委托
权利来源	法律、法规的授予文件	行政机关的委托
实施名义	以自己的名义	以委托机关的名义
责任主体	被授权的组织	委托机关
对组织的要求	企业、事业单位均可	事业单位[①]
内容	权利能力和行为能力	行为能力
效果	产生了新的行政主体	改变了行为的主体

二、人民政府

作为权力机关的执行机关，县级以上各级人民政府是国家行政的最核心、最基本的行政主体，也是国家行政中行政范围最广、行政权限最大的行政主体。根据我国现行行政处罚立法规定，行政机关依法享有一定的行政处罚权。如《中华人民共和国环境保护法》第三十九条第二款中规定：“责令停业、关闭，由作出限期治理决定的人民政府决定。”《中华人民共和国水污染防治法》第五十八条规定：“禁止在饮用水水源一级保护区内新建、改建、扩建与供水设施和保护水源无关的建设项目；已建成的与供水设施和保护水源无关的建设项目，由县级以上人民政府责令拆除或者关闭。”为此，县级以上人民政府是当然的行政处罚主体。

[①]《行政处罚法》第十九条规定“受委托组织必须符合以下条件：（一）依法成立的管理公共事务的事业单位……”。

专栏 1-2-1　关于环境行政处罚主体资格有关问题的复函

国家环境保护总局　环函[2001]120 号

山东省环境保护局：

你局《关于环境行政处罚主体资格有关问题的请示》（鲁环发[2001]116 号）收悉。经研究，函复如下：

根据《行政处罚法》第十五条和第二十条的规定："行政处罚由具有行政处罚权的行政机关在法定职权范围内实施"，并"由违法行为发生地的县级以上地方人民政府具有行政处罚权的行政机关管辖"。《环境保护行政处罚办法》（国家环境保护总局令第 7 号）第九条进一步明确，县级以上环境保护行政主管部门在法定职权范围内实施环境保护行政处罚。

另据《行政处罚法》第十八条的规定，行政机关可以依法在其法定权限内委托符合条件的组织实施行政处罚。《环境保护行政处罚办法》第十条也规定，环境保护行政主管部门可以在其法定职权范围内委托环境监理机构实施行政处罚。

由此可见，环境保护行政处罚依法应由具有行政处罚权的环境保护行政机关实施，其他组织未经法律、法规授权，依法不具有实施环境保护行政处罚的主体资格；行政机关委托其他组织实施环境保护行政处罚的，也应在其法定权限之内委托处罚，超越法定职权委托处罚应属无效。

根据《环境保护行政处罚办法》第十五条第二款的规定，对发生在既无环境保护行政主管部门，也无法律、法规授权实施环境保护行政处罚的其他组织，委托实施处罚又超越法定职权的地方的环境违法案件，上级环境保护行政主管部门可以对其直接实施行政处罚。

二〇〇一年六月十四日

根据《环境行政处罚办法》和有关环境法律的规定，县级以上人民政府有权实施的行政处罚包括 2 种：责令停业、关闭；责令停产整顿。

三、公安机关等其他具有环境行政处罚权的机关

具有行政处罚权的行政机关应当依法定职权行使行政处罚权。履行对外管理职能通常是外部行政机关的固有职权，随该机关的依法设立而产生。一般由组织法或者组织规则规定，而处罚权则是一项单行法授予的职权，未经法定明确授权，并在该法定职权范围内，行政机关不得实施行政处罚。也就是说，行政机关只能对属于自己抓管业务、职权范围内的违反行政管理秩序的行为给予行政处罚。反过来说就是，违反行政管理秩序的行为只能由主管行政机关依职权给予行政处罚，并非任何行政机关对任何违法行为都有权实施行政处罚。

（一）公安机关

根据《环境保护法》《环境噪声污染防治法》《大气污染防治法》《汽车排气污染监督管理办法》《道路交通管理条例》《放射性污染防治法》《放射性同位素与射线装置放射性

防治条例》《治安管理处罚法》《道路交通安全法》等法律、法规的规定，公安机关对环境噪声、汽车尾气污染、放射性污染、破坏野生动植物及破坏水土保持等环境污染防治和自然资源保护实施监督管理。在《环境行政处罚办法》规定的八种行政处罚种类中，公安机关能够实施的只有行政拘留。行政拘留由于涉及公民的人身自由权，是一项专有的权力，只能由公安机关行使。公安机关以外的其他行政机关不得作为实施行政拘留的处罚主体。

专栏 1-2-2　对违法排污行为适用行政拘留处罚问题的意见

全国人大法工委　法工委复[2008]5 号

环境保护部:

你部《关于商请解释违法排污行为适用行政拘留处罚问题的函》（环函[2008]65 号）收悉。经研究，答复如下:

依照《治安管理处罚法》第三十条关于“对违反国家规定处置爆炸性、毒害性、放射性、腐蚀性物质或者传染病病原体等危险物质的行为给予行政拘留处罚”的规定，第十八条关于“单位违反治安管理的，对其直接负责的主管人员和其他直接责任人员依照本法的规定处罚”的规定，以及《水污染防治法》第九十条关于“违反本法规定，构成违反治安管理行为的，依法给予治安管理处罚”的规定，排污单位违反国家规定，向水体排放、倾倒毒害性、放射性、腐蚀性物质或者传染病病原体等危险物质，构成非法处置危险物质的违反治安管理行为的，可以由公安机关对单位直接负责的主管人员和其他直接责任人员依法给予行政拘留处罚。

二〇〇八年五月二十三日

（二）海洋行政主管部门

根据《环境保护法》《海洋环境保护法》《海洋石油勘探开发环境保护管理条例》及《海洋倾废管理条例》的规定，负责对全国海洋工程建设项目和海洋倾倒废弃物对海洋污染损害的防治实施监督管理。

（三）渔政渔港监督行政主管部门

根据《渔业法》《防止拆船污染环境管理条例》《海洋环境保护法》的规定，对内河渔业船舶排污、拆船作业污染内河渔业港区水域的污染防治实施监督管理，并负责调查处理内河渔业污染事故；对我国海域渔港水域内非军事船舶和渔港水域外渔业船舶污染海洋环境实施监督管理，参与船舶造成渔业海域污染事故的调查处理，并对上述违法行为实施行政处罚。

（四）各级交通部门的航政部门

根据《环境保护法》《大气污染防治法》《水污染防治法》《环境噪声污染防治法》的

规定，对陆地水体（港区、渔业区除外）船舶的大气污染、水污染和环境噪声污染防治实施监督管理，并对上述违法行为实施行政处罚。

（五）铁道行政主管部门

根据《环境保护法》《大气污染防治法》《环境噪声污染防治法》的规定，对铁路机车环境污染防治实施监督管理，并对上述违法行为实施行政处罚。

（六）民航行政主管部门

根据《环境保护法》《环境噪声污染防治法》《民用机场管理暂行规定》和《通用航空管理暂行规定》的规定，对民用机场和经营通用航空业务的企事业单位的环境噪声污染防治实施监督管理，并对上述违法行为实施行政处罚。

第二节　环境行政处罚管辖

环境行政处罚管辖，是指环境保护行政机关查处违反环境法律案件的分工与权限。它具有如下特点：

第一，环境行政处罚管辖是行政程序中的管辖，是环境行政机关处罚行政违法行为的分工，其内容是由行政相对人的行政违法行为引起的行政处罚案件。

第二，环境行政处罚管辖是环境保护行政机关最初处理行政违法案件并作出行政处罚决定的分工。

第三，环境行政处罚管辖应遵循便于当事人，有利于执法，保护当事人合法权益，维护环境管理秩序的原则。

第四，环境行政处罚管辖主体必须是环境法律、法规明确规定的有行政处罚权的环境保护行政机关。

根据《行政处罚法》《环境行政处罚办法》及有关环境法律、法规的规定，环境行政处罚的管辖实行职能管辖、地域管辖、级别管辖、移送管辖和指定管辖。

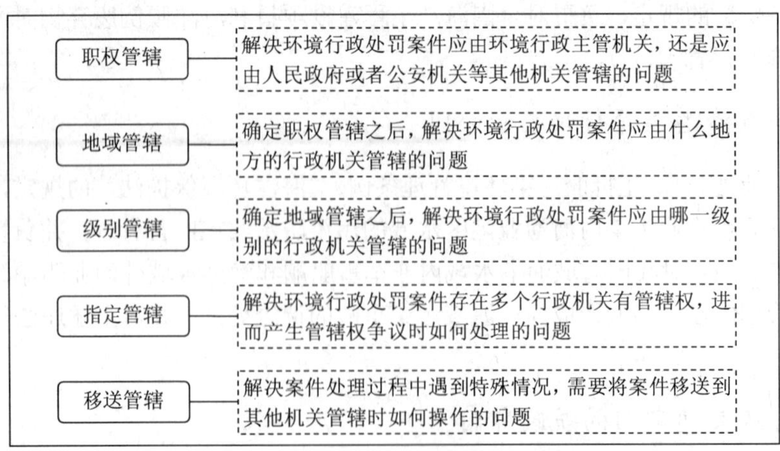

图 1-2-1　环境行政处罚管辖类别图

一、级别管辖

级别管辖，也称层级管辖，是指不同级别（或上下级）环境保护行政机关之间实施行政处罚的权限分工。级别管辖，是以我国行政区域的纵向划分为基础和前提的。从我国行政管理体制和行政立法来看，高层的行政主体一般并不承办具体的行政事务，因为高层的行政主体的主要职责是领导、指挥和协调基层的行政主体承办具体的行政事务。因此，一般来说绝大多数的行政处罚案件通常是由基层的行政主体承办的，只有重大、复杂的行政处罚案件才由高层的行政主体来承办。为此，各部门上下级行政主体相互之间承办行政处罚案件的权限范围，通常界定为：第一，基层行政主体承办本行政区域内的一般的行政处罚案件；第二，中级行政主体（亦即地市级行政主体）承办地市行政区域内的重大、复杂的行政处罚案件；第三，高级行政主体（亦即省级行政主体）承办省级行政区域内重大、复杂的行政处罚案件；第四，最高行政主体（亦即中央级行政主体）承办全国范围内重大、复杂的行政处罚案件。

各部门上下级行政主体承办行政处罚案件的分工，是以行政处罚案件是否重大、复杂为界限的。从我国现行行政处罚立法来看，对于重大、复杂的行政处罚案件有着如下不同的确定标准：

（1）行政相对人的地位。从我国现行行政处罚立法来看，有的行政处罚案件的级别管辖，是以行政相对人的地位而定的。简言之，行政相对人地位较低的行政处罚案件，由下级行政主体承办；行政相对人地位较高的行政处罚案件，则由上级行政主体承办。

（2）行政处罚的轻重程度。处罚较重的行政处罚案件，由上级行政主体承办；处罚较轻的行政处罚案件，则由下级行政主体承办。

（3）行政违法行为的复杂程度。简单的行政违法行为的行政处罚案件，由下级行政主体承办；复杂的行政违法行为的行政处罚案件，则由上级行政主体承办。

《行政处罚法》第二十条规定，对违法行为由“县级以上地方人民政府”实施行政处罚（法律、行政法规另有规定的除外）。这一规定明确了环境行政处罚的管辖在级别上（原则上）只能是具有行政处罚权的县级以上地方人民政府及其各环境资源保护职能部门。但是，县级以上环境保护行政机关之间的处罚权限如何划分，《行政处罚法》及环境法律均未作具体规定。

有关环境行政处罚中除基层环保部门管辖的事项之外，其他级别管辖的规定主要表现见表 1-2-2。

此外，《民用核安全设备监督管理条例》《民用核设施安全监督管理条例》《民用核安全设备焊工焊接操作工资格管理规定》《民用核安全设备设计制造安装和无损检验监督管理规定》《进口民用核安全设备监督管理规定》《核材料管理条例》等与核安全相关的法规中对级别管辖有相应规范。

表 1-2-2　环境行政处罚级别管辖规定的具体表现

序号	法律依据	违法行为	级别管辖机关	行政处罚措施
1	《危险废物转移联单管理办法》第十三条	未按规定运行联单或者未在规定的存档期限保管联单	省辖市级以上地方人民政府环境保护行政主管部门	责令限期改正，并处以 3 万元以下罚款
2	《危险废物出口核准管理办法》第二十二条	申请危险废物出口核准的单位隐瞒有关情况或者提供虚假材料	国务院环境保护行政主管部门	不予受理其申请或者不予核准其申请，给予警告，并记载其不良记录
3	《危险废物出口核准管理办法》第二十三条	未按规定填写、运行转移单据，情节严重	国务院环境保护行政主管部门	撤销危险废物出口核准通知单
4	《放射性污染防治法》第五十七条	未经许可，擅自从事贮存和处置放射性固体废物活动；不按照许可的有关规定从事贮存和处置放射性固体废物活动	省级以上环境保护行政主管部门	责令停产停业或者吊销许可证；有违法所得的，没收违法所得；违法所得 10 万元以上的，并处违法所得 1 倍以上 5 倍以下罚款；没有违法所得或者违法所得不足 10 万元的，并处以 5 万元以上 10 万元以下罚款
5	《电磁辐射环境保护管理办法》第三十条	违法造成电磁辐射污染环境事故	省级环境保护行政主管部门	罚款。有违法所得的，处以违法所得 3 倍以下的罚款，但最高不超过 3 万元；没有违法所得的，处以 1 万元以下的罚款
6	《规划环境影响评价条例》第三十四条	规划环境影响评价技术机构弄虚作假或者有失职行为，造成环境影响评价文件严重失实	国务院环境保护主管部门	予以通报，处以所收费用 1 倍以上 3 倍以下的罚款
7	《环境污染治理设施运营资质许可管理办法》第二十九条	持证单位提交《环境污染治理设施运营情况年度报告表》时弄虚作假	省级环境保护部门	责令改正，可以处以 2 万元以下罚款

二、地域管辖

地域管辖，亦称土地管辖、区域管辖，是指各部门同一级环境保护行政主管部门之间承办行政处罚案件的权限范围。地域管辖是以我国行政区域的横向划分为基础和前提的。根据我国现行行政处罚立法的规定，地域管辖包括一般地域管辖和特殊地域管辖两方面。

（一）一般地域管辖

一般地域管辖，是指以行政违法行为所在地为标准而确定的地域管辖。所谓行政违法行为所在地，是指行政违法行为的实施地和结果发生地。因此，一般地域管辖中，行政处罚案件由行政违法行为的实施地或者行政违法行为结果发生地的环保部门管辖。《行政处罚法》第二十条规定，行政处罚“由违法行为发生地”（法律、法规另有规定的除外）的行政机关管辖，即对违法案件，由违法行为发生地的环境保护行政机关管辖。

我国行政处罚立法之所以规定一般地域管辖以行政违法行为所在地为确定标准，理由如下：第一，一般地域管辖以行政违法行为所在地为确定标准，是世界上大多数国家行政处罚立法的通例。第二，一般地域管辖以行政违法行为所在地为确定标准，符合我国的行政管理体制。限于我国“条块分割”的行政管理体制，横向各个行政区域一般均设有相应的行政主体并在本行政区域内行使行政管理权。因此，横向的各个行政主体只能在本行政区域内行使行政处罚权。第三，一般地域管辖以行政违法行为所在地为确定标准，便于行政主体及时、方便、有效地承办行政处罚案件。

违法行为发生地包括违法行为着手地、经过地、实施地、危害结果发生地。《环境行政处罚办法》第十七条明确规定县级以上环境保护主管部门管辖本行政区域的环境行政处罚案件。对造成跨区污染的行政处罚案件，由污染行为发生地环境保护主管部门管辖，从而解决了污染行为发生地和污染结果地不同时行政处罚案件的管辖之争。

（二）特殊的地域管辖

在环境行政机关有关环境处罚案件管辖的案件，确定地域管辖有以下几种情况：

（1）将淘汰的设备转让给他人使用的行政处罚，由转让者所在地环境保护行政主管部门管辖。[①]

（2）两个以上环境保护行政机关都有管辖权的行政处罚案件，由最先发现或者最先接到举报的环境保护主管部门管辖。

三、职权管辖

职权管辖，是指不同职能的环境保护行政机关之间实施行政处罚的权限分工。职权管辖虽然也是行政处罚权的横向权限划分，但它是同级主体之间的权限划分。职权管辖具有如下鲜明特点[②]：

（1）职权管辖是以《行政机关组织法》为基础的。《行政机关组织法》是有关行政主体资格、职责权限、运作规则的基本法律规范，通过明确行政机关的身份和职责权限，避免行政机关之间相互扯皮、推诿或者越权。

（2）职权管辖的最终确立需要法律、法规的明确授权。

（3）职权管辖可以依法发生变更或转移。作为一项法律授权，职权管辖可以被法律归在不同机关门下。该特点表明，某一类行政处罚由某类行政机关来实施，并不是恒定的，它会随着行政机关组织机构的调整而发生变化。

按照行政机关管理范围划分行政处罚的管辖权限是职权管辖的特点。职权管辖包含了两层含义：一是实施行政处罚的机关必须是拥有行政处罚权的机关；二是有行政处罚权的机关必须在自己的职权范围内实施行政处罚，超越权力范围实施处罚属于违法行为，应当认定为无效，而且应追究其相应的法律责任。职权不同的环境保护行政机关享有的行政处罚权是不同的，即只能对自己的职权范围内的违法案件享有处罚管辖权，也就是说，不同的环境保护行政机关应各司其职，只能行使属于本部门管理权限范围内的行政处罚权，否

[①]《大气污染防治法》第四十九条第二款：“将淘汰的设备转让给他人使用的，由转让者所在地县级以上地方人民政府环境保护行政主管部门或者其他依法行使监督管理权的部门没收转让者的违法所得，并处违法所得 2 倍以下罚款。”

[②] 张朝霞．行政处罚法学与行政许可法学．兰州：甘肃人民出版社，2003：86.

则就是违法。

如《环境噪声污染防治法》第五十八条规定："在城市市区噪声敏感建筑物集中区域内使用高音广播喇叭……由公安机关给予警告，可以并处罚款。"下文分别以表格形式阐释地方人民政府、公安机关、海洋管理部门在环境行政处罚案件的职权管辖范围（见表 1-2-3、表 1-2-4、表 1-2-5）。

表 1-2-3 县级以上人民政府在环境行政处罚中职权的具体表现

序号	违法行为	行政处罚（命令）措施	法律、行政法规和部门规章依据
1	对经限期治理逾期未完成治理任务的企业事业单位	责令停业、关闭（由作出限期治理决定的人民政府决定；央属企业事业单位停业、关闭，报国务院批准）	《环境保护法》第三十九条
2	逾期未完成限期治理任务的	环境保护主管部门报经有批准权的人民政府批准，责令关闭	《水污染防治法》第七十四条第二款
3	在饮用水水源保护区内设置排污口的	责令限期拆除，处 10 万元以上 50 万元以下的罚款；逾期不拆除的，强制拆除，所需费用由违法者承担，处 50 万元以上 100 万元以下的罚款，并可以责令停产整顿	《水污染防治法》第七十五条第一款
4	私设暗管或者有其他严重情节的	县级以上地方人民政府环境保护主管部门可以提请县级以上地方人民政府责令停产整顿	《水污染防治法》第七十五条第二款
5	生产、销售、进口或者使用列入禁用名录中的设备，情节严重的	由县级以上人民政府经济综合宏观调控部门提出意见，报请本级人民政府责令停业、关闭	《水污染防治法》第七十八条
6	采用列入禁止采用的严重污染水环境的工艺名录中的工艺，情节严重的		
7	建设不符合国家产业政策的小型造纸、制革、印染、染料、炼焦、炼硫、炼砷、炼汞、炼油、电镀、农药、石棉、水泥、玻璃、钢铁、火电以及其他严重污染水环境的生产项目的	责令关闭	
8	在饮用水水源一级保护区内新建、改建、扩建与供水设施和保护水源无关的建设项目的	由县级以上地方人民政府环境保护主管部门责令停止违法行为，处 10 万元以上 50 万元以下的罚款；并报经有批准权的人民政府批准，责令拆除或者关闭	《水污染防治法》第八十一条
9	在饮用水水源二级保护区内新建、改建、扩建排放污染物的建设项目的		
10	在饮用水水源准保护区内新建、扩建对水体污染严重的建设项目，或者改建建设项目增加排污量的		

序号	违法行为	行政处罚（命令）措施	法律、行政法规和部门规章依据
11	生产、销售、进口或者使用禁止生产、销售、进口、使用的设备，情节严重的	由县级以上人民政府经济综合主管部门提出意见，报请同级人民政府按照国务院规定的权限责令停业、关闭	《大气污染防治法》第四十九条
12	采用禁止采用的工艺的		
13	开采含放射性和砷等有毒有害物质超过规定标准的煤炭的	由县级以上人民政府按照国务院规定的权限责令关闭	《大气污染防治法》第五十条
14	生产、销售、进口或者使用淘汰的设备，或者采用淘汰的生产工艺的，情节严重的	由县级以上人民政府经济综合宏观调控部门提出意见，报请同级人民政府按照国务院规定的权限决定停业或者关闭	《固体废物防治法》第七十二条
15	造成固体废物严重污染环境的，逾期未完成治理任务的	由本级人民政府决定停业或者关闭	《固体废物防治法》第八十一条
16	造成固体废物重大污染环境事故的	由县级以上人民政府按照国务院规定的权限决定停业或者关闭	《固体废物防治法》第八十二条
17	对经限期治理逾期未完成治理任务的企业事业单位	由县级以上人民政府按照国务院规定的权限决定责令停业、搬迁、关闭	《噪声污染防治法》第五十二条
18	生产、销售、进口禁止生产、销售、进口的设备的，情节严重的	由县级以上人民政府经济综合主管部门提出意见，报请同级人民政府按照国务院规定的权限责令停业、关闭	《噪声污染防治法》第五十三条

表 1-2-4　公安机关在环境行政处罚中职权的具体表现

序号	违法行为	行政处罚措施	法律、行政法规和部门规章依据
1	未经当地公安机关批准，进行产生偶发性强烈噪声活动的	警告或者处以罚款	《噪声污染防治法》第五十四条
2	机动车辆不按照规定使用声响装置的	警告或者处以罚款	《噪声污染防治法》第五十七条
3	在城市市区噪声敏感建筑物集中区域内使用高音广播喇叭	警告，可以并处罚款	《噪声污染防治法》第五十八条
4	在公共场所组织娱乐、集会等活动使用音响器材，产生干扰周围生活环境的过大音量的		
5	未采取措施，从家庭室内发出严重干扰周围居民生活的环境噪声的		

表 1-2-5　海洋环境监督管理部门在环境行政处罚中职权的具体表现

序号	违法行为	行政处罚措施	法律、行政法规和部门规章依据
1	向海域排放禁止排放的污染物或者其他物质的	责令限期改正，并处以 3 万元以上 20 万元以下罚款	《海洋环境保护法》第七十三条
2	未取得海洋倾倒许可证，向海洋倾倒废弃物的		
3	不按照规定向海洋排放污染物或者超过标准向海洋排放污染物的		
4	因发生事故或者其他突发性事件，造成海洋环境污染事故，不立即采取处理措施的		

序号	违法行为	行政处罚措施	法律、行政法规和部门规章依据
5	不按照规定申报，甚至拒报污染物排放有关事项，或者申报时弄虚作假的	警告或者处以 2 万元以下的罚款	《海洋环境保护法》第七十四条
6	不按照规定记录倾倒情况，或者不按照规定提交倾倒报告的		
7	拒绝现场检查或者在被检查时弄虚作假的	警告，并处以 2 万元以下的罚款	《海洋环境保护法》第七十五条
8	陆源或者海岸工程违法造成海洋环境污染事故的	处以直接损失的 30%的罚款，但最高不得超过 30 万元	《海洋环境保护法》第九十一条

四、指定管辖

《行政处罚法》第二十一条规定：“对管辖发生争议的，报请共同的上一级行政机关指定管辖。”该条是关于指定管辖的规定。指定管辖是指两个或两个以上行政机关对管辖区发生争议时，由共同的上一级行政机关以决定形式指定某一行政机关管辖。

在实践中，不同机关之间对管辖权发生争议，主要存在以下几种情况：

第一，环境保护行政机关对管辖权发生争议的，由争议双方协商解决，协商不成的，报共同上一级环境保护行政机关指定管辖。具体表现为：

（1）共同管辖时，若干有管辖权的行政机关对管辖权发生争议；

（2）违法行为涉及不同地区时，不同地区的行政机关对管辖权发生争议；

（3）因辖区境界部门引起的管辖权争议；

（4）因行政区划变动引起的管辖权争议。

第二，有管辖权的下级环境保护行政机关因特殊原因不能管辖时，可由上一级环境保护行政机关指定管辖；

第三，上级环境保护主管部门可以将其管辖的案件交由有管辖权的下级环境保护主管部门实施行政处罚。

《环境行政处罚办法》第二十条规定：“下级环境保护主管部门认为其管辖的案件重大、疑难或者实施处罚有困难的，可以报请上一级环境保护主管部门指定管辖。上一级环境保护主管部门认为下级环境保护主管部门实施处罚确有困难或者不能独立行使处罚权的，经通知下级环境保护主管部门和当事人，可以对下级环境保护主管部门管辖的案件指定管辖。上级环境保护主管部门可以将其管辖的案件交由有管辖权的下级环境保护主管部门实施行政处罚。”

第三节　案件移送

案件移送是指无行政处罚管辖权的环境保护行政机关将已受理的违反环境法律的案件移交给有管辖权的环境保护行政机关。《环境行政处罚办法》规定了两种案件移送，一是内部移送，二是外部移送。

一、内部移送

内部移送是指案件属于环境保护行政主管部门的职权范围，但是存在地域管辖或者级别管辖方面的问题时，应当移送至有管辖权的环境保护行政主管部门。受移送的环境保护主管部门对管辖权有异议的，应当报请共同的上一级环境保护主管部门指定管辖，不得再自行移送。

内部移送包括以下三个方面：

（1）本机关即移送者，没有管辖权。

也就是说，案件与本机关没有管辖上的关联，在法律上不存在应由自己管辖或与他人共同管辖的基础。无管辖权进行处罚的行为，属于无效的具体行政行为；这类案件必须移送有管辖权的机关。如县级环保部门现场检查发现，由省级环保部门审批环境影响评价文件的建设项目有违反建设项目环境管理的问题，根据《环境影响评价法》第三十一条规定，应由审批环境影响评价文件的环保部门进行处罚。这种情况在基层属于典型的地方只有监管权而无处罚权的案件，因此必须移送。

（2）应将案件移送给有管辖权的机关。

发现自己对立案查办的案件没有管辖权欲移送其他机关管辖的，应根据案件的具体情况，初步确定违法行为发生在哪一级环保部管辖范围，再予以移送。如对于需要处以暂扣或者吊销许可文件的处罚，就需要颁发证照的环保部门管辖。

（3）移送发生在办案的全过程中。

立案后、案件审结前的任何一个环节，均可移送管辖。立案前发现案件不属于本机关管辖的，可通过案件线索移送函等将相关情况告知有管辖权的环境部门。

案件移送，应先经移送机关负责人批准，再办理移送手续。移送案件应该是全案移送，即除移送已取得的相关证据材料外，如采取证据保全措施的还应将该物品一同移送。

对移送的案件，接受移送的机关如有异议，解决的办法是报请共同上一级环境部门指定管辖，不得再自行移送。

二、外部移送

外部移送是指在职权方面对不属于环境保护行政主管部门管辖的案件，应当按照有关要求和时限移送有管辖权的机关处理。在我国有权行使环境监督管理职权的部门除了环境保护行政主管部门，还有其他从事环境监督管理的部门，如水利、农业、渔业等部门。对于不属于环境保护行政主管部门职权范围的事项，应当交由相应的行政机关实施处罚。如涉嫌违法依法应当由人民政府实施责令停产整顿、责令停业、关闭的案件，环境保护主管部门应当立案调查，并提出处理建议报本级人民政府；涉嫌违法依法应当实施行政拘留的案件，移送公安机关；涉嫌违反党纪、政纪的案件，移送纪检、监察部门；涉嫌犯罪的案件，按照《行政执法机关移送涉嫌犯罪案件的规定》等有关规定移送司法机关，不得以行政处罚代替刑事处罚。

专栏 1-2-3 《规范环境行政处罚自由裁量权若干意见》（环发[2009]24 号）中有关移送管辖的规定

……

21. 环境行政处罚与部门联动相结合

对未依法办理环评审批、未通过“三同时”验收，擅自从事生产经营活动等违法行为，环保部门依法查处后，应当按照国务院《无照经营查处取缔办法》的规定，移送工商部门依法查处；对违反城乡规划、土地管理法律法规的建设项目，应当移送规划、土地管理部门依法限期拆除、恢复土地原状。

22. 环境行政处罚与治安管理处罚相结合

环保部门在查处环境违法行为过程中，发现有阻碍环保部门监督检查、违法排放或者倾倒危险物质等行为，涉嫌构成违反治安管理行为的，应当移送公安机关依照《治安管理处罚法》予以治安管理处罚。

如对向环境“排放、倾倒”毒害性、放射性物质或者传染病病原体等危险物质，涉嫌违反《治安管理处罚法》第三十条，构成非法“处置”危险物质行为的，环保部门应当根据全国人大常委会法工委《对违法排污行为适用行政拘留处罚问题的意见》（法工委复[2008]5 号）以及环境保护部《关于转发全国人大法工委〈对违法排污行为适用行政拘留处罚问题的意见〉的通知》（环发[2008]62 号）的规定，及时移送公安机关予以拘留。

23. 环境行政处罚与刑事案件移送相结合

环保部门在查处环境违法行为过程中，发现违法行为人涉嫌重大环境污染事故等犯罪，依法应予追究刑事责任的，应当依照《刑事诉讼法》、《行政执法机关移送涉嫌犯罪案件的规定》和《关于环境保护行政主管部门移送涉嫌环境犯罪案件的若干规定》（原环保总局、公安部、最高人民检察院，环发[2007]78 号），移送公安机关。

……

思考题

1. 什么是环境行政处罚实施主体，环境监察机构在什么情况下可以作为环境行政处罚的实施主体？

2. 什么是级别管辖，各环保部门上下级行政主体相互之间承办行政处罚案件的权限范围如何界定？

3. 如何确定造成跨区污染的行政处罚案件的管辖权？

4. 简述管辖权争议的解决。

5. 简述环境行政处罚案件的移送。

第三章　环境行政处罚的程序

行政处罚程序，就是行政机关行使行政处罚权的方式、方法、步骤的总称。它包括以下两个方面的含义：

第一，行政处罚是一种行政程序。行政处罚程序的性质决定了其本质上是一种调整和规范两方法律主体的程序。

第二，行政处罚程序是一种法律程序，具有法律规定的方式、方法和步骤。

第一节　一般程序

环境行政处罚程序，即环境行政处罚的方式、方法、步骤的总称。它是指环境行政机关依法对违反环境法规而应承担行政责任者提起、认定并给予行政处罚的法定手续。

一般程序又称普通程序，是指环境行政执法机关在实施行政处罚时应遵循的法定基本程序，它是环境行政处罚中最完整、适用最广泛的法定程序。它具有如下几个特点：

（1）一般程序是环境行政处罚的基础程序。

一般程序是任何环境行政处罚均可以适用的程序，因而也是简易程序的基础。

（2）一般程序具有完整性。

根据《行政处罚法》的规定，环境行政机关在实施行政处罚适用一般程序时，必须要经过立案、调查、审核、事先告知、听证、决定和送达等程序。因此，一般程序与简易程序相比，具有其完整性和严谨性。

（3）一般程序具有公正性。

一般程序要求，环境行政机关在作出行政处罚决定之前，必须告知当事人处罚的事实、理由和依据，并必须听取当事人的陈述或申辩。通过听证程序可使当事人充分发表自己的意见，从而有利于防止行政处罚的不公正性，有效地保护相对人的合法权益。

一、一般程序的适用范围

行政处罚一般程序的适用范围很广，除法律有特别规定的以外，一律适用一般程序。所谓法律特别规定，是指《行政处罚法》规定的简易程序。简易程序适用于案情简单、处罚轻微的案件；一般程序中如果案情复杂、争议较大或者处罚可能较重的案件适用于听证程序（当然，听证程序的启动还需满足其他条件）。需要指出的是，听证程序不是行政处罚中的独立程序，而是行政处罚一般程序的特殊程序。

二、一般程序的主要环节

根据《环境保护行政处罚办法》规定，一般程序包括：立案；调查；案件审查；行政处罚决定；送达。流程图简图见图 1-3-1，详情图见图 1-3-2。

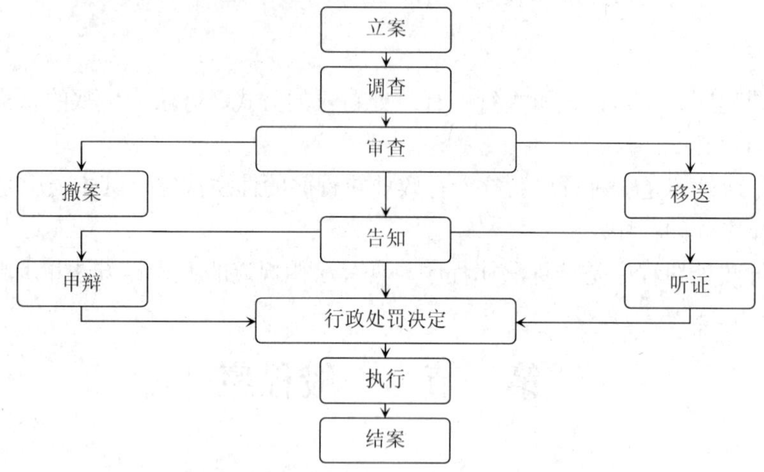

图 1-3-1 环境行政处罚一般程序流程图简图

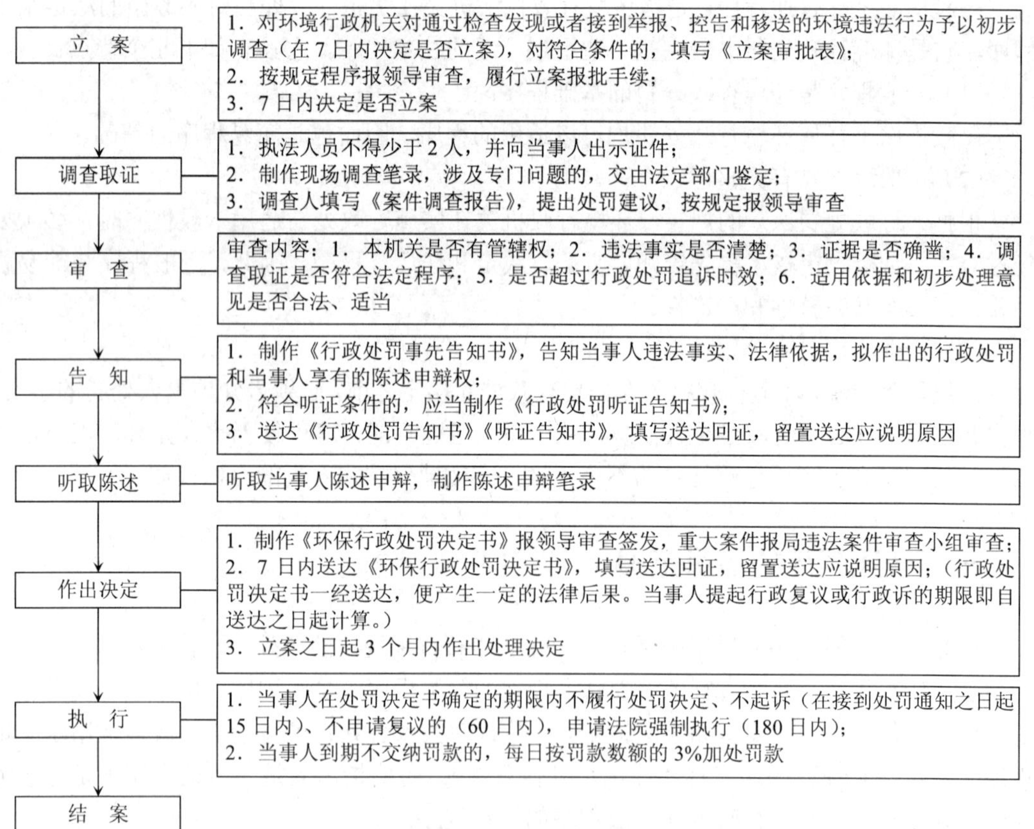

图 1-3-2 环境行政处罚一般程序流程图详图

（一）立案

行政处罚程序中的立案是指行政机关对公民、法人或者其他组织的控告、检举以及本机关在工作中发现的违法情况或者重大违法嫌疑情况，认为有必要调查处理的，决定进行查处的活动。行政机关对于控告检举材料或者来访的接受，不是立案活动，只有在对这些材料作出的进行调查的决定，才是立案。

1．立案的条件

（1）有涉嫌违法行为的发生；

（2）涉嫌违法的行为是应受行政处罚的行为；

（3）属于本部门职权范围且属于本机关管辖；

（4）不属于适用简易程序的案件。

行政机关对违法行为予以立案时，应遵守有关时效的规定，即除法律另有规定的外，对于在两年内未发现的行政违法行为，不予立案（违法行为处于持续状态的除外）。

立案时一般程序的开始，是一个独立的阶段。环境行政处罚案件，除依法采取简易程序作出处罚决定的案件以外以及在特定情况下采取紧急措施的案件，都应有立案程序，先立案再进行调查处理。立案是调查取证的前期阶段，一方面可以防止行政机关滥用处罚权，保护行政相对人的合法权益；另一方面可以促进行政机关提高工作效率，查处违法行为，避免案件的推诿和久拖不决。

2．立案登记

立案应填写《环境违法行为立案登记表》，填写内容包括：①立案时间；②立案材料来源；③违法行为或事件发生的时间、地点；④违法者的名称（姓名）、地址；⑤案情简介；⑥承办人意见等。

3．立案审查的期限

立案应当由环境保护行政机关的法制工作机构（或专人）负责，从发现或接到举报之日起 7 个工作日内决定是否立案。

行政处罚案件一般遵循的是“先立案，后调查取证”的程序。但遇到紧急情况，若不立即调查取证，则可能导致证据灭失等不利后果。因此，为了在查清案件事实的基础上准确适用法律，从而作出正确的处罚决定，环境执法主体应当尽快调查取证，以固定证据。经环境行政机关主管领导批准，可先行调查取证，后补办立案登记手续。但是，环境执法主体现行调查的，必须在 7 个工作日内决定是否立案和补办立案手续。这不仅体现了环境保护部门工作的程序性，也体现了工作的规范性。

（二）调查取证

调查取证是案件承办人员依照法定程序对案件事实调查核实、收集证据材料的活动。行政处罚必须查明事实，以事实为根据，具体包括行为人违法的事实、违法的情节及社会危害程度等内容。调查是行使行政处罚权的第一个关键环节，没有调查就没有证据，没有证据就不能处罚。因此，调查取证是作出处罚决定的前提和根据，是环境行政机关行使处罚权必不可少的手段和步骤。调查的主要任务是全面收集证据，为客观分析判断证据，弄清案情打下基础。

1．调查遵循的原则

（1）全面、客观、公正地调查、收集有关证据；

（2）调查时应向被调查人员出示有关证件；

（3）调查人员与当事人有利害关系的应当回避；

（4）行政机关在调查案件时有关单位和个人有作证和协助的义务，有关公民、法人和其他组织不得拒绝提供有关证据；

（5）调查、检查、询问应当制作笔录。

2．调查的方式

（1）询问当事人、证人。

当事人也称利害关系人，一般情况下当事人最了解案件真实情况。证人指案件知情人。询问当事人、证人应填写《调查询问笔录》，并注意以下几点：一是主动到当事人、证人所在单位或住所进行询问；二是不得作诱导性提示，不得强迫作伪证；三是询问证人应当事先通知；四是询问时间一般不能过长等。

（2）现场检查（或勘察）。

现场检查（或勘察）是调查的最基本方式，如检查或勘验污染或破坏事故现场、排污口、污染防治设施、污染物等。现场检查（勘察）应当制作《现场检查（勘察）笔录》。

（3）环境监测。

即借助监测技术手段，对污染物进行采样，测试、分析污染物的种类、数量、浓度等。环境保护主管部门组织监测的，应当提出明确具体的监测任务，并要求提交监测报告。

监测报告必须载明下列事项：

① 监测机构的全称；

② 监测机构的国家计量认证标志（CMA）和监测字号；

③ 监测项目的名称、委托单位、监测时间、监测点位、监测方法、检测仪器、检测分析结果等内容；

④ 监测报告的编制、审核、签发等人员的签名和监测机构的盖章。

环境保护主管部门可以利用在线监控或者其他技术监控手段收集违法行为证据。经环境保护主管部门认定的有效性数据，可以作为认定违法事实的证据。

环境保护主管部门在对排污单位进行监督检查时，可以现场即时采样，监测结果可以作为判定污染物排放是否超标的证据。

（4）鉴定。

由环境行政机关就案件中的某些专门性问题聘请或指派有关专家进行科学鉴别或判断，将鉴定结论作为认定违法事实是否存在的证据。

3．收集证据

通过上述询问、检查、监测、鉴定等手段直接或间接获取一切与案件有关并具有证明意义的书证、物证、视听资料、证人证言等证据。

有关证据的概念、证据的条件、证据种类及证据的适用，详见第二篇第一章环境行政处罚证据。

《环境行政处罚办法》第三十八条规定，在证据可能灭失或者以后难以取得的情况下，经本机关负责人批准，调查人员可以采取先行登记保存措施。情况紧急的，调查人员可以先采取登记保存措施，再报请机关负责人批准。先行登记保存有关证据，应当当场清点，开具清单，由当事人和调查人员签名或者盖章。先行登记保存期间，不得损毁、销毁或者转移证据。先行保存证据的，应当向证据所在单位出具《先行登记保存证据通知书》。

对于需要委托其他环保部门协助调查取证的，出具协助调查委托调查函，以书面的形式委托其他环保部门协助调查。

根据《行政处罚法》及《环境行政处罚办法》的规定，环境行政执法人员在案件调查中应注意以下四点：

（1）对案件进行调查或进行检查时，执法人员不得少于两人；

（2）向当事人或有关人员出示执法证件，以表明身份；

（3）询问或者检查必须制作笔录，并要求当事人核实后签名、注明日期；

（4）与案件当事人有利害关系的调查人员应当回避。

在调查过程中，调查人员的义务包括：应当对当事人的基本情况、违法事实、危害后果、违法情节等情况进行全面、客观、及时、公正的调查；依法收集与案件有关的证据，不得以暴力、威胁、引诱、欺骗以及其他违法手段获取证据；询问当事人、证人或者其他有关人员，应当告知其依法享有的权利；对当事人、证人或者其他有关人员的陈述如实记录。

4．提出初步处理意见

案件调查终结后，由调查人员制作《案件调查报告》，提出对案件处理的初步意见，并将调查报告及有关证据材料报送法制工作机构或案件审查人员。

（三）案件审查

案件审查指法制工作机构或案件审查人员对调查人员报送的案件调查报告及证据材料进行全面的审查复核。这是环境行政机关正确行使行政处罚权的第二个关键环节。因此，法制工作机构或案件审查人员必须对案件调查报告及证据材料进行全面、认真细致的审查复核。

案件审查涉及如下几个方面的问题：

（1）审查的内容。

根据《环境行政处罚办法》第四十六条规定，案件审查复核的内容包括：

① 本机关是否有管辖权；

② 违法事实是否清楚；

③ 证据是否确凿；

④ 调查取证是否符合法定程序；

⑤ 是否超过行政处罚追诉时效；

⑥ 适用依据和初步处理意见是否合法、适当。

（2）提出案件审查意见。

经审查发现违法事实不清、证据不足或者调查取证不符合法定程序的，应当通知案件调查人员补充调查或者依法重新调查取证。

审查终结，法制工作机构或案件审查人员将案件审查意见呈报本部门负责人填写《行政处罚事先告知书》。

（四）告知和听证

1. 告知

“说明理由，告知权利”是环境保护行政机关实施行政处罚过程中，必须履行的一项程序性义务。说明理由，告知权利，是通过送达《行政处罚事先告知书》来实现的。即环境保护行政机关必须在行政处罚决定书送达之前向当事人说明作出行政处罚决定的事实、理由及法律依据，并告知当事人有权为自己辩解、陈述事实并提出证据。

环境保护行政机关应当听取当事人的陈述和申辩。陈述和申辩，是《行政处罚法》赋予当事人的一项最主要、最基本的权利，是当事人依法保护自身合法权益不受环境行政机关非法侵犯，同时制约环境行政机关滥用处罚权的有效措施和重要保证。目前的法律、法规对陈述和申辩的时间没有明确的规定，环保部门应依据案件的实际情况妥善安排。

陈述和申辩权的含义包括：

（1）陈述和申辩是当事人法定的权利。当事人对被告知行政处罚的事实、理由和依据有权进行质证；

（2）环境行政机关有义务听取当事人的陈述和申辩，并对当事人提出的事实、理由和证据进行复核，采纳其合理的内容；

（3）环境行政机关不得因当事人申辩而加重处罚。

2. 听证

对符合法定条件，且当事人要求听证的，必须组织听证会。如《环境行政处罚办法》第四十八条规定对于暂扣或吊销许可证、较大数额的罚款和没收等重大行政处罚决定，当事人有要求举行听证的权利。

法制工作机构或案件审查人员，在走完上述程序之后，在综合分析的基础上最后提出行政处罚意见，填写《行政处罚审批表》呈报本部门负责人审批。

（五）处理决定

环境保护行政机关负责人对案件调查结果及审查意见进行审议，并根据不同情况作出行政处罚决定。根据《行政处罚法》第三十八条规定和《环境行政处罚办法》第五十一条规定，环境保护行政机关负责人可作出如下决定：

（1）处罚决定。对确有应受行政处罚的违法行为的，根据情节轻重及具体情况，作出行政处罚决定。

（2）不予处罚决定。对违法事实轻微，依法可以不给予处罚的，作出不予处罚决定。

（3）不得给予行政处罚决定。违法事实不能成立的，作出不得给予行政处罚决定。

（4）移送决定。违法行为触犯《刑法》，已构成犯罪的，应当作出移送司法机关的决定。

除上述四种决定外，还有两种特殊情况：一是法律、法规或规章规定行政处罚必须报上级环境保护行政机关批准的，应以书面形式上报，经批准后方可作出处罚决定；二是法律、法规或规章规定由人民政府实施处罚的，应在提出处罚意见后，连同全部案件材料报人民政府决定。

在作出处罚决定时值得注意的是，对重大、复杂的行政处罚案件，应当由环境保护行政机关负责人集体讨论决定；行政处罚案件自立案之日起，应当在 3 个月内作出处理决定。

（六）送达

指环境行政机关依照法定程序，将《行政处罚决定书》送交被处罚人的行政执法活动。《行政处罚法》规定，行政处罚决定书应当在宣布后当场交付当事人。当事人不在场的，行政机关应当在 7 日内依照民事诉讼法的有关规定，将行政处罚决定书送达当事人。

根据法律规定和我国环境行政执法实践，比较适合的送达方式有以下三种：

（1）直接送达。

环境行政机关可派两名监察人员将《处罚决定书》正本直接交给受处罚单位的法人代表、负责人或受处罚的本人或受送达人的同住成年家属签收，或交给受送达人指定的代收人签收。

（2）留置送达。

是指受送达人或者同住成年家属拒绝接受处罚决定书时，执行送达任务的环境行政执法人员将处罚决定书强制留放在受送达人住所的送达方法。留置送达应具备以下条件：一是必须有受送达人或同住成年家属拒绝签收的情况；二是必须邀请有关基层组织或所在单位的代表到场，说明情况，在送达回执上说明拒收事由和日期。

（3）邮寄送达。

是指因受送达人不在实施处罚的环境行政机关辖区内或直接送达有困难的，通过邮局将处罚决定书用挂号邮寄给受送达人的送达方式。此时，送达日期以受送达人在挂号回执上注明的收件日期为准。邮寄未回音的，自邮寄之日起 3 个月期满之日为送达日期。

期限和送达时间的起算，应按公历年、月、日计算。开始的当日不计入，从下一天开始计算。如期限的最后一天为星期日或其他法定假日，以休假日的次日为期限的最后一天和送达时间起算的第一天。

除上述方式外环保部门还可以采取：委托送达、转交送达、公告送达、公证送达等方式进行送达。

（1）委托送达。委托送达是指上级环保部门直接送达行政处罚文书有困难的，委托地方环保部门代为送达行政处罚文书。委托送达应当办理书面委托手续。

（2）转交送达。转交送达是作出行政处罚决定的机关基于受送达人的有关情况而将需送达的行政处罚法律文书交有关机关、单位转交受送达人的送达方式。负责转交的机关、单位在收到行政处罚法律文书后，必须立即交受送达人签收，受送达人在送达回证上注明的签收日期为送达日期。

（3）公告送达。公告送达是指在受送达人下落不明或者用其他方式无法送达的情况下采用的一种送达方式。公告应当载明受送达人享有的权利及对处罚决定不服的救济方式。公告期限满 60 日视为送达。

（4）公证送达。公证送达是指由公证人员现场作证以证明送达程序完成的事实的送达方式。

专栏 1-3-1 关于行政处罚文书送达有关问题的复函

国家环境保护总局 环函[2006]409 号

天津市环境保护局：

你局《关于行政处罚文书送达有关问题的请示》收悉。经研究，现函复如下：

《中华人民共和国行政处罚法》第四十条规定："行政处罚决定书应当在宣告后当场交付当事人；当事人不在场的，行政机关应当在 7 日内依照民事诉讼法的有关规定，将行政处罚决定书送达当事人。"根据《中华人民共和国民事诉讼法》和《最高人民法院关于适用〈中华人民共和国民事诉讼法〉若干问题的意见》关于送达有关规定，送达法律文书可以采用直接送达、留置送达、委托送达、转交送达、邮寄送达和公告送达的方式。

根据上述规定，受送达人是法人或者其他组织的，环保部门送达的行政处罚文书应当由法人的法定代表人、其他组织的主要负责人或者该法人、组织的办公室、收发室、值班室等负责收件的人签收或盖章；受送达人拒绝签收的，送达人应当邀请有关人员到现场见证，说明情况，并在送达回执上记明拒收理由和日期，把行政处罚决定文书留置受送达人处，即视为送达；直接送达行政处罚文书有困难的，可以委托受送达人所在地环保部门代为送达，或者邮寄送达。

二〇〇六年十月二十日

第二节 简易程序

简易程序是指环境保护行政机关对符合法定条件的行政处罚事项，当场进行处罚的行政处罚程序。它具有以下三个特点：

（1）必须符合一定的条件，即违法事实确凿，有法定依据，较轻的处罚。

（2）程序简单，可简化调查取证过程，当场处罚。

（3）不同于一般程序、听证程序，比较简单、方便。

一、简易程序的适用范围

《行政处罚法》第三十三条规定："违法事实确凿并有法定依据，对公民处以 50 元以下、对法人或者其他组织处以 1000 元以下罚款或者警告的行政处罚，可以当场作出行政处罚决定。"

《环境行政处罚办法》第五十八条[简易程序的适用]规定："违法事实确凿、情节轻微并有法定依据，对公民处以 50 元以下、对法人或者其他组织处以 1000 元以下罚款或者警告的行政处罚，可以适用本章简易程序，当场作出行政处罚决定。"

可见，适用简易程序应具备三个条件：违法事实确凿；有法定依据且情节轻微；在规定的处罚种类和处罚幅度内。

1. 违法事实确凿且情节轻微

违法事实确凿且情节轻微的意思，是指案件的违法行为属实，但其负面影响小，环境危害性小。这包括：

① 有证据证明环境行政违法事实存在，且案件比较简单；

② 证明违法事实的证据应当充分。没有证据或者证据不足都不能说明违法事实确凿。

要求违法事实确凿才能避免处罚无辜，这是以事实为依据的执法指导思想在行政处罚领域的体现。

2. 有法定依据

即在违法事实确凿的情况下，该违法行为还必须是法律明确规定应予处罚的行为。

3. 给予较小数额罚款或者是警告处罚

警告或者小额罚款，意味着违法行为造成的后果并不严重，同时也说明这种处罚对被处罚人或者当事人权益影响不大。在这种情况下，没有必要使用复杂严格的程序浪费处罚机关和当事人的时间和精力。在对小额罚款的限额方面，《行政处罚法》和《环境行政处罚办法》都规定是对公民处以 50 元以下、对法人或者其他组织处以 1 000 元以下的罚款。

需要注意，适用简易程序必须是在上述三个条件全部具备的情况下，缺一不可。

此外，在符合适用简易程序的情况下，执法人员根据情况也可以选择适用一般程序。选择适用何种程序还要根据现场的具体情况进行处理，如虽然案件情节简单、证据充分、法律依据明确，但执法人员和当事人的意见相左且有一定的抵触情绪，这种情况就不一定适宜适用简易程序。

二、简易程序的流程

如果准备适用简易程序作出现场处罚决定，首先必须有要两名或两名以上的执法人员在现场，且符合下述程序规定才可作出：

（一）表明身份（亮证执法）

表明身份，即环境执法人员应当向当事人出示必要的证件以表明自己的合法身份。表明身份作为行政处罚程序中的重要内容，用以证明自己是合法的行政处罚主体。

（二）确认违法事实，说明处罚理由并告知权利

简易程序适用的违法情况一般都是当场被执法人员发现或者有人当场指认违法行为的。为确认违法事实，执法人员要现场查清当事人的违法事实，并依法取证。

同时，执法人员还应向当事人说明处罚理由，告知当事人有陈述和申辩的权利，并认真听取当事人的陈述和申辩。

说明事实依据和法律依据且告知权利，一是体现了执法人员对当事人的尊重，二是给当事人提出异议或者申辩的机会，有利于监督执法者的正当执法行为，也有利于当事人对其违法行为的认识，提高守法意识。在当事人对事实无异议的情况下，说明处罚理由也可以使当事人对行政处罚的依据做到心中有数，促进其改正违法行为，遵守环境法律规定。

（三）制作《行政处罚决定书》

制作《行政处罚决定书》是行政处罚行为的书面形式要求，其意义体现在为行政相对

人对行政处罚的不服实施救济的，可以有充分证据。根据《行政处罚法》的规定，当场作出行政处罚决定书的，应当载明当事人违法行为、行政处罚依据、罚款数额、时间、地点及行政机关的名称，由执法人员签名或者盖章，并告知当事人对当场作出的行政处罚决定不服的，可以依法申请行政复议或者提起行政诉讼。

（四）送达

简易程序的送达即执法人员按照法律规定的格式填写完毕《行政处罚决定书》后，应当当场交付当事人。送达的意义在于证明行政机关作出的具体行政行为已经为行政相对人所知悉，为之后有关的行政复议、行政诉讼在时效计算上提供明确的指引。

（五）备案

根据《行政处罚法》第三十四条第三款的规定，备案是指执法人员当场作出的行政处罚决定，必须向所属行政机关备案。备案的内容应当与处罚决定书所载的内容相同。备案的意义在于为执法人员所属行政机关审查了解执法人员的处罚情况提供依据，同时也为行政机关在行政复议或者行政诉讼中的答辩提供备忘资料。

简易程序流程图如图 1-3-3 所示：

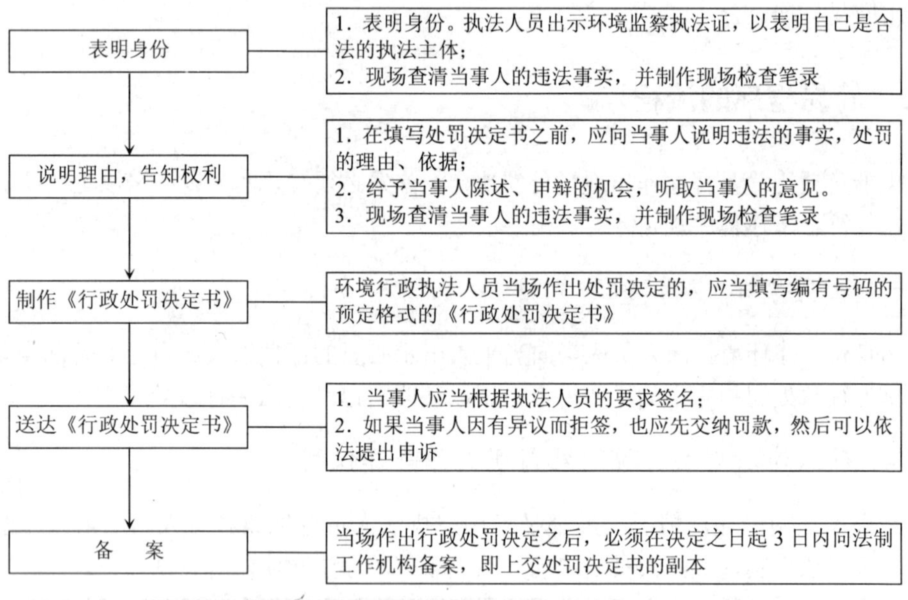

图 1-3-3　环境行政处罚简易程序流程图

思考题

1. 什么是行政处罚的简易程序？
2. 适用简易程序的条件是什么？
3. 行政处罚的一般程序都包括什么步骤？
4. 简述适用行政处罚一般程序的条件。

第四章　环境行政处罚的执行

行政处罚的执行是指环境保护行政机关依法运用国家强制力量，对已经发生法律效力的行政处罚决定所确认的当事人的义务得以履行的程序。它是行政机关的行政处罚决定得以实现的重要保障。合法成立的行政处罚决定具有法律效力，其法律效力包括公定力、确定力、约束力和执行力。当事人必须按照行政处罚决定规定的内容和履行义务的方式在履行期限内予以履行。如果在规定期限内不履行行政处罚决定，行政机关可以依法强制执行或者申请人民法院执行。

环境行政处罚执行的特征如下：

（1）执行主体是环境保护行政机关或者人民法院。

根据《行政处罚法》和《行政诉讼法》的规定，可以强制执行行政处罚的机关，一是作出行政处罚决定的行政机关；二是经过法院审理的行政处罚纠纷，当事人不履行的，由人民法院强制执行；三是不具备行政处罚执行权的行政机关，只能申请人民法院强制执行，则接受申请的人民法院为强制执行的主体。

（2）行政处罚执行的依据是生效的行政处罚法律文书或者法院生效的裁判文书。

（3）执行的目的是实现行政处罚决定所规定的义务。

第一节　代收机构收缴程序

一、代收机构收缴的适用范围

《罚款决定与罚款收缴分离实施办法》（国务院令[1997]第235号）第三条规定："作出罚款决定的行政机关应当与收缴罚款的机构分离；但是，依照行政处罚法的规定可以当场收缴罚款的除外。"罚款决定与收缴分离是行政处罚中一项重要的原则。

上述规定中的"收缴罚款的机构"即为代收机构。代收机构收缴罚款必须依照法定程序执行。代收机构收缴程序又叫罚缴分离程序，是指行政处罚决定（罚款）由法定享有行政处罚权的机关作出，而罚款的缴纳由法定的专门机构统一收缴的程序。

根据《行政处罚法》的规定，分离制度的适用范围，除当场收缴罚款、因交通不便当事人向指定银行缴纳确有困难或不当场收缴事后难以执行的，由环境行政机关先行收缴以及经依法采取执行措施收缴的罚款外，其他正常情况下的行政罚款均属分离制度的适用范围，即罚款由指定的银行统一收缴。

二、代收机构收缴的适用程序

（一）确定收缴罚款的代收机构

凡经中国人民银行批准有代理收付款业务的商业银行、信用合作社，可以开办代收罚款业务。具体代收机构由县级以上地方人民政府组织本级财政部门、中国人民银行当地分支机构和依法具有行政处罚的行政机关共同研究，统一确定。代收机构应当具备足够的代收网点，以便当事人缴纳罚款。代收机构应当在代收服务方面为当事人缴纳提供方便。

（二）签收代收罚款协议

行政机关应当按照《罚款决定与罚款收缴分离实施办法》和国家有关规定，同代收机构签订代收协议。自代收罚款协议签订之日起 15 日内，行政机关应当将代收罚款协议报上一级行政机关和同级财政部门备案；代收机构应当将代收罚款协议报中国人民银行或者其当地分支机构备案。

（三）当事人于指定银行缴纳罚款

行政机关作出罚款决定的《行政处罚决定书》应当载明代收机构的名称、地址和当事人应当缴纳罚款的数额、期限等，并明确对当事人逾期缴纳罚款的处罚方式。当事人应当按照《行政处罚决定书》规定的罚款数额、期限，到指定的代收机构缴纳罚款。

（四）代收机构收缴罚款，向被处罚人出具收据

向当事人出具罚款收据的格式由财政部门规定。当事人逾期缴纳罚款，《行政处罚决定书》明确需要加处罚款的，代收机构应当按照行政处罚决定书加收罚款。

当事人对加收罚款有异议的，应当先缴纳罚款和加收的罚款，再依法向作出行政处罚决定的行政机关申请复议。

代收机构应当按照代收罚款协议规定的方式、期限，将当事人的姓名（名称）、缴纳罚款的数额、时间等情况书面告知作出行政处罚决定的行政机关。

（五）代收机构将罚款上缴国库

罚款必须全部上缴国库，任何行政机关、组织或者个人不得以任何形式截留、私分或者变相私分。

《罚款决定与罚款收缴分离实施办法》第十一条规定：“代收机构应当按照行政处罚法和国家有关规定，将代收的罚款直接上缴国库。”

根据《罚款决定与罚款收缴分离实施办法》和《罚款代收代缴管理办法》，代收机构收缴的流程图如图 1-4-1 所示：

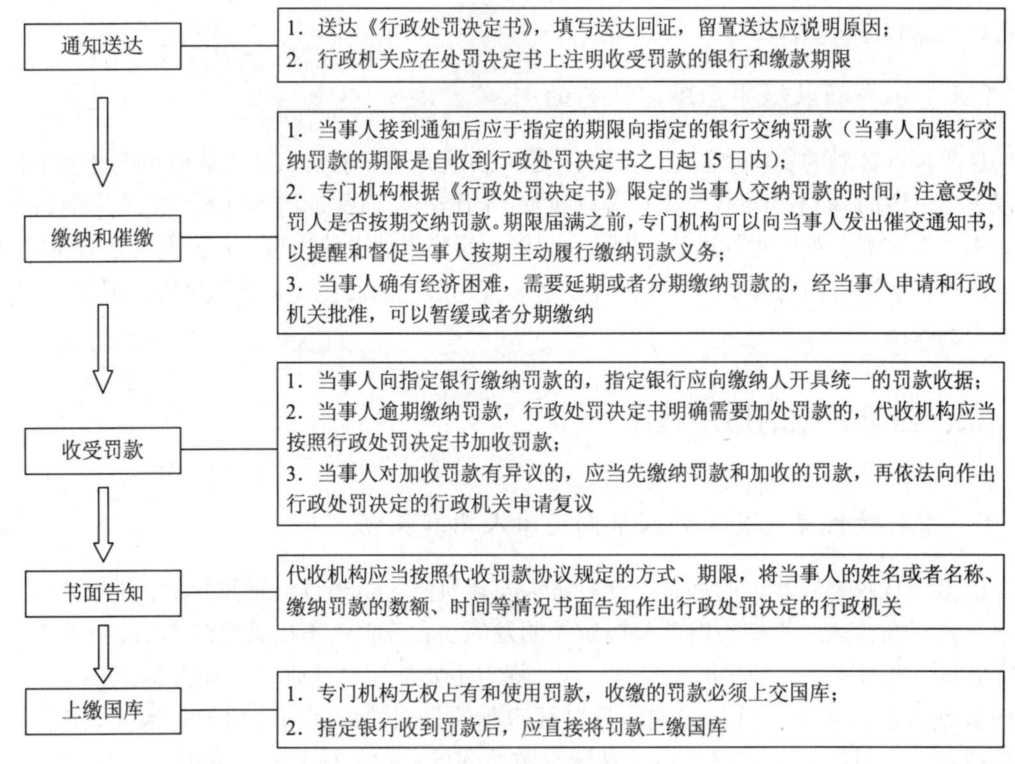

图 1-4-1 代收机构收缴流程图

第二节 当场收缴程序

一、当场收缴程序的适用范围

（一）依法给予 20 元以下罚款的

这种情况由于罚款数额较小，并且违法行为轻微、事实较为简单，如果由当事人到行政机关指定的机构缴纳会给相对人带来不便，同时也会增加行政执法的成本，因此法律规定，20 元以下的罚款，执法人员可以当场实行收缴。需要注意的是：当场收缴罚款和当场作出罚款决定不同。前者是指执法人员当场作出罚款决定并现场收缴罚款；后者只是执法人员当场作出罚款的处罚决定，至于罚款数据可能低于 20 元，也可能高于 20 元，而且，当事人只能依法到行政机关指定的银行缴纳罚款，执法人员不能直接收缴。

（二）交通不便地区，当事人向指定的银行缴纳罚款确有困难的

在边远、水上、交通不便地区，行政机关执法人员依照简易程序或者一般程序作出罚

款决定后，当事人向指定的银行缴纳罚款有困难的，经当事人提出，行政机关及其执法人员可以当场收缴罚款。

（三）不当场收缴事后难以执行的

这种情况针对的罚款数额是“对公民处以50元以下，对法人或者其他组织处以1 000元以下”范围的。“不当场收缴事后难以执行”的情况，通常是指当事人不主动缴纳罚款，行政机关在客观上难以对其进行强制执行。例如污染事件中的当事人是没有合法身份的个体工商户，如果不当场收缴，可能因违法者离开违法地点而使处罚无法执行，因此，罚款需要当场收缴。

二、当场收缴的适用程序

（一）行政机关及其工作人员向当事人出具收据

根据《行政处罚法》的规定，行政机关及其执法人员当场收缴罚款的，必须向当事人出具省、自治区、直辖市财政部门统一制发的罚款收据；不出具财政部门统一制发的罚款收据，当事人有权拒绝缴纳罚款。这一规定主要是针对目前有些执法人员当场罚款，不向被处罚的当事人出具收据或出具自行印制的收据的做法而作出的。因为罚款不给收据或出具自行印制的收据，很容易导致滥罚款以及罚款被截留、挪用、贪污等问题，严重损害行政执法队伍的形象，破坏廉政建设，所以必须采取相应的、有针对性的措施予以制止。之所以规定必须向当事人出具由省、自治区、直辖市财政部门统一制发的罚款收据，主要是为了对行政机关或者有行政处罚权的组织的罚款情况进行财政监控。无论是执法人员当场收缴罚款，还是当事人自行到银行去缴纳罚款，最终这些罚款都是要全部上缴国库的，所以通过由财政部门统一制发罚款收据，可以对罚款进行严格控制，加强对罚款收缴活动的监督，保证罚款及时上缴国库，收到规范行政处罚行为，从根本上杜绝乱罚款现象，促进廉政建设，树立行政执法机关良好作风和形象的效果。

对于不使用罚款单据或者使用非法定部门制发的罚款单据的，《行政处罚法》规定了相应的法律责任。行政机关对当事人进行处罚不使用罚款、没收财物单据或者使用非法定部门制发的罚款、没收财物单据的，当事人有权拒绝处罚，并有权予以检举。上级行政机关或者有关部门对使用的非法单据予以收缴销毁，对直接负责的主管人员和其他直接责任人员依法给予行政处分。

（二）执法人员在规定时间内上缴罚款

执法人员当场收缴的罚款，必须在2日内交至所属的行政机关，行政机关应当在2日内将罚款交付指定银行。

当场收缴程序简图有助于理解该程序的适用范围及适用程序，如图1-4-2所示。

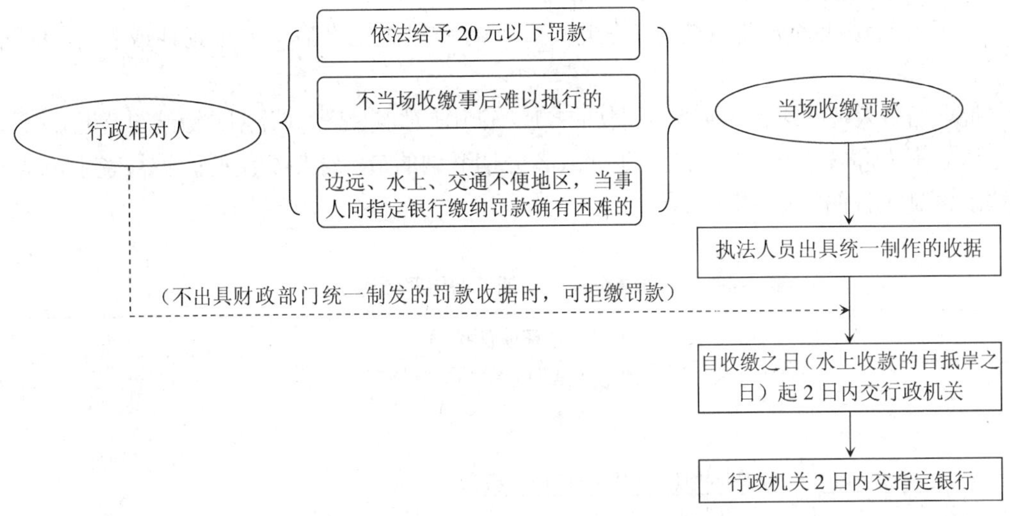

图 1-4-2 当场收缴程序图

第三节 暂缓缴纳和分期缴纳

一、暂缓缴纳和分期缴纳的条件

《行政处罚法》第五十二条规定："当事人有经济困难，需要延期或者暂缓或分期缴纳罚款的，经当事人申请和环境行政机关批准，可以暂缓或者分期缴纳。"依据本条规定，如果按期履行罚款决定确有困难，当事人可以向作出罚款决定的行政机关提出延期或者分期缴纳的申请，经行政机关批准后，当事人可以暂缓或者分期缴纳罚款。

暂缓缴纳即缓期履行当事人应当履行的缴纳罚款的责任，需要注意的是：暂缓履行不等于不履行，在延期后的履行期届满后，当时人应当履行缴纳罚款的义务，这与排污费收缴工作中的"缓缴"是一样的。延期届满当事人不履行缴纳罚款义务的，行政机关可以依法强制执行。在分期履行的情况下，当事人应当在每期罚款的履行届满前及时缴清该期罚款额，否则仍将会受到强制执行。

根据《行政处罚法》的规定，当事人暂缓或者分期缴纳罚款必须满足的条件是：

（1）当事人确有经济困难。

当事人不立即履行罚款义务，并非主观上拒绝缴纳罚款，而是存在客观上难以立即、全部缴纳的理由，使得按期履行缴纳罚款的义务成为不可能，或者会使当事人的基本生活或者正常生产发生困难。

（2）当事人向行政机关提出延期或者分期缴纳的申请。

也就是说，没有当事人的申请，行政机关不能主动作出延期或者分期缴纳罚款的决定；

（3）当事人的申请需经有关行政机关批准。

当事人暂缓或者分期缴纳罚款的申请，经行政机关批准后，方可延期或者分期缴纳罚款。

批准当事人延期或者分期缴纳罚款的，应当制作《同意延期（分期）缴纳罚款通知书》，并送达当事人和收缴罚款的机构。延期或者分期缴纳的最后一期缴纳时间不得晚于申请人民法院强制执行的最后期限。

表 1-4-1 《同意分期（延期）缴纳罚款通知书》样式

（×××环境保护局）

同意分期（延期）缴纳罚款通知书

××［ ］×号

（当事人名称或者姓名，与营业执照、居民身份证一致）____：

营业执照注册号（公民身份号码）：____________组织机构代码：________

地址：________（与营业执照、居民身份证一致）________________

法定代表人（负责人）：______（姓名）________职务：____________

我局____年____月____日《行政处罚决定书》（××［ ］×号）________，对你（单位）罚款____________元（大写）。你（单位）于______年____月____日申请（分期、延期缴纳罚款）______。

依据《中华人民共和国行政处罚法》第五十二条的规定，我局同意你（单位）延期至______年____月____日（大写）前缴纳罚款。（批准分期缴纳罚款的，写明：依据《中华人民共和国行政处罚法》第五十二条的规定，我局同意你（单位）分期缴纳罚款。第______期至______年____月____日（大写）前，缴纳罚款______元（大写）；第______期至______年____月____日（大写）前，缴纳罚款______元（大写）；第______期至______年____月____日（大写）前，缴纳罚款______元（大写）；第______期至______年____月____日（大写）前，缴纳罚款______元（大写）。）

代收机构以本通知书为据，办理收款手续。

逾期缴纳罚款的，依据《中华人民共和国行政处罚法》第五十一条第（一）项的规定，每日按罚款数额的3%加处罚款。加处的罚款由代收机构直接收缴。

年 月 日

（×××环境保护局印章）

二、暂缓缴纳和分期缴纳的程序

1．被处罚人提出申请

被处罚人提出暂缓缴纳和分期缴纳罚款申请的时间应当在行政处罚机关规定的缴纳时间之前，申请的内容包括不能按期缴纳罚款的事实和理由，并提出延期缴纳或者分期缴纳的具体期限。

2．行政机关审查被处罚人的申请

行政机关收到被处罚人的申请后，应当进行审查，认为申请理由不成立的，予以驳回；认为被处罚人确有经济困难，申请理由成立的，作出允许延期或者分期缴纳罚款的决定。延期或者分期缴纳罚款的期限应当明确。

3．通知收缴罚款的机构

行政机关作出允许被处罚人延期或者分期缴纳罚款的决定后，应当通知收缴罚款的机构，将延期或者分期缴纳罚款的决定的副本送达收缴罚款的机构，收缴罚款的机构据此收缴罚款。

暂缓收缴和分期缴纳流程图如图 1-4-3 所示：

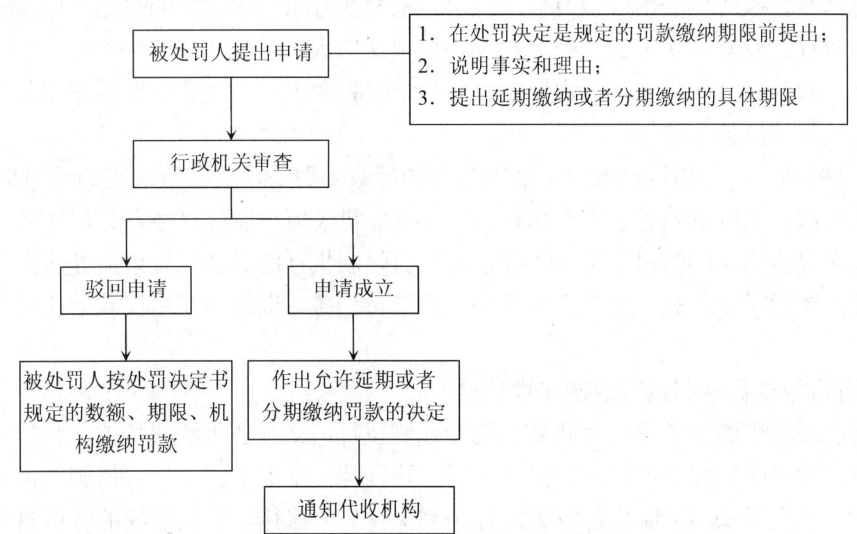

图 1-4-3　暂缓收缴和分期缴纳流程图

第四节　强制执行

环境行政强制执行指行政相对人逾期不履行环境行政机关所作出的行政处罚决定或其他具体行政行为时，由环境行政机关申请人民法院采取必要的强制措施，迫使其履行义务的执法活动。

环境行政强制执行是环境行政执法的重要内容，它是保障环境行政机关所作出的具体行政行为最终得以执行（当遇到当事人抵制时）的唯一有效途径。其主要特点表现在：

（1）以行政相对人不及时、不完全执行环境行政处罚决定为前提。

（2）强制执行的目的是为了保证环境行政机关所作出的行政处罚决定及时、完整地得到执行。

（3）强制执行不是以环境行政隶属关系而采取的，而是根据环境行政机关的环境事务管辖权而采取的。

（4）强制执行由环境行政机关提出和申请，由人民法院具体负责实施强制执行，即最终由人民法院裁决能否采取强制执行措施。

行政处罚强制执行必须具备以下三个条件：

1．有生效的行政处罚法律文书

行政处罚强制执行的目的，是将已发生法律效力的行政处罚法律文书强制性地付诸实施。因此，已经发生法律效力的行政处罚法律文书，是赖以进行行政处罚强制执行的前提条件。没有已经发生法律效力的行政处罚法律文书，就不存在行政处罚的强制执行。

生效的行政处罚法律文书主要包括以下三种类型：

一是行政处罚决定书。公民、法人或者其他组织对具体行政行为在法定期限内不提起诉讼又不履行的，行政机关可以申请强制执行。

二是具有可执行内容的行政复议决定书。根据《行政复议法》的规定，申请人逾期不起诉又不履行行政复议决定的，行政机关可以依法向人民法院申请强制执行。

三是行政裁判法律文书。通常情况，只有维持和变更行政处罚决定的法院裁判，才能成为人民法院强制执行的根据。

2．被处罚人拒不履行已经发生法律效力的行政处罚法律文书所确定的给付义务

这是行政处罚强制执行的核心条件。只有被处罚人拒不履行已经发生法律效力的行政处罚法律文书所确定的给付义务，才有行政处罚强制执行的必要。如果被处罚人自觉在规定的期限内履行了行政处罚法律文书所确定的给付任务，也就不存在行政处罚强制执行的问题。

3．有行政处罚强制执行的法律性依据

对于已经发生法律效力的行政处罚进行强制执行，必须要有法律依据。具体来说，只有在法律、法规明确规定可以进行强制执行，并且具体规定了强制执行措施的情况下，才能由法律、法规授权的强制执行机关进行强制执行。无法律、法规授权的行政机关，不得进行强制执行；法律、法规授权的强制执行机关也不得超出法定范围进行强制执行。

2011 年 6 月 30 日全国第十一届全国人民代表大会第二十一次会议通过《中华人民共和国行政强制法》。该法规定，行政强制包括行政强制措施和行政强制执行，其中强制执行是指行政机关或者行政机关申请人民法院，对不履行行政决定的公民、法人或者其他组织，依法强制履行义务的行为。

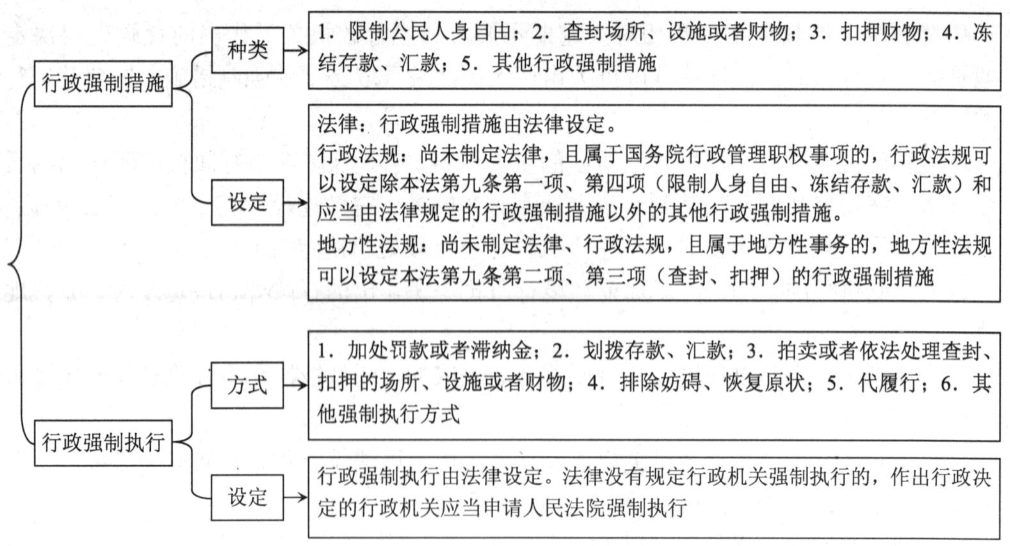

图 1-4-4　行政强制措施与行政强制执行的比较

行政强制执行方式以采取强制执行的方法为标准，可将执行性强制措施分为间接强制执行措施和直接强制执行措施两类（如图 1-4-5 所示），其中直接强制执行措施是指行政主体对逾期拒不履行法定义务的相对方的人身或财产自行采取强制手段，直接强迫其履行义务，或通过强制手段达到与义务人履行义务相同状态的一种行政强制行为方式；间接强制执行措施，是指行政主体不通过自己的直接强制措施迫使义务人履行其应当履行的义务或者达到与履行义务相同的状态，而是通过某些间接的手段（如代执行、执行罚）达到上述目的所采取的行政强制行为。

下文将分别对执行罚、行政代执行这两种间接行政强制执行措施及申请法院强制执行的直接强制执行措施进行阐述。

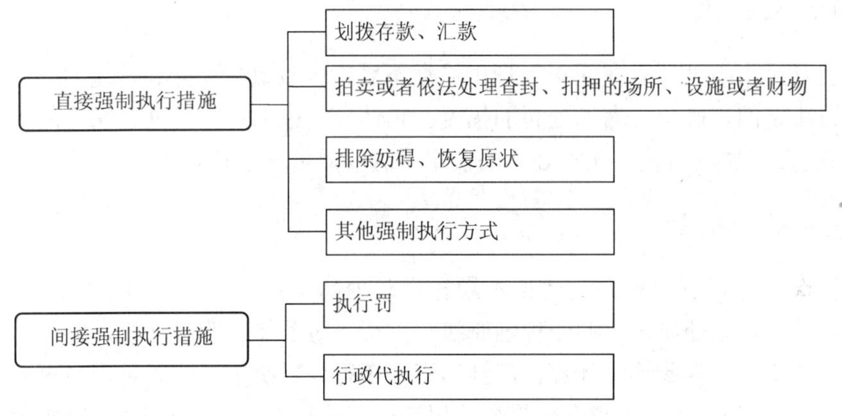

图 1-4-5　强制执行措施的分类

一、执行罚

根据《行政强制法》第十二条的规定，行政强制执行的方式包括：

（1）加处罚款或者滞纳金；

（2）划拨存款、汇款；

（3）拍卖或者依法处理查封、扣押的场所、设施或者财物；

（4）排除妨碍、恢复原状；

（5）代履行；

（6）其他强制执行方式。

根据环境法律的规定，在上述《行政强制法》中规定的六种行政强制执行方式中，加处罚款或者滞纳金和代履行属于间接的行政强制执行措施，其中加处罚款和滞纳金方式是执行罚，代履行也称为行政代执行。

执行罚，是指义务人逾期不履行行政法义务，由行政机关迫使义务人缴纳强制金以促使其履行义务的强制行政执行制度。这种执行方法，带有责罚的意思，故称为“执行罚”。执行罚主要适用于当事人不履行不作为义务、不可由他人替代的义务，例如特定物的给付义务或者与人身有关的义务等。

执行罚不同于行政处罚中的罚款。两者的区别如表 1-4-2 所示。

表 1-4-2 行政处罚中的罚款与执行罚的区别

项目	行政处罚中的罚款	执行罚
性质	行政处罚的一种类型	强制执行措施
目的	针对法定义务的违反（法定义务类型多样）而采取的惩罚性措施，目的在于促使当事人改正违法行为	对缴纳罚款等特定义务的违反，目的在于促使当事人履行缴纳罚款等特定义务
法律后果	如果不按规定缴纳，将被采取加收罚款或者滞纳金等执行罚	行政机关或者人民法院可以强制执行

（一）加处罚款

加处罚款是指被处罚人在无正当理由逾期不履行行政机关的处罚决定时，行政机关可以在原处罚决定的基础上，增加处罚的幅度，具体幅度根据《行政处罚法》的规定，每日按罚款数额的 3%加收罚款。加收处罚的决定不影响原处罚的执行。

（二）加收滞纳金

加收滞纳金是指行政机关对逾期不履行行政处罚决定的当事人科以新的金钱给付义务，迫使其履行行政处罚决定的一种强制执行方式。对于加收的滞纳金，应从当事人应当履行行政处罚决定之日起连续计算，直到当事人履行处罚决定为止。对于当事人拒绝支付的，强制执行。例如，《排污费资金收缴使用管理办法》第二十二条规定："排污者在规定的期限内未足额缴纳排污费的，由收缴部门责令其限期缴纳，并从滞纳之日起加收 2‰的滞纳金。"《排污费征收工作稽查办法》第二十三条规定："经稽查，发现排污者少缴排污费且属于排污者责任的，作出排污费征收稽查处理决定的环境保护行政主管部门应当按照排污费征收稽查处理决定追缴排污费，并从滞纳之日起按日加收 2‰的滞纳金，滞纳金收入随追缴的排污费一并缴入国库。"

二、行政代执行

行政代执行是指违反环境保护相关规定的企业，逾期不处置或者处置不符合法律规定时，由环保部门指定其他单位代为处置，处置费用由污染环境的单位承担的制度。

行政代执行制度最早出现在我国有关危险废物管理的法律规范当中，指为使危险废物的产生单位承担处置危险废物的责任，在其违反规定逾期不处置或者处置不符合规定时，由环境保护行政主管部门制定其他单位代为处置，处置费用由产生危险废物的单位承担的法律规定。产生危险废物的单位，必须按照国家有关规定处置危险废物，不得擅自倾倒、堆放；不处置的，由所在地县级以上地方人民政府环境保护行政主管部门责令限期改正；逾期不处置或者处置不符合国家有关规定的，由所在地县级以上地方人民政府环境保护行政主管部门指定单位按照国家有关规定代为处置，处置费用由产生危险废物的单位承担。2008 年修订的《水污染防治法》增加了对水污染企业行政代执行的相关规定，扩大了行政代执行制度存在的范围。

（一）行政代执行的适用范围

目前只适用于对危险废物污染的环境管理和水污染的环境管理，随着保护环境的程度和质量的提高，其适用范围将会越来越广。

（二）执行依据

1.《固体废物污染环境防治法》

该法第五十五条规定："产生危险废物的单位，必须按照国家有关规定处置危险废物，不得擅自倾倒、堆放；不处置的，由所在地县级以上地方人民政府环境保护行政主管部门责令限期改正；逾期不处置或者处置不符合国家有关规定的，由所在地县级以上地方人民政府环境保护行政主管部门指定单位按照国家有关规定代为处置，处置费用由产生危险废物的单位承担。"

2.《放射性污染防治法》

该法第五十六条规定："产生放射性固体废物的单位，不按照本法第四十五条的规定对其产生的放射性固体废物进行处置的，由审批该单位立项环境影响评价文件的环境保护行政主管部门责令停止违法行为，限期改正；逾期不改正的，指定有处置能力的单位代为处置，所需费用由产生放射性固体废物的单位承担，可以并处二十万元以下罚款；构成犯罪的，依法追究刑事责任。"

3.《水污染防治法》

该法第七十六条规定："有下列行为之一的，由县级以上地方人民政府环境保护主管部门责令停止违法行为，限期采取治理措施，消除污染，处以罚款；逾期不采取治理措施的，环境保护主管部门可以指定有治理能力的单位代为治理，所需费用由违法者承担：(一）向水体排放油类、酸液、碱液的；(二）向水体排放剧毒废液，或者将含有汞、镉、砷、铬、铅、氰化物、黄磷等的可溶性剧毒废渣向水体排放、倾倒或者直接埋入地下的；(三）在水体清洗装贮过油类、有毒污染物的车辆或者容器的；(四）向水体排放、倾倒工业废渣、城镇垃圾或者其他废弃物，或者在江河、湖泊、运河、渠道、水库最高水位线以下的滩地、岸坡堆放、存贮固体废弃物或者其他污染物的；(五）向水体排放、倾倒放射性固体废物或者含有高放射性、中放射性物质的废水的；(六）违反国家有关规定或者标准，向水体排放含低放射性物质的废水、热废水或者含病原体的污水的；(七）利用渗井、渗坑、裂隙或者溶洞排放、倾倒含有毒污染物的废水、含病原体的污水或者其他废弃物的；(八）利用无防渗漏措施的沟渠、坑塘等输送或者存贮含有毒污染物的废水、含病原体的污水或者其他废弃物的。

有前款第三项、第六项行为之一的，处以 1 万元以上 10 万元以下的罚款；有前款第一项、第四项、第八项行为之一的，处以 2 万元以上 20 万元以下的罚款；有前款第二项、第五项、第七项行为之一的，处以 5 万元以上 50 万元以下的罚款。"

第八十条规定："违反本法规定，有下列行为之一的，由海事管理机构、渔业主管部门按照职责分工责令停止违法行为，处以罚款；造成水污染的，责令限期采取治理措施，消除污染；逾期不采取治理措施的，海事管理机构、渔业主管部门按照职责分工可以指定有治理能力的单位代为治理，所需费用由船舶承担：(一）向水体倾倒船舶垃圾或者排放船舶的残油、废油的；（二）未经作业地海事管理机构批准，船舶进行残油、含油污水、污染危害性货物残留物的接收作业，或者进行装载油类、污染危害性货物船舱的清洗作业，或者进行散装液体污染危害性货物的过驳作业的；（三）未经作业地海事管理机构批准，进行船舶水上拆解、打捞或者其他水上、水下船舶施工作业的；（四）未经作业地渔业主管部门批准，在渔港水域进行渔业船舶水上拆解的。

有前款第一项、第二项、第四项行为之一的，处以 5 000 元以上 5 万元以下的罚款；有前款第三项行为的，处以 1 万元以上 10 万元以下的罚款。”

第八十三条规定：“企业事业单位违反本法规定，造成水污染事故的，由县级以上人民政府环境保护主管部门依照本条第二款的规定处以罚款，责令限期采取治理措施，消除污染；不按要求采取治理措施或者不具备治理能力的，由环境保护主管部门指定有治理能力的单位代为治理，所需费用由违法者承担；……”

（三）行政代执行的履行主体

行政代执行的实际履行主体是环境保护义务人以外的人（含环保部门自身及其依法委托的具有相应资质的第三人），执行中产生的费用由产生危险废物或者污染水体的企业承担。

（四）行政代执行的履行时间

发生在环境行政管理过程中，即当发现产生危险固体废物、放射性废物以及污染水体的单位不依法进行处置时，环保部门先责令其限期改正，停止违法行为；义务人逾期拒不处置或者处置不符合国家有关规定时，才有行政代执行行为的发生。

（五）执行目的

（1）消除危险废物污染、水污染对社会公众的威胁和危害；

（2）处置费用由产生危险废物或者污染水体的单位承担。

依据《行政强制法》的规定，行政代执行的程序如图 1-4-6 所示：

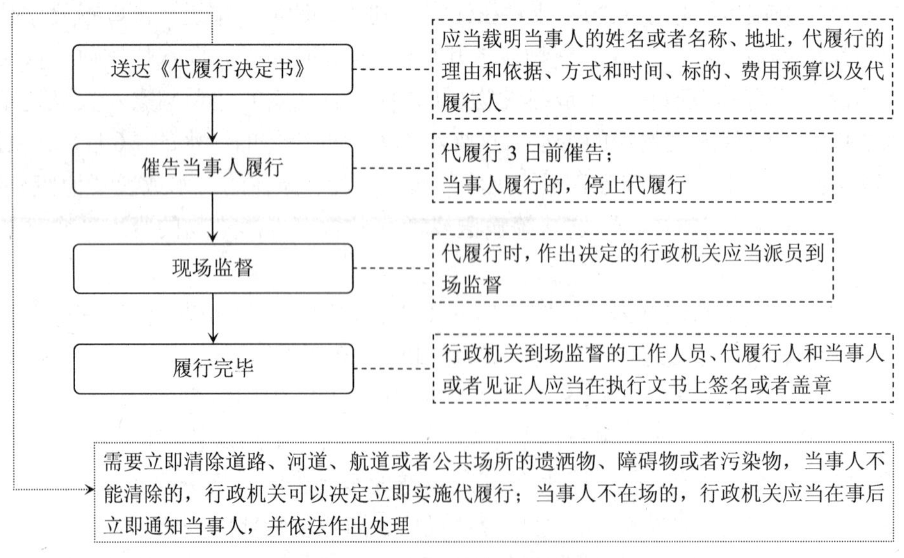

图 1-4-6 行政代执行程序图

三、申请人民法院强制执行

当事人在法定期限内不申请行政复议或者提起行政诉讼，又不履行行政处罚决定的，没有行政强制执行权的行政机关可以自期限届满之日起 3 个月内申请人民法院强制执行。

（一）申请强制执行的条件

1．具体环境行政行为依法可以由人民法院执行

环境行政机关所作出的具体行政行为是依照法定程序对违反环境法或者负有义务的行政相对人所作出的环境行政处罚或者其他具体环境行政行为。比如对违反环境法的行政相对人科以罚款等环境行政处罚决定，当行政相对人既不复议又不起诉，也不履行的情况下，环境行政机关可以申请人民法院强制执行，人民法院应当依法受理。

2．具体环境行政行为已经生效，并具有可执行内容，是申请强制执行的前提条件

具体环境行政行为生效是指环境行政机关所作出的《行政处罚决定书》等有关法律文书已经送达，即已发生法律效力，并要求其在法定期限内履行。具有可执行内容是指环境行政机关申请人民法院强制执行的具体环境行政行为属于类似划拨罚款、查封厂房设备等具有可执行内容的具体环境行政行为。

3．申请人是作出该具体环境行政行为的环境行政机关

需要指出的是，如果环境监察机构是受环境行政主管部门的委托，以环境行政主管部门的名义在其委托的权限范围内行使现场监督执法权时，它不具有执法主体资格，不能成为环境行政强制执行的申请人。

4．被申请人是该具体环境行政行为所确定的义务人

被申请人是指环境行政机关所作出的具体行政行为所确定的负有义务的行政相对人，也就是说环境行政机关申请人民法院强制执行必须有明确的被申请人，否则人民法院将裁定不予受理。

5．被申请人在环境行政处罚确定的期限内或者环境行政机关另行指定的期限内未履行义务

负有义务人逾期未履行义务，是指在具备履行条件的情况下拒绝履行或者拖延履行。对环境行政机关所作出的行政处罚决定，行政相对人不服的可以申请行政复议或者提起行政诉讼。逾期不起诉、不申请复议又不自行履行的，环境行政机关即可申请人民法院强制执行。

6．被申请执行的行政案件属于受理申请执行的人民法院管辖

根据《最高人民法院关于执行〈中华人民共和国行政诉讼法〉若干问题的解释》第八十九条规定，环境行政机关申请人民法院强制执行其具体行政行为，应当向申请人所在地的基层人民法院申请；执行对象为不动产的，应当向不动产所在地的基层人民法院申请。

专栏 1-4-1 关于环保部门可以申请人民法院强制执行责令改正决定的复函

环境保护部 环函[2010]214 号

福建省环境保护厅:

你厅《关于请求解释执行环境行政处罚办法有关问题的请示》(闽环保法[2010]6 号)收悉。经研究,函复如下:

一、环保部门可以申请人民法院强制执行责令改正决定

《中华人民共和国行政诉讼法》第六十六条规定,公民、法人或者其他组织对具体行政行为在法定期限内不提起诉讼又不履行的,行政机关可以申请人民法院强制执行。《最高人民法院关于执行〈中华人民共和国行政诉讼法〉若干问题的解释》第八十六条至第九十一条对行政机关申请执行其具体行政行为的条件、程序、期限、要求作了具体规定。

责令改正决定属于具体行政行为的一种形式。因此,根据上述法律规定,当事人逾期不申请行政复议、不提起行政诉讼又不履行责令改正决定的,环保部门可以向人民法院申请强制执行,并遵守《最高人民法院关于执行〈中华人民共和国行政诉讼法〉若干问题的解释》规定的有关条件和要求。

二、环保部门作出责令改正决定时,应当告知行政管理相对人依法享有申请行政复议或者提起行政诉讼的权利

《中华人民共和国行政复议法》第六条规定,公民、法人或者其他组织认为行政机关的具体行政行为侵犯其合法权益的,可以申请行政复议。《中华人民共和国行政诉讼法》第十一条规定,人民法院受理公民、法人或者其他组织对具体行政行为不服提起的诉讼。《全面推进依法行政实施纲要》第七条规定,行政机关作出对行政管理相对人、利害关系人不利的行政决定后,应当告知行政管理相对人依法享有申请行政复议或者提起行政诉讼的权利。

责令改正决定属于具体行政行为的一种形式。因此,根据上述规定,环保部门作出责令改正决定时,应当告知行政管理相对人依法享有申请行政复议或者提起行政诉讼的权利。公民、法人或者其他组织认为环保部门作出的责令改正决定侵犯其合法权益的,可以申请行政复议和提起行政诉讼。

三、是“责令停产”还是“责令停止生产”,应当结合违法行为的性质和具体的法律、法规、规章条款选择适用

《环境行政处罚办法》第十条、第十二条是对环境法律、行政法规和部门规章规定的行政处罚和责令改正违法行为的主要形式的列举,并不是新的创设性规定。在具体案件的处理中是“责令停产”还是“责令停止生产”,应当结合违法行为的性质,选择适用相应的具体法律法规规章条款。

二〇一〇年七月二十二日

(二)申请强制执行的程序

1. 催告

《行政强制法》第五十四条规定,行政机关申请人民法院强制执行前,应当催告当事人履行义务。催告书送达 10 日后当事人仍未履行义务的,行政机关可以向所在地有管辖权的人民法院申请强制执行;执行对象是不动产的,向不动产所在地有管辖权的人民法院

申请强制执行。

2. 申请

行政机关的申请是人民法院强制执行的前提和基础，人民法院只有在收到行政机关的强制执行申请后，才能开始决定是否执行。行政机关申请强制执行应当向法院提交《强制执行申请书》；《行政处罚决定书》及作出决定的事实、理由和依据；当事人的意见及行政机关催告情况；申请强制执行等相关材料和信息以便接受司法机关的审查。《强制执行申请书》应当由行政机关负责人签名，加盖行政机关的印章，并注明日期。

行政机关申请法院应当在规定的期间内提出。根据《最高人民法院关于执行〈中华人民共和国行政诉讼法〉若干问题的解释》等规定，《环境行政处罚办法》对申请强制执行的期限进行了梳理：

（1）《行政处罚决定书》送达后当事人未申请行政复议且未提起行政诉讼的，在处罚决定书送达之日起 60 日后起算的 180 日内；

（2）复议决定书送达后当事人未提起行政诉讼的，在复议决定书送达之日起 15 日后起算的 180 日内；

（3）第一审行政判决后当事人未提出上诉的，在判决书送达之日起 15 日后起算的 180 日内；

（4）第一审行政裁定后当事人未提出上诉的，在裁定书送达之日起 10 日后起算的 180 日内；

（5）第二审行政判决书送达之日起 180 日内。

《行政强制法》第五十三条规定的：“当事人在法定期限内不申请行政复议或者提起行政诉讼，又不履行行政决定的，没有行政强制执行权的行政机关可以自期限届满之日起 3 个月内，依照本章规定申请人民法院强制执行。”

需要说明的是，《环境行政处罚办法》第六十二条规定的申请强制执行的期限是各法律文书自申请复议、起诉或者上诉期届满之日起的 180 日内；《行政强制法》规定的申请强制执行期限是当事人履行义务期限届满之日起 3 个月内。由于《环境行政处罚办法》的生效时间是 2010 年 3 月 1 日，《行政强制法》的生效时间为 2012 年 1 月 1 日，故根据上位法优于下位法原则，2012 年 1 月 1 日以后发生的强制执行事项，申请强制执行的期限应按照《行政强制法》的规定执行。

3. 受理和审查

根据《行政诉讼法》和《行政强制法》的规定，人民法院对符合条件的申请，应当在 5 日内受理；对不符合条件的申请，应当裁定不予受理。

行政机关对人民法院不予受理的裁定有异议的，可以在 15 日内向上一级人民法院申请复议，上一级人民法院应当自收到复议申请之日起 15 日内作出是否受理的裁定。

人民法院对行政机关强制执行的申请进行书面审查，除明显缺乏事实根据的，明显缺乏法律、法规依据的和有其他明显违法并损害被执行人合法权益的情形外，符合法律规定、申请材料符合要求，且行政决定具备法定执行效力的，人民法院应当自受理之日起 7 日内作出执行裁定。

《行政强制法》第五十八条规定：“人民法院发现有下列情形之一的，在作出裁定前可以听取被执行人和行政机关的意见：（一）明显缺乏事实根据的；（二）明显缺乏法律、法规依据的；（三）其他明显违法并损害被执行人合法权益的。

人民法院应当自受理之日起 30 日内作出是否执行的裁定。裁定不予执行的，应当说明理由，并在 5 日内将不予执行的裁定送达行政机关。

行政机关对人民法院不予执行的裁定有异议的，可以自收到裁定之日起 15 日内向上一级人民法院申请复议，上一级人民法院应当自收到复议申请之日起 30 日内作出是否执行的裁定。”

《行政强制法》第五十九条规定，因情况紧急，为保障公共安全，行政机关可以申请人民法院立即执行。经人民法院院长批准，人民法院应当自作出执行裁定之日起 5 日内执行。

4．命令当事人限期履行

人民法院作出强制执行决定后，应当向当事人发出强制执行通知书，命令当事人在一定的期限内履行处罚决定。如果当事人经过法院规定的时间依然没有履行，则法院将强制执行。

5．执行

执行由人民法院主持，执行完毕应当将执行结果通知行政机关。

根据《行政强制法》的规定，行政机关申请人民法院强制执行，不缴纳申请费。强制执行的费用由被执行人承担。

环境行政强制执行程序如图 1-4-7 所示：

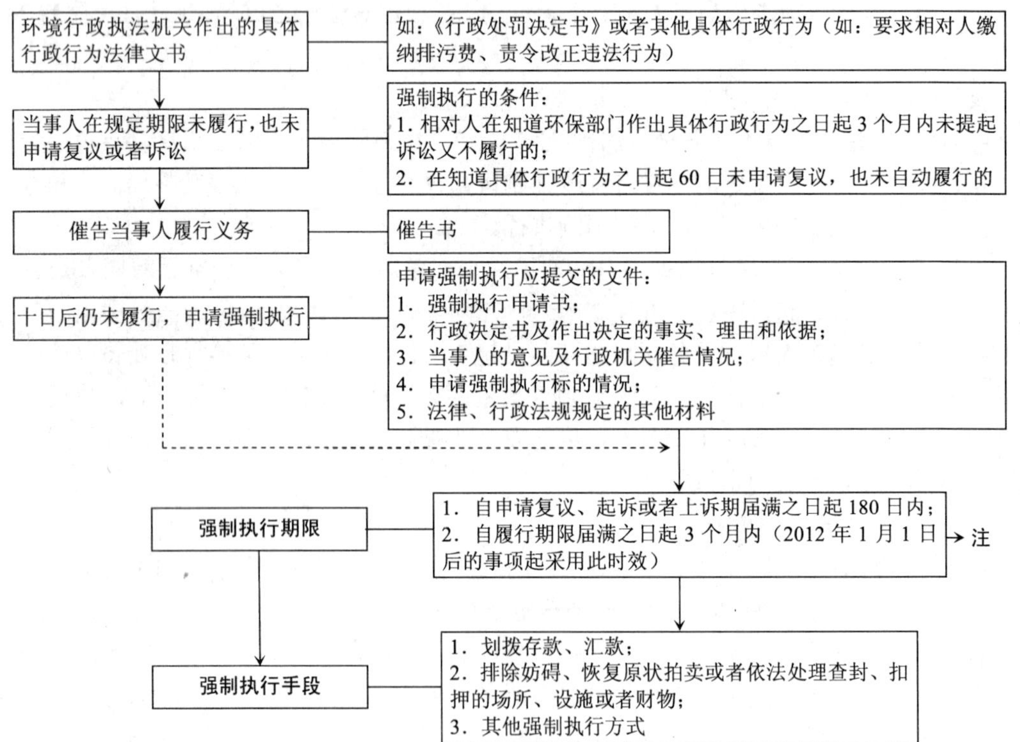

图 1-4-7　环境行政强制执行程序

表 1-4-3　行政强制执行申请书样式

（×××环境保护局）
行政处罚强制执行申请书
××[　]×号

申请人：________________ 地址：________________________
法定代表人：________________ 职务：________________ 电话：________________
委托代理人姓名________________工作单位及职务：________________ 电话：________________
申请人名称：________________ 地址：________________________
法定代表人姓名：________________职务：__________ 电话：__________邮政编码：__________
委托代理人姓名：________________工作单位及职务：________________ 电话：________________
被申请人名称或姓名：________________________地址：________________________
法定代表人（负责人）姓名：________________ 电话：__________ 邮政编码：__________

对____（当事人及其违法行为）________________一案，我局____年__月__日______（行政处罚文书名称、文号）________。（叙述当事人不履行行政处罚文书载明法定义务的情况。叙述行政复议和行政诉讼情况。）

依照《中华人民共和国行政诉讼法》第六十六条（申请强制执行处罚决定书的，还注明：《中华人民共和国行政处罚法》第五十一条和《中华人民共和国环境保护法》第四十条）之规定，特申请你院强制执行下列项目：

1．____；

2．____。

附：1.《行政处罚决定书》（或者《当场行政处罚决定书》《责令改正违法行为决定书》）副本____；

2．法定代表人身份证明、授权委托书各一份；

3．证明具体行政行为合法的材料_______件。

此致

___________人民法院
年　月　日
（×××环境保护局印章）

思考题

1. 行政强制执行的条件是什么？
2. 环境行政处罚执行程序的含义是什么，有哪些特征？
3. 代收机构收缴程序的具体内容是什么？
4. 当场收缴程序的适用范围是什么？
5. 暂缓缴纳与分期缴纳的适用条件是什么？
6. 简述执行罚含义及种类。
7. 简述行政代执行的含义、适用范围。
8. 简述行政强制措施与行政强制执行的不同。
9. 简述申请法院强制程序的具体内容。

第五章　环境行政处罚的结案与归档

第一节　结　案

一、结案条件

结案是对案件做最后处理，表明环境行政处罚已经按照程序处理完毕。《环境行政处罚办法》第六十七条采取列举和概括的方式，阐明了环境行政处罚案件的结案条件：

1．处罚决定执行完毕

处罚决定执行完毕可分为当事人主动履行完毕和经人民法院强制执行完毕两种情形。行政处罚的类型有多种，其中不乏以当事人履行一定义务为内容。处罚决定执行完毕意味着当事人应当承担的义务得以实现，因此行政处罚得以终结。

2．处罚案件无须执行

一方面表现在当事人自动履行相应的义务，如当事人主动按期、足额缴纳了承担的罚款责任；另一方面，在特殊情况下，处罚案件无须执行即可结案，如违法行为轻微，行政机关对当事人实施警告的行政处罚措施，当事人及时纠正错误的，就无须执行即可结案。

3．行政处罚决定被依法撤销

行政处罚决定被撤销可分为作出处罚决定的环保部门自行撤销、经过行政复议程序被撤销和经过行政诉讼程序被撤销三种情形。行政处罚被依法撤销的主要原因在于行政机关在行政处罚决定作出时程序违法、适用法律错误或者认定事实错误。因处罚决定被撤销，原处罚内容不复存在，因而结案。

4．环保部门认为可以结案的其他情形

这是针对本条未穷尽的其他特殊结案情形的概括性规定，属于兜底性条款，以避免挂一漏万。

二、结案方式

《环境行政处罚案件办理程序暂行规定》（环监发[2009]42 号）第二十二条规定：“符合结案条件的，案件承办人员予以结案，并填写《行政处罚案件结案登记表》”。

环境行政处罚案件的结案方式根据结案条件分为以下几种：

1．当事人自动履行处罚决定而结案

如行政机关作出对当事人罚款的行政处罚决定时，当事人在规定的时间、足额缴纳了罚款，代缴机关按照代收罚款协议规定的方式、期限，将当事人的姓名（名称）、缴纳罚款的数额、时间等情况书面告知作出行政处罚决定的行政机关后，行政机关可以制作《行政处罚案件结案登记表》，归纳结案材料，结案归档。

2．强制执行完毕而结案

当事人在《行政处罚决定书》规定的期限没有履行相应义务的，行政机关有权向人民法院申请强制执行。法院通过强制执行，迫使当事人履行完毕处罚决定的，法院制作《结案通知书》。

3．因法院终止执行程序而结案

《最高人民法院关于贯彻执行〈中华人民共和国行政诉讼法〉若干问题的意见（试行）》第九十六条规定：“有下列情形之一的，人民法院应当裁定终结执行：（一）申请人撤销申请的；（二）据以执行的法律文书被撤销的；（三）作为被执行人的公民死亡，无遗产可供执行，又无义务承担人的；（四）追索抚恤金案件的权利人死亡的；（五）人民法院认为应当终结执行的其他情形。”

在环境行政处罚案件中，如果存在上述法律规定的情形，法院将出具终结执行程序的裁定，环保部门据此结案。

4．不予处罚或者无需履行的处罚案件

例如违法行为轻微并及时纠正，没有造成危害后果不予处罚的案件，或者给予当事人警告、吊销许可证等行政处罚形式，无需当事人履行即可实现处罚的目的。

5．行政处罚被依法撤销的案件

如，行政机关处罚后发现存在不实之处而自行撤销的案件，经过行政复议被上级环保部门或者同级人民政府撤销的案件，经行政诉讼被撤销的案件，其处罚内容已不存在也就不存在执行的问题了。

第二节　归档管理

环境保护档案是指各级环保部门及其直属单位，在环境保护活动中直接形成的、对国家和社会有保存价值的各种文字、图表、声像等不同形式和载体的历史记录。

环境行政处罚档案是指各级环保部门（含其委托的环境监察机构）及法律、法规授权的环境监察机构对环境违法行为依法实施行政处罚过程中，形成并处理完毕，反映案件真实情况的，经过整理立卷的案件材料。近几年，随着人们环保意识的不断增强，环境行政处罚力度的逐年加大，环境行政处罚档案的管理工作呈现出新的特点，即为了维护环境行政处罚的严肃性、连续性，要求环境行政处罚档案的规范化、细致化、制度化。

一、案卷形成

（一）案卷的“四同步”管理

根据《环境保护档案管理办法》的规定，环境保护文件材料的形成、积累、整理和立卷归档工作，由文件材料的经办部门和经办人员负责，并在环境保护档案管理中实现“四同步”管理，即：

（1）下达环境保护任务与提出环境保护文件材料的形成、积累、整理和归档要求同步；

（2）检查环境保护工作进度与检查环境保护文件材料的形成、积累、整理和归档同步；

（3）鉴定、验收环境保护科技成果与鉴定、验收环境保护科技文件材料的立卷和归档同步；

（4）上报登记和评审奖励环境保护科技成果与档案管理机构出具证明材料同步。

在职务活动中形成的文件材料，必须定期由文书部门或者经办部门整理、立卷，并移交档案管理机构集中管理，任何个人不得据为己有或者拒绝归档。

（二）归档范围

凡在行政处罚案件审查过程中形成的，与案件有关的，具有查考利用价值的，各种载体形式的案件文件材料均应收集齐全。案件材料归档的整理必须遵循文件材料形成规律和特点，保持案件文件材料的有机联系，每个案件形成的文件材料应集中立卷，便于保管和利用。案件归档文件材料必须齐全、完整、准确，字迹必须工整、清晰、耐久，不得使用不耐久材料书写、打印。列入永久保管的数码彩色照片应当冲洗后归档并粘贴整齐。

现将环境行政处罚档案归档基本文件类型归纳如下：

（1）案件来源相关材料：包括检查发现的文件资料、投诉举报材料、来访来信、媒体披露相关资料、上级交办的批示件等；

（2）立案阶段的《环境违法行为立案审批表》；

（3）调查取证阶段制作的《现场检查（勘察）笔录》《调查询问笔录》《环境违法行为调查终结报告》《先行登记保存证据审批表》《先行登记保存证据通知书》《解除先行登记保存证据通知书》《查封（暂扣）审批表》《查封（暂扣）决定书》《解除查封（暂扣）决定书》等；

（4）审查阶段的《行政处罚案件处理审批表》《重大行政处罚案件讨论笔录》《行政处罚事先告知书》或《听证告知书》；

（5）申辩听证阶段的《陈述申辩笔录》《行政处罚申辩意见复核表》《行政处罚听证通知书》《行政处罚听证笔录》《行政处罚听证报告审批表》；

（6）环境行政处罚决定阶段的《环境行政处罚决定书》或《当场处罚决定书》；

（7）环境行政处罚送达及执行阶段的送达回证、《分期（延期）缴纳罚款审批表》《同意分期（延期）缴纳罚款通知书》《行政处罚强制执行申请书》等；

（8）其他文书，如《重大行政处罚备案表》《案件移送审批表》《申请回避审批表》《结案审批表》等；

（9）行政复议相关材料，如《行政复议申请书》《行政复议受理通知书》《行政复议不予受理决定书》《行政复议答复书》《行政复议决定书》等；

（10）行政诉讼相关材料：《行政诉讼答辩书》《行政诉讼申请书》《行政诉讼授权委托书》、法定代表人身份证明等。

（三）案卷的归档顺序

环境行政处罚档案结案的行政处罚案件，应当按照“一案一卷”的原则进行归档立卷，案卷中各类文书齐全，手续完备。有关文书书写应当用签字笔、钢笔或者打印，以便保存；案卷装订应当规范有序，符合文档要求。一般情况下同一次序文件材料应按照结论性材料在前，办案客观进程形成的材料在后；文件材料在前，证据材料在后；正文在前，附件在后；原件在前，复制件在后；批复在前，请示在后的次序排列进行归档。

值得注意的是，为适应电子政务建设的需要，很多地方对行政处罚案件中形成的电子文件、数码照片的归档作出规定，要求归档的录音带、录像带、视频等声像档案，应转换成格式统一的数字信息进行存储，并在载体上注明当事人的姓名、单位、录制人、录制时间、录制内容并按形成顺序逐盘登记造册归档。

1．环境行政处罚档案中正卷的装订顺序：

（1）《行政处罚决定书》及送达回证；

（2）立案审批材料；

（3）调查取证及证据材料；

（4）《行政处罚事先告知书》《听证告知书》《听证通知书》等法律文书及送达回证；

（5）听证笔录；

（6）财物处理材料；

（7）执行材料；

（8）结案材料；

（9）其他有关材料。

2．环境行政处罚档案中副卷的装订顺序：

（1）投诉、申诉、举报等案源材料；

（2）涉及当事人有关技术秘密和商业秘密的材料；

（3）听证报告；

（4）审查意见；

（5）集体审议记录；

（6）其他有关材料。

正卷可以向被处罚对象和社会公众公开，副卷不予公开。

二、归档时间及分类

（一）归档时间

文件材料的归档应在以下时间内完成：

（1）文书档案应由经办单位或者经办人员在次年六月底以前移交档案管理机构；

（2）环境保护科研或者工程建设档案，应由下达科研项目或者工程任务的环保部门督促承担单位在成果鉴定或者工程验收后 2 个月内移交档案管理机构归档，周期过长的可以按形成阶段分期归档；

（3）重要的工作会议、专业性技术会议和学术会议的文件材料，应由会议组织单位在会议结束后 1 个月内整理、立卷，并移交档案管理机构；

（4）带有密级的环境保护文件材料，应由经办单位随时形成随时归档。

（二）档案分类

为加强环境监察档案的科学管理，国家环保总局于 2006 年颁布了《环境保护档案管理规范——环境监察》（HJ/T 295—2006）。该标准规定了环境监察档案工作的基本要求，环境监察文件材料的形成、积累、立卷归档和档案的管理，开发利用及环境监察常用文书种类、制作等要求。环境行政处罚档案的分类遵循这一标准的规定。

环境监察档案经过系统整理、归档后，档案人员应按档案内容和形式等特征，进行信息分类标引、著录和实体分类。环境监察档案的分类标引、著录依照《中国档案分类法》和《中国档案分类法　环境保护档案分类表》（HJ/T 7—1994）《环境保护档案著录细则》（HJ/T 9—1995）《环境保护档案数据采集标准》（HJ/T 78—2001）进行。

1.《中国档案分类法　环境保护档案分类表》

《中国档案分类法　环境保护档案分类表》（HJ/T 7—1994）是《中国档案分类法》的组成部分，是环境保护专业档案分类详表。它是根据科学分类的理论，结合环境保护档案的专业特点而制定的分类法。它的编制目的是为了统一全国环境保护档案分类检索方法，推进环保档案分类检索体系的规范化，以便建立统一的环保档案目录中心，实现环保档案信息资源共享。

《环境保护档案分类表》把环境保护档案分为九个一级类目，即 SA1 环境管理、SA2 环境监测、SA3 环境污染及其防治、SA4 自然保护、SA5 环境科学研究、SA6 环境工程、基本建设、SA7 设备仪器档案、SA8 环境标准计量档案、SA9 其他档案。分类表遵循层累制的编号原则。表中“SA”表示环境保护类档案，在 SA 后采用阿拉伯数字，数字的位数表示类目的级次，用 SA1～SA9 对一级类目进行编号。在“SA1 环境管理”类目中设立了九个二级类目：SA11 环境保护立法、执法；SA12 环境保护政策；SA13 环境保护管理制度；SA14 环境监理；SA15 环境行政处罚、复议和诉讼；SA16 环境规划、计划；SA17 环境信息管理；SA18 环境宣传与教育；SA19 其他。

环境监察档案的信息分类标引可依照“SA14 环境监理”类目并结合其他类目进行；档案实体分类可根据本单位环境监察档案的数量确定分到几级类目。一般案卷级分到二级类目，文件级分到三级类目。

2.《环境保护档案著录细则》和《环境保护档案数据采集规范》

这两项行业标准是与《环境保护档案分类表》相配套的环保档案检索体系系列标准，是为实现全国环保档案信息网络检索做好前期准备的技术性、规范性文件。《环境保护档案著录细则》包括著录原则、著录格式、著录项目及要求、标志符号、著录来源、详简级次等内容及方法。《环境保护档案数据采集规范》规定了各类环保档案的数据采集项目及要求、机读目录格式等。环境监察档案的著录参照《环境保护档案著录细则》和《环境保护档案数据采集规范》中“环境监理档案”条目进行计算机录入，建立数据库。

三、档案管理

（一）环境行政处罚档案的鉴定与销毁

1．环境行政处罚档案鉴定

环境行政处罚档案鉴定工作分为归档前鉴定和归档后鉴定两个阶段：

（1）归档前鉴定。

由立卷人员在组卷时依据环境监察文件材料保存价值确定保管期限。

（2）归档后鉴定：

①对保管期限超期或密级需要调整的案卷，重新加以调整，对无继续保存价值的档案，予以剔除销毁。

②档案鉴定须成立鉴定工作小组，并由鉴定工作小组负责完成档案鉴定工作。鉴定工作小组由单位主管档案工作的领导、业务部门的领导、档案人员组成。鉴定工作结束后，鉴定小组应写出鉴定工作报告，内容主要包括：鉴定小组成员名单、鉴定范围、案卷保管期限、密级、需销毁档案清册及数量等。

2．环境行政处罚档案销毁

档案销毁是档案价值鉴定的收尾工作。它是根据档案鉴定，对已超过保管期限、无继续保存价值的档案，进行销毁处理的过程，主要内容包括：

（1）编造档案销毁清册。需销毁的档案应同时编制环境监察档案销毁清册一式两份，一份报请单位领导审查批准存档，一份送上级主管部门备案。

（2）档案销毁前的复审鉴定工作。在档案销毁前，为避免工作中的失误，应将拟销毁的档案材料再次进行审查核对等复审鉴定工作，确认无保存价值后，再按有关规定进行销毁。未经鉴定和批准，任何单位或个人无权销毁任何档案。

（3）实行监销制度。销毁档案要有专人监督，并在销毁清册上注明“已销毁”字样和销毁日期、监销人姓名。

（4）鉴定工作报告和档案销毁清册，档案部门应永久存档备查。

（二）档案的保管

档案保管是档案工作的一项经常化的工作，其基本任务是保护档案的完整与安全，最大限度地延长档案的自然寿命和保证档案的有效利用，提供条件并实施监督。应按照《档案库房技术管理暂行规定》《环境保护档案管理办法》执行。

1．档案库房

档案库房是一个单位集中保管档案的场所，是维护档案完整与安全的重要物质条件。环境监察部门应妥善、安全保存环境监察档案，应设有专用库房。库房要远离火源、污染源，门窗要坚固，密封程度好。库房内必须配备相应的防盗、防火、防潮、防光、防高温、防有害生物、防污染等必要设施。档案库房要与办公室、阅览室分开。

2．档案装具

包括档案柜、架、箱；档案包装材料，如盒、卷皮等。档案装具应符合档案保管要求，选择不易燃、防酸的材料。存放声像档案资料等特殊载体的装具，应当配置防磁化设施。

3．档案保管方法

库房内柜、架要合理放置；档案排架要与档案整理分类编号顺序一致，以便于查找利用；排架的饱和度要适宜，不能过分拥挤。库房内要保持适当的温度、湿度，并做好温湿度记录和调节工作。环境监察档案管理人员应定期检查环境监察档案的保管情况，对破损的档案应及时修复；做好出入库登记、管理；建立档案统计台账。

（三）环境行政处罚档案信息资源的开发和利用

环境行政处罚档案信息的开发与利用，是对行政处罚档案信息进行采集、加工、存贮和输出的整个过程；是把档案信息由静态转化为动态，为利用者所接受的过程。其主要内容包括：加工和处理档案信息，建立各种目录和数据库；对环境行政处罚档案信息进行加工、编研、编写综合性参考材料；采取多种形式直接提供档案信息服务。

1．档案信息的开发

编制适应环境监察工作需要的档案检索工具。

档案检索工具是为了从不同的角度查找和介绍档案而编制的一种工具。它既可指引档案管理人员和利用者检索和利用档案，又可作为档案人员管理档案的手段。它具有以下作用：

第一，存贮功能——将文件或案卷的内容及形式等特征著录成条目，按照一定的规则组织起来，使分散的档案信息得到集中。

第二，检索功能——根据利用者的需求，按照一定的检索方式，从存贮的档案线索中查检出档案材料。

编制检索工具的质量要求是：检索迅速，方便实用，信息量丰富。常用的档案检索工具有：案卷目录、专题目录、分类目录、全引目录、重要文件目录、文号目录、档案室指南、专题指南等。

2．档案编研工作

档案编研工作是对档案信息加工、处理、提炼的过程，即在对档案信息进行分析、研究的基础上，以满足利用需要为目的，按照一定的选题，汇编档案史料，编写参考资料。

（1）档案编研工作的作用。

编研工作是档案室主动地、系统地、广泛地提供利用的一种有效的方式；编研成果是在对档案分析研究的基础上加工、提炼而成的。它经过了考证和选材，集中了档案材料的精华，具有启发人们再创造的作用，环境监察工作者可以从编研成果中获取新的思路，从而有所借鉴、有所发展、有所创新。

（2）环境行政处罚档案参考资料的种类主要包括以下几种。

环境行政处罚工作大事记：按照时间顺序，简要地记载一定历史时期内发生的重大事件的一种参考材料。它可以向环境执法人员提供环境执法工作的历史梗概及其发展的规律性。

组织沿革：记载本单位体制、组织机构和人员编制变革情况的参考材料。

会议简介（或成果简介）：它是利用会议材料（或成果材料），将会议（或成果）加以简短、扼要地叙述，反映会议（或成果）基本情况的一种参考材料。

专题概要：以文字叙述的形式，简要地记述和反映某一项环境行政执法工作或自然现象的产生、发展变化的一种参考材料。如“某行业环境行政处罚概览”。

3．档案的提供利用

提供利用是档案工作的根本目的和中心任务，积极开展档案提供利用工作，为环境管理和环境监察工作服务，是环境监察档案工作的方向。环境行政处罚档案是环境监察档案管理的组成部分，能够为利用者提供阅览、外借、复制、网页查询、咨询、举办档案展览等服务。

环境监察档案主要供本部门查证和调研利用，其他系统或部门的工作人员要查阅环境监察档案时，须持单位介绍信，说明查阅档案的目的和范围，并经环境监察部门有关负责人批准后方可进行查阅。

在档案利用中，凡查阅涉及党和国家机密的环境监察档案时，必须经过分管档案工作的行政领导批准；查阅未公开的档案，必须经过有关业务部门负责人的批准；摘录和复制档案，必须经过环境监察档案管理机构负责人的批准。查阅档案一般不得将档案带出档案室。档案查阅者必须对所查阅的档案的安全和保密负责，不得擅自转借，不得折叠、剪贴或抽取、拆散档案，严禁勾画、涂改、填注或其他方式损坏档案的原有状态。

在利用工作中，要处理好档案的安全和有效利用之间的矛盾。

4．档案的自动化管理

随着科学技术的发展，以计算机技术为核心的现代信息处理技术正在深入到环境执法档案管理之中，档案管理以手工管理为主的传统手段逐渐向采用现代先进技术的科学手段过渡。通过网络为支撑的计算机技术，极大地促进了环境执法档案管理模式发生重大改变，实现了环境执法档案信息收集、整理、查询、利用管理的现代化，提高了档案的管理水平和利用质量，为环境监察工作和环境保护事业提供了科学依据与可靠保证。

实现环境执法档案自动化管理需要做好以下四个方面的工作：

（1）档案工作标准化。

档案工作标准化是档案管理自动化的前提和基础，没有标准化就没有自动化。计算机技术的应用是档案工作自动化的中心，而计算机的高效率必须建立在档案管理业务技术标准化的基础之上。对于杂乱无章、没有定规的档案业务，计算机是无法进行管理的。因此，没有档案工作的标准化，就无法实现档案工作的自动化。

（2）档案管理科学化。

档案管理科学化，是指按照档案工作的客观规律安排和协调一个档案室的全部工作，使工作质量和效率得以不断提高。如果档案管理不能实现科学化，就不能充分发挥它们对环境保护事业应有的作用，档案工作的自动化更是无从谈起。档案管理科学化，包括管理体制科学化和管理方法科学化两个方面。

（3）档案工作技术与设备现代化。

档案工作现代化的重要标志就是现代科学技术在档案工作中的应用。使档案工作现代化成为可能的现代科学技术，主要是指电子计算机技术、现代通信与网络技术、光学记录技术以及音像技术等。

运用电子计算机技术，实现档案管理的自动化。现代化的档案工作技术以电子计算机的应用为核心和主要内容。电子计算机具有高效率的信息处理功能，能以极快的速度读入、存储和输出数据，能够进行逻辑推理和判断，因而在档案工作中有着广泛的用途和明显的效果。它可以大大提高档案管理工作存储、处理、控制档案信息的能力。

（4）提升档案工作人员素质。

环境执法档案管理自动化是不断完善优化的过程，始终要依赖于环境执法档案工作者素质的提高。建设一支既精通环境执法档案管理业务又熟悉计算机信息技术的档案工作者队伍，是实现环境执法档案管理自动化的关键。

因此，环境执法档案工作人员要相应调整自身的知识结构，努力具备理论、文化、专业和科学技术等多学科、多领域知识，既要全面系统地掌握档案信息技术知识，又要掌握计算机操作技能。

5．文档一体化管理

文档一体化是采用计算机技术来实现文书、档案一体化管理，可以最大限度地实现信息资源共享，避免重复劳动。文档一体化是实现办公自动化的一个重要环节。电子文件从形成到电子档案的开发利用，中间经过很多环节，哪一个环节的职责不清、制度不明、考虑不周，都可能造成对电子文件的原始性、真实性的危害。因此，及早地建立电子文件全过程管理制度，明确各方面的职责要求，尤为重要。

（1）文档一体化的含义。

文档一体化就是对从文件到档案实行无缝链接的一体化管理。实现从文件生成制发到归档管理的全过程控制。具体内容包括：文档实体生成一体化，即对公文从生成、流转、归档形成档案直至档案被销毁为止的整个生命周期进行全面管理；文档管理一体化，从管理制度、组织机构、人员配备等方面保证一体化的实现；文档信息利用一体化，利用时不用考虑是文件信息还是档案信息，用一条检索命令即可查到所需的全部文档信息；文档规范的一体化，即在一个系统中有文档一体化的规范要求。

（2）文档一体化的理论基础。

档案来源于文件，文件生命周期理论是文档一体化的理论基础。文件生命周期理论是研究文件产生、运动、变化过程和规律的理论。即文件从形成到最终销毁或永久保存的整个运动过程。文件生命周期划分为四个阶段：制作阶段、现实使用阶段、暂时保存阶段、永久保存阶段。

文件的制作阶段，即文件的起草、核、签、印刷等形成具有法定效力文本的过程。文件的现实使用阶段是文件在规定的履行范围内运行，履行其现行的作用，在各项工作中发挥其作用的阶段。文件暂时保存阶段即文件履行完毕自己的现行效用，完成了制作者的目的，其中一部分文件已无任何价值，走到了它“生命的终点”，即可以销毁；而另一部分对日后工作仍有参考价值，应将继续保存。文件的永久保存阶段即部分文件已经失去了它的现行效用，对本机关已无明显的利用价值，而对社会和科学研究仍有久远的意义。此阶段的文件转换为档案。

（3）文档一体化的意义。

第一，能够使档案收集完整、系统、便捷、准确、安全。

采用文档一体化计算机管理系统，可以做到一次输入，多次输出，减少重复劳动，提高工作效率。可以在从文件产生到运转的每个环节上体现出档案工作的要求，使档案收集更加完整、系统、便捷、准确、安全。

第二，能够提高档案的查全率、查准率。

采用文档一体化计算机管理系统，可以发挥计算机强大的检索功能，根据需要自动编制各种检索工具，速度快、质量高。

（四）环境行政处罚档案归档范围、保管期限

环境行政处罚档案归档范围、保管期限如表 1-5-1 所示。

表 1-5-1　环境行政处罚档案归档范围、保管期限

环境监察工作	文件材料名称	保管期限
行政处罚	1．环境违法案件移送或报请管辖的文书	短期
	2．立案审批表	短期
	3．调查报告表和处理建议	短期
	4．证据和调查询问笔录	短期
	5．责令改正通知书	短期
	6. 重大案件审议行政处罚委员会审查意见	长期
	7．行政处罚告知书	短期
	8．行政处罚听证告知书	短期
	9．行政处罚听证通知书	短期
	10．当事人复议、诉讼材料	短期
	11．听证会记录	短期
	12．行政处罚决定书	长期
	13．送达回证	短期
	14．申请法院强制执行申请书	短期
	15．结案报告	长期
	16．其他有关材料	短期

思考题

1. 环境行政处罚案件的结案条件和结案方式分别是什么？
2. 简述环境行政处罚档案的“四同步”管理。
3. 环境行政处罚案卷的归档顺序是什么？
4. 简述环境行政处罚档案信息资源的开发和利用。

第六章　环境行政处罚的监督与救济

第一节　环境行政处罚的内部监督

内部监督是指在行政系统内部进行的监督，是行政机关的自我约束，是各种监督中最经常、最直接的监督。它包括环保部门内部的监督、上级行政机关对下级行政机关的层级监察稽查和专门行政监督机关的监督。如监察稽查、行政复议、报批、备案等制度。内部监督的优势在于监督主体和监督对象在决策权、执行权、管理权等方面有共性，工作职能性质贴近，监督手段熟悉，监督内容广泛，特别是上级行政机关对下级行政机关的监督，监督与领导合二为一，使监督更具权威性，无论在监督的内容上，还是在监督的形式上，都比其他监督更为全面和彻底。[①]环保部 2008 年发布的《环境保护部工作规则》（环发[2008]19 号）第二十四条规定："加强环保系统内部监督和层级监督制度。严格执行行政复议法和各项监督、稽查、备案制度，及时发现并纠正违法或不正当的环保行政行为，主动征询、认真听取地方政府及有关部门对环境保护部工作的意见和建议，不断改进自身工作。"

此外通过内部的监督和管理还可以起到保护环境监察人员的作用。在外部监督不断加大的执法环境下，通过对环境监察人员存在的违规行为进行纠正，及时避免或降低其可能引发的危害后果，保护环境监察人员免受行政或刑事责任追究。

一、环境行政处罚工作的监督检查

行政处罚工作的监督检查在形式上包括，各级环保部门内部的自我监督检查、定期或不定期地对下级环保部门、授权组织和委托组织实施的环境行政执法行为的环境监察稽查及后督察。

（一）环保部门的内部自我监督检查

很多地方环保部门为了规范环境行政处罚工作，制定了《环境行政处罚案件内部监督制度》，为进一步规范环境行政处罚，确立了全过程的监督管理要求，以确保环境违法案件得到公正、及时查处；并通过内部工作流程的规定和内部不同管理部门内部监督管理的要求，进一步监督规范行政处罚工作。

---

① 张猛．行政执法理论与实务．福州：福建人民出版社，2005.

（二）环境监察稽查

上级环境保护部门对下级环境保护部门及其工作人员，在环境监察工作中依法履行职责、行使职权和遵守纪律的情况进行监督、检查的监察稽查，也可以对环境行政处罚工作起到很好的规范和促进作用。通过稽查可以及时纠正下级环保部门环境监察人员行政处罚过程中存在的不合法、不规范、不到位问题，弥补环境处罚工作中存在的漏洞，规范处罚行为、提高执法水平。

2004 年 3 月起，国家环保总局着手起草《环境监察工作稽查办法》，将稽查定位在“上级环境保护部门对下级环境保护部门及其工作人员在环境监察工作中依法履行职责、行使职权和遵守纪律情况进行的监督、检查”。2010 年 4 月，环境保护部组织全国 31 个省、自治区、直辖市环保厅（局）和新疆生产建设兵团环保局，122 个市级环境保护局和 362 个县级环境保护局，开展了环境监察第一批稽查试点工作。试点工作期间，将稽查范围确定在“上级环境保护部门对下级环境保护部门的污染源现场监察工作和环境违法案件现场调查取证工作进行监督、检查”上。此后，地方一些省，如山西省、山东省等也制定了“环境稽查办法”。

环境监察稽查包括日常稽查、专项稽查、专案稽查，实施环境监察稽查时应与行政监察机关密切配合。环境监察稽查的主要内容包括：监督检查下级环境监察机构及承担环境监察工作的人员履行日常监督检查、环境违法行为查处等现场执法职责情况；监督检查下级环境监察机构排污费征收情况，并对违规情况进行调查、处理；监督检查下级环境监察机构及承担环境监察工作的人员检查权、取证权、强制权和处罚权的行使情况；监督检查下级环境监察机构及承担环境监察工作的人员对环境监察工作纪律的遵守情况。

对于环境行政处罚工作的稽查检查的内容，主要包括执法主体是否合法、执法人员是否风纪严整，文明执法、执法程序是否合法、执法文书是否规范、执法中认定的事实是否准确、执法活动所适用的规范性文件是否正确、是否履行了法定职责。对于稽查监察中发现的问题，实施环境监察稽查的环境保护部门可对被稽查单位和直接责任人员给予通报批评，并责令其依法履行职责或限期改正；依法应当追究行政责任的，按照有关法律、法规和规章处理。发现存在贪污受贿、渎职等依法应追究刑事责任行为的，实施环境监察稽查的环境保护部门，及时将案件相关材料移送司法机关。

（三）后督察

为了进一步促使对环境违法的处罚措施落实到位，环保部于 2010 年 12 月 5 日通过了《环境行政执法后督察办法》。该《办法》确立的后督察制度，是环境行政处罚内部监督的又一有力措施。该《办法》要求，对被处罚企业的名单、违法事实、整改要求等处罚内容在当地主流媒体及时公布，以便于群众的监督。同时要求加强对行政处罚决定的督办，对拒不执行停产整治或关闭决定的企业，必要时采取停水停电，拆除设施，吊销执照等强制措施；对拒不执行停建决定的建设项目，不予受理补办环评手续。该《办法》还要求，对行政处罚应确保执行到位，各级环保部门必须将申请法院强制执行作为执法工作的基本程序，与人民法院保持密切联系和协调，确保执行到位。

1．环境行政执法后督察的范围

根据《环境行政执法后督察办法》第六条的规定，下列事项属于后督察的范围：

（1）罚款，责令停产整顿，责令停产、停业、关闭，没收违法所得、没收非法财物等环境行政处罚决定的执行情况；

（2）责令改正或者限期改正违法行为、责令限期缴纳排污费等环境行政命令的执行情况；

（3）其他具体行政行为的执行情况。

2．后督察的执行主体

后督察的执行主体包括：

（1）组织实施机关。

县级以上人民政府环境保护主管部门负责组织实施环境行政执法后督察。

（2）具体实施机关：

①对县级以上人民政府或者其环境保护主管部门依法作出的环境行政处罚、行政命令等具体行政行为，由县级以上人民政府环境保护主管部门的环境监察机构负责具体实施环境行政执法后督察。

②对环境保护部依法作出的环境行政处罚、行政命令等具体行政行为，可以由环境保护部委托其派出的环境保护督查机构负责具体实施环境行政执法后督察。

3．后督察的实施措施

（1）现场检查：后督察实施机关进行环境执法后督察时，工作人员根据工作需要，可以依法采取下列措施进入有关场所进行检查、勘察、录音、拍照、录像、取样或者监测；询问当事人和有关人员，要求其对相关事项作出说明；查阅、复制生产记录、排污记录、监测报告和其他有关资料等。

（2）信息通报：县级以上人民政府环境保护主管部门可以将环境行政执法后督察情况以及相关处罚或者处理情况向商务部门、工商部门、监察机关、人民银行等有监管职责的部门或者机构通报。

（3）信息公开：县级以上人民政府环境保护主管部门应当在职责范围内向社会公开拒不执行已生效的环境行政处罚决定的企业名单。

4．督察事项的处理

县级以上人民政府环境保护主管部门应当根据《环境行政执法后督察报告》提出的处理建议，依法进行处理或者处罚。

（1）逾期未依法履行行政处罚决定的，申请人民法院强制执行；

（2）逾期未按要求改正环境违法行为的，依据相关法律、法规的规定采取罚款、责令停产停业、暂扣或者吊销许可证等行政处罚措施，或者采取责令停止建设、责令停止试生产、强制拆除、指定有治理能力的单位代为治理或者代为处置等行政强制措施；

（3）逾期未履行或者未落实本《办法》第六条所列的行政处罚、行政命令等具体行政行为，严重污染环境或者造成重大社会影响的，依照有关规定进行挂牌督办或者暂停审批建设项目环境影响评价文件；已经实施挂牌督办或者暂停审批建设项目环境影响评价文件的，不予解除；

（4）国有企业或者国有控股企业逾期未履行或者未落实督察事项中有关的行政处罚、

行政命令等具体行政行为的，依法移送监察机关追究相关人员相应责任；

（5）当事人或者相关责任人涉嫌犯罪的，依法移送司法机关追究刑事责任。

二、环境行政处罚决定的备案

地方各级环保部门作出责令停止生产或者使用、吊销许可证或者处以十万元以上罚款等重大行政处罚决定，在依法定程序报同级人民政府备案的同时，应报上一级环保部门备案。地方对有关罚款数额的备案标准另有规定的，可从其规定。上一级环保部门应当从违法事实是否清楚、主要证据是否确凿、适用法律依据是否正确、量罚是否适当、执法主体和处罚程序是否合法等方面进行审查，发现处罚决定不合法或不适当的，应提请有权机关依法予以撤销或者变更，或者直接督促作出处罚决定的部门改正。已经申请行政复议或提起行政诉讼的除外。省级环保部门可以根据实际情况和需要，建立本辖区重大环境行政处罚备案制度，确定备案标准。

环保部门的派出机构应向设立派出的部门、法律法规授权的组织应向直接主管本组织的部门定期报告实施环境行政处罚的情况。

三、环境行政处罚的纠正、撤销与变更

对环境执法工作的日常监督检查是环境监察机构的重要工作职责。

《行政处罚法》第五十五条规定："行政机关实施行政处罚，有下列情形之一的，由上级行政机关或者有关部门责令改正，可以对直接负责的主管人员和其他直接责任人员依法给予行政处分：（一）没有法定的行政处罚依据的；（二）擅自改变行政处罚种类、幅度的；（三）违反法定的行政处罚程序的；（四）违反本法第十八条关于委托处罚的规定的。"

《环境监理工作制度》第七条有关"环境监理稽查"的内容中规定："1．上级环境监理机构对下级环境监理工作负有指导、培训和检查监督的责任。……4．上级环境监理机构对下级监理工作每年至少检查一次，对不能依法履行监理职责的责令其改正，直至报请同级环保行政主管部门上收其部分环境监理权限。"

环境行政处罚的纠正、撤销与变更主要通过两种途径：

一是通过环境行政复议这一内部监督途径。有复议任务的环保部门，应当认真履行法律赋予的行政复议监督职能，确定本部门的复议机构或者专职复议人员，建立并完善内部的复议程序和工作制度，配备政治素质好、业务水平高、敬业精神强的复议人才。行政复议工作人员应当严格遵守行政复议程序，对行政处罚合理性和合法性进行审查，如果发现行政处罚决定存在不当行为，应当根据具体情况予以纠正、撤销或者变更。

二是在行政复议和行政诉讼过程中，环保部门在对行政处罚决定的重新审查中发现不当行为，从而及时对行政处罚决定进行纠正、撤销或者变更。

第二节 环境行政处罚的外部监督

一、环境信息公开

（一）环境信息公开概述

1. 环境信息公开的含义

环境信息公开是继指令性控制手段和经济手段后采用的一种新的环境管理制度。根据《奥胡斯公约》，环境信息是指包括环境要素（如水、空气、土壤、动物、植物、土地和自然遗址等）、生物多样性（含转基因生物）的状况和对环境要素可能发生影响的因子（包括行政措施、环境协议、计划等）及用于环境决策的成本，效益和其他基于经济学的分析及假设在内的一切信息这些信息以文本、图像、录音或数据库的形式表现。

2. 环境信息公开的目的

环境信息公开的目的在于：

一是要把事实真相公之于众，包括当前环境状况如何，当前状况与其历史状况的对比如何，以及这些变化究竟是如何发生的；

二是要指明究竟是谁的行为造成了对环境的破坏；

三是告诉公众，相关的环境事件会对其生活造成何种影响。当一项环境事件发生时，公开的信息应该指明其危害的程度以及后继治理可能需要支付的成本；

四是应向公众明示政府关于环境问题的作为状况及其成本-效益分析的结果。

3. 环境信息公开的意义

环境信息公开在现代环境管理中具有重要的意义：

第一，保障、促进公众参与原则的实现。

环境管理领域的公众参与是指公众以个人或团体的方式参与环境管理的设计、监督、实施，包括政府和企业增加透明度和公开性，并给予个人发言权。公众参与环境信息公开具有不可分割的联系。环境信息公开无论采取哪种形式公开，信息公开始终是面向社会和公众的，其目的还是在于公众的参与，而公众参与又离不开信息公开（包括公众挖掘信息促使其公开），两者是密不可分的。公众参与原则作为环境法的一项基本原则，其功能的实现离不开具体的制度。环境信息公开制度通过将信息公开上升到制度刚性的层次，通过制度来强制、鼓励和促进政府和企业等信息所有者公开其所掌握的环境信息，必将对公众参与起到促进和保障作用，也使其作为实现公众参与原则的一项重要制度。

第二，保证公众环境知情权的实现。

环境知情权又称环境信息权，是指国民对本国乃至世界的环境状况、国家的环境管理状况以及自身的环境状况等有关信息获得的权利。这一权利既是国民参与国家环境管理的前提，又是环境保护的必要民主程序。“人人有权知道环境的真实状态。”环境信息公开制度通过在制度上明确信息公开的原则、信息公开适用的主体和对象、信息公开的范围（公开的信息和不予公开的例外信息）、信息公开的程序、救济制度等内容，在制度和程序上要求政府和企业公开环境信息，从而有力保障公众环境知情权的实现。

第三，保障政府环境监督管理权的实现。

政府环境监督管理权是指政府依法所享有的对本国环境进行监督管理的权利，它是政府环境行政管理部门代表国家对本国环境状况进行监督管理的法律基础和依据。在目前以及今后的环境管理中，起主导作用的仍然是政府管制手段，或者至少离不开政府的管制手段。“国家的环境管理职能既是一种权力又是一种义务。”因此，无论是外国还是我国的环境法，都赋予了政府环境行政管理部门广泛的环境管理权，同时也规定了政府承担的环境管理义务。可靠、及时、有效的信息是政府有效运作的基础。在环境保护方面，如果决策者缺乏信息，政府就不能按最优方案实施环境管理，必要和充分的环境信息的获取，对政府环境行政机构来说，会起到强化环境行政管理的作用。政府充足的环境信息的获取，离不开环境信息公开制度的保障和规范。通过企业环境信息公开制度和公众环境信息公开制度来强制或鼓励企业或公众向政府环境行政机关公开其所掌握的信息，为政府在环境管理中的理性决策提供信息资源。

（二）环境信息公开的依据

1.《行政处罚法》

在规定行政处罚（信息）公开方面，《行政处罚法》是先于《政府信息公开条例》实施的法律规范。《行政处罚法》第四条规定，行政处罚遵循公正、公开的原则，对违法行为给予行政处罚的规定必须公布；未经公布的，不得作为行政处罚的依据；第三十一条规定，行政机关在作出行政处罚决定之前，应当告知当事人作出行政处罚决定的事实、理由及依据，并告知当事人依法享有的权利；第三十四条第一款和第三十七条第一款规定，执法人员当场作出行政处罚决定的，应当向当事人出示执法身份证件；第四十条规定，行政处罚决定书应当在宣告后当场交付当事人；当事人不在场的，行政机关应当在七日内依照《民事诉讼法》的有关规定，将行政处罚决定书送达当事人；第四十二条第一款规定，除涉及国家机密、商业秘密或者个人隐私，处罚听证公开举行。

梳理以上法律规定，可以概括出以下内容：

第一，行政处罚以公开为原则；

第二，行政处罚的规定和依据必须公开；

第三，事先告知（作出行政处罚决定的事实、理由、依据及依法享有的权利）、亮证执法以及处罚听证书的送达，所针对的对象为行政处罚当事人，而非一般公众；

第四，处罚听证应当公开进行。

2.《政府信息公开条例》

《政府信息公开条例》（以下简称《条例》）是规范政府信息公开行为的专门性立法。根据《条例》第二条的规定，政府信息是指行政机关在履行职责过程中制作或者获取的，以一定形式记录、保存的信息。据此，行政处罚政府信息可以解释为行政机关在行政处罚过程中获取的，以一定形式记录、保存与案件有关的信息，制作的相关法律文书；与此同时，根据《条例》第十条第一项以及《行政处罚法》第四条的规定，作为行政处罚依据的相关行政法规、规章也应当视为行政处罚类的政府信息。

应当指出的是，前文概括的《行政处罚法》所规定的告知当事人和对当事人说明理由，以及听证公开等行为同《政府信息公开条例》所规定的政府信息公开行为之间并不是完全等同的行政行为。理由在于，政府信息公开中的主动公开是对公众或不特定受众的公开，而《行政处罚法》中的当事人却是特定的受众，即使是以申请公开，其申请主体和公开对象的范围也要广于行政处罚中的当事人；处罚中的告知和说明理由在内容上同信息公开也不相同；至于听证公开，其更是一种过程性公开，过程中的信息一般不是《政府信息公开条例》中所规定的具有静态性、定型性而被记录、保存的政府信息。

从政府信息公开的范围而言，《政府信息公开条例》并未明确、直接地规定行政处罚类信息属于其所规定的公开范围。《条例》最相关的规定是《条例》第十条第一项和第十一项的规定。如上文所说，《条例》第十条第一项的规定可以结合《行政处罚法》第四条的规定，理解为政府信息，纳入行政处罚类政府信息公开的范畴；第十条第十一项规定的是环境保护、公共卫生、安全生产、食品药品、产品质量的监督检查情况。实践中，许多部门正是将《条例》第十条第十一项的规定，作为上述五个领域行政处罚类（处罚依据之外）政府信息公开的法律依据。严格来说，监督检查同行政处罚并非同类行政行为，所以，第十一项规定作为五个特定领域行政处罚类（处罚依据之外）政府信息公开的法律依据理由并不充分。

3.《环境信息公开办法（试行）》

这是一部对环境信息公开制度完整规定的行政规章。其第一条就明确指出制定规章的目的是为了“维护公民、法人和其他组织获取环境信息的权益”，对公民的环境知情权做了肯定。《环境信息公开办法（试行）》明确了信息公开的义务主体是政府和企业，确立了环境信息公开的原则、方式、主管机构和责任，对规划环评中政府信息公开的完善有明确的指导意义。

4.《环境监理政务公开制度》

《环境监理政务公开制度》（环发[1999]15 号）颁布于 1999 年，要求做到环境监理（现为环境监察）“五公开”，即：公开办事机构和人员身份，公开工作制度和工作程序，公开排污收费标准，公开行政处罚情况，公开举报电话和投诉部门。该制度还规定“五公开”事项要在环境监察机构办公地点的显要位置张榜公布。环境监察工作的有关制度、程序、标准、规范等，可通过当地主要新闻媒体，加强宣传、公告。

（三）环境信息公开的内容

1. 应当公开的信息

目前我国政府环境信息公开主要表现在：

（1）公共性信息的公开。如环境质量公报、重点流域重点断面水质质量周报、城市空气质量周报、日报、预报等；

（2）重大污染事故紧急通报；

（3）中央和地方各级环保部门实行的政府上网工程及政务公开。其中包括从 1998 年开始实施的环境监理政务公开（包括公开办事机构和人员身份、公开工作制度和工作程序、公开排污收费标准、公开行政处罚情况和公开举报电话和投诉部门五个方面）和排污收费政务公开试点工作。

根据《环境信息公开办法（试行）》第十一条的规定，环保部门应当在职责权限范围内向社会主动公开以下政府环境信息：（一）环境保护法律、法规、规章、标准和其他规范性文件；（二）环境保护规划；（三）环境质量状况；（四）环境统计和环境调查信息；（五）突发环境事件的应急预案、预报、发生和处置等情况；（六）主要污染物排放总量指标分配及落实情况，排污许可证发放情况，城市环境综合整治定量考核结果；（七）大、中城市固体废物的种类、产生量、处置状况等信息；（八）建设项目环境影响评价文件受理情况，受理的环境影响评价文件的审批结果和建设项目竣工环境保护验收结果，其他环境保护行政许可的项目、依据、条件、程序和结果；（九）排污费征收的项目、依据、标准和程序，排污者应当缴纳的排污费数额、实际征收数额以及减免缓情况；（十）环保行政事业性收费的项目、依据、标准和程序；（十一）经调查核实的公众对环境问题或者对企业污染环境的信访、投诉案件及其处理结果；（十二）环境行政处罚、行政复议、行政诉讼和实施行政强制措施的情况；（十三）污染物排放超过国家或者地方排放标准，或者污染物排放总量超过地方人民政府核定的排放总量控制指标的污染严重的企业名单；（十四）发生重大、特大环境污染事故或者事件的企业名单，拒不执行已生效的环境行政处罚决定的企业名单；（十五）环境保护创建审批结果；（十六）环保部门的机构设置、工作职责及其联系方式等情况；（十七）法律、法规、规章规定应当公开的其他环境信息。

《环境信息公开办法（试行）》第十九条规定了企业信息公开的范围：（一）企业环境保护方针、年度环境保护目标及成效；（二）企业年度资源消耗总量；（三）企业环保投资和环境技术开发情况；（四）企业排放污染物种类、数量、浓度和去向；（五）企业环保设施的建设和运行情况；（六）企业在生产过程中产生的废物的处理、处置情况，废弃产品的回收、综合利用情况；（七）与环保部门签订的改善环境行为的自愿协议；（八）企业履行社会责任的情况；（九）企业自愿公开的其他环境信息。

此外，对属于污染超标或者超总量的企业，根据《环境信息公开办法（试行）》第十九条的规定，应当向社会公开下列信息：（一）企业名称、地址、法定代表人；（二）主要污染物的名称、排放方式、排放浓度和总量、超标、超总量情况；（三）企业环保设施的建设和运行情况；（四）环境污染事故应急预案。

2. 不能公开的内容

依据《环境行政处罚办法》第七十二条规定："除涉及国家机密、技术秘密、商业秘密和个人隐私外，行政处罚决定应当向社会公开"，不能公开的内容包括：

（1）国家秘密。

根据《中华人民共和国保守国家秘密法》的规定，国家秘密是关系国家安全和利益，依照法定程序确定，在一定时间内只限一定范围的人员知悉的事项。公开国家机密，将有可能危害国家安全，因此不公开。

（2）商业秘密。

根据《中华人民共和国反不正当竞争法》规定，商业秘密是指不为公众所熟悉、能为权利人带来经济利益、具有实用性并经权利人采取保密措施的技术信息和经营信息。公开技术秘密和商业秘密，将有可能损害当事人的经济利益，因此不公开。

（3）个人隐私。

目前我国现行法律还没有对个人隐私作出明确界定。根据通常的解释，个人隐私是指关系个人财产、名誉或者其他利益的不宜对外公开的情况、资料。公开个人隐私，将有可能损害当事人的合法权益，因此不公开。

为平衡公共利益和个人利益，《中华人民共和国政府信息公开条例》和《环境信息公开办法（试行）》还规定了不公开技术秘密、商业秘密和个人隐私的例外情形：

一是权利人同意公开的，可以予以公开。为避免纠纷，以取得权利人的书面同意为宜。

二是环境保护主管部门认为不公开可能对公共利益造成重大影响的，可以予以公开。《中华人民共和国政府信息公开条例》和《环境信息公开办法（试行）》对何为“公共利益”、何为“重大影响”均未予以界定，环境保护主管部门可以结合实际情况自行判断和认定。[①]

（四）环境信息公开的方式和程序

1. 环境信息公开的方式

政府环境信息公开的方式分为主动公开与依申请公开两种。环境信息公开因环境信息种类不同，对其可以采取不同的公开方式。对环境现状类信息，政府可以选择覆盖面广、方便快捷的公开方式，如政府网站、大众传媒（广播、电视、报纸、期刊等）；对环保政策法规类信息，政府应在比较权威正式的场合发表，如政府公报、出版发售或提供阅览、政府网站、定期召开记者会、说明会、权威媒体等。

环境信息公开的手段是多种多样的。根据其公开的媒体不同可分为纸、广播、电视、网站、新闻发布会、听证会、展览会、广告等，也可以采取环境报告、可持续发展报告和健康、安全与环境报告等固定文件形式。根据其公开的内容不同可分为环境质量公开、环境行为公开等。根据其公开的主体可以分为政府环境信息公开、企业环境信息公开和其他形式环境信息。

2. 环境信息公开的程序

对属于主动公开范围的政府环境信息，环保部门应当自该环境信息形成或者变更之日起 20 个工作日内予以公开。对依申请公开的环境信息，《环境信息公开办法（试行）》第十七条、第十八条规定了具体的程序，详情见图 1-6-1。

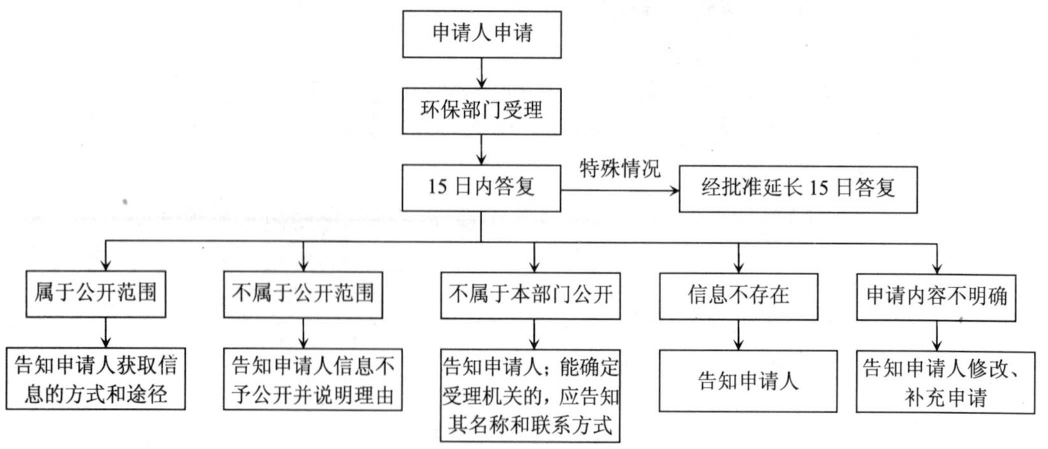

图 1-6-1 环境信息公开程序图

① 环保部环境监察局.《环境行政处罚办法》释义. 北京：中国环境科学出版社，2011.

（五）当前环境信息公开存在的问题[①]

1. 信息量少或者更新缓慢

环境信息公开的自觉性较差，距“公开是原则、不公开是例外”的要求差距甚远，公布效果不尽如人意。一些网站的栏目设置只是空架子，一些专栏甚至从未启用，网站成了名副其实的“空头网站”。即使有一些信息录入，信息量也少得可怜，多是重复媒体的新闻报道等内容，象征意义明显。

2.“保密”范围难以把握

对“泄密”的担忧成为信息公开最大的绊脚石之一。现行的《环境信息公开办法》虽然改变了“以不公开为惯例”的基本规则，并对信息公开的内容作了规定，但规定过于简单和宽泛。实际工作中，对于国家安全、商业秘密的理解千差万别，导致很多地区在保密问题上过于谨慎，对难以把握的问题，往往抱着“宁可不做，不愿做错”的态度，不予公布。此外，地方政府部门在秘密制定上存在过多过滥的问题，且很多秘密“一定终身”，不能及时解密，使得信息公开成了无源之水。

3. 政府主动公开以常规环境信息为主，敏感问题有限

从政府公开信息内容来看，仍主要以常规环境信息为主，诸如环境管理、一般性的环境质量等信息，或者属于环保部门职责范围内的业务管理，如建设项目环境影响评价、文件受理情况等。而稍有涉及实质性的环境信息，包括污染企业信息、环境处罚，甚至总量分配信息就较难找到。这些现象都说明现阶段政府仍然对环境信息公开存在戒心，总担心“不利于政府管理”的环境信息公开会给政府带来压力和麻烦，成为引发“破坏社会稳定”的加速器。

二、举报与投诉

与环境信访有关的规定主要包括2006年环保部出台的《环境信访办法》和2010年环保部公布的《环保举报热线工作管理办法》。上述《办法》对信访人、举报人对环境执法行为的监督方式和程序，予以了明确规定。

（一）环境信访工作机构及其职责

根据《环境信访办法》第九条和第十条的规定，按照有利工作、方便信访人的原则，县级环境保护行政主管部门应当设立或指定环境信访工作机构，配备环境信访工作专职或兼职人员；各省、自治区和设区的城市环境保护行政主管部门应当设立独立的环境信访工作机构。各级环境保护行政主管部门应当加强环境信访工作机构的能力建设，配备与环境信访工作相适应的工作人员，保证工作经费和必要的工作设备及设施。

环境信访工作机构的工作职责见表1-6-1所示。

---

① 周军，李霞，周国梅，等．我国政府环境信息公开现状评估及政策建议．环境保护，2011（13）：34.

表 1-6-1 环境信访机构工作职责

机构职责	详情
受理信访人提出的环境信访事项	1．收到信访事项，应当登记，并分别情况予以处理； 2．信访事项能够当场答复是否受理的，当场答复；不能当场答复的，15日内书面告知信访人； 3．信访事项涉及两个以上行政机关时，最先收到信访申请的机关负责调查
转送、交办环境信访事项	向本级环境保护行政主管部门有关内设机构或单位、下级环境保护行政主管部门转送或者交办
承办上级环境保护行政主管部门和本级人民政府交办处理的环境信访事项	接办的环境保护行政主管部门应当自收到转送、交办信访事项之日起 15 日内，决定是否受理并书面告知信访人
协调、处理环境信访事项	各级环境保护行政主管部门及其工作人员办理环境信访事项，应当恪尽职守，秉公办理，查清事实，分清责任，正确疏导，及时、恰当、妥善处理，不得推诿、敷衍、拖延
督促检查环境信访事项的处理和落实情况，督促承办机构上报处理结果	对下列事项行使监督权： 1．无正当理由未按规定的办理期限办结的； 2． 未按规定程序反馈办理结果的； 3．办结后信访处理决定未得到落实的； 4．未按规定程序办理的； 5．办理时弄虚作假的； 6． 其他需要督办的事项
研究、分析环境信访情况，开展调查研究，及时向环境保护行政主管部门提出改进工作的建议	1．各级环境信访工作机构对信访人反映集中、突出的政策性问题，应当及时向本级环境保护行政主管部门负责人报告，会同有关部门进行调查研究，提出完善政策、解决问题的建议； 2．对在环境信访工作中推诿、敷衍、拖延、弄虚作假，造成严重后果的工作人员，可以向有权作出处理决定的部门提出行政处分建议
总结交流环境信访工作经验，检查、指导下级环境保护行政主管部门的环境信访工作，组织环境信访工作人员培训	
向本级和上一级环境保护行政主管部门提交年度工作报告，报告应当包括环境信访承办、转办、督办工作情况和受理环境信访事项的数据统计及分析等内容	

（二）环境信访程序

环境信访程序如图 1-6-2 所示。

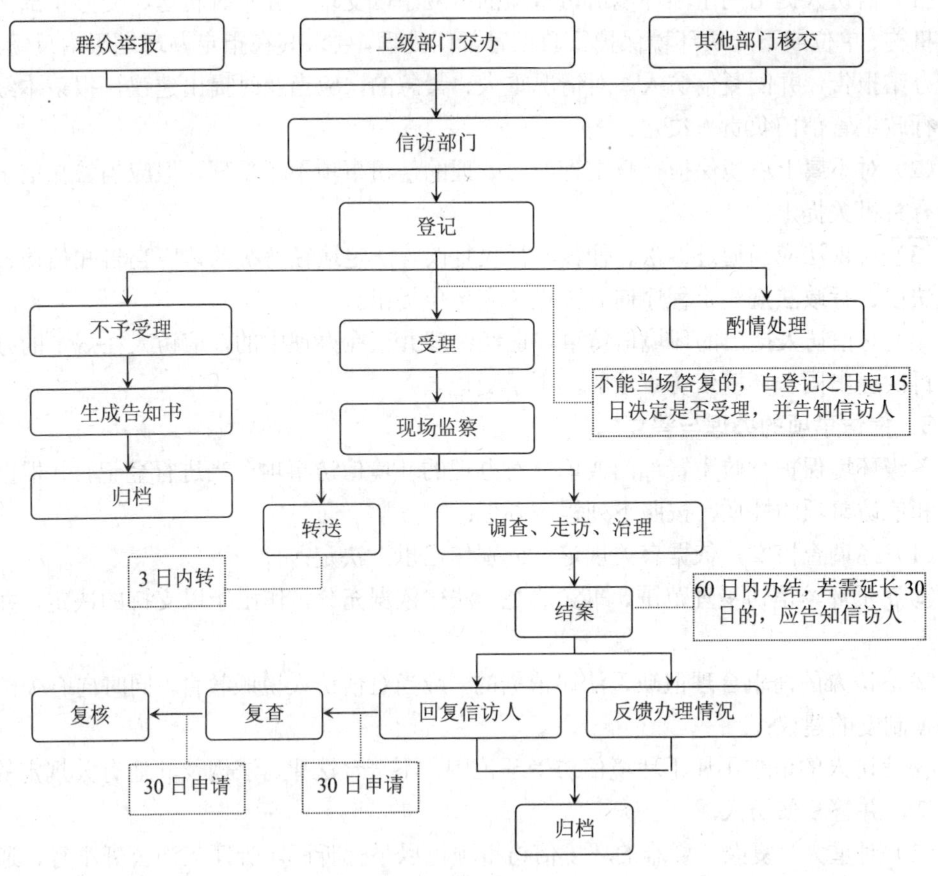

图 1-6-2　环境信访程序

1. 信访事项的提出

信访人可以提出以下环境信访事项：

（1）检举、揭发违反环境保护法律、法规和侵害公民、法人或者其他组织合法环境权益的行为；

（2）对环境保护工作提出意见、建议和要求；

（3）对环境保护行政主管部门及其所属单位工作人员提出批评、建议和要求。

对依法应当通过诉讼、仲裁、行政复议等法定途径解决的投诉请求，信访人应当依照有关法律、行政法规规定的程序向有关机关提出。

信访人一般应当采用书信、电子邮件、传真等书面形式提出环境信访事项；采用口头形式提出的，环境信访机构工作人员应当记录信访人的基本情况、请求、主要事实、理由、时间和联系方式。信访人采用走访形式提出环境信访事项的，应当到环境保护行政主管部门设立或者指定的接待场所提出。多人提出同一环境信访事项的，应当推选代表，代表人数不得超过 5 人。

2. 信访事项的受理

各级环境信访工作机构收到信访事项，应当予以登记，并区分情况，分别按下列方式处理：

（1）信访人提出的事项环境信访事项的，应予以受理，并及时转送、交办本部门有关内设机构、单位或下一级环境保护行政主管部门处理，要求其在指定办理期限内反馈结果，提交办结报告，并回复信访人。对情况重大、紧急的，应当及时提出建议，报请本级环境保护行政主管部门负责人决定。

（2）对不属于环境保护行政主管部门处理的信访事项不予受理，但应当告知信访人依法向有关机关提出。

（3）对依法应当通过诉讼、仲裁、行政复议等法定途径解决的，应当告知信访人依照有关法律、行政法规规定程序向有关机关和单位提出。

（4）对信访人提出的环境信访事项已经受理并正在办理中的，信访人在规定的办理期限内再次提出同一环境信访事项的，不予受理。

3．信访事项的办理与答复

各级环境保护行政主管部门或单位对办理的环境信访事项应当进行登记，并根据职责权限和信访事项的性质，按照下列程序办理：

（1）经调查核实，依据有关规定，分别作出以下决定：

①属于环境信访受理范围、事实清楚、法律依据充分，作出予以支持的决定，并答复信访人；

②信访人的请求合理但缺乏法律依据的，应当对信访人说服教育，同时向有关部门提出完善制度的建议；

③信访人的请求不属于环境信访受理范围，不符合法律、法规及其他有关规定的，不予支持，并答复信访人。

（2）对重大、复杂、疑难的环境信访事项可以举行听证。听证应当公开举行，通过质询、辩论、评议、合议等方式，查明事实，分清责任。听证范围、主持人、参加人、程序等可以按照有关规定执行。

环境信访事项应当自受理之日起 60 日内办结，情况复杂的，经本级环境保护行政主管部门负责人批准，可以适当延长办理期限，但延长期限不得超过 30 日，并应告知信访人延长理由；法律、行政法规另有规定的，从其规定。

对上级环境保护行政主管部门或者同级人民政府信访机构交办的环境信访事项，接办的环境保护行政主管部门必须按照交办的时限要求办结，并将办理结果报告交办部门和答复信访人；情况复杂的，经本级环境保护行政主管部门负责人批准，并向交办部门说明情况，可以适当延长办理期限，并告知信访人延期理由。

上级环境保护行政主管部门或者同级人民政府信访机构认为交办的环境信访事项处理不当的，可以要求原办理的环境保护行政主管部门重新办理。

4．信访事项的归档

信访部门应将信访案件按要求收集归档、备查，完善登记项目，做好统计报告工作，并定期对信访办理情况进行汇总、分析。

三、舆论监督

近年来，我国多起环境污染案件的查处均来自舆论监督，如哈药集团污染案。舆论监督是指一般公民和包括新闻媒体在内的社会组织在公共论域的言论空间中，通过公开指控、评论，提出改进建议等手段所抒发的舆论力量对政府机构和政府官员滥用权力等不当行为的监督与制约。其本质含义是，公众对政府及其工作人员的不当行为，自由地、公开地表示批评或建议形成舆论力量，监督并制约不当行为。[①]温家宝总理在2004年的政府工作报告中说："只有人民监督政府，政府才不会懈怠。"2005年的政府工作报告又明确地提出了进一步扩大"新闻舆论对政府及其部门的监督"。"在民主法制尚待完善、政府改革日趋深化之际，加强新闻监督尤为重要，在社会化主体日益增加的今天，新闻舆论监督对党和政府执政方式和行政方式的转变能起到积极的促进作用。"[②]在传统的舆论监督框架下，主要发生在媒体和行政机关之间，也就是说，媒体通过自己的新闻活动对行政机关造成影响，进而达到监督的目的，公众只是新闻线索的提供者，没有直接参与的能力。随着新兴媒体的出现，公众通过各类传播平台表达诉求，将行政机关各项活动的影响扩大，因此，行政机关的行政行为将无法隐藏于黑暗之中。

舆论监督是公众参与环境管理的重要途径，一方面能够更好地保障公众的知情权、参与权，体现"环境"的公共物品属性；另一方面能推动环保部门行政处罚公众的公开和透明，有效监督行政机关权力的行使，保障其处罚的合法性和合理性。

第三节　环境行政复议

一、环境行政复议概述

（一）环境行政复议的含义

环境行政复议，是指行政相对人（公民、法人或其他组织）认为环境保护监督管理机关的具体行政行为侵犯其合法权益，按照法定程序和条件向作出该具体行政行为的机关的上级机关提出申请，由有管辖权的环境保护监督管理机关对有争议的具体行政行为进行审查，并作出决定的行政活动。

环境行政复议在环境执法过程中有着重要作用：

首先，环境行政复议是环境保护行政机关解决行政争议，加强自身监督的有效方式。

在行政执法活动中，环境保护行政机关与行政相对人之间发生行政争议是难以避免的。而且，目前一些地方环境保护监督管理人员在行政执法活动中徇私舞弊、职务违法等侵权行为仍屡见不鲜。环境行政复议制度的建立，则可以发挥自上而下的内部监督作用；上级机关可以通过行政复议及时纠正下级机关的不法行政。值得注意的是，环境保护行政机关的自由裁量权，对具体行政行为的方式、幅度、范围等方面的选择，也可以被滥用，甚至肆意妄为。建立复议制度，就可由上级环境保护行政机关对下级的自由裁量权是否合

---

① 张智化．舆论监督的法理基础．人民论坛，2011（336）：96.

② 新华社北京2005年3月10日电：《让"无处不在的眼睛"更加敏锐——两会内外聚焦新闻舆论监督》。

理进行监督，从而使不当行政行为得到及时纠正。

其次，行政复议可以更有效地保护行政相对人的合法权益。

如前所述，由于环境行政侵权行为难以避免，因此，重要的是不仅要规定公民享有的权利，还要保障这些权利得以实现。包括纠正违法和不当的环境行政行为以恢复公民被侵害的权益，这就是所谓“有权利必有救济”“无救济的权利是无保障的权利”。根据《宪法》规定，我国公民、法人和其他组织，有向国家权力机关、司法机关、行政机关提出申诉等权利。其中最有效的方式便是向环境行政复议机关提出复议申请。由于环境问题的复杂性，环境保护行政机关又是环境保护方面的专业队伍，业务知识较为丰富，手段也较先进，因此由环境保护行政机关承担行政复议工作可以及时地解决行政争议，更好地保护行政相对人的合法权益。

第三，环境行政复议有助于减轻人民法院行政审判的压力。

《行政诉讼法》颁布以后，人民法院的受案范围扩大了，但其人力、财力和物力仍受到种种限制而难以适应新形势的要求。如果所有的行政争议包括环境保护行政争议在内，都由行政审判庭受理显然是不可能的；环境保护监督管理行为引起的争议，大都具有较强的技术性和专业性，也使人民法院在审理此类问题时面临一定的困难，不但影响效率，还会影响办案质量。因此，通过行政复议的“过滤作用”，是非常必要和合理的。实践证明，我国建立行政复议制度之后，环境保护行政机关与行政相对人之间的行政争议，绝大多数是经过行政复议而得到妥善解决的。不服行政复议而向人民法院或直接向人民法院起诉的情况并不多。此外，环境行政复议还可以推动环境保护行政机关努力提高依法行政的水平，从严执法，搞好廉政建设。这些，对加强我国的环境保护法制建设，把环境保护纳入法治轨道具有重要的意义。

（二）环境行政复议的特点

环境行政复议是以解决行政争议为前提和内容的行政执法的一种，它是对具体行政行为是否合法与适当的一种内部审查、监督。所谓行政争议是指环境保护行政机关与行政相对人之间因特定的具体行政行为而产生的纠纷，这是一种管理与被管理的纵向的不平等主体之间的法律关系，也即行政关系。

环境行政复议是解决环境行政争议最广泛和最重要的一种形式。它具有如下特点：

1．环境行政复议是环境保护行政机关的一种行政执法活动

环境行政复议的主体是国家特定的环境保护行政机关，即《环境保护法》第七条所规定的县级以上人民政府环境保护行政主管部门和其他依照法律规定行使环境保护监督管理权的部门。

环境行政复议机关，一般是指作出有争议具体行政行为的行政机关的上一级机关，但有的就是作出有争议的具体环境行政行为的行政机关本身。不过，以前一种行政机关为主。所以，从一定意义上说，环境行政复议是上级环境保护行政机关对下级环境保护行政机关的监督，可称为上一级复议。

2．有权提起环境行政复议的是行政相对人

环境行政复议不是由环境保护行政机关主动进行，而是基于行政相对人的申请。作为行政相对人申请行政复议，必须是环境保护行政机关的具体行政行为与其有一定的利益关系，如因被责令停业或者关闭而影响其生产经营权等。当然，《行政复议法》规定，只要行政相对人“认为”行政机关的具体行政行为侵犯其合法权益，就可以提出复议申请。至于是否属实，则有待复议机关调查、审查和决定。这一规定无疑有利于加强对行政机关的监督，但也不意味着可以无根据地申请复议。

3. 环境行政复议以具体行政行为的合法性和适当性为审查对象

“合法性”的审查是指作出具体行政行为的环境保护行政机关是否符合《环境保护法》第七条关于环境保护监督管理体制的规定？是否有权实施该具体行政行为？所作出的具体行政行为依据的事实和理由是否充足？所依据的法律、法规、规章是否正确？作出的具体行政行为是否符合法定程序和时效等。“适当性”是指是否合理。如罚款的数额是否恰当，所确定的行政处罚形式是否符合行为人的情节？有无畸轻、畸重的现象等。

环境行政复议以具体行政行为是否合法和适当为审查对象这一特点，使它与环境行政诉讼的审查对象区别开来。后者以具体行政行为是否合法为审查对象，其范围要比环境行政复议的小。

4. 环境行政复议申请必须在一定期限内提出

《行政复议法》将原《行政复议条例》规定的申请行政复议的期限 15 日改为 60 日，这主要是为了更好地保护申请人的合法权益，也是为了稳定环境保护行政管理关系。若无此限制，将使环境保护监督管理活动因复议申请而经常处于不确定状态，造成环境保护监督管理工作不畅甚至阻塞。因此，复议申请必须规定一个期限，超过此期限，环境保护行政机关可不予受理。

为复议申请规定一个期限，还可以把整个复议程序严格限制在一定时间内终结，使环境行政争议得以尽快解决。

5. 环境行政复议机关必须对复议申请作出明确的决定

为了维护和监督环境保护行政机关依法行使职权，防止和纠正违法和不当的具体行政行为，保护行政相对人的合法权益，复议机关在接到复议申请之后，认为符合申请条件的，应当作出受理决定，并依法进行全面审查，分别作出维持、改变或者撤销的复议决定，以履行自己的法定职责和答复申请人。

（三）环境行政复议的范围

1. 能进行环境行政复议的事项

行政相对人认为环境保护行政机关的具体行政行为侵犯其合法权益时，依法可以向复议机关请求复议的范围。申请复议的范围，对行政相对人来说，意味着法律、法规赋予的申请权，包括可以对哪些具体行政行为提出复议申请；对复议机关来说，意味着可以对哪些具体行政行为的争议进行复议。并非一切环境行政行为都可以申请复议，或者可以对其争议进行复议。

根据《行政复议法》第六条和第七条、《环境行政复议办法》第七条规定，以及有关环境保护法律、法规的规定，行政相对人对环境保护行政机关的下列具体行政行为不服可以申请复议或审查：

（1）对行政强制措施不服的。

对环境保护行政主管部门作出的查封、扣押财产等强制措施。

（2）对行政处罚不服的。

包括对警告、罚款、责令停止生产或者使用、没收违法所得、责令停业、关闭、暂扣或者吊销许可证等行政处罚不服而申请复议。

对环境保护行政机关就行政侵权赔偿所作的裁决不服的，也可以申请复议。

（3）认为符合法定条件，申请环境保护行政机关颁发许可证、资质证、资格证书，或者申请审批、登记有关事项，环境保护行政机关没有依法办理的。

如行政相对人认为符合法定条件，申请颁发排污许可证，或者申请审批环境影响报告书（表）、登记表等，被环境保护行政机关拒绝或者不予答复不服而申请复议。

（4）对环境保护行政机关所作出的有关许可证（或证书）的变更、终止、撤销的决定不服的。

许可证（或证书）包括排污许可证，海洋倾倒许可证，危险废物收集、贮存、处置许可证，放射性同位素与射线装置许可登记证，民用核设施许可证，废物进口许可证，农药登记证，环境影响评价资格证书等。

（5）认为环境保护行政主管部门违法征收排污费或者违法要求履行其他义务。例如，认为环境保护行政机关违法要求缴纳排污费或超标排污费，包括排污者认为未超过标准排放污染物，或者认为环境保护行政机关所确定的收费额违反收费标准等。

（6）认为环境保护行政机关的具体行政行为所依据的有关规定不合法的。

2．不能进行环境行政复议的事项

根据《行政复议法》第八条和《环境行政复议与行政应诉办法》第六条的规定，下列事项不能申请行政复议，具体包括：

（1）申请行政复议的时间超过了法定申请期限又无法定正当理由的。

（2）对环境保护行政机关所作出的环境污染民事纠纷的调解或者其他处理不服的。环境保护行政机关对环境污染民事纠纷的调解处理，其特点是以第三者的身份居间进行调解处理，也称居间行为。这种行为与环境保护行政机关依职权所作出的具体行政行为不同。当事人对环境保护行政机关的居间行为不服的，意味着双方当事人的民事纠纷尚未得到解决，并不表明当事人的民事纠纷转化为当事人与环境保护行政机关之间的行政争议，因为居间行为没有法律强制力，不会侵犯当事人的合法权益。而行政复议只解决行政争议，所以，《行政复议法》规定，行政复议机关不受理民事纠纷案件。

（3）申请人在申请行政复议前已经向其他行政复议机关申请行政复议或者已向人民法院提起行政诉讼，其他行政复议机关或者人民法院已经依法受理的。

（4）法律、法规规定的其他不予受理的情形。如对环境保护行政机关所作出的行政处分或者其他人事处理决定不服的。环境保护行政机关对其工作人员所作出的行政处分或者其他人事处理决定（如任免决定等），属于人事管理行为，也称内部行政行为。这些行为不论是否合法或适当，均不直接影响机关以外的行政相对人的合法权益。

（四）环境行政复议机关

环境行政复议机关，是指县级以上人民政府环境保护行政主管部门和其他依照法律规定行使环境保护监督管理权的部门。它们按照《环境保护法》和《行政复议法》的规定，有权受理对该系统内县级以上环境保护行政机关和被授权组织的具体行政行为不服的复议申请，并依法作出复议决定。

根据《行政复议法》第三条和《环境行政复议办法》第四条规定，环境行政复议机关的职责见表 1-6-2。

表 1-6-2　环境行政复议机关工作职责

职责	具体表述
受理环境行政复议申请	收到复议申请后，应在法定期限内审查申请书是否符合《行政复议法》规定的申请条件。 1. 如果符合条件，应作出受理申请的决定； 2. 如果不具备申请条件，可责令其提供补充材料； 3. 如果不符合申请条件，则作出不予受理的决定，并书面告知申请人
向有关组织和人员调查取证，查阅文件和资料	向争议双方、有关组织和人员调取有关该复议案件的所有证据和对被申请人作出的有争议的具体行政行为所依据的事实、证据和规范性文件的调取和查阅，以便为审查复议案件作准备
审查被申请行政复议的具体行政行为是否合法与适当，拟定行政复议决定	1. 审查被申请人所作出的有争议的具体行政行为是否有明确的法律依据，适用法律、法规、规章是否准确，处罚的种类、幅度是否适当； 2. 以事实为依据，以法律为准绳对复议案件进行全面审查之后提出审查建议，拟定复议决定书； 3. 将复议决定书报送主管领导审批或送交集体讨论决定
按照职责权限，督促行政复议申请的受理和行政复议决定的履行	1. 环境行政复议机关应当自受理行政复议申请之日起 60 日内作出行政复议决定。情况复杂，不能在规定期限内作出行政复议决定的，经环境行政复议机关负责人批准，可以适当延长，但是延长期限最多不超过 30 日； 2. 环境行政复议机关应当制作延期审理通知书，载明延期的主要理由及期限，送达当事人； 3. 被申请人不履行或者无正当理由拖延履行的，环境行政复议机关应当责令其限期履行，制作责令履行行政复议决定通知书送达被申请人，并抄送申请人和第三人
处理或者转送《环境行政复议办法》第二十九条的审查申请	1. 审查被申请人作出的具体行政行为所依据的规定是否属于合法； 2. 如有权处理该规定的，应当应当在 30 日内依法处理； 3. 无权处理的，应当在 7 个工作日内制作规范性文件转送函，按照法定程序转送有权处理的行政机关依法处理。 4. 将处理结果书面告知申请人
办理《行政复议法》第二十九条规定的行政赔偿等事项	1. 申请人在申请行政复议时可以一并提出行政赔偿请求，行政复议机关对符合国家赔偿法的有关规定应当给予赔偿的，在决定撤销、变更具体行政行为或者确认具体行政行为违法时，应当同时决定被申请人依法给予赔偿； 2. 对当事人之间的行政赔偿，可以依照自愿、合法的原则进行调解
办理或者组织办理本部门的行政应诉事项	1. 申请人对行政复议决定不服，可以向人民法院起诉； 2. 对环境行政复议机关作出的变更原具体行政行为的决定不服提起行政诉讼，复议机关应以被告身份出庭应诉； 3. 复议机构应作好出庭应诉的准备，如起草答辩状，准备参加法庭辩论

职责	具体表述
办理行政复议、行政应诉案件统计和重大行政复议决定备案事项	1. 依照国务院环境保护行政主管部门有关环境统计的规定向上级环境保护行政主管部门报送本行政区的行政复议和行政应诉情况； 2. 下级环境行政复议机关应当及时将重大行政复议决定报上级行政复议机关备案
研究行政复议工作中发现的问题	1. 及时向有关机关提出改进建议； 2. 重大问题及时向环境行政复议机关报告
法律、法规和规章规定的其他职责	

（五）环境行政复议的管辖

环境行政复议管辖是指同系统内上、下级之间，以及同级之间受理行政复议案件的分工和权限。对环境行政复议机关来说，复议管辖是指某一行政争议案件由哪一个复议机关行使复议权；对于行政相对人来说，则意味着对某具体行政行为不服，可向哪一个复议机关申请复议。

1．一般管辖

环境行政复议案件一般由上一级环境行政机关管辖，这是根据《行政复议法》第十二条、第十三条第一款、第十四条的规定得出的结论。一般管辖的具体内容包括：

（1）对县级地方人民政府环境保护行政机关的具体行政行为不服的复议申请，由本级人民政府或上一级环境保护行政机关管辖。如：对上海市嘉定区环保局作出的行政处罚不服申请复议的，可以向上海市嘉定区人民政府或者上海市环保局提出。

（2）对地方各级人民政府的具体行政行为不服的复议申请，由上一级人民政府管辖。

（3）对国务院环境保护行政机关或者省级人民政府的具体行政行为不服的复议申请，由作出该具体行为的国务院环境保护行政机关或者省级人民政府管辖。

（4）对国务院环境保护行政机关或者省级人民政府所作出的行政复议决定不服的裁决申请，由国务院管辖。

2．特殊管辖

指因作出具体行政行为的行政机关的特殊性，《行政复议法》对复议机关作出特别规定的管辖。《行政复议法》第十三条第二款、第十五条规定了以下六种特殊管辖：

（1）对省级人民政府依法设立的派出机关所属的县级地方人民政府的具体行政行为不服的复议申请，由该派出机关管辖。

（2）对县级以上地方人民政府依法设立的派出机关的具体行政行为不服的，由设立该派出机关的人民政府管辖。

（3）对政府环境保护行政机关依法设立的派出机构依照法律、法规或者规章规定，以自己的名义作出的具体行政行为不服的，由设立该派出机构的环境保护行政机关或者该机关的本级人民政府管辖。

（4）对法律、法规授权的组织的具体行政行为不服的，分别向直接管理该组织的地方人民政府、地方人民政府工作部门或者国务院部门申请行政复议；

（5）对两个或者两个以上行政机关以共同的名义作出的具体行政行为不服的，向其共同上一级行政机关申请行政复议；

(6) 对被撤销的行政机关在撤销前所作出的具体行政行为不服的复议申请，由继续行使其职权的行政机关的上一级机关管辖。

二、对环境行政处罚不服的环境行政复议

(一) 复议申请人

复议申请人是指认为行政机关的具体环境行政行为侵犯其合法权益，根据法律、法规的规定并以自己的名义向有管辖权的行政复议机关提出复议申请的公民、法人或者其他组织。环境行政处罚行政复议的申请人是指对环境保护行政机关作出的环境行政处罚不服，向有管辖权的行政复议机关提起复议申请的企事业单位或个人。

环境行政处罚复议申请人的条件：

(1) 认为环境保护主管部门作出的行政处罚行为直接侵害其合法权益；如果其合法权益并未因环境行政处罚受到侵害，则不能作为申请人。

(2) 必须是行政相对人。实施环境行政处罚的环境保护行政机关不能成为申请人。这是行政监督管理和行政复议的特点所决定的。在环境保护监督管理中，排污单位是被监督管理者，即管理相对人，而行政机关则是监督管理者，有对管理相对人进行监督管理的权力，无需申请复议或提起行政诉讼即可对管理相对人的违法行为进行行政制裁。

(3) 必须是能以自己的名义申请复议并具有民事权利能力和民事行为能力者。可以是公民，也可以是法人，还可以是法人以外的其他组织（即尚不具备法人资格的组织）；可以是中国人，也可以是在中国领域内的外国人和无国籍者（包括法人）。

(二) 被申请人

指公民、法人或者其他组织对行政机关的具体行政行为不服申请复议的，该环境行政机关是被申请人。两个以上环境行政机关以共同名义作出具体行政行为的，共同作出具体行政行为的环境行政机关是共同被申请人。

1. 被申请人必须具备的条件

(1) 被申请人是环境行政主体。即享有环境行政职权的行政机关及法律、法规、规章授权的组织。

(2) 被申请人是作出有争议的具体环境行政行为者。如果引起争议的行为不是该机关所实施，或者作出具体环境行政行为的机关已被依法撤销的，该行政机关不能成为被申请人。对已被撤销的行政机关，由继续行使其职权的环境保护行政机关为被申请人；对于受委托的组织，则委托的环境保护行政机关为被申请人。

2. 被申请人在复议程序中的地位

(1) 被申请人与复议机关的关系。

在上级复议的场合，被申请人既是被审查者，又是复议机关的下级。但他们都是国家行政执法机关，维护管理相对人的合法权益与维持正常的环境保护行政管理秩序是他们的共同利益。如果原具体环境行政行为经过复议审查认为是合法和适当的，复议机关应作出

维持原具体环境行政行为的决定，以维护下级机关正常的行政管理；如果经过复议审查认为原具体环境行政行为违法或不当，应作出改变或者撤销的决定。这是复议机关通过纠正下级机关的违法或不当行为来维护行政相对人的合法权益，也维护了国家法律的尊严和行政机关的威望。在这种情况下，如果作出有争议的具体环境行政行为的行政机关有错不改，或者复议机关知其下级有错而不纠，都是违背国家利益，也是侵犯行政相对人的合法权益，还会使行政机关声誉扫地。所以，当被申请人因违法或不当行政而与国家利益矛盾时，复议机关应本着维护国家利益的原则，坚决予以纠正。

在同级复议的场合，情况也是如此。如果经过复议审查，确认复议机关在复议之前以行政主体的身份作出的具体行政行为合法和适当，应决定维持；如果发现原具体环境行政行为违法或不当，则应本着“有错必纠”的精神坚决作出改变或者撤销原具体环境行政行为的决定。

可见，被申请人与复议机关的关系，应建立在既要维护环境保护行政管理的正常秩序又要维护行政相对人合法权益的基础上，两者不能偏废。离开了这种基础去谈论他们之间“利益一致”是不当的。

（2）被申请人与申请人的关系。

在复议阶段，被申请人处在被审查地位，但这是与复议机关（在上级复议的场合）的关系。如果拿被申请人与申请人来说，他们仍然处在监督管理与被监督管理的不平等复议参加人的关系。被申请人在复议阶段的这种地位和被申请人与复议机关都是行政主体的这种性质，使得如何做到秉公复议成为当今行政复议立法、执法的重大课题，也使违法与不当的行政复议决定成为行政诉讼的必然对象。

3．被申请人的权利与义务

（1）被申请人的权利。包括：提出答辩书；申请停止执行原具体环境行政行为；在复议机关作出复议决定之前，提出改变原具体环境行政行为的申请；在复议机关作出维持原具体环境行政行为的决定生效之前，有申请人民法院强制执行的权利等。

对复议决定不服，被申请人能否向人民法院提起行政诉讼，我国法律、法规尚无具体规定。

（2）被申请人的义务。在收到复议申请书副本之日起 10 日内，有向复议机关提交作出具体环境行政行为的有关材料和证据的义务；原具体环境行政行为侵犯行政相对人合法权益造成损害时，有赔偿损失的义务；有接受复议机关就行政争议的事项进行全面审查的义务；有执行已生效的复议决定的义务等。

三、环境行政复议的程序

环境行政复议的程序主要包括申请、立案、调查审理、处理、送达、执行等几个阶段。环境行政复议程序见图 1-6-3。

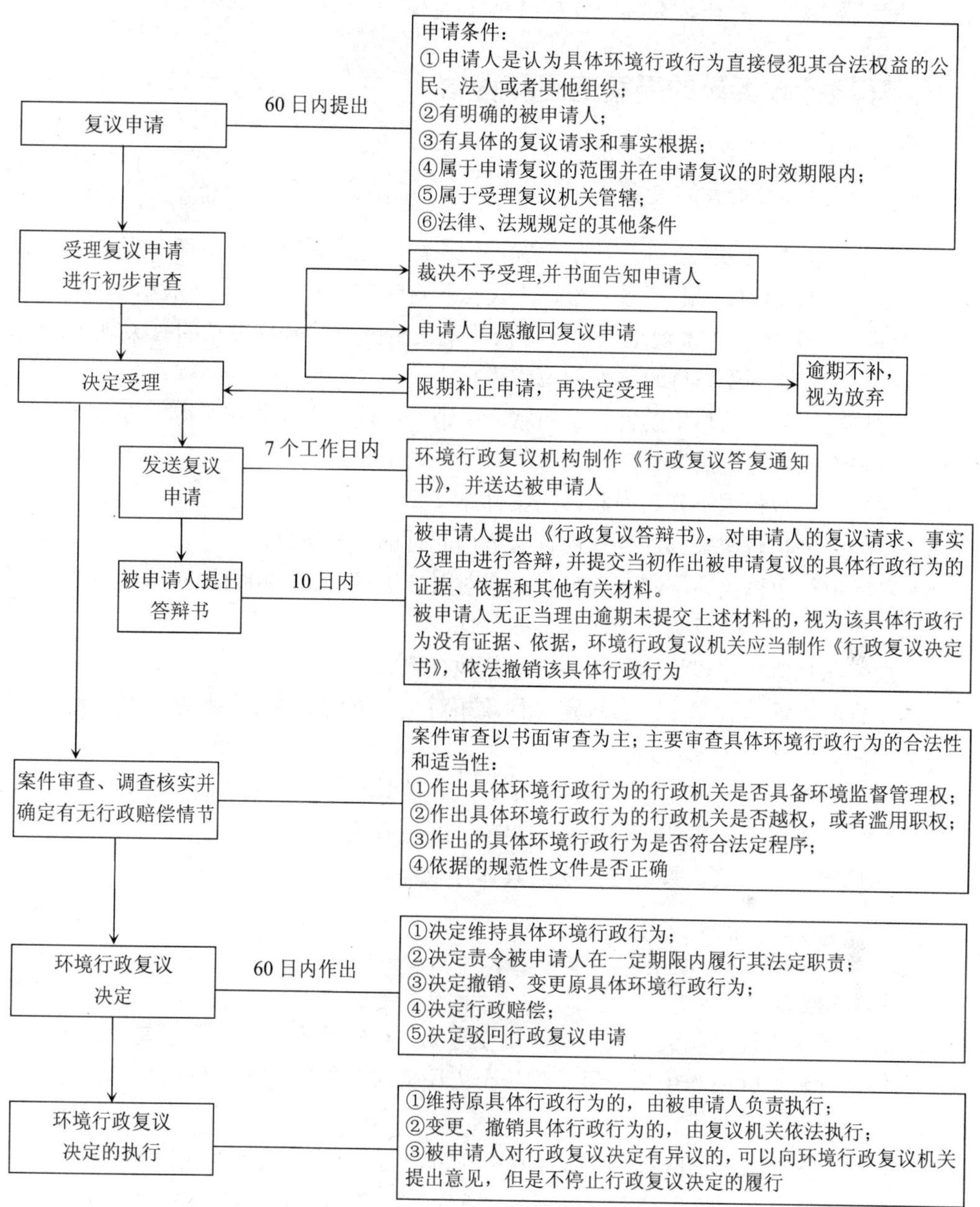

图 1-6-3　环境行政复议程序图

第四节　环境行政诉讼

环境行政诉讼是指公民、法人或者其他组织认为行政机关或其工作人员与环境保护相关的具体行政行为侵犯其合法环境权益，而依法向人民法院提起诉讼的活动。

环境行政诉讼是追究环境行政机关行政责任，监督和促进环境行政机关严格执行和实施环境法的重要途径；是维护和保障环境管理相对人环境权益的重要手段。

一、环境行政诉讼的受案范围和管辖

（一）环境行政诉讼的受案范围

受案范围是指人民法院受理行政争议案件的权限和范围。也就是指管理相对人对哪些行政争议可以向人民法院提起行政诉讼，人民法院对哪些行政案件具有司法审判权。

《行政诉讼法》第十一条规定了行政诉讼的受案范围。结合环境法的有关规定，在环境法领域中，人民法院受理行政案件的范围包括：

（1）对环境行政机关作出的警告、罚款、吊销许可证、没收非法所得、责令停业、关闭等行政处罚不服而起诉的案件。

（2）对环境行政机关不作为而起诉的案件。

（3）认为环境行政机关违法要求履行义务而起诉的行政案件。

（4）对环境行政机关违法限制人身自由或对财产进行查封、扣押、冻结或者侵犯法律规定的经营自主权的行政行为不服而起诉的案件。

（5）法律法规规定可以提起行政诉讼的其他行政案件。

根据《行政诉讼法》第十二条规定，行政相对人对下列事项不能提起行政诉讼：

（1）国防、外交等国家行为；

（2）行政法规、规章或者行政机关制定、发布的具有普遍约束力的决定、命令；

（3）行政机关对行政机关工作人员的奖惩、任免等决定；

（4）法律规定由行政机关最终裁决的具体行政行为。

（二）环境行政诉讼的管辖

1．管辖的概念

管辖是指各级人民法院或同级人民法院受理第一审行政案件的职权范围。确定管辖的目的是要解决行政案件应当由哪一级、哪一个人民法院具体行使审判权问题。

管辖包括以下几层含义：

第一，它是关于人民法院系统内部相互之间审理第一审行政案件的分工与权限的划分；

第二，它不仅要解决上、下级人民法院之间审理行政案件的分工与权限问题，而且还要解决同级人民法院审理第一审行政案件的分工与权限的划分；

第三，它所指的行政案件是第一审行政案件，而不是第二审行政案件。

2．管辖的种类

（1）级别管辖。

级别管辖是指各级人民法院审理第一审行政案件的分工与权限。级别管辖解决的是从纵向上哪些第一审行政案件应由哪一级人民法院审理的问题。它主要是根据行政案件的性质、大小和复杂程度等情况来划分，其目的是为了正确、及时地审理行政案件。

《行政诉讼法》第十三条至第十六条对级别管辖作了如下规定：

①基层人民法院管辖第一审行政案件。《行政诉讼法》第十三条规定，除了法律规定

的中级以上人民法院管辖的第一审行政案件以外，其他第一审行政案件，均由基层人民法院管辖。

②中级人民法院管辖的第一审行政案件。《行政诉讼法》第十四条规定，中级人民法院管辖下列行政案件：第一，确认发明专利权的案件、海关处理的案件；第二，对国务院各部门或者省、自治区、直辖市人民政府所作的具体行政行为提起诉讼的案件；第三，本辖区内重大、复杂的案件。

③高级人民法院、最高人民法院管辖的第一审行政案件。

《行政诉讼法》第十五条规定，高级人民法院管辖本辖区内重大、复杂的第一审行政案件。

《行政诉讼法》第十六条规定，最高人民法院管辖全国范围内重大、复杂的第一审行政案件。

（2）地域管辖。

地域管辖是指根据人民法院的辖区和当事人的住所地，划分同级人民法院审理第一审案件的权限。

地域管辖与级别管辖的区别在于：地域管辖是从横向解决行政案件由哪一个人民法院管辖的问题，级别管辖则是从纵向解决行政案件由哪一个人民法院管辖的问题。二者的联系在于：地域管辖是在级别管辖的基础上确定的，只有首先明确级别管辖才能确定地域管辖。

《行政诉讼法》第十七条至第二十条对级别管辖作了如下规定：

①行政案件由最初作出具体行政行为的行政机关所在地人民法院管辖。

②经复议的案件，复议机关改变原具体行政行为的，也可以由复议机关所在地人民法院管辖，也可以由最初作出具体行政行为的行政机关所在地人民法院管辖。

③因不动产提起的行政诉讼，由不动产所在地人民法院管辖。

④两个以上人民法院都有管辖权的案件，原告可以选择其中一个人民法院提起诉讼。原告向两个以上有管辖权的人民法院提起诉讼的，由最先收到起诉状的人民法院管辖。

（3）指定管辖。

指定管辖是指由于特殊原因，或者两个以上人民法院对管辖权发生争议时，由上级人民法院以裁定方式赋予或者明确人民法院的管辖权。

《行政诉讼法》第二十二条规定，指定管辖有两种情况：

①有管辖权的人民法院由于特殊原因不能行使管辖权的，由上级人民法院指定管辖。

②人民法院对管辖权发生争议，由争议双方协商解决。协商不成的，报他们的共同上级人民法院指定管辖。

（4）移送管辖。

移送管辖是指受诉的人民法院把不属于自己管辖的行政案件，移送给有管辖权的人民法院审理。移送管辖可以在同级人民法院之间进行，也可以在上下级人民法院之间进行。

二、环境行政诉讼证据、证据保全及证据规则

（一）环境行政诉讼的证据种类

证据种类是指对证明案件事实材料的分类。对于环境行政执法中的证据，当然包括对环境违法行为认定的证据，由于我国行政程序法发展相对缓慢，目前还没有专门的行政程序法或行政证据法。一些关于证据的规定散见于单行法律、法规中，散乱而不完整。行政程序证据种类应当与诉讼证据种类大体一致，但行政程序的特殊性决定行政程序证据的种类不可能与诉讼证据种类完全一致。

我国《行政诉讼法》确定的七类证据是比较科学的，书证、物证、视听资料、证人证言、当事人陈述、鉴定结论、勘验笔录、现场笔录都应当是行政程序中的证据类型。由于科技的发展，电子证据作为一类新兴证据显现出来；为保护当事人程序权利，言词审理笔录也发挥了重要作用，应当是一类重要证据。因此，行政程序中的证据有书证、物证、证人证言、当事人陈述、视听资料、鉴定结论、勘验笔录、现场笔录和言词审理笔录、电子证据等。

有关证据种类的具体内容见本书第二篇第一章《环境行政处罚证据》，此处不赘述。

（二）诉讼中证据的收集主体及方法

在行政诉讼中只有人民法院有权收集和调查证据，作为被告的行政机关不得自行向原告和证人收集证据。

证据的收集方法有：

（1）要求当事人提供或者补充证据。

（2）询问当事人、证人、第三人、鉴定人。

（3）向行政机关以及其他有关公民、组织调取证据。

（4）指定或聘任鉴定部门进行鉴定。

（5）对现场及物品（如污染物）进行勘验。

（6）采取证据保全措施以保全证据。

（三）证据的保全

证据的保全是指行政处罚机关在证据可能灭失或者以后难以取得的情况下，经行政机关负责人批准，对证据进行先行登记保存的一种制度。环境行政处罚案件，除当场作出行政处罚决定之外，一般都要经过立案、调查、告知、处罚等阶段。在这些阶段，有些证据会发生重大变化，若不及时保全，以后将无法或难以收集到。

1．证据保全的条件

第一，必须存在可能灭失或以后难以取得的情况。

所谓可能灭失，是指以后有可能不存在或者提供证据的人可能不存在。如作为证据的物品将要变质或者作为证人的自然人可能死亡等。所谓以后难以取得，是指失去某种机会或超过一定时间，就难以取得，如证人即将出国等。

第二，采取保全措施的证据必须与案件有一定的关联性，案件事实与证据之间存在内在的联系。

第三，证据保全应在诉讼开始后至案件进入调查阶段之前。

诉讼尚未开始，不能申请证据保全；如果此时发生需要保全的危急情况，利害关系人可以向公证处申请公证。如果案件已经进入调查阶段，当事人可以直接向法庭提交，或者请求法庭传唤证人、调取证据，没有预先保全的必要。

2．证据保全的启动方式

（1）诉讼参加人的申请。

人民法院是否采取证据保全的措施，应根据具体情况来确定。如果同意申请，法院应当及时采取保全措施；如果不接受申请，法院应当作出不予保全的裁定并说明理由。

（2）人民法院依职权主动采取。

在行政诉讼过程中，如果法院发现有关的证据可能灭失或者以后难以取得，可以依职权主动采取证据保全措施。

3．证据保全的方法

根据《最高人民法院关于行政诉讼证据若干问题的规定》的规定，当事人需要向人民法院申请保全证据的，应当在举证期限届满前以书面形式提出，并说明证据的名称和地点、保全的内容和范围、申请保全的理由等事项。当事人申请保全证据的，人民法院可以要求其提供相应的担保。在具体的保全方法上，人民法院可以根据具体情况，采取查封、扣押、拍照、录音、录像、复制、鉴定、勘验、制作询问笔录等保全措施。

（四）环境行政诉讼证据规则

1．举证责任

《行政诉讼法》第三十二条规定："被告对作出的具体行政行为负有举证责任"，即当作为被告的行政机关不能证明具体行政行为所据以的事实时，就由被告承担败诉的后果，原告并不因为举不出证据反驳行政机关的事实而败诉。

之所以要求行政机关承担举证责任，是因为：

（1）行政实施审查的是行政机关具体行政行为的合法性，如果没有充分确凿的证据即实施行政行为，本身就是违法；

（2）在行政行为过程中，行政机关的地位处于主动和优势地位，在行政诉讼中，由行政机关举证比较公平；

（3）行政机关掌握权力和强大的资源，由行政机关举证更能节省社会成本。[①]

行政诉讼中举证责任的特点主要体现在以下四个方面：

（1）由作为被告的环境行政机关依法提出证据，来证明自己的具体行政行为是合法的责任；

（2）举证责任是单方责任；

（3）举证责任强调环境行政机关单方面的法定义务；

（4）举证的范围不仅仅是事实根据，还包括作出具体行政行为的法律依据。

---

① 王宝明．行政法与行政诉讼法．北京：中国城市出版社，2003：307.

2．证据规则

根据《行政诉讼法》和《最高人民法院关于行政诉讼证据若干问题的规定》，行政诉讼中的证据规则主要包括以下方面：

（1）提供证据的规则。

人民法院有权要求当事人提供或者补充证据；行政诉讼当事人有向人民法院主动、及时提供证据的权利和义务；在诉讼过程中，专门性问题应当由法定的或指定的鉴定部门鉴定。

（2）调取、收集证据的规则。

人民法院有权向有关行政机关以及其他组织、公民调取证据；在诉讼过程中，被告及其代理人不得自行向原告和证人收集证据；凡是知道案件事实的人，都有出庭作证的义务。

（3）审查、采用证据的规则。

人民法院应当全面、客观地审查各种证据；围绕证据的关联性、合法性和真实性展开质证；未经质证的证据不能作为定案的依据；人民法院应当按照法定程序审查各种证据。

三、环境行政诉讼的程序

（一）起诉与受理

行政诉讼的起诉，是指公民、法人或其他组织认为行政机关的具体行政行为侵犯了自己的合法权益，向人民法院提出诉讼请求，要求人民法院对具体行政行为进行审查，以保护自己的合法权益的一种法律行为。

1．起诉的条件

根据我国《行政诉讼法》第四十一条的规定，起诉必须符合下列条件：

（1）原告是认为具体行政行为侵犯其合法权益的个人或者组织。

（2）有明确的被告，即原告在起诉书中必须明确指出被告是谁。

（3）有具体的诉讼请求和事实根据。具体的诉讼请求是指原告请求人民法院通过审判程序保护自己合法权益的具体内容。如请求撤销、变更违法行政行为，确认行政行为违法，责令被告履行法定职责，判令被告赔偿损失等。这里的事实根据，主要是指证明具体行政行为存在的事实，证明自己的合法权益遭受侵害的事实。

（4）起诉的案件属于人民法院的受案范围和受诉人民法院管辖。

2．起诉的期限

根据《行政诉讼法》及《最高人民法院关于执行〈中华人民共和国行政诉讼法〉若干委托的解释》的规定，起诉的期限有以下几种情况：

（1）不服具体行政行为而直接向人民法院提起行政诉讼的，应当在知道作出具体行政行为之日起 3 个月内提起行政诉讼。法律另有规定的除外。

（2）不服具体行政行为而向复议机关申请行政复议的，对复议决定不服，可以在收到复议决定书之日起 15 日内向人民法院提起行政诉讼。复议机关逾期不作出决定的，公民、法人或者其他组织可以在复议期满之日起 15 日内向人民法院提起行政诉讼。法律另有规定的除外。

（3）行政机关作出具体行政行为包括复议行为时，未告知公民、法人或者其他组织诉权或者起诉期限的，起诉期限从公民、法人或者其他组织知道诉权或者起诉期限之日起计算，但从知道或者应当知道具体行政行为内容之日起最长不得超过 2 年。

（4）公民、法人或者其他组织不知道行政机关作出的具体行政行为内容的，其起诉期限从知道或者应当知道该具体行政行为内容之日起计算。对涉及不动产的具体行为从作出之日起超过 20 年提起诉讼的，其他行政行为从作出之日起超过 5 年提起诉讼的，人民法院不予受理。

（5）公民、法人或者其他组织因不可抗力或者其他特殊情况耽误起诉期限的，在障碍消除后的 10 日内，可以申请延长期限，由人民法院决定。

3．受理

人民法院审查后对符合条件的起诉，应当在收到起诉状之日起 7 日内立案。认为不符合起诉条件的，在接到起诉状之日起 7 日内裁定不予受理。

（二）一审程序

1．审理前的准备

（1）组成合议庭，发送起诉状和答辩状副本；

（2）审阅材料，进行调查研究、收集证据；

（3）对符合法定条件，可以停止执行的具体行政行为，人民法院根据当事人的申请，裁定停止执行。

2．开庭审理

开庭审理，是指在法院合议庭主持下，依法定程序对当事人之间的行政争议案件进行审理，查明案件事实，适用相应的法律、法规，并最终作出裁判的活动。

开庭审理遵循下述程序：

（1）庭审准备。

法院确定开庭日期后，应在开庭 3 日前用传票传唤当事人出庭参加庭审，并以通知书通知诉讼代理人、证人、鉴定人、翻译人员等到庭参加诉讼活动。人民法院公开审理行政案件，应在开庭 3 日前发布公告。公告内容包括：案由、当事人姓名或机关名称、开庭时间和地点。公告一般张贴在审理法院门前的公告栏内。

（2）庭审。

庭审程序主要包括法庭调查、法庭辩论、休庭合议和宣判阶段。

《中华人民共和国行政诉讼法》第五十七条规定，人民法院应当在立案之日起 3 个月内作出第一审判决。有特殊情况需要延长的，由高级人民法院批准；高级人民法院审理第一审案件需要延长的，由最高人民法院批准。

人民法院一审程序流程图如图 1-6-4 所示。

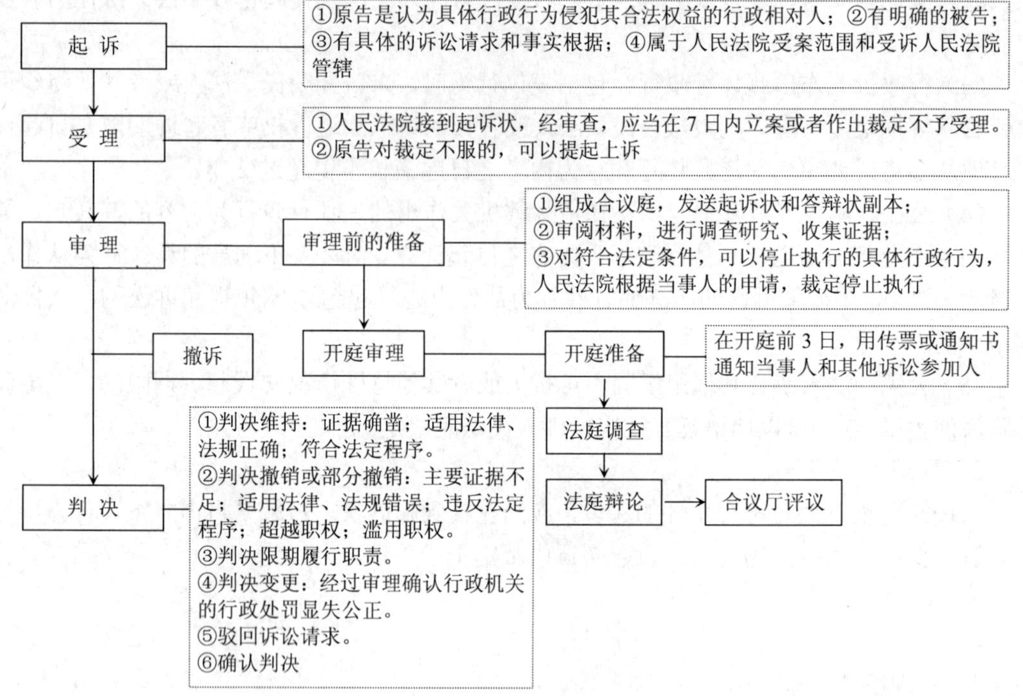

图 1-6-4　行政诉讼一审程序流程图

（三）二审程序

1. 上诉的提起

上诉，是指行政诉讼的当事人因不服第一审人民法院未生效的判决、裁定，请求第一审人民法院的上一级人民法院对行政案件重新审理并作出裁判的诉讼活动。

当事人提起上诉必须具备下列条件：

（1）上诉必须针对未发生法律效力的第一审判决、裁定。

（2）上诉人和被上诉人必须是一审程序中的当事人。

（3）必须在法定上诉期限内提出上诉。

根据我国《行政诉讼法》第五十八条的规定，不服判决的上诉期限为 15 日，不服裁定的上诉期限为 10 日。如果当事人因不可抗力或者其他特殊情况耽误了上诉期限的，可以在障碍消除后的10日内，向人民法院申请延长期限，是否准许，由人民法院审查决定。

（4）上诉的方式必须合法。

当事人必须以书面形式提起上诉，即必须递交上诉状。上诉既可以通过一审人民法院提起，也可以直接向第二审人民法院提起。

2. 上诉案件的受理

二审法院对上诉进行审查后，可以作出下列处理：对于符合法定条件的上诉，且上诉状的内容完整的，应当决定受理；对于符合法定条件的上诉，但上诉状的内容有欠缺的，应当告知上诉人限期补正，否则可以裁定不予受理；对于不符合法定条件的上诉，应当裁定不予受理。

3．上诉案件的审理

二审法院在审查一审判决、裁定时贯彻全面审查原则，不受上诉人上诉范围的限制。在审理方式上，可以采取开庭审理，也可以采取书面审理的方式。

第二审程序的流程图如图 1-6-5 所示：

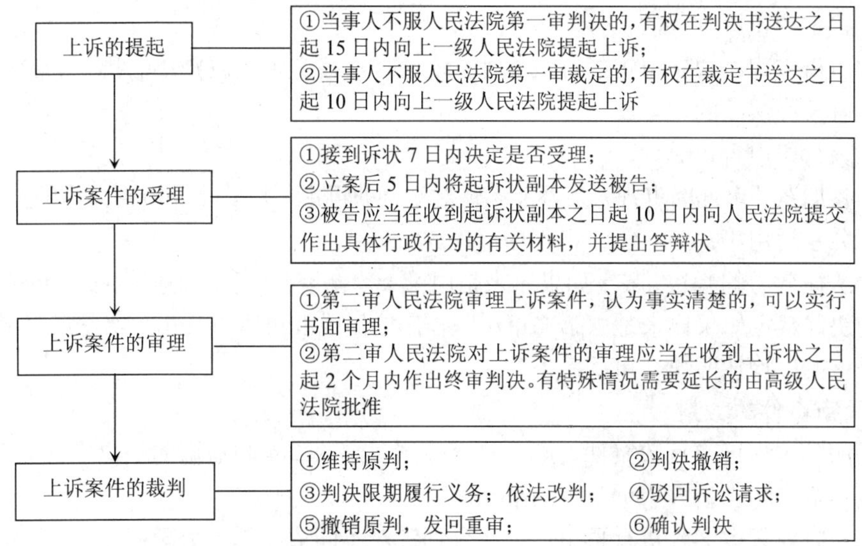

图 1-6-5　行政诉讼二审程序流程图

（四）环境行政诉讼审判监督程序

1．审判监督程序的启动

审判监督程序是指人民法院对已经发生法律效力的判决、裁定，发现确有错误的，依法进行再次审理的程序。审判监督程序的启动主体包括四个方面：当事人的申诉，作出生效裁判的法院院长和上级人民法院，人民检察院。

审判监督程序的启动条件如图 1-6-6 所示。

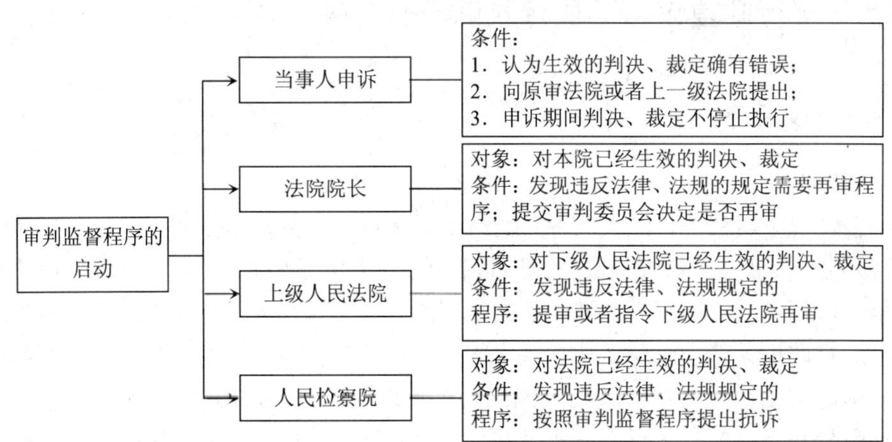

图 1-6-6　审判监督程序的启动条件

2．对申诉的处理

人民法院对当事人提出的申诉应当指定专人复查，包括进行一些必要的调查。经复查，认为申诉有理由的，应由院长提交审判委员会决定再审；如果认为申诉无理的，应当通知驳回申诉。

3．再审案件的审理

（1）裁定中止原判决的执行。

凡按照再审程序决定再审的行政案件，均应作出裁定中止原判决的执行。裁定由院长署名，加盖人民法院的印章。

（2）另行组成合议庭。

原来参加案件审理的审判人员不能参加对案件的再审，以防止原审判人员的主观偏见。

（3）分别适用第一审、第二审程序审理。

发生法律效力的判决、裁定如果原来是由第一审法院作出的，则按照第一审程序审理；生效的判决、裁定如果原来是由第二审法院作出的，或者再审时是由上级法院按照审判监督程序提审的，均按照第二审程序审理。

4．再审案件的裁判

人民法院审理再审行政案件，应当对原裁判认定的事实和适用的法律进行全面审查，不受原裁判范围和当事人申诉范围的限制。

人民法院对行政案件进行再审后，应分别针对不同情况作出处理：

（1）原判决、裁定认定事实清楚，适用法律、法规正确的，应当判决维持并继续执行原判决。原中止执行的裁定自行失效。

（2）原判决、裁定认定事实或者适用法律、法规有错误的，应当依法作出新的裁判，重新对具体行政行为的合法性作出裁判。凡是按照第一审程序进行再审所作出的判决、裁定，当事人可以上诉；凡是按照第二审程序进行再审所作出的判决、裁定，当事人不能再上诉。人民法院作出的再审裁判，应当在案由中注明本案是由上级法院提审、指令再审、本院审判委员会决定再审，还是检察院抗诉而再审。再审判决、裁定的宣告同样应当公开进行。

四、环境行政复议与环境行政诉讼的衔接

（一）复议选择

1．一般规定

在一般情况下，公民、法人或者其他组织对环境行政处理决定不服的，是申请环境行政复议，还是向人民法院提起环境行政诉讼，原则上由当事人选择。《行政诉讼法》第三十七条第一款规定，对属于人民法院受案范围的行政案件，公民、法人或者其他组织可以先向上一级行政机关或者法律、法规规定的行政机关申请复议，对复议决定不服的，再向人民法院提起诉讼；也可以直接向人民法院提起诉讼。《环境保护法》第四十条规定，当事人对行政处罚不服的，可以在接到处罚通知之日起 15 日内，向作出处罚决定的机关的上一级机关申请复议；对复议决定不服的，可以在接到复议决定之日起 15 日内，向人民

法院起诉。当事人也可以在接到处罚通知之日起 15 日内，直接向人民法院起诉（根据《行政复议法》的规定，对行政处罚不服的直接申请复议的期限为 60 日内）。也就是说，在对环境行政处罚不服的当事人是有权选择采取哪种手段来维护自身的合法权益的。这一规定是行政复议与行政诉讼衔接的最一般的规定。

2. 国务院最终裁决的情况

在选择了先行行政复议的前提下，又可分为两种情况：

第一种情况为上述。即《行政诉讼法》第三十七条一款规定的，对行政复议不服，再向人民法院起诉的。

另一种情况是由行政复议作出的裁决为最终裁决。依据《行政复议法》第十四条规定，对国务院部门或者省级人民政府的具体环境行政行为不服，向作出该具体环境行政行为的国务院部门或者省级人民政府申请复议；对该行政复议决定不服的，可以向人民法院提起行政诉讼；也可以向国务院申请裁决，国务院依法作出最终裁决。

（二）复议前置

《行政诉讼法》第三十七条第二款规定：法律、法规规定应当先向行政机关申请复议，对复议决定不服再向人民法院提起诉讼的，依照法律、法规的规定。这一条款规定了行政复议与行政诉讼关系的特殊情况，即复议前置。

复议前置的情况在我国环境行政复议中有以下几种情况：

1. 复议前置的一般规定

法律、法规规定应当先向行政复议机关申请环境行政复议，对环境行政复议不服再向人民法院提起环境行政诉讼的案件，公民、法人或者其他组织应当先向环境行政复议机关申请环境行政复议，并且在法定复议期限内不得向人民法院提起行政诉讼。如《行政复议法》第三十条第一款规定，公民、法人或者其他组织认为行政机关的具体行政行为侵犯其依法取得的土地、矿藏、水流、森林、山岭、草原、荒地、滩涂、海域等自然资源的所有权或者使用权的，应当先申请行政复议；对复议决定不服的，可以依法向人民法院提起行政诉讼。

2. 复议为最终裁决的情况

《行政复议法》第二十条第二款规定，根据国务院或者省、自治区、直辖市人民政府对行政区划的勘定、调整或者征用土地的决定，省、自治区、直辖市人民政府确认土地、矿藏、水流、森林、山岭、草原、荒地、滩涂、海域等自然资源的所有权或者使用权的行政复议为最终裁决。

第五节　环境行政赔偿

一、环境行政赔偿概述

环境行政赔偿，是指环境行政机关及其工作人员违法行使环境监督管理职权，侵犯公民、法人或者其他组织的合法权益造成损害的，由环境行政机关赔偿其损失的一种法律责任。《国家赔偿法》2010 年 4 月 29 日经全国人大第十一届常委会第十四次会议修订，自2010 年 12 月 1 日起施行。

从上述定义可知，环境行政赔偿具有以下四个特征：

1．行政侵权的实施主体是环境行政机关

环境行政赔偿与环境污染民事赔偿不同，在环境污染民事赔偿中，实施侵权行为的主体可以是一切污染危害环境者，即包括了企业事业单位、社会团体、国家机关及公民。但是，在环境行政赔偿中侵权行为的实施主体只能是违法行使职权的环境行政机关[①]。

2．环境监督管理行为违法

《国家赔偿法》第四条规定："行政机关及其工作人员在行使行政职权时有下列侵犯财产权情形之一的，受害人有取得赔偿的权利：（一）违法实施罚款、吊销许可证和执照、责令停产停业、没收财物等行政处罚的；（二）违法对财产采取查封、扣押、冻结等行政强制措施的；（三）违法征收、征用财产的；（四）造成财产损害的其他违法行为。"

环境监督管理行为违法，即属于职务违法。如责令防治污染设施已达到规定标准的建设项目停止生产或者使用造成经济损失等。违法行使职权的侵权行为是构成行政赔偿的必要条件。

3．环境监督管理行为侵权造成损害结果

《国家赔偿法》第二条规定："国家机关和国家机关工作人员行使职权，有本法规定的侵犯公民、法人和其他组织合法权益的情形，造成损害的，受害人有依照本法取得国家赔偿的权利。"

二、环境行政赔偿的归责原则及构成条件

（一）环境行政赔偿的归责原则

确立环境行政赔偿制度，首先涉及根据什么原则来承担赔偿责任的问题。其意义在于明确一个归责标准来认定环境行政机关及其工作人员是否可归责的条件，从而对其侵权行为所造成的损害负赔偿责任。

《国家赔偿法》第二条规定："国家机关和国家机关工作人员行使职权，有本法规定的侵犯公民、法人和其他组织合法权益的情形，造成损害的，受害人有依照本法取得国家赔偿的权利。"该条是《国家赔偿法》修正后的条款，实际上是归责原则的变化，确立了多元归责原则，由单一违法归责转变为违法和结果并行的多元归责原则。

（二）环境保护行政赔偿责任的构成要件

环境保护行政赔偿责任的构成要件是指环境保护行政机关承担行政赔偿责任所必须具备的条件。从上述行政赔偿的"违法原则"可知，行政赔偿责任的构成，必须具备如图 1-6-7 所示条件。

---

① 环境监督管理部门的工作人员因行使职权造成他人损失的，仍由环境保护监督管理机关承担行政赔偿责任。参见《国家赔偿法》第七条第一款规定："行政机关及其工作人员行使行政职权侵犯公民、法人和其他组织的合法权益造成损害的，该行政机关为赔偿义务机关。"

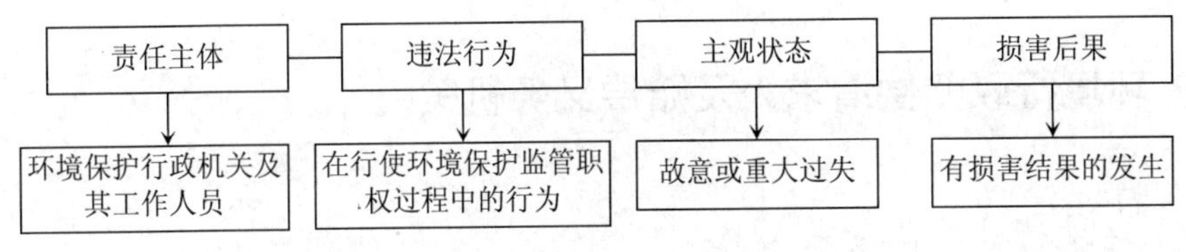

图 1-6-7　环境保护行政赔偿责任的构成

三、环境行政赔偿的范围及标准

（一）环境行政赔偿的范围

指环境保护行政机关及其工作人员的监督管理行为侵犯行政相对人的合法权益造成损害时，受害人依法取得赔偿的范围。根据我国现行的环境保护法律、法规和《国家赔偿法》第三条、第四条的规定，环境保护领域中行政赔偿的范围包括：

（1）违法实施行政处罚造成行政相对人财产损失的（如违法实施罚款、没收违法所得、责令停止生产或者使用、吊销排污许可证、责令停业关闭等造成损失）；

（2）采取强制性行政措施而造成行政相对人财产损失的（如违法强制减少或停止排污等造成经济损失）；

（3）因实施不作为违法行为而造成财产损失的（如符合法定条件申请环境保护行政机关批准环境影响报告书（表）、登记表、申请发放“三同时”验收合格证等，环境保护行政机关违法不予批准或拒绝履行而造成损失）；

（4）环境保护行政机关违法要求行政相对人履行义务而造成财产损失的（如违法要求缴纳排污费或违法决定限期治理等）；

（5）造成行政相对人财产损失的其他违法行为。

（二）环境行政赔偿的标准

环境行政赔偿的标准是指环境保护行政机关及其工作人员因违法行使职权侵犯行政相对人的合法权益造成损害给予赔偿时必须遵循的依据。根据《国家赔偿法》第三十六条的规定，环境保护行政机关侵犯行政相对人合法财产权益造成损害的，应按照下列标准予以赔偿或处理：

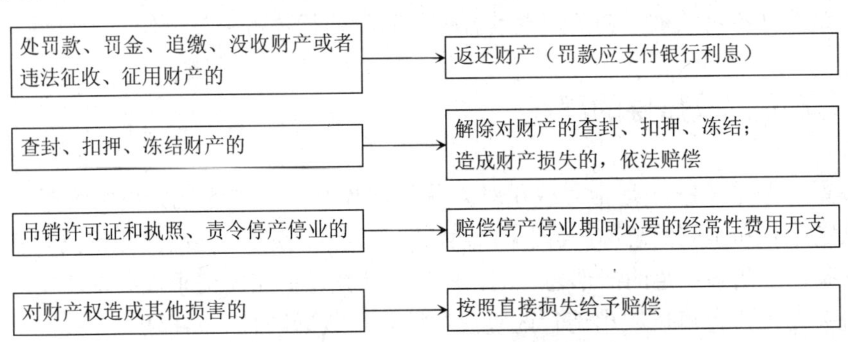

图 1-6-8　环境行政赔偿的标准

四、环境行政赔偿请求人及赔偿义务机关

（一）环境行政赔偿请求人

环境行政赔偿请求人，是指因环境保护监督管理部门及其工作人员违法行使职权而遭受损害，有权请求行政机关给予赔偿的人。根据《国家赔偿法》第六条规定，有权提出行政赔偿请求的人有以下几种：

（1）受到行政侵权的公民、法人和其他组织。

根据《民法通则》规定，未成年人及不能辨认自己行为的精神病人属于无民事行为能力或限制民事行为能力的人。当他们的合法权益受到环境保护监督管理部门及其工作人员的不法侵害而遭受损失时，他们的监护人为法定代理人。但赔偿请求权人仍为受到侵害的未成年人和精神病人。

（2）受害人死亡的，其继承人和其他有扶养关系的亲属是赔偿请求人。

（3）受害的法人或其他组织终止，承受其权利的法人或其他组织有权请求赔偿。

（二）环境行政赔偿义务机关

环境行政赔偿义务机关，是指因违法行使环境监督管理职权侵犯行政相对人的合法权益造成损害而应承担赔偿责任的环境行政机关。根据《国家赔偿法》第七条、第八条的规定，环境行政赔偿义务机关有如下几种情况：

（1）环境行政机关及其工作人员违法行使职权侵犯行政相对人的合法权益造成损害的，该行政机关是赔偿义务机关。

（2）两个以上环境行政机关共同行使职权侵犯行政相对人合法权益造成损害的，共同行使职权的环境行政机关是共同赔偿义务机关。

（3）受环境行政机关委托的组织在行使受委托的职权侵犯行政相对人合法权益造成损害的，委托的环境行政机关是赔偿义务机关。例如，环境监察机构及其执法人员在现场执法中侵犯行政相对人合法权益造成损害的，委托该环境监察机构行使监察职权的环境行政机关是赔偿义务机关。

（4）经复议机关复议的，最初造成侵权行为的环境行政机关是赔偿义务机关。但是复议机关的复议决定加重损害的，复议机关对加重损害的部分履行赔偿义务。

（5）赔偿义务机关被撤销的，继续行使其职权的行政机关是赔偿义务机关。

五、环境行政赔偿的程序

环境行政赔偿的程序是指行政相对人获得行政赔偿及赔偿义务机关给予行政赔偿应遵循的法定方式和步骤的总称。《国家赔偿法》第九条规定：“赔偿义务机关对依法确认有本法第三条、第四条规定的情形之一的，应当给予赔偿。赔偿请求人要求赔偿应当先向赔偿义务机关提出，也可以在申请行政复议和提起行政诉讼时一并提出。”根据这一规定和《行政诉讼法》第六十七条规定，行政相对人直接向赔偿义务机关提起行政赔偿的程序如

图 1-6-9 所示。

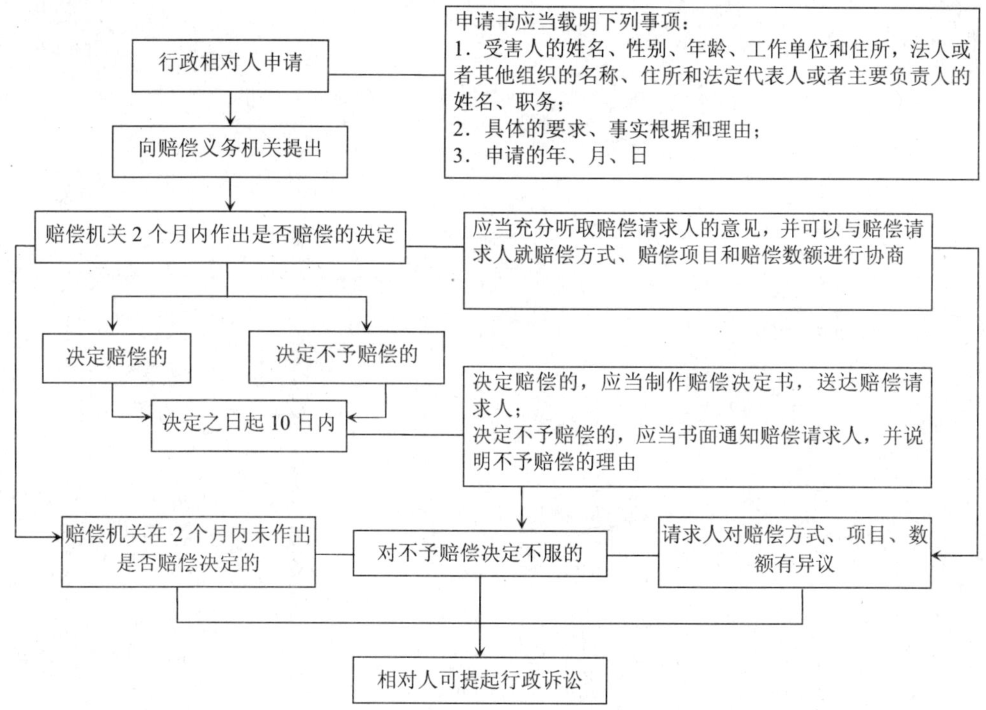

图 1-6-9　行政相对人直接向赔偿义务机关提起行政赔偿的程序图

思考题

1. 环境行政处罚内部监督和外部监督的形式是什么？
2. 简述信息公开存在的问题。
3. 环境信访事项的范围是什么？
4. 简述环境行政复议的特点和范围。
5. 简述行政诉讼证据的保全条件。
6. 我国为什么要求被告对所作出的具体行政行为承担举证责任？
7. 行政诉讼的证据规则是什么？
8. 简述行政复议与行政诉讼的衔接。
9. 简述环境行政赔偿的构成要件。

第二篇　分　论

第一章　环境行政处罚证据

第一节　证据种类和要求

一、概述

证据种类，又称证据的法定种类，是指由国家法律对用来查明案件真实情况的证据所作的具体规定和条目分类。

在不同的历史时期及同一历史时期的不同国家，有不同的证据制度，对证据进行分类的依据也不相同。我国目前还没有专门的行政程序法或行政证据法，一些关于证据的规定散见于单行法律法规中，散乱而不完整。行政程序证据种类应当与诉讼证据种类大体一致，但行政程序的特殊性决定行政程序证据的种类不可能与诉讼证据种类完全一致。

2010 年 3 月 1 日起施行的《环境行政处罚办法》（2009 年 12 月 30 日环境保护部第三次部务会议修订通过）第三十二条明确规定环境行政处罚证据主要有书证、物证、证人证言、视听资料和计算机数据、当事人陈述、监测报告和其他鉴定结论、现场检查（勘察）笔录等形式。

为指导全国各级环保部门办理行政处罚案件时收集、审查和认定证据的工作，2011 年 5 月环境保护部发布了《环境行政处罚证据指南》。指南明确环境行政处罚证据指在环境行政处罚案件办理中用以证明案件事实的材料，主要包括：证明当事人身份的材料；证明违法事实及其性质、程度的材料；证明从重、从轻、减轻、免除处罚情节的材料；证明执法程序的材料；证明行政处罚前置程序已经实施的材料；证明案件管辖权的材料；证明环境执法人员身份的材料；其他证明案件事实的材料。

环境执法人员收集的各类环境处罚证据，只有合乎法定要求才会具有法律效力。合法性、真实性和与待证事实的关联性是环境行政处罚案件证据必须具备的基本要求。证据要求指的证据所具备的条件，通常强调的是形式条件，包括收集与制作证据的要求。

二、书证

书证指以文字、符号、图形等在物体（主要是纸张）上记载的内容、含义或表达的思想来反映案件情况的材料，如环境影响评价文件、企业生产记录、环保设施运行记录、合同、发票等缴款凭据；环保部门的环评批复、验收批复、排污许可证、危险废物经营许可证；举报信等。

书证的原本、正本和副本均属于书证的原件；书证应当有提供或者调取的时间，提供人、办案人员签名或盖章以及相应标注；复制件、影印件、抄录件或者节录本应标明“经核对与原件无误”；某些书证如图纸、会计账册、专业技术资料、科技文献等需附有说明材料，对证明内容予以说明。

三、物证

物证指以其存在状况、形状、特征、质量、属性等反映案件情况的物品和痕迹，如厂房、生产设施、环保设施、排污口标志牌、暗管；污水、废气、固体废物；受污染的农作物、水产品等。

物证原物、复制件或原物的照片、录像等材料应当标明该物证的来源、出处、提供或者调取的时间，并有提供人或者办案人签名或者盖章；复制件应标明“与原件核对无误”。

四、证人证言

证人证言指当事人以外的其他人员就了解的案件情况向环保部门所作的反映案件情况的陈述，如企业附近居（村）民的陈述、污染受害人的陈述等。

证人证言要写明证人的姓名、年龄、性别、职业、住址、与本案关系等基本信息，注明出具日期，由证人签名、盖章或者按指印，并附有居民身份证复印件等证明证人身份的材料。证人证言中的添加、删除、改正文字之处，要有证人的签名、盖章或者按指印。

五、视听资料和计算机数据

视听资料和计算机数据指能够用来证明案件事实以录音带、录像带等音像资料为载体的图像或音响以及在计算机或计算机系统运行过程中因电子数据交换等产生的以其记录的内容来证明案件事实的电磁记录物。

视听资料和计算机数据应当注明制作或收集方法、地点、时间、制作或收集人和证明对象等信息；声音资料应当附有该声音内容的文字记录；计算机数据可以采取打印、拷贝、拍照、录像等方式复制。

六、当事人陈述

当事人陈述指当事人就案件情况向环保部门所作的陈述，如当事人的申辩意见、当事人的听证会意见等。

当事人陈述要写明当事人基本信息，注明出具日期，并由当事人签名、盖章或者按指印。当事人陈述中的添加、删除、改正文字之处，要有当事人的签名、盖章或者按指印。

七、环境监测报告

环境监测报告指具有资质的监测机构，按照有关环境监测技术规范，运用物理、化学、生物、遥感等技术，对各环境要素的状况、污染物排放状况进行定性、定量分析后得出的数据报告和书面结论，如水、气、声等环境监测报告。

环境监测报告要载明委托单位、监测项目名称、监测机构全称、国家计量认证标志（CMA）和监测字号、监测时间、监测点位、监测方法、检测仪器、检测分析结果等信息，并有编制、审核、签发等人员的签名和监测机构的盖章。

八、鉴定结论

鉴定结论指具有资质的鉴定机构，受环保部门、当事人或者相关人委托，运用专门知识和技能，通过分析、检验、鉴别、判断对专门性问题作出的数据报告和书面结论，如环境污染损害评估报告、渔业损失鉴定、农产品损失鉴定等。

鉴定结论要载明委托人、委托鉴定的事项、向鉴定部门提交的相关材料、鉴定依据和使用的科学技术手段、鉴定部门和鉴定人的鉴定资格说明，并有鉴定人的签名和鉴定部门的盖章。通过分析获得的鉴定结论，应当说明分析过程。

九、现场检查（勘察）笔录

现场检查（勘察）笔录指执法人员对有关物品、场所等进行检查、勘察时当场制作的反映案件情况的文字记录，如现场检查笔录、现场勘察笔录等。

现场检查（勘察）笔录要记录执法人员出示执法证件表明身份和告知当事人申请回避权利、配合调查义务的情况；现场检查（勘察）的时间、地点、主要过程；被检查场所概况及与当事人的关系；与违法行为有关的物品、工具、设施的名称、规格、数量、状况、位置、使用情况及相关书证、物证；与违法行为有关人员的活动情况；当事人及其他人员提供证据和配合检查情况；现场拍照、录音、录像、绘图、抽样取证、先行登记保存情况；执法人员检查发现的事实；执法人员签名等内容。现场图示要注明绘制时间、方位。

第二节　证据的收集与保全

一、证据收集的概念

行政处罚证据的收集是指行政机关运用法律许可的方法和手段，发现、获取、固定用来证明公民、法人或其他组织行政违法并应受行政处罚的各种证据材料的活动。环境行政处罚收集证据的主体是具有环境行政执法资格的行政执法人员并应按照法定的程序和方法收集证据。

收集证据是行政处罚中的一项重要工作，是判断和使用证据的前提和先决条件。收集证据的工作直接关系到案件事实能否查清，能否正确定性以及实施行政处罚，能否切实保障未实施行政违法的人不受行政追究，关系到行政监督任务的实现。

二、证据收集的范围

证据收集范围因各个案件的情况和性质不同而有所区别。总的来说，凡是同行政案件事实存在联系、可以证明案情的客观事实都属于收集的范围，主要收集以下几方面：

（1）证明主体身份的证据，主要是被处罚人的身份情况。

（2）证明违法事实的证据，重点是主要违法事实。

（3）证明违法事实情节的证据，包括从重、从轻情节。

（4）证明处罚程序的证据，尤其是对外的程序。

三、证据收集的基本原则和要求

根据环境保护部的《环境行政处罚证据指南》有以下几个方面：

（1）依法、及时、全面、客观、公正地收集证据。

（2）执法人员不得少于两人，出示中国环境监察执法证或者其他行政执法证件，告知当事人申请回避的权利和配合调查的义务。

（3）保守国家秘密、商业秘密，保护个人隐私。对涉及国家秘密、商业秘密或者个人隐私的证据，提醒提供人标注。

（4）收集证据时应当通知当事人到场。但在当事人拒不到场、无法找到当事人、暗查等情形下，当事人未到场不影响调查取证的进行。当事人拒绝签名、盖章或者不能签名、盖章的，应当注明情况，并由两名执法人员签名。有其他人在现场的，可请其他人签名。执法人员可以用录音、拍照、录像等方式记录证据收集的过程和情况。

（5）证据收集工作在行政处罚决定作出之前完成。

（6）禁止违反法定程序收集证据。

（7）禁止采取利诱、欺诈、胁迫、暴力等不正当手段收集证据。

（8）不得隐匿、毁损、伪造、变造证据。

四、证据的获取途径

（一）现场检查

1. 环境保护现场检查制度

环境保护现场检查制度是环境保护行政主管部门或其他依法行使环境监督管理权的部门对管辖范围内的排污单位进行现场检查的法律规定。其目的在于检查和督促排污单位执行环境保护法律的要求，及时发现环境违法行为，以便采取相应的措施。根据《中华人民共和国环境保护法》和《水污染防治法》《大气污染防治法》等法律法规的规定，县级以上人民政府环境保护部门或其他依法行使环境监督管理权的部门，有权对管辖范围的排污单位进行现场检查，但同时有责任为被检查单位保守技术秘密和业务秘密。被检查单位必须如实反映情况和提供必要的资料；如果拒绝接受检查或者弄虚作假，则必须承担相应的法律责任。

2．环境保护现场检查的内容

（1）核查被检查单位基本情况。

被检查单位基本情况主要指被检查单位工商登记名称、组织机构代码和准确地理信息；被检查单位负责人及联系方式；协助调查的被检查单位人员职务及联系方式以及主要经营范围等。

（2）环境影响评价制度执行情况。

主要检查是否依法进行环境影响评价，是否取得环保部门批准文件，是否按环保部门批准文件执行；是否有对环境产生影响的新建、扩建、改建项目；建设项目取得环境影响评价文件的，建设项目的性质、规模、地点、采用的生产工艺以及污染防治、生态保护与辐射安全防护措施是否发生重大变化等。

（3）环保“三同时”制度执行情况。

主要检查的是环境保护设施和措施与主体工程设计、施工、投产使用是否同步；施工期污染防治和生态保护情况；施工期环境监理的实施情况；施工期环境监测的实施情况；限期整改和行政处罚决定等的落实情况。

（4）污染源排放情况。

主要有废水排放情况，如检查废水排放点、废水排放量、排污口是否规范、废水排放去向及进入的流域、在线监测设备运行是否正常、有无偷排行为、污水处理设施是否正常运行、是否有应急预案等；废气排放情况，如检查污染源与周边敏感区域的相对距离、污染物排放情况，治理设施的运行情况、在线监测设施情况等；噪声排放情况，如检查地理位置、产生噪声源的设备种类、数量、声源强度和防治噪声设施情况等。固体废物污染情况，如检查固体废物申报登记、处置、综合利用情况，固体废弃物综合利用后有无最终废弃物等。

3．环境保护现场检查笔录

环境保护现场检查笔录是环境行政执法人员在检查现场或案件发生现场制作的，有关检查过程、案件违法过程或状态的书面（或其他形式）记录。它是一种法定的证据形式，在环境行政处罚中具有极为重要的地位。

制作环境保护现场检查笔录时应注意：

第一，客观实录，不加评论。追求客观真实，是制作笔录的真谛，应该用纪实、叙述的写作手法来记录检查的情况，切忌在笔录中作评论、推断，也不能随意使用“大约”、“接近”、“几乎”、“左右”等不确定的词语。

第二，围绕案情，详略得当。对关系执法程序、案件主体、案件情节、性质以及将印证其他证据的细节应详细记录；对与案件关系不大的情况应简略地记或者不记。

第三，注意关联，当场制作。现场检查笔录应当记载现场询问当事人、旁证人员，现场摄影、录像、绘图，当事人主动提交证据以及监测取样等情况。现场检查笔录必须当场制作，不能回单位后制作。

（二）投诉和举报

1. 投诉与举报制度

投诉是指合法权益受到违法行为侵害的受害者向有关部门反映违法行为，要求处理的活动。举报是指公民或者单位依法行使其民主权利，向司法机关或者其他有关国家机关和组织检举、控告违法行为的活动。投诉人是权益被侵害者本人，举报人与违规行为没有直接的利害关系。

我国的许多法律都有投诉与举报的条款规定，加上规章等已形成各自不同领域的投诉与举报制度。《中华人民共和国环境保护法》第六条规定：一切单位和个人都有保护环境的义务，并有权对污染和破坏环境的单位和个人进行检举和控告。当然，作为受到污染侵害的受害者毫无疑问有权要求有关部门处理违法者。

1997 年国家环境保护局发布了《关于建立全国环境保护举报制度的指导意见》，指出促进环境保护部门依法行政，严格执法、廉洁执法、文明执法，树立环保执法权威是建立环境保护举报制度的目的之一，并列出了环境保护举报制度的主要内容：

（1）制定环境保护举报制度管理办法，内容包括：环境保护举报的受理范围，举报事项的办理程序，鼓励环境保护举报的措施等；

（2）通过报纸、广播、电视及其他有效形式，向社会公告受理环境保护举报的单位名称、通讯地址、邮政编码、电话号码及环境保护举报的其他有关规定；

（3）环境保护举报的受理范围应包括环境污染和生态破坏事故，违反各项环境管理制度的行为及其他违反环保法律、法规、规章的事件和行为，对环境保护执法情况的监督等；

（4）环境保护举报事项的办理程序应包括登记立案，协调分办、限时办理，及时反馈，定期公布受理情况和办理结果等；

（5）鼓励环境保护举报的措施应包括为举报者保守秘密，对有重大贡献的环境保护举报者予以表彰、奖励等。

2001 年 6 月 4 日，信息产业部核配“12369”为全国统一环保举报投诉电话号码。该号码可在全国范围使用，以受理人民群众对环境保护的投诉和举报。此后，全国各地陆续开通。现各级环保局均建立起投诉举报制度。

2. 投诉、举报与证据的关系

投诉、举报本身可能成为与案件有关的证言，但投诉、举报更重要的是为环保执法提供了线索。实践中，偷排废水、油烟污染、焚烧生活垃圾污染、噪声污染等许多情况下都是依靠投诉、举报来发现违法行为并进行查处的。为此，许多地方建立起环保网上投诉举报、环保有奖投诉举报、环保义务监督员等制度或措施。

不重视投诉、举报，可能会带来严重后果或不可挽回的损失。据《中国之声——新闻纵横》2011 年 3 月报道，浙江省台州市路桥区峰江街道 139 名村民被查出血铅严重超标，元凶是建在村里的一家被列为重点监控企业的蓄电池企业。随后，当地环保部门对建在村里的速起蓄电池公司周围的空气、土壤和水质进行了综合环保检测。结果显示：这家企业违规排水排废，是导致此次铅中毒事件的罪魁祸首。环保部门还发现蓄电池厂存在铺暗管排放废液的情况。但对该事件，台州市路桥环保分局说该企业成立8年来，没有群众举报过，该局也没检查出问题。而受害村民说，他们不仅电话向路桥区环保局投诉过，还亲自去局里反映该蓄电池公司偷排污水的问题，但就是不见执法人员来处理。本案说明重视投诉、举报是十分重要的。

（三）暗访

暗访指暗中调查寻求有效信息，可分为介入式暗访（伪装某种身份）、非介入式暗访（作为旁观者）。行政执法暗访是获取执法证据的手段或方式。环境行政执法暗访多为非介入式暗访，即暗查，目的是为了获取被“暗访”对象行为不合法的证据。但是，暗查发现被暗查对象的行为不合法，需要制作相关证据时应表明执法人员的身份。暗查具有时间上的突然性和行动上的隐蔽性等特点，能够使执法人员看到企业真实的排污状况，掌握企业的排污底细，减少白天不排晚上排，晴天不排雨天排，工作日不排节假日排等环境违法现象。

“暗访”执法不能简单等同于“钓鱼”执法。“钓鱼”执法，最早来自刑事侦查中诱惑侦查，是英美法系的专门概念，通常又被称作“特情侦查”或者“警察圈套”，主要是指侦查机关以实施对犯罪嫌疑人而言有利可图的行为为诱饵，暗示或诱使其实施犯罪，待犯罪行为实施后将其抓捕。“钓鱼”这种执法方式一般是适用于特定的刑事犯罪领域，并不能简单的适用于行政执法领域。如果在行政执法中需使用“钓鱼”取证的手段，至少需要符合三个条件：一是有相应的法律、行政法规的明确授权；二是不能采取引诱、欺骗等方式让本无违法故意的行政管理相对人实施违法行为；三是“钓鱼”取得的证据不能作为行政处罚的直接证据来使用。我国现有的法律、行政法规没有相关“钓鱼”执法的规定，因此，行政执法机关依法不能采取“钓鱼”这种执法取证方式。

（四）接受移送

行政处罚案件移送，是指行政机关发现已受理的某一特定的案件不属于本行政机关管辖范围，而移送有管辖权的行政机关处理的活动。

移送的范围通常包括超出本机关职责范围的；在本机关职责管辖范围内，但超出本机关管辖权限的；超出本机关地域管辖范围的。

接受移送与案件移送相对应。对移送的行政案件，受移送行政机关应当及时审查，根据不同情况作出相应处理。认为属于本行政机关管辖的，应在移送书面接收凭证上加盖本行政机关印章，及时作出立案决定，并书面告知移送行政机关及有关当事人；认为不属于本行政机关管辖的，应当报请共同的上级行政机关指定管辖，不得再自行移送。上级行政机关在接到有关解决管辖争议的请示后，应当及时作出具体管辖决定。

对于移送行政机关移送的有关证据，受移送行政机关对这些证据审查后，认为其符合证据的基本特征，具有证明效力，能够证明案件的全部或部分事实，可以作为本行政机关进行行政处罚的证据使用。对于移送证据证明的有关事实，受移送行政机关不需要再进行调查取证。

五、证据收集的方法和措施

（一）询问

询问是任何案件中都经常使用的证据收集措施和方法。无论刑事民事案件还是行政案件，无论经济纠纷还是行政诉讼案件都是必不可少的。

所谓询问是指行政执法人员依照法定程序，通过言词方式向案件的当事人、证人进行调查的一种活动。

当事人是对案件事实真相了解最多的人，行政执法人员在调查取证时，首先要询问当事人，询问可以在当事人的住所地或者当事人的单位进行，也可以在行政机关进行。询问应查明当事人身份有无差错，并告知其如实陈述事实、提供证据。询问应围绕当事人是否有违法行为以及违法行为的事实和情节进行，要让当事人充分陈述和辩解。询问应当如实制作笔录。

凡知道案件情况的人都可以作为证人，证人有义务作证。一般情况下证人的证言可信度比较高，证明力较强，因此执法人员在取证时，要尽可能地获取相关证人的证言。询问证人时，要了解被询问人与当事人的利害关系和对案情的了解程度以及自身的有关情况。如果被询问人系生理上、精神上有缺陷或者是年幼、不能辨别是非、不能正确表达的人，就不能作证人。询问证人，执法人员应主动到证人所在单位或处所进行询问，必要时根据法律规定可以通知证人到场询问。询问应如实制作笔录。

上述两种笔录分别是证据种类中的当事人陈述、证人证言。询问时，行政执法人员不得少于两人。

（二）辨认

辨认是要求当事人或者证人在若干类似的物品、场所或人员中，挑选出自己曾经所见所闻的部分。辨认是很多案件中都可以采用的证据收集措施和方法，因为，辨认结论及其相关的证言和笔录都可以成为案件中的证据。

辨认的对象可以是案件中的当事人或者与案件有某种关联的人，也可以是与案件有关的物品或场所。

（三）调取

行政机关可在其职权范围内向有关机关及其他组织、公民调取其保存的与案件有关的证据材料，特别是调取书证、物证以及视听资料时，上述单位和个人有义务予以配合。调取证据的方式应提取原物，对于不能调取原物的证据材料，如文件、函电、图表、账册、排污记录、环保设施运行记录、合同等可以复印和抄录。复印或抄录应当与原件核对无误，注明出处，并经该原件持有者核对无异后加盖印章或签名。

（四）鉴定或监测

鉴定或监测是指专门的机构或者人员利用其专业技术知识和科学技术设备，对有关问题进行检测，并作出鉴定结论的活动。鉴定也是很多案件中都可以采用的证据收集措施和方法。鉴定的对象多种多样，既可以是物证，也可以是书证。鉴定结论是其主要的证据形式。

在收集证据的过程中，行政机关对于有争议的专门性问题，认为需要技术鉴定的，应当交由法定鉴定机构进行技术鉴定。在无专门鉴定机构时，行政机关可以委托能够出具合法鉴定的专业技术人员参加。行政执法人员认为鉴定结论有问题时，可以请鉴定人作出解释，或补充鉴定和重新鉴定。

（五）检查

现场检查是执法人员亲临现场，发现和提取证据的专门活动。现场检查的主体仅限于执法机关，现场检查也是很多案件中都可以采用的证据收集措施和方法。现场检查的对象一般为与案件有关的场所、物品和痕迹。

从收集证据的角度来讲，现场检查具有双重意义：一方面，现场检查是发现和提取各种物证的重要途径；另一方面，现场检查记录本身也是证据的一种形式。

检查包括一般检查、特别检查（如对公民的人身检查、住宅检查、银行存款检查、信件检查等）、自查等，而一般检查又包括实地检查、书面检查等。所谓实地检查，是指行政机关工作人员直接进入现场进行监督检查，是最常用的方法之一。所谓书面检查，是指行政机关通过查阅书面材料对个人、组织进行监督检查。

作为取证方式的检查与行政机关日常工作中的例行检查不同。例行检查不针对特定的行政违法案件，而是为促进有关组织或个人依法活动进行的一般性了解。在例行检查中，行政机关无权采取强制措施。

检查作为行政机关收集证据的方式，带有一定的强制性，因此，对此种方法应进行严格的限制，必须针对法律规定的对象并依照法律规定的程序和方法进行。《行政处罚法》第三十六条中规定必要时，依照法律、法规的规定，可以进行检查。由此可见，行政执法人员采取这种取证方法必须具备以下条件：第一，必要时。指采取其他方法或者手段不能收集到案件的重要证据，非采取检查方法而不能查清案件事实的情况。第二，要有法律、法规的依据。《环境行政处罚办法》第二十九条规定环保调查人员有权采取进入有关场所进行检查。

（六）勘验

勘验是行政机关行政执法人员在行政程序中对违法行为现场、违法物品所在地现场等进行勘查、检验。勘验的主要目的是了解案件发生经过，搜集、保全证据，记录和固定现场的情况。对勘验的情况应当制作笔录，且无论由何人书写，均应由行政执法人员主持，以利于全面准确地记载各种情况。

（七）抽样取证

《行政处罚法》第三十七条第二款规定：行政机关在收集证据时，可以采取抽样取证的方法。抽样取证是行政执法中经常使用的一种取证方法，是指从涉案的大量物品中，随机地抽取一部分，依法进行鉴定，将被抽取的物品鉴定结果作为证明案件真实情况的证据。

由于我国现行法律对抽样取证的程序和方法未作明确规定，在行政诉讼中当事人往往就抽样方式或者程序是否合法产生争议。抽样取证应做好笔录或清单。

（八）拍照、录音、录像

拍照、录音、录像主要适用于书证、物证的收集，音像证据比谈话记录更能真实地反映谈话内容，尤其能如实反映谈话的具体环境和全过程。上述措施和方法不仅可用来收集证据，还可用来查明案件事实和审查、判断证据。

六、证据保全

（一）证据保全的概念

行政处罚证据保全即证据的固定和保管或保护，是指为了防止特定证据的自然（如证人濒临死亡，物证将要腐烂、变质等）、人为地毁灭（如行政违法嫌疑人毁灭证据）或者以后难以取得（证人可能出国、在国外定居或留学等），因而在收集时采用一定的形式将证据固定下来，加以妥善保管，以便行政机关在分析、认定案件事实并且实施行政处罚时予以使用。

证据保全是取证制度的重要环节，是收集证据工作不可分割的一部分。证据保全是保护证据的法律价值，即防止证据材料因保管不善而失去法律效力；证据保全是保护证据的证明价值，即防止证据材料变质或被损坏；证据保全是保护证据的特定价值，即防止证据材料遗失或被替换。因此，证据保全直接关系到证据的收集以及收集到的证据的客观真实性。

（二）证据保全方法

证据保全方法必须与证据的种类和特征一致，即特定的证据种类只能采取特定的证据保全方法。

对证人证言、当事人陈述一类的证据，应当采用笔录的方法固定，笔录必须如实地记载陈述内容，并且应经陈述人仔细核对无误后由其本人签名或盖章。对没有阅读能力的陈述人应当向他宣读，对记载有遗漏或者差错的还应当予以补充或改正，并对改正、补充处由陈述人签名或盖章。对收集到的笔录应附卷妥善保管，不得损坏或随意销毁。

物证保全包括原物保全、复制保全、照相保全和封存保全等。原物保全是用提取和保管原物的方法保全证据的证明价值，主要用于保全体积不大的物证；对于数量较大的原物证据，可以采用抽样取证的方法，提取、固定物证过程中应当制作笔录。复制保全是用复制和制作模型等方法保全物证的证明价值，主要用于保全痕迹物证。照相保全是采用照相的方法保全证据的证明价值，一般适用于不宜提取原物的物证和不易长期保存的物证，对此要妥善保管，防止其受潮或变质。封存保全是采用封存财物等方法保全物证的证明价值，一般适用于保全易转移、灭失的大宗物证和与案件有关的金钱等证据。

做好证据保全工作，要有健全的证据移交和证据保管手续，形成包括证据材料从现场收集到接触的时间和方式等完整的程序。行政执法人员在提取证据材料时应制作证据保全标签。标签上一般应写明下列情况：①案件的名称或编号；②提取证据的日期和场所；③证据的编号；④提取证据人的姓名；⑤证据的主要特征等。当证据材料移交时，接管人应将自己的姓名和接管日期写在标签上。

（三）证据保全措施

按照最高人民法院《关于行政诉讼证据若干问题的规定》第二十八条的规定，证据保全措施有：查封，扣押，拍照，录音，录像，复制，鉴定，勘验，制作询问笔录等九种。

1．查封

查封是指行政机关对需要保全的证据予以封存，禁止转移和处理。如，对动产或不动产采取加贴封条和附以相应决定的形式予以封存。查封是一种行政强制措施，行政机关必须依法履行这一职权。行政相对人对行政机关作出的查封决定，可以依法申请复议和提起诉讼。

2．扣押

扣押是指行政机关对需要保全的证据予以提取、扣留，防止其持有人或保管人在特定时间内占有、使用和处分的措施，主要用于书证、物证。它与查封措施最大不同点是为了防止被查封的产品、原辅材料和主要零部件实物证据损坏、灭失或转移，而将实物证据从原存放地移至其他地点统一保管。

3．拍照

拍照是指行政机关对需要保全的证据通过技术设备将其图像固定在底片，经冲洗而成照片的方法。它是经常采用的一种证据保全措施。

4．录音

录音是指行政机关对需要保全的证据通过磁带、录音机等技术设备将事件发生过程中的声音（响）记录下来的方法。它主要适用于当事人陈述、证人证言和视听材料等证据声音的保全，在特定场合具有不可替代性。

5．录像

录像是指行政机关通过录像机等技术设备将当事人在事件发生过程中的活动、影像记录下来的方法。它适用于当事人陈述、证人证言、物证和视听材料等证据类型的保全。

拍照、录音、录像是形成视听资料的方法，一旦反映的材料与案件有关，则具有证据种类的属性，是对获取证据种类的记录。如若发生在案发前或案件发生过程中则是视听资料，若是对检查过程、调查过程的记录则是保全措施。

6．复制

复制是指行政机关通过技术设备按照原物特征制作仿制品的方法。包括复印、翻拍、转录、摹写等，广泛用于视听资料、书证和物证等证据类型的保全。

复制也是依法进行监督检查时，行政执法机关对涉嫌违法行为进行查处时行使的职权，一般和查阅一并使用，主要是针对书证保全而言的，如对有关合同、发票、账簿以及其他有关资料的查阅、复制。

7．鉴定

鉴定是获取鉴定结论的一种手段，是由专门的机构受委托，由专门的人员对专门的问题用科学的方法分析、研究的过程。鉴定一般是发生在执法检查时，依法采取抽样取证后，对被鉴定的物质而进行的鉴定，其结论就是鉴定结论。它反映了特定物质的本质属性，有外部的和内在的，主要保全对象是书证和物证。

8．勘验

勘验是行政机关的行政执法人员针对同案件事实有关的场所、物品等死的物体所进行观察、测量、检验、拍照、绘图等活动。一般发生在依法行使监督检查过程中。把有关内容记录下来，它的结论则为勘验检查笔录，是一种合法的证据种类。对勘验情况和勘验结果制作笔录，目的是保全违法行为现场，违法物品现场的勘验情况。

9．询问

询问一般是和了解有关活动的情况一并使用，属于行政执法机关行使职权范畴。调查、了解的方式就是询问，把询问的内容记录下来，就是言词类证据。

证据保全措施大多与法定职权有关，并且和证据收集有紧密联系，在一定程度上是重合的。

七、证据先行登记保存

（一）证据先行登记保存的概念

证据先行登记保存是指行政机关执法人员在执行公务进行监督检查时，在证据可能灭失或灭失后难以取得的情况下，对相关物品和其他相关资料予以清点并登记造册，并责令行政相对人妥善保管，不得转移、毁损或隐匿，以等待行政机关进一步调查和处理。就法律性质而言，它是一种证据收集手段，可以原地保存、也可以异地保存。

（二）证据先行登记保存的法律依据与法定条件

《中华人民共和国行政处罚法》第三十七条第二款规定："行政机关在收集证据时，可以采取抽样取证的方法；在证据可能灭失或者以后难以取得的情况下，经行政机关负责人批准，可以先行登记保存，并应当在7日内及时作出处理决定，在此期间，当事人或者有关人员不得销毁或者转移证据。"《环境行政处罚办法》（2010年施行）第二十八条规定在证据可能灭失或者以后难以取得的情况下，经本机关负责人批准，调查人员可以采取先行登记保存措施。情况紧急的，调查人员可以先采取登记保存措施，再报请机关负责人批准。先行登记保存有关证据，应当当场清点，开具清单，由当事人和调查人员签名或者盖章。先行登记保存期间，不得损毁、销毁或者转移证据。

证据先行登记保存涉及公民、法人和其他组织的财产权，适用证据先行登记保存必须符合下列条件：

（1）法定期间。证据先行登记保存是行政执法人员履行了内部立案程序，在收集证据这一法定期间内采取的。

（2）法定情形。证据先行登记保存是行政执法人员收集证据时在证据可能灭失或者以后难以取得的法定情形下采取的。

（3）法定权限。批准采取证据先行登记保存的法定权限属于行政机关负责人，因此行政执法人员在采取证据先行登记保存之前，必须经行政机关负责人批准。

（4）法定时限。行政机关实施证据先行登记保存的法定时限只有7日，必须在7日内作出没收、解除登记保存等处理决定。

（5）法定要求。行政机关在证据先行登记保存期间，必须对登记保存的物品进行妥善保管，以保证物品的完整，当事人或者有关人员不得销毁或转移证据。

（三）证据先行登记保存证据的处理措施

《环境行政处罚办法》（2010年施行）第三十九条【登记保存措施与解除】规定，对于先行登记保存的证据，应当在7个工作日内采取以下措施：

（1）根据情况及时采取记录、复制、拍照、录像等证据保全措施；

（2）需要鉴定的，送交鉴定；

（3）根据有关法律、法规规定可以查封、暂扣的，决定查封、暂扣；

（4）违法事实不成立，或者违法事实成立但依法不应当查封、暂扣或者没收的，决定解除先行登记保存措施。

超过7个工作日未作出处理决定的，先行登记保存措施自动解除。

上述处理措施可分为三类：

一是证据转化类，即在法定期限内对采取先行登记保存的证据及时采取记录、复制、拍照、录像等证据保全措施，或者送交有关部门鉴定，将先行登记保存的证据转化为书证、物证、音像资料、鉴定结论等证据种类。

二是改变措施类，即对于不能在7日内认定违法行为是否成立，需要进一步调查取证的，而相关法律、法规规定可以实施查封、扣押的，可以进一步采取查封、扣押措施。

三是依法处分类，对于证据确凿、违法事实成立的案件，依法作出处罚决定，没收违法物品。反之，对于违法行为没有证明作用的，违法事实不成立的，或者违法事实虽成立但依法不应当采取行政强制措施或者没收的，应决定解除先行登记保存措施，先行登记保存的有关证据应返还当事人。

（四）证据先行登记保存的解除

根据《环境行政处罚办法》（2010年施行）第三十九条的规定，证据先行登记保存的解除有两种情况：一是7个工作日内对违法事实不成立，或者违法事实成立但依法不应当查封、暂扣或者没收的，决定解除先行登记保存措施，即主动解除。二是超过7个工作日未作出处理决定的，先行登记保存措施自动解除。先行登记保存措施解除后，先行登记保存的有关证据应返还当事人。

（五）证据先行登记保存运用中应注意的问题

1. 防止滥用

证据先行保存登记措施简便、快捷，特别是在证据可能灭失或以后难以取得情况这一情况下，对于及时、有效提取案件关键证据，提高行政案件取证工作水平、乃至整个案件办理水准确实发挥着重要作用。但也要防止滥用，防止一发现涉嫌违法行为不进行证据分析，首先就是先对证据进行先行登记保存。证据先行登记保存的使用有两个前置条件：一是“在证据可能灭失或者以后难以取得的情况下”；二是“经行政机关负责人批准”。证据先行登记保存要同时具备和满足上述两个条件。在环境行政执法中，大部分实施先行登记保存的情况都是在应急状态实施的，因此现场实施时要严格按照法律程序进行执法，并做好应付突发性事件的心理准备。在日常执法中，可采取调查笔录、视听资料和勘验笔录等其他形式去收集证明和认定行为人违法事实的证据，不一定要采取证据先行登记保存这一方法。

2. 规范操作

证据先行登记保存要遵循证据收集的一般步骤：一是执法人员应出示有效行政执法证件；二是经行政机关负责人批准；三是送达证据保存通知书等相关执法文书；四是实施先行登记保存并将异地保存的物品编号登记存放、妥善保管；五是 7 日内及时作出处理决定。上述步骤都要留下充足的证据，必要时可全程录像，以备行政复议或诉讼时举证之用。在实施先行登记保存时，制作物品清单时一定要按物品的名称、规格型号、成色品级和单位数量逐一登记全、登记清，要使用标准的计量单位，如千克等，不能用一车、一筐、半箱等含糊单位。

3. 注意与没收、查封（扣押）的区别

先行登记的适用条件：如果案件物品具有证据意义，且有可能灭失或者以后难以取得的，则当先行登记保存。而没收是一种行政处罚，是指行政处罚机关剥夺被处罚人财产所有权归国家所有的行政处罚形式。采取查封（扣押）强制措施的条件是：如果对该物品有证据意义但可能危害人体健康或当事人有可能转移的，则应采取查封、扣押强制措施，但必须有法律、法规的明确规定。此外，在案件类型、适用对象以及后果方面也不相同。

第三节 主要环境违法行为的证据收集与笔录制作

一、概述

《中华人民共和国行政复议法》对具体行政行为在事实方面的审查要求是主要事实清楚、证据充分。因此，收集环境违法行为的证据也要达到主要事实清楚、证据充分。要弄清应受处罚的违法行为是什么？主要事实是什么？否则，收集证据就会出现要么无从下手，要么面面俱到。依据《水污染防治法》《大气污染防治法》等法律、法规，环境违法行为数量很多，很难也没有必要一一介绍其证据的收集与笔录制作，故参照《环境行政处罚证据指南》介绍几种主要环境违法行为的证据收集与笔录制作。

二、违反环境影响评价制度类

（一）主要事实

（1）未依法报批、未依法重新报批或者报请重新审核环境影响评价文件的事实；

（2）建设项目已经开工建设的事实；

（3）环保部门责令停止建设、限期补办手续的事实和当事人逾期未补办手续的事实（适用《环境影响评价法》第三十一条第一款）。

（二）其他重要事实

（1）建设项目性质、规模、地址；

（2）建设情况；

（3）已产生的影响或后果。

（三）证据的收集

收集证据的路径与方法：一是分析群众举报等材料—向环境影响评价文件审批部门及相关部门核查—对反映的建设项目进行现场检查（勘察）—询问建设项目单位、利害关系人等。二是对建设项目例行检查—询问建设项目单位—向环境影响评价文件审批部门及相关部门核查—再现场检查（勘察）。

应当收集的主要证据：未依法报批、未依法重新报批或者报请重新审核环境影响评价文件的调查询问笔录、环保部门的查询单，建设项目已经开工建设的现场检查（勘察）笔录，环保部门责令停止建设、限期补办的通知和送达回执等。

（四）笔录制作

违反环境影响评价制度类调查询问笔录，或者现场检查（勘察）笔录内容可以证明：

（1）建设单位未依法报批建设项目环境影响评价文件，或者建设项目的环境影响评价文件经批准后，建设项目的性质、规模、地点、采用的生产工艺或者防治污染、防止生态破坏的措施发生重大变动的，建设单位未重新报批建设项目的环境影响评价文件，或者建设项目的环境影响评价文件自批准之日起超过5年，方决定该项目开工建设的，其环境影响评价文件未报原审批部门重新审核的事实；

（2）环保部门责令停止建设、限期补办手续的事实；

（3）建设项目已经开工建设或生产的事实。

参照《环境行政处罚证据指南》调查询问笔录、现场检查（勘察）笔录的基本模式，设计询问或现场检查笔录的核心内容如表2-1-1和表2-1-2。

表2-1-1　违反环境影响评价制度调查询问笔录

（×××环境保护局） 调查询问笔录
时间：________年____月____日____时____分至____时____分 地点：________________ 询问人姓名及执法证号：________、________记录人：____ 工作单位：________________ 被询问人姓名：______年龄：____公民身份证号码：________ 工作单位：____________职务：____与本案关系：____ 地址：____________邮编：______电话：________ 其他参加人姓名及工作单位：________________

问：我们是×××环境保护局（环境监察支队、大队）的行政执法人员，这是我们的执法证件（向当事人出示证件），执法人×××，执法证件号：__________，执法人×××，执法证件号：__________，请过目确认。

答：（我看了，你们是×××环境保护局的执法人员。）

问：今天我们依法进行检查并了解有关情况，你应当配合调查，如实回答询问和提供材料，不得拒绝、阻碍、隐瞒或者提供虚假情况。如果你认为我们与本案有利害关系，可能影响公正办案，可以申请我们回避，并说明理由。听清楚了吗？

答：（听清楚了，不申请回避。）

问：请介绍一下你个人的基本情况。

答：（……姓名、公民身份证号码、住址、单位及职务。）

问：你与我们调查的×××单位（当事人）是什么关系？是否代表×××单位接受我们的询问？

答：（……是劳动合同关系的写明职务，是亲属关系写明夫妻、子女、兄弟姐妹等）

问：你说一下被调查单位（当事人）的名称（姓名）？法定代表人（或负责人、投资人、合伙人、户主）姓名？生产经营范围？

答：（……写明全称。）

问：×××单位建设项目概况？

答：（……写明项目名称、性质、规模、产量、主要生产设备、地点、采用的生产工艺、污染物排放总量或者防治污染、防止生态破坏的措施等信息。）

问：×××建设项目是否开工建设？是否建成？是否投产运营？

答：（……）

问：×××建设项目何时开工建设？何时建成？何时投产运营？

答：（……）

问：×××建设项目是否依法报批环境影响评价文件？

答：（……）

问：（如已办理环境影响评价文件）环境影响评价文件何时经哪个环保部门批准？什么时间批准，批复要求有哪些？

答：（……写明××××年××月××日，该项目的环境影响报告书（报告表、登记表）于××××年××月××日经×××环保局批准同意，批准文号××，具体批复要求是……）

问：（如已办理环境影响评价文件）×××项目的性质（或规模、地点、采用的生产工艺或者防治污染、防止生态破坏的措施）是否发生重大变动？

答：（……详记发生的变动。）

……

问：有关情况，今天就暂时了解到这里。你有没有需要补充说明的地方？

答：（……如果有补充，可继续询问。）

问：以上你所讲的是否属实？如果属实，请认真阅读以上笔录内容，核实无误后再签字。

答：以上讲的属实，我核对后签字。

以下空白（划线）。

被询问人对笔录核对后的确认意见（以上笔录已阅无误）：

被询问人签名：　　　　年　月　日

询问人签名：　　　　年　月　日

记录人签名：　　　　年　月　日

参加人签名：　　　　年　月　日

第　页共　页

表 2-1-2 违反环境影响评价制度现场检查（勘察）笔录

（×××环境保护局）

现场检查（勘察）笔录

时间：________年____月____日____时____分至____时____分

地点：________________

检查（勘察）人及执法证号：________、________记录人：________

工作单位：________________

被检查人名称或姓名：________法定代表人（负责人）姓名：________

现场负责人姓名：______年龄：____公民身份证号码：________

工作单位：________ 职务：______与本案关系：________

地址：________ 电话：________ 邮编：______

其他参加人姓名及工作单位（地址）：____________

____年___月___日，我们对×××被检查单位的环评执行情况进行检查。我们先向现场负责人×××出示了执法证件，并告知应当配合调查，如实回答询问和提供材料，不得拒绝、阻碍、隐瞒或者提供虚假情况，如果你认为我们与本案有利害关系，可能影响公正办案，可以申请我们回避。现场负责人×××确认我们的身份后，未提出回避，并陪同检查。

现场情况：

1．被检查单位位于×××，门口名称写着“×××公司”，具体检查位置离门口×××方向约×××米；

2．被检查处正在施工建设（或正在生产），我们用×××型号数码相机，×××型号录像机进行了拍照和录像。

3．经现场负责人×××介绍及询问现场施工（或生产）人员并查看现场设施，现场为正在建设×××项目的×××工程（×××项目的×××车间，生产工艺是……）……。

4．现场询问现场负责人×××，该项目是否有环评，现场负责人×××告知未做环评（或已做环评在报批中或已做环评并已批准）。

5．（或是）现场将现场负责人×××出示的×××环评报告及×××批复与现场情况核对，发现（性质、规模、产量、主要生产设备、地点、采用的生产工艺、污染物排放总量或者防治污染、防止生态破坏的措施）不对，环评报告是×××，而现场情况是×××，现场负责人×××解释是×××。我们认为是×××发生重大变动并录像和拍照。

……

以下空白（划线）。

现场负责人笔录核对后的确认意见（以上笔录已阅无误）：

现场负责人签名：　　年　月　日

检查（勘察）人签名：　　年　月　日

记录人签名：　　年　月　日

其他参加人签名：　　年　月　日

第　页共　页

三、违反建设项目“三同时”制度类

（一）主要事实

（1）建设项目环境保护设施未建成、未经验收或者经验收不合格的事实；

（2）主体工程正式投入生产或者使用的事实。

（二）其他重要事实

（1）主体工程正式投入生产或者使用的时间；

（2）主体工程正式投入生产或者使用产生的后果或影响。

（三）证据的收集

收集证据的路径与方法：一是分析群众举报等材料—向环保污染治理设施验收部门了解情况—对建设项目进行现场检查（勘察）—询问建设项目单位、利害关系人等。二是对建设项目例行检查—询问建设项目单位—向相关部门核查—再现场检查（勘察）。

应当收集的主要证据：建设项目的环境保护设施未建成、未经验收或者经验收不合格的调查询问笔录，主体工程正式投入生产或者使用的现场检查（勘察）笔录。

（四）笔录制作

违反“三同时”制度类调查询问笔录，或者现场检查（勘察）笔录内容可以证明：

（1）建设项目需要配套建设的环境保护设施未建成、未经验收或者经验收不合格的事实；

（2）主体工程正式投入生产或者使用的事实。

参照《环境行政处罚证据指南》调查询问笔录、现场检查（勘察）笔录基本模式，设计询问或现场检查笔录的核心内容如表 2-1-3 和表 2-1-4。

表 2-1-3 违反建设项目“三同时”制度调查询问笔录

（×××环境保护局）

调查询问笔录

时间：__________年____月____日____时____分至____时____分

地点：________________

询问人姓名及执法证号：__________、__________记录人：____

工作单位：________________

被询问人姓名：______ 年龄：____公民身份证号码：__________

工作单位：__________ 职务：____与本案关系：________

地址：__________ 邮编：______ 电话：________

其他参加人姓名及工作单位：________________

问：我们是×××环境保护局（环境监察支队、大队）的行政执法人员，这是我们的执法证件（向当事人出示证件），执法人×××，执法证件号：________，执法人×××，执法证件号：________，请过目确认。

答：（我看了，你们是×××环境保护局的执法人员。）

问：今天我们依法进行检查并了解有关情况，你应当配合调查，如实回答询问和提供材料，不得拒绝、阻碍、隐瞒或者提供虚假情况。如果你认为我们与本案有利害关系，可能影响公正办案，可以申请我们回避，并说明理由。听清楚了吗？

答：（听清楚了，不申请回避。）

问：请介绍一下你个人的基本情况。

答：（……姓名、公民身份证号码、住址、单位及职务。）

问：你与我们调查的×××单位（当事人）是什么关系？

答：（……是劳动合同关系的写明职务，是亲属关系写明夫妻、子女、兄弟姐妹等）

问：你说一下×××单位（当事人）的名称（姓名）？法定代表人（或负责人、投资人、合伙人、户主）姓名？生产经营范围？

答：（……写明全称。）

问：被调查单位建设项目概况？

答：（……写明项目名称、性质、规模、产量、主要生产设备、地点、采用的生产工艺、排放的污染物、排放总量或者防治污染、防止生态破坏的措施等信息。）

问：×××建设项目何时开工建设？是否正式投入生产（或者使用）？

答：（……如回答在试生产，则转入试生产情况的询问。）

问：何时正式投入生产（或者使用）？

答：（……）

问：×××建设项目是否办理环境影响评价文件？

答：（……）

问：（如已办理环境影响评价文件）环境影响评价文件何时经哪个环保部门批准？批复要求有哪些？

答：（……写明××××年××月××日，该项目的环境影响报告书（报告表、登记表）于××××年××月××日经×××环保局批准同意，批准文号××，具体批复要求是……）

问：（如已办理环境影响评价文件）按照环评文件的要求，环境保护设施有哪些？是否已建成？主要参数？

答：（……详记主要环境保护设施，未建成原因。）

问：（如已建成）×××环境保护设施是否已申请验收？

答：（……）

问：（如已申请验收）×××环境保护设施是否已通过验收？

……

问：有关情况，今天就暂时了解到这里。你有没有需要补充说明的地方？

答：（……如果有补充，可继续询问）

问：以上你所讲的是否属实？如果属实，请认真阅读以上笔录内容，核实无误后再签字。

答：以上讲的属实，我核对后签字。

以下空白（划线）。

被询问人对笔录核对后的确认意见（以上笔录已阅无误）：

被询问人签名：　　　　　　　　　　　　年　月　日

询问人签名：　　　　　　　　　　　　　年　月　日

记录人签名：　　　　　　　　　　　　　年　月　日

参加人签名：　　　　　　　　　　　　　年　月　日

第　页共　页

表 2-1-4 违反建设项目“三同时”制度现场检查（勘察）笔录

（×××环境保护局）

现场检查（勘察）笔录

时间：__________ 年______月______日______时______分至________时______分
地点：____
检查（勘察）人及执法证号：______________、______________记录人：____________
工作单位：____
被检查人名称或姓名：________________法定代表人（负责人）姓名：____________
现场负责人姓名：____________年龄：________公民身份证号码：________________
工作单位：________________职务：________与本案关系：______________
地址：________________ 电话：________________ 邮编：____________
其他参加人姓名及工作单位（地址）：____________________________

______ 年_____月_____日，我们对×××被检查单位的“三同时”执行情况进行检查。我们先向现场负责人×××出示了执法证件，并告知应当配合调查，如实回答询问和提供材料，不得拒绝、阻碍、隐瞒或者提供虚假情况，如果你认为我们与本案有利害关系，可能影响公正办案，可以申请我们回避。现场负责人×××确认了我们的身份，未提出回避，并陪同检查。

现场情况：

1. 被检查单位位于×××，门口名称写着“×××公司”，具体检查位置离门口东北×××方向约×××米；

2. 被检查处正在生产，生产原料为×××，生产产品为×××，生产产生的废水颜色是××色，排入×××设施（或……），生产产生的废气排入×××设施（或……）……，我们用×××型号数码相机，×××型号录像机进行了拍照和录像。询问现场生产工人×××，告知已生产一个月左右，生产×××产品每月约××吨。

3. 废气排入的×××设施有工人×××人，设施运转正常。废水排入的×××设施由（一个沉淀池和一个曝气池）组成，未见设施运转。×××色废水流经×××设施直接排入到场外的一条小河中。我们对排污出入口进行了拍照。

4. 现场询问现场负责人×××，该项目是否有环评，现场负责人×××告知已做环评并经×××批准。又问该项目生产多长时间，是否申请试生产以及废水排入的×××设施、废气排入的×××设施是否申请环保部门验收，告知项目生产一个月左右，未申请试生产，废水排入的×××设施、废气排入的×××设施未申请环保部门验收。

……

以下空白（划线）。

现场负责人笔录核对后的确认意见（以上笔录已阅无误）：

现场负责人签名： 年 月 日
检查（勘察）人签名： 年 月 日
记录人签名： 年 月 日
其他参加人签名： 年 月 日

第 页共 页

四、不正常使用或者擅自拆除、闲置污染处理设施类

（一）不正常使用的主要事实（符合其中之一）

（1）将部分或全部污水或者其他污染物不经过处理设施，直接排入环境；

（2）通过埋设暗管或者其他隐蔽排放的方式，将污水或者其他污染物不经处理而排入环境；

（3）非紧急情况下开启污染物处理设施的应急排放阀门，将部分或全部污水或者其他污染物直接排入环境；

（4）将未经处理的污水或者其他污染物从污染物处理设施的中间工序引出直接排入环境；

（5）将部分污染物处理设施短期或者长期停止运行；

（6）违反操作规程使用污染物处理设施，致使处理设施不能正常发挥处理作用；

（7）污染物处理设施发生故障后，排污单位不及时或者不按规程进行检查和维修，致使处理设施不能正常发挥处理作用；

（8）违反污染物处理设施正常运行所需的条件，致使处理设施不能正常运行的其他情形。

（二）擅自拆除、闲置污染处理设施的主要事实

（1）拆除、闲置污染处理设施的事实；

（2）未经环境保护主管部门批准的事实。

（三）其他重要事实

（1）是否排放污染物的事实；

（2）排污是否超标的事实；

（3）排放污染物产生的影响或后果。

（四）证据的收集

收集证据的路径与方法：一是分析群众举报等材料—核查环保局是否同意拆除、闲置污染处理设施—对污染处理设施现场进行检查（勘察）—询问建设项目单位、利害关系人等。二是对污染处理设施例行检查—询问建设项目单位—再现场检查（勘察）。

应当收集的主要证据：不正常使用或者擅自拆除、闲置污染处理设施的调查询问笔录及现场检查（勘察）笔录。

（五）笔录制作

违反不正常使用或者擅自拆除、闲置污染处理设施类调查询问笔录，或者现场检查（勘察）笔录内容可以证明：①不正常使用污染设施，或者拆除、闲置污染设施的事实。②未经环境保护主管部门批准的事实。参照《环境行政处罚证据指南》调查询问笔录、现场检查（勘察）笔录基本模式，以污染处理设施停止运行为例设计核心内容示例如表 2-1-5 和表 2-1-6。

表 2-1-5　不正常使用或者擅自拆除、闲置污染处理设施类调查询问笔录

（×××环境保护局）
调查询问笔录

时间：__________年______月______日______时______分至______时______分
地点：____________________
询问人姓名及执法证号：__________、__________记录人：______
工作单位：____________________
被询问人姓名：________　年龄：_____公民身份证号码：____________
工作单位：________________　职务：______与本案关系：__________
地址：______________　邮编：________　电话：__________
其他参加人姓名及工作单位：____________________

问：我们是×××环境保护局（环境监察支队、大队）的行政执法人员，这是我们的执法证件（向当事人出示证件），执法人×××，执法证件号：__________，执法人×××，执法证件号：__________，请过目确认。

答：（我看了，你们是×××环境保护局的执法人员。）

问：今天我们依法进行检查并了解有关情况，你应当配合调查，如实回答询问和提供材料，不得拒绝、阻碍、隐瞒或者提供虚假情况。如果你认为我们与本案有利害关系，可能影响公正办案，可以申请我们回避，并说明理由。听清楚了吗？

答：（听清楚了，不申请回避。）

问：请介绍一下你个人的基本情况。

答：（姓名、公民身份证号码、住址、单位及职务。）

问：你与我们调查的×××单位（当事人）是什么关系？

答：（……是劳动合同关系的写明职务，是亲属关系写明夫妻、子女、兄弟姐妹等。）

问：你说一下被调查单位（当事人）的名称（姓名）？法定代表人（或负责人、投资人、合伙人、户主）姓名？生产经营范围？

答：（……写明全称。）

问：你说一下×××单位生产及污染处理设施情况？

答：（……详记主要设备、生产工艺、产量以及污染处理设施名称、地点等信息。）

问：×××建设项目是否办理环境影响评价文件？

答：（已办理，经×××环保局批准同意的。）

问：×××污染防治治理设施是否经环保部门验收通过？

答：（经×××环保局验收通过。）

问：说一下×××污染防治治理设施运转情况（如果被询问人说污染设施运转正常之类的话，应指出已掌握的违法行为，继续询问，如根据附近村民举报（或检查），××××年××月××日×××位置的排污口排放××废气（或废水…））。

答：（因限电，从××××年××月××日起废水处理设施没有运行。）

问：向×××环境局申请废水处理设施停运吗？

答：（没有。）

问：××××年××月××日起废水处理设施停止运行后，生产的废水如何排放？

……

问：有关情况，今天就暂时了解到这里。你有没有需要补充说明的地方？

答：（……如果有补充，可继续询问。）

问：以上你所讲的是否属实？如果属实，请认真阅读以上笔录内容，核实无误后再签字。

答：以上讲的属实，我核对后签字。

以下空白（划线）。

被询问人对笔录核对后的确认意见（以上笔录已阅无误）：
被询问人签名： 年 月 日
询问人签名： 年 月 日
记录人签名： 年 月 日
参加人签名： 年 月 日

第 页共 页

表 2-1-6 不正常使用或者擅自拆除、闲置污染处理设施现场检查（勘察）笔录

（×××环境保护局）
现场检查（勘察）笔录

时间：____________ 年______月______日______时______分至______时_____分
地点：____
检查（勘察）人及执法证号：_____________、______________记录人：_________
工作单位：____________________________________
被检查人名称或姓名：_________________法定代表人（负责人）姓名：_____________
现场负责人姓名：__________年龄：________公民身份证号码：________________
工作单位：___________ 职务：________与本案关系：_____________________
地址：_________________ 电话：___________________ 邮编：_____________
其他参加人姓名及工作单位（地址）：_______________________________

_______ 年_____月_____日，我们对×××被检查单位的污染处理设施运行情况进行现场检查。我们先向现场负责人×××出示了执法证件，并告知应当配合调查，如实回答询问和提供材料，不得拒绝、阻碍、隐瞒或者提供虚假情况，如果你认为我们与本案有利害关系，可能影响公正办案，可以申请我们回避。现场负责人×××确认了我们的身份，未提出回避，并陪同检查。

现场情况：

1．被检查单位位于×××路×××号，门口名称写着“×××公司”，具体检查位置离门口×××方向约×××米；

2．先查看废水处理设施：废水处理设施占地约×××平方米，由×××、×××池组成，池中无水，设施处于停用状态。再检查废水入口没有废水进入，离废水入口约×××米的生产车间正在生产，车间有工人×××人……最后检查废水处理设施运行日志记载×××年××月××日至检查日为停用。询问现场负责人×××废水处理设施为什么停用，负责人×××说因限电，从××××年××月××日起停用了。检查时用×××型号数码相机，×××型号录像机进行了拍照和录像。

3．其次查看废气处理设施：废气处理设施型号为×××，检查时正在运转，相关参数为×××。排气筒高约××米，烟气××方向呈白色。检查时用×××型号数码相机，×××型号录像机进行了拍照和录像。

……

以下空白（划线）。
现场负责人笔录核对后的确认意见（以上笔录已阅无误）：
现场负责人签名： 年 月 日
检查（勘察）人签名： 年 月 日
记录人签名： 年 月 日
其他参加人签名： 年 月 日

第 页共 页

五、违反排污口设置规定类

（一）主要事实

（1）设置排污口的事实；

（2）排污口状态及位置事实。

（二）其他重要事实

（1）是否排污的事实；

（2）排污时间多长的事实；

（3）排污产生的影响或后果。

（三）证据的收集

收集证据的路径与方法：一是收集举报等材料—对排污口进行现场检查（勘察）—询问排污口单位、利害关系人等。二是对排污口例行检查—询问排污口单位—再现场检查（勘察）。

应当收集的主要证据：涉及设置排污口、排污口状态及位置事实的调查询问笔录及现场检查（勘察）笔录。

（四）笔录制作

违反排污口设置规定类调查询问笔录，或者现场检查（勘察）笔录内容可以证明：

（1）已设排污口的事实；

（2）排污口位置所在区域或排污口不合要求的事实。

参照《环境行政处罚证据指南》调查询问笔录、现场检查（勘察）笔录基本模式，其核心内容（假设饮用水水源保护区内设置排污口）设计示例如表 2-1-7 和表 2-1-8。

表 2-1-7　违反排污口设置规定调查询问笔录

（×××环境保护局）

调查询问笔录

时间：______________年_____月_____ 日______时______分至______时______分

地点：__________________________________

询问人姓名及执法证号：__________________、______________记录人：_____

工作单位：____

被询问人姓名：___________ 年龄：_____公民身份证号码：______________________

工作单位：___________________________ 职务：______与本案关系：_________________

地址：______________________ 邮编：___________ 电话：_______________

其他参加人姓名及工作单位：____

问：我们是×××环境保护局（环境监察支队、大队）的行政执法人员，这是我们的执法证件（向当事人出示证件），执法人×××，执法证件号：_________，执法人×××，执法证件号：_________，请过目确认。

答：（我看了，你们是×××环境保护局的执法人员。）

问：今天我们依法进行检查并了解有关情况，你应当配合调查，如实回答询问和提供材料，不得拒绝、阻碍、隐瞒或者提供虚假情况。如果你认为我们与本案有利害关系，可能影响公正办案，可以申请我们回避，并说明理由。听清楚了吗？

答：（听清楚了，不申请回避。）

问：请介绍一下你个人的基本情况。

答：（……姓名、公民身份证号码、住址、单位及职务。）

问：你与我们调查的×××单位（当事人）是什么关系？能否代表×××单位接受询问？

答：（……是劳动合同关系的写明职务，是亲属关系写明夫妻、子女、兄弟姐妹等。）

问：你说一下被调查的×××单位（当事人）的名称（姓名）？法定代表人（或负责人、投资人、合伙人、户主）姓名？生产经营范围？

答：（……写明全称。）

问：被调查单位生产情况？是否有环境影响评价文件？

答：（……写明生产产品、产量、主要生产设备、地点、采用的生产工艺、污染物排放等信息。）

问：被调查单位污染处理设施及运行情况？是否验收通过？

答：（……。）

问：是否有排污口设置在厂外？主要排放什么污染物？

答：（……详记排污口的具体位置。）

问：设置的排污口依据是什么？排污有多长时间？

答：（……。）

问：是否知道排污口所在的水域是饮用水水源保护？

……

问：有关情况，今天就暂时了解到这里。你有没有需要补充说明的地方？

答：（……如果有补充，可继续询问。）

问：以上你所讲的是否属实？如果属实，请认真阅读以上笔录内容，核实无误后再签字。

答：（以上讲的属实，我核对后签字。）

以下空白（划线）。

被询问人对笔录核对后的确认意见（以上笔录已阅无误）：

被询问人签名：　　　　年　月　日

询问人签名：　　　　年　月　日

记录人签名：　　　　年　月　日

参加人签名：　　　　年　月　日

第　页共　页

表 2-1-8　违反排污口设置规定现场检查（勘察）笔录

（×××环境保护局）

现场检查（勘察）笔录

时间：________ 年______月______日______时______分至______时______分

地点：____

检查（勘察）人及执法证号：__________、__________记录人：________

工作单位：________________________________

被检查人名称或姓名：______________法定代表人（负责人）姓名：__________

现场负责人姓名：________年龄：______公民身份证号码：____________

工作单位：______________ 职务：_________与本案关系：______________________
地址：__________________ 电话：____________________ 邮编：________________
其他参加人姓名及工作单位（地址）：____

_______ 年_____月_____日，我们对×××被检查单位的排污口设置情况进行检查。我们先向现场负责人×××出示了执法证件，并告知应当配合调查，如实回答询问和提供材料，不得拒绝、阻碍、隐瞒或者提供虚假情况，如果你认为我们与本案有利害关系，可能影响公正办案，可以申请我们回避。现场负责人×××确认了我们的身份，未提出回避，并陪同检查。

现场情况：

1．被检查单位位于×××，门口名称写着“×××公司”，检查位置离门口×××方向约×××米；

2．被检查排污口为圆形水泥管，直接××米左右，有大量×××色废水流出并有刺激气味。被检查排污口沿×××方向连到被检查单位围墙。排污口在×××河××段岸边，离水面约××米。排污口的具体位置是×××。上午 10 点 10 分，监测人员×××、×××开始在排污口取水样。检查过程，我们用×××型号数码相机，×××型号录像机进行了拍照和录像。

3．经询问现场负责人×××，检查的排污口是×××单位所设，没有环保部门的批准。

……

现场负责人笔录核对后的确认意见（以上笔录已阅无误）：

现场负责人签名：　　　　年　月　日
检查（勘察）人签名：　　　　年　月　日
记录人签名：　　　　年　月　日
其他参加人签名：　　　　年　月　日

第　页共　页

六、在禁止建设区域内违法建设类

（一）主要事实

（1）新建、改建、扩建建设项目的事实；
（2）新建、改建、扩建建设项目性质；
（3）新建、改建、扩建建设项目的位置状态。

（二）其他重要事实

（1）是否排污；
（2）排污时间。

（三）证据的收集

主要收集证据途径：一是材料分析、调取（建设区域有关材料等）—对新建、改建、扩建建设项目进行现场检查（勘察）—询问。二是对新建、改建、扩建建设项目进行现场检查（勘察）—询问—调取相关材料。

主要收集的证据：涉及设新建、改建、扩建建设项目的调查询问笔录及现场检查（勘察）笔录。

（四）笔录制作

违反禁止建设区域内违法建设类调查询问笔录，或者现场检查（勘察）笔录的内容应能证明：①违法建设的事实；②建设项目位置及周边环境事实。参照《环境行政处罚证据指南》调查询问笔录、现场检查（勘察）笔录基本模式，核心内容（以饮用水水源二级保护区为例）设计示例如表 2-1-9 和表 2-1-10。

表 2-1-9 在禁止建设区域内违法建设调查询问笔录

（×××环境保护局）

调查询问笔录

时间：____________年_____月_____ 日______时______分至______时______分
地点：______________________________
询问人姓名及执法证号：________________、____________记录人：_____
工作单位：______________________________________
被询问人姓名：__________ 年龄：_____公民身份证号码：__________________
工作单位：________________________ 职务：______与本案关系：______________
地址：_____________________ 邮编：__________ 电话：_____________
其他参加人姓名及工作单位：____

问：我们是×××环境保护局（环境监察支队、大队）的行政执法人员，这是我们的执法证件（向当事人出示证件），执法人×××，执法证件号：__________，执法人×××，执法证件号：__________，请过目确认。

答：（我看了，你们是×××环境保护局的执法人员。）

问：今天我们依法进行检查并了解有关情况，你应当配合调查，如实回答询问和提供材料，不得拒绝、阻碍、隐瞒或者提供虚假情况。如果你认为我们与本案有利害关系，可能影响公正办案，可以申请我们回避，并说明理由。听清楚了吗？

答：（听清楚了，不申请回避。）

问：请介绍一下你个人的基本情况。

答：（姓名、公民身份证号码、住址、单位及职务。）

问：你与我们调查的×××单位（当事人）是什么关系？

答：（……是劳动合同关系的写明职务，是亲属关系写明夫妻、子女、兄弟姐妹等。）

问：你说一下被调查单位（当事人）的名称（姓名）？法定代表人（或负责人、投资人、合伙人、户主）姓名？生产经营范围？

答：（……写明全称。）

问：×××单位建设项目概况？

答：（……写明项目名称、性质、规模、产量、主要生产设备、地点、采用的生产工艺、污染物排放情况等信息。）

问：×××建设项目何时开工建设？目前状况（包括是否有环评）？

答：（……）

问：×××建设项目主要排放×××污染物？对吗？

答：（对）

问：×××建设项目建设具体位置是×××？对吗？

答：（是。）

问：×××建设项目离×××河多远？

答：约×××米。

问：×××河是饮用水水源二级保护区，知道吗？

答：（知道。）
……
问：有关情况，今天就暂时了解到这里。你有没有需要补充说明的地方？
答：（……如果有补充，可继续询问。）
问：以上你所讲的是否属实？如果属实，请认真阅读以上笔录内容，核实无误后再签字。
答：以上讲的属实，我核对后签字。
以下空白（划线）。

被询问人对笔录核对后的确认意见（以上笔录已阅无误）：
被询问人签名：______年___月___日
询问人签名：______年___月___日
记录人签名：______年___月___日
参加人签名：______年___月___日

第 页共 页

表 2-1-10 在禁止建设区域内违法建设现场检查（勘察）笔录

（×××环境保护局）
现场检查（勘察）笔录

时间：__________ 年______月______日______时______分至______时______分
地点：____
检查（勘察）人及执法证号：__________、__________记录人：________
工作单位：____
被检查人名称或姓名：_______________法定代表人（负责人）姓名：___________
现场负责人姓名：_________年龄：_______公民身份证号码：______________
工作单位：__________ 职务：________与本案关系：____________________
地址：______________ 电话：________________ 邮编：______________
其他参加人姓名及工作单位（地址）：__________________________________

______ 年_____月_____日，我们对×××被检查单位的项目建设情况进行检查。我们先向现场负责人×××出示了执法证件，并告知应当配合调查，如实回答询问和提供材料，不得拒绝、阻碍、隐瞒或者提供虚假情况，如果你认为我们与本案有利害关系，可能影响公正办案，可以申请我们回避。现场负责人×××确认了我们的身份，未提出回避，并陪同检查。

现场情况：

1. 被检查单位位于×××，门口有一公告牌，牌上写着“×××公司×××项目建设公告”，门口朝向为正南方向，检查范围为门口以东××米的施工工地；

2. 检查处正在施工建设，靠北的厂房已建成并安装部分设备，设备为×××，靠南的厂房正在建设。我们用×××型号数码相机，×××型号录像机进行了拍照和录像。

3. 询问现场负责人×××，正在建设的项目为×××单位的×××项目，排放的污染物主要有×××。

……

现场负责人笔录核对后的确认意见（以上笔录已阅无误）：
现场负责人签名： 年 月 日
检查（勘察）人签名： 年 月 日
记录人签名： 年 月 日
其他参加人签名： 年 月 日

第 页共 页

七、违反排污申报登记规定类

（一）主要事实

（1）拒报或者谎报污染物排放申报登记事项的事实；

（2）环保部门责令限期改正的事实和当事人逾期不改正的事实（适用《水污染防治法》第七十二条的）。

（二）其他重要事实

（1）应当申报的时间或谎报量；

（2）排放的物质量；

（3）排污影响情况。

（三）证据的收集

收集证据的路径与方法：一是材料分析、调取有关材料—责令限期改正—询问。二是对新建、改建、扩建建设项进行现场检查（勘察）—询问—调取有关材料。

应当收集的主要证据：排污申报通知书及送达回证；排放污染物申报登记表；环境监测报告，或者通过有效性审核的自动监控数据，或者物料衡算结果等；环保部门责令限期改正决定及送达回证。

（四）笔录制作

违反排污申报登记规定类调查询问笔录，或者现场检查（勘察）笔录，个案中不一定要制作，且作用主要是佐证，故未设计示例。

八、违反夜间建筑施工噪声污染防治规定类

（一）主要事实

（1）在城市市区噪声敏感建筑物集中区夜间施工的事实；

（2）产生环境噪声污染的事实。

（二）其他重要事实

（1）夜间施工时间及天数。

（2）影响的范围。

（三）证据的收集

收集证据的路径与方法：一是对举报等材料进行分析，调取排污单位的有关信息资料，重点是环评—对排污单位施工现场进行检查（勘察）—询问相对人及受噪声影响的

居民。二是对施工现场进行检查——询问受噪声影响的居民——调取排污单位的有关信息资料。

应当收集的主要证据：涉及施工情况的现场检查（勘察）笔录或调查询问笔录。

（四）笔录制作

违反夜间建筑施工噪声污染防治规定类现场检查（勘察）笔录，或者调查询问笔录内容应能证明：在城市市区噪声敏感建筑物集中区夜间施工的事实；产生环境噪声污染的事实；以及夜间施工时间及天数、影响的范围等。

参照《环境行政处罚证据指南》调查询问笔录、现场检查（勘察）笔录基本模式，以施工浇筑为例设计询问或现场检查的核心内容示例如表 2-1-11 和表 2-1-12。

表 2-1-11 违反夜间建筑施工噪声污染防治规定调查询问笔录

（×××环境保护局）

调查询问笔录

时间：__________年______月______日______时______分至______时______分

地点：____________________

询问人姓名及执法证号：__________、__________记录人：______

工作单位：____________________

被询问人姓名：________ 年龄：_____公民身份证号码：__________

工作单位：________________ 职务：______与本案关系：__________

地址：________________ 邮编：________ 电话：__________

其他参加人姓名及工作单位：____________________

问：我们是×××环境保护局（环境监察支队、大队）的行政执法人员，这是我们的执法证件（向当事人出示证件），执法人×××，执法证件号：__________，执法人×××，执法证件号：__________，请过目确认。

答：（我看了，你们是×××环境保护局的执法人员。）

问：今天我们依法进行检查并了解有关情况，你应当配合调查，如实回答询问和提供材料，不得拒绝、阻碍、隐瞒或者提供虚假情况。如果你认为我们与本案有利害关系，可能影响公正办案，可以申请我们回避，并说明理由。听清楚了吗？

答：（听清楚了，不申请回避。）

问：请介绍一下你个人的基本情况。

答：（姓名、公民身份证号码、住址、单位及职务。）

问：我们调查的这片（或×××）工地，你说一下工地全称，施工单位情况？

答：（……。）

问：你与×××施工单位（当事人）是什么关系？是否代表施工单位（当事人）接受询问？

答：（……是劳动合同关系的写明职务，是亲属关系写明夫妻、子女、兄弟姐妹等。）

问：×××工地什么时间开始施工的？夜间是否施工？

答：（……。）

问：夜间施工了多少天，几点到几点施工？

答：（……。）

问：夜间施工的设备是什么？是否产生噪声？

答：（浇筑设备……）

问：工地周围是城市居民生活区，是否考虑到对居民生活的影响？

答：（……）

问：在工程开工十五日以前是否向×××环境局申报该工程的项目名称、施工场所和期限、可能产生的环境噪声值以及所采取的环境噪声污染防治措施的情况。

答：（……）

……

问：有关情况，今天就暂时了解到这里。你有没有需要补充说明的地方？

答：（……如果有补充，可继续询问。）

问：以上你所讲的是否属实？如果属实，请认真阅读以上笔录内容，核实无误后再签字。

答：以上讲的属实，核对后签字。

以下空白（划线）。

被询问人对笔录核对后的确认意见（以上笔录已阅无误）：

被询问人签名：　　　　________年___月___日

询问人签名：　　　　________年___月___日

记录人签名：　　　　________年___月___日

参加人签名：　　　　________年___月___日

第　页共　页

表 2-1-12　违反夜间建筑施工噪声污染防治规定类现场检查（勘察）笔录

（×××环境保护局）

现场检查（勘察）笔录

时间：____________ 年______月______日______时______分至______时______分

地点：____

检查（勘察）人及执法证号：___________、___________记录人：__________

工作单位：____

被检查人名称或姓名：________________法定代表人（负责人）姓名：_____________

现场负责人姓名：__________年龄：________公民身份证号码：________________

工作单位：___________ 职务：_________与本案关系：______________________

地址：_________________ 电话：___________________ 邮编：_____________

其他参加人姓名及工作单位（地址）：____

_______ 年_____月_____日，我们对×××被检查单位的夜间施工情况进行现场检查。我们先向现场负责人×××出示了执法证件，并告知应当配合调查，如实回答询问和提供材料，不得拒绝、阻碍、隐瞒或者提供虚假情况，如果你认为我们与本案有利害关系，可能影响公正办案，可以申请我们回避。现场负责人×××确认了我们的身份，未提出回避，并陪同检查。

现场情况：

1．被检查单位位于×××，门口朝向为××方向，旁有一公告牌（拍照），牌上写着项目名称×××，建筑面积×××，建筑单位×××，工地负责人×××等。

2．现场负责人×××陪同到施工现场，工地地面建筑主体已建三层，工人正在浇筑第四层主体，浇筑发出强烈的噪音。工地发出噪音的设备或工序是主体浇筑、敲击模板、工地汽车……工地×××

方向为×××居民小区，大约×××栋，最近一栋住宅离工地建筑×××米左右。工地×××方向为×××医院，相距约×××米。与现场负责人×××一起到×××居民小区的第一栋的×面，离工地围墙 10 米、高 1.2 米的地方，由×××（检查或监测人员）使用×××型号噪声仪测得噪声值××分贝。检查过程，我们用×××型号数码相机，×××型号录像机进行了拍照和录像。

3. 询问现场负责人×××，夜间施工是否有相关手续，告知无任何手续，夜间施工是为了赶工期。

……

现场负责人笔录核对后的确认意见（我已阅读，以上记录属实）：

现场负责人签名：　　年　月　日

检查（勘察）人签名：　　年　月　日

记录人签名：　　年　月　日

其他参加人签名：　　年　月　日

第　页共　页

九、违反环境法律规定造成环境污染事故类

（一）主要事实

（1）排污违反法律规定的事实；

（2）排污造成环境污染事故的事实；

（3）污染事故直接损失大小的事实。

（二）其他重要事实

（1）事故发生前违法行为的处理情况；

（2）事故发生后采取的措施。

（三）证据的收集

收集证据的路径与方法：根据举报等材料初步判断污染事故的等级—对污染事故现场及涉嫌排污单位进行检查（勘察）—组织监测和鉴定—询问污染受害者、排污者—调取有关信息资料。检查中发现污染事故—对污染事故现场及涉嫌排污单位进行检查（勘察）—组织监测和鉴定—询问、调取有关信息资料的情况较少。

应当收集的主要证据：涉及污染事故现场及涉嫌排污单位的现场检查（勘察）笔录或调查询问笔录、监测报告或鉴定结论。

（四）笔录制作

违反环境法律规定造成环境污染事故类调查询问笔录，或者现场检查（勘察）笔录内容可以证明：违反法律规定的事实；造成环境污染事故的事实；损害事实等。

参照《环境行政处罚证据指南》调查询问笔录、现场检查（勘察）笔录基本模式，以水污染事故为例设计询问或现场检查的核心内容示例如表 2-1-13 和表 2-1-14。

表 2-1-13 违反环境法律规定造成环境污染事故调查询问笔录

（×××环境保护局）

调查询问笔录

时间：_____________年_____月_____日______时_____分至______时______分
地点：______________________________
询问人姓名及执法证号：_________________、______________记录人：______
工作单位：_______________________________________
被询问人姓名：__________ 年龄：_____公民身份证号码：___________________
工作单位：________________________ 职务：______与本案关系：_______
地址：______________________ 邮编：__________ 电话：____________
其他参加人姓名及工作单位：____

问：我们是×××环境保护局（环境监察支队、大队）的行政执法人员，这是我们的执法证件（向当事人出示证件），执法人×××，执法证件号：_________，执法人×××，执法证件号：_________，请过目确认。

答：（我看了，你们是×××环境保护局的执法人员。）

问：今天我们依法进行检查并了解有关情况，你应当配合调查，如实回答询问和提供材料，不得拒绝、阻碍、隐瞒或者提供虚假情况。如果你认为我们与本案有利害关系，可能影响公正办案，可以申请我们回避，并说明理由。听清楚了吗？

答：（听清楚了，不申请回避。）

问：请介绍一下你个人的基本情况。

答：（……姓名、公民身份证号码、住址、单位及职务。）

问：你与我们调查的×××单位（当事人）是什么关系？是否代表×××单位（当事人）接受询问？

答：（……是劳动合同关系的写明职务，是亲属关系写明夫妻、子女、兄弟姐妹等。）

问：你说一下被调查单位（当事人）的名称（姓名）？法定代表人（或负责人、投资人、合伙人、户主）姓名？生产经营范围？

答：（……写明全称。）

问：×××单位生产情况？是否有环评？

答：（……写明产品名称、产量、主要生产设备、地点、采用的生产工艺等信息。）

问：×××单位排污情况？

答：（……写明有无处理设施、主要污染物、排放量、排放去向等信息。）

答：（……。）

问：（如果有处理设施）×××处理设施运行情况，是否通过环保验收？

答：（……。）

问：污水排污口在什么位置？排污口废水流到什么地方？

答：（……。）

问：××××年××月××日至××日期间正常生产，对吗？

答：（……。）

问：××××年××月××日至××日期间，生产废水通过×××位置排污口排入×××水库，是吗？

问：×××位置排污口依据什么设置？

答：（……。）

问：××××年××月××日至××日期间，×××位置排污口是否有监测数据……

答：（……。）

问：××××年××月××日，×××水库发生重大污染事故，×××单位知道吗？采取什么措施和如何处理？

……

问：有关情况，今天就暂时了解到这里。你有没有需要补充说明的地方？
答：（……如果有补充，可继续询问。）
问：以上你所讲的是否属实？如果属实，请认真阅读以上笔录内容，核实无误后再签字。
答：（以上讲的属实，我核对后签字。）
以下空白（划线）。

被询问人对笔录核对后的确认意见（以上笔录已阅无误）：
被询问人签名：　　　　　　　　　　　　　年　月　日
询问人签名：　　　　　　　　　　　　　　年　月　日
记录人签名：　　　　　　　　　　　　　　年　月　日
参加人签名：　　　　　　　　　　　　　　年　月　日

第　页共　页

表 2-1-14　违反环境法律规定造成环境污染事故现场检查（勘察）笔录

（×××环境保护局）
现场检查（勘察）笔录

时间：＿＿＿＿＿ 年＿＿＿月＿＿＿日＿＿＿时＿＿＿分至＿＿＿时＿＿＿分
地点：＿＿＿＿＿＿＿＿＿＿＿＿＿＿＿＿＿＿＿＿＿＿＿＿＿＿＿＿＿
检查（勘察）人及执法证号：＿＿＿＿＿、＿＿＿＿＿记录人：＿＿＿＿
工作单位：＿＿＿＿＿＿＿＿＿＿＿＿＿＿＿＿＿＿＿＿＿＿
被检查人名称或姓名：＿＿＿＿＿＿＿法定代表人（负责人）姓名：＿＿＿＿＿
现场负责人姓名：＿＿＿＿＿年龄：＿＿＿＿公民身份证号码：＿＿＿＿＿＿
工作单位：×××水库管理站 职务：站长 与本案关系：代表受污染单位
地址：＿＿＿＿＿＿＿＿ 电话：＿＿＿＿＿＿＿＿＿ 邮编：＿＿＿＿＿
其他参加人姓名及工作单位（地址）：＿＿＿＿＿＿＿＿＿＿＿＿＿＿＿

＿＿＿ 年＿＿月＿＿日，×××水库管理站反映×××水库发生污染，污染原因不明。当日下午 3 点，我们到×××污染事故现场进行检查和勘察。先向现场负责人×××出示了执法证件，并告知应当配合调查，如实回答询问和提供材料，不得拒绝、阻碍、隐瞒或者提供虚假情况，如果你认为我们与本案有利害关系，可能影响公正办案，可以申请我们回避。现场负责人×××确认了我们的身份，未提出回避，并陪同检查。

现场情况：

1. 污染事故现场位于×××，具体检查范围以水库×××位置为中心，直径约 2km 的范围，水库都在检查和勘察范围内；

2. ×××水库水位标志显示为××米，水库周边漂浮着少量死鱼，水质呈紫红色。现场负责人×××说××××年××月××日上午××点发现水质变了颜色，漂浮少量死鱼，然后向×××环保局报告。与现场负责人×××乘水库管理用船到水库中央观察，水库中央亦漂浮少量死鱼，大小与周边漂浮的死鱼差不多，水质比周边水质颜色略浅。××点××分，×××环境监测站工作人员×××、×××在现场取样。沿水库周边检查，只有××方向一处有约××米宽的入水小河，沿小河向上约××米有一排污口，排污口有少量废水流出，废水呈紫色。沿排污口的管道向上走约××米，排污管道进入一围墙里面。沿围墙向××方向 100 米为写有“×××公司”的大门口。门口有门卫，将另行对该公司进行检查。水库××方向为唯一出水口，出水口附近为灌溉的农田。为避免污染农田，我们告知现场负责人×××不要向下游泄水。检查过程中，我们用×××型号数码相机，×××型号录像机进行了拍照和录像。

……

现场负责人笔录核对后的确认意见（以上笔录已阅无误）：	
现场负责人签名：	年　月　日
检查（勘察）人签名：	年　月　日
记录人签名：	年　月　日
其他参加人签名：	年　月　日

第　页共　页

第四节　证据的审查与判断

一、证据审查判断的概念

证据审查判断，是指行政机关的行政执法人员对已收集的证据材料进行分析、研究，鉴别真伪，判断它们对案情有无证据力、证明关系及证明力的大小，从而决定是否能够采用的一种活动；或者说案件承办人员在执法过程中，根据一定的原则或规则，对已经收集到的证据材料的关联性、合法性和真实性进行审查，从而确定证据材料是否具有可采性以及可采证据材料的证明力强弱的活动。

证据审查判断的概念有以下基本含义：

1．证据的审查判断是行政执法中的一项重要工作

证据的审查判断是在证据收集的基础上进行的。收集证据是认识过程的第一阶段，即感性认识阶段的话，审查判断证据是认识过程的第二阶段，即理性认识阶段。审查判断证据关系到对证据的真实与否、证据对案件事实的证明程度如何等实质性问题的认识。审查判断证据的过程，是对客观事实认识的过程，也是理性思维和实践验证活动的结合过程。它是行政执法人员从主观与客观、认识与实践的对立统一运动中去认识鉴别证据材料的真伪，找出证据与案件事实间的客观联系，确定证据形式和获取手段的正当性，明确它们在认定案情方面的证明力。

2．收集证据与审查证据联系密切而且是交替进行的

行政执法人员收集证据，是对证据的感性认识阶段，是审查证据的前提。收集来的证据有真有假，有的证明力强，有的证明力弱，这就需要行政执法人员及时对证据进行初步审查，并通过这种初步审查指导进一步收集补充证据。进一步收集补充的证据与原有的证据综合起来进行分析，又可检验原先的判断，发展原先的判断。通过分析研究，运用思维，最后找出真实的证据，弄清其证明力的大小，这是行政执法人员对证据认识的理性阶段。对证据作出正确判断的过程，是行政执法人员对案件事实的认识由感性逐步向理性发展的过程。

3．证据审查判断的目的是鉴定证据的真伪，查明事实真相，认定案件事实

对证据的审查判断包括对单个证据的审查判断，也包括对所有证据的综合审查判断。审查判断个别证据是为了鉴别其真实性、合法性、关联性，寻找其与案件事实之间的联系，判断其是否具有可采性及证明力的大小。综合审查判断证据通常是在个别证据审查判断基础上进行的，它进一步明确证据之间的相互关系，认定其是否是确实、充分，对案件事实能否作出唯一正确的结论。惟其如此，证据才能发挥其应有的作用。

二、证据审查判断的方法

（一）逐一甄别法

逐一甄别法是对单个证据进行审查的重要方法，也是对证据进行初步筛选的必要手段。

逐一甄别法的审查规则是先审查证据是否符合法定形式，即对证据的合法性进行判断。然后，再审查证据的内容是否符合客观事物的发生、发展、变化过程，是否符合逻辑，是否符合常理，是否符合客观规律，即对证据的真实性进行判断。

在采用逐一甄别法审查证据时，如果无法分辨物证的外部特征和内部属性，如签名是否为当事人本人所签、固废是否危险废物等，可以借助技术鉴定或监测手段来解决。

（二）相互对比法

相互对比法是证明证据真实性的一种方法。这一方法的适用前提是收集到的证明同一事实的证据有多个，需要先通过证据间相互对比的方法进行梳理才能作出结论。

具体地说，就是证据本身不能自行证明其具有的真实性。一个证据的真实性往往需要通过其他的证据来证明。通过证据之间的分析和比较，可以发现所收集证据的一致性或者矛盾所在。

如果证据一致即相互印证，就可以作为定案的证据认定案件事实。如果证据相互矛盾，则需要采用逐一甄别法剔除虚假的证据，或者作进一步的调查，寻找新的证据后再作结论。

（三）综合审查判断法

综合审查证据，最基本的方法就是将本案中的各个证据进行横向的综合对比，分析、研究。如果这些证据都是真实的，它们的证明方向应当是一致的。如果内容一致，能够相互印证，就能确定它们的可靠性，就可以用作判断确定案件事实。如果证据中有的证明方向不一致，证据与证据之间出现矛盾，必然其中有真有假。行政执法人员在对证据进行审查时，必须注意发现矛盾，分析产生矛盾的原因。通过进一步收集证据，查证核实，排除矛盾，对证据的真伪、是否合法作出正确的判断。

综合审查证据既包括对案件中的不同种类的证据，结合起来进行审查判断，也包括把案件中所有的证据与案件事实联系起来审查判断，即全案证据的综合审查判断。

对全案证据进行综合审查，不仅要对全案各种证据进行对照比较，而且还要将全案证据同案件事实之间联系起来加以考察。要分析证据与案件事实之间有无矛盾，审查全案证据与案件事实的证明方向是否一致，最后综合全案证据能否对案件事实得出统一、唯一的结论。

（四）逻辑推理法

行政执法人员应当遵循职业道德，运用归纳与演绎、类比推理的逻辑推理和生活经验进行全面客观公正的判断认定，确保证据事实与案件事实之间的证明关系，排除不具有关联性的证据，力求准确认定案件事实。

此外，在行政处罚程序中，将有关证据告知当事人，听取当事人对证据进行陈述、申辩，或提交反驳的证据也是证据审查判断的重要内容和方法。

三、证据审查判断的基本内容

（一）证据的客观性

证据的客观性是证据本质属性的一个重要方面，是指作为证据的事实必须是客观存在的，而不是猜测和虚构的东西。审查判断证据的真实性是审查判断证据的首要任务。根据案件的具体情况，可以从以下几个方面审查判断证据的真实性：

1．证据形成的原因

证据形成的原因主要指证据的形成过程以及结果。证据形成的原因与证据的收集方式和手段是不同的。证据形成的原因是证据本身的过程，而证据的收集是对证据的收集行为，所以不能将行政执法人员调取证据这种行为视为证据的形成，因为证据在行政执法人员调取前就已经形成。证据的形成有主客观条件的影响，基于不良动机和利害关系提供假证就是主观上的原因；证人在感知有关案件事实时，因灯光的照射而对感知物体的颜色产生误差，就是由于客观因素的影响。书证记载的内容非常明确能直接反映案情，但书证特别容易伪造和变造；物证形成后比较稳定，但也容易被伪造；证人证言虽然能够直接反映当时情况，但容易受证人的个人经验、表述能力、陈述动机、对案件情况的了解等主客观因素的影响。所以，必须根据证据的特点有针对性地审查其形成原因。

2．发现证据时的客观环境

发现的证据，必然处在一定的客观环境中。由于证据与其所处客观环境的紧密联系，所以，对客观环境的审查也是认定其真实性的重要内容。发现证据有两个途径，一种是当事人或者其他证人提供的。另一种则是行政执法人员依职权收集的。对于前者而言，证据的客观环境更多地受到了当事人或者其他证据提供人的主观的影响。对于后者而言，虽然少了一些主观因素的影响，但行政执法人员对证据的认识也不可避免地带有一定的局限性和模糊性。所以，在分析判断时不能主观臆断，要对发现证据时的客观环境进行全面而综合的观察，最大限度地达到客观真实。

3．证据是否为原件、原物，复印件、复制品与原件、原物是否相符

这是关于书证和物证方面的审核认定。书证与物证按照来源区分，可分为原件、原物与复印件、复制品。原件、原物属于原始证据，直接来源于案件事实，具有较高的真实可靠性。而复印件、复制品在证据的分类上，相对于原始证据，被称为派生证据，其真实可靠性较低。区分原始证据和派生证据对于证据的真实性的审核具有重要意义。英美法系国家的证据最佳规则的一个重要的内容就是，原始文字材料作为最佳证据在效力上优于复制品和通过回忆其内容所作的口头陈述。在审核证据的可靠性时，不仅应当审核其属于原始证据还是派生证据，而且还应当审核派生证据的派生次数。此外，在证据调查时，应当尽量地去收集原始证据，如果原始证据确已不可能收集，调查人员应当尽量收集最接近原始证据的派生证据，而对派生证据的分析，往往有助于发现和查找原始证据。审查的方法是证据必须有原件和原物，或者与原件、原物相符的复制件和复制品。找不到原件，原物的复制件、复制品不能单独作为认定案件事实的根据。

4．证据提供人或者证人与当事人是否具有利害关系

证人是指除当事人以外了解案件情况，并向行政机关陈述案情的人。证据提供者是指当事人以外，掌握证据的来源或者证据线索，并将其提交给行政机关的人。证人证言虽然是由有思维能力的人提供，但证人感受案件事实要受各种主客观条件的影响，所以，证人证言的真实性最重要的是要对其是否有利害关系进行审查。如果证人与当事人有亲属、至交、近邻或恩怨等利害关系，就可能影响其证言的真实性。证据提供者虽然也置身于案件的当事人之外，但其与案件的当事人有着各种不同的甚至是复杂的社会关系。虽然他们提供证据是基于法律规定的义务，但与当事人之间如有利害关系，可能掺杂个人因素、不良动机等，仍然需要认真审查。实际上也是包含在证据的合法性中的内容。

（二）证据的合法性

合法性对行政执法人员来说，是指行政执法人员在收集证据时是否依照法律的要求和法律规定的形式进行收集和固定，是否具备法律手续与符合法律程序。审查判断证据的合法性是审查判断证据的重要内容。根据案件的具体情况，应当从以下几个方面对证据的合法性进行审查判断：

1．证据是否符合法定形式

根据《行政诉讼法》第三十一条规定，行政诉讼证据有书证、物证、证人证言、视听资料、当事人陈述、鉴定结论和现场、勘验笔录等七种。具体的行政法律、法规、规章对有些证据的形式有特别要求，如《环境行政处罚办法》监测报告要求有监测机构的国家计量认证标志（CMA）和监测字号、监测项目的名称、委托单位、监测时间、监测点位、监测方法、检测仪器、检测分析结果等内容。法律、法规、规章对证据形式上有特别要求的，必须要查清该证据是否符合法定形式。对不符合法定形式的证据，不能作为定案证据使用。

2．取证的程序是否符合法律、法规、规章的要求

证据的取得是否符合法律、法规、规章的要求，包括两方面的内容：一是在证据的形成过程以及证据的提供过程中，是否存在影响其真实性的因素；二是证据的收集方式是否符合法定程序。对前一个方面内容的审查一般需要考虑是否基于不良动机和利害关系提供虚假证据，例如，证人因与当事人有恩怨关系而提供虚假证言；是否因年龄、心理、认识等主客观原因而提供了不实的陈述，如因生理缺陷而不能正确理解事实。对后一个方面内容的审查一般要考察收集证据的手段是否正确、合法，是否存在以秘密窃取、强行搜查等非法方法获取证据；固定、保管证据的方法是否科学等。

在行政处罚程序中，为确保相对人程序权利的享有，同时也为确保证据的真实性，法律、法规往往对行政机关的取证程序进行限制。例如，《行政处罚法》第三十七条规定："行政机关在调查或者进行检查时，执法人员不得少于两人，并应当向当事人或者有关人员出示证件。当事人或者有关人员应当如实回答询问，并协助调查或者检查，不得阻挠。询问或者检查应当制作笔录；行政机关在收集证据时，可以采取抽样取证的方法；在证据可能灭失或者以后难以取得的情况下，经行政机关负责人批准，可以先行登记保存，并应当在7日内及时作出处理决定，在此期间，当事人或者有关人员不得销毁或者转移证据。执法人员与当事人有直接利害关系的，应当回避。”

对收集证据的程序是否合法进行审查，一般先从法律文书入手。法律文书是法律要求或法律手续的主要表现形式，可以反映整个案件中执法的全貌。通过对法律文书的审查，可以发现收集证据中的违法情况，同时也可以从法律文书的内容中发现收集证据中的问题，从而为进一步审查其合法性提供保障。

对行政执法人员违反法定程序收集的证据，一般不得作为定案的根据。

3. 证据是否经过陈述、申辩

《行政处罚法》第三十一条、第三十二条、第四十一条规定，行政执法人员，应当在行政处罚程序中告知当事人作出行政处罚决定的事实、理由及依据，并告知当事人享有的权利；当事人有权进行陈述、申辩；不告知或拒绝听取当事人陈述、申辩的，行政处罚决定不能成立。因此，未告知并拒绝听取当事人陈述、申辩的证据，应当排除在定案证据以外。告知和陈述、申辩应记录在卷，以便审查、判断是否有影响证据效力的其他违法情形。

（三）证据的关联性

审查证据的关联性，也就是审查证据与案件事实之间是否存在着内在的必然的逻辑关系。审查判断证据的关联性，一般从以下几方面进行：

1. 证据证明的事实是否是本案发生的事实或条件

案发现场往往会遗留下来各种各样的证据，但并不是每个证据都会对案件事实有证明作用。只有与行政违法案件事实有客观的实质性联系并能为人所认识，能够起到证明作用的事实才能作为行政处罚证据。行政处罚证据的相关性，并不排斥行政机关在行政处罚决定作出之前收集任何证据。行政执法人员在调查取证中应收集可能与案件相关的任何证据，即使获取的证据不具有相关性也是允许的，因为这样可以避免证据的缺失。

2. 证据与待证事实的联系程度

由于客观事物的复杂性，证据和行政违法案件事实之间的联系表现为多种多样，有的是同案件的主要事实之间有因果关系，有的是同案件事实只有某种条件上的联系，对证明案件事实中的某些情况有意义。证据同案件事实不论联系的形式如何，首先都必须有客观的联系，其次与案件事实之间的联系紧密程度不同，则该证据事实在行政处罚程序、行政复议程序和诉讼证明中所起的证明力就不同。证据的证明力指证据事实对案件事实证明作用之有无和程度。行政执法实践中，既要重视证明力强的证据，也不应忽视证明力弱的证据。

证据只有对待证案件事实起证明作用，有关联性，才能作为定案证据。审查关联性，一般来说，直接联系的证明价值高于间接联系，必然联系的证明价值高于偶然联系，内在联系的证明价值高于外部联系，因果联系的证明价值高于非因果联系的证明价值。因此，证据与案件事实之间联系的形式及程度决定了证据证明价值的大小。

3. 审查判断证据材料相互之间的关联性

只有了解证据之间的相互联系，才能对证据进行相互印证，做到正确取舍。证据材料与案件待证事实之间关联性一般涉及两方面：一是证据材料与案件事实有无证明关系；二是证据材料与案件事实之间的关系程度。后者涉及证据使用价值大小问题，其表现为直接关联性和间接关联性，称之为直接证据和间接证据。直接证据可以直接单独地证明案件事实。间接证据必须供助于其他证据并与之结合起来对案件事实起证明作用。

证据关联性的审查判断一般分两个过程：一是排除过程，即排除与待证案件事实无关联性及不符合法律要求的证据材料过程。二是确认过程，即对与待证案件事实有关联性、符合法律要求、能够反映案件真实情况的证据材料进行确认，使之成为定案的证据。

在审查证据的关联性时，要注意证据的关联性与合法性的统一，两者不能相背离。比如，采取非法手段取得的证据材料虽然与案件有实质性联系，但因不具有合法性，不能作为定案证据使用。

四、证据的审查判断

（一）书证的审查判断

1. 审查书证的制作人

书证的制作理应具有特定的目的，因此，应调查该书证是否确系某人所制作，如果书证载明的制作人并未制作书证，该种书证将失去其证明能力。通常审查和理解该书证的内容与制作人的身份是否相同、吻合，应注意是否存在暴力、威胁、利诱、欺骗的情形。如有，则该书证失去证据力。

查明制作人的身份后，再审查制作书证的手续是否完备。例如书证中的签名是否为本人亲自所为，有关书证是否按照其特有的格式进行制作，有关单位和个人制作的书证上有无加盖公章和有关人员签名，盖章以及签字笔迹是否属实等。如需核对盖章或签字笔迹时，应进行科学技术鉴定。当书证为私人制作时，应当向参与制作的当事人或目击制作过程的证人进行了解、核查。如果书证为公文性书证，行政机关可向原制作单位进行核查，以查清这些书证所记载的是否属实。

2. 审查书证的内容

一是明确该书证所记载的内容表述含义是什么；二是查明该书证的内容是否是有关人员真实意思的表示；三是审查书证与待证事实之间的关系，确认该书证与案件事实的关系。

3. 审查书证有无伪造、变造的痕迹

所谓伪造就是模仿他人的笔迹或以其他手段制造假书证；所谓变造就是以涂改加字、减字、剪贴等手段以改变书证内容所表现的外部特征来达到篡改书证内容的目的。如果难以判断伪造、变造，可依法委托进行鉴定。

4. 审查判断书证的类型

即审查所提交的书证是原件还是复印件，是公文书还是私文书。通常情况下，书证的原件比抄件、复印件更为可靠；公文书比私文书更具有证明力。特别是经过公证的文书，除非有相反证据足以推翻外，其合法性、真实性应予以承认。

5. 审查判断书证的获得途径

审查书证是在什么情况下获取的，是由谁提供的。如审查收集书证的人员有无搜查、

勘验、扣押的权力，以及他们的行为是否遵循合法程序。

（二）物证的审查判断

1．审查认定物证的来源是否合法

物证的来源是指物证的出处，由何人收集和提供而来的，特别是来源的程序是否合法。例如现场检查时扣押是否依法进行的等等。在行政处罚程序中，行政机关对物证证据力进行认定之前必须彻底查清物证的来源，是否经正当途径获取，是否为出于栽赃陷害他人的目的而伪造、变造的，是否因疏忽而搞错的，是否为非法所得。而这些因素或情形都直接影响到某一特定物证的证据力。

2．审查物证的外部特征，以确定其同案件事实的关联性

一是要查明为待证事实所要求的物证的本质特征或内在属性在定案时是否已发生了实质性的变化，以及是否达到足以影响其证明力的程度。

二是要查明物证是否为原物。一般而言，物证具有不可替代性，在行政处罚程序中如采用的是复制品或类似物、相似物将影响到物证的证明力。

三是审查判断物证是否真实。其一是物证有无发生变形、变色或变质等改变物证原始特征的情况。如果物证因为人为或自然原因发生了变形、变色、变质、缺损等情况，则对于正确反映案件事实将会产生不利影响。其二是物证是否经过了伪造。凡伪造的物证除了影响物证的证据力外，同时将导致该物证在客观属性上丧失证明力。

四是审查物证是否与案件事实有联系及联系程度。物证同案件事实的关联性，按其表现形式划分为直接方式和间接方式。凡是物证以其存在足以影响发现案件事实的重要部分或其中一部分的，为直接关联性；凡是物证以其存在有助于查明案件事实，或构成发现案件事实线索的，则为间接关联性。通常单一的物证不能起证明案件事实的作用，必须与其他物证在内的有关证据综合证明、相互印证，才能体现某一物证的证明力。

（三）视听资料的审查判断

1．审查视听资料制作是否科学

审查制作该资料的机器设备是否完善、正常，技术水平是否先进，这些设备技术水平是否直接影响到视听资料的准确性。

2．审查该视听资料形成的时间、地点和周围的环境

因为周围环境会影响其准确性。

3．审查视听资料的内容是否真实

视听资料既可以通过技术手段获得，也可以通过技术手段改变。分析研究视听资料的内容，把视听资料的内容同案件发生、发展过程和结果对照起来，审查是否被删节、剪接、编纂而失去了真实性。

4．审查视听资料的来源是否合法

审查视听资料的制作过程是否符合收集和调查程序，对于以偷拍、偷录、窃听等手段获取侵害他人合法权益的视听资料，不能作为认定案件事实的依据。对于未经对方当事人同意私自录制的视听资料，只要不侵害他人的合法权益，不违反法律的禁止性规定，不能视为非法证据，经过陈述、申辩等，可以作为认定案件事实的依据。对于存有疑点的视听资料，没有其他证据佐证，则不能单独作为认定案件事实的依据。

5. 审查视听资料的内容有无矛盾之处

由于视听资料以其记载或反映的声音、图像、数据或其他信息来证明案件事实，因此，应当认真审查视听资料前后所反映的内容是否一致、连贯，具有一定的逻辑性；或其内容与案件事实有无客观联系。如有，则应进一步查证属实。否则，不能作为定案依据。

（四）证人证言的审查判断

1. 审查证人的资格

证人有作证义务，但在生理上、精神上有缺陷或者年幼，不能辨别是非，不能正确表达的人，不能作为证人。对于证人作证能力的认证，应当根据案件的复杂程度、作证能力对证人智力发育的要求程度，并结合有关证人的生理、心理、性格、习惯、受教育条件和程度，以及证言所形成的当时客观环境因素，据情况加以裁量。不能正确表达意志的证人提供的证言不能作为定案的依据。对证人意识是否清醒、能否正确表达，必要时可以作鉴定。

2. 审查证人的品格、操行对其证言是否产生影响

证人的证言有助于客观地再现案件事实。但是，由于人的社会属性决定了人的言词表达往往会受到证人品格、操行的影响。品格和操行是指人所享有的为社会所广泛认知的声誉和一贯的处事方式。凡是品格、操行一贯优良的证人，其证言则具有更大的真实、可靠性。反之，其证言的真实、可靠性差，证明力不强。当然，对此不能一概而论，针对具体情况还应具体分析、判断，不应以证人的身份、地位、荣誉作为认定证言证明力的唯一标准。

3. 审查证人证言的来源

行政执法人员对于证人直接感知或间接感知到的有关案件情况所作的证言内容要进行有针对性的分析，如果是证人的直接感知，要进一步查清感知时的主观、客观情况；如果是证人间接得到的情况，则重点审查有无确切来源及证人得到该信息内容的条件，以便尽量收集来自原始出处的证据。

4. 审查证人证言所表达的内容与案件事实的关联性

审查判断证人证言的关联性，以及证人证言与其他证据之间有无矛盾。如果证人证言与案件事实本身并无关联，即使在内容上是真实的，也无证明价值。当证人证言与其他证据出现矛盾时，或者与已发生的案件事实相抵触，应结合其他证据相互印证，必要时还可依法补充收集证据。关于证人证言与其他证据相抵触时的证明力，《关于行政诉讼证据若干问题的规定》第六十三条第二项规定："鉴定结论、现场勘验笔录、档案材料以及经过公正或者登记的书证优于其他书证、视听资料和证人证言。"

5. 审查判断证人同案件当事人、案件处理结果的利害关系

利害关系包括亲属关系、朋友关系以及存有恩怨的对立关系等。如果存在这类关系，就有可能影响证人证言的客观真实性，以至于削弱证据力的程度。《关于行政诉讼证据若干问题的规定》第六十三条第七项规定："其他证人证言优于与当事人有亲属关系或者其他密切关系的证人提供的对该当事人有利的证言。"行政执法人员必须审查证人同案件当事人、案件处理结果有无利害关系，以判明该证人证言的证明力。

6. 审查收集证人证言的程序是否合法、方法是否得当，有无足以影响如实作证的违法因素

在审查证人证言时，必须审查证人提供证言时是否受到行政执法人员的威胁、引诱、欺骗，是否受到当事人或其他人的贿买、胁迫、指使等非法行为的影响；询问证人是否个别进行；询问年幼证人时，使用方法是否符合年幼人的生理和心理特点等等。

（五）当事人陈述的审查判断

1. 审查判断当事人的陈述是否受到外界因素的影响

审查当事人陈述的来源及其形成过程，即使当事人在被调查时作出承认，仍要审查。因为，尽管当事人承认对自己不利的事实，在一般情况下较为可靠，但是，在实践中也存在当事人所作出的承认是由于误解，或者是在受他人的威胁、压制和欺诈的情况下作出的。

2. 审查当事人陈述的具体内容

审查当事人陈述的具体内容是否与案情有关，只有与案情有关的内容才有证据作用。

3. 结合本案的其他证据进行综合分析、审查

当事人陈述与案情有关的内容要进一步结合其他证据进行分析，研究它们所反映的情况是否一致，有无矛盾。发现有矛盾时，应进一步收集证据，或通过查证的方法加以解决，以便确定其真实性和可靠性。

（六）鉴定结论和监测报告的审查判断

1. 审查鉴定人或监测人员是否具备相应的资格

鉴定人或监测人员的鉴定（监测）活动应当以鉴定人员或监测人员具有资格为前提。如果鉴定人或监测人员不合格，则必然导致鉴定结论或监测报告无效，不能作为定案依据。鉴定人或监测人员应当具备解决案件中某些专门性问题的知识和能力，按规定取得执业或上岗的证书。鉴定人或监测人员不应与案件中的当事人或与案件处理结果有利害关系。鉴定人或监测人员在鉴定时不能受到威胁、利诱、收买等外界干扰。

2. 审查鉴定结论或监测报告所依据的材料是否符合鉴定要求

由于鉴定结论或监测报告是在分析、研究提供的鉴定材料的基础上作出的，只有鉴定材料充分、可靠，才有可能得出正确的鉴定结论。否则，即使鉴定人或监测人员专业水平很高，鉴定或监测的方法科学，也难以得出正确的鉴定或报告。

3. 审查鉴定结论或监测报告使用的设备和方法是否符合技术规范的要求

为使鉴定或监测的结果准确和具有可比性，鉴定或监测使用的设备和方法一般都有相应的技术规范。违反技术规范的要求，随意使用设备和方法进行鉴定或监测将会导致结论的错误和无效。因此，审查鉴定结论或监测报告时，还必须查明鉴定所使用的设备和方法。

4. 审查判断鉴定结论或监测报告必须与其他证据联系起来进行比较、印证

在审查判断鉴定结论或监测报告时，与其他证据结合进行十分必要，这样有利于发现鉴定结论或监测报告本身的问题，以便及时补充鉴定或重新鉴定、监测。对鉴定结论或监测报告的审查要听取当事人的意见。

（七）现场检查（勘查）笔录的审查判断

1．审查判断现场检查（勘察）笔录在制作上是否符合法律、法规、规章规定

《行政处罚法》第三十七条第一款规定：“行政机关在调查或者进行检查时，执法人员不得少于两人，并应当向当事人或者有关人员出示证件。当事人或者有关人员应当如实回答询问，并协助调查或者检查，不得阻挠。询问或者检查应当制作笔录。”《环境行政处罚办法》也有相应的规定。因此，现场检查（勘察）笔录制作主体是否符合法律规定是审查判断的主要内容。

2．审查判断现场检查（勘察）笔录的客观性、完整性、准确性

现场检查（勘察）笔录中记载的内容与实际情况是否吻合，各个部分内容是否相互照应，有无矛盾抵触之处，文字表达是否准确，笔录表述的内容有无推测、臆断，笔录上有无篡改或者伪造现象发生等等都是客观性、完整性、准确性审查判断的内容。《环境行政处罚办法》第四十三条规定环境保护主管部门调查取证时，当事人应当到场。下列情形不影响调查取证的进行：当事人拒不到场的；无法找到当事人的；当事人拒绝签名、盖章或者以其他方式确认的；暗查或者其他方式调查的；当事人未到场的其他情形。因此，现场检查（勘察）笔录不一定都有当事人的签名或盖章，但是，没有当事人的签名或盖章，笔录要注明原因。

3．审查判断现场检查（勘察）笔录制作人的业务水平和工作态度

现场检查（勘察）笔录是制作人员业务水平和工作态度等情况的综合反映。如果制作人员业务素质不高、技术能力不强，甚至工作粗枝大叶，检查（勘察）不细，其反映案件事实的真实性、可靠性就会较低，在证明力上就会较弱。

五、不能作为定案依据的证据

所谓定案依据是指行政机关据以认定案件事实的证据。因此，不能作为定案依据的证据包括非法证据、不真实证据和部分补强证据。

（一）严重违反法定程序收集的证据材料

严重违反法定程序收集的证据存在两种情形：一是在行政处罚程序中，违反了最基本的正当程序。如，先处罚，后取证，应当回避而没有回避，没有告知当事人的权利；二是在行政处罚程序中，采用法律、法规、司法解释和规章所禁止的方法收集证据。

（二）以偷拍、偷录、窃听等手段获取侵害他人合法权益的证据

包含有两层意义，一是以偷拍、偷录、窃听等手段获取侵害他人合法权益的证据不能作为定案证据，即属于非法证据。二是以偷拍、偷录、窃听等手段获取，但并未给他人合法权益造成侵害的证据可以作为定案证据使用，即属于合法证据。环境行政执法过程中，如暗查有时是非常必要的，其案件承办人员进行的拍照、录像资料不属于非法证据。

（三）以利诱、欺诈、胁迫、暴力等不正当手段获取的证据

以利诱、欺诈、胁迫、暴力等不正当手段获取的证据材料是典型的违法证据。

所谓利诱是指案件承办人员采用利益引诱的方法获取的证据。如，案件承办人员以谈生意方式指使他人倾倒危险废物等，俗称“钓鱼行为”。

所谓欺诈是指案件承办人员故意捏造虚假情况或歪曲、掩盖事实真相，致使他人判断错误，作出错误行为。

所谓胁迫，包括威胁和强迫。它是指案件承办人员以不法损害相恐吓，或以人身强制使他人处于恐怖状态，无力反抗的境地所做出的行为。

所谓暴力是指采用激烈的强制方法使他人就范的行为。

上述证据包括两种情形，一种是直接通过利诱、欺诈、胁迫、暴力等非法手段获取的当事人陈述和证言；另一种是先通过利诱、欺诈、胁迫、暴力等非法手段获取证据线索，或者控制当事人意志，然后再通过该案线索获取的证据。对前一种情形，法律规定得很明确，即不能采信。对后一种情形，法律规范并没有明确规定，在实践中可视具体情况而定。

（四）无正当理由说明不提供原件、原物又无其他证据印证的证据复印、复制件

这项规则的根本原因并不是因为这些证据一定属于非法证据，而是因为这些证据属于补强证据。因此，上述证据具有可采性，但不能作为定案证据采纳。因为现代科学技术的发展为恶意制造假证据提供可能。为了提高证据真实性，贯穿公平原则，将上述证据排除在定案证据以外，主要目的是为了鼓励优先使用证据的原件或原物。

（五）人为进行技术处理而无法辨明真伪的证据材料

本项规则也属于排除证据范畴。经过技术处理的证据未必都是不真实的证据。但是，经过技术处理的证据一旦真伪难以确定，证明价值就将失去。因此，按照证据真实性要求，本项规定将无法辨别真伪的证据排除在定案证据范围之外。证据真伪既包括内容的真伪，也包括证据本身的真伪。

（六）不能正确表达意志的证人提供的证言

证人的作证能力与证人的智力状况有关。证人不能正确表达意志，必然是限制行为能力的人，或者是无行为能力的人。依据法律规定，上述两种人不能作为证人并作证，其证言自然不具有合法性和真实性。因此，其排除在定案证据范围之外。

（七）不具备合法性和真实性的其他证据

（八）在中华人民共和国领域以外或者在香港、澳门和台湾地区形成的而未办理法定证明手续的证据材料

在证据认证过程中，对不真实证据材料予以剔除是容易理解的。因为，不真实的证据对案件待证事实没有证明作用。但是，对案件待证事实有证明作用的证据材料因缺乏合法

性而被排除在行政处罚程序中的定案证据以外则不容易理解。这种由法律特殊规定的排除证据规则，称之为非法证据排除规则。主要目的是为了防止采用非法手段收集证据，损害国家利益、社会公共利益或个人权利，损害正当程序。

非法证据的标准，一般从两个条件分析，一是违反法律禁止性规定；二是侵犯他人合法权益。两个条件是选择关系，而不是并列关系。即只要具备其一就构成非法证据。

思考题

1. 现场检查笔录与当事人陈述的联系与区别？

2. 证据先行登记保存运用中应注意的问题？

3. 如何理解证据审查判断的基本内容？

4. 某县饮料食品有限公司是一家利用牛奶等原料生产乳酸饮料的企业，坐落在某县的城乡结合部，属市控重点排污单位。主要污染是其排放的生产废水。2008 年 9 月 2 日，L 市环境监察支队根据省“四个办法”的要求，对其进行现场环境监察。在现场检查时监察人员发现：该企业大门口处的废水排放口排出的水非常清澈，一直流向厂外不远处的一个坑塘，但坑塘内的水水质很差，臭味扑鼻。针对这一异常现象，监察人员提高了警惕，发现排污管道被分为上下两层，上面排清水，下面排未经处理的高浓度生产废水。监察人员对全过程进行了录像，对暗管排放的废水现场进行了采样，向在现场的该企业一名工作人员进行了调查询问，制作了调查询问笔录，被询问人现场在笔录上签了字。2008 年 9 月 10 日，L 市环境监测中心出具监测报告：某县饮料食品有限公司利用暗管排放的污水 COD_{Cr} 浓度为 2 100 mg/L，严重超标排放。经过调查取证，L 市环保局于 2008 年 11 月 5 日认定：某县饮料食品有限公司私设暗管排放水污染物的违法事实成立，违反了《中华人民共和国水污染防治法》第二十二条第二款之规定，依据《中华人民共和国水污染防治法》第七十五条第二款之规定，作出如下行政处罚：①限期三天拆除暗管；②罚款 3 万元。

针对 L 市环保局的行政处罚，某县饮料食品有限公司提出了如下申辩理由：第一，饮料食品有限公司私设的排污管道是砖混结构的矩形渠，不是圆管子，不能称“暗管”，所以不能按“私设暗管”给予行政处罚；第二，L 市环保局环境监察人员走后饮料食品有限公司立即拆除了排污渠，没理由再对其进行处罚；第三，L 市环保局环境监察人员现场调查时询问的证人不是饮料食品有限公司专门负责环保的人员，不了解公司的环保情况，其证言无效；第四，饮料食品有限公司属于福利企业，不能对其进行经济处罚。

思考的问题：

（1）要认定某县饮料食品有限公司私设暗管，排污口的现场检查笔录、该企业工作人员的调查询问笔录中的核心内容应分别是什么？

（2）某县饮料食品有限公司申辩提出 L 市环保局环境监察人员走后饮料食品有限公司立即拆除了排污渠，从收集证据的角度，是否需要再进行现场调查并制作笔录？

第二章　自由裁量权的运用

第一节　行使自由裁量权的原则

一、自由裁量权的含义

环境保护部《规范环境行政处罚自由裁量权若干意见》将环境行政处罚自由裁量权定义为，环保部门在查处环境违法行为时，依据法律、法规和规章的规定，酌情决定对违法行为人是否处罚、处罚种类和处罚幅度的权限。

根据先行行政法律、法规的规定，可将自由裁量权归纳为以下几种：

（1）在行政处罚幅度内的自由裁量权即行政机关在对行政管理相对人作出行政处罚时，可在法定的处罚幅度内自由选择。它包括在同一处罚种类幅度的自由选择和不同处罚种类的自由选择。《中华人民共和国海洋污染防治法》第八十条，未持有经审核和批准的环境影响报告书兴建海岸工程建设项目的，责令其停止违法行为和采取补救措施，并处以5万元以上20万元以下的罚款；或者按照管理权限，由县级以上地方人民政府责令其限期拆除。

（2）选择行为方式的自由裁量权。

即行政机关在选择具体行政行为的方式上，有自由裁量权的权力，它包括作为与不作为。《中华人民共和国噪声污染防治法》第四十九条规定，违反本法规定，拒报或者谎报规定的环境噪声排放申报事项的，县级以上地方人民政府环境保护行政主管部门可以根据不同情节，给予警告或者处以罚款。

（3）作出具体行政行为时限的自由裁量权。

有相当数量的行政法律、法规均未规定作出具体行政行为的时限，这说明行政机关在何时作出具体行政行为上有自由选择的余地。《中华人民共和国水污染防治法》第七十四条规定，排放水污染物超过国家或者地方规定的水污染物排放标准，或者超过重点水污染物排放总量控制指标的，责令限期治理，处应缴纳排污费数额2倍以上5倍以下的罚款。

（4）对事实性质认定的自由裁量权。

即行政机关对行政管理相对人的行为性质或者被管理事项的性质的认定有自由裁量的权力。《中华人民共和国水污染防治法》第七十三条规定，不正常使用水污染物处理设施，或者未经环境保护主管部门批准拆除、闲置水污染物处理设施的，责令限期改正，处应缴纳排污费数额1倍以上3倍以下的罚款。

（5）对情节轻重认定的自由裁量权。

我国的行政法律、法规不少都有“情节较轻的”“情节严重的”这样语义模糊的词，又没有规定认定情节轻重的法定条件，这样行政机关对情节轻重的自由裁量权。《中华人民共和国水污染防治法》第八十二条第（二）项规定，水污染事故发生后，未及时启动水污染事故的应急方案，采取有关应急措施的，责令改正；情节严重的，处以 2 万元以上 10 万元以下的罚款。

（6）决定是否执行的自由裁量权。

即对具体执行力的行政决定，法律、法规大都规定有行政机关决定是否执行。例如，《行政诉讼法》第六十六条规定，“公民、法人或者其他组织对具体行政行为在法定期限内不提起诉讼又不履行的，行政机关可以申请人民法院强制执行，或者依法强制执行。”这里的“可以”就表明了行政机关可以自由裁量。

二、规范自由裁量权的原则

1. 合法原则

行使自由裁量权，应当由环保部门及其委托的环境监察机构，或者法律、法规授权的环境监察机构，在法律、法规、规章确定的裁量条件、种类、范围、幅度内行使。严格遵守《中华人民共和国行政处罚法》《环境行政处罚办法》规定的法定程序。充分听取当事人的意见，依法保障当事人的知情权、参与权和救济权。

2. 合理原则

行使自由裁量权，应当符合立法目的，充分考虑、全面衡量地区经济社会发展状况、执法对象情况、危害后果等相关因素，所采取的措施和手段应当必要、适当。作出的环境行政处罚要与违法行为相当。

3. 公平公正原则

行使自由裁量权，应当平等对待行政管理相对人，对作出具体行政行为所依据的事实、性质、情节、后果等因素充分考虑，对事实、性质、情节、后果相同的情况应当给予相同的处理。

4. 公开原则

行使自由裁量权，应当向社会公开裁量标准，向当事人公开裁量所基于的事实、理由、依据等内容。

5. 教育与处罚相结合原则

行使自由裁量权时，既要制裁违法行为，又要教育当事人自觉遵守法律，维护法律尊严。对情节轻微的违法行为以教育为主、处罚为辅。

6. 综合裁量原则

行使自由裁量权时，应当综合考虑行为人的过错程度、违法行为造成的危害后果、改正态度、违法行为是初犯还是再犯等相关因素，对违法行为处罚与否以及处罚的种类和幅度进行判断，作出相应的处理决定，不能片面考虑某一情节就对当事人进行行政处罚。

7. 高位法优先适用规则

环保法律的效力高于行政法规、地方性法规、规章；环保行政法规的效力高于地方性法规、规章；环保地方性法规的效力高于本级和下级政府规章；

省级政府制定的环保规章的效力高于本行政区域内的较大的市政府制定的规章。

8．特别法优先适用规则

同一机关制定的环保法律、行政法规、地方性法规和规章，特别规定与一般规定不一致的，适用特别规定。

9．新法优先适用规则

同一机关制定的环保法律、行政法规、地方性法规和规章，新的规定与旧的规定不一致的，适用新的规定。

10．部门规章冲突情形下的适用规则

环保部门规章与国务院其他部门制定的规章之间，对同一事项的规定不一致的，应当优先适用根据专属职权制定的规章；两个以上部门联合制定的规章，优先于一个部门单独制定的规章；不能确定如何适用的，应当按程序报请国务院裁决。

第二节　存在自由裁量权的常用法律规定

一、综合类

（一）《中华人民共和国环境影响评价法》

《中华人民共和国环境影响评价法》第三十一条第一款规定，建设单位未依法报批建设项目环境影响评价文件，或者未依照本法第二十四条（《中华人民共和国环境影响评价法》第二十四条　建设项目的环境影响评价文件经批准后，建设项目的性质、规模、地点、采用的生产工艺或者防治污染、防止生态破坏的措施发生重大变动的，建设单位应当重新报批建设项目的环境影响评价文件。建设项目的环境影响评价文件自批准之日起超过5年，方决定该项目开工建设的，其环境影响评价文件应当报原审批部门重新审核；原审批部门应当自收到建设项目环境影响评价文件之日起 10 日内，将审核意见书面通知建设单位）的规定重新报批或者报请重新审核环境影响评价文件，擅自开工建设的，由有权审批该项目环境影响评价文件的环境保护行政主管部门责令停止建设，限期补办手续；逾期不补办手续的，可以处以 5 万元以上 20 万元以下的罚款。第二款规定，建设项目环境影响评价文件未经批准或者未经原审批部门重新审核同意，建设单位擅自开工建设的，由有权审批该项目环境影响评价文件的环境保护行政主管部门责令停止建设，可以处以 5 万元以上 20 万元以下的罚款，对建设单位直接负责的主管人员和其他直接责任人员，依法给予行政处分。

自由裁量时，考虑开工建设进度、建设项目对环境的影响（环境影响登记表、环境影响报告表、环境影响报告书）等因素。

（二）《建设项目环境保护管理条例》

《建设项目环境保护管理条例》第二十六条规定，违反本条例规定，试生产建设项目配套建设的环境保护设施未与主体工程同时投入试运行的，由审批该建设项目环境影响报告书、环境影响报告表或者环境影响登记表的环境保护行政主管部门责令限期改正；逾期不改正的，责令停止试生产，可以处以5万元以下的罚款。

自由裁量时，考虑投入试运行时间长短、建设项目对环境的影响（环境影响登记表、环境影响报告表、环境影响报告书）等因素。

《建设项目环境保护管理条例》第二十七条规定，违反本条例规定，建设项目投入试生产超过3个月，建设单位未申请环境保护设施竣工验收的，由审批该建设项目环境影响报告书、环境影响报告表或者环境影响登记表的环境保护行政主管部门责令限期办理环境保护设施竣工验收手续；逾期未办理的，责令停止试生产，可以处以5万元以下的罚款。

自由裁量时，考虑试生产超出的时间长短、建设项目对环境的影响（环境影响登记表、环境影响报告表、环境影响报告书）等因素。

《建设项目环境保护管理条例》第二十八条规定，建设项目需要配套建设的环境保护设施未建成、未经验收或者经验收不合格，主体工程正式投入生产或者使用的，由审批该建设项目环境影响报告书、环境影响报告表或者环境影响登记表的环境保护行政主管部门责令停止生产或者使用，可以处以10万元以下的罚款。

自由裁量时，考虑正式投入生产或者使用时间长短、建设项目对环境的影响（环境影响登记表、环境影响报告表、环境影响报告书）等因素。

（三）《排污费征收使用管理条例》

《排污费征收使用管理条例》第二十一条规定，污者未按照规定缴纳排污费的，由县级以上地方人民政府环境保护行政主管部门依据职权责令限期缴纳；逾期拒不缴纳的，处应缴纳排污费数额1倍以上3倍以下的罚款，并报经有批准权的人民政府批准，责令停产停业整顿。

自由裁量时，考虑未缴纳排污费数额等因素。

《排污费征收使用管理条例》第二十二条规定，污者以欺骗手段骗取批准减缴、免缴或者缓缴排污费的，责令限期补缴应当缴纳的排污费，并处所骗取批准减缴、免缴或者缓缴排污费数额1倍以上3倍以下的罚款。

自由裁量时，考虑所骗取批准减缴、免缴或者缓缴排污费数额等因素。

《排污费征收使用管理条例》第二十三条规定，环境保护专项资金使用者不按照批准的用途使用环境保护专项资金的，由县级以上人民政府环境保护行政主管部门或者财政部门依据职权责令限期改正；逾期不改正的，10年内不得申请使用环境保护专项资金，并处挪用资金数额1倍以上3倍以下的罚款。

自由裁量时，考虑挪用资金数额等因素。

二、单行法律类

（一）《中华人民共和国水污染防治法》

《中华人民共和国水污染防治法》第七十条规定，拒绝环境保护部门现场检查或弄虚作假的，处以1万元以上10万元以下的罚款。

自由裁量时考虑年度内初犯、再犯等因素。

《中华人民共和国水污染防治法》第七十一条规定，建设项目的水污染防治设施未建成、未经验收或者验收不合格，主体工程即投入生产或者使用的，责令停止生产或者使用，直至验收合格，处以5万元以上50万元以下的罚款。

自由裁量时区分建设项目是填报环境影响登记表、报批环境影响报告表、报批环境影响报告书等因素。

《中华人民共和国水污染防治法》第七十二条第（一）项规定，报或者谎报国务院环境保护主管部门规定的有关水污染物排放申报登记事项的，责令限期改正；逾期不改正的，处以1万元以上10万元以下的罚款。

自由裁量时考虑排污者正常情况下每月应缴纳排污费数额大小等因素。

《中华人民共和国水污染防治法》第七十二条第（二）项规定，按照规定安装水污染物排放自动监测设备或者未按照规定与环境保护主管部门的监控设备联网，并保证监测设备正常运行的，责令限期改正；逾期不改正的，处以1万元以上10万元以下的罚款。

自由裁量时考虑处罚前水污染物排放自动监测设备安装、联网情况以及保证监测设备未正常运行的污染程度（可按照污染物种类、浓度、日排水量和排放去向的不同，分为轻微、一般和严重等等级）等因素。

《中华人民共和国水污染防治法》第七十二条第（三）项规定，按照规定对所排放的工业废水进行监测并保存原始监测记录的，责令限期改正；逾期不改正的，处以1万元以上10万元以下的罚款。

自由裁量时考虑年内初犯、再犯等因素。

《中华人民共和国水污染防治法》第七十三条规定，不正常使用水污染物处理设施，或者未经环境保护主管部门批准拆除、闲置水污染物处理设施的，责令限期改正，处应缴纳排污费数额1倍以上3倍以下的罚款。

自由裁量时，考虑污染程度（可按照污染物种类、浓度、日排水量和排放去向的不同，分为轻微、一般和严重等等级）等因素。

《中华人民共和国水污染防治法》第七十四条规定，排放水污染物超过国家或者地方规定的水污染物排放标准，或者超过重点水污染物排放总量控制指标的，责令限期治理，处应缴纳排污费数额2倍以上5倍以下的罚款。

自由裁量时，考虑污染程度（可按照污染物种类、浓度、日排水量和排放去向的不同，分为轻微、一般和严重等等级）等因素。

《中华人民共和国水污染防治法》第七十五条第二款规定，违反规定设置排污口或者私设暗管的，责令限期拆除，处以2万元以上10万元以下的罚款；逾期不拆除的，强制拆除，所需费用由违法者承担，处以10万元以上50万元以下的罚款。

自由裁量时，考虑污染程度（可按照污染物种类、浓度、日排水量和排放去向的不同，分为轻微、一般和严重等等级）等因素。

《中华人民共和国水污染防治法》第七十六条第（一）项规定，向水体排放油类、酸液、碱液的，处以2万元以上20万元以下的罚款。第（二）项：向水体排放剧毒废液，或者将含有汞、镉、砷、铬、铅、氰化物、黄磷等的可溶性剧毒废渣向水体排放、倾倒或者直接埋入地下的，处以 5 万元以上 50 万元以下的罚款。

自由裁量时，考虑可能的污染程度（可按照排放量和污染去向的不同，分为轻微、一般和严重等等级）等因素。

《中华人民共和国水污染防治法》第七十六条第（三）项规定，在水体清洗装贮过油类、有毒污染物的车辆或者容器的，处以 1 万元以上 10 万元以下的罚款。

自由裁量时，考虑可能的污染程度（可按照清洗车辆或者容器的容积和污染去向的不同，分为轻微、一般和严重等等级）等因素。

《中华人民共和国水污染防治法》第七十六条第（四）项规定，向水体排放、倾倒工业废渣、城镇垃圾或者其他废弃物，或者在江河、湖泊、运河、渠道、水库最高水位线以下的滩地、岸坡堆放、存贮固体废弃物或者其他污染物的，处以 2 万元以上 20 万元以下的罚款。

自由裁量时，考虑可能的污染程度（可按照排放、倾倒或储存量分为轻微、一般和严重等等级）等因素。

《中华人民共和国水污染防治法》第七十六条第（五）项规定，向水体排放、倾倒放射性固体废物或者含有高放射性、中放射性物质的废水的，处以 5 万元以上 50 万元以下的罚款。第（六）项：违反国家有关规定或者标准，向水体排放含低放射性物质的废水、热废水或者含病原体的污水的，处以 1 万元以上 10 万元以下的罚款。第（七）项：利用渗井、渗坑、裂隙或者溶洞排放、倾倒含有毒污染物的废水、含病原体的污水或者其他废弃物的，处以 5 万元以上 50 万元以下的罚款。

自由裁量时，考虑可能的污染程度（可按照排放或倾倒量、污染去向分为轻微、一般和严重等等级）等因素。

《中华人民共和国水污染防治法》第七十六条第（八）项规定，利用无防渗漏措施的沟渠、坑塘等输送或者存贮含有毒污染物的废水、含病原体的污水或者其他废弃物的。处以 2 万元以上 20 万元以下的罚款。

自由裁量时，考虑可能的污染程度（可按照输送或者存贮量、污染去向分为轻微、一般和严重等等级）等因素。

《中华人民共和国水污染防治法》第八十一条第一款第（一）项规定，在饮用水水源一级保护区内新建、改建、扩建与供水设施和保护水源无关的建设项目的，责令停止违法行为，处以 10 万元以上 50 万元以下的罚款；并报经有批准权的人民政府批准，责令拆除或者关闭。第一款第（二）项规定，在饮用水水源二级保护区内新建、改建、扩建排放污染物的建设项目的，责令停止违法行为，处以 10 万元以上 50 万元以下的罚款；并报经有批准权的人民政府批准，责令拆除或者关闭。第一款第（三）项规定，在饮用水水源准保护区内新建、扩建对水体污染严重的建设项目，或者改建建设项目增加排污量的，责令停止违法行为，处以 10 万元以上 50 万元以下的罚款；并报经有批准权的人民政府批准，责令拆除或者关闭。

自由裁量时，考虑建设项目对环境影响大小等因素。

《中华人民共和国水污染防治法》第八十一条第二款规定，在饮用水水源一级保护区内从事网箱养殖或者组织进行旅游、垂钓或者其他可能污染饮用水水体的活动的，责令停止违法行为，处以 2 万元以上 10 万元以下的罚款。个人在饮用水水源一级保护区内游泳、垂钓或者从事其他可能污染饮用水水体的活动的，由县级以上地方人民政府环境保护主管部门责令停止违法行为，可以处500元以下的罚款。

自由裁量时，考虑网箱养殖面积大小或组织进行旅游、垂钓或者其他可能污染饮用水水体的活动人数多少或个人改正违法行为的态度等因素。

《中华人民共和国水污染防治法》第八十二条第（一）项规定，不按照规定制定水污染事故的应急方案的，责令改正；情节严重的，处以2万元以上10万元以下的罚款。

自由裁量时，考虑应急方案完成程度等因素。

《中华人民共和国水污染防治法》第八十二条第（二）项规定，水污染事故发生后，未及时启动水污染事故的应急方案，采取有关应急措施的，责令改正；情节严重的，处以2万元以上10万元以下的罚款。

自由裁量时，考虑未及时启动水污染事故的应急方案，采取有关应急措施带来的后果程度等因素。

《中华人民共和国水污染防治法》第八十三条规定，企业事业单位违反本法规定，造成水污染事故的，对直接负责的主管人员和其他直接责任人员可以处上一年度从本单位取得的收入的50%以下的罚款。

自由裁量时，考虑污染事故大小（一般、较大、重大、特大）等因素。

（二）《中华人民共和国大气污染防治法》

《中华人民共和国大气污染防治法》第四十六条第一款第（一）项规定，拒报或者谎报国务院环境保护行政主管部门规定的有关污染物排放申报事项的，责令停止违法行为，限期改正，给予警告或者处以5万元以下的罚款。

自由裁量时，考虑排污者正常情况下每月应缴纳排污费多少等因素。

《中华人民共和国大气污染防治法》第四十六条第一款第（二）项规定，拒绝现场检查或检查时弄虚作假的，责令停止违法行为，限期改正，给予警告或者处以5万元以下罚款。

自由裁量时考虑年度内初犯、再犯等因素。

《中华人民共和国大气污染防治法》第四十六条第一款第（三）项规定，排污单位不正常使用大气污染物处理设施，或者未经环境保护行政主管部门批准，擅自拆除、闲置大气污染物处理设施的，责令停止违法行为，限期改正，给予警告或者处以5万元以下罚款。

自由裁量时，考虑污染物处理设施规格或日排放量大小等因素。

《中华人民共和国大气污染防治法》第四十六条第一款第（四）项规定，未采取防燃、防尘措施，在人口集中地区存放煤炭、煤矸石、煤渣、煤灰、砂石、灰土等物料的，责令停止违法行为，限期改正，给予警告或者处以5万元以下罚款。

自由裁量时，考虑存放煤炭、煤矸石、煤渣、煤灰、砂石、灰土等物料的量等因素。

《中华人民共和国大气污染防治法》第四十七条规定，违反本法第十一条（新建、扩建、改建向大气排放污染物的项目，必须遵守国家有关建设项目环境保护管理的规定。建设项目的环境影响报告书，必须对建设项目可能产生的大气污染和对生态环境的影响作出评价，规定防治措施，并按照规定的程序报环境保护行政主管部门审查批准。建设项目投入生产或者使用之前，其大气污染防治设施必须经过环境保护行政主管部门验收，达不到国家有关建设项目环境保护管理规定的要求的建设项目，不得投入生产或者使用）规定，建设项目的大气污染防治设施没有建成或者没有达到国家有关建设项目环境保护管理的规定的要求，投入生产或者使用的，由审批该建设项目的环境影响报告书的环境保护行政主管部门责令停止生产或者使用，可以并处以 1 万元以上 10 万元以下罚款。

自由裁量时，考虑是否造成污染影响以及可能产生污染影响的大小等因素。

《中华人民共和国大气污染防治法》第四十八条规定，向大气排放污染物超过国家和地方规定排放标准的，应当限期治理，并由所在地县级以上地方人民政府环境保护行政主管部门处以 1 万元以上 10 万元以下罚款。

自由裁量时，考虑污染程度（可污染物浓度、日排放量等等级）等因素。

《中华人民共和国大气污染防治法》第五十二条规定，违反本法第二十八条（城市建设应当统筹规划，在燃煤供热地区，统一解决热源，发展集中供热。在集中供热管网覆盖的地区，不得新建燃煤供热锅炉）规定，在城市集中供热管网覆盖地区新建燃煤供热锅炉的，责令停止违法行为或者限期改正，可以处以 5 万元以下罚款。

自由裁量时，考虑锅炉规格（吨/小时）等因素。

《中华人民共和国大气污染防治法》第五十五条规定，违反本法第三十五条第一款或者第二款（省、自治区、直辖市人民政府环境保护行政主管部门可以委托已取得公安机关资质认定的承担机动车年检的单位，按照规范对机动车排气污染进行年度检测。交通、渔政等有监督管理权的部门可以委托已取得有关主管部门资质认定的承担机动船舶年检的单位，按照规范对机动船舶排气污染进行年度检测）规定，未取得所在地省、自治区、直辖市人民政府环境保护行政主管部门或者交通、渔政等依法行使监督管理权的部门的委托进行机动车船排气污染检测的，或者在检测中弄虚作假的，由县级以上人民政府环境保护行政主管部门或者交通、渔政等依法行使监督管理权的部门责令停止违法行为，限期改正，可以处以 5 万元以下罚款；情节严重的，由负责资质认定的部门取消承担机动车船年检的资格。

自由裁量时，考虑违法时间长短等因素。

《中华人民共和国大气污染防治法》第五十六条第一款第（一）项规定，未采取有效污染防治措施，向大气排放粉尘、恶臭气体或者其他含有有毒物质气体的，责令停止违法行为，限期改正，可以处以 5 万元以下罚款。

自由裁量时，考虑距居民楼的距离和废气日排放量或作业面积等因素。

《中华人民共和国大气污染防治法》第五十六条第一款第（二）项规定，未经当地环境保护行政主管部门批准，向大气排放转炉气、电石气、电炉法黄磷尾气、有机烃类尾气的，责令停止违法行为，限期改正，可以处以 5 万元以下罚款。

自由裁量时，考虑废气日排放量等因素。

《中华人民共和国大气污染防治法》第五十六条第一款第（三）项规定，未采取密闭措施或者其他防护措施，运输、装卸或者贮存能够散发有毒有害气体或者粉尘物质的，责令停止违法行为，限期改正，可以处以 5 万元以下罚款。

自由裁量时，考虑运输、装卸或者贮存量等因素。

《中华人民共和国大气污染防治法》第五十六条第一款第（四）项规定，城市饮食服务业的经营者未采取有效污染防治措施，致使排放的油烟对附近居民的居住环境造成污染的，责令停止违法行为，限期改正，可以处以5万元以下罚款。

自由裁量时，考虑距居民楼的距离、受影响范围等因素。

《中华人民共和国大气污染防治法》第五十七条规定，违反本法第四十一条第一款规定，在人口集中地区和其他依法需要特殊保护的区域内，焚烧沥青、油毡、橡胶、塑料、皮革、垃圾以及其他产生有毒有害烟尘和恶臭气体的物质的，责令停止违法行为，处以2万元以下罚款。违反本法第四十一条第二款规定，在人口集中地区、机场周围、交通干线附近以及当地人民政府划定的区域内露天焚烧秸秆、落叶等产生烟尘污染的物质的，由所在地县级以上地方人民政府环境保护行政主管部门责令停止违法行为；情节严重的，可以处200元以下罚款。

自由裁量时，考虑焚烧物质的数量、时间等因素。

《中华人民共和国大气污染防治法》第六十条规定，新建的所采煤炭属于高硫份、高灰份的煤矿，不按照国家有关规定建设配套的煤炭洗选设施的；排放含有硫化物气体的石油炼制、合成氨生产、煤气和燃煤焦化以及有色金属冶炼的企业，不按照国家有关规定建设配套脱硫装置或者未采取其他脱硫措施的，责令限期建设配套设施，可以处以2万元以上20万元以下罚款。

自由裁量时，考虑设施未建、排放物浓度等因素。

《中华人民共和国大气污染防治法》第六十一条规定，造成大气污染事故的企业事业单位，根据所造成的危害后果处直接经济损失的50%以下罚款，但最高不超过50万元。

自由裁量时，考虑环境污染事故程度（一般、较大、重大、特大）等因素。

（三）《中华人民共和国环境噪声污染防治法》

《中华人民共和国环境噪声污染防治法》第四十八条规定，违反本法第十四条（建设项目的环境噪声污染防治设施必须与主体工程同时设计、同时施工、同时投产使用。建设项目在投入生产或者使用之前，其环境噪声污染防治设施必须经原审批环境影响报告书的环境保护行政主管部门验收；达不到国家规定要求的，该建设项目不得投入生产或者使用）的规定，建设项目中需要配套建设的环境噪声污染防治设施没有建成或者没有达到国家规定的要求，擅自投入生产或者使用的，由批准该建设项目的环境影响报告书的环境保护行政主管部门责令停止生产或者使用，可以并处罚款。

自由裁量时，考虑是否造成污染影响以及可能产生污染影响的大小等因素。

《中华人民共和国环境噪声污染防治法》第四十九条规定，违反本法规定，拒报或者谎报规定的环境噪声排放申报事项的，县级以上地方人民政府环境保护行政主管部门可以根据不同情节，给予警告或者处以罚款。

自由裁量时，考虑排放者正常情况下每月应缴纳排污费多少等因素。

《中华人民共和国环境噪声污染防治法》第五十条规定，违反本法第十五条（产生环境噪声污染的企业事业单位，必须保持防治环境噪声污染的设施的正常使用；拆除或者闲置环境噪声污染防治设施的，必须事先报经所在地的县级以上地方人民政府环境保护行政主管部门批准）的规定，未经环境保护行政主管部门批准，擅自拆除或者闲置环境噪声污染防治设施，致使环境噪声排放超过规定标准的，由县级以上地方人民政府环境保护行政主管部门责令改正，并处以罚款。

自由裁量时，考虑噪声超标程度等因素。

《中华人民共和国环境噪声污染防治法》第五十一条规定，违反本法第十六条（产生环境噪声污染的单位，应当采取措施进行治理，并按照国家规定缴纳超标准排污费。征收的超标准排污费必须用于污染的防治，不得挪作他用）的规定，不按照国家规定缴纳超标准排污费的，县级以上地方人民政府环境保护行政主管部门可以根据不同情节，给予警告或者处以罚款。

自由裁量时，考虑应缴纳超标准排污费数额等因素。

《中华人民共和国环境噪声污染防治法》第五十二条规定，违反本法第十七条（对于在噪声敏感建筑物集中区域内造成严重环境噪声污染的企业事业单位，限期治理。被限期治理的单位必须按期完成治理任务。限期治理由县级以上人民政府按照国务院规定的权限决定。对小型企业事业单位的限期治理，可以由县级以上人民政府在国务院规定的权限内授权其环境保护行政主管部门决定）的规定，对经限期治理逾期未完成治理任务的企业事业单位，除依照国家规定加收超标准排污费外，可以根据所造成的危害后果处以罚款，或者责令停业、搬迁、关闭。前款规定的罚款由环境保护行政主管部门决定。责令停业、搬迁、关闭由县级以上人民政府按照国务院规定的权限决定。

自由裁量时，考虑噪声超标程度、影响范围或治理完成程度等因素。

《中华人民共和国环境噪声污染防治法》第五十五条规定，排放环境噪声的单位，拒绝环境保护行政主管部门或者其他依照本法规定行使环境噪声监督管理权的部门、机构现场检查或者在被检查时弄虚作假的，环境保护行政主管部门或者其他依照本法规定行使环境噪声监督管理权的监督管理部门、机构可以根据不同情节，给予警告或者处以罚款。

自由裁量时，考虑主观恶性、初犯、再犯等因素。

《中华人民共和国环境噪声污染防治法》第五十六条规定，建筑施工单位在城市市区噪声敏感建筑的集中区域内，夜间进行禁止进行的产生环境噪声污染的建筑施工作业的，由工程所在地县级以上地方人民政府环境保护行政主管部门责令改正，可以并处罚款。

自由裁量时，考虑建筑施工作业时间、影响范围等因素。

《中华人民共和国环境噪声污染防治法》第五十九条规定，违反本法第四十三条第二款（经营中的文化娱乐场所，其经营管理者必须采取有效措施，使其边界噪声不超过国家规定的环境噪声排放标准）、第四十四条第二款（在商业经营活动中使用空调器、冷却塔等可能产生环境噪声的设备、设施的，其经营管理者应当采取措施，使其边界噪声不超过国家规定的环境噪声排放标准）的规定，造成环境噪声污染的，由县级以上地方人民政府环境保护行政主管部门责令改正，可以并处罚款。

自由裁量时，考虑噪声超标程度等因素。

（四）《中华人民共和国固体废物污染环境防治法》

《中华人民共和国固体废物污染环境防治法》第六十八条第（一）项规定，不按照国家规定申报登记工业固体废物，或者在申报登记时弄虚作假的，责令停止违法行为，限期改正，并处以 5 000 元以上 5 万元以下的罚款。

自由裁量时，考虑未申报或弄虚作假数量等因素。

《中华人民共和国固体废物污染环境防治法》第六十八条第（二）项规定，对暂时不利用或者不能利用的工业固体废物未建设贮存的设施、场所安全分类存放，或者未采取无害化处置措施的，责令停止违法行为，限期改正，处以1万元以上10万元以下的罚款。

自由裁量时，考虑工业固体废物数量等因素。

《中华人民共和国固体废物污染环境防治法》第六十八条第（三）项规定，将列入限期淘汰名录被淘汰的设备转让给他人使用的，责令停止违法行为，限期改正，并处以1万元以上10万元以下的罚款。

自由裁量时，考虑转让淘汰设备数量等因素。

《中华人民共和国固体废物污染环境防治法》第六十八条第（四）项规定，擅自关闭、闲置或者拆除工业固体废物污染环境防治设施、场所的，责令停止违法行为，限期改正，处以1万元以上10万元以下的罚款。

自由裁量时，考虑初犯、再犯等因素。

《中华人民共和国固体废物污染环境防治法》第六十八条第（五）项规定，在自然保护区、风景名胜区、饮用水水源保护区、基本农田保护区和其他需要特别保护的区域内，建设工业固体废物集中贮存、处置的设施、场所和生活垃圾填埋场的，责令停止违法行为，限期改正，处以1万元以上10万元以下的罚款。

自由裁量时，考虑设施、场所或填埋场占地面积等因素。

《中华人民共和国固体废物污染环境防治法》第六十八条第（六）项规定，擅自转移固体废物出省、自治区、直辖市行政区域贮存、处置的，责令停止违法行为，限期改正，处以1万元以上10万元以下的罚款。

自由裁量时，考虑擅自转移固体废物数量等因素。

《中华人民共和国固体废物污染环境防治法》第六十八条第（七）项规定，未采取相应防范措施，造成工业固体废物扬散、流失、渗漏或者造成其他环境污染的，责令停止违法行为，限期改正，处以1万元以上10万元以下的罚款。

自由裁量时，考虑扬散、流失、渗漏固体废物数量等因素。

《中华人民共和国固体废物污染环境防治法》第六十八条第（八）项规定，在运输过程中沿途丢弃、遗撒工业固体废物的，责令停止违法行为，限期改正，处以5 000元以上5万元以下的罚款。

自由裁量时，考虑沿途丢弃、遗撒固体废物量数量等因素。

《中华人民共和国固体废物污染环境防治法》第六十九条规定，建设项目需要配套建设的固体废物污染环境防治设施未建成、未经验收或者验收不合格，主体工程即投入生产或者使用的，由审批该建设项目环境影响评价文件的环境保护行政主管部门责令停止生产或者使用，可以并处10万元以下的罚款。

自由裁量时，考虑建设项目对环境的影响等因素。

《中华人民共和国固体废物污染环境防治法》第七十条规定，拒绝县级以上人民政府环境保护行政主管部门或者其他固体废物污染环境防治工作的监督管理部门现场检查的，由执行现场检查的部门责令限期改正；拒不改正或者在检查时弄虚作假的，处以2 000元以上2万元以下的罚款。

自由裁量时，考虑初犯、再犯、拒绝手段等因素。

《中华人民共和国固体废物污染环境防治法》第七十一条规定，从事畜禽规模养殖未按照国家有关规定收集、贮存、处置畜禽粪便，造成环境污染的，责令限期改正，可以处以 5 万元以下的罚款。

自由裁量时，考虑畜禽养殖场规模等因素。

《中华人民共和国固体废物污染环境防治法》第七十三条规定，尾矿、矸石、废石等矿业固体废物贮存设施停止使用后，未按照国家有关环境保护规定进行封场的，责令限期改正，可以处以 5 万元以上 20 万元以下的罚款。

自由裁量时，考虑贮存设施规模等因素。

《中华人民共和国固体废物污染环境防治法》第七十五条第（一）项规定，不设置危险废物识别标志的，责令停止违法行为，限期改正，处以 1 万元以上 10 万元以下的罚款。

自由裁量时，考虑存放危险废物设施类型（容器、贮存场所、运输工具等）等因素。

《中华人民共和国固体废物污染环境防治法》第七十五条第（二）项规定，不按照国家规定申报登记危险废物，或者在申报登记时弄虚作假的，责令停止违法行为，限期改正，处以 1 万元以上 10 万元以下的罚款。

自由裁量时，考虑不申报登记或弄虚作假程度等因素。

《中华人民共和国固体废物污染环境防治法》第七十五条第（三）项规定，擅自关闭、闲置或者拆除危险废物集中处置设施、场所的，由县级以上人民政府环境保护行政主管部门责令停止违法行为，限期改正，处以 2 万元以上 20 万元以下的罚款。

自由裁量时，考虑初犯、再犯等因素。

《中华人民共和国固体废物污染环境防治法》第七十五条第（四）项规定，不按照国家规定缴纳危险废物排污费的，责令限期缴纳，逾期不缴纳的，处应缴纳危险废物排污费金额 1 倍以上 3 倍以下的罚款。

自由裁量时，考虑未交危险废物排污费数额、初犯、再犯等因素。

《中华人民共和国固体废物污染环境防治法》第七十五条第（五）项规定，将危险废物提供或者委托给无经营许可证的单位从事经营活动的，责令停止违法行为，限期改正，处以 2 万元以上 20 万元以下的罚款。

自由裁量时，考虑危险废物数量等因素。

《中华人民共和国固体废物污染环境防治法》第七十五条第（六）项规定，不按照国家规定填写危险废物转移联单或者未经批准擅自转移危险废物的，责令停止违法行为，限期改正，处以 2 万元以上 20 万元以下的罚款。

自由裁量时，考虑转移危险废物数量等因素。

《中华人民共和国固体废物污染环境防治法》第七十五第（七）项规定，将危险废物混入非危险废物中贮存的，责令停止违法行为，限期改正，处以 1 万元以上 10 万元以下的罚款。

自由裁量时，考虑混合后废物总量等因素。

《中华人民共和国固体废物污染环境防治法》第七十五条第（八）项规定，未经安全性处置，混合收集、贮存、运输、处置具有不相容性质的危险废物的，责令停止违法行为，限期改正，处以 1 万元以上 10 万元以下的罚款。

自由裁量时，考虑混合后废物总量等因素。

《中华人民共和国固体废物污染环境防治法》第七十五条第（九）项规定，将危险废物与旅客在同一运输工具上载运的，责令停止违法行为，限期改正，并处以1万元以上10万元以下的罚款。

自由裁量时，考虑载运危险废物量等因素。

《中华人民共和国固体废物污染环境防治法》第七十五条第（十）项规定，未经消除污染的处理将收集、贮存、运输、处置危险废物的场所、设施、设备和容器、包装物及其他物品转作他用的，责令停止违法行为，限期改正，并处以1万元以上10万元以下的罚款。

自由裁量时，考虑场所、容器、包装物及其他物品容量或量等因素。

《中华人民共和国固体废物污染环境防治法》第七十五条第（十一）项规定，未采取相应防范措施，造成危险废物扬散、流失、渗漏或者造成其他环境污染的，责令停止违法行为，限期改正，处以1万元以上10万元以下的罚款。

自由裁量时，考虑扬散、流失、渗漏危险废物量等因素。

《中华人民共和国固体废物污染环境防治法》第七十五条第（十二）项规定，在运输过程中沿途丢弃、遗撒危险废物的，责令停止违法行为，限期改正，处以1万元以上10万元以下的罚款。

自由裁量时，考虑沿途丢弃、遗撒危险废物量等因素。

《中华人民共和国固体废物污染环境防治法》第七十五条第（十三）项规定，未制定危险废物意外事故防范措施和应急预案的，责令停止违法行为，限期改正，处以1万元以上10万元以下的罚款。

自由裁量时，考虑未制定危险废物意外事故防范措施和应急预案可能产生污染的程度等因素。

《中华人民共和国固体废物污染环境防治法》第七十六条规定，危险废物产生者不处置其产生的危险废物又不承担依法应当承担的处置费用的，由县级以上地方人民政府环境保护行政主管部门责令限期改正，处代为处置费用1倍以上3倍以下的罚款。

自由裁量时，考虑代为处置费用数额等因素。

《中华人民共和国固体废物污染环境防治法》第七十七条规定，无经营许可证或者不按照经营许可证规定从事收集、贮存、利用、处置危险废物经营活动的，责令停止违法行为，没收违法所得，可以并处违法所得3倍以下的罚款。

自由裁量时，考虑经营活动时间长短等因素。

《中华人民共和国固体废物污染环境防治法》第八十二条规定，造成固体废物污染环境事故的，处以2万元以上20万元以下的罚款；造成重大损失的，按照直接损失的30%计算罚款，但是最高不超过100万元，对负有责任的主管人员和其他直接责任人员，依法给予行政处分；造成固体废物污染环境重大事故的，并由县级以上人民政府按照国务院规定的权限决定停业或者关闭。

自由裁量时，考虑造成污染的程度（一般、较大）等因素。

（五）《中华人民共和国放射性污染防治法》

《中华人民共和国放射性污染防治法》第四十九条规定，有下列行为之一的，责令限期改正，可以处 2 万元以下罚款：

1．不按照规定报告有关环境监测结果的；

2．拒绝环境保护行政主管部门和其他有关部门进行现场检查，或者被检查时不如实反映情况和提供必要资料的。

自由裁量时，考虑违法行为反映的主观恶性等因素。

《中华人民共和国放射性污染防治法》第五十条规定，未编制环境影响评价文件，或者环境影响评价文件未经环境保护行政主管部门批准，擅自进行建造、运行、生产和使用等活动的，由审批环境影响评价文件的环境保护行政主管部门责令停止违法行为，限期补办手续或者恢复原状，并处以 1 万元以上 20 万元以下罚款。

自由裁量时，考虑建设项目对环境的影响、规模等因素。

《中华人民共和国放射性污染防治法》第五十一条规定，未建造放射性污染防治设施、放射防护设施，或者防治防护设施未经验收合格，主体工程即投入生产或者使用的，由审批环境影响评价文件的环境保护行政主管部门责令停止违法行为，限期改正，并处以 5 万元以上 20 万元以下罚款。

《中华人民共和国放射性污染防治法》第五十三条规定，违反本法规定，生产、销售、使用、转让、进口、贮存放射性同位素和射线装置以及装备有放射性同位素的仪表的，由县级以上人民政府环境保护行政主管部门或者其他有关部门依据职权责令停止违法行为，限期改正；逾期不改正的，责令停产停业或者吊销许可证；有违法所得的，没收违法所得；违法所得 10 万元以上的，并处违法所得 1 倍以上 5 倍以下罚款；没有违法所得或者违法所得不足 10 万元的，并处以 1 万元以上 10 万元以下罚款；构成犯罪的，依法追究刑事责任。

自由裁量时，考虑违法所得的多少等因素。

《中华人民共和国放射性污染防治法》第五十四条第（一）项规定，未建造尾矿库或者不按照放射性污染防治的要求建造尾矿库，贮存、处置铀（钍）矿和伴生放射性矿的尾矿的，由县级以上人民政府环境保护行政主管部门责令停止违法行为，限期改正，处以 10 万元以上 20 万元以下罚款；构成犯罪的，依法追究刑事责任。

自由裁量时，考虑尾矿库规模等因素。

《中华人民共和国放射性污染防治法》第五十四条第（二）项规定，向环境排放不得排放的放射性废气、废液的，由县级以上人民政府环境保护行政主管部门责令停止违法行为，限期改正，处以 10 万元以上 20 万元以下罚款；构成犯罪的，依法追究刑事责任。

自由裁量时，考虑放射性强度、排放时间或量等因素。

《中华人民共和国放射性污染防治法》第五十四条第（三）项规定，不按照规定的方式排放放射性废液，利用渗井、渗坑、天然裂隙、溶洞或者国家禁止的其他方式排放放射性废液的，由县级以上人民政府环境保护行政主管部门责令停止违法行为，限期改正，处以 10 万元以上 20 万元以下罚款；构成犯罪的，依法追究刑事责任。

自由裁量时，考虑排放量和放射性废液去向等因素。

《中华人民共和国放射性污染防治法》第五十四条第（四）项规定，不按照规定处理或者贮存不得向环境排放的放射性废液的，由县级以上人民政府环境保护行政主管部门责令停止违法行为，限期改正，处以 1 万元以上 10 万元以下罚款；构成犯罪的，依法追究刑事责任。

自由裁量时，考虑废液数量和处理或者贮存所处环境功能等因素。

《中华人民共和国放射性污染防治法》第五十五条第（一）项规定，不按照规定设置放射性标识、标志、中文警示说明的，由县级以上人民政府环境保护行政主管部门或者其他有关部门依据职权责令限期改正；逾期不改正的，责令停产停业，并处以 2 万元以上 10 万元以下罚款；构成犯罪的，依法追究刑事责任。

自由裁量时，考虑不按照规定设置放射性标识、标志、中文警示说明数量等因素。

《中华人民共和国放射性污染防治法》第五十五条第（二）项规定，不按照规定建立健全安全保卫制度和制定事故应急计划或者应急措施的，由县级以上人民政府环境保护行政主管部门或者其他有关部门依据职权责令限期改正；逾期不改正的，责令停产停业，并处以 2 万元以上 10 万元以下罚款；构成犯罪的，依法追究刑事责任。

自由裁量时，考虑逾期不改正原因、可能产生的危险程度等因素。

《中华人民共和国放射性污染防治法》第五十五条第（三）项规定，不按照规定报告放射源丢失、被盗情况或者放射性污染事故的，由县级以上人民政府环境保护行政主管部门或者其他有关部门依据职权责令限期改正；逾期不改正的，责令停产停业，并处以 2 万元以上 10 万元以下罚款；构成犯罪的，依法追究刑事责任。

自由裁量时，考虑逾期时间长短、放射源的危险程度等因素。

《中华人民共和国放射性污染防治法》第五十六条规定，产生放射性固体废物的单位，不按照本规定对其产生的放射性固体废物进行处置的，由审批该单位立项环境影响评价文件的环境保护行政主管部门责令停止违法行为，限期改正；逾期不改正的，指定有处置能力的单位代为处置，所需费用由产生放射性固体废物的单位承担，可以并处以 20 万元以下罚款；构成犯罪的，依法追究刑事责任。

自由裁量时，考虑废物数量和放射性废物类别等因素。

（六）《中华人民共和国海洋环境保护法》

《中华人民共和国海洋环境保护法》第七十三条第（一）项规定，向海域排放本法禁止排放的污染物或者其他物质的（禁止向海域排放油类、酸液、碱液、剧毒废液和高、中水平放射性废物），由依照本法规定行使海洋环境监督管理权的部门责令限期改正，处以 3 万元以上 20 万元以下的罚款。

自由裁量时，考虑排放量、排放去向等因素。

《中华人民共和国海洋环境保护法》第七十三条第（二）项规定，不按规定向海洋排放污染物，或者超过标准排放污染物的，由依照本法规定行使海洋环境监督管理权的部门责令限期改正，并处以 2 万元以上 10 万元以下的罚款。

自由裁量时，考虑排放量或者超准程度等因素。

《中华人民共和国海洋环境保护法》第七十三条第（四）项规定，因发生事故或者其他突发性事件，造成海洋环境污染事故，不立即采取处理措施的，由依照本法规定行使海洋环境监督管理权的部门责令限期改正，并处以 2 万元以上 10 万元以下的罚款。

自由裁量时，考虑限期改正时间离发生事故或者其他突发性事件时的期间长短等因素。

《中华人民共和国海洋环境保护法》第七十四条第（一）项规定，不按照规定申报，甚至拒报污染物排放有关事项，或者在申报时弄虚作假的，由依照本法规定行使海洋环境监督管理权的部门予以警告，或者处以 2 万元以下的罚款。

自由裁量时，考虑主观恶性、未申报或弄虚作假数量等因素。

《中华人民共和国海洋环境保护法》第七十四条第（二）项规定，发生事故或者其他突发性事件不按照规定报告的，由依照本法规定行使海洋环境监督管理权的部门予以警告，或者处以 5 万元以下的罚款。

自由裁量时，考虑发生的事故或者其他突发性事件影响程度（一般、较大、重大、特大）等因素。

《中华人民共和国海洋环境保护法》第七十五条规定，拒绝现场检查，或者在被检查时弄虚作假的，由依照本法规定行使海洋环境监督管理权的部门予以警告，并处以 2 万元以下的罚款。

自由裁量时，考虑主观恶性、初犯、再犯等因素。

《中华人民共和国海洋环境保护法》第七十七条规定，违反本法第三十条第一款、第三款规定设置入海排污口的（入海排污口位置的选择，应当根据海洋功能区划、海水动力条件和有关规定，经科学论证后，报设区的市级以上人民政府环境保护行政主管部门审查批准。在海洋自然保护区、重要渔业水域、海滨风景名胜区和其他需要特别保护的区域，不得新建排污口），由县级以上地方人民政府环境保护行政主管部门责令其关闭，并处以 2 万元以上 10 万元以下的罚款。

自由裁量时，考虑设置的排污口是否已排污、排污时间长短等因素。

《中华人民共和国海洋环境保护法》第七十八条规定，违反本法第三十二条第三款的规定，擅自拆除、闲置环境保护设施的，由县级以上地方人民政府环境保护行政主管部门责令重新安装使用，并处以 1 万元以上 10 万元以下的罚款。

自由裁量时，考虑拆除、闲置时间以及环境保护设施规模等因素。

《中华人民共和国海洋环境保护法》第八十条规定，未持有经审核和批准的环境影响报告书，兴建海岸工程建设项目的，责令其停止违法行为和采取补救措施，并处以 5 万元以上 20 万元以下的罚款；或者按照管理权限，由县级以上地方人民政府责令其限期拆除。

自由裁量时，考虑建设项目进度、建设项目所在功能区等因素。

《中华人民共和国海洋环境保护法》第八十一条规定，海岸工程建设项目未建成环境保护设施，或者环境保护设施未达到规定要求即投入生产、使用的，由环境保护行政主管部门责令其停止生产或者使用，并处以 2 万元以上 10 万元以下的罚款。

自由裁量时，考虑建设项目对环境可能的影响（环境影响报告书或表）、投入生产、使用时间长短等因素。

详细见附录 6。

第三节 规范自由裁量权的要求和制度

一、行使自由裁量权的具体要求

（一）严格执行裁量标准

各级环境监察机构要根据有关法律、法规和规章的规定，结合本地区经济社会发展状况、环境问题特点等实际情况，配合做好行政处罚等自由裁量幅度条款的细化、量化和规范工作，协助制定有关环境监察执法自由裁量权的裁量标准。

所属环保部门已经制定裁量标准的，各级环境监察机构要严格遵照执行。

（二）严格遵守执法程序

各级环境监察机构实施行政监察执法自由裁量行为，必须严格遵守法律、法规和规章规定的有关现场检查、排污申报登记、排污费征收、限期治理、执法后督察、挂牌督办和行政处罚等程序。凡法律、法规和规章要求举行听证的，必须依法组织听证，并充分考虑听证意见。

二、规范自由裁量权制度

（一）裁量公开制度

在办公场所或利用政府网站等载体公示裁量标准。执法时告知当事人裁量所根据的事实、理由、依据，除涉及国家秘密、商业秘密或者个人隐私以外，允许当事人查阅。

（二）执法职能分离制度

将环境监察执法的调查、审核、决定、执行等执法职能进行相对分离，使执法权力分段行使，执法人员相互监督，逐步建立既相互协调、又相互制约的权力运行机制。

（三）执法回避制度

环境监察执法人员与其所管理事项或者当事人有直接利害关系、可能影响公平公正处理的，不得参与相关案件的调查和处理。

（四）执法记录制度

对立案、调查、审查、决定、执行程序以及执法时间、地点、对象、事实、结果等做出详细记录，使执法过程有案可查。

（五）重大或复杂裁量事项集体会办制度

对涉及自由裁量的重大或者复杂事项，环境监察机构负责人应当集体讨论，共同研究后作出决定。视情况可组织专家进行评议，提出专家建议供决策参考。

（六）自由裁量说明制度

环境监察执法人员应当充分听取当事人的陈述、申辩，对当事人的申辩意见是否采纳及理由、处理决定中从重、从轻、减轻的理由予以说明。

（七）执法时限制度

对法律、法规和规章明确规定的执法时限，各级环境监察机构应当严格执行；对未明确规定具体时限的，应当尽快办理，并可通过制定裁量标准等形式予以明确。

（八）案卷评查制度

环境监察执法过程中形成的现场检查记录、证据材料、执法文书等应当立卷归档。环境监察机构可以结合工作实际，组织环境监察执法案卷评查，将案卷质量高低作为衡量执法水平的重要依据。

（九）执法统计制度

对本机构环境监察执法状况进行全面、及时、准确的统计，认真分析执法统计信息，加强对信息的分析处理，注重分析成果的应用。

（十）裁量判例制度

环境监察机构可以结合工作实践，组织对各类典型或者重大、复杂的裁量事项进行评议，为环境监察执法自由裁量权的行使提供参照案例。

（十一）裁量标准执行后评估制度

根据社会经济发展状况、法律法规变更情况及执法实际情况，环境监察机构可以及时提出修订裁量标准的意见和建议。

思考题

2010 年 4 月 23 日，B 区环保局接到市民投诉后，于同年 4 月 28 日、5 月 28 日先后对某酒楼使用的油烟净化系统进行了现场检查，认定该酒楼私自将油烟净化器拆除，导致排放的油烟污染扰民，违反《A 市实施〈中华人民共和国大气污染防治法〉办法》第十条第三款之规定，要求某酒楼恢复设备正常使用，并到 B 区环保局接受处理。由于法定代表人出差等原因，某酒楼未能按时到 B 区环保局接受处理。同年 6 月 25 日，B 区环保局依据《A 市实施〈中华人民共和国大气污染防治法〉办法》第三十五条第一款第一项规定，作出如下处罚：

(1) 责令立即对油烟净化系统进行治理，确保油烟达标排放。

(2) 处以 5 万元人民币的罚款。

某酒楼不服 B 区环保局的行政处罚决定，向 A 市环保局申请行政复议，并提出如下复议理由：①B 区环保局认定的事实不实，酒楼没有实施私自将油烟净化器拆除的行为；②处罚过重。

针对某酒楼的复议理由，B 区环保局提出答辩理由如下：①行政执法主体适格。依据《A 市实施〈中华人民共和国大气污染防治法〉办法》第三十五条规定，B 市环保局有权对其违法行为实施行政处罚。②违法事实清楚、证据确凿。环保执法人员根据市民投诉现场检查发现，该酒楼未经批准，擅自拆除油烟处理设施，直排油烟，造成油烟污染。③程序合法。环保执法人员依照法定的程序亮证执法，并告知该酒楼有陈述申辩权、申请听证权等权利和期限。由于该酒楼对其违反环境保护法律、法规的行为缺乏认识，对环保机关查处工作不配合，无正当理由拒绝在现场检查笔录、调查笔录上签字，拒绝签收执法文书，执法人员依法采取签字注明现场情况、留置送达等措施。④处罚适当。该酒楼未经环境保护行政主管部门批准，擅自拆除大气污染物处理设施，情节严重，且改正违法行为的态度不积极，依法应予从重处罚。

本案涉及的法律条款：

《A 市实施〈中华人民共和国大气污染防治法〉办法》

第十条第三款　向大气排放污染物的单位和个人，其大气污染物处理设施必须保护正常使用，拆除或者闲置大气污染物处理设施的，必须经市或者所在地的区、县环境保护行政主管部门批准。

第三十二条第一款　饮食服务业经营者必须采取措施防治油烟污染，排放的油烟污染物不得超过规定的排放标准。

第三十五条第一款　违反本办法有下列行为之一的，由市或者区、县环境保护行政主管部门责令停止违法行为，限期改正，给予警告或者处以 5000 元以下罚款；情节严重的，处以 5000 元以上 5 万元以下罚款：

(一) 违反本办法第十条第三款规定，不正常使用大气污染物处理设施，或者未经环境保护行政主管部门批准，擅自拆除、闲置大气污染物处理设施的；

……

(七) 违反本办法第三十二条第一款规定，饮食服务业经营者未采取有效防治污染措施，致使排放的油烟对附近居民的居住环境造成污染的。

讨论的问题：

1. 用自由裁量权的原则分析，对某酒楼处罚 5 万元，是否过重？
2. 要使某酒楼对处罚数额服气，还需要有哪些方面的证据？

第三章　环境行政处罚听证程序

第一节　概述

一、听证程序的概念

听证是行政机关在作出影响行政相对人合法权益的决定前，由行政机关告知决定理由和听证权利，行政相对人有表达意见、提供证据以及行政机关听取意见、接纳证据的程序所构成的一种法律制度。1996 年 3 月发布的《行政处罚法》首次正式将听证制度引入我国，在我国行政程序立法史上具有里程碑的意义。

听证的内涵是“听取对方意见”，指行政机关在作出处罚前，必须听取当事人的意见。当事人有权向行政机关提交有利于自己的证据，为自己进行申辩。作为一项法律制度，听证在英国是《普通法》上古老的自然公正原则的要求，在美国则是《联邦宪法》规定的正当法律程序原则的基本要求。听证形式有多种，听证会是其中最为正式的形式，让行政机关调查人员与相对人之间展开充分对抗，有助于行政机关准确认定事实，保证最终行政决定的正确。

听证制度的类型分为立法听证、行政决策听证及具体行政行为听证三类。立法听证，包括国家法律和地方性法规、自治条例、单行条例的听证；行政决策听证包括行政法规、规章、规划和其他抽象行政行为、政策的听证；具体行政行为听证包括行政处罚、行政许可、行政强制、行政征收、行政给付等行政处理决定的听证。

此外，在我国《行政处罚法》颁布实施之后，国务院又发布实施了一系列相关文件，如《国务院关于全面推进依法行政的决定》（1999）《全面推行依法行政实施纲要》（2004）《国务院关于加强市县政府依法行政的决定》（2008）《国务院关于加强法治政府建设的意见》（2010）等，在听证制度方面提出了新的要求。这些新要求需要体现在环境执法程序之中，以推进环保部门的依法行政工作。本章将专门就有关环境行政处罚听证程序方面的问题做一介绍。

环境行政处罚听证程序是指环保部门在作出重大的、影响相对人权利义务关系的行政处罚决定之前，听取当事人陈述、申辩和质证，然后根据双方质证、核实的材料作出行政处罚决定的一种程序。

行政处罚听证程序是行政执法程序的核心和灵魂。其目的在于弄清事实、发现真相，给予当事人就重要的事实表达意见的机会。通过实行处罚听证制度，使得行政处罚过程的公开性、透明度得以提升，在有效保障行政管理相对人合法权益的同时，亦能优化环保部门的对外形象，公民与行政执法人员的法律意识均能得到增强。

有些学者认为，听证从大的方面来归类，仍然属于行政处罚决定程序中的一个特别调查程序。但听证和调查具有完全不同的职能。听证的目的是为了听取当事人对事实的认定、法律的适用是否恰当的意见，体现了行政程序中的参与原则，并使当事人的意志在行政处罚程序中有所体现。调查是行政机关单方面行使的，其目的为了查明事实真相，但不包括对法律依据的审查，当事人应当配合行政机关的调查。

二、环境行政处罚听证程序的特点

环境行政处罚听证程序具有如下特点：

（1）听证只适用一般程序中重大的行政处罚，如责令停产停业、吊销许可证或较大数额罚款的行政处罚方可适用听证程序。

（2）听证由环境行政机关非本案调查人员主持，并由各方利害关系人参加。

（3）听证必须公开进行，不仅环境行政机关和利害关系人参加，而且社会各界和普通公民可以旁听，还可以发表意见，新闻记者可以采访。

三、举行行政处罚案件听证须遵循的基本原则

（一）公开原则

《环境行政处罚听证程序规定》第三条规定，环境保护主管部门组织听证，应当遵循公开、公正和便民的原则，充分听取意见，保证当事人陈述、申辩和质证的权利。

公开是听证程序顺利进行的前提条件。具体而言，公开原则要求听证程序公开进行，在举行听证会之前应发出公告，告知利害关系人听证程序举行的时间、地点、案由等情况；允许群众、记者旁听，允许记者采访报道；在听证过程中，当事人有权在公开举行听证的地点进行陈述和申辩，提出自己的主张和证据，反驳对方主张和证据；行政机关作出决定的事实根据必须公开并经当事人质证，不能以一方当事人所知悉的证据作为决定作出的事实根据，根据听证记录作出行政决定的内容也必须公开。坚持听证程序公开原则时还要注意掌握例外规定，如涉及国家秘密、商业秘密或者个人隐私时，不得公开。

公开举行的听证，公民、法人或者其他组织可以申请参加旁听。

（二）职能分离原则

对听证主持人应由行政机关在非本案调查人员中指定，主持人与本案有利害关系的，应当回避。

（三）事先告知原则

事先告知原则是听证制度的核心内容之一。行政机关举行听证，作出处罚决定前，应当告知相对人听证所涉及的主要事项和听证时间、地点，以保证行政处罚决定的适当性与

合法性。

（四）案卷排他性原则

该原则要求各行政机关按照正式听证程序作出的决定要以案卷为根据，不能在案卷之外，以当事人未知悉和未论证的事实为根据。目的是保障当事人有效行使陈述意见的权利和反驳不利于己证据的权利。

第二节　听证的适用范围

一、当事人要求的听证的适用

（一）适用范围

按照《行政处罚法》《环境行政处罚听证程序规定》规定，环境保护主管部门在作出以下行政处罚之前，应当告知当事人有申请听证的权利；当事人申请听证的，环境保护主管部门应当组织听证。

（1）拟对法人、其他组织处以人民币 50000 元以上或者对公民处以人民币 5000 元以上罚款的；

（2）拟对法人、其他组织处以人民币（或者等值物品价值）50000 元以上或者对公民处以人民币（或者等值物品价值）5000 元以上的没收违法所得或者没收非法财物的；

（3）拟处以暂扣、吊销许可证或者其他具有许可性质的证件的；

（4）拟责令停产、停业、关闭的。

另外，行政机关认为有必要进行听证的也可以组织听证。

根据上述规定我们可以看出，听证必须在限定的范围举行，并不是所有的行政处罚案件都必须听证。限定听证案件的范围，是从公平与效率兼顾的原则出发，既保证行政机关处理行政处罚案件的效率，也注重行政处罚程序中的民主程序建设。但是，听证并不是行政处罚的必经程序。只有属于法律规定范围内的行政处罚案件，才举行听证。

（二）当事人要求听证的条件

当事人提出听证要求的基本条件包括：

（1）当事人对行政机关作出的行政处罚，在违法事实的认定上有重大分歧。如果当事人与行政机关对违法事实的认定无异议，则不必举行听证。

（2）必须是属于行政处罚规定的听证范围内的案件，只有属于重大的行政处罚案件才可以举行听证，即给予责令停产停业、吊销许可证或者执照，较大数额罚款的行政处罚案件。

（3）当事人必须按照程序提出听证要求的或者行政机关认为有必要举行听证的，行政机关才组织听证。

如果当事人本人不要求听证的，行政机关可以不组织听证；如果当事人未在规定期限内提出听证申请的或者行政处罚案件以外的人员提出听证申请，环保部门不组织听证。

二、行政机关组织听证的适用

听证除了由当事人提出以外，行政机关认为有听证必要的也可以组织所证。但是，必须事先商得当事人的同意。

依据《环境保护行政处罚法》及《环境行政处罚听证程序规定》的相关规定，行政机关认为有必要举行听证的情况大致有以下几种：

（1）环保部门认为案件重大疑难的，经商得当事人同意，可以组织听证。行政处罚案件重大、复杂，需要极其慎重决定的，在作出行政处罚决定之前，行政机关组织听证，有利于作出正确的行政处罚决定；

（2）符合行政处罚法规定的听证案件范围，并且当事人对事实的认定确有不同意见，当事人又有听证意愿的，但是当事人因客观原因或者有正当理由，在环境部门告知后的 3 日内未能提出听证要求的，环境部门可以根据情况决定是否组织听证；

（3）行政处罚案件在本行政机关的权限范围内的环境行政管理事项中，带有普遍性或者有很大影响的，通过公开举行听证，可以扩大影响，有利于教育公民、法人或者其他组织自觉守法，环境部门可以组织听证。

第三节　听证主持人和听证参加人

一、听证的主持人

（一）听证主持人的产生

听证主持人是听证程序中最关键的人员，他必须切实保证听证的顺利进行，并确保当事人的权利得以实现，以使听证制度的公正、公平原则得到保障。因此，听证主持人和案件调查人员的分离是这一原则实现的基本要求。《行政处罚法》第四十二条第四项规定："听证由行政机关指定的非本案调查人员主持"。根据规定，只要是非本案调查人员的行政机关工作人员，都可以被指定为听证程序的主持人。《环境行政处罚听证程序规定》规定，听证由拟作出行政处罚决定的环保部门组织，环保部门指定 1 名听证主持人和 1 名记录员具体承担听证工作，必要时可以指定听证员协助听证主持人。听证主持人、听证员和记录员应当是非本案调查人员。涉及专业知识的听证案件，可以邀请有关专家担任听证员。

为了保障听证的公正性和独立性提高听证的质量，目前各地环保部门在组织听证时听证主持人多数是由领导指定本机关的法制部门人员担任。有些地方规定，听证主持人必须是从事执法工作 2 年以上或者从事执法工作 5 年以上的经验丰富的执行人员担任。有的地方规定，听证主持人要有大专以上文化程度，有些地方还规定了听证主持人资格认证制度，但我国现行的法律法规和规章对这方面均未作规定。

（二）听证主持人的职权

（1）决定举行听证会的时间、地点；
（2）依照规定程序主持听证会；
（3）就听证事项进行询问；
（4）接收并审核证据，必要时可要求听证参加人提供或者补充证据；
（5）维持听证秩序；
（6）决定中止、终止或者延期听证；
（7）审阅听证笔录。

（三）听证主持人的义务

（1）决定将听证通知送达案件听证参加人；
（2）公正地主持听证，保障当事人行使陈述权、申辩权和质证权；
（3）具有回避情形的，自行回避；
（4）保守听证案件涉及的国家秘密、商业秘密和个人隐私；
（5）向本部门负责人书面报告听证会情况。

（四）回避制度

听证源于古老的自然公正原则，该原则有两个基本要求，一是听取双方当事人意见，这一要求发展至今演化成听证制度；二是任何人都不能成为自己的法官，这一要求演化成今日的回避制度。对听证主持人同样适用回避制度。

回避有两种方式：自行回避和申请回避。

1．自行回避

《环境行政处罚听证程序规定》第十一条规定，有下列情形之一的，听证主持人、听证员、记录员应当自行回避，当事人也有权申请其回避：（一）是本案调查人员或者调查人员的近亲属；（二）是本案当事人或者当事人的近亲属；（三）是当事人的代理人或者当事人代理人的近亲属；（四）是本案的证人、鉴定人、监测人员；（五）与本案有直接利害关系；（六）与听证事项有其他关系，可能影响公正听证的。

前款规定，也适用于鉴定、监测人员。

2．申请回避

《环境行政处罚听证程序规定》第十二条规定，当事人应当在听证会开始前书面提出回避申请，并说明理由。

在听证会开始后才知道回避事由的，可以在听证会结束前提出。

在回避决定作出前，被申请回避的人员不停止参与听证工作。

3．回避决定

《环境行政处罚听证程序规定》第十三条规定，听证员、记录员、证人、鉴定人、监测人员的回避，由听证主持人决定；听证主持人的回避，由听证组织机构负责人决定；听证主持人为听证组织机构负责人的，其回避由环境保护主管部门负责人决定。

二、听证参加人

听证参加人包括听证机关、听证人员、行政处罚当事人及其代理人、案件调查人员、第三人、证人、鉴定人、翻译人员。听证主持人有权通知与所听证案件有关的证人、鉴定人、勘验人到场参加听证。

（一）当事人

要求举行听证的公民、法人或者其他组织是听证的当事人。

1. 当事人的权利

（1）申请或者放弃听证；

（2）依法申请不公开听证；

（3）依法申请听证主持人、听证员、记录员回避；

（4）可以亲自参加听证，也可以委托1～2人代理参加听证；

（5）就听证事项进行陈述、申辩和举证、质证；

（6）进行最后陈述；

（7）审阅并核对听证笔录；

（8）依法查阅案卷材料。

2. 当事人的义务

（1）依法举证、质证；

（2）如实陈述和回答询问；

（3）遵守听证纪律。

（二）第三人

《环境行政处罚听证程序规定》第十六条规定，与案件有直接利害关系的公民、法人或其他组织要求参加听证会的，环境保护主管部门可以通知其作为第三人参加听证。

第三人超过5人的，可以推选1～5名代表参加听证，并于听证会前提交授权委托书。

第三人可能有下列两种情况：

（1）对环保部门拟作出的环境行政处罚不服，被处罚人要求听证，那么被处罚人的违法行为的受害人可以作为第三人参加听证。

（2）在同一行政处罚决定中处罚的几个当事人中，某一个或几个当事人对拟作出的行政处罚不服要求听证，其余没有提出听证申请的当事人可以作为第三人参加听证。《环境行政处罚听证程序规定》第二十一条二款规定，案件有2个以上当事人，其中部分当事人提出听证申请的，环境保护主管部门可以通知其他当事人参加听证。

（三）委托代理人

委托代理人，是指受当事人、第三人的委托，代为参加听证的人。

委托代理人参加听证的，应当向行政机关提交由委托人签名或者盖章的授权委托书。

授权委托书应当载明委托事项及委托权限。代理人代为放弃行使陈述权、申辩权和质证权的，应有委托人的特别授权。《环境行政处罚听证程序规定》第二十五条规定，委托代理人参加听证的，应当在听证会前提交授权委托书。授权委托书应当载明：委托人及其代理人的基本信息；委托事项及权限；代理权的起止日期；委托日期；委托人签名或者盖章。

（四）听证机关的听证人员

听证机关的听证人员包括听证主持人、听证员和记录员。

听证主持人由行政机关负责人指定，一般由本机关法制机构人员或者专职法制人员担任。

行政机关可以指定本机关工作人员担任听证员，协助听证主持人组织听证。但本案调查人员不得担任听证人员。

行政机关应指定 1 名内部工作人员担任记录员，负责听证的准备、听证笔录的制作和其他事务。

需要注意的是，《环境行政处罚听证程序规定》规定，案件调查人员、第三人、有关证人也要承担与当事人相同的义务。

第四节　听证的告知、申请和通知

一、告知

（一）告知的时间

告知听证的时间应在调查完毕，作出对于直接涉及当事人的切身利益且符合听证条件的行政处罚决定之前应书面告知当事人有申请听证的权利。《行政处罚法》第四十二条规定，行政机关作出责令停产停业、吊销许可证或者执照、较大数额罚款等行政处罚决定之前，应当告知当事人有要求举行听证的权利；当事人要求听证的，行政机关应当组织听证。当事人不承担行政机关组织听证的费用。

（二）告知的内容

行政处罚告知通知书应告知作出处罚依据的法律条文、处罚的法律事实、写明处罚的措施写明听证的相关程序，及相关权利义务。

《行政处罚听证告知书》应当载明下列事项：

（1）当事人的姓名或者名称；

（2）已查明的环境违法事实和证据、处罚理由和依据；

（3）拟作出的行政处罚的种类和幅度；

（4）当事人申请听证的权利；

（5）提出听证申请的期限、申请方式及未如期提出申请的法律后果；

（6）告知机关和告知时间（环境保护主管部门名称和作出日期，并且加盖环境保护主管部门的印章）。

（三）告知的方式

听证告知书可以直接送达、委托送达或者以公告方式送达，除公告送达外，申请人或者利害关系人应在收到送达听证告知书的送达回执上签名或者盖章。

二、听证的申请

当事人要求听证的，在收到《行政处罚听证告知书》之日起3日内，向拟作出行政处罚决定的环境保护主管部门提出书面申请。当事人未如期提出书面申请的，环境保护主管部门不再组织听证。以邮寄方式提出申请的，以寄出的邮戳日期为申请日期。因不可抗力或者其他特殊情况不能在规定期限内提出听证申请的，当事人可以在障碍消除的3日内提出听证申请。

三、听证的通知

依据《环境行政处罚听证程序规定》第十九条规定，环境保护主管部门应当在收到当事人听证申请之日起7日内进行审查。对不符合听证条件的，决定不组织听证，并告知理由。对符合听证条件的，决定组织听证，制作并送达《行政处罚听证通知书》。

《行政处罚听证通知书》应当载明下列事项，并在举行听证会的7日前送达当事人和第三人：

（1）当事人的姓名或者名称；

（2）听证案由；

（3）举行听证会的时间、地点；

（4）公开举行听证与否及不公开听证的理由；

（5）听证主持人、听证员、记录员的姓名、单位、职务等信息；

（6）委托代理权、对听证主持人和听证员的回避申请权等权利；

（7）提前办理授权委托手续、携带证据材料、通知证人出席等注意事项；

（8）环境保护主管部门名称和作出日期，并盖有环境保护主管部门印章。

听证会应当在决定听证之日起30日内举行，环保部门应当在听证的7日前，通知当事人举行听证的时间、地点。

当事人接到听证通知后由于种种原因需要申请变更听证时间的，根据相关规定，变更申请应当在听证会举行的3日前向组织听证的环境保护主管部门提出书面申请，并说明理由。理由正当的，环境保护主管部门应当同意。

第五节　听证会的举行

一、听证的组织机关

听证一般由拟作出适用听证程序的行政处罚的行政机关为听证机关，负责组织听证。受委托组织拟作出适用听证程序的行政处罚的，由委托的行政机关组织听证。行政机关不得委托其他机关或者组织举行听证。

二、听证流程

根据《环境行政处罚听证程序规定》，听证会的举行遵循以下步骤：

第一，听证准备阶段。

（1）记录员查明听证参加人的身份和到场情况。

（2）宣布听证会场纪律和注意事项

听证参加人和旁听人员应当遵守如下会场纪律：

①未经听证主持人允许，听证参加人不得发言、提问；

②未经听证主持人允许，听证参加人不得退场；

③未经听证主持人允许，听证参加人和旁听人员不得录音、录像或者拍照；

④旁听人员不得发言、提问；

⑤听证参加人和旁听人员不得喧哗、鼓掌、哄闹、随意走动、接打电话或者进行其他妨碍听证的活动。

听证参加人和旁听人员违反上述纪律，致使听证会无法顺利进行的，听证主持人有权予以警告直至责令其退出会场。

（3）介绍听证主持人、听证员和记录员的姓名、工作单位、职务。

第二，听证进行阶段。

（1）听证主持人宣布听证会开始，介绍听证案由，询问并核实听证参加人的身份，告知听证参加人的权利和义务；询问当事人、第三人是否申请听证主持人、听证员和记录员回避。

（2）案件调查人员陈述当事人违法事实，出示证据，提出初步处罚意见和依据；

（3）当事人进行陈述、申辩，提出事实理由依据和证据；

（4）第三人进行陈述，提出事实理由依据和证据；

（5）案件调查人员、当事人、第三人进行质证、辩论；

（6）案件调查人员、当事人、第三人作最后陈述。

在证据的出示和质证过程中，与案件相关的证据都应当在听证中出示，并经质证后确认，但涉及国家秘密、商业秘密和个人隐私的证据，由听证主持人和听证员验证，不公开出示。

在质证过程中主要围绕证据的合法性、真实性、关联性进行，针对证据证明效力有无以及证明效力大小进行质疑、说明与辩驳。对书证、物证和视听资料进行质证时，应当出示证据的原件或者原物。对于出示原件或者原物确有困难的或者原件或者原物已经不存在的，经听证主持人同意可以出示复制件或者复制品。视听资料应当在听证会上播放或者显示，并进行质证后认定。

对听证证据的处理可以参照《行政诉讼法》等行政证据的相关规定。

在整个听证过程中，主持人可以向当事人、调查人员、证人或第三人提问；有关人员应当如实回答。

对听证的全过程组织听证的环保部门应当制作听证笔录，笔录内容应包括：

（1）听证案由；

（2）听证主持人、听证员和记录员的姓名、工作单位、职务；

（3）听证参加人的基本情况；

（4）听证的时间、地点；

（5）听证公开情况；

（6）案件调查人员陈述的当事人违法事实、证据，提出的初步处理意见和依据；

（7）当事人和其他听证参加人的主要观点、理由和依据；

（8）相互质证、辩论情况；

（9）延期、中止或者终止的说明；

（10）听证主持人对听证活动中有关事项的处理情况等情况。

第三，听证会后阶段

（1）听证主持人宣布听证会结束。

（2）听证结束后，听证笔录交陈述意见的案件调查人员、当事人、第三人审核无误后当场签字或者盖章。拒绝签字或者盖章的，将情况记入听证笔录。

（3）听证结束后听证主持人应当制作听证报告，以书面形式报本部门负责人。听证报告内容应包括：

①听证会举行的时间、地点；

②听证案由、听证内容；

③听证主持人、听证员、书记员、听证参加人的基本信息；

④听证参加人提出的主要事实、理由和意见；

⑤对当事人意见的采纳建议及理由；

⑥综合分析，提出处罚建议。

听证程序流程图如图 2-3-1 所示。

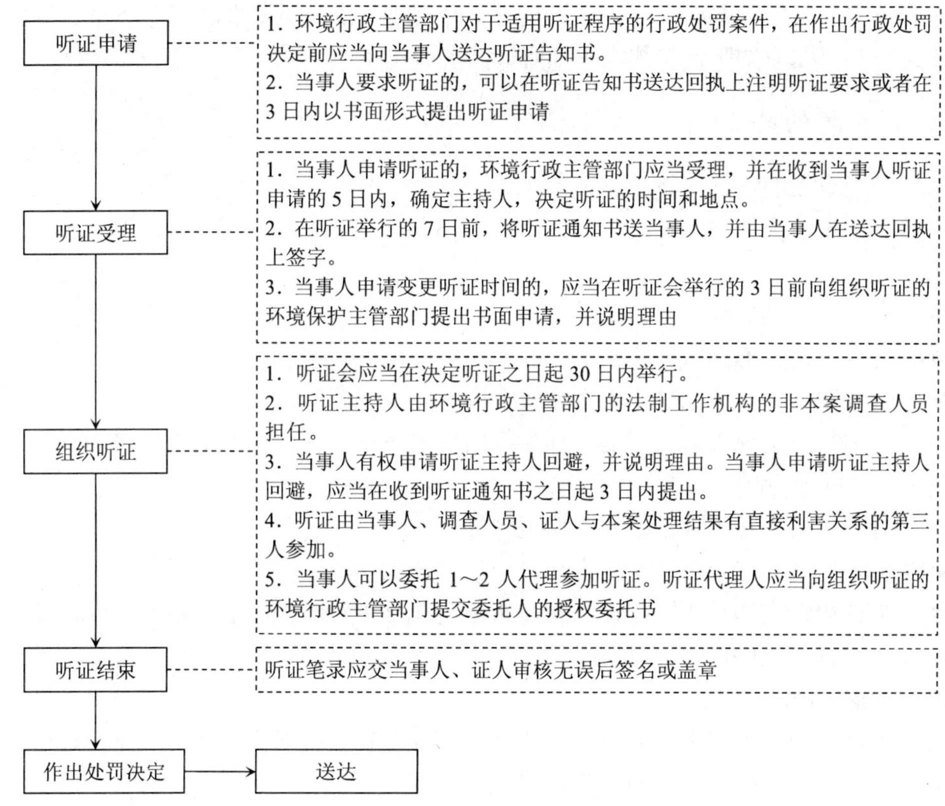

图 2-3-1　听证程序流程图

三、听证的延期、中止和终止

（一）听证的延期

出现下列情况之一时，听证会可以延期：

（1）因不可抗力致使听证会无法按期举行的。

不可抗力是指独立于人的行为之外，且不以人的主观意志为转移的客观情况。一般说来，不可抗力是人力所不可抗拒的力量，包括某些自然现象（如地震、台风、洪水等）和某些社会现象（如战争等）。《民法通则》第一百五十三条规定，不可抗力是指不可预见，不能避免，并不能克服的客观情况。

（2）当事人在听证会上申请听证主持人回避，并有正当理由的。

（3）当事人申请延期，并有正当理由的。

环保部门决定延期听证并通知听证参加人；听证会举行过程中出现上述情形的，听证主持人决定延期听证并记入听证笔录。

（二）听证的中止

在听证会进行过程中提出的新的事实、理由、依据需要进一步调查核实或者鉴定的情况下，听证主持人可以做出听证中止的决定。待事实、依据等调查清楚，环保部门决定恢复听证的，应书面通知听证参加人参加听证。

（三）听证的终止

（1）应当事人的情况而终止听证的情况。

当事人出现下列情况之一时听证终止：

① 听证会前

- 当事人明确放弃听证权利的；
- 听证申请人撤回听证申请的；
- 听证申请人无正当理由不出席听证会的。

听证会举行前出现上述情形的，环保部门决定终止听证，并通知听证参加人。

② 听证进行过程中

- 听证申请人在听证过程中声明退出的；
- 听证申请人未经听证主持人允许中途退场的；
- 听证申请人违反听证纪律，妨碍听证会正常进行，被听证主持人责令退场的。

听证会举行过程中出现上述情形的，听证主持人决定终止听证并记入听证笔录。

③ 听证申请人机构终止。

听证申请人为法人或者其他组织的，该法人或者其他组织终止后，承受其权利、义务的法人或者组织放弃听证权利的，听证终止。

（2）因客观情况发生重大变化，致使听证会没有必要举行的，听证终止。

思考题

1. 哪些行政处罚可以适用行政处罚听证程序？
2. 简述行政处罚听证的告知和通知。
3. 听证主持人有哪些职责和义务。
4. 简述听证程序的基本流程。
5. 简述听证的延期、中止和终止的条件。

第四章　环境违法行为认定

第一节　违反建设项目环境保护管理规定行为的认定

一、违反环境影响评价制度行为的认定

（一）法律规定

《环境影响评价法》第二条规定，环境影响评价，是指对规划和建设项目实施后可能造成的环境影响进行分析、预测和评估，提出预防或者减轻不良环境影响的对策和措施，进行跟踪监测的方法与制度。本章仅就建设项目实施环境影响评价过程中存在的环境违法行为的认定问题进行论述。

根据《环境影响评价法》《建设项目环境保护管理条例》以及《环境保护总局建设项目环境影响评价审批程序规定》等规定，环境影响评价文件审批程序包括：

1．申请和受理

根据《环境影响评价法》《环境保护总局建设项目环境影响评价审批程序规定》的规定，依法需要环保部门审批的建设项目环境影响评价文件，建设单位应当向环保部门提出申请，提交下列材料，并对所有申报材料内容的真实性负责：

（1）建设项目环境影响评价文件报批申请书；

（2）建设项目环境影响评价文件；

（3）建设项目建议书批准文件（审批制项目）或备案准予文件（备案制项目）；

（4）依据有关法律、法规、规章应提交的其他文件。

环保部门对建设单位提出的申请和提交的材料，根据情况分别作出下列处理：

（1）申请材料齐全、符合法定形式的，予以受理，并出具受理回执；

（2）申请材料不齐全或不符合法定形式的，当场或在 5 日内一次告知建设单位需要补正的内容；

（3）按照审批权限规定不属于环保总局审批的申请事项，不予受理，并告知建设单位向有关机关申请。

2．批准

（1）经审查通过的建设项目，环保部门作出予以批准的决定，并书面通知建设单位。对不符合条件的建设项目，环保部门作出不予批准的决定，书面通知建设单位，并说明理由。

（2）建设项目的环境影响评价文件自批准之日起超过 5 年，方决定该项目开工建设的，其环境影响评价文件应当报环保部门重新审核。

环保部门对环境影响评价文件进行重新审核时，对于建设项目所在区域环境质量状况没有变化，原审批中适用的法律、法规、规章、标准也没有变化的，环保部门可作出予以核准的决定，并书面通知建设单位。

（3）建设项目的环境影响评价文件经批准后，建设项目的性质、规模、地点、采用的生产工艺或者防治污染、防止生态破坏的措施发生重大变动的，建设单位应当重新报批建设项目的环境影响评价文件。

建设单位对审批、重新审核或重新报批决定有异议的，可依法申请行政复议或提起行政诉讼。

（二）建设项目实施过程中环境违法行为的认定

根据《环境影响评价法》的规定，环境影响评价文件审批过程中的下列行为属于违法行为：

1．建设单位未依法报批建设项目环境影响评价文件，擅自开工建设的行为

《环境影响评价法》第二十五条规定，建设项目的环境影响评价文件未经法律规定的审批部门审查或者审查后未予批准的，该项目审批部门不得批准其建设，建设单位不得开工建设。

2．建设项目发生重大变动，建设单位未依法重新报批环境影响评价文件，擅自开工建设的行为

《环境影响评价法》第二十四条第一款规定，建设项目的环境影响评价文件经批准后，建设项目的性质、规模、地点、采用的生产工艺或者防治污染、防止生态破坏的措施发生重大变动的，建设单位应当重新报批建设项目的环境影响评价文件。

3．环境影响评价文件批准超过 5 年未建设，建设单位未依法报请重新审核环境影响评价文件，擅自开工建设的行为

《环境影响评价法》第二十四条第二款规定，建设项目的环境影响评价文件自批准之日起超过 5 年，方决定该项目开工建设的，其环境影响评价文件应当报原审批部门重新审核；原审批部门应当自收到建设项目环境影响评价文件之日起 10 日内，将审核意见书面通知建设单位。

发现上述三种环境违法行为后，应当由有权审批或者重新审核环境影响评价文件的环保部门根据《环境影响评价法》第三十一条的规定，责令建设单位限期补办手续；对于逾期不补办手续的，可以处以罚款。

《环境影响评价法》第三十一条第一款规定，建设单位未依法报批建设项目环境影响评价文件，或者未依照本法第二十四条的规定重新报批或者报请重新审核环境影响评价文件，擅自开工建设的，由有权审批该项目环境影响评价文件的环境保护行政主管部门责令停止建设，限期补办手续；逾期不补办手续的，可以处以 5 万元以上 20 万元以下的罚款，对建设单位直接负责的主管人员和其他直接责任人员，依法给予行政处分。

4．环境影响评价文件未经批准，建设单位擅自开工建设的行为

《环境影响评价法》第二十五条规定，建设项目的环境影响评价文件未经法律规定的审批部门审查或者审查后未予批准的，该项目审批部门不得批准其建设，建设单位不得开工建设。

本项环境违法行为，是指建设单位就其建设项目已经报送环境影响评价文件或者已经申请重新审核环境影响评价文件，但在法定期限内审批部门尚未批准，该项目就已擅自开始建设的行为。针对这种情况，环保部门可以依据《环境影响评价法》第三十一条第二款的规定直接处以罚款即可。《环境影响评价法》第三十一条第二款规定，建设项目环境影响评价文件未经批准或者未经原审批部门重新审核同意，建设单位擅自开工建设的，由有权审批该项目环境影响评价文件的环境保护行政主管部门责令停止建设，可以处以 5 万元以上 20 万元以下的罚款，对建设单位直接负责的主管人员和其他直接责任人员，依法给予行政处分。

5．未持有经审核和批准的环境影响报告书，兴建海岸工程建设项目的行为

依据《环境影响评价法》第三十一条第三款规定，海洋工程建设项目的建设单位违反建设项目环境保护管理规定的行为，可依据《海洋环境保护法》进行处罚。

《海洋环境保护法》第四十三条规定，海岸工程建设项目的单位，必须在建设项目可行性研究阶段，对海洋环境进行科学调查，根据自然条件和社会条件，合理选址，编报《环境影响报告书》。《环境影响报告书》经海洋行政主管部门提出审核意见后，报环境保护行政主管部门审查批准。

环境保护行政主管部门在批准环境影响报告书之前，必须征求海事、渔业行政主管部门和军队环境保护部门的意见。

《海洋环境保护法》第八十条规定，违反本法第四十三条第一款的规定，未持有经审核和批准的环境影响报告书，兴建海岸工程建设项目的，由县级以上地方人民政府环境保护行政主管部门责令其停止违法行为和采取补救措施，并处以 5 万元以上 20 万元以下的罚款；或者按照管理权限，由县级以上地方人民政府责令其限期拆除。

依据《海洋环境保护法》的规定，对于违法进行海岸工程建设的行为处以罚款的处罚权，由县级以上环保部门行使。此外，该法第八十条还规定，也可以由县级以上地方人民政府责令其限期拆除。

（三）违反环境影响评价制度行为的事实证明和调查事项

认定违反环境影响评价制度的行为的主要调查事项和证据为，建设单位编制的环境影响评价文件、环保部门审批意见及当事人有关建设项目的规划、选址、设计、建设材料等用以证明其守法建设的资料。

下面就上述五种违反建设项目环境管理规定行为的事实证明和证据收集分别加以说明（见表 2-4-1 至表 2-4-6）。

表 2-4-1　建设单位未依法报批建设项目环境影响评价文件，擅自开工建设的行为的事实证明和证据收集

主要事实	1．未依法报批建设项目环境影响评价文件； 2．建设项目已经开工建设的事实； 3．环保部门责令停止建设、限期补办手续的事实； 4．当事人逾期未补办相关手续的事实

必要证据（证明主要事实）	1．当事人的身份证明（营业执照）； 2．调查询问笔录，或者现场检查（勘察）笔录
可收集的补充证据（证明裁量事实、印证主要事实）	1．现场照片、录像； 2．环境监察记录； 3．企业有关建设项目的规划、选址、设计、建设等材料； 4．企业有关环保资料，如环境保护业务咨询服务登记表、环评大纲、环评报告书、评估意见等； 5．土地、规划、经济综合等行政机关的项目审批材料； 6．附近居（村）民或者受害人的证言； 7．环保部门处理违法行为的行政决定； 8．投诉、举报、信访材料
主要调查事项	1．建设单位的基本情况； 2．建设项目的名称、地点、规模、性质； 3．建设单位未编制环评文件的原因； 4．建设项目何时开工建设； 5．是否对环境造成影响，影响的程度如何； 6．是否对附近居民、单位产生影响，影响的程度； 7．是否在施工中采取减少污染环境的措施

表 2-4-2 建设项目发生重大变动，建设单位未依法重新报批环境影响评价文件，擅自开工建设的行为的事实证明和证据收集

主要事实	1．未依法重新报批环境影响评价文件的事实； 2．建设项目已经开工建设的事实； 3．环保部门责令停止建设、限期补办手续的事实和当事人逾期未补办手续的事实
必要证据（证明主要事实）	1．当事人的身份证明（营业执照）； 2．调查询问笔录，或者现场检查（勘察）笔录
可收集的补充证据（证明裁量事实、印证主要事实）	1．现场照片、录像； 2．环境监察记录； 3．企业有关建设项目的规划、选址、设计、变更、建设等材料； 4．企业有关环保资料，如环境保护业务咨询服务登记表、环评大纲、环评报告书、评估意见等； 5．土地、规划、经济综合等行政机关的项目审批材料； 6．附近居（村）民或者受害人的证言； 7．环保部门处理违法行为的行政决定； 8．投诉、举报、信访材料
主要调查事项	1．建设单位的基本情况； 2．建设项目的名称、地点、规模、性质、工艺和防治污染、防治生态破坏的措施； 3．原环评文件批准时间、要求； 4．建设项目发生变化的时间、内容； 5．变化前是否重新向环保部门报批过环评文件； 6．未重新报批的原因； 7．是否对环境造成影响、影响的程度如何； 8．是否对附近居民、单位产生影响，影响程度如何； 9．建设单位是否采取减少环境污染和生态破坏的措施

表 2-4-3 建设项目环境影响评价文件批准超过 5 年未建设，建设单位未依法报请重新审核环境影响评价文件，擅自开工建设的行为的事实证明和证据收集

主要事实	1. 未依法报批、未依法重新报批或者报请重新审核环境影响评价文件的事实； 2. 建设项目已经开工建设的事实； 3. 环保部门责令停止建设、限期补办手续的事实和当事人逾期未补办手续的事实（适用《环境影响评价法》第三十一条第一款）
必要证据（证明主要事实）	1. 当事人的身份证明； 2. 调查询问笔录，或者现场检查（勘察）笔录
可收集的补充证据（证明裁量事实、印证主要事实）	1. 现场照片、录像； 2. 环境监察记录； 3. 企业有关建设项目的规划、选址、设计、建设等材料； 4. 企业有关环保资料，如环境保护业务咨询服务登记表、环评大纲、环评报告书、评估意见等； 5. 土地、规划、经济综合等行政机关的项目审批材料； 6. 附近居（村）民或者受害人的证言； 7. 环保部门处理违法行为的行政决定； 8. 投诉、举报、信访材料
主要调查事项	1. 建设单位的基本情况； 2. 建设项目的名称、地点、规模、性质、工艺和防治污染、防治生态破坏的措施； 3. 原环评文件批准时间、要求； 4. 为何建设项目在环评文件批准的 5 年内未开工建设； 5. 是否在开工建设前报环保部门重新审核； 6. 未重新报审的原因； 7. 是否对环境造成影响、影响的程度如何； 8. 是否对附近居民、单位产生影响，影响程度如何； 9. 建设单位是否采取减少环境污染和生态破坏的措施

表 2-4-4 环境影响评价文件未经重新审核同意，建设单位擅自开工建设的行为的事实证明和证据收集

主要事实	1. 未依法重新报批环境影响评价文件的事实； 2. 建设项目已经开工建设的事实； 3. 环保部门责令停止建设、限期补办手续的事实和当事人逾期未补办手续的事实
必要证据（证明主要事实）	1. 当事人的身份证明； 2. 调查询问笔录，或者现场检查（勘察）笔录
可收集的补充证据（证明裁量事实、印证主要事实）	1. 现场照片、录像； 2. 环境监察记录； 3. 企业有关建设项目的规划、选址、设计、建设等材料； 4. 企业有关环保资料，如环境保护业务咨询服务登记表、环评大纲、环评报告书、评估意见等； 5. 土地、规划、经济综合等行政机关的项目审批材料； 6. 附近居（村）民或者受害人的证言； 7. 环保部门处理违法行为的行政决定； 8. 投诉、举报、信访材料

主要调查事项	1. 建设单位的基本情况； 2. 建设项目的名称、地点、规模、性质、工艺和防治污染、防治生态破坏的措施； 3. 原环评文件批准时间、要求； 4. 为何建设项目在环评文件批准的5年内未开工建设； 5. 是否在开工建设前报环保部门重新审核；原审核部门为何审核不同意； 6. 建设项目开工建设的时间；环评文件未经重新审核同意擅自开工建设的原因； 7. 是否对环境造成影响、影响的程度如何； 8. 是否对附近居民、单位产生影响，影响程度如何； 9. 建设单位是否采取减少环境污染和生态破坏的措施

表 2-4-5　环境影响评价文件未经批准，建设单位擅自开工建设的行为的事实证明和证据收集

主要事实	1. 未依法报批、未依法重新报批或者报请重新审核环境影响评价文件的事实； 2. 建设项目已经开工建设的事实； 3. 环保部门责令停止建设、限期补办手续的事实和当事人逾期未补办手续的事实（适用《环境影响评价法》第三十一条第一款）
必要证据（证明主要事实）	1. 当事人的身份证明； 2. 调查询问笔录，或者现场检查（勘察）笔录
可收集的补充证据（证明裁量事实、印证主要事实）	1. 现场照片、录像； 2. 环境监察记录； 3. 企业有关建设项目的规划、选址、设计、建设等材料； 4. 企业有关环保资料，如环境保护业务咨询服务登记表、环评大纲、环评报告书、评估意见等； 5. 土地、规划、经济综合等行政机关的项目审批材料； 6. 附近居（村）民或者受害人的证言； 7. 环保部门处理违法行为的行政决定； 8. 投诉、举报、信访材料
主要调查事项	1. 建设单位的基本情况； 2. 建设项目的名称、地点、规模、性质、工艺和防治污染、防治生态破坏的措施； 3. 原环评文件批准时间、要求； 4. 为何建设项目在环评文件批准的5年内未开工建设； 5. 是否在开工建设前报环保部门重新审核；原审核部门为何审核不同意； 6. 建设项目开工建设的时间；环评文件未经重新审核同意擅自开工建设的原因； 7. 是否对环境造成影响、影响的程度如何； 8. 是否对附近居民、单位产生影响，影响程度如何； 9. 建设单位是否采取减少环境污染和生态破坏的措施

表 2-4-6 未持有经审核和批准的环境影响报告书，擅自兴建海岸工程建设项目的行为的事实证明和证据收集

主要事实	1. 未依法报批、未依法重新报批或者报请重新审核环境影响评价文件的事实； 2. 建设项目已经开工建设的事实； 3. 环保部门责令停止建设、限期补办手续的事实和当事人逾期未补办手续的事实（适用《环境影响评价法》第三十一条第一款）
必要证据（证明主要事实）	1. 当事人的身份证明； 2. 调查询问笔录，或者现场检查（勘察）笔录
可收集的补充证据（证明裁量事实、印证主要事实）	1. 现场照片、录像； 2. 环境监察记录； 3. 企业有关建设项目的规划、选址、设计、建设等材料； 4. 企业有关环保资料，如环境保护业务咨询服务登记表、环评大纲、环评报告书、评估意见等； 5. 土地、规划、经济综合等行政机关的项目审批材料； 6. 附近居（村）民或者受害人的证言； 7. 环保部门处理违法行为的行政决定； 8. 投诉、举报、信访材料
主要调查事项	1. 建设单位的基本情况； 2. 兴建海岸工程项目的名称、地点、规模、性质、工艺和防治污染、防治生态破坏的措施； 3. 是否编制环评报告书； 4. 环评报告书是否经环保部门审核并批准； 5. 未持有经审核和批准的环评报告书，兴建海岸工程的原因； 6. 海岸工程建设项目排污种类、数量、浓度、方式，是否对环境造成影响、影响的程度如何（海洋环境和滩涂）； 7. 是否对附近居民、单位产生影响，影响程度如何； 8. 建设单位是否采取减少环境污染和生态破坏的措施

（四）对认定违法行为进行处罚时应注意的问题

1. 法律适用应准确

对违反建设项目环境管理规定的行为进行处罚时，应注意法律的适用问题。若同一个单位的一个违法行为同时违反了两个以上环境法律、法规或者规章条款，处罚时适用较高或者较重的条款。如，对于未报批环境影响评价文件而擅自开工建设的行为，在处罚时应依据《环境影响评价法》第三十一条的规定，而不应适用《建设项目环境保护管理条例》。

2. 主体应适格

对建设单位未按环境影响评价制度的要求报批或重新审核、重新报批环境影响评价文件的行为进行处罚时，依据《环境影响评价法》第三十一条规定，应由有审批权的环保部门实施；只有对违法进行的海岸工程建设项目进行处罚时，依据《海洋环境保护法》的规定由县级以上环保部门实施。

3．对违反建设项目环境管理规定行为进行处罚时应注意关于限期改正的规定

（1）必须在下达限期整改通知书后，企业未改正，才能实施处罚的：

①建设项目未报批环境影响评价文件，但该项目已经开始建设。

②未重新报批环境影响评价文件擅自扩大生产规模、改变生产工艺；或环境影响评价文件批准 5 年后，未经重新报批审核环境影响评价文件擅自动工开始建设的。

（2）环保部门可以对环境违法行为直接进行处罚的：

①建设项目已报送环境影响评价文件，但环评文件未经审批，已进行建设的。

②环境影响评价文件未经批准擅自扩大生产规模、改变生产工艺，或环境影响评价文件经审批 5 年后才动工建设的。

③建设项目未报批环境影响评价文件，已投入生产或营业。

④下达限期补办环评审批手续或限期申请验收通知后，逾期未补办相关手续或申请验收的。

二、违反试生产规定行为的认定

（一）法律规定

《建设项目环境保护管理条例》第十八条规定：建设项目的主体工程完工后，需要试生产的，其配套建设的环境保护设施必须与主体工程同时投入试运行。

《建设项目环境保护竣工验收环境保护管理办法》第七条规定：建设项目试生产前，建设单位应向有审批权的环境保护行政主管部门提出试生产申请。

《建设项目环境保护竣工验收环境保护管理办法》第八条规定：……试生产申请经环境保护行政主管部门同意后，建设单位方可进行试生产。

（二）试生产实施过程中环境违法行为的认定

1．未经批准，建设项目主体工程即投入试生产（试运行）的行为

《建设项目环境保护竣工验收环境保护管理办法》第七条规定：建设项目试生产前，建设单位应向有审批权的环境保护行政主管部门提出试生产申请。

《建设项目环境保护竣工验收环境保护管理办法》第八条规定：……试生产申请经环境保护行政主管部门同意后，建设单位方可进行试生产。

但是，对于建设单位未向环保部门提出申请（并经环保部门批准）而擅自进行试生产的情况，目前除一些地方性法规或者规章有处罚的规定外，国家的法律、法规均未规定相应的罚责。

2．配套的环保设施未与主体工程同时投入试生产的行为

《建设项目环境保护管理条例》第十八条规定：建设项目的主体工程完工后，需要试生产的，其配套建设的环境保护设施必须与主体工程同时投入试运行。

试生产建设项目配套建设的环保设施未与主体工程同时投入试生产运行的行为包括：

①试生产期间环境保护设施未按规定建成；

②试生产期间部分或全部污染物不经环保设施而直接排入环境；

③ 试生产期间将部分或全部污染物从环保设施中间工序引出直接排入环境；

④ 试生产期间环保设施未按规定程序操作，致使环保设施未与主体工程同时运行。

《建设项目环境保护管理条例》第二十六条规定：试生产建设项目配套建设的环境保护设施未与主体工程同时投入试运行的，责令限期改正；逾期不改正的，责令停止试生产，可以处 5 万元以下的罚款。

3．建设项目投入试生产超过 3 个月未申请竣工验收的行为

《建设项目环境保护管理条例》第二十条二款规定：需要进行试生产的建设项目，其配套建设的环保设施必须与主体工程同时投入试运行，并在投入试生产之日起 3 个月内申请竣工验收。

《建设项目环境保护管理条例》第二十七条规定：建设项目投入试生产超过 3 个月，建设单位未申请环境保护设施竣工验收，……责令限期办理环境保护设施竣工验收手续；逾期未办理的，责令停止试生产，可以处 5 万元以下的罚款。

4．试生产超过 1 年未申请主体工程竣工验收的行为

《建设项目环境保护竣工验收环境保护管理办法》第十条第二款规定：对试生产 3 个月确不具备环境保护验收条件的建设项目，向有审批权的环境保护行政主管部门提出该建设项目延期验收申请，……经批准后建设单位方可继续进行试生产。试生产的期限最长不超过 1 年。核设施建设项目试生产的期限最长不超过 2 年。

国家环境保护总局环函[2007]112 号第（五）项规定：对试生产超过 1 年（核设施建设项目为 2 年）仍未申请环保设施竣工验收的，可认定为试生产结束投入正式生产，应依据《环境保护法》第 36 条和《建设项目环境保护管理条例》第二十八条的规定，责令停止生产或使用。

《环境保护法》第三十六条规定：建设项目的防治污染设施没有建成或者没有达到国家规定的要求，投入生产或者使用的，……责令停止生产或者使用，可以并处罚款。

《建设项目环境保护管理条例》第二十八条规定：建设项目需要配套建设的环境保护设施未建成、未经验收或者经验收不合格，主体工程正式投入生产或者使用的，……责令停止生产或者使用，可以处 10 万元以下的罚款。

（三）违反试生产管理规定行为的事实证明和调查事项

认定违反试生产管理规定行为的主要调查事项和证据为建设单位未申请试生产、配套的环保设施未与主体工程同时投入试生产、试生产期间超标排放污染物的事实等用以证明建设单位违法进行试生产的材料。

下面就上述四种违反建设项目试生产环境管理规定行为的事实证明和证据收集分别加以说明（见表 2-4-7 至表 2-4-10）。

表 2-4-7　未经批准，建设项目主体工程投入试生产（试运行）的行为的事实证明和证据收集

主要事实	1．未经批准，建设项目投入试生产的事实； 2．主体工程投入试生产的事实
必要证据（证明主要事实）	1．当事人的身份证明； 2．调查询问笔录，或者现场检查（勘察）笔录

可收集的补充证据（证明裁量事实、印证主要事实）	1．现场照片、录像； 2．环境监察记录； 3．环境影响评价文件； 4．环保部门的环评批复； 5．企业试生产申请； 6．企业生产记录、排污记录、财务报表等材料； 7．环境监测报告，或者通过有效性审核的自动监控数据； 8．环保部门处理违法行为的行政决定； 9．附近居（村）民或者受害人的证言； 10．投诉、举报、信访材料
调查事项	1．建设项目的基本情况； 2．建设项目的名称、地点、性质、规模、工艺； 3．投入试生产的时间； 4. 是否向环保部门申请试生产，何时申请？环保部门是否批准，未批准的原因； 5．试生产中污染物排放种类、浓度、方式；环保设施是否同时投入试生产？ 6．是否对环境和周围居民造成影响，影响程度如何

表 2-4-8 配套的环保设施未与主体工程同时投入试生产的行为的事实证明和证据收集

主要事实	1．建设项目的环境保护设施未与主体工程同时投入试生产的事实； 2．主体工程投入试生产的事实
必要证据（证明主要事实）	1．当事人的身份证明； 2．调查询问笔录，或者现场检查（勘察）笔录
可收集的补充证据（证明裁量事实、印证主要事实）	1．现场照片、录像； 2．环境监察记录； 3．环境影响评价文件； 4．环保部门的环评批复； 5．企业试生产申请材料； 6．企业生产记录、排污记录、财务报表等材料； 7．环境监测报告，或者通过有效性审核的自动监控数据； 8．环保部门处理违法行为的行政决定； 9．附近居（村）民或者受害人的证言； 10．投诉、举报、信访材料
调查事项	1．建设项目的基本情况； 2．建设项目的名称、地点、性质、规模、工艺； 3．投入试生产的时间； 4. 是否向环保部门申请试生产，何时申请？环保部门是否批准，未批准的原因 5．试生产中污染物排放种类、浓度、方式；环保设施是否同时投入试生产？ 6．是否对环境和周围居民造成影响，影响程度如何

表 2-4-9　建设项目投入试生产超过 3 个月未申请竣工验收的行为的事实证明和证据收集

主要事实	1．建设项目投入试生产超过 3 个月的事实； 2．试生产超过 3 个月未申请竣工验收的事实
必要证据（证明主要事实）	1．当事人的身份证明； 2．调查询问笔录，或者现场检查（勘察）笔录
可收集的补充证据（证明裁量事实、印证主要事实）	1．现场照片、录像； 2．环境监察记录； 3．环境影响评价文件； 4．环保部门的环评批复； 5．企业试生产申请、验收申请、延期验收申请等材料； 6．企业生产记录、排污记录、财务报表等材料； 7．环境监测报告，或者通过有效性审核的自动监控数据； 8．环保部门处理违法行为的行政决定； 9．附近居（村）民或者受害人的证言； 10．投诉、举报、信访材料
调查事项	1．建设单位的基本情况； 2．建设项目的名称、规模、地点、工艺性质、工艺； 3．环保部门批准试生产的时间，建设项目投入试生产的时间； 4．环保设施是否同时投入试生产； 5．是否在试生产期满前申请环保设施的竣工验收，未申请的原因； 6．试生产期间排放污染物的种类、数量、浓度、方式； 7．是否影响附近居民、单位，影响程度如何

表 2-4-10　试生产超过 1 年未申请主体工程竣工验收的行为的事实证明和证据收集

主要事实	1．试生产超过 1 年的事实； 2．未申请主体工程竣工验收的事实
必要证据（证明主要事实）	1．当事人的身份证明； 2．调查询问笔录，或者现场检查（勘察）笔录
可收集的补充证据（证明裁量事实、印证主要事实）	1．现场照片、录像； 2．环境监察记录； 3．环境影响评价文件； 4．环保部门的环评批复； 5．企业试生产申请、验收申请、延期验收申请等材料； 6．企业生产记录、排污记录、财务报表等材料； 7．环境监测报告，或者通过有效性审核的自动监控数据； 8．环保部门处理违法行为的行政决定； 9．附近居（村）民或者受害人的证言； 10．投诉、举报、信访材料
调查事项	1．建设单位的基本情况； 2．建设项目的名称、规模、地点、工艺性质、工艺； 3．环保部门批准试生产的时间，建设项目投入试生产的时间； 4．环保设施是否同时投入试生产； 5．试生产是否超过 1 年，是否试生产期满前申请环保设施的竣工验收，未申请的原因； 6．试生产期间排放污染物的种类、数量、浓度、方式是否影响附近居民、单位，影响程度如何

（四）对认定的违法行为进行处罚时应注意的问题

（1）对于未申请试生产或试生产申请未获得批准擅自投入试生产的行为，目前国家只有国家环境保护总局制定的《建设项目竣工环境保护验收管理办法》有相关规定和要求，但该规定未有相应的罚则。对未申请试生产擅自投入试生产的行为的处罚，目前只有部分地区的地方法规有规定。

（2）对试生产期间污染物超标排放和试生产期间造成环境污染的行为的处罚同正常生产情况下发生该行为一样，依据现有污染防治法的相关规定进行，并不因为是试生产而对发生该类行为从轻处罚。

三、违反建设项目竣工环保验收管理规定行为的认定

（一）法律规定

《建设项目环境保护管理条例》第十六条规定：建设项目需要配套建设的环境保护设施，必须与主体工程同时设计、同时施工、同时投产使用。

第二十条规定：建设项目竣工后，建设单位应当……申请该建设项目需要配套建设的环境保护设施竣工验收。

环境保护设施竣工验收，应当与主体工程竣工验收同时进行。

第二十一条规定：分期建设，分期投入生产或者使用的建设项目，其相应的环境保护设施应当分期验收。

第二十三条规定：建设项目需要配套建设的环境保护设施验收合格，该建设项目方可投入生产或者使用。

《建设项目竣工环境保护验收管理办法》第九条规定：建设项目竣工后，建设单位应当向有审批权的环境保护行政主管部门，申请该建设项目竣工环境保护验收。

（二）违反建设项目竣工验收管理规定行为的认定

1. 环保设施未建成主体工程正式投入生产或者使用行为的认定

《建设项目环境保护管理条例》第十六条规定（见前，略）。

第二十八条规定：……建设项目需要配套建设的环境保护设施未建成、未经验收或者经验收不合格，主体工程正式投入生产或者使用的，由审批该建设项目环境影响报告书、环境影响报告表或者环境影响登记表的环境保护行政主管部门责令停止生产或者使用，可以处10万元以下的罚款。

2. 环保设施未申请竣工验收，主体工程正式投入生产行为的认定

《建设项目环境保护管理条例》第二十条规定，建设项目竣工后，建设单位应当向审批该建设项目环境影响报告书、环境影响报告表或者环境影响登记表的环境保护行政主管部门，申请该建设项目需要配套建设的环境保护设施竣工验收。

环境保护设施竣工验收，应当与主体工程竣工验收同时进行。……

第二十八条规定（略）。

3．环保设施竣工验收不合格，主体工程正式投入生产行为的认定

《建设项目环境保护管理条例》第二十三条规定：建设项目需要配套建设的环境保护设施经验收合格，该建设项目方可正式投入生产或者使用。

第二十八条规定：违反本条例规定，建设项目需要配套建设的环境保护设施未建成、未经验收或者经验收不合格，主体工程正式投入生产或者使用的，由审批该建设项目环境影响报告书、环境影响报告表或者环境影响登记表的环境保护行政主管部门责令停止生产或者使用，可以处 10 万元以下的罚款。

4．水、海岸工程、大气、固体废物、环境噪声污染防治设施没有与主体工程同时验收或者验收不合格主体工程投入生产或者使用行为的认定

（1）水污染防治设施未经环保部门验收或验收不合格，建设项目投入生产或者使用行为的认定。

《水污染防治法》第十七条规定：……水污染防治设施应当经过环境保护行政主管部门验收，验收不合格的，该建设项目不得投入生产或者使用。

《水污染防治法》第七十一条规定：违反本法规定，建设项目的水污染防治设施未建成、未经验收或者验收不合格，主体工程即投入生产或者使用的，由县级以上人民政府环境保护主管部门责令停止生产或者使用，直至验收合格，处以 5 万元以上 50 万元以下的罚款。

（2）环保设施未建成或未达到规定要求，海岸工程建设项目即投入生产、使用行为的认定。

《海洋环境保护法》第四十四条规定：海岸工程建设项目的环境保护设施，必须与主体工程同时设计、同时施工、同时投产使用。环境保护设施未经环境保护行政主管部门检查批准，建设项目不得试运行；环境保护设施未经环境保护行政主管部门验收，或者经验收不合格的，建设项目不得投入生产或者使用。

第八十一条规定：海岸工程建设项目未建成环境保护设施，或者环境保护设施未达到规定要求即投入生产、使用的，由环境保护行政主管部门责令其停止生产或者使用，并处以 2 万元以上 10 万元以下的罚款。

（3）建设项目的大气污染防治设施未经环保部门验收，未达到国家有关环境保护管理要求即投入生产或者使用行为的认定。

《大气污染防治法》第十一条第三款规定：建设项目投入生产或者使用前，其大气污染防治设施必须经过环境保护行政主管部门验收，达不到国家有关建设项目环境保护管理要求的建设项目，不得投入生产或者使用。

第四十七条规定：建设项目的大气污染防治设施没有建成或者没有达到国家有关建设项目环境保护管理的规定的要求，投入生产或者使用的，由审批该建设项目的环境影响报告书的环境保护行政主管部门责令停止生产或者使用，可以并处以 1 万元以上 10 万元以下罚款。

（4）固体废物污染环境防治设施未经环保部门验收合格，建设项目即投入生产或者使用行为的认定。

《固体废物污染环境防治法》第十四条规定：建设项日的环境影响评价文件确定需要配套建设的固体废物污染环境防治设施，必须与主体工程同时设计、同时施工、同时投入使用。固体废物污染环境防治设施必须经原审批环境影响评价文件的环境保护行政主管部门验收合格后，该建设项目方可投入生产或者使用。对固体废物污染环境防治设施的验收应当与主体工程的验收同时进行。

《固体废物污染环境防治法》第六十九条规定：建设项目需要配套建设的固体废物污染环境防治设施未建成、未经验收或者验收不合格，主体工程即投入生产或者使用的，由审批该建设项目环境影响评价文件的环境保护行政主管部门责令停止生产或者使用，可以并处10万元以下的罚款。

（5）建设项目的环境噪声污染防治设施未建成或未达到国家规定要求，建设项目投入生产或者使用行为的认定。

《环境噪声污染防治法》第十四条规定：建设项目的环境噪声污染防治设施必须与主体工程同时设计、同时施工、同时投产使用。

建设项目在投入生产或者使用之前，其环境噪声污染防治设施必须经原审批环境影响报告书的环境保护行政主管部门验收；达不到国家规定要求的，该建设项目不得投入生产或者使用。

《环境噪声污染防治法》第四十八条规定：建设项目中需要配套建设的环境噪声污染防治设施没有建成或者没有达到国家规定的要求，擅自投入生产或者使用的，由批准该建设项目的环境影响报告书的环境保护行政主管部门责令停止生产或者使用，可以并处罚款。

（三）违反竣工验收管理规定行为的事实证明和调查事项

见表2-4-11至表2-4-13。

表2-4-11　环保设施未建成主体工程即正式投入生产或使用行为的事实证明和调查事项

主要事实	1. 主体工程（正式）投入生产或者使用的事实； 2. 建设项目的环境保护设施未建成、未经验收或者经验收不合格的事实
必要证据（证明主要事实）	1. 当事人的身份证明； 2. 调查询问笔录，或者现场检查（勘察）笔录
可收集的补充证据（证明裁量事实、印证主要事实）	1. 现场照片、录像； 2. 环境监察记录； 3. 环境影响评价文件； 4. 环保部门的环评批复； 5. 企业试生产申请、验收申请、延期验收申请等材料； 6. 企业生产记录、排污记录、财务报表等材料； 7. 环境监测报告，或者通过有效性审核的自动监控数据； 8. 环保部门处理违法行为的行政决定； 9. 附近居（村）民或者受害人的证言； 10. 投诉、举报、信访材料
调查事项	1. 建设项目的基本情况； 2. 建设项目的名称、地点、性质、规模、工艺； 3. 是否报批环评手续； 4. 建设项目投入生产或者使用的时间； 5. 环保设施是否与主体工程同时建成；未建成的原因； 6. 建设项目投入生产或者使用后排放污染物的种类、数量、浓度、方式； 7. 是否对环境和周围居民造成影响，影响程度如何

表 2-4-12 环保设施未申请竣工验收，主体工程正式投入生产的行为的事实证明和调查事项

主要事实	1．主体工程（正式）投入生产或者使用的事实； 2．建设项目的环境保护设施未申请竣工验收的事实
必要证据（证明主要事实）	1．当事人的身份证明； 2．调查询问笔录，或者现场检查（勘察）笔录
可收集的补充证据（证明裁量事实、印证主要事实）	1．现场照片、录像； 2．环境监察记录； 3．环境影响评价文件； 4．环保部门的环评批复； 5．企业试生产申请、验收申请、延期验收申请等材料； 6．企业生产记录、排污记录、财务报表等材料； 7．环境监测报告，或者通过有效性审核的自动监控数据； 8．环保部门处理违法行为的行政决定； 9．附近居（村）民或者受害人的证言； 10．投诉、举报、信访材料
调查事项	1．建设单位的基本情况； 2．建设项目的名称、地点、规模、性质、工艺； 3．是否报批环评手续； 4．建设项目投入生产或者使用的时间； 5．投入生产前是否申请环保设施竣工验收； 6．未申请竣工验收的原因； 7．建设项目投入生产或者使用后，排放污染物的种类、数量浓度、方式； 8．是否对周围环境造成影响，影响程度如何； 9．是否影响附近居民、单位，影响程度如何； 10．是否采取减少环境污染或者生态破坏的措施

表 2-4-13 环保设施竣工验收不合格，主体工程正式投入生产的行为的事实证明和调查事项

主要事实	1．主体工程（正式）投入生产或者使用的事实； 2．建设项目的环保设施竣工验收不合格的事实
必要证据（证明主要事实）	1．当事人的身份证明； 2．调查询问笔录，或者现场检查（勘察）笔录
可收集的补充证据（证明裁量事实、印证主要事实）	1．现场照片、录像； 2．环境监察记录； 3．环境影响评价文件； 4．环保部门的环评批复； 5．企业试生产申请、验收申请、延期验收申请等材料； 6．企业生产记录、排污记录、财务报表等材料； 7．环境监测报告，或者通过有效性审核的自动监控数据； 8．环保部门处理违法行为的行政决定； 9．附近居（村）民或者受害人的证言； 10．投诉、举报、信访材料

调查事项	1. 建设单位的基本情况； 2. 建设项目的名称、地点、规模、性质、工艺； 3. 是否报批环评文件； 4. 建设项目投入生产或者使用的时间； 5. 环保设施竣工验收的时间及结论； 6. 环保设施竣工验收不合格主体工程即正式投入生产的原因； 7. 建设项目投入生产后排放污染物的数量、种类、浓度、方式； 8. 是否对周围环境造成影响，影响程度如何； 9. 是否对附近居民、单位影响程度如何； 10. 是否采取减少环境污染或者生态破坏的措施

（四）对认定违法行为进行处罚时应注意的问题

（1）对应经过环保部门批准才能进行试生产，而试生产前又未按规定要求提出申请的行为，目前只能按照地方法规和规章进行处罚。

（2）对违反建设项目竣工验收管理规定行为的行政处罚，应注意行政处罚主体的适格。按照目前现有的环境法律法规规定，除水污染治理设施未按规定要求与主体工程同时竣工验收的行为由县级以上环保部门实施处罚外，均应由审批环境影响评价文件的环保部门实施。

（3）必须在下达限期整改通知书后，企业未改正，才能实施处罚的行为包括：

① 污染防治设施未与主体工程同时投入试生产的；

② 试生产超过 3 个月未申请竣工验收的。

（4）环保部门可以对环境违法行为直接进行处罚的行为包括：

① 试生产期间污染防治设施不正常运行的；

② 试生产期间发生环境污染事故的；

③ 环保设施未建成、未验收或验收不合格，主体工程正式投产使用的；

④ 下达限期补办验收申请通知后，逾期未补办或未验收的。

四、在禁止建设区域内违法建设行为的认定

（一）法律规定

《水污染防治法》第五十八条规定：禁止在饮用水水源一级保护区内新建、改建、扩建与供水设施和保护水源无关的建设项目。

《水污染防治法》第五十九条规定：禁止在饮用水水源二级保护区内新建、改建、扩建排放污染物的建设项目。

《水污染防治法》第六十条规定：禁止在饮用水水源准保护区内新建、扩建对水体污染严重的建设项目；改建建设项目，不得增加排污量。

《水污染防治法》第八十一条规定：有下列行为之一的，由县级以上地方人民政府环境保护主管部门责令停止违法行为，处以 10 万元以上 50 万元以下的罚款；并报经有批准

权的人民政府批准，责令拆除或者关闭：

（1）在饮用水水源一级保护区内新建、改建、扩建与供水设施和保护水源无关的建设项目的；

（2）在饮用水水源二级保护区内新建、改建、扩建排放污染物的建设项目的；

（3）在饮用水水源准保护区内新建、扩建对水体污染严重的建设项目，或者改建建设项目增加排污量的。

《固体废物污染环境防治法》第二十二条规定：在国务院和国务院有关主管部门及省、自治区、直辖市人民政府划定的自然保护区、风景名胜区、饮用水水源保护区、基本农田保护区和其他需要特别保护的区域内，禁止建设工业固体废物集中贮存、处置的设施、场所和生活垃圾填埋场。

《固体废物污染环境防治法》第六十八条第（五）项规定：在自然保护区、风景名胜区、饮用水水源保护区、基本农田保护区和其他需要特别保护的区域内，建设工业固体废物集中贮存、处置的设施、场所和生活垃圾填埋场的，由县级以上人民政府环境保护行政主管部门责令停止违法行为，限期改正，处以1万元以上10万元以下的罚款。

《大气污染防治法》第五十二条规定：违反本法第二十八条规定，在城市集中供热管网覆盖地区新建燃煤供热锅炉的，由县级以上地方人民政府环境保护行政主管部门责令停止违法行为或者限期改正，可以处以5万元以下罚款。

《大气污染防治法》第二十八条规定：城市建设应当统筹规划，在燃煤供热地区，统一解决热源，发展集中供热。在集中供热管网覆盖的地区，不得新建燃煤供热锅炉。

《水污染防治法》第四十二条规定：国家禁止新建不符合国家产业政策的小型造纸、制革、印染、染料、炼焦、炼硫、炼砷、炼汞、炼油、电镀、农药、石棉、水泥、玻璃、钢铁、火电以及其他严重污染水环境的生产项目。

《水污染防治法》第七十八条规定：违反本法规定，建设不符合国家产业政策的小型造纸、制革、印染、染料、炼焦、炼硫、炼砷、炼汞、炼油、电镀、农药、石棉、水泥、玻璃、钢铁、火电以及其他严重污染水环境的生产项目的，由所在地的市、县人民政府责令关闭。

（二）在禁止建设区域内违法建设行为的认定

1. 在饮用水源保护区内违法进行建设项目行为的认定

在饮用水源保护区内违法进行建设的行为包括：

（1）在饮用水源一级保护区内新建、改建、扩建与供水设施无关的建设项目的行为；

（2）饮用水源二级保护区内新建、改建、扩建排放污染物的建设项目的行为；

（3）在饮用水源准保护区内新建、扩建对水体污染严重的建设项目的行为；

（4）在饮用水源准保护区内进行增加排污量的扩建项目行为。

2. 在自然保护区、风景名胜区、饮用水水源保护区、基本农田保护区和其他需要特别保护的区域内，违法建设工业固体废物集中贮存、处置的设施、场所和生活垃圾填埋场行为的认定

（1）在自然保护区、风景名胜区内建设工业固体废物集中贮存、处置的设施、场所和生活垃圾填埋场的行为；

（2）在饮用水水源保护区内建设工业固体废物集中贮存、处置的设施、场所和生活垃圾填埋场的行为；

（3）在基本农田保护区内建设工业固体废物集中贮存、处置的设施、场所和生活垃圾填埋场的行为；

（4）在其他需要特别保护的区域内，建设工业固体废物集中贮存、处置的设施、场所和生活垃圾填埋场的行为。

3．在城市集中供热管网覆盖地区违法新建燃煤供热锅炉行为的认定

在城市集中供热管网覆盖地区新建燃煤供热锅炉的行为。

4．违反国家产业政策新建严重污染水环境生产项目行为的认定

（1）新建不符合国家产业政策的小型造纸、制革、印染、染料、炼焦、炼硫、炼砷、炼汞、炼油、电镀、农药、石棉、水泥、玻璃、钢铁、火电生产项目。

（2）新建不符合国家产业政策的其他严重污染水环境的生产项目。

（三）禁止建设区域内违法建设行为的事实证明和调查事项

见表2-4-14至表2-4-17。

表2-4-14 在饮用水源保护区内违法进行建设项目行为的事实证明和调查事项

主要事实	1．新建、改建、扩建建设项目的事实； 2．该建设项目位于饮用水水源一级保护区、二级保护区、准保护区的事实； 3．该建设项目与供水设施和保护水源无关的事实； 4．该建设项目排放水污染物的事实，或者严重污染水体的事实，或者增加排污量的事实
必要证据（证明主要事实）	1．当事人的身份证明； 2．调查询问笔录或者现场检查（勘察）笔录
可收集的补充证据（证明裁量事实、印证主要事实）	1．现场照片、录像； 2．项目在饮用水水源一级保护区、二级保护区、准保护区的材料； 3．环境监察记录； 4．GPS定位记录； 5．企业有关建设项目的规划、选址、设计、建设等材料； 6．企业生产记录、排污记录、财务报表等材料； 7．环境监测报告，或者通过有效性审核的自动监控数据； 8．环保部门处理违法行为的行政决定； 9．附近居（村）民或者受害人的证言； 10．投诉、举报、信访材料； 11．土地、规划、经济综合等行政机关的项目审批材料
调查事项	1．建设项目的基本情况； 2．建设项目的地点是否在饮用水源保护区（包括：一级、二级准保护区）； 3．建设项目的性质是否与供水设施和饮用水源保护无关； 4．建设项目新建、改建或者扩建的时间、规模； 5．是否对饮用水源造成污染，污染程度如何； 6．是否对影响附近居民、单位，影响程度如何； 7．是否采取减少环境污染或者生态破坏的措施

表 2-4-15 在自然保护区、风景名胜区、饮用水水源保护区、基本农田保护区和其他需要特别保护的区域内，违法建设工业固体废物集中贮存、处置的设施、场所和生活垃圾填埋场行为的事实证明和调查事项

主要事实	1. 新建、改建、扩建建设项目的事实； 2. 在自然保护区、风景名胜区、饮用水水源保护区、基本农田保护区和其他需要特别保护的区域内，建设工业固体废物集中贮存、处置的设施、场所和生活垃圾填埋场的事实
必要证据（证明主要事实）	1. 当事人的身份证明； 2. 调查询问笔录或者现场检查（勘察）笔录
可收集的补充证据（证明裁量事实、印证主要事实）	1. 现场照片、录像； 2. 项目所在的禁止建设区域内建设的材料； 3. 环境监察记录； 4. GPS 定位记录； 5. 企业有关建设项目的规划、选址、设计、建设等材料； 6. 环保部门处理违法行为的行政决定； 7. 附近居（村）民或者受害人的证言； 8. 投诉、举报、信访材料； 9. 土地、规划、经济综合等行政机关的项目审批材料
调查事项	1. 建设项目的基本情况； 2. 工业固体废物集中贮存、处置的设施、场所和生活垃圾填埋场是否建设在自然保护区、风景名胜区、饮用水水源保护区、基本农田保护区和其他需要特别保护的区域内、建设规模； 3. 工业固体废物集中贮存、处置的设施、场所和生活垃圾填埋场建设的时间、规模； 4. 是否已竣工或者投入使用； 5. 环保部门发现的时间、渠道； 6. 是否对环境造成污染，污染程度如何； 7. 是否对影响附近居民、单位，影响程度如何； 8. 是否采取减少环境污染或者生态破坏的措施

表 2-4-16 在城市集中供热管网覆盖地区违法新建燃煤供热锅炉行为的事实证明和调查事项

主要事实	在城市集中供热管网覆盖地区新建燃煤供热锅炉的事实
必要证据（证明主要事实）	1. 当事人的身份证明； 2. 调查询问笔录或者现场检查（勘察）笔录
可收集的补充证据（证明裁量事实、印证主要事实）	1. 现场照片、录像； 2. 项目所在的禁止建设区域内建设的材料； 3. 环境监察记录； 4. GPS 定位记录； 5. 企业有关建设项目的规划、选址、设计、建设等材料； 6. 环保部门处理违法行为的行政决定； 7. 附近居（村）民或者受害人的证言； 8. 投诉、举报、信访材料； 9. 土地、规划、经济综合等行政机关的项目审批材料
调查事项	1. 建设项目的基本情况、建设的时间； 2. 新建燃煤供热锅炉是否建在城市集中供热管网覆盖地区； 3. 是否对环境造成污染，污染程度如何； 4. 是否对影响附近居民、单位，影响程度如何； 5. 是否采取减少环境污染或者生态破坏的措施

表 2-4-17 违反国家产业政策新建小型造纸、制革、印染、染料、炼焦、炼硫、炼砷、炼汞、炼油、电镀、农药、石棉、水泥、玻璃、钢铁、火电及严重污染水环境生产项目行为的事实证明和调查事项

主要事实	新建严重污染水环境生产项目的事实
必要证据（证明主要事实）	1．当事人的身份证明； 2．调查询问笔录或者现场检查（勘察）笔录
可收集的补充证据（证明裁量事实、印证主要事实）	1．现场照片、录像； 2．项目所在的禁止建设区域内建设的材料； 3．环境监察记录； 4．GPS 定位记录； 5．企业有关建设项目的规划、选址、设计、建设等材料； 6．环保部门处理违法行为的行政决定； 7．附近居（村）民或者受害人的证言； 8．投诉、举报、信访材料； 9．土地、规划、经济综合等行政机关的项目审批材料
调查事项	1．生产项目的基本情况、建设的时间、规模、性质； 2．是否不符合国家产业政策； 3．排放污染物的种类、水量、浓度、方式； 4．是否对水环境造成严重污染，程度如何； 5．是否对影响附近居民、单位，影响程度如何； 6．是否采取减少环境污染或者生态破坏的措施

第二节 违反水污染防治规定行为的认定

一、违反排污申报登记规定行为的认定

（一）法律规定

《水污染防治法》第二十一条规定：直接或者间接向水体排放污染物的企业事业单位和个体工商户，应当按照国务院环境保护行政主管部门的规定向县级以上环境保护行政主管部门申报拥有的水污染物排放设施、处理设施和在正常作业条件下排放水污染物的种类、数量和浓度，并提供防治水污染物方面的有关技术资料。

企业事业单位个体工商户排放水污染物的种类、数量和浓度有重点改变的，应当及时申报登记。

《排污费征收使用管理条例》第六条规定：排污者应当按照国务院环境保护行政主管部门的规定，向县级以上地方人民政府环境保护行政主管部门申报排放污染物的种类、数量，并提供有关资料。

《水污染防治法》第七十二条规定：违反本法规定，有下列行为之一的，由县级以上人民政府环境保护主管部门责令限期改正；逾期不改正的，处以 1 万元以上 10 万元以下的罚款：（一）拒报或者谎报国务院环境保护主管部门规定的有关水污染物排放申报登记

事项的。

（二）拒报、谎报水污染物排放登记事项行为的事实证明和调查事项

查处排污申报登记违法行为的常见证据为排污申报通知书、排污费核定通知书、排污费缴费通知单、收款单据等，用以证明环保部门的申报要求、发文机关、日期，证明环保部门对污染物排放的核定结果、核定机关、核定日期，证明环保部门的缴费要求、发文机关、日期，证明当事人排污申报登记及排污费的缴纳情况。

表 2-4-18　拒报或者谎报排污申报登记违法行为的事实证明和调查事项

主要事实	1. 拒报或者谎报水污染物排放申报登记事项的事实； 2. 环保部门责令限期改正的事实和当事人逾期不改正的事实
必要证据（证明主要事实）	1. 拒报水污染物排放申报登记事项的： （1）当事人的身份证明； （2）排污申报通知书及送达回证； （3）企业排放污染物申报登记情况查询材料； （4）环保部门责令限期改正决定及送达回证。 2. 谎报污染物排放申报登记事项的： （1）当事人的身份证明； （2）排放污染物申报登记表； （3）排污费核定通知书； （4）环境监测报告，或者通过有效性审核的自动监控数据，或者物料衡算结果等； （5）环保部门责令改正违法行为决定书及送达回证（适用《水污染防治法》第七十二条）
可收集的补充证据（证明裁量事实、印证主要事实）	1. 用电、用水、合同及发票，生产记录、财务报表等； 2. 投诉、举报、信访材料； 3. 环境监察记录； 4. 环保部门处理违法行为的行政决定
调查事项	1. 拒报水污染物申报登记事项的调查： （1）违法行为单位的基本情况； （2）排污单位的规模、工艺、产品； （3）规定申报登记的时间、内容； （4）发现该单位未申报登记的时间； （5）拒绝申报登记的原因； （6）是否造成危害。 2. 谎报水污染物排污申报登记事项的调查： （1）违法行为单位的基本情况； （2）排污单位的规模、工艺、产品； （3）实际排污情况； （4）谎报的时间、内容、方式； （5）环保部门发现的时间、渠道； （6）是否造成危害

二、拒绝水污染物控制管理现场检查或者现场检查时弄虚作假违法行为的认定

（一）法律规定

《水污染防治法》第二十七条规定：环境保护主管部门和其他依照本法规定行使监督管理权的部门，有权对管辖范围内的排污单位进行现场检查，被检查的单位应当如实反映情况，提供必要的资料。检查机关有义务为被检查的单位保守在检查中获取的商业秘密。

《水污染防治法》第七十条规定：拒绝环境保护主管部门或者其他依照本法规定行使监督管理权的部门的监督检查，或者在接受监督检查时弄虚作假的，由县级以上人民政府环境保护主管部门或者其他依照本法规定行使监督管理权的部门责令改正，处以1万元以上10万元以下的罚款。

（二）违反现场检查行为认定的事实证明和调查事项

见表2-4-19至表2-4-20。

表2-4-19　拒绝现场检查行为的事实证明和调查事项

主要事实	1. 环保部门进行检查的事实； 2. 当事人拒绝检查的事实
必要证据（证明主要事实）	1. 现场检查（勘察）笔录； 2. 现场录像
可收集的补充证据（证明裁量事实、印证主要事实）	1. 环境监察记录； 2. 环保部门处理违法行为的行政决定； 3. 投诉、举报、信访材料
调查事项	1. 违法行为人的基本情况； 2. 检查的时间、地点、内容； 3. 拒绝检查的原因、手段； 4. 是否造成危害

表2-4-20　接受现场检查时弄虚作假违法行为的事实证明和调查事项

主要事实	1. 环保部门进行检查的事实； 2. 当事人弄虚作假的事实
必要证据（证明主要事实）	1. 当事人的身份证明； 2. 调查询问笔录，或者现场检查（勘察）笔录；或者反映实际情况的材料及当事人提供的虚假材料等
可收集的补充证据（证明裁量事实、印证主要事实）	1. 现场照片、录像； 2. 环境监察记录； 3. 环保部门处理违法行为的行政决定； 4. 投诉、举报、信访材料

调查事项	1．违法行为人的基本情况； 2．检查的时间、地点、内容； 3．水污染物排放的实际情况； 4．是否如实反映情况或者提供必要的资料； 5．弄虚作假的手段； 6．是否造成危害

三、故意不正常使用、闲置或者拆除水污染治理设施行为的认定

（一）法律认定

《水污染防治法》第二十一条第二款规定：……其水污染物处理设施应当保持正常使用；拆除或者闲置水污染物处理设施的，应当事先报县级以上地方人民政府环境保护主管部门批准。

《水污染防治法实施细则》第五条规定：企业事业单位需要拆除或者闲置污染物处理设施的，必须事先向所在地县级以上地方人民政府环境保护行政主管部门申报，并写明理由。环境保护部门应当自收到之日起 1 个月内作出同意或者不同意的决定，并予以批复；逾期不批复的，视为同意。

《水污染防治法》第七十三条规定：不正常使用水污染物处理设施，或者未经环境保护主管部门批准拆除、闲置水污染物处理设施的，由县级以上人民政府环境保护主管部门责令限期改正，处应缴纳排污费数额 1 倍以上 3 倍以下的罚款。

（二）故意不正常使用、闲置或者拆除水污染治理设施行为的事实证明和调查事项

见表 2-4-21 至表 2-4-22。

表 2-4-21　故意不正常使用水污染治理设施违法行为的事实证明和调查事项

主要事实	1．将部分或全部污水、废气不经过处理设施而直接排入环境的事实； 2．将未处理达标的污水从处理设施的中间工序或旁路引出直接排入环境的事实； 3．将部分或者全部处理设施停止运行的事实； 4．违反操作规程使用处理设施致使处理设施不能正常运行的事实（包括操作规程要求、实际操作情况及违规程度、处理设施不能正常运行的事实等）； 5．不按规程进行检查和维修致使处理设施不能正常运行的事实（包括操作规程要求、实际检查维修情况及违规程度、处理设施不能正常运行的事实等）； 6．违反处理设施正常运行所需条件致使处理设施不能正常运行的事实（包括处理设施正常运行所需条件、实际运行条件、处理设施不能正常运行的事实等）
必要证据（证明主要事实）	1．当事人的身份证明； 2．调查询问笔录，或者现场检查（勘察）笔录

可收集的补充证据（证明裁量事实、印证主要事实）	1. 现场照片、录像； 2. 污染处理设施的操作规程要求，环保设施的设计使用要求、产品资料、设计图纸等； 3. 污染处理设施的运行记录； 4. 环境监察记录； 5. 环境监测报告，或者通过有效性审核的自动监控数据； 6. 环境影响评价文件、建设项目环保竣工验收监测或调查报告（表）； 7. 环保部门的环评批复、环保竣工验收批复； 8. 企业生产记录、排污记录、财务报表等材料； 9. 附近居（村）民或者受害人的证言； 10. 环保部门处理违法行为的行政决定； 11. 投诉、举报、信访材料
调查事项	1. 违法行为人的基本情况； 2. 排污单位的生产工艺、废水排放量； 3. 水污染物处理设施工艺流程、处理能力； 4. 水污染物处理设施是否经环保部门验收合格； 5. 不正常使用设施的情况； 6. 环保部门发现水污染物处理设施不正常使用的时间； 7. 水污染物处理设施不正常使用的时间及排放污染物的种类、数量、浓度； 8. 不正常使用设施的原因； 9. 是否对环境造成影响，影响程度如何； 10. 是否影响附近居民就单位，影响程度如何； 11. 排污单位是否采取措施减少污染

表 2-4-22 擅自拆除或者闲置水污染治理设施违法行为认定的事实证明和调查事项

主要事实	1. 擅自拆除、闲置、关闭污染处理设施、场所的事实； 2. 未经环保部门批准的事实
必要证据（证明主要事实）	1. 当事人的身份证明； 2. 调查询问笔录，或者现场检查（勘察）笔录
可收集的补充证据（证明裁量事实、印证主要事实）	1. 现场照片、录像； 2. 污染处理设施的运行记录； 3. 环境监察记录； 4. 环境监测报告，或者通过有效性审核的自动监控数据； 5. 环境影响评价文件、建设项目环保竣工验收监测或调查报告（表）； 6. 环保部门的环评批复、环保竣工验收批复； 7. 企业生产记录、排污记录、财务报表等材料； 8. 附近居（村）民或者受害人的证言； 9. 环保部门处理违法行为的行政决定； 10. 投诉、举报、信访材料
调查事项	1. 违法行为人的基本情况； 2. 排污单位的生产工艺、废水排放量；水污染物处理设施工艺流程、处理能力； 3. 水污染物处理设施擅自拆除、闲置的时间，原因； 4. 是否事先报告环保部门批准，环保部门发现的时间、渠道； 5. 排放污染物的种类、数量、浓度；是否超标； 6. 是否对环境造成影响，影响程度如何； 7. 是否影响附近居民就单位，影响程度如何； 8. 排污单位是否采取措施减少污染

四、违反排污费征收使用管理规定行为的认定

（一）法律规定

1. 直接向水体排放污染物，未按照规定缴纳排污费行为的法律规定

《水污染防治法》第二十四条规定：直接向水体排放污染物的企业事业单位和个体工商户，应当按照排放水污染物的种类、数量和排污费征收标准缴纳排污费。

《排污费征收使用管理条例》第二条规定：直接向环境排放污染物的单位和个体工商户（以下简称排污者），应当依照本条例的规定缴纳排污费。

《排污费征收使用管理条例》第十二条第（二）项规定：依照水污染防治法的规定，向水体排放污染物的，按照排放污染物的种类、数量缴纳排污费。

《排污费征收使用管理条例》第二十一条规定：排污者未按照规定缴纳排污费的，由县级以上地方人民政府环境保护行政主管部门依据职权责令限期缴纳；逾期拒不缴纳的，处应缴纳排污费数额 1 倍以上 3 倍以下的罚款，并报经有批准权的人民政府批准，责令停产停业整顿。

2. 直接向水体排放污染物的排污者未足额缴纳排污费行为的法律规定

《排污费征收使用管理条例》第十四条二款规定：排污者应当自接到排污费缴纳通知单起 7 日内，到指定的商业银行缴纳排污费。

《排污费资金收缴使用管理办法》第二十二条规定：排污者在规定的期限内未足额缴纳排污费的，由收缴部门责令其限期缴纳，并从滞纳之日起加收 2‰的滞纳金。

《排污费征收使用管理条例》第二十一条规定：排污者未按照规定缴纳排污费的，由县级以上地方人民政府环境保护行政主管部门依据职权责令限期缴纳；逾期拒不缴纳的，处应缴纳排污费数额 1 倍以上 3 倍以下的罚款，并报经有批准权的人民政府批准，责令停产停业整顿。

3. 以欺骗手段骗取批准减、免、缓缴排污费行为的法律规定

《排污费征收使用管理条例》第十五条规定：排污者因不可抗力遭受重大经济损失的，可以申请减半缴纳排污费或者免缴排污费。

《排污费征收使用管理条例》第十六条规定：排污者因有特殊困难不能按期缴纳排污费的，自接到排污费缴纳通知单之日起 7 日内，可以向发出缴费通知单的环境保护行政主管部门申请缓缴排污费。

排污费的缓缴期限最长不超过 3 个月。

《排污费征收使用管理条例》第二十二条规定：排污者以欺骗手段骗取批准减缴、免缴或者缓缴排污费的，由县级以上地方人民政府环境保护行政主管部门依据职权责令限期补缴应当缴纳的排污费，并处所骗取批准减缴、免缴或者缓缴排污费数额 1 倍以上 3 倍以下的罚款。

4. 不按照批准的用途使用环境保护专项资金的行为的法律规定

《排污费征收使用管理条例》第十八条规定：排污费必须纳入财政预算，列入环境保护专项资金进行管理，主要用于下列项目的拨款补助或者贷款贴息：（一）重点污染源防

治；（二）区域性污染防治；（三）污染防治新技术、新工艺的开发、示范和应用；（四）国务院规定的其他污染防治项目。

具体使用办法由国务院财政部门会同国务院环境保护行政主管部门征求其他有关部门意见后制定。

《排污费征收使用管理条例》第十九条第二款规定：按照本条例第十八条的规定使用环境保护专项资金的单位和个人，必须按照批准的用途使用。

《排污费征收使用管理条例》第二十三条规定：环境保护专项资金使用者不按照批准的用途使用环境保护专项资金的，由县级以上人民政府环境保护行政主管部门或者财政部门依据职权责令限期改正；逾期不改正的，10年内不得申请使用环境保护专项资金，并处挪用资金数额1倍以上3倍以下的罚款。

（二）违反排污费征收使用管理规定行为认定的事实证明和调查事项

见表2-4-23至表2-4-26。

表2-4-23 直接向水体排放污染物，未按照规定缴纳排污费行为的事实证明和调查事项

主要事实	1．未按照规定缴纳排污费的事实； 2．环保部门责令限期缴纳的事实； 3．当事人逾期仍不缴纳的事实
必要证据（证明主要事实）	1．当事人的身份证明； 2．排污费缴纳通知单及送达回证； 3．责令限期缴纳通知单及送达回证； 4．排污费缴纳情况查询材料
可收集的补充证据（证明裁量事实、印证主要事实）	1．环境监察记录； 2．环保部门处理违法行为的行政决定； 3．投诉、举报、信访材料
调查事项	1．违法行为人的基本情况； 2．检查的时间、地点、内容； 3．水污染物排放的实际情况； 4．是否如实反映情况或者提供必要的资料； 5．弄虚作假的手段； 6．是否造成危害

表2-4-24 直接向水体排放污染物的排污者未足额缴纳排污费行为的事实证明和调查事项

主要事实	1．未按照规定足额缴纳排污费的事实； 2．环保部门责令限期缴纳的事实； 3．当事人逾期仍不缴纳的事实
必要证据（证明主要事实）	1．当事人的身份证明； 2．排污费缴纳通知单及送达回证； 3．责令限期缴纳通知单及送达回证； 4．排污费缴纳情况查询材料
可收集的补充证据（证明裁量事实、印证主要事实）	1．环境监察记录； 2．环保部门处理违法行为的行政决定； 3．投诉、举报、信访材料

调查事项	1．违法行为人的基本情况； 2．检查的时间、地点、内容； 3．水污染物排放的实际情况； 4．按规定应缴纳排污费数额，实际缴纳的数额、缴纳时间； 5．环保部门限期缴纳的时间、数额； 6．欠缴的原因

表 2-4-25　以欺骗手段骗取批准减、免、缓缴排污费行为的事实证明和调查事项

主要事实	1．骗取减缴、缓缴、免缴排污费的事实； 2．环保部门责令限期补缴排污费的事实； 3．当事人逾期不缴纳排污费的事实
必要证据（证明主要事实）	1．当事人的身份证明； 2．排污费缴纳通知单及送达回证； 3．责令限期缴纳排污费通知单及送达回证； 4．排污费缴纳情况查询材料
可收集的补充证据（证明裁量事实、印证主要事实）	1．环境监察记录； 2．环保部门处理违法行为的行政决定； 3．投诉、举报、信访材料
调查事项	1．违法行为人的基本情况； 2．水污染物排放的实际情况（数量、种类、浓度）； 3．骗取减、免、缓缴排污费的时间、手段、金额； 4．环保部门限期补缴排污费的时间、金额

表 2-4-26　不按照批准的用途使用环境保护专项资金行为的事实证明和调查事项

主要事实	1．未按照批准的用途使用专项资金的事实； 2．专项资金实际使用的事实
必要证据（证明主要事实）	1．当事人的身份证明； 2．批准环保专项资金的数额、使用要求证明； 3．专项资金使用情况查询材料
可收集的补充证据（证明裁量事实、印证主要事实）	1．环境监察记录； 2．环保部门处理违法行为的行政决定； 3．投诉、举报、信访材料
调查事项	1．专项资金使用单位的基本情况； 2．批准环保专项资金的时间、用途； 3．环保专项资金实际使用情况； 4．发现环保专项资金未按规定用途使用的时间、渠道； 5．未按批准用途使用专项资金的原因

五、逾期未完成水污染限期治理任务的行为的认定

（一）法律规定

《水污染防治法》第七十四条规定：排放水污染物超过国家或者地方规定的水污染物

排放标准，或者超过重点水污染物排放总量控制指标的，由县级以上人民政府环境保护主管部门按照权限责令限期治理，处应缴纳排污费数额2倍以上5倍以下的罚款。

……限期治理的期限最长不超过1年；逾期未完成治理任务的，报经有批准权的人民政府批准，责令关闭。

《水污染防治法实施细则》第十条规定：……对超过总量控制指标的，限期治理，限期治理期间，发给临时排污许可证。

《水污染防治法实施细则》第十六条第一款规定：被责令限期治理的排污单位，应当向作出限期治理决定的人民政府环境保护行政主管部门提交治理计划，并定期报告治理进度。

《水污染防治法实施细则》第十六条第三款规定：被责令限期治理的排污单位，必须按期完成治理任务；因不可抗力不能在规定的期限内完成治理任务的，必须在不可抗力情形发生后1个月内，向作出限期治理决定的人民政府环境保护行政主管部门提出延长治理期限的申请，由环保部门审查决定。

《限期治理管理办法》（试行）第二条规定：排污单位的污染源有下列情形之一的，适用限期治理：

（1）排放水污染物超过国家或者地方规定的水污染物排放标准的（本办法以下简称“超标”）；

（2）排放国务院或者省、自治区、直辖市人民政府确定实施总量削减和控制的重点水污染物，超过总量控制指标的（本办法以下简称“超总量”）。

《限期治理管理办法（试行）》第四条规定：对经现场检查判定排放水污染物超标或者超总量的污染源，环境保护行政主管部门应当及时分析原因。经分析判断超标或者超总量可能是由水污染物处理设施与处理需求不匹配原因造成的，环境保护行政主管部门应当按照本办法有关限期治理管辖权限的规定立案调查，并确定负责立案调查的机构。

（二）逾期未完成水污染限期治理行为的事实证明和调查事项

表2-4-27 逾期未完成水污染限期治理行为的事实证明和调查事项

主要事实	1. 逾期未完成水污染限期治理任务的事实； 2. 环保部门责令限期改正的事实
必要证据（证明主要事实）	1. 当事人的身份证明； 2. 责令限期治理决定； 3. 责令改正违法行为决定书及送达回执
可收集的补充证据（证明裁量事实、印证主要事实）	1. 环境监察记录； 2. 环保部门处理违法行为的行政决定； 3. 投诉、举报、信访材料
调查事项	1. 违法行为人的基本情况； 2. 被责令限期治理的原因、限期治理决定的时间要求（期限）； 3. 是否批准延期； 4. 限期治理前水污染治理设施的规模、处理能力； 5. 限期治理前水污染物排放的数量、种类、浓度、方式； 6. 限期治理期间采取了哪些减少污染物排放的措施； 7. 逾期未完成治理任务的原因； 8. 对环境的影响程度，是否对附近居民、单位造成影响

六、不按照水污染物排污许可证或者临时排污许可证的规定排放污染物行为的认定

（一）法律规定

《水污染防治法》第二十条规定：国家实行排污许可制度。

直接或者间接向水体排放工业废水和医疗污水以及其他按照规定应当取得排污许可证方可排放的废水、污水的企业事业单位，应当取得排污许可证；城镇污水集中处理设施的运营单位，也应当取得排污许可证。

《水污染防治法实施细则》第十条规定：县级以上地方人民政府环境保护部门根据总量控制实施方案，审核本行政区域内向该水体排污的单位的重点污染物排放量，对不超过排放总量控制指标的，发给排污许可证；对超过排放总量控制指标的，限期治理。限期治理期间，发给临时排污许可证。具体办法由国务院环境保护部门制定。

《水污染防治法实施细则》第四十四条规定：不按照排污许可证或者临时排污许可证的规定排放污染物的，由颁发许可证的环境保护部门责令限期改正，可以处以 5 万元以下的罚款；情节严重的，并可以吊销排污许可证或者临时排污许可证。

（二）违反水污染物排污许可证或者临时排污许可证规定排放污染物行为的事实证明和调查事项

表 2-4-28 违反水污染物排污许可证或者临时排污许可证规定排放污染物行为的事实证明和调查事项

主要事实	1．未按照许可证规定排放水污染物的事实； 2．环保部门责令限期改正的事实
必要证据（证明主要事实）	1．当事人的身份证明； 2．许可证核准的水污染物排放种类、数量、浓度； 3．责令改正违法行为决定书及送达回证
可收集的补充证据（证明裁量事实、印证主要事实）	1．环境监察记录； 2．环保部门处理违法行为的行政决定； 3．投诉、举报、信访材料
调查事项	1．违法行为人的基本情况； 2.《水污染物排污许可证》《水污染物排污临时许可证》批准时间、有效期； 3．核准水污染物排放数量、种类、浓度； 4．实际水污染物排放数量、种类、浓度； 5．未按许可证规定排放的原因； 6．环保部门发现违反许可证规定排污的渠道、时间； 7．是否采取措施防治污染

七、违反排污口规范化设置规定行为的认定

（一）法律规定

1．违反排污口规范化管理要求设置排污口行为的认定

《水污染防治法》第二十二条第一款规定：向水体排放污染物的企业事业单位和个体工商户，应当按照法律、法规和环保规章设置排污口。

《水污染防治法》第七十五条第二款规定：违反法律、行政法规和国务院环境保护主管部门的规定设置排污口的……由县级以上地方人民政府环境保护主管部门责令限期拆除，处以 2 万元以上 10 万元以下的罚款；逾期不拆除的，强制拆除，所需费用由违法者承担，处以 10 万元以上 50 万元以下的罚款；……

2．私设暗管或者其他规避监管的方式排放水污染物行为的认定

《水污染防治法》第二十二条第二款规定：禁止私设暗管或者采取其他规避监管的方式排放水污染物。

《水污染防治法》第七十五条第二款规定：……违反法律、行政法规和国务院环境保护主管部门的规定……私设暗管的，由县级以上地方人民政府环境保护主管部门责令限期拆除，处以 2 万元以上 10 万元以下的罚款；逾期不拆除的，强制拆除，所需费用由违法者承担，处以 10 万元以上 50 万元以下的罚款；私设暗管或者有其他严重情节的，县级以上地方人民政府环境保护主管部门可以提请县级以上地方人民政府责令停产整顿。

3．在饮用水源保护区内设置排污口行为的认定

《水污染防治法》第五十七条规定：在饮用水源保护区内，禁止设置排污口。

《水污染防治法》第七十五条第一款规定：在饮用水水源保护区内设置排污口的，由县级以上地方人民政府责令限期拆除，处以 10 万元以上 50 万元以下的罚款；逾期不拆除的，强制拆除，所需费用由违法者承担，处以 50 万元以上 100 万元以下的罚款，并可以责令停产整顿。

4．重点排污单位水污染物排放自动监测设备未按规定安装、未与环保部门的监控设备联网或者未正常运行行为的认定

《水污染防治法》第二十三条规定：重点排污单位应当安装水污染物排放自动监测设备，与环境保护主管部门的监控设备联网，并保证监测设备正常运行。

《水污染防治法》第七十二条第（二）项规定：未按照规定安装水污染物排放自动监测设备或者未按照规定与环境保护主管部门的监控设备联网，并保证监测设备正常运行的，由县级以上人民政府环境保护主管部门责令限期改正；逾期不改正的，处以 1 万元以上 10 万元以下的罚款。

5．未按规定对所排放的工业废水进行监测并保存原始监测记录行为的认定

《水污染防治法》第二十三条规定：……排放工业废水的企业，应当对其所排放的工业废水进行监测，并保存原始监测记录。

《水污染防治法》第七十二条第（三）项规定：未按照规定对所排放的工业废水进行监测并保存原始监测记录的，由县级以上人民政府环境保护主管部门责令限期改正；逾期

不改正的，处以 1 万元以上 10 万元以下的罚款。

6．超标准或者超过重点水污染物排放总量控制指标排放水污染物行为的认定

《水污染防治法》第九条规定：排放水污染物，不得超过国家或者地方规定的水污染物排放标准和重点水污染物排放总量控制指标。

《水污染防治法》第七十四条规定：排放水污染物超过国家或者地方规定的水污染物排放标准，或者超过重点水污染物排放总量控制指标的，由县级以上人民政府环境保护主管部门按照权限责令限期治理，处应缴纳排污费数额 2 倍以上 5 倍以下的罚款。

（二）违反排污口规范化设置规定行为认定的事实证明和调查事项

见表 2-4-29 至表 2-4-34。

表 2-4-29　违反排污口规范化管理要求设置排污口行为的事实证明和调查事项

主要事实	排污口的设置要求及违反规定设置排污口的事实
必要证据（证明主要事实）	1．当事人的身份证明； 2．调查询问笔录，或者现场检查（勘察）笔录
可收集的补充证据（证明裁量事实、印证主要事实）	1．现场照片、录像； 2．环境监察记录； 3．环境影响评价文件、建设项目环保竣工验收监测或调查报告（表）； 4．环保部门的环评批复、环保竣工验收批复； 5．企业生产记录、排污记录、财务报表等材料； 6．环境监测报告，或者通过有效性审核的自动监控数据； 7．环保部门处理违法行为的行政决定； 8．附近居（村）民或者受害人的证言； 9．投诉、举报、信访材料
调查事项	1．违法行为人的基本情况； 2．排污单位的生产工艺、废水排放量、水账； 3．是否按规定设置排污口； 4．不按规定设置排污口的原因； 5．环保部门发现的时间、渠道； 6．是否对环境造成影响，是否对附近居民、单位造成影响

表 2-4-30　私设暗管或者其他规避监管方式排放水污染物行为的事实证明和调查事项

主要事实	1．排污口的设置要求及私设暗管的事实； 2．将废水进行稀释后排放的事实； 3．将废水通过槽车、储水罐等运输工具或容器转移出厂、非法倾倒的事实； 4．用雨水管道排放废水的事实； 5．以其他规避监管方式排放水污染物的事实
必要证据（证明主要事实）	1．当事人的身份证明； 2．调查询问笔录，或者现场检查（勘察）笔录

可收集的补充证据（证明裁量事实、印证主要事实）	1．现场照片、录像； 2．环境监察记录； 3．环境影响评价文件、建设项目环保竣工验收监测或调查报告（表）； 4．环保部门的环评批复、环保竣工验收批复； 5．企业生产记录、排污记录、财务报表等材料； 6．环境监测报告，或者通过有效性审核的自动监控数据； 7．环保部门处理违法行为的行政决定； 8．附近居（村）民或者受害人的证言； 9．投诉、举报、信访材料
调查事项	1．违法行为人的基本情况； 2．排污单位的生产工艺、废水排放量； 3．排污单位水污染物排放种类、数量、浓度、方式； 4．私设排污口原因； 5．环保部门发现的时间、渠道； 6．是否对环境造成影响，是否对附近居民、单位造成影响

表 2-4-31　在饮用水源保护区内设置排污口行为的事实证明和调查事项

主要事实	1．排污口的设置要求及违反规定设置排污口的事实； 2．在饮用水源保护区设置排污口的事实
必要证据（证明主要事实）	1．当事人的身份证明； 2．调查询问笔录，或者现场检查（勘察）笔录
可收集的补充证据（证明裁量事实、印证主要事实）	1．现场照片、录像； 2．环境监察记录； 3．环境影响评价文件、建设项目环保竣工验收监测或调查报告（表）； 4．环保部门的环评批复、环保竣工验收批复； 5．企业生产记录、排污记录、财务报表等材料； 6．环境监测报告，或者通过有效性审核的自动监控数据； 7．环保部门处理违法行为的行政决定； 8．附近居（村）民或者受害人的证言； 9．投诉、举报、信访材料
调查事项	1．违法行为人的基本情况； 2．在饮用水源保护区建设排污口的基本情况，原因； 3．污染物排放的数量、种类、浓度、方式； 4．是否造成环境影响； 5．环保部门发现的时间、渠道； 6．是否对环境造成影响，是否对附近居民、单位造成影响

表 2-4-32　重点排污单位水污染物排放自动监测设备未按规定安装、未与环保部门的监控设备联网或者未正常运行行为的事实证明和调查事项

主要事实	1．未按规定安装自动检测设备的事实； 2．自动检测设备未与环保部门联网的事实； 3．自动检测设备未正常运行的事实
必要证据（证明主要事实）	1．当事人的身份证明； 2．调查询问笔录，或者现场检查（勘察）笔录

可收集的补充证据（证明裁量事实、印证主要事实）	1．现场照片、录像； 2．环境监察记录； 3. 环境影响评价文件、建设项目环保竣工验收监测或调查报告（表）； 4．环保部门的环评批复、环保竣工验收批复； 5．企业生产记录、排污记录、财务报表等材料； 6．环境监测报告，或者通过有效性审核的自动监控数据； 7．环保部门处理违法行为的行政决定； 8．附近居（村）民或者受害人的证言； 9．投诉、举报、信访材料
调查事项	1．违法行为人的基本情况； 2．是否按规定安装自动在线检测设备； 3．未安装自动在线检测设备的原因； 4．自动在线监测设备未与环保部门联网的原因； 5．自动检测设备未正常运行的时间、情形； 6．自动检测设备运行不正常的原因； 7．水污染物排放的数量、种类、浓度、方式； 8．环保部门发现的时间、渠道； 9．是否对环境造成影响，是否对附近居民、单位造成影响

表 2-4-33　未按规定对所排放的工业废水进行监测并保存原始监测记录行为的事实证明和调查事项

主要事实	1．未按规定进行工业废水监测的事实； 2．未保留原始监测记录的事实
必要证据（证明主要事实）	1．当事人的身份证明； 2．调查询问笔录，或者现场检查（勘察）笔录
可收集的补充证据（证明裁量事实、印证主要事实）	1．现场照片、录像； 2．环境监察记录； 3. 环境影响评价文件、建设项目环保竣工验收监测或调查报告（表）； 4．环保部门的环评批复、环保竣工验收批复； 5．企业生产记录、排污记录、财务报表等材料； 6．环境监测报告； 7．环保部门处理违法行为的行政决定； 8．附近居（村）民或者受害人的证言； 9．投诉、举报、信访材料
调查事项	1．违法行为人的基本情况； 2．排放废水的时间、种类、浓度、方式、种类、来源； 3．未定期进行监测的原因； 4．未保留定期监测记录的原因； 5．环保部门发现的时间、渠道； 6．是否造成危害后果

表 2-4-34　超标准或者超过重点水污染物总量控制指标排放水污染物行为的事实证明和调查事项

主要事实	1．超标准排放水污染物的事实； 2．超过重点水污染物总量控制指标排放水污染物的事实
必要证据（证明主要事实）	1．当事人的身份证明； 2．调查询问笔录，或者现场检查（勘察）笔录

可收集的补充证据（证明裁量事实、印证主要事实）	1．现场照片、录像； 2．环境监察记录； 3. 环境影响评价文件、建设项目环保竣工验收监测或调查报告（表）； 4．环保部门的环评批复、环保竣工验收批复； 5．企业生产记录、排污记录、财务报表等材料； 6．环境监测报告，或者通过有效性审核的自动监控数据； 7．水污染物排放标准； 8．企业重点水污染物排放指标； 9．环保部门处理违法行为的行政决定； 10．附近居（村）民或者受害人的证言； 11．投诉、举报、信访材料
调查事项	1．违法行为人的基本情况； 2．水排放污染物的数量、种类、浓度、方式； 3．超标或者超总量排放水污染物的原因； 4．环保部门发现的时间、渠道； 5．是否造成危害后果； 6．是否对附近居民、单位造成影响

八、违反水污染事故管理规定行为的认定

（一）法律规定

1．未按规定制定水污染事故应急方案

《水污染防治法》第六十七条规定：可能发生水污染事故的企业事业单位，应当制定有关水污染事故的应急方案，做好应急准备，并定期进行演练。

生产储存危险化学品的企业事业单位，应当采取措施，防止在处理安全生产事故过程中产生的可能严重污染水体的消防废水、废液直接排入水体。

《水污染防治法》第八十二条第（一）项规定：不按照规定制定水污染事故的应急方案的，由县级以上人民政府环境保护主管部门责令改正；情节严重的，处以2万元以上10万元以下的罚款。

2．发生水污染事故后，未及时启动水污染事故的应急方案，采取有关应急措施

《水污染防治法》第六十八条规定：企业事业单位发生事故或者其他突发性事件，造成或者可能造成水污染事故的，应当立即启动本单位的应急方案，采取应急措施，并向事故发生地的县级以上地方人民政府或者环境保护行政主管部门报告。

《水污染防治法》第八十二条第（二）项规定：水污染事故发生后，未及时启动水污染事故的应急方案，采取有关应急措施的，由县级以上人民政府环境保护主管部门责令改正；情节严重的，处以2万元以上10万元以下的罚款。

3．造成水污染事故

《水污染防治法》第八十三条规定：企业事业单位违反本法规定，造成水污染事故的，由县级以上人民政府环境保护主管部门依照本条第二款的规定处以罚款，责令限期采取治理措施，消除污染；不按要求采取治理措施或者不具备治理能力的，由环境保护主管部门指定有治理能力的单位代为治理，所需费用由违法者承担；对造成重大或者特大水污染事

故的，可以报经有批准权的人民政府批准，责令关闭；对直接负责的主管人员和其他直接责任人员可以处以上一年度从本单位取得的收入的 50%以下的罚款。

对造成一般或者较大水污染事故的，按照水污染事故造成的直接损失的 20%计算罚款；对造成重大或者特大水污染事故的，按照水污染事故造成的直接损失的 30%计算罚款。

造成渔业污染事故或者渔业船舶造成水污染事故的，由渔业主管部门进行处罚；其他船舶造成水污染事故的，由海事管理机构进行处罚。

（二）违反水污染事故管理规定行为的事实证明和调查事项

见表 2-4-35 至表 2-4-37。

表 2-4-35　未按规定制定水污染事故应急方案行为的事实证明和调查事项

主要事实	未制定水污染事故应急方案的事实
必要证据（证明主要事实）	1. 当事人的身份证明； 2. 调查询问笔录，或者现场检查（勘察）笔录
可收集的补充证据（证明裁量事实、印证主要事实）	1. 现场照片、录像； 2. 环境监察记录； 3. 环境影响评价文件、建设项目环保竣工验收监测或调查报告（表）； 4. 环保部门的环评批复、环保竣工验收批复
调查事项	1. 违法行为人的基本情况； 2. 水污染物排放数量、种类、浓度、方式； 3. 是否制定水污染事故应急预案； 4. 未制定水污染事故应急预案的原因； 5. 环保部门发现的时间、渠道

表 2-4-36　发生水污染事故后，未及时启动水污染事故的应急方案，采取有关应急措施行为的事实证明和调查事项

主要事实	1. 发生水污染事故后未及时启动应急方案的事实； 2. 排放污染物的事实； 3. 造成环境污染事故的事实
必要证据（证明主要事实）	1. 当事人的身份证明； 2. 调查询问笔录，或者现场检查（勘察）笔录； 3. 环境监测报告，或者通过有效性审核的自动监控数据
可收集的补充证据（证明裁量事实、印证主要事实）	1. 现场照片、录像； 2. 环境监察记录； 3. 环境影响评价文件、建设项目环保竣工验收监测或调查报告（表）； 4. 环保部门的环评批复、环保竣工验收批复； 5. 环保部门处理违法行为的行政决定； 6. 投诉、举报、信访材料
调查事项	1. 违法行为人的基本情况； 2. 污染事故发生的时间、地点； 3. 肇事污染源排放污染物的数量、种类、浓度、方式； 4. 是否制定应急方案、是否进行演练，是否报环保局备案； 5. 事故发生后未及时启动应急方案，采取有关强制措施的原因； 6. 环保部门发现的时间、渠道； 7. 是否造成经济损失，是否造成人员伤亡、是否造成环境污染

表 2-4-37 造成水污染事故行为的事实证明和调查事项

主要事实	1．违反法律规定的事实； 2．排放污染物的事实； 3．造成环境污染事故的事实； 4．直接经济损失的数额大小
必要证据（证明主要事实）	1．当事人的身份证明； 2．调查询问笔录，或者现场检查（勘察）笔录； 3．环境监测报告，或者通过有效性审核的自动监控数据； 4．环境污染损害评估鉴定、渔业损失鉴定、农产品损失鉴定、合同、发票等损失统计材料
可收集的补充证据（证明裁量事实、印证主要事实）	1．现场照片、录像； 2．环境监察记录； 3．环境影响评价文件、建设项目环保竣工验收监测或调查报告（表）； 4．环保部门的环评批复、环保竣工验收批复； 5．附近居（村）民或者受害人的证言； 6．环保部门处理违法行为的行政决定； 7．投诉、举报、信访材料
调查事项	1．违法行为人的基本情况； 2．污染事故发生的时间、地点； 3．肇事污染源好污染物的种类、数量、浓度； 4．造成环境污染事故的原因； 5．是否启动水污染事故应急预案； 6．否及时报告环保部门； 7．环境保护部门发现的渠道； 8．造成人员伤亡、经济损失、环境污染情况

九、违反地表水和地下水污染防治规定行为的认定

（一）法律规定

1．向水体排放油类、酸液、碱液或者其他剧毒废液的行为

《水污染防治法》第二十九条规定：禁止向水体排放油类、酸液、碱液或者其他剧毒废液。

《水污染防治法》第七十六条第（一）项规定：向水体排放油类、酸液、碱液的，由县级以上地方人民政府环境保护主管部门责令停止违法行为，限期采取治理措施，消除污染，处以 2 万元以上 20 万元以下的罚款；逾期不采取治理措施的，环境保护主管部门可以指定有治理能力的单位代为治理，所需费用由违法者承担。

《水污染防治法》第七十六条第（二）项规定：向水体排放剧毒废液，由县级以上地方人民政府环境保护主管部门责令停止违法行为，限期采取治理措施，消除污染，处以 5 万元以上 50 万元以下罚款；逾期不采取治理措施的，环境保护主管部门可以指定有治理能力的单位代为治理，所需费用由违法者承担。

2. 将可溶性剧毒废渣向水体排放、倾倒或者直接埋入地下的行为

《水污染防治法》第三十三条第二款规定：禁止将含有汞、镉、砷、铬、铅、氰化物、黄磷等的可溶性剧毒废渣向水体排放、倾倒或者直接埋入地下。

《水污染防治法》第七十六条第（二）项规定：……将含有汞、镉、砷、铬、铅、氰化物、黄磷等的可溶性剧毒废渣向水体排放、倾倒或者直接埋入地下的，由县级以上地方人民政府环境保护主管部门责令停止违法行为，限期采取治理措施，消除污染，处以 5 万元以上 50 万元以下罚款；逾期不采取治理措施的，环境保护主管部门可以指定有治理能力的单位代为治理，所需费用由违法者承担。

3. 在水体清洗装贮过油类、有毒污染物的车辆或者容器的行为

《水污染防治法》第二十九条第二款规定：禁止在水体清洗装贮过油类或者有毒污染物的车辆和容器。

《水污染防治法》第七十六条第（三）项规定：在水体清洗装贮过油类、有毒污染物的车辆或者容器的，由县级以上地方人民政府环境保护主管部门责令停止违法行为，限期采取治理措施，消除污染，处以 1 万元以上 10 万元以下罚款；逾期不采取治理措施的，环境保护主管部门可以指定有治理能力的单位代为治理，所需费用由违法者承担。

4. 向水体排放、倾倒工业废渣、城市垃圾或者其他废弃物的行为

《水污染防治法》第三十三条规定：禁止向水体排放、倾倒工业废渣、城市垃圾或者其他废弃物。

《水污染防治法》七十六条第（四）项规定：向水体排放、倾倒工业废渣、城镇垃圾或者其他废弃物，由县级以上地方人民政府环境保护主管部门责令停止违法行为，限期采取治理措施，消除污染，处以 2 万元以下 20 万元以下罚款；逾期不采取治理措施的，环境保护主管部门可以指定有治理能力的单位代为治理，所需费用由违法者承担。

5. 将固体废弃物或者其他污染物堆放、存贮在江河、湖泊、运河、渠道、水库最高水位线以下的滩地、岸坡的行为

《水污染防治法》第三十四条规定：禁止在江河、湖泊、运河、渠道、水库、最高水位线以下的滩地、岸坡堆放、存贮固体废弃物或者其他污染物。

《水污染防治法》第七十六条第（四）项规定：……在江河、湖泊、运河、渠道、水库最高水位线以下的滩地、岸坡堆放、存贮固体废弃物或者其他污染物的，由县级以上地方人民政府环境保护主管部门责令停止违法行为，限期采取治理措施，消除污染，处以 2 万元以上 20 万元以下罚款；逾期不采取治理措施的，环境保护主管部门可以指定有治理能力的单位代为治理，所需费用由违法者承担。

6. 向水体排放、倾倒放射性固体废物或者向水体排放、倾倒含有高、中放射性物质的废水的行为

《水污染防治法》第三十条规定：禁止向水体排放、倾倒放射性固体废物、或者含有高放射性、中放射性的废水。

《水污染防治法》第七十六条第（五）项规定：向水体排放、倾倒放射性固体废物或者含有高放射性、中放射性物质的废水的，由县级以上地方人民政府环境保护主管部门责令停止违法行为，限期采取治理措施，消除污染，处以罚款；逾期不采取治理措施的，环境保护主管部门可以指定有治理能力的单位代为治理，所需费用由违法者承担。

7．向水体排放不符合国家有关规定或标准的含低放射性废水的行为

《水污染防治法》第三十条规定：向水体排放含低放射性物质的废水，应当符合国家有关放射性污染防治的规定和标准。

《水污染防治法》第七十六条第（六）项规定：违反国家有关规定或者标准，向水体排放含低放射性物质的废水……由县级以上地方人民政府环境保护主管部门责令停止违法行为，限期采取治理措施，消除污染，处以 1 万元以上 10 万元以下罚款；逾期不采取治理措施的，环境保护主管部门可以指定有治理能力的单位代为治理，所需费用由违法者承担。

8．向水体排放不符合国家有关规定或标准的含热废水的行为

《水污染防治法》第三十一条规定：向水体排放含热废水，应当采取措施，保证水体的水温符合水环境质量标准。

《水污染防治法》第七十六条第（六）项规定：违反国家有关规定或者标准，向水体排放含低放射性物质的废水……由县级以上地方人民政府环境保护主管部门责令停止违法行为，限期采取治理措施，消除污染，处以 1 万元以上 10 万元以下罚款；逾期不采取治理措施的，环境保护主管部门可以指定有治理能力的单位代为治理，所需费用由违法者承担。

9．向水体排放不符合国家有关规定或标准的含病原体的污水的行为

《水污染防治法》第三十二条规定：含病原体的污水应当经过消毒处理；符合国家有关标准后，方可排放。

《水污染防治法》第七十六条第（六）项规定：违反国家有关规定或者标准，向水体排放……含病原体的污水的，由县级以上地方人民政府环境保护主管部门责令停止违法行为，限期采取治理措施，消除污染，处以 1 万元以上 10 万元以下罚款；逾期不采取治理措施的，环境保护主管部门可以指定有治理能力的单位代为治理，所需费用由违法者承担。

10．利用渗井、渗坑、裂隙或者溶洞排放、倾倒含有毒污染物的废水，含病原体的污水或者其他废弃物的行为

《水污染防治法》第三十五条规定：禁止利用渗井、渗坑、裂隙或者溶洞排放、倾倒含有毒污染物的废水，含病原体的污水或者其他废弃物。

《水污染防治法》第七十六条第（七）项规定：利用渗井、渗坑、裂隙或者溶洞排放、倾倒含有毒污染物的废水、含病原体的污水或者其他废弃物的，由县级以上地方人民政府环境保护主管部门责令停止违法行为，限期采取治理措施，消除污染，处以 5 万元以上 50 万元以下罚款；逾期不采取治理措施的，环境保护主管部门可以指定有治理能力的单位代为治理，所需费用由违法者承担。

11．利用无防渗漏措施的沟渠、坑塘等输送或者贮存含有毒污染物的废水、含病原体的污水或者其他废弃物的行为

《水污染防治法》第三十六条规定：禁止利用无防渗漏措施的沟渠、坑塘等输送或者存贮含有毒污染物的废水、含病原体的污水或者其他废弃物。

《水污染防治法》第七十六条第（八）项规定：利用无防渗漏措施的沟渠、坑塘等输送或者存贮含有毒污染物的废水、含病原体的污水或者其他废弃物的，由县级以上地方人民政府环境保护主管部门责令停止违法行为，限期采取治理措施，消除污染，处以 2 万元以上 20 万元以下罚款；逾期不采取治理措施的，环境保护主管部门可以指定有治理能力的单位代为治理，所需费用由违法者承担。

12．向水体倾倒畜禽废渣的行为

《畜禽养殖污染防治管理办法》第十五条规定：禁止向水体倾倒畜禽废渣。

《畜禽养殖污染防治管理办法》第十八条规定：违反本办法规定，有下列行为之一的，由县级以上人民政府环境保护行政主管部门责令停止违法行为，限期改正，并处以 1 000 元以上 3 万元以下罚款：（二）向水体或其他环境倾倒、排放畜禽废渣和污水的。

（二）违反地表水和地下水污染防治规定行为认定的事实证明和调查事项

表 2-4-38 至表 2-4-49。

表 2-4-38 向水体排放油类、酸液、碱液或者其他剧毒废液行为的事实证明和调查事项

主要事实	1．向水体排放油类、酸液、碱液的事实； 2．向水体排放剧毒废液的事实
必要证据（证明主要事实）	1．当事人的身份证明； 2．调查询问笔录，或者现场检查（勘察）笔录； 3．环境监测报告，或者通过有效性审核的自动监控数据
可收集的补充证据（证明裁量事实、印证主要事实）	1．现场照片、录像； 2．环境监察记录； 3.环境影响评价文件、建设项目环保竣工验收监测或调查报告(表)； 4．环保部门的环评批复、环保竣工验收批复； 5．附近居（村）民或者受害人的证言； 6．环保部门处理违法行为的行政决定； 7．投诉、举报、信访材料
调查事项	1．违法行为人的基本情况； 2．排放污染物的种类、数量、浓度及来源； 3．排放油类、酸液、碱液和其他剧毒废液的原因的方式； 4．是否及时报告环保部门； 5．环境部门发现的渠道、时间； 6．是否采取措施防治污染； 7．是否对环境和附近居民、单位造成影响，影响程度如何

表 2-4-39 将可溶性剧毒废渣向水体排放、倾倒或者直接埋入地下行为的事实证明和调查事项

主要事实	1．将可溶性废渣向水体排放的事实； 2．将可溶性废渣向水体倾倒的事实； 3．将可溶性废渣直接埋入地下的事实
必要证据（证明主要事实）	1．当事人的身份证明； 2．调查询问笔录，或者现场检查（勘察）笔录
可收集的补充证据（证明裁量事实、印证主要事实）	1．现场照片、录像； 2．环境监察记录； 3．附近居（村）民或者受害人的证言； 4．环保部门处理违法行为的行政决定； 5．投诉、举报、信访材料

调查事项	1．违法行为人的基本情况； 2. 将可溶性废渣向水体排放、倾倒或者直接埋入地下的时间、地点； 3．将可溶性废渣向水体排放、倾倒可溶性废渣种类、数量、浓度、方式、来源； 4．环境保护部门发现的渠道； 5．对环境造成危害的程度； 6．是否对附近居民、单位造成影响，影响程度如何

表 2-4-40 在水体清洗装贮过油类、有毒污染物的车辆或者容器行为的事实证明和调查事项

主要事实	1．在水体清洗装贮过油类的车辆或者容器的事实； 2．在水体清洗装贮过有毒污染物的车辆或者容器的事实
必要证据（证明主要事实）	1．当事人的身份证明； 2．调查询问笔录，或者现场检查（勘察）笔录
可收集的补充证据（证明裁量事实、印证主要事实）	1．现场照片、录像； 2．环境监察记录； 3．附近居（村）民或者受害人的证言； 4．环保部门处理违法行为的行政决定； 5．投诉、举报、信访材料
调查事项	1．违法行为人的基本情况； 2．清洗车辆的牌号、数量； 3．清洗容器的名称、数量； 4．装贮的油类、有毒物质的名称； 5．清洗的时间、地点； 6．环境保护部门发现的时间渠道； 7．是否对环境造成影响，影响程度如何； 8．是否对附近居民、单位造成影响，影响程度如何

表 2-4-41 向水体排放、倾倒工业废渣、城市垃圾或者其他废弃物行为的事实证明和调查事项

主要事实	1．向水体排放、倾倒工业废渣的事实； 2．向水体排放、倾倒城市垃圾的事实； 3．向水体排放、倾倒其他废弃物的事实
必要证据（证明主要事实）	1．当事人的身份证明； 2．调查询问笔录，或者现场检查（勘察）笔录
可收集的补充证据（证明裁量事实、印证主要事实）	1．现场照片、录像； 2．环境监察记录； 3．附近居（村）民或者受害人的证言； 4．环保部门处理违法行为的行政决定； 5．投诉、举报、信访材料
调查事项	1．违法行为人的基本情况； 2．排放、倾倒工业废渣的时间、地点； 3．排放、倾倒工业废渣的种类、数量； 4．排放、倾倒生活垃圾的时间、地点、数量； 5．排放、倾倒其他废弃物的时间、地点、种类、数量； 6．环境保护部门发现的时间、渠道； 7．是否造成环境影响，影响程度如何； 8．是否影响附近居民、单位，影响程度如何

表 2-4-42　将固体废弃物或者其他污染物堆放、存贮在江河、湖泊、运河、渠道、水库最高水位线以下的滩地、岸坡上行为的事实证明和调查事项

主要事实	1．将固体废弃物堆放、存贮在江河最高水位线以下的滩地、岸坡上的事实； 2．将固体废弃物堆放、贮存在湖泊最高水位线以下的滩地、岸坡上的事实； 3．将固体废弃物堆放、贮存在运河、渠道最高水位线以下的滩地、岸坡上的事实； 4．将固体废弃物贮存在水库最高水位线以下的滩地、岸坡上的事实
必要证据（证明主要事实）	1．当事人的身份证明； 2．调查询问笔录，或者现场检查（勘察）笔录； 3．环境监测报告
可收集的补充证据（证明裁量事实、印证主要事实）	1．现场照片、录像； 2．环境监察记录； 3．附近居（村）民或者受害人的证言； 4．环保部门处理违法行为的行政决定； 5．投诉、举报、信访材料
调查事项	1．违法行为人的基本情况； 2．堆放、贮存固体废弃物或者其他污染物的时间、地点、种类、数量； 3．是否在最高水位线以下； 4．堆放、贮存固体废弃物或者其他污染物的原因； 5．环境保护部门发现的时间、渠道； 6．对环境造成危害的程度； 7．是否对周围居民、单位造成影响，影响程度如何； 8．是否采取措施防治污染

表 2-4-43　向水体排放、倾倒放射性固体废物或者向水体排放、倾倒含有高、中放射性物质的废水行为的事实证明和调查事项

主要事实	1．向水体排放、倾倒放射性固体废物的事实； 2．向水体排放、倾倒含有高、中放射性物质的废水的事实
必要证据（证明主要事实）	1．当事人的身份证明； 2．调查询问笔录，或者现场检查（勘察）笔录； 3．环境监测报告
可收集的补充证据（证明裁量事实、印证主要事实）	1．现场照片、录像； 2．环境监察记录； 3．附近居（村）民或者受害人的证言； 4．环保部门处理违法行为的行政决定； 5．投诉、举报、信访材料
调查事项	1．违法行为人的基本情况； 2．向水体排放、倾倒放射性固体废物的时间、地点、种类、数量、浓度、来源； 3．向水体排放、倾倒含高、中放射性物质的废水的时间、地点、种类、数量、浓度、来源； 4．排放、倾倒的原因、方式； 5．环境保护部门发现的时间、渠道； 6．对环境造成危害的程度； 7．是否对周围居民、单位造成影响、以下程度如何； 8．是否采取了防治污染的措施

表 2-4-44　向水体排放不符合国家有关规定或标准的含低放射性废水行为的事实证明和调查事项

主要事实	违反国家有关规定或者标准排放含低放射性废水的事实
必要证据（证明主要事实）	1．当事人的身份证明； 2．调查询问笔录，或者现场检查（勘察）笔录； 3．环境监测报告
可收集的补充证据（证明裁量事实、印证主要事实）	1．现场照片、录像； 2．环境监察记录； 3．附近居（村）民或者受害人的证言； 4．环保部门处理违法行为的行政决定； 5．投诉、举报、信访材料
调查事项	1．违法行为人的基本情况； 2．向水体排放含低放射性废水的时间、地点、种类、数量、浓度、方式、来源； 3．该行为违反了国家哪些规定和标准； 4．排放含低放射性废水的原因； 5．环境保护部门发现的时间、渠道； 6．是否造成环境影响，影响程度如何； 7．是否对周围居民、单位造成影响、影响程度如何

表 2-4-45　向水体排放不符合国家有关规定或标准的含热废水行为的事实证明和调查事项

主要事实	违反国家规定或者标准排放含热废水的事实
必要证据（证明主要事实）	1．当事人的身份证明； 2．调查询问笔录，或者现场检查（勘察）笔录； 3．环境监测报告，或者通过有效性审核的自动监控数据
可收集的补充证据（证明裁量事实、印证主要事实）	1．现场照片、录像； 2．环境监察记录； 3．附近居（村）民或者受害人的证言； 4．环保部门处理违法行为的行政决定； 5．投诉、举报、信访材料
调查事项	1．违法行为人的基本情况； 2．向水体排放含热废水的时间、地点、数量、方式、原因； 3．该行为违反了国家哪些规定和标准； 4．是否造成环境影响，影响程度如何

表 2-4-46　向水体排放不符合国家有关规定或标准的含病原体的污水行为的事实证明和调查事项

主要事实	违反国家规定或者标准排放含病原体废水的事实
必要证据（证明主要事实）	1．当事人的身份证明； 2．调查询问笔录，或者现场检查（勘察）笔录； 3．环境监测报告，或者通过有效性审核的自动监控数据
可收集的补充证据（证明裁量事实、印证主要事实）	1．现场照片、录像； 2．环境监察记录； 3．附近居（村）民或者受害人的证言； 4．环保部门处理违法行为的行政决定； 5．投诉、举报、信访材料

调查事项	1．违法行为人的基本情况； 2．向水体排放不符合国家规定或者标准的含病原体废水的时间、地点、数量、方式、原因； 3．该行为违反了国家哪些规定和标准； 4．是否造成环境影响，影响程度如何； 5．是否对周围居民、单位造成影响，影响程度如何； 6．环保部门发现的时间、渠道

表 2-4-47　利用渗井、渗坑、裂隙或者溶洞排放、倾倒含有毒污染物的废水，含病原体的污水或者其他废弃物行为的事实证明和调查事项

主要事实	1．利用渗井、渗坑、裂隙或者溶洞排放、倾倒含有毒污染物废水的事实； 2．利用渗井、渗坑、裂隙或者溶洞排放、倾倒含病原体的污水的事实； 3．利用渗井、渗坑、裂隙或者溶洞排放、倾倒其他废弃物的事实
必要证据（证明主要事实）	1．当事人的身份证明； 2．调查询问笔录，或者现场检查（勘察）笔录； 3．环境监测报告，或者通过有效性审核的自动监控数据
可收集的补充证据（证明裁量事实、印证主要事实）	1．现场照片、录像； 2．环境监察记录； 3．附近居（村）民或者受害人的证言； 4．环保部门处理违法行为的行政决定； 5．投诉、举报、信访材料
调查事项	1．违法行为人的基本情况； 2．利用渗井、渗坑、裂隙或者溶洞排放、倾倒含有毒污染物废水的时间、地点、种类、数量、浓度、方式、原因； 3．利用渗井、渗坑、裂隙或者溶洞排放、倾倒含病原体的污水的时间、地点、种类、数量、浓度、方式、原因； 4．利用渗井、渗坑、裂隙或者溶洞排放、倾倒其他污染物的时间、地点、种类、数量、浓度、方式、原因； 5．是否造成环境影响，影响程度如何； 6．是否对周围居民、单位造成影响，影响程度如何； 7．环保部门发现的时间、渠道

表 2-4-48　利用无防渗漏措施的沟渠、坑塘等输送或者贮存含有毒污染物的废水、含病原体的污水或者其他废弃物行为的事实证明和调查事项

主要事实	1. 利用无防渗漏措施的沟渠、坑塘等输送或者贮存含有毒污染物的废水的事实； 2. 利用无防渗漏措施的沟渠、坑塘等输送或者贮存含病原体的污水的事实； 3. 利用无防渗漏措施的沟渠、坑塘等输送或者贮存其他废弃物行为的事实
必要证据（证明主要事实）	1．当事人的身份证明； 2．调查询问笔录，或者现场检查（勘察）笔录； 3．环境监测报告，或者通过有效性审核的自动监控数据

可收集的补充证据（证明裁量事实、印证主要事实）	1．现场照片、录像； 2．环境监察记录； 3．附近居（村）民或者受害人的证言； 4．环保部门处理违法行为的行政决定； 5．投诉、举报、信访材料
调查事项	1．违法行为人的基本情况； 2．利用无防渗漏措施的沟渠、坑塘等输送或者贮存含有毒污染物的废水的时间、地点、种类、数量、浓度、方式、原因； 3．利用无防渗漏措施的沟渠、坑塘等输送或者贮存含病原体的污水的时间、地点、种类、数量、浓度、方式、原因； 4．利用无防渗漏措施的沟渠、坑塘等输送或者贮存其他污染物的时间、地点、种类、数量、浓度、方式、原因； 5．是否造成环境影响，影响程度如何； 6．是否对周围居民、单位造成影响，影响程度如何； 7．环保部门发现的时间、渠道

表 2-4-49　向水体倾倒畜禽废渣行为的事实证明和调查事项

主要事实	向水体倾倒畜禽废渣的事实
必要证据（证明主要事实）	1．当事人的身份证明； 2．调查询问笔录，或者现场检查（勘察）笔录； 3．环境监测报告； 4．环境污染损害评估鉴定、渔业损失鉴定、农产品损失鉴定、合同、发票等损失统计材料
可收集的补充证据（证明裁量事实、印证主要事实）	1．现场照片、录像； 2．环境监察记录； 3．附近居（村）民或者受害人的证言； 4．环保部门处理违法行为的行政决定； 5．投诉、举报、信访材料
调查事项	1．畜禽养殖违法行为人的基本情况； 2．畜禽养殖废渣的数量、来源； 3．向水体倾倒畜禽废渣的时间、数量、地点； 4．向水体倾倒畜禽废渣的原因、方式； 5．是否造成环境影响，影响程度如何； 6．是否对周围居民、单位造成影响，影响程度如何； 7．环保部门发现的时间、渠道

十、违反饮用水水源保护规定行为的认定

（一）法律规定

1．在饮用水水源一级保护区内从事网箱养殖、旅游、游泳、垂钓等污染水体的活动

《水污染防治法》第五十八条第二款规定：禁止在饮用水水源一级保护区内从事网箱养殖、旅游、游泳、垂钓或者其他可能污染饮用水水体的活动。

《水污染防治法》第八十一条第二款规定：在饮用水水源一级保护区内从事网箱养殖或者组织进行旅游、垂钓或者其他可能污染饮用水水体的活动的，由县级以上地方人民政

府环境保护主管部门责令停止违法行为，处以 2 万元以上 10 万元以下的罚款。个人在饮用水水源一级保护区内游泳、垂钓或者从事其他可能污染饮用水水体的活动的，由县级以上地方人民政府环境保护主管部门责令停止违法行为，可以处以 500 元以下的罚款。

2. 在饮用水水源保护区内违法进行建设项目的行为

在饮用水水源保护区内违法进行建设的行为包括：

（1）在饮用水水源一级保护区内新建、改建、扩建与供水设施无关的建设项目的行为；

（2）在饮用水水源二级保护区内新建、改建、扩建排放污染物的建设项目的行为；

（3）在饮用水水源准保护区内新建、扩建对水体污染严重的建设项目行为；

（4）在饮用水水源准保护区内进行增加排污量的扩建项目的行为。

在饮用水水源保护区内违法进行建设项目行为的法律认定，在第一节中已作详细论述，在此不再叙述。

（二）违反饮用水水源保护规定行为的事实证明和调查事项

表 2-4-50　在饮用水水源一级保护区内从事网箱养殖、旅游、游泳、垂钓等污染水体活动行为的事实证明和调查事项

主要事实	在饮用水水源一级保护区内从事网箱养殖、旅游、游泳、垂钓等污染水体活动的事实
必要证据（证明主要事实）	1. 当事人的身份证明； 2. 调查询问笔录，或者现场检查（勘察）笔录； 3. 环境监测报告； 4. 环境污染损害评估鉴定、渔业损失鉴定、农产品损失鉴定、合同、发票等损失统计材料
可收集的补充证据（证明裁量事实、印证主要事实）	1. 现场照片、录像； 2. 环境监察记录； 3. 附近居（村）民或者受害人的证言； 4. 环保部门处理违法行为的行政决定； 5. 投诉、举报、信访材料
调查事项	1. 违法行为人的基本情况； 2. 从事网箱养殖的时间、种类、规模，是否在饮用水水源一级保护区内； 3. 从事旅游、游泳、垂钓活动的时间、规模，是否在饮用水水源一级保护区内进行； 4. 是否造成环境污染，污染程度如何； 5. 是否对周围居民、单位造成影响，影响程度如何； 6. 环境部门发现的时间、渠道

在饮用水源保护区内违法进行建设项目行为的事实证明和调查事项，在第一节中已作详细论述，在此不再叙述。

十一、违反内河航行船舶污染防治规定行为的认定

因内河航行船舶污染防治工作主要由海事机构和渔业机构负责管理和处罚，因此在本

教材中不再详述相关内容。

第三节　违反大气污染防治规定行为的认定

一、违反排污申报登记规定行为的认定

（一）法律规定

《大气污染防治法》第十二条规定：向大气排放污染物的单位，必须按照国务院环境保护行政主管部门的规定向所在地的环境保护行政主管部门申报拥有的污染物排放设施、处理设施和在正常作业条件下排放污染物的种类、数量、浓度，并提供防治大气污染方面的有关技术资料。

前款规定的排污单位排放大气污染物的种类、数量、浓度有重大改变的，应当及时申报。

《大气污染防治法》第四十六条第（一）项规定：拒报或者谎报国务院环境保护行政主管部门规定的有关污染物排放申报事项的，环境保护行政主管部门可以根据不同情节，责令停止违法行为，限期改正，给予警告或者处以5万元以下罚款。

（二）拒报、谎报大气污染物排放登记事项行为的事实证明和调查事项

查处排污申报登记违法行为的常见证据为排污申报通知书、排污费核定通知书、排污费缴费通知单、收款单据等，用以证明环保部门的申报要求、发文机关、日期；证明环保部门对污染物排放的核定结果、核定机关、核定日期；证明环保部门的缴费要求、发文机关、日期；证明当事人排污费的缴纳情况等。

表2-4-51　拒报、谎报大气污染物排放申报登记行为的事实证明和调查事项

主要事实	1．拒报或者谎报大气污染物排放申报登记事项的事实； 2．环保部门责令限期改正的事实； 3．当事人逾期不改正的事实
必要证据（证明主要事实）	1．拒报大气污染物排放申报登记事项的： （1）当事人的身份证明； （2）排污申报通知书及送达回证； （3）企业排放污染物申报登记情况查询材料； （4）环保部门责令改正违法行为决定书及送达回证。 2．谎报污染物排放申报登记事项的： （1）当事人的身份证明； （2）排放污染物申报登记表； （3）排污费核定通知书； （4）环境监测报告，或者通过有效性审核的自动监控数据，或者物料衡算结果等； （5）环保部门责令改正违法行为决定书及送达回证

可收集的补充证据（证明裁量事实、印证主要事实）	1．用电、用水、合同及发票，生产记录、财务报表等； 2．投诉、举报、信访材料； 3．环境监察记录； 4．环保部门处理违法行为的行政决定
调查事项	1．拒报大气污染物申报登记事项的调查： （1）违法行为单位的基本情况； （2）排污单位的规模、工艺、产品； （3）排放污染物的种类、数量、浓度； （4）规定申报登记的时间、内容； （5）发现该单位未申报登记的时间； （6）拒绝申报登记的原因； （7）是否造成危害。 2．谎报大气污染物排污申报登记事项的调查： （1）违法行为单位的基本情况； （2）排污单位的规模、工艺、产品； （3）实际排污情况； （4）谎报的时间、内容、方式； （5）环保部门发现的时间、渠道； （6）是否造成危害

二、拒绝大气污染物管理现场检查或者现场检查时弄虚作假行为的认定

（一）法律规定

《大气污染防治法》第二十一条规定：环境保护行政主管部门和其他监督管理部门有权对管辖范围内的排污单位进行现场检查，被检查单位必须如实反映情况，提供必要的资料。检查部门有义务为被检查单位保守技术秘密和业务秘密。

《大气污染防治法》第四十六条第（二）项规定：拒绝环境保护行政主管部门或者其他监督管理部门现场检查或者在被检查时弄虚作假的，环境保护行政主管部门或者本法第四条第二款规定的监督管理部门可以根据不同情节，责令停止违法行为，限期改正，给予警告或者处以 5 万元以下罚款。

（二）违反现场检查规定行为的事实证明和调查事项

见表 2-4-52 至表 2-4-53。

表 2-4-52　拒绝现场检查行为的事实证明和调查事项

主要事实	1．环保部门（或者其他监督管理部门）进行检查的事实； 2．当事人拒绝现场检查的事实
必要证据（证明主要事实）	1．现场检查（勘察）笔录； 2．现场录像

可收集的补充证据（证明裁量事实、印证主要事实）	1．环境监察记录； 2．环保部门（或者其他监督管理部门）处理违法行为的行政决定； 3．投诉、举报、信访材料
调查事项	1．违法行为人的基本情况； 2．检查的时间、地点、内容； 3．拒绝检查的原因、手段； 4．是否造成危害

表 2-4-53　现场检查时弄虚作假行为的事实证明和调查事项

主要事实	1．环保部门（或者其他监督管理部门）进行现场检查的事实； 2．现场检查时当事人弄虚作假的事实
必要证据（证明主要事实）	1．当事人的身份证明； 2．调查询问笔录，或者现场检查（勘察）笔录；或者反映实际情况的材料及当事人提供的虚假材料等
可收集的补充证据（证明裁量事实、印证主要事实）	1．现场照片、录像； 2．环境监察记录； 3．环保部门（或者其他监督管理部门）处理违法行为的行政决定； 4．投诉、举报、信访材料
调查事项	1．违法行为人的基本情况； 2．检查的时间、地点、内容； 3．大气污染物排放的实际情况； 4．是否如实反映情况或者提供必要的资料； 5．弄虚作假的手段； 6．是否造成危害

三、故意不正常使用、闲置或者拆除大气污染治理设施行为的认定

（一）法律规定

《大气污染防治法》第十二条第二款规定，排污单位的大气污染防治设施必须保持正常使用，拆除或者闲置大气污染物处理设施的，必须事先报经所在地县级以上环保部门批准。

第四十六条第（三）项规定：排污单位不正常使用大气污染物处理设施，或者未经环境保护行政主管部门批准，擅自拆除、闲置大气污染物处理设施的，环境保护行政主管部门可以根据不同情节，责令停止违法行为，限期改正，给予警告或者处以 5 万元以下罚款。

（二）故意不正常使用、闲置或者拆除大气污染治理设施行为的事实证明和调查事项

见表 2-4-54 至表 2-4-55。

表 2-4-54　故意不正常使用大气污染治理设施行为的事实证明和调查事项

主要事实	1．将未处理达标的大气污染物从旁路引出直接排入环境的事实； 2．将部分或者全部处理设施停止运行的事实； 3．违反操作规程使用处理设施致使处理设施不能正常运行的事实（包括操作规程要求、实际操作情况及违规程度、处理设施不能正常运行的事实等）； 4．不按规程进行检查和维修致使处理设施不能正常运行的事实（包括操作规程要求、实际检查维修情况及违规程度、处理设施不能正常运行的事实等）； 5．违反处理设施正常运行所需条件致使处理设施不能正常运行的事实（包括处理设施正常运行所需条件、实际运行条件、处理设施不能正常运行的事实等）
必要证据（证明主要事实）	1．当事人的身份证明； 2．调查询问笔录，或者现场检查（勘察）笔录
可收集的补充证据（证明裁量事实、印证主要事实）	1．现场照片、录像； 2．污染处理设施的操作规程要求，环保设施的设计使用要求、产品资料、设计图纸等； 3．污染处理设施的运行记录； 4．环境监察记录； 5．环境监测报告，或者通过有效性审核的自动监控数据； 6．环境影响评价文件、建设项目环保竣工验收监测或调查报告（表）； 7．环保部门的环评批复、环保竣工验收批复； 8．企业生产记录、排污记录、财务报表等材料； 9．附近居（村）民或者受害人的证言； 10．环保部门处理违法行为的行政决定； 11．投诉、举报、信访材料
调查事项	1．违法行为人的基本情况； 2．排污单位的生产工艺、废气排放量； 3．大气污染物处理设施工艺流程、处理能力； 4．大气污染物处理设施是否经环保部门验收合格； 5．不正常使用设施的情况； 6．环保部门发现大气污染物处理设施不正常使用的时间； 7．大气污染物处理设施不正常使用的时间及排放污染物的种类、数量、浓度； 8．不正常使用设施的原因； 9．是否对环境造成影响，影响程度如何； 10．是否影响附近居民及单位，影响程度如何； 11．排污单位是否采取措施减少污染

表 2-4-55　擅自拆除或者闲置大气污染治理设施行为的事实证明和调查事项

主要事实	1．拆除、闲置、关闭大气污染治理设施、场所的事实； 2．未经环保部门批准的事实
必要证据（证明主要事实）	1．当事人的身份证明； 2．调查询问笔录，或者现场检查（勘察）笔录

可收集的补充证据（证明裁量事实、印证主要事实）	1．现场照片、录像； 2．污染处理设施的运行记录； 3．环境监察记录； 4．环境监测报告，或者通过有效性审核的自动监控数据； 5．环境影响评价文件、建设项目环保竣工验收监测或调查报告（表）； 6．环保部门的环评批复、环保竣工验收批复； 7．企业生产记录、排污记录、财务报表等材料； 8．附近居（村）民或者受害人的证言； 9．环保部门处理违法行为的行政决定； 10．投诉、举报、信访材料
调查事项	1．违法行为人的基本情况； 2．排污单位的生产工艺、废气排放量；大气污染物处理设施工艺流程、处理能力； 3．大气污染物处理设施擅自拆除、闲置的时间，原因； 4．是否事先报告环保部门批准，环保部门发现的时间、渠道； 5．排放污染物的种类、数量、浓度；是否超标； 6．是否对环境造成影响，影响程度如何； 7．是否影响附近居民及单位，影响程度如何； 8．排污单位是否采取措施减少污染

四、违反排污费征收使用管理规定行为的认定

（一）法律规定

1．向大气排放污染物的排污者未按照规定缴纳排污费的行为

《大气污染防治法》第十四条规定：国家实行按照向大气排放污染物的种类和数量征收排污费。

《排污费征收使用管理条例》第十二条第（一）项规定：依照大气污染防治法、海洋环境保护法的规定，向大气、海洋排放污染物的，按照排放污染物的种类、数量缴纳排污费。

《排污费征收使用管理条例》第二十一条规定：排污者未按照规定缴纳排污费的，由县级以上地方人民政府环境保护行政主管部门依据职权责令限期缴纳；逾期拒不缴纳的，处应缴纳排污费数额1倍以上3倍以下的罚款，并报经有批准权的人民政府批准，责令停产停业整顿。

2．向大气排放污染物的排污者未足额缴纳排污费的行为

《排污费资金收缴使用管理办法》第二十二条规定：排污者在规定的期限内未足额缴纳排污费的，由收缴部门责令其限期缴纳，并从滞纳之日起加收2‰的滞纳金。

《排污费征收使用管理条例》第二十一条规定：排污者未按照规定缴纳排污费的，由县级以上地方人民政府环境保护行政主管部门依据职权责令限期缴纳；逾期拒不缴纳的，处应缴纳排污费数额1倍以上3倍以下的罚款，并报经有批准权的人民政府批准，责令停产停业整顿。

《排污费征收使用管理条例》第十四条第二款规定：排污者应当自接到排污费缴纳通知单起 7 日内，到指定的商业银行缴纳排污费。

3．以欺骗手段骗取批准减、免、缓缴排污费的行为

《排污费征收使用管理条例》第十五条规定：排污者因不可抗力遭受重大经济损失的，可以申请减半缴纳排污费或者免缴排污费。

《排污费征收使用管理条例》第十六条规定：排污者因有特殊困难不能按期缴纳排污费的，自接到排污费缴纳通知单之日起 7 日内，可以向发出缴费通知单的环境保护行政主管部门申请缓缴排污费。

排污费的缓缴期限最长不超过 3 个月。

《排污费征收使用管理条例》第二十二条规定：排污者以欺骗手段骗取批准减缴、免缴或者缓缴排污费的，由县级以上地方人民政府环境保护行政主管部门依据职权责令限期补缴应当缴纳的排污费，并处所骗取批准减缴、免缴或者缓缴排污费数额 1 倍以上 3 倍以下的罚款。

4．不按照批准的用途使用环境保护专项资金的行为

《排污费征收使用管理条例》第十八条规定：排污费必须纳入财政预算，列入环境保护专项资金进行管理，主要用于下列项目的拨款补助或者贷款贴息：（一）重点污染源防治；（二）区域性污染防治；（三）污染防治新技术、新工艺的开发、示范和应用；（四）国务院规定的其他污染防治项目。

具体使用办法由国务院财政部门会同国务院环境保护行政主管部门征求其他有关部门意见后制定。

《排污费征收使用管理条例》第十九条第二款规定：按照本条例第十八条的规定使用环境保护专项资金的单位和个人，必须按照批准的用途使用。

《排污费征收使用管理条例》第二十三条规定：环境保护专项资金使用者不按照批准的用途使用环境保护专项资金的，由县级以上人民政府环境保护行政主管部门或者财政部门依据职权责令限期改正；逾期不改正的，10 年内不得申请使用环境保护专项资金，并处挪用资金数额 1 倍以上 3 倍以下的罚款。

（二）违反排污费征收使用管理规定行为认定的事实证明和调查事项

见表 2-4-56 至表 2-4-59。

表 2-4-56 向大气排放污染物的排污者未按照规定缴纳排污费行为的事实证明和调查事项

主要事实	1．未按照规定缴纳排污费的事实； 2．环保部门责令限期缴纳的事实； 3．当事人逾期仍不缴纳的事实
必要证据（证明主要事实）	1．当事人的身份证明； 2．排污费缴纳通知单及送达回证； 3．责令限期缴纳通知单及送达回证； 4．排污费缴纳情况查询材料
可收集的补充证据（证明裁量事实、印证主要事实）	1．环境监察记录； 2．环保部门处理违法行为的行政决定； 3．投诉、举报、信访材料

调查事项	1．违法行为人的基本情况； 2．环保部门检查的时间、地点、内容； 3．水污染物排放的实际情况； 4．是否如实反映情况或者提供必要的资料； 5．弄虚作假的手段； 6．是否造成危害

表 2-4-57　向大气排放污染物的排污者未足额缴纳排污费行为的事实证明和调查事项

主要事实	1．未按照规定足额缴纳排污费的事实； 2．环保部门责令限期缴纳的事实； 3．当事人逾期仍不缴纳的事实
必要证据（证明主要事实）	1．当事人的身份证明； 2．排污费缴纳通知单及送达回证； 3．责令限期缴纳通知单及送达回证； 4．排污费缴纳情况查询材料
可收集的补充证据（证明裁量事实、印证主要事实）	1．环境监察记录； 2．环保部门处理违法行为的行政决定； 3．投诉、举报、信访材料
调查事项	1．违法行为人的基本情况； 2．环保部门检查的时间、地点、内容； 3．水污染物排放的实际情况； 4．按规定应缴纳排污费数额，实际缴纳的数额、缴纳时间； 5．环保部门限期缴纳的时间、数额； 6．欠缴的原因

表 2-4-58　以欺骗手段骗取批准减、免、缓缴排污费行为的事实证明和调查事项

主要事实	1．骗取减缴、缓缴、免缴排污费的事实； 2．环保部门责令限期补缴排污费的事实； 3．当事人逾期不缴纳排污费的事实
必要证据（证明主要事实）	1．当事人的身份证明； 2．排污费缴纳通知单及送达回证； 3．责令限期缴纳排污费通知单及送达回证； 4．排污费缴纳情况查询材料
可收集的补充证据（证明裁量事实、印证主要事实）	1．环境监察记录； 2．环保部门处理违法行为的行政决定； 3．投诉、举报、信访材料
调查事项	1．违法行为人的基本情况； 2．水污染物排放的实际情况（数量、种类、浓度）； 3．骗取减、免、缓缴排污费的时间、手段、金额； 4．环保部门限期补缴排污费的时间、金额

表 2-4-59 不按照批准的用途使用环境保护专项资金行为的事实证明和调查事项

主要事实	1．环境保护专项资金批准的用途； 2．环境保护专项资金的实际用途
必要证据（证明主要事实）	1．当事人的身份证明； 2．批准环保专项资金的数额、使用要求证明； 3．专项资金使用情况查询材料
可收集的补充证据（证明裁量事实、印证主要事实）	1．环境监察记录； 2．环保部门处理违法行为的行政决定； 3．投诉、举报、信访材料
调查事项	1．专项资金的使用单位的基本情况； 2．批准环保专项资金的时间、用途； 3．环保专项资金实际使用情况； 4．发现环保专项资金未按规定用途使用的时间、渠道； 5．未按批准用途使用专项资金的原因

五、违法超标准排放大气污染物行为的认定

（一）法律规定

《大气污染防治法》第十三条规定：向大气排放污染物的，其污染物排放浓度不得超过国家和地方规定的排放标准。

《大气污染防治法》第十六条规定：在国务院和省、自治区、直辖市人民政府划定的风景名胜区、自然保护区、文物保护单位附近地区和其他需要特别保护的区域内，不得建设污染环境的工业生产设施；建设其他设施，其污染物排放不得超过规定的排放标准。本法实施前企业事业单位已经建成的设施，其污染物排放超过规定的排放标准的，依照本法第四十八条规定限期治理。

《大气污染防治法》第三十条二款规定：在酸雨控制区和二氧化硫污染控制区内，属于已建企业超过规定的污染物排放标准排放大气污染物的，依照本法第四十八条的规定限期治理。

《大气污染防治法》第四十八条规定：向大气排放污染物超过国家和地方规定排放标准的，应当限期治理，并由所在地县级以上地方人民政府环境保护行政主管部门处以 1 万元以上 10 万元以下罚款。限期治理的决定权限和违反限期治理要求的行政处罚由国务院规定。

（二）违法超标准排放大气污染物行为的事实证明和调查事项

表 2-4-60 违法超标准排放大气污染物行为的事实证明和调查事项

主要事实	超标准排放大气污染物的事实
必要证据（证明主要事实）	1．当事人的身份证明； 2．责令限期治理决定； 3．责令改正违法行为决定书及送达回证

可收集的补充证据（证明裁量事实、印证主要事实）	1．环境监察记录； 2．环保部门处理违法行为的行政决定； 3．投诉、举报、信访材料
调查事项	1．违法行为人的基本情况； 2．排污单位的生产工艺、规模、大气污染处理设施情况； 3．超标准排放大气污染物的时间、地点、原因； 4．对环境的影响程度，是否对附近居民、单位造成影响

六、将列入限期淘汰名录中的设备转让给他人使用行为的认定

（一）法律规定

《大气污染防治法》第十九条三款规定：国务院经济综合主管部门会同国务院有关部门公布限期禁止采用的严重污染大气环境的工艺名录和限期禁止生产、禁止销售、禁止进口、禁止使用的严重污染大气环境的设备名录。

生产者、销售者、进口者或者使用者必须在国务院经济综合主管部门会同国务院有关部门规定的期限内分别停止生产、销售、进口或者使用列入前款规定的名录中的设备。生产工艺的采用者必须在国务院经济综合主管部门会同国务院有关部门规定的期限内停止采用列入前款规定的名录中的工艺。

依照前两款规定被淘汰的设备，不得转让给他人使用。

《大气污染防治法》第四十九条二款规定：将淘汰的设备转让给他人使用的，由转让者所在地县级以上地方人民政府环境保护行政主管部门或者其他依法行使监督管理权的部门没收转让者的违法所得，并处违法所得2倍以下罚款。

（二）将列入限期淘汰名录中的设备转让给他人使用行为的事实证明和调查事项

表2-4-61 将列入限期淘汰名录中的设备转让给他人使用行为的事实证明和调查事项

主要事实	转让被淘汰设备的事实
必要证据（证明主要事实）	1．当事人的身份证明； 2．转让设备属于限期淘汰名录的证明
可收集的补充证据（证明裁量事实、印证主要事实）	1．环境监察记录； 2．环保部门处理违法行为的行政决定； 3．投诉、举报、信访材料
调查事项	1．违法行为人的基本情况； 2．转让的时间、地点、对象； 3．转让的设备名称、型号、数量、价款； 4．转让设备是否列入限期淘汰名录； 5．使用转让设备是否对环境造成影响，影响程度如何； 6．是否对附近居民、单位造成影响

七、造成大气污染事故行为的认定

（一）法律规定

《大气污染防治法》第二十条规定：单位因发生事故或者其他突然性事件，排放和泄漏有毒有害气体和放射性物质造成或者可能造成大气污染事故、危害人体健康的，必须立即采取防治大气污染危害的应急措施，通报可能受到大气污染危害的单位和居民，并报告当地环境保护行政主管部门，接受调查处理。

《大气污染防治法》第六十一条规定：对违反本法规定，造成大气污染事故的企事业单位，由所在地县级以上地方人民政府环境保护行政主管部门根据所造成的危害后果处直接经济损失的 50%以下罚款，但最高不超过 50 万元；情节较重的，对直接负责的主管人员和其他直接责任人员，由所在单位或者上级主管机关依法给予行政处分或者纪律处分；造成重大大气污染事故，导致公私财产重大损失或者人身伤亡的严重后果，构成犯罪的，依法追究刑事责任。

（二）造成大气污染事故行为的事实证明和调查事项

表 2-4-62　造成大气污染事故行为的事实证明和调查事项

主要事实	1．违反法律规定的事实； 2．排放大气污染物的事实； 3．造成环境污染事故的事实； 4．直接经济损失的数额
必要证据（证明主要事实）	1．当事人的身份证明； 2．调查询问笔录，或者现场检查（勘察）笔录； 3．环境监测报告，或者通过有效性审核的自动监控数据； 4．环境污染损害评估鉴定、渔业损失鉴定、农产品损失鉴定、合同、发票等损失统计材料
可收集的补充证据（证明裁量事实、印证主要事实）	1．现场照片、录像； 2．环境监察记录； 3．环境影响评价文件、建设项目环保竣工验收监测或调查报告（表）； 4．环保部门的环评批复、环保竣工验收批复； 5．附近居（村）民或者受害人的证言； 6．环保部门处理违法行为的行政决定； 7．投诉、举报、信访材料
调查事项	1．造成大气污染事故单位的基本情况； 2．肇事污染源、污染物； 3．污染事故发生的时间、地点、发生事故的原因； 4．是否及时通报可能受到污染危害的单位、居民； 5．是否及时向环保部门报告； 6．是否对环境造成影响，影响程度如何； 7．是否对附近居民、单位造成影响，影响程度如何； 8．是否造成人员伤亡，直接经济损失如何

八、违反燃煤大气污染防治规定行为的认定

（一）法律规定

1．在禁止销售、使用高污染燃料的区域内逾期继续使用高污染燃料行为的认定

《大气污染防治法》第二十五条第二款规定：大气污染防治重点城市人民政府可以在本辖区内划定禁止销售、使用国务院环境保护行政主管部门规定的高污染燃料的区域。该区域内的单位和个人应当在当地人民政府规定的期限内停止燃用高污染燃料，改用天然气、液化石油气、电或者其他清洁能源。

《大气污染防治法》第五十一条规定：违反本法第二十五条第二款或者第二十九条第一款的规定，在当地人民政府规定的期限届满后继续燃用高污染燃料的，由所在地县级以上地方人民政府环境保护行政主管部门责令拆除或者没收燃用高污染燃料的设施。

2．饮食服务企业逾期继续使用高污染燃料行为的认定

《大气污染防治法》第二十九条规定：大、中城市人民政府应当制定规划，对饮食服务企业限期使用天然气、液化石油气、电或者其他清洁能源。

《大气污染防治法》第五十一条规定：（略，同上）。

3．在城市集中供热管网覆盖地区新建燃煤供热锅炉行为的认定

该行为的认定在第一节中已经详述，在此不再讨论。

4．新建开采高硫份、高灰份煤炭的煤矿，未建配套煤炭洗选设施行为的认定

《大气污染防治法》第二十四条一款规定，新建的所采煤炭属于高硫份、高灰份的煤矿，必须建设配套的煤炭选洗设施，使煤炭中所含硫份、灰份达到规定的标准。

《大气污染防治法》第六十条（一）规定：新建的所采煤炭属于高硫份、高灰份的煤矿，不按照国家有关规定建设配套的煤炭洗选设施的，由县级以上人民政府环境保护行政主管部门责令限期建设配套设施，可以处以2万元以上20万元以下罚款。

5．开采含放射性和砷等有毒有害物质超标的煤炭行为的认定

《大气污染防治法》第二十四条三款规定：禁止开采含放射性和砷等有毒有害物质超过规定标准的煤炭。

《大气污染防治法》第五十条规定：开采含放射性和砷等有毒有害物质超过规定标准的煤炭的，由县级以上人民政府按照国务院规定的权限责令关闭。

（二）违反燃煤大气污染防治规定行为的事实证明和调查事项

见表2-4-63至表2-4-66。

表2-4-63　在禁止销售、使用高污染燃料的区域内逾期继续使用高污染燃料行为的事实证明和调查事项

主要事实	1．在禁止销售高污染燃料的区域内逾期继续销售高污染燃料的事实； 2．在禁止使用高污染燃料的区域内逾期继续使用高污染燃料的事实； 3．本区域内禁止销售、使用高污染燃料的规定

必要证据（证明主要事实）	1. 当事人的身份证明； 2. 责令限期改正决定； 3. 责令改正违法行为决定书及送达回证
可收集的补充证据（证明裁量事实、印证主要事实）	1. 环境监察记录； 2. 环保部门处理违法行为的行政决定； 3. 投诉、举报、信访材料
调查事项	1. 违法销售、使用高污染燃料单位的基本情况； 2. 政府是否划定禁止使用、销售高污染燃料的区域； 3. 该单位是否在政府划定的禁止使用、销售高污染燃料的区域内； 4. 该单位使用的燃料是否属于高污染燃料，使用高污染燃料的种类、数量、时间、地点； 5. 是否对环境造成污染，程度如何； 6. 是否对附近居民、单位造成影响，影响程度如何； 7. 是否采取减少污染的措施

表 2-4-64　饮食服务单位逾期继续使用高污染燃料行为的事实证明和调查事项

主要事实	饮食服务单位逾期继续使用高污染燃料的事实
必要证据（证明主要事实）	1. 当事人的身份证明； 2. 责令改正违法行为决定书及送达回证
可收集的补充证据（证明裁量事实、印证主要事实）	1. 环境监察记录； 2. 环保部门处理违法行为的行政决定； 3. 投诉、举报、信访材料
调查事项	1. 饮食服务单位的基本情况； 2. 该单位是否处于限期使用清洁燃料区域 3. 该单位使用高污染燃料的种类、数量、时间、地点； 4. 对环境是否造成影响，影响程度如何； 5. 是否对周围居民、单位造成影响，影响程度如何

在城市集中供热管网覆盖地区新建燃煤供热锅炉行为的事实证明和调查事项，在第一节已作介绍，在此不再叙述。

表 2-4-65　新建开采高硫份、高灰份煤炭的煤矿，未建配套煤炭洗选设施行为的事实证明和调查事项

主要事实	1. 新建开采高硫份煤炭煤矿，未建配煤炭选洗设施的事实； 2. 新建开采高灰份煤炭煤矿，未建配煤炭选洗设施的事实
必要证据（证明主要事实）	1. 当事人的身份证明； 2. 责令改正违法行为决定书及送达回证
可收集的补充证据（证明裁量事实、印证主要事实）	1. 环境监察记录； 2. 环保部门处理违法行为的行政决定； 3. 投诉、举报、信访材料
调查事项	1. 新建煤矿的基本情况； 2. 是否开采高硫份、高灰份煤炭； 3. 是否未建设煤炭选洗设施； 4. 环保部门发现的时间、渠道

表 2-4-66 开采含放射性和砷等有毒有害物质超标的煤炭行为的事实证明和调查事项

主要事实	1．开采含放射性和砷等有毒有害物质煤炭的事实； 2．煤炭含放射性和砷等有毒有害物质超标的事实
必要证据（证明主要事实）	1．当事人的身份证明； 2．责令限期改正决定； 3．责令改正违法行为决定书及送达回证
可收集的补充证据（证明裁量事实、印证主要事实）	1．环境监察记录； 2．检测报告； 3．环保部门处理违法行为的行政决定； 4．投诉、举报、信访材料
调查事项	1．违法行为人的基本情况； 2．开采煤炭含放射性、砷等有毒有害物质的检测报告； 3．煤炭中含有的放射性物质是否超标； 4．煤炭中含砷是否超标； 5．煤炭中其他有毒、有害物质的含量、种类； 6．开采过程是否对环境造成影响，影响程度如何； 7．是否对周围居民、单位造成影响，影响程度如何

九、违反机动车船大气污染防治规定行为的认定

（一）法律规定

1．制造、销售、使用、进口超标排污机动车船的行为

《大气污染防治法》第三十二条规定：机动车船向大气排放污染物不得超过规定的排放标准。任何单位和个人不得制造、销售或者进口污染物超过规定排放标准的机动车船。

《大气污染防治法》第五十三条规定：制造、销售或者进口超过污染物排放标准的机动车船的，由依法行使监督管理权的部门责令停止违法行为，没收违法所得，可以并处违法所得1倍以下的罚款；对无法达到规定的污染物排放标准的机动车船，没收销毁。

2．违法生产、进口或者销售含铅汽油的行为

《大气污染防治法》第三十四条二款规定：……单位和个人应当按照国务院规定的期限，停止生产、进口、销售含铅汽油。

《大气污染防治法》第五十四条规定：未按照国务院规定的期限停止生产、进口或者销售含铅汽油的，由所在地县级以上地方人民政府环境保护行政主管部门或者其他依法行使监督管理权的部门责令停止违法行为，没收所生产、进口、销售的含铅汽油和违法所得。

3．未获委托擅自从事机动车船排气污染年检的行为

《大气污染防治法》第三十五条第一款规定：省级人民政府环保部门可以委托已取得公安机关资质认定的承担机动车年检的单位，按照规范对机动车船排气污染进行年度检测。

《大气污染防治法》第五十五条规定：违反本法第三十五条第一款或者第二款规定，未取得所在地省、自治区、直辖市人民政府环境保护行政主管部门或者交通、渔政等依法

行使监督管理权的部门的委托进行机动车船排气污染检测的，或者在检测中弄虚作假的，由县级以上人民政府环境保护行政主管部门或者交通、渔政等依法行使监督管理权的部门责令停止违法行为，限期改正，可以处以5万元以下罚款；情节严重的，由负责资质认定的部门取消承担机动车船年检的资格。

4．在机动车船排气污染检测中弄虚作假的行为

《大气污染防治法》第五十五条规定：（略，同上）。

（二）违反机动车船大气污染防治规定行为的事实证明和调查事项

见表2-4-67至表2-4-70。

表2-4-67　制造、销售、使用、进口超标排污机动车船行为的事实证明和调查事项

主要事实	1．制造、销售、使用、进口机动车船的事实； 2．所制造、销售、使用、进口的机动车船超标排污的事实
必要证据（证明主要事实）	1．当事人的身份证明； 2．责令限期改正决定； 3．责令改正违法行为决定书及送达回证
可收集的补充证据（证明裁量事实、印证主要事实）	1．环境监察记录； 2．环保部门处理违法行为的行政决定； 3．投诉、举报、信访材料
调查事项	1．违法行为人的基本情况； 2．制造、销售、使用、进口超标排污机动车的时间、数量、原因； 3．制造、销售、使用、进口超标排污机动车的检测报告

表2-4-68　违法生产、进口或者销售含铅汽油行为的事实证明和调查事项

主要事实	违法生产、进口、销售含铅汽油的事实
必要证据（证明主要事实）	1．当事人的身份证明； 2．责令限期改正决定； 3．责令改正违法行为决定书及送达回证
可收集的补充证据（证明裁量事实、印证主要事实）	1．环境监察记录； 2．检测报告； 3．环保部门处理违法行为的行政决定； 4．投诉、举报、信访材料
调查事项	1．违法行为人的基本情况； 2．生产含铅汽油的生产工艺、规模、环境污染处理设施情况； 3．生产、进口、销售含铅汽油的数量、时间、原因； 4．是否含铅汽油、含铅量； 5．环保部门发现的时间、渠道； 6．生产、进口、销售含铅汽油的收益； 7．是否对环境造成影响，影响程度如何； 8．是否对附近居民、单位造成影响，影响程度如何

表 2-4-69 未获委托擅自从事机动车船排气污染年检行为的事实证明和调查事项

主要事实	1．从事机动车船排气污染年检行为的事实； 2．未获委托的事实
必要证据（证明主要事实）	1．当事人的身份证明； 2．责令限期改正决定； 3．责令改正违法行为决定书及送达回证
可收集的补充证据（证明裁量事实、印证主要事实）	1．环境监察记录； 2．环保部门处理违法行为的行政决定； 3．投诉、举报、信访材料
调查事项	1．检测单位的基本情况； 2．检测单位是否具有机动车排气污染年检资质； 3．是否经环保部门委托； 4．违法从事机动车年检的时间、地点； 5．环保部门发现的时间、渠道； 6．擅自检测的机动车的数量、车型、牌号； 7．擅自从事机动车检测的违法所得

表 2-4-70 在机动车船排气污染检测中弄虚作假行为的事实证明和调查事项

主要事实	在机动车船排气污染检测中弄虚作假的事实
必要证据（证明主要事实）	1．当事人的身份证明； 2．责令期限改正决定； 3．责令改正违法行为决定书及送达回证
可收集的补充证据（证明裁量事实、印证主要事实）	1．环境监察记录； 2．环保部门处理违法行为的行政决定； 3．投诉、举报、信访材料
调查事项	1．检测单位的基本情况； 2．机动车弄虚作假的时间、地点、内容、手段、原因； 3．环保部门发现的时间、渠道； 4．排气污染检测中弄虚作假检测的机动车数量、车型、牌号； 5．违法所得

十、城市饮食服务业的经营者，排放油烟对附近居民居住环境造成污染行为的认定

（一）法律规定

《大气污染防治法》第四十四条规定：城市饮食服务业的经营者，必须采取措施，防治油烟对附近居民的居住环境造成污染。

《大气污染防治法》第五十六条第（四）项规定：城市饮食服务业的经营者未采取有效污染防治措施，致使排放的油烟对附近居民的居住环境造成污染的，由县级以上地方人民政府环境保护行政主管部门或者其他依法行使监督管理权的部门责令停止违法行为，限

期改正，可以处以 5 万元以下罚款。

（二）城市饮食服务业的经营者，排放油烟对附近居民居住环境造成污染行为的事实证明和调查事项

表 2-4-71　城市饮食服务业的经营者，排放油烟对附近居民居住环境造成污染行为的事实证明和调查事项

主要事实	1．未采取有效措施防治油烟污染的事实； 2．对附近居民居住环境造成环境污染的事实
必要证据（证明主要事实）	1．当事人的身份证明； 2．责令期限改正决定； 3．责令改正违法行为决定书及送达回证
可收集的补充证据（证明裁量事实、印证主要事实）	1．环境监察记录； 2．环保部门处理违法行为的行政决定； 3．投诉、举报、信访材料
调查事项	1．饮食经营者的基本情况，是否在城市区域； 2．开办饮食服务业的时间、规模、性质； 3．是否采取有效措施防治油烟对附近居民造成污染； 4．油烟是否对附近居民造成污染，污染的程度如何； 5．环境部门发现的时间、渠道

十一、违反废气、尘、恶臭污染防治规定行为的认定

（一）法律规定

1．未采取防燃、防尘措施在人口集中地存放煤炭、煤矸石、煤灰、煤渣、砂石、灰土等物料行为的认定

《大气污染防治法》第三十一条规定：在人口集中地区存放煤炭、煤矸石、煤渣、煤灰、砂石、灰土等物料，必须采取防燃、防尘措施，防止污染大气。

《大气污染防治法》第四十六条第（四）项规定：未采取防燃、防尘措施，在人口集中地区存放煤炭、煤矸石、煤渣、煤灰、砂石、灰土等物料的，环境保护行政主管部门或者本法第四条第二款规定的监督管理部门可以根据不同情节，责令停止违法行为，限期改正，给予警告或者处以 5 万元以下罚款。

2．在特殊保护区域内焚烧产生有毒有害烟尘和恶臭气体物质行为的认定

《大气污染防治法》第四十一条第一款规定：禁止在人口集中地区和特殊保护区域内焚烧沥青、油毡、橡胶、皮革、垃圾以及其他产生有毒有害烟尘、恶臭气体物质。

《大气污染防治法》第五十七条规定：违反本法第四十一条第一款规定，在人口集中地区和其他依法需要特殊保护的区域内，焚烧沥青、油毡、橡胶、塑料、皮革、垃圾以及其他产生有毒有害烟尘和恶臭气体的物质的，由所在地县级以上地方人民政府环境保护行政主管部门责令停止违法行为，处以 2 万元以下罚款。

3．在禁止性区域内焚烧产生烟尘污染物质行为的认定

《大气污染防治法》第四十一条第二款规定：禁止在人口集中地区、机场周围、交通干线附近露天焚烧秸秆、落叶等产生烟尘物质。

《大气污染防治法》第五十七条第二款规定：违反本法第四十一条第二款规定，在人口集中地区、机场周围、交通干线附近以及当地人民政府划定的区域内露天焚烧秸秆、落叶等产生烟尘污染的物质的，由所在地县级以上地方人民政府环境保护行政主管部门责令停止违法行为；情节严重的，可以处以200元以下罚款。

4．未采取有效措施向大气排放粉尘行为的认定

《大气污染防治法》第三十六条第一款规定：向大气排放粉尘的排污单位，必须采取除尘措施。

《大气污染防治法》第五十六条第（一）项规定：未采取有效污染防治措施，向大气排放粉尘、恶臭气体或者其他含有有毒物质气体的，由县级以上地方人民政府环境保护行政主管部门或者其他依法行使监督管理权的部门责令停止违法行为，限期改正，可以处以5万元以下罚款。

5．未采取有效防治措施向大气排放含有有毒物质的废气行为的认定

《大气污染防治法》第三十六条第二款规定：严格限制向大气排放含有毒物质的废气和粉尘；确需排放的，必须经过净化处理，不超过规定的排放标准。向大气排放粉尘的排污单位，必须采取除尘措施。

《大气污染防治法》第五十六条第（一）项规定：未采取有效污染防治措施，向大气排放粉尘、恶臭气体或者其他含有有毒物质气体的，由县级以上地方人民政府环境保护行政主管部门或者其他依法行使监督管理权的部门责令停止违法行为，限期改正，可以处以5万元以下罚款。

6．未采取有效防治措施向大气排放恶臭气体行为的认定

《大气污染防治法》第四十条规定：向大气排放恶臭气体的单位，必须采取措施防止周围居民区受到污染。

《大气污染防治法》第五十六条第（一）项规定：未采取有效污染防治措施，向大气排放粉尘、恶臭气体或者其他含有有毒物质气体的，由县级以上地方人民政府环境保护行政主管部门或者其他依法行使监督管理权的部门责令停止违法行为，限期改正，可以处以5万元以下罚款。

7．未经当地环保部门批准，向大气排放转炉气、电石气、电炉法黄磷尾气、有机烃类尾气行为的认定

《大气污染防治法》第三十七条第二款规定：向大气排放转炉气、电石气、电炉法黄磷尾气、有机烃类尾气的，须报经当地环境保护行政主管部门批准。

《大气污染防治法》第五十六第（二）项规定：未经当地环境保护行政主管部门批准，向大气排放转炉气、电石气、电炉法黄磷尾气、有机烃类尾气的，由县级以上地方人民政府环境保护行政主管部门或者其他依法行使监督管理权的部门责令停止违法行为，限期改正，可以处以5万元以下罚款。

8．未采取防护措施，运输、装卸或储存能够散发有毒有害气体或粉尘物质行为的认定

《大气污染防治法》第四十二条规定：运输、装卸、贮存能够散发有毒有害气体或者

粉尘物质的，必须采取密闭措施或者其他防护措施。

《大气污染防治法》第五十六条第（三）项规定：未采取密闭措施或者其他防护措施，运输、装卸或者贮存能够散发有毒有害气体或者粉尘物质的，由县级以上地方人民政府环境保护行政主管部门或者其他依法行使监督管理权的部门责令停止违法行为，限期改正，可以处以 5 万元以下罚款。

9．排放含有硫化物气体的石油炼制、合成氨生产、煤气和燃煤焦化、有色金属冶炼的企业，不按规定脱硫行为的认定

《大气污染防治法》第三十八条规定：炼制石油、生产合成氨、煤气和燃煤焦化、有色金属冶炼过程中排放含有硫化物气体的，应当配备脱硫装置或者采取其他脱硫措施。

《大气污染防治法》第六十条第（二）项规定：排放含有硫化物气体的石油炼制、合成氨生产、煤气和燃煤焦化以及有色金属冶炼的企业，不按照国家有关规定建设配套脱硫装置或者未采取其他脱硫措施的，由县级以上人民政府环境保护行政主管部门责令限期建设配套设施，可以处以 2 万元以上 20 万元以下罚款。

10．在城市区域进行建筑施工或从事产生扬尘污染的活动，造成大气环境污染行为的认定

《大气污染防治法》第四十三条第二款规定：在城市区域进行建筑施工或从事产生扬尘污染的活动的单位，必须按照当地环保部门的规定，采取防治扬尘的措施。

《大气污染防治法》第五十八条规定：违反本法第四十三条第二款规定，在城市市区进行建设施工或者从事其他产生扬尘污染的活动，未采取有效扬尘防治措施，致使大气环境受到污染的，限期改正，处以 2 万元以下罚款；对逾期仍未达到当地环境保护规定要求的，可以责令其停工整顿。

前款规定的对因建设施工造成扬尘污染的处罚，由县级以上地方人民政府建设行政主管部门决定；对其他造成扬尘污染的处罚，由县级以上地方人民政府指定的有关主管部门决定。

（二）违反废气、尘、恶臭污染防治规定行为的事实证明和调查事项

见表 2-4-72 至表 2-4-81。

表 2-4-72　未采取防燃、防尘措施在人口集中地存放煤炭、煤矸石、煤灰、煤渣、砂石、灰土等物料行为的事实证明和调查事项

主要事实	1．在人口集中地存放煤炭、煤矸石、煤灰、煤渣、砂石、灰土等物料行为的事实； 2．未采取防燃、防尘措施存放煤炭、煤矸石、煤灰、煤渣、砂石、灰土等物料行为的事实
必要证据（证明主要事实）	1．当事人的身份证明； 2．责令限期改正决定； 3．责令改正违法行为决定书及送达回证
可收集的补充证据（证明裁量事实、印证主要事实）	1．环境监察记录； 2．环保部门处理违法行为的行政决定； 3．投诉、举报、信访材料

调查事项	1. 违法行为人的基本情况； 2. 存放物料的时间、地点、数量、体积； 3. 物料是否存放在人口集中地区； 4. 是否采取防尘、防燃措施； 5. 未采取措施的原因； 6. 环保部门发现的渠道、时间； 7. 是否对环境造成影响，影响程度如何； 8. 是否对周围居民、单位造成影响，影响程度如何

表 2-4-73　在特殊保护区域内焚烧产生有毒有害烟尘和恶臭气体物质行为的事实证明和调查事项

主要事实	1. 焚烧产生有毒有害烟尘和恶臭气体物质的事实； 2. 焚烧行为处于特殊保护区域内的事实
必要证据（证明主要事实）	1. 当事人的身份证明； 2. 责令限期改正决定； 3. 责令改正违法行为决定书及送达回证
可收集的补充证据（证明裁量事实、印证主要事实）	1. 环境监察记录； 2. 环保部门处理违法行为的行政决定； 3. 投诉、举报、信访材料
调查事项	1. 违法行为人的基本情况； 2. 焚烧产生有毒有害烟尘和恶臭气体物质的时间、地点、焚烧方式； 3. 焚烧生产有毒有害烟尘和恶臭气体物质的名称、数量； 4. 是否对环境造成影响，影响程度如何； 5. 是否对周围居民、单位产生影响，影响程度如何

表 2-4-74　在禁止性区域内焚烧产生烟尘污染物质行为的事实证明和调查事项

主要事实	1. 焚烧产生烟尘污染物质的事实； 2. 焚烧行为在禁止性区域内的事实
必要证据（证明主要事实）	1. 当事人的身份证明； 2. 责令限期改正决定； 3. 责令改正违法行为决定书及送达回证
可收集的补充证据（证明裁量事实、印证主要事实）	1. 环境监察记录； 2. 环保部门处理违法行为的行政决定； 3. 投诉、举报、信访材料
调查事项	1. 违法行为人的基本情况； 2. 焚烧生产烟尘污染物质的时间、地点、方式； 3. 焚烧污染物质的名称、数量； 4. 是否对环境造成影响，影响程度如何； 5. 是否对周围居民、单位产生影响，影响程度如何

表 2-4-75　未采取有效措施向大气排放粉尘行为的事实证明和调查事项

主要事实	向大气排放粉尘的事实
必要证据（证明主要事实）	1. 当事人的身份证明； 2. 责令限期改正决定； 3. 责令改正违法行为决定书及送达回证

可收集的补充证据（证明裁量事实、印证主要事实）	1．环境监察记录； 2．环保部门处理违法行为的行政决定； 3．投诉、举报、信访材料
调查事项	1．违法行为人的基本情况； 2．向大气排放粉尘的时间、地点、浓度、方式、来源； 3．是否采取有效的防尘措施； 4．是否对环境造成影响，影响程度如何； 5．是否对周围居民、单位产生影响，影响程度如何

表 2-4-76 未采取有效防治措施向大气排放含有有毒物质的废气和粉尘行为的事实证明和调查事项

主要事实	1．排放含有有毒物质的废气的事实； 2．排放含有有毒物质的粉尘的事实； 3．未采取有效防治措施的事实
必要证据（证明主要事实）	1．当事人的身份证明； 2．责令限期改正决定； 3．责令改正违法行为决定书及送达回证
可收集的补充证据（证明裁量事实、印证主要事实）	1．环境监察记录； 2．环保部门处理违法行为的行政决定； 3．投诉、举报、信访材料
调查事项	1．违法行为人的基本情况； 2．排污单位的生产工艺、规模、环境污染处理设施情况、排放是否达标； 3．排放大气污染物的时间、地点、名称、数量、浓度、来源； 4．排放的污染物是否含有何种有毒物质； 5．是否对环境造成影响，影响程度如何； 6．是否对周围居民、单位产生影响，影响程度如何

表 2-4-77 未采取有效防治措施向大气排放恶臭气体行为的事实证明和调查事项

主要事实	1．向大气排放恶臭气体的事实； 2．未采取有效防治措施的事实
必要证据（证明主要事实）	1．当事人的身份证明； 2．责令限期改正决定； 3．责令改正违法行为决定书及送达回证
可收集的补充证据（证明裁量事实、印证主要事实）	1．环境监察记录； 2．环保部门处理违法行为的行政决定； 3．投诉、举报、信访材料
调查事项	1．违法行为人的基本情况； 2．排污单位的生产工艺、规模、环境污染处理设施情况、排放是否达标； 3．排放恶臭气体的时间、地点、名称、数量、浓度、来源； 4．是否对环境造成影响，影响程度如何； 5．是否对周围居民、单位产生影响，影响程度如何

表 2-4-78 未经当地环保部门批准，向大气排放转炉气、电石气、电炉法黄磷尾气、有机烃类尾气行为的事实证明和调查事项

主要事实	向大气排放转炉气、电石气、电炉法黄磷尾气、有机烃类尾气的事实
必要证据（证明主要事实）	1．当事人的身份证明； 2．责令限期改正决定； 3．责令改正违法行为决定书及送达回证
可收集的补充证据（证明裁量事实、印证主要事实）	1．环境监察记录； 2．环保部门处理违法行为的行政决定； 3．投诉、举报、信访材料
调查事项	1．违法行为人的基本情况； 2．排污单位的生产工艺、规模； 3．环境污染处理设施情况、排放是否达标； 4．排放转炉气、电石气、电炉法黄磷尾气、有机烃类尾气的时间、地点、名称、数量、浓度； 5．是否经环保部门批准； 6．是否对环境造成影响，影响程度如何； 7．是否对周围居民、单位产生影响，影响程度如何

表 2-4-79 未采取防护措施，运输、装卸或储存能够散发有毒有害气体或粉尘物质行为的事实证明和调查事项

主要事实	运输、装卸或储存能够散发有毒有害气体或粉尘物质的事实
必要证据（证明主要事实）	1．当事人的身份证明； 2．责令限期改正决定； 3．责令改正违法行为决定书及送达回证
可收集的补充证据（证明裁量事实、印证主要事实）	1．环境监察记录； 2．环保部门处理违法行为的行政决定； 3．投诉、举报、信访材料
调查事项	1．违法行为人的基本情况； 2．运输、装卸或储存物质的名称、数量、地点、时间； 3．运输、装卸或储存的物质是否能够散发有毒有害气体或者粉尘； 4．是否采取密闭或者其他防护措施； 5．未采取有效防护措施的原因； 6．是否对环境造成影响，影响程度如何； 7．是否对周围居民、单位产生影响，影响程度如何

表 2-4-80 排放含有硫化物气体的石油炼制、合成氨生产、煤气和燃煤焦化、有色金属冶炼的企业，不按规定脱硫行为的事实证明和调查事项

主要事实	1．排放含有硫化物气体的事实； 2．未按规定脱硫的事实
必要证据（证明主要事实）	1．当事人的身份证明； 2．责令限期改正决定； 3．责令改正违法行为决定书及送达回证

可收集的补充证据（证明裁量事实、印证主要事实）	1. 环境监察记录； 2. 环保部门处理违法行为的行政决定； 3. 投诉、举报、信访材料
调查事项	1. 违法行为人的基本情况； 2. 排污单位的生产工艺、规模、环境污染处理设施情况； 3. 含硫气体排放的时间、地点、数量、浓度； 4. 是否按规定采取脱硫措施； 5. 未按规定采取脱硫措施的原因； 6. 是否对环境造成影响，影响程度如何； 7. 是否对周围居民、单位产生影响，影响程度如何

表 2-4-81 在城市区域进行建筑施工或从事产生扬尘污染活动，造成大气环境污染行为的事实证明和调查事项

主要事实	1. 在城市区域进行建筑施工产生扬尘，造成大气环境污染的事实； 2. 在城市区域从事其他产生扬尘污染活动，造成大气环境污染的事实
必要证据（证明主要事实）	1. 当事人的身份证明； 2. 责令限期治理决定； 3. 责令改正违法行为决定书及送达回证
可收集的补充证据（证明裁量事实、印证主要事实）	1. 环境监察记录； 2. 环保部门处理违法行为的行政决定； 3. 投诉、举报、信访材料
调查事项	1. 违法行为人的基本情况； 2. 从事建筑施工产生扬尘活动的时间、地点、原因； 3. 产生扬尘活动的时间、地点、原因； 4. 该项活动是否在城市区域内进行，是否采取防护措施； 5. 是否经环保部门批准； 6. 是否对环境造成影响，影响程度如何； 7. 是否对周围居民、单位产生影响，影响程度如何

十二、违反消耗臭氧层物质管理规定行为的认定

（一）法律规定

关于生产或进口消耗臭氧层物质超过核定配额的行为：

《大气污染防治法》第四十五条第二款规定：在国家规定的期限内，生产、进口消耗臭氧物质的单位必须按照国务院相关行政主管部门核定的配额进行生产、进口。

《大气污染防治法》第五十九条规定：在国家规定的期限内，生产或者进口消耗臭氧层物质超过国务院有关行政主管部门核定配额的，由所在地省、自治区、直辖市人民政府有关行政主管部门处以 2 万元以上 20 万元以下罚款；情节严重的，由国务院有关行政主管部门取消生产、进口配额。

（二）违反消耗臭氧层物质管理规定行为的事实证明和调查事项

表 2-4-82 生产或进口消耗臭氧层物质超过核定配额行为的事实证明和调查事项

主要事实	1. 生产消耗臭氧层物质超过配额的事实； 2. 进口消耗臭氧层物质超过配额的事实
必要证据（证明主要事实）	1. 当事人的身份证明； 2. 责令限期改正决定； 3. 责令改正违法行为决定书及送达回证
可收集的补充证据（证明裁量事实、印证主要事实）	1. 环境监察记录； 2. 环保部门处理违法行为的行政决定； 3. 投诉、举报、信访材料
调查事项	1. 违法行为人的基本情况； 2. 生产单位的生产工艺、规模； 3. 生产消耗臭氧层物质的情况，是否超过配额； 4. 进口消耗臭氧层物质名称、数量，是否超过配额； 5. 环保部门发现的时间、渠道

第四节 违反噪声污染防治规定的行为的认定

一、违反排污申报登记规定的行为的认定

（一）法律规定

拒报、谎报噪声排放申报登记事项行为的认定。

《环境噪声污染防治法》第二十四条规定：在工业生产中因使用固定的设备造成环境噪声污染的工业企业，必须按照国务院环境保护行政主管部门的规定，向所在地的县级以上地方人民政府环境保护行政主管部门申报拥有的造成环境噪声污染的设备的种类、数量以及在正常作业条件下所发出的噪声值和防治环境噪声污染的设施情况，并提供防治环境噪声的技术资料。

造成环境噪声污染的设备的种类、数量、噪声值和防治设施有重大改变的，必须及时申报，并采取应有的防治措施。

《环境噪声污染防治法》第二十九条规定：在城市市区范围内，建筑施工过程中使用机械设备，可能产生环境噪声污染的，施工单位必须在工程开工 15 日以前向工程所在地县级以上地方人民政府环境保护行政主管部门申报该工程的项目名称、施工场所和期限、可能产生的环境噪声值以及所采取的环境噪声污染防治措施的情况。

《环境噪声污染防治法》第四十九条规定：违反本法规定，拒报或者谎报规定的环境噪声排放申报事项的，县级以上地方人民政府环境保护行政主管部门可以根据不同情节，给予警告或者处以罚款。

（二）违反排污申报登记规定的行为的事实证明和调查事项

查处环境噪声排放申报登记违法行为的常见证据为排污申报通知书、排污费核定通知书、排污费缴费通知单、收款单据等，用以证明环保部门的申报要求、发文机关、日期，证明环保部门对污染物排放的核定结果、核定机关、核定日期，证明环保部门的缴费要求、发文机关、日期；证明当事人排污费的缴纳情况。

表 2-4-83　拒报、谎报环境噪声排放申报登记违法行为的事实证明和调查事项

主要事实	1．拒报或者谎报环境噪声排放申报登记事项的事实； 2．环保部门责令限期改正和当事人逾期不改正的事实
必要证据（证明主要事实）	1．拒报环境噪声排放申报登记事项的： （1）当事人的身份证明； （2）排污申报通知书及送达回证； （3）企业排放污染物申报登记情况查询材料； （4）环保部门责令限期改正决定及送达回证。 2．谎报环境噪声排放申报登记事项的： （1）当事人的身份证明； （2）排放污染物申报登记表； （3）排污费核定通知书； （4）环境监测报告等
可收集的补充证据（证明裁量事实、印证主要事实）	1．生产记录、财务报表等； 2．投诉、举报、信访材料； 3．环境监察记录； 4．环保部门处理违法行为的行政决定
调查事项	1．拒报环境噪声申报登记事项的调查： （1）违法行为单位的基本情况； （2）排污单位产生环境噪声设备的种类、数量，正常作业条件下环境噪声排放值及防治措施； （3）拒绝申报登记的时间、地点； （4）发现该单位未申报登记的时间； （5）拒绝申报登记的原因； （6）是否对周围居民、单位产生影响，影响程度如何。 2．谎报环境噪声排放申报登记事项的调查： （1）违法行为单位的基本情况； （2）排污单位产生环境噪声设备的种类、数量，正常作业条件下环境噪声排放值及防治措施； （3）环境噪声实际排放情况； （4）谎报的时间、内容、方式、地点、手段； （5）环保部门发现的时间、渠道； （6）是否对周围居民、单位产生影响，影响程度如何

二、拒绝环境噪声管理现场检查或者现场检查时弄虚作假行为的认定

（一）法律规定

《环境噪声污染防治法》第二十一条第一款规定：县级以上人民政府环境保护行政主

管部门和其他环境噪声防治工作的监督管理部门、机构，有权依据各自的职责对管辖范围内排放环境噪声的单位进行环境检查。被检查的单位必须如实反映情况，并提供必要的资料。检查部门、机构应当为被检查的单位保守技术秘密和业务秘密。

《环境噪声污染防治法》第五十五条规定：拒绝环境保护行政主管部门或者其他依照本法规定行使环境噪声监督管理权的部门、机构现场检查或者在被检查时弄虚作假的，环境保护行政主管部门或者其他依照本法规定行使环境噪声监督管理权的监督管理部门、机构可以根据不同情节，给予警告或者处以罚款。

（二）违反现场检查规定行为的事实证明和调查事项

见表 2-4-84 至表 2-4-85。

表 2-4-84　拒绝现场检查行为的事实证明和调查事项

主要事实	1. 环保部门进行现场检查的事实； 2. 当事人拒绝检查的事实
必要证据（证明主要事实）	1. 现场检查（勘察）笔录； 2. 现场录像
可收集的补充证据（证明裁量事实、印证主要事实）	1. 环境监察记录； 2. 环保部门处理违法行为的行政决定； 3. 投诉、举报、信访材料
调查事项	1. 违法行为人的基本情况； 2. 检查的时间、地点、内容； 3. 拒绝检查的原因、手段； 4. 是否造成危害后果

表 2-4-85　现场检查时弄虚作假违法行为的事实证明和调查事项

主要事实	1. 环保部门进行现场检查的事实； 2. 当事人弄虚作假的事实
必要证据（证明主要事实）	1. 当事人的身份证明； 2. 调查询问笔录，或者现场检查（勘察）笔录； 3. 反映实际情况的材料及当事人提供的虚假材料等
可收集的补充证据（证明裁量事实、印证主要事实）	1. 现场照片、录像； 2. 环境监察记录； 3. 环保部门处理违法行为的行政决定； 4. 投诉、举报、信访材料
调查事项	1. 违法行为人的基本情况； 2. 检查的时间、地点、内容； 3. 被检查单位环境噪声的排放情况； 4. 是否如实反映情况或者提供必要的资料； 5. 弄虚作假的手段； 6. 是否造成危害后果

三、故意不正常使用、闲置或者拆除环境噪声污染治理设施行为的认定

（一）法律规定

《环境噪声污染防治法》第十五条规定：产生环境噪声污染的企业事业单位，必须保持防治环境噪声污染的设施的正常使用；拆除或者闲置环境噪声污染防治设施的，必须事先报经所在地的县级以上地方人民政府环境保护行政主管部门批准。

《环境噪声污染防治法》第五十条规定：未经环境保护行政主管部门批准，擅自拆除或者闲置环境噪声污染防治设施，致使环境噪声排放超过规定标准的，由县级以上地方人民政府环境保护行政主管部门责令改正，并处以罚款。

（二）故意不正常使用、闲置或者拆除环境噪声污染防治设施行为的事实证明和调查事项

表 2-4-86　故意不正常使用、闲置或者拆除环境噪声污染防治设施行为的事实证明和调查事项

主要事实	1. 违反操作规程使用环境噪声污染防治设施，致使处理设施不能正常运行的事实（包括操作规程要求、实际操作情况及违规程度、处理设施不能正常运行的事实等）； 2. 不按规程要求进行检查和维修，致使环境噪声污染防治设施不能正常运行的事实（包括设备维护检修规程要求、实际检查维修情况及违规程度、处理设施不能正常运行的事实等）； 3. 违反环境噪声污染防治设施正常运行所需条件，致使处理设施不能正常运行的事实（包括处理设施正常运行所需条件、实际运行条件、处理设施不能正常运行的事实等）； 4. 闲置或者拆除环境噪声污染防治设施的事实； 5. 闲置或者拆除环境噪声污染防治设施未经所在地的县级以上环保部门批准的事实
必要证据（证明主要事实）	1. 当事人的身份证明； 2. 调查询问笔录，或者现场检查（勘察）笔录
可收集的补充证据（证明裁量事实、印证主要事实）	1. 现场照片、录像； 2. 污染处理设施的操作规程、设备维护检修规程、设备运行规程的要求，环保设施的设计使用要求、产品资料、设计图纸等； 3. 污染处理设施的运行记录； 4. 环境监察记录； 5. 环境监测报告； 6. 环境影响评价文件、建设项目环保竣工验收监测或调查报告（表）； 7. 环保部门的环评批复、环保竣工验收批复； 8. 企业生产记录、排污记录、财务报表等材料； 9. 附近居（村）民或者受害人的证言； 10. 环保部门处理违法行为的行政决定； 11. 投诉、举报、信访材料

调查事项	1．违法行为人的基本情况； 2．拆除或者闲置环境噪声污染防治设施的时间、设施所在地点、设备名称； 3．拆除或者闲置环境噪声污染防治设施的原因及批准单位； 4．不正常使用环境噪声污染防治设施的原因； 5．不正常使用、闲置或者拆除环境噪声污染防治设施后，环境噪声的排放情况，是否影响附近居民、单位，影响程度如何

四、违反排污费征收使用管理规定行为的认定

（一）法律规定

1．未按照规定缴纳环境噪声超标排污费的行为

《环境噪声污染防治法》第十六条规定：产生环境噪声污染的单位，应当采取措施进行治理，并按照国家规定缴纳超标准排污费。

《排污费征收使用管理条例》第十二条第（四）项规定：依照环境噪声污染防治法的规定，产生环境噪声污染超过国家环境噪声标准的按照排放噪声的超标声级缴纳排污费。

《环境噪声污染防治法》第五十一条规定：违反本法第十六条的规定，不按照国家规定缴纳超标准排污费的，县级以上地方人民政府环境保护行政主管部门可以根据不同情节，给予警告或者处以罚款。

《排污费征收使用管理条例》第二十一条规定：排污者未按照规定缴纳排污费的，由县级以上地方人民政府环境保护行政主管部门依据职权责令限期缴纳；逾期拒不缴纳的，处应缴纳排污费数额1倍以上3倍以下的罚款，并报经有批准权的人民政府批准，责令停产停业整顿。

2．在规定的时间内未足额缴纳超标准环境噪声排污费的行为

《排污费征收使用管理条例》第十四条第二款规定：排污者应当自接到排污费缴纳通知单起7日内，到指定的商业银行缴纳排污费。

《排污费资金收缴使用管理办法》第二十二条规定：排污者在规定的期限内未足额缴纳排污费的，由收缴部门责令其限期缴纳，并从滞纳之日起加收2‰的滞纳金。

《排污费征收使用管理条例》第二十一条规定：排污者未按照规定缴纳排污费的，由县级以上地方人民政府环境保护行政主管部门依据职权责令限期缴纳；逾期拒不缴纳的，处应缴纳排污费数额1倍以上3倍以下的罚款，并报经有批准权的人民政府批准，责令停产停业整顿。

3．以欺骗手段骗取批准减、免、缓缴排污费的行为

《排污费征收使用管理条例》第十五条规定：排污者因不可抗力遭受重大经济损失的，可以申请减半缴纳排污费或者免缴排污费。

《排污费征收使用管理条例》第十六条规定：排污者因有特殊困难不能按期缴纳排污费的，自接到排污费缴纳通知单之日起7日内，可以向发出缴费通知单的环境保护行政主管部门申请缓缴排污费。

排污费的缓缴期限最长不超过 3 个月。

《排污费征收使用管理条例》第二十二条规定：排污者以欺骗手段骗取批准减缴、免缴或者缓缴排污费的，由县级以上地方人民政府环境保护行政主管部门依据职权责令限期补缴应当缴纳的排污费，并处所骗取批准减缴、免缴或者缓缴排污费数额 1 倍以上 3 倍以下的罚款。

4．不按照批准的用途使用环境保护专项资金的行为

《排污费征收使用管理条例》第十八条规定：排污费必须纳入财政预算，列入环境保护专项资金进行管理，主要用于下列项目的拨款补助或者贷款贴息：（一）重点污染源防治；（二）区域性污染防治；（三）污染防治新技术、新工艺的开发、示范和应用；（四）国务院规定的其他污染防治项目。

具体使用办法由国务院财政部门会同国务院环境保护行政主管部门征求其他有关部门意见后制定。

《排污费征收使用管理条例》第十九条第二款规定：按照本条例第十八条的规定使用环境保护专项资金的单位和个人，必须按照批准的用途使用。

《排污费征收使用管理条例》第二十三条规定：环境保护专项资金使用者不按照批准的用途使用环境保护专项资金的，由县级以上人民政府环境保护行政主管部门或者财政部门依据职权责令限期改正；逾期不改正的，10 年内不得申请使用环境保护专项资金，并处挪用资金数额 1 倍以上 3 倍以下的罚款。

（二）违反排污费征收使用管理规定行为的事实证明和调查事项

表 2-4-87 至表 2-4-90。

表 2-4-87　未按照规定缴纳环境噪声超标准排污费行为的事实证明和调查事项

主要事实	1．未按照规定缴纳环境噪声超标排污费的事实； 2．造成环境噪声污染的事实； 3．环保部门责令限期缴纳环境噪声超标排污费的事实； 4．当事人逾期仍不缴纳环境噪声超标排污费的事实
必要证据（证明主要事实）	1．当事人的身份证明； 2．排污费缴纳通知单及送达回证； 3．责令限期缴纳通知单及送达回证； 4．排污费缴纳情况查询材料
可收集的补充证据（证明裁量事实、印证主要事实）	1．环境监察记录； 2．环保部门处理违法行为的行政决定； 3．投诉、举报、信访材料
调查事项	1．违法行为人的基本情况； 2．环境噪声污染的情况； 3．超标排放环境噪声的分贝值； 4．是否按规定缴纳超标排污费

表 2-4-88　未足额缴纳超标环境噪声排污费行为的事实证明和调查事项

主要事实	1．未按照规定足额缴纳超标环境噪声排污费的事实； 2．环保部门责令限期缴纳排污费的事实； 3．当事人逾期仍不缴纳排污费的事实
必要证据（证明主要事实）	1．当事人的身份证明； 2．排污费缴纳通知单及送达回证； 3．责令限期缴纳通知单及送达回证； 4．排污费缴纳情况查询材料
可收集的补充证据（证明裁量事实、印证主要事实）	1．环境监察记录； 2．环保部门处理违法行为的行政决定； 3．投诉、举报、信访材料
调查事项	1．违法行为人的基本情况； 2．按规定应缴纳超标环境噪声排污费数额，实际缴纳的数额、缴纳时间； 3．环保部门限期缴纳的时间、数额； 4．未足额缴纳的原因

表 2-4-89　以欺骗手段骗取批准减缴、免缴、缓缴排污费行为的事实证明和调查事项

主要事实	1．骗取减缴、缓缴、免缴排污费行为的事实； 2．环保部门责令限期补缴排污费的事实； 3．当事人逾期不补缴排污费的事实
必要证据（证明主要事实）	1．当事人的身份证明； 2．排污费缴纳通知单及送达回证； 3．责令限期缴纳通知单及送达回证； 4．排污费缴纳情况查询材料
可收集的补充证据（证明裁量事实、印证主要事实）	1．环境监察记录； 2．环保部门处理违法行为的行政决定； 3．投诉、举报、信访材料
调查事项	1．违法行为人的基本情况； 2．环境噪声排放的实际情况； 3．骗取减缴、免缴、缓缴排污费的时间、手段、金额； 4．环保部门限期补缴排污费的时间、金额

表 2-4-90　不按照批准的用途使用环境保护专项资金的事实证明和调查事项

主要事实	1．环境保护专项资金批准的使用用途； 2．环境保护专项资金的实际使用情况
必要证据（证明主要事实）	1．当事人的身份证明； 2．批准环保专项资金的数额、使用要求证明； 3．专项资金使用情况查询材料
可收集的补充证据（证明裁量事实、印证主要事实）	1．环境监察记录； 2．环保部门处理违法行为的行政决定； 3．投诉、举报、信访材料
调查事项	1．专项资金使用单位的基本情况； 2．批准环保专项资金的时间、用途、数额； 3．环保专项资金实际使用情况； 4．发现环保专项资金未按规定用途使用的时间、渠道； 5．未按批准用途使用专项资金的原因

五、逾期未完成环境噪声限期治理任务的行为的认定

（一）法律规定

《环境噪声污染防治法》第十七条第二款规定：被限期治理的单位必须按期完成治理任务。限期治理由县级以上人民政府按照国务院规定的权限决定。

《环境噪声污染防治法》第五十二条规定：对经限期治理逾期未完成治理任务的企业事业单位，除依照国家规定加收超标准排污费外，可以根据所造成的危害后果处以罚款，或者责令停业、搬迁、关闭。

前款规定的罚款由环境保护行政主管部门决定。责令停业、搬迁、关闭由县级以上人民政府按照国务院规定的权限决定。

（二）逾期未完成环境噪声限期治理行为的事实证明和调查事项

表 2-4-91 逾期未完成环境噪声限期治理行为的事实证明和调查事项

主要事实	逾期未完成环境噪声限期治理任务的事实
必要证据（证明主要事实）	1．当事人的身份证明； 2．责令限期治理决定； 3．责令改正违法行为决定书及送达回执
可收集的补充证据（证明裁量事实、印证主要事实）	1．环境监察记录； 2．环保部门处理违法行为的行政决定； 3．投诉、举报、信访材料
调查事项	1．违法行为人的基本情况； 2．被责令限期治理的原因、限期治理决定的时间要求（期限）； 3．是否批准延期，延期到何时； 4．逾期未完成治理任务的原因； 5．逾期未完成治理任务是否对环境造成影响，影响程度如何；是否对附近居民、单位造成影响，影响程度如何

六、造成环境噪声严重污染的行为的认定

（一）法律规定

《环境噪声污染防治法》第十七条第一款规定：对于在噪声敏感建筑物集中区域内造成严重环境噪声污染的企业事业单位，限期治理。

（二）在噪声敏感建筑物集中区域内造成环境噪声严重污染行为的事实证明和调查事项

表 2-4-92 在噪声敏感建筑物集中区域内造成环境噪声严重污染行为的事实证明和调查事项

主要事实	1. 造成环境噪声严重污染的事实； 2. 造成环境噪声严重污染的场所处在噪声敏感建筑物集中区域内的事实
必要证据（证明主要事实）	1. 当事人的身份证明； 2. 责令限期治理决定； 3. 责令改正违法行为决定书及送达回证
可收集的补充证据（证明裁量事实、印证主要事实）	1. 环境监察记录； 2. 环保部门处理违法行为的行政决定； 3. 投诉、举报、信访材料
调查事项	1. 排放环境噪声单位的边界噪声值，环境噪声的排放时间、地点、噪声源； 2. 产生环境噪声的设备、设施的基本情况； 3. 是否超标排放环境噪声，超标的原因； 4. 是否严重影响周围居民、单位的正常生活和娱乐、工作

七、违反建筑施工噪声污染防治规定行为的认定

（一）法律规定

《环境噪声污染防治法》第三十条一款规定：在城市市区噪声敏感建筑物集中区域内，禁止夜间进行产生环境噪声污染的建筑施工作业，但抢修、抢险作业和因生产工艺上要求或者特殊需要必须连续作业的除外。

《环境噪声污染防治法》第五十六条规定：在城市市区噪声敏感建筑物集中区域内，夜间进行禁止进行的产生环境噪声污染的建筑施工作业的，由工程所在地县级以上地方人民政府环境保护行政主管部门责令改正，可以并处罚款。

（二）违反建筑施工噪声污染防治规定行为的事实证明和调查事项

表 2-4-93 违反建筑施工噪声污染防治规定行为的事实证明和调查事项

主要事实	1. 夜间进行建筑施工造成环境噪声污染的事实； 2. 夜间进行建筑施工的工地在城市市区噪声敏感建筑物集中区域内的事实
必要证据（证明主要事实）	1. 当事人的身份证明； 2. 责令限期治理决定； 3. 责令改正违法行为决定书及送达回证

可收集的补充证据（证明裁量事实、印证主要事实）	1．环境监察记录； 2．环保部门处理违法行为的行政决定； 3．投诉、举报、信访材料
调查事项	1．建筑施工单位基本情况，产生环境噪声的设备、设施的基本情况； 2．建筑施工阶段、施工时间、建筑施工场界噪声值，夜间施工噪声是否超标排放，超标的原因； 3．是否进行申报登记； 4．是否属于抢修、抢险作业和因生产工艺上的要求或者特殊需要必须连续作业的施工阶段； 5．建筑施工噪声污染是否影响周围居民、单位的正常生活和娱乐、工作

八、违反社会生活噪声污染防治规定行为的认定

（一）法律规定

1．经营中的文化娱乐场所超标排放噪声，造成环境噪声污染行为的认定

《环境噪声污染防治法》第四十三条第二款规定：新建营业性文化娱乐场所的边界噪声必须符合国家规定的环境噪声排放标准；……

经营中的文化娱乐场所，其经营管理者必须采取有效措施，使其边界噪声不超过国家规定的环境噪声排放标准。

《环境噪声污染防治法》第五十九条规定：违反本法第四十三条第二款、第四十四条第二款的规定，造成环境噪声污染的，由县级以上地方人民政府环境保护行政主管部门责令改正，可以并处罚款。

2．商业经营活动场所超标排放噪声，造成环境噪声污染行为的认定

《环境噪声污染防治法》第四十四条第二款规定：在商业经营活动中使用空调器、冷却塔等可能产生环境噪声污染的设备、设施的，其经营管理者应当采取措施，使其边界噪声不超过国家规定的环境噪声排放标准。

《环境噪声污染防治法》第五十九条规定：违反本法第四十三条第二款、第四十四条第二款的规定，造成环境噪声污染的，由县级以上地方人民政府环境保护行政主管部门责令改正，可以并处罚款。

（二）违反社会生活噪声污染防治规定行为的事实证明和调查事项

见表 2-4-94 至表 2-4-95。

表 2-4-94　经营中的文化娱乐场所超标排放噪声，造成环境噪声污染行为的事实证明和调查事项

主要事实	经营中文化娱乐场所超标排放噪声造成环境噪声污染的事实
必要证据（证明主要事实）	1．当事人的身份证明； 2．责令限期改正决定； 3．责令改正违法行为决定书及送达回证

可收集的补充证据（证明裁量事实、印证主要事实）	1. 环境监察记录； 2. 环保部门处理违法行为的行政决定； 3. 投诉、举报、信访材料
调查事项	1. 文化娱乐场所经营者的基本情况； 2. 文化娱乐场所经营的时间、地点； 3. 该文化娱乐场所的环境噪声边界值，是否超标； 4. 是否采取治理环境噪声的措施； 5. 是否对环境造成污染，是否对周围居民、单位产生影响，影响程度如何

表 2-4-95 商业经营活动场所超标排放噪声，造成环境噪声污染行为的认定

主要事实	1. 商业经营活动中使用空调器、冷却塔等设备、设施超标排放环境噪声的事实； 2. 商业经营活动场所造成环境噪声污染的事实
必要证据（证明主要事实）	1. 当事人的身份证明； 2. 责令限期改正决定； 3. 责令改正违法行为决定书及送达回证
可收集的补充证据（证明裁量事实、印证主要事实）	1. 环境监察记录； 2. 环保部门处理违法行为的行政决定； 3. 投诉、举报、信访材料
调查事项	1. 商业经营活动管理者的基本情况； 2. 在商业经营活动中使用的产生噪声的固定设备、设施的名称； 3. 商业经营活动使用固定设备、设施的厂界噪声排放值，是否超标排放环境噪声，未达标的原因是什么； 4. 是否采取治理措施；是否对周围居民、单位产生影响，影响程度如何

第五节 违反固体废物污染防治规定行为的认定

一、违反排污申报登记规定的行为的认定

（一）法律规定

1. 不按规定进行工业固体废物申报登记或者申报登记时弄虚作假行为的认定

《固体废物污染环境防治法》第三十二条规定：国家实行工业固体废物申报登记制度。

产生工业固体废物的单位必须按照国务院环境保护行政主管部门的规定，向所在地环境保护行政主管部门提供工业固体废物的种类、产生量、流向、贮存、处置等有关资料。

前款规定的申报登记事项有重大改变的，应当及时申报。

《固体废物污染环境防治法》第六十八条第（一）项规定：不按照国家规定申报登记工业固体废物，或者在申报登记时弄虚作假的，由县级以上人民政府环境保护行政主管部门责令停止违法行为，限期改正，处以 5 000 元以上 5 万元以下罚款。

2. 不按规定申报危险废物或者在申报登记时弄虚作假行为的认定

《固体废物污染环境防治法》第五十三条规定：产生危险废物的单位，必须按照国家有关规定，制定危险废物管理计划，并向所在地县级以上环境保护行政主管部门申报危险废物的种类、产生量、流向、贮存、处置等有关资料。

本条规定的申报事项或者危险废物管理计划内容有重大改变的，应当及时申报。

《固体废物污染环境防治法》第七十五条第（二）项规定：不按照国家规定申报登记危险废物，或者在申报登记时弄虚作假的由县级以上人民政府环境保护行政主管部门责令停止违法行为，限期改正，处以 1 万元以上 10 万元以下罚款。

（二）违反排污申报登记事项行为的事实证明和调查事项

查处固体废物排污申报登记违法行为的常见证据为排污申报通知书、排污费核定通知书、排污费缴费通知单、收款单据等，用以证明环保部门的申报要求、发文机关、日期，证明环保部门对污染物排放的核定结果、核定机关、核定日期，证明环保部门的缴费要求、发文机关、日期；证明当事人排污费的缴纳情况等。

见表 2-4-96 至表 2-4-97。

表 2-4-96 不按规定进行工业固体废物申报登记或者申报登记时弄虚作假行为的事实证明和调查事项

主要事实	1．不按规定申报登记工业固体废物的事实； 2．工业固体废物申报登记时弄虚作假的事实； 3．环保部门责令限期改正的事实和当事人逾期不改正的事实
必要证据（证明主要事实）	1．不按规定申报工业固体废物登记事项的： （1）当事人的身份证明； （2）排污申报通知书及送达回证； （3）企业排放污染物申报登记情况查询材料； （4）环保部门责令改正违法行为决定书及送达回执。 2．申报登记时弄虚作假事项： （1）当事人的身份证明； （2）排放污染物申报登记表； （3）排污费核定通知书； （4）环境监测报告，物料衡算结果等
可收集的补充证据（证明裁量事实、印证主要事实）	1．用电、用水、合同及发票，生产记录、财务报表等； 2．投诉、举报、信访材料； 3．环境监察记录； 4．环保部门处理违法行为的行政决定
调查事项	1．不按规定进行工业固体废物申报登记事项： （1）工业固体废物申报登记单位的基本情况； （2）生产工业固体废物的种类、数量； （3）规定申报登记的时间、内容； （4）发现该单位未申报登记的时间； （5）不按规定申报登记的原因； （6）是否造成危害，程度如何。 2．排污申报登记时弄虚作假的： （1）申报登记单位的基本情况； （2）产生工业固体废物的数量、种类； （3）弄虚作假的时间、内容、方式； （4）环保部门发现的时间、渠道

表 2-4-97 不按规定申报危险废物或者在申报登记时弄虚作假行为的认定

主要事实	1．不按规定进行危险废物申报登记的事实； 2．进行危险废物申报登记时弄虚作假的事实； 3．环保部门责令限期改正的事实和当事人逾期不改正的事实
必要证据（证明主要事实）	1．不按规定进行危险废物申报登记的： （1）当事人的身份证明； （2）排污申报通知书及送达回证； （3）企业排放污染物申报登记情况查询材料； （4）环保部门责令改正违法行为决定书及送达回执。 2．申报登记时弄虚作假的： （1）当事人的身份证明； （2）排放污染物申报登记表； （3）排污费核定通知书； （4）环境监测报告，物料衡算结果等
可收集的补充证据（证明裁量事实、印证主要事实）	1．用电、用水、合同及发票，生产记录、财务报表等； 2．投诉、举报、信访材料； 3．环境监察记录； 4．环保部门处理违法行为的行政决定
调查事项	1．不按规定进行危险废物申报登记的： （1）产生危险废物单位的基本情况； （2）产生危险废物的来源、数量、种类； （3）环保部门要求申报登记的时间、内容； （4）不按规定进行申报登记的原因； （5）环保部门发现的时间、渠道； （6）是否造成环境污染危害，程度如何。 2．进行危险废物申报登记时弄虚作假的： （1）产生危险废物单位的基本情况； （2）产生危险废物的来源、数量、种类； （3）在危险废物申报登记时弄虚作假的时间、地点、手段； （4）环保部门发现的时间、渠道； （5）是否造成环境污染危害，程度如何

二、拒绝固体废物控制管理现场检查或者现场检查时弄虚作假行为的认定

（一）法律规定

《固体废物污染环境防治法》第十五条规定：县级以上人民政府环境保护行政主管部门和其他固体废物污染环境防治工作的监督管理部门，有权依据各自的职责对管辖范围内与固体废物污染环境防治有关的单位进行现场检查。被检查的单位应当如实反映情况，提供必要的资料。检查机关应当为被检查的单位保守技术秘密和业务秘密。

检查机关进行现场检查时，可以采取现场监测、采集样品、查阅或者复制与固体废物污染环境防治相关的资料等措施。检查人员进行现场检查，应当出示证件。

《固体废物污染环境防治法》第七十条规定：拒绝县级以上人民政府环境保护行政主管部门或者其他固体废物污染环境防治工作的监督管理部门现场检查的，由执行现场检查的部门责令限期改正；拒不改正或者在检查时弄虚作假的，处以 2 000 元以上 2 万元以下的罚款。

（二）违反现场检查行为认定的事实证明和调查事项

见表 2-4-98 至表 2-4-99。

表 2-4-98　违反固体废物控制管理现场检查行为认定的事实证明和调查事项

主要事实	1. 环保部门（或相关监督管理部门）进行现场检查的事实； 2. 当事人拒绝现场检查的事实
必要证据（证明主要事实）	1. 现场检查（勘察）笔录； 2. 现场录像
可收集的补充证据（证明裁量事实、印证主要事实）	1. 环境监察记录； 2. 环保部门（或相关监督管理部门）处理违法行为的行政决定； 3. 投诉、举报、信访材料
调查事项	1. 违法行为人的基本情况； 2. 现场检查的时间、地点、内容； 3. 拒绝现场检查的原因、手段； 4. 是否造成危害

表 2-4-99　现场检查时弄虚作假行为的事实证明和调查事项

主要事实	1. 环保部门（或相关监督管理部门）进行现场检查的事实； 2. 当事人在现场检查时弄虚作假的事实
必要证据（证明主要事实）	1. 当事人的身份证明； 2. 调查询问笔录，或者现场检查（勘察）笔录； 3. 反映实际情况的材料及当事人提供的虚假材料等
可收集的补充证据（证明裁量事实、印证主要事实）	1. 现场照片、录像； 2. 环境监察记录； 3. 环保部门（或相关监督管理部门）处理违法行为的行政决定； 4. 投诉、举报、信访材料
调查事项	1. 违法行为人的基本情况； 2. 检查的时间、地点、内容； 3. 固体废物排放的实际情况； 4. 是否如实反映情况或者提供必要的资料； 5. 弄虚作假的手段； 6. 是否造成危害

三、违反环保设施运行管理规定行为的认定

（一）法律规定

1. 擅自关闭、闲置、拆除工业固体废物污染环境防治设施、场所行为的认定

《固体废物污染环境防治法》第二十一条规定：对收集、贮存、运输、处置固体废物

的设施、设备和场所，应当加强管理和维护，保证其正常运行和使用。

《固体废物污染环境防治法》第三十四条规定：禁止擅自关闭、闲置或者拆除工业固体废物污染环境防治设施、场所；确有必要关闭、闲置或者拆除的，必须经地方人民政府环境保护行政主管部门核准，并采取措施，防止污染环境。

《固体废物污染环境防治法》第六十八条第（四）项规定：擅自关闭、闲置或者拆除工业固体废物污染环境防治设施、场所的，由县级以上人民政府环境保护行政主管部门责令停止违法行为，限期改正，处以1万元以上10万元以下的罚款。

2．擅自关闭、闲置、拆除危险废物集中处理设施、场所行为的认定

《固体废物污染环境防治法》第五十四条二款规定：县级以上地方人民政府应当依据危险废物集中处置设施、场所的建设规划组织建设危险废物集中处置设施、场所。

第七十五条（三）规定：擅自关闭、闲置或者拆除危险废物集中处置设施、场所的，由县级以上人民政府环境保护行政主管部门责令停止违法行为，限期改正，处以2万元以上20万元以下的罚款。

（二）违反环保设施运行管理规定行为的事实证明和调查事项

见表2-4-100至表2-4-101。

表2-4-100　擅自关闭、闲置、拆除工业固体废物污染防治设施、场所行为的事实证明和调查事项

主要事实	1．擅自关闭、闲置、拆除部分或者全部工业固体废物处理设施、场所的事实； 2．关闭、闲置、拆除工业固体废物污染防治设施、场所未经环保部门批准的事实； 3．违反操作规程使用工业固体废物处理设施致使处理设施不能正常运行的事实（包括操作规程要求、实际操作情况及违规程度、处理设施不能正常运行的事实等）； 4．不按规程要求进行检查和维修，致使处理设施不能正常运行的事实（包括操作规程要求、实际检查维修情况及违规程度、处理设施不能正常运行的事实等）； 5．违反处理设施正常运行所需条件致使处理设施不能正常运行的事实（包括处理设施正常运行所需条件、实际运行条件、处理设施不能正常运行的事实等）
必要证据（证明主要事实）	1．当事人的身份证明； 2．调查询问笔录，或者现场检查（勘察）笔录
可收集的补充证据（证明裁量事实、印证主要事实）	1．现场照片、录像； 2．污染处理设施、场所的设计使用要求，环保设施的操作规程要求、产品资料、设计图纸等； 3．污染处理设施、场所的运行记录； 4．环境监察记录； 5．环境监测报告； 6．环境影响评价文件、建设项目环保竣工验收监测或调查报告（表）； 7．环保部门的环评批复、环保竣工验收批复； 8．企业生产记录、排污记录、财务报表等材料； 9．附近居（村）民或者受害人的证言； 10．环保部门处理违法行为的行政决定； 11．投诉、举报、信访材料

调查事项	1．违法行为人的基本情况； 2．排污单位生产工艺、工业固体废物的产生量； 3．关闭、闲置、拆除污染防治设施、场所的时间、地点、原因； 4．关闭、闲置、拆除污染防治设施、场所是否得到环保部门的批准； 5．环保部门发现擅自关闭、闲置、拆除环保设施、场所行为的时间、渠道； 6．是否造成环境污染，程度如何； 7．是否对周围的居民、单位造成影响，影响程度如何

表 2-4-101　擅自关闭、闲置、拆除危险废物污染防治设施、场所行为的事实证明和调查事项

主要事实	1．拆除、闲置、关闭危险废物污染防治设施、场所的事实； 2．未经环保部门批准的事实
必要证据（证明主要事实）	1．当事人的身份证明； 2．调查询问笔录，或者现场检查（勘察）笔录
可收集的补充证据（证明裁量事实、印证主要事实）	1．现场照片、录像； 2．污染处理设施的运行记录； 3．环境监察记录； 4．环境监测报告； 5. 环境影响评价文件、建设项目环保竣工验收监测或调查报告（表）； 6．环保部门的环评批复、环保竣工验收批复； 7．企业生产记录、排污记录、财务报表等材料； 8．附近居（村）民或者受害人的证言； 9．环保部门处理违法行为的行政决定； 10．投诉、举报、信访材料
调查事项	1．违法行为人的基本情况； 2．排污单位的生产工艺，危险废物的产生量、处理量； 3．擅自关闭、闲置、拆除危险废物污染防治设施、场所的时间、地点、原因； 4．是否报环保部门核准，环保部门未批准的原因； 5．环保部门发现的时间、渠道； 6．是否对环境造成危害，程度如何； 7．是否对周围居民、单位造成影响，影响程度如何

四、违反排污费征收使用管理规定行为的认定

（一）法律规定

1．未按规定缴纳危险废物排污费的行为

《固体废物污染环境防治法》第五十六条规定：以填埋方式处置危险废物不符合国务院环境保护行政主管部门规定的，应当缴纳危险废物排污费。危险废物排污费征收的具体办法由国务院规定。

危险废物排污费用于污染环境的防治，不得挪作他用。

《排污费征收使用管理条例》第十二条第（三）项规定：依照固体废物污染环境防治法的规定，……以填埋方式处置危险废物不符合国家有关规定的，按照排放污染物的种类、数量缴纳危险废物排污费。

2．未足额缴纳排污费行为的认定

《排污费资金收缴使用管理办法》第二十二条规定：排污者在规定的期限内未足额缴纳排污费的，由收缴部门责令其限期缴纳，并从滞纳之日起加收2‰的滞纳金。

《排污费征收使用管理条例》第二十一条规定：排污者未按照规定缴纳排污费的，由县级以上地方人民政府环境保护行政主管部门依据职权责令限期缴纳；逾期拒不缴纳的，处应缴纳排污费数额1倍以上3倍以下的罚款，并报经有批准权的人民政府批准，责令停产停业整顿。

《排污费征收使用管理条例》第十四条第二款规定：排污者应当自接到排污费缴纳通知单起7日内，到指定的商业银行缴纳排污费。

3．不按照批准的用途使用环境保护专项资金的行为

《排污费征收使用管理条例》第十八条规定：排污费必须纳入财政预算，列入环境保护专项资金进行管理，主要用于下列项目的拨款补助或者贷款贴息：（一）重点污染源防治；（二）区域性污染防治；（三）污染防治新技术、新工艺的开发、示范和应用；（四）国务院规定的其他污染防治项目。

具体使用办法由国务院财政部门会同国务院环境保护行政主管部门征求其他有关部门意见后制定。

《排污费征收使用管理条例》第十九条第二款规定：按照本条例第十八条的规定使用环境保护专项资金的单位和个人，必须按照批准的用途使用。

《排污费征收使用管理条例》第二十三条规定：环境保护专项资金使用者不按照批准的用途使用环境保护专项资金的，由县级以上人民政府环境保护行政主管部门或者财政部门依据职权责令限期改正；逾期不改正的，10年内不得申请使用环境保护专项资金，并处挪用资金数额1倍以上3倍以下的罚款。

（二）违反排污费征收使用管理规定行为认定的事实证明和调查事项

见表2-4-102至表2-4-104。

表2-4-102　未按照规定缴纳危险废物排污费行为的事实证明和调查事项

主要事实	1．未按照规定缴纳危险废物排污费的事实； 2．环保部门责令限期缴纳的事实； 3．当事人逾期仍不缴纳的事实
必要证据（证明主要事实）	1．当事人的身份证明； 2．排污费缴纳通知单及送达回证； 3．责令限期缴纳通知单及送达回证； 4．排污费缴纳情况查询材料
可收集的补充证据（证明裁量事实、印证主要事实）	1．环境监察记录； 2．环保部门处理违法行为的行政决定； 3．投诉、举报、信访材料

调查事项	1．违法行为人的基本情况； 2．处置危险废物的时间、地点、方式，是否符合环保要求； 3．产生危险废物的种类、数量、来源； 4．是否按规定缴纳危险废物排污费； 5．未按照规定缴纳排污费的原因； 6．环保部门限缴的时间、要求

表 2-4-103　未足额缴纳排污费行为的事实证明和调查事项

主要事实	1．未按照规定足额缴纳排污费的事实； 2．环保部门责令限期缴纳的事实； 3．当事人逾期仍不缴纳的事实
必要证据（证明主要事实）	1．当事人的身份证明； 2．排污费缴纳通知单及送达回证； 3．责令限期缴纳通知单及送达回证； 4．排污费缴纳情况查询材料
可收集的补充证据（证明裁量事实、印证主要事实）	1．环境监察记录； 2．环保部门处理违法行为的行政决定； 3．投诉、举报、信访材料
调查事项	1．违法行为人的基本情况； 2．按规定应缴纳排污费数额，实际缴纳的数额、缴纳时间； 3．环保部门限期补缴的时间、数额； 4．欠缴的原因

表 2-4-104　不按照批准的用途使用环境保护专项资金行为的事实证明和调查事项

主要事实	1．未按照批准的用途使用环保专项资金的事实； 2．专项资金批准的实际用途
必要证据（证明主要事实）	1．当事人的身份证明； 2．批准环保专项资金的数额、使用要求证明； 3．专项资金使用情况查询材料
可收集的补充证据（证明裁量事实、印证主要事实）	1．环境监察记录； 2．环保部门处理违法行为的行政决定； 3．投诉、举报、信访材料
调查事项	1．环保专项资金使用单位的基本情况； 2．批准环保专项资金的时间、用途； 3．环保专项资金实际使用情况； 4．发现环保专项资金未按规定用途使用的时间、渠道； 5．未按批准用途使用专项资金的原因

五、违反固体废物污染事故管理规定行为的认定

（一）法律规定

1．造成固体废物严重污染环境行为的认定

《固体废物污染环境防治法》第八十一条规定：违反本法规定，造成固体废物严重污

染环境的，由县级以上人民政府环境保护行政主管部门按照国务院规定的权限决定限期治理；逾期未完成治理任务的，由本级人民政府决定停业或者关闭。

2．造成固体废物污染环境事故行为的认定

《固体废物污染环境防治法》第八十二条规定：违反本法规定，造成固体废物污染环境事故的，由县级以上人民政府环境保护行政主管部门处以 2 万元以上 20 万元以下的罚款；造成重大损失的，按照直接损失的 30%计算罚款，但是最高不超过 100 万元，对负有责任的主管人员和其他直接责任人员，依法给予行政处分；造成固体废物污染环境重大事故的，并由县级以上人民政府按照国务院规定的权限决定停业或者关闭。

（二）违反固体废物污染事故管理规定行为的事实证明和调查事项

见表 2-4-105 至表 2-4-106。

表 2-4-105　造成固体废物严重污染环境行为的事实证明和调查事项

主要事实	1．固体废物严重污染环境的事实； 2．环保部门责令限期治理的事实
必要证据（证明主要事实）	1．当事人的身份证明； 2．环保部门责令限期治理决定； 3．责令限期改正通知书及送达回执
可收集的补充证据（证明裁量事实、印证主要事实）	1．环境监察记录； 2．环保部门处理违法行为的行政决定； 3．投诉、举报、信访材料
调查事项	1．违法行为人的基本情况； 2．固体废物严重污染环境的时间、地点； 3．肇事的污染源、污染物、污染程度及原因，是否采取措施消除污染； 4．是否对环境造成影响，影响程度如何； 5．是否对附近居民、单位造成影响，影响程度如何

表 2-4-106　造成固体废物污染环境事故行为的事实证明和调查事项

主要事实	1．固体废物造成环境污染事故的事实； 2．环保部门责令采取治理措施的事实
必要证据（证明主要事实）	1．当事人的身份证明； 2．环保部门责令限期治理决定； 3．责令限期改正通知书及送达回执
可收集的补充证据（证明裁量事实、印证主要事实）	1．环境监察记录； 2．环保部门处理违法行为的行政决定； 3．投诉、举报、信访材料
调查事项	1．违法行为人的基本情况； 2．固体废物污染事故发生的时间、地点； 3．肇事的污染源、污染物、污染程度及原因，是否采取措施消除污染； 4．未采取措施防治和减少固体废物污染环境的原因； 5．是否对环境造成影响，影响程度如何； 6．是否对附近居民、单位造成影响，影响程度如何

六、未制定危险废物意外事故防范措施和应急预案行为的认定

（一）法律规定

《固体废物污染环境防治法》第六十二条规定：产生、收集、贮存、运输、利用、处置危险废物的单位，应当制定意外事故的防范措施和应急预案，并向所在地县级以上地方人民政府环境保护行政主管部门备案；环境保护行政主管部门应当进行检查。

《固体废物污染环境防治法》第七十五条（十三）规定：未制定危险废物意外事故防范措施和应急预案的，由县级以上人民政府环境保护行政主管部门责令停止违法行为，限期改正，处以 1 万元以上 10 万元以下的罚款。

（二）未制定危险废物意外事故防范措施和应急预案行为的事实证明和调查事项

表 2-4-107 未制定危险废物意外事故防范措施和应急预案行为的事实证明和调查事项

主要事实	1．未制定危险废物意外事故防范措施和应急方案的事实； 2. 危险废物意外事故防范措施和应急预案未向所在地县级以上环保部门备案的事实
必要证据（证明主要事实）	1．当事人的身份证明； 2．调查询问笔录，或者现场检查（勘察）笔录
可收集的补充证据（证明裁量事实、印证主要事实）	1．现场照片、录像； 2．环境监察记录； 3. 环境影响评价文件、建设项目环保竣工验收监测或调查报告(表)； 4．环保部门的环评批复、环保竣工验收批复
调查事项	1．违法行为人的基本情况； 2．危险废物产生量、种类、产生源； 3．未制定危险废物意外事故防范措施和应急预案的原因； 4. 危险废物意外事故防范措施和应急预案未向所在地县级以上环保部门备案的原因； 5．环保部门发现的时间、渠道

七、将列入限期淘汰名录中的设备转让给他人使用行为的认定

（一）法律规定

《固体废物污染环境防治法》第二十八条第二、三款规定：生产者、销售者、进口者、使用者必须在国务院经济综合宏观调控部门会同国务院有关部门规定的期限内分别停止生产、销售、进口或者使用列入前款规定的名录中的设备。生产工艺的采用者必须在国务院经济综合宏观调控部门会同国务院有关部门规定的期限内停止采用列入前款规定的名

录中的工艺。

列入限期淘汰名录被淘汰的设备，不得转让给他人使用。

《固体废物污染环境防治法》第六十八条第（三）项规定：将列入限期淘汰名录被淘汰的设备转让给他人使用的，由县级以上人民政府环境保护行政主管部门责令停止违法行为，限期改正，处以 1 万元以上 10 万元以下的罚款。

（二）将列入限期淘汰名录中的设备转让给他人使用行为的事实证明和调查事项

表 2-4-108 将列入限期淘汰名录中的设备转让给他人使用行为的事实证明和调查事项

主要事实	将列入限期淘汰名录中的设备转让给他人使用的事实
必要证据（证明主要事实）	1．当事人的身份证明； 2．转让设备属于限期淘汰名录的证明
可收集的补充证据（证明裁量事实、印证主要事实）	1．环境监察记录； 2．环保部门处理违法行为的行政决定； 3．投诉、举报、信访材料
调查事项	1．违法行为人的基本情况； 2．转让限期淘汰设备的时间、地点、对象； 3．转让限期淘汰设备的名称、型号、数量、价款； 4．使用转让的限期淘汰设备是否对环境造成影响，影响程度如何； 5．使用转让的限期淘汰设备是否对附近居民、单位造成影响，影响程度如何

八、违反工业固体废物、危险废物，收集、贮存、运输管理规定行为的认定

（一）法律规定

1．对暂不能利用的工业固体废物未建贮存设施、场所安全分类存放，或者采取无害化处理措施行为的认定

《固体废物污染环境防治法》第三十三条规定：企业事业单位应当根据经济、技术条件对其产生的工业固体废物加以利用；对暂不能利用或者不能利用的，必须按照国务院环境保护部门的规定建设贮存设施、场所，安全分类存放，或者采取无害化处置措施。

《固体废物污染环境防治法》第六十八条第（二）项规定：对暂时不利用或者不能利用的工业固体废物未建设贮存的设施、场所安全分类存放，或者未采取无害化处置措施的，由县级以上人民政府环境保护行政主管部门责令停止违法行为，限期改正，处以 1 万元以上 10 万元以下罚款。

2．在运输过程中沿途丢弃、遗撒固体废物行为的认定

《固体废物污染环境防治法》第十七条规定：收集、贮存、运输、利用、处置固体废物的单位和个人，必须采取防扬散、防流失、防渗漏或者其他防止污染环境的措施；不得擅自倾倒、堆放、丢弃、遗撒固体废物。

《固体废物污染环境防治法》第六十八条第（八）项规定：在运输过程中沿途丢弃、遗撒工业固体废物的，由县级以上人民政府环境保护行政主管部门责令停止违法行为，限期改正，处以 5 000 元以上 5 万元以下的罚款。

3．未采取相应的防范措施，造成工业固体废物扬散、流失、渗漏或者造成其他环境污染行为的认定

《固体废物污染环境防治法》第三十条规定：产生工业固体废物的单位应当建立、健全污染环境防治责任制度，采取防治工业固体废物污染环境的措施。

第六十八条第（七）项规定未采取相应防范措施，造成工业固体废物扬散、流失、渗漏或者造成其他环境污染的，由县级以上人民政府环境保护行政主管部门责令停止违法行为，限期改正，处以 1 万元以上 10 万元以下罚款。

4．未采取相应防范措施，造成危险废物扬散、流失、渗漏或者造成其他环境污染行为的认定

《固体废物污染环境防治法》第五十五条规定：产生危险废物的单位，必须按照国家有关规定处置危险废物，不得擅自倾倒、堆放。

《固体废物污染环境防治法》第七十五条第（十一）项规定：未采取相应防范措施，造成危险废物扬散、流失、渗漏或者造成其他环境污染的，由县级以上人民政府环境保护行政主管部门责令停止违法行为，限期改正，处以 1 万元以上 10 万元以下罚款。

5．不设置危险废物标志行为的认定

《固体废物污染环境防治法》第五十二条规定：对危险废物的容器和包装物以及收集、贮存、运输、处置危险废物的设施、场所，必须设置危险废物识别标志。

《固体废物污染环境防治法》第七十五条第（一）项规定：不设置危险废物识别标志的，由县级以上人民政府环境保护行政主管部门责令停止违法行为，限期改正，处以 1 万元以上 10 万元以下罚款。

6．将危险废物混入非危险废物中贮存行为的认定

《固体废物污染环境防治法》第五十八条第三款规定：禁止将危险废物混入非危险废物中贮存。

《固体废物污染环境防治法》第七十五条第（七）项规定：将危险废物混入非危险废物中贮存的，由县级以上人民政府环境保护行政主管部门责令停止违法行为，限期改正，处以 1 万元以上 10 万元以下罚款。

7．未经安全性处置，混合收集、贮存、运输、处置具有不相容性质的危险废物行为的认定

《固体废物污染环境防治法》第五十八条第一款规定：收集、贮存危险废物，必须按照危险废物特性分类进行。禁止混合收集、贮存、运输、处置性质不相容而未经安全性处置的危险废物。

《固体废物污染环境防治法》第七十五条第（八）项规定：未经安全性处置，混合收集、贮存、运输、处置具有不相容性质的危险废物的，由县级以上人民政府环境保护行政主管部门责令停止违法行为，限期改正，处以 1 万元以上 10 万元以下罚款。

8．将危险废物与旅客在同一运输工具上载运行为的认定

《固体废物污染环境防治法》第六十条第二款规定：禁止将危险废物与旅客在同一运

输工具上载运。

《固体废物污染环境防治法》第七十五条第（九）项规定：将危险废物与旅客在同一运输工具上载运的，由县级以上人民政府环境保护行政主管部门责令停止违法行为，限期改正，处以1万元以上10万元以下罚款。

9．在运输过程中沿途丢弃、遗撒危险废物行为的认定

《固体废物污染环境防治法》第六十条第一款规定：运输危险废物，必须采取防止污染环境的措施，并遵守国家有关危险货物运输管理的规定。

《固体废物污染环境防治法》第七十五条第（十二）项规定：在运输过程中沿途丢弃、遗撒危险废物的，由县级以上人民政府环境保护行政主管部门责令停止违法行为，限期改正，处以1万元以上10万元以下罚款。

10．未消除污染即将收集、贮存、运输、处置危险废物的场所、设施、设备和容器、包装物及其他物品转作他用行为的认定

《固体废物污染环境防治法》第六十一条规定：收集、贮存、运输、处置危险废物的场所、设施、设备和容器、包装物及其他物品转作他用时，必须经过消除污染的处理，方可使用。

《固体废物污染环境防治法》第七十五条第（十）项规定：未经消除污染的处理将收集、贮存、运输、处置危险废物的场所、设施、设备和容器、包装物及其他物品转作他用的，由县级以上人民政府环境保护行政主管部门责令停止违法行为，限期改正，处以1万元以上10万元以下罚款。

11．矿业固体废物贮存设施停止使用后，未按规定进行封场行为的认定

《固体废物污染环境防治法》第三十六条规定：矿山企业应当采取科学的开采方法和选矿工艺，减少尾矿、矸石、废石等矿业固体废物的产生量和贮存量。

尾矿、矸石、废石等矿业固体废物贮存设施停止使用后，矿山企业应当按照国家有关环境保护规定进行封场，防止造成环境污染和生态破坏。

《固体废物污染环境防治法》第七十三条规定：尾矿、矸石、废石等矿业固体废物贮存设施停止使用后，未按照国家有关环境保护规定进行封场的，由县级以上地方人民政府环境保护行政主管部门责令限期改正，可以处以5万元以上20万元以下的罚款。

（二）违反工业固体废物、危险废物，收集、贮存、运输管理规定行为的事实证明和调查事项

见表2-4-109至表2-4-119。

表2-4-109 对暂不能利用的工业固体废物未建贮存设施、场所安全分类存放或者采取无害化处理措施行为的事实证明和调查事项

主要事实	1．对暂不能利用的工业固体废物未按管理规定建设贮存设施、场所安全分类存放的事实； 2．对暂不能利用的工业固体废物未按管理规定采取无害化处理措施的事实
必要证据（证明主要事实）	1．当事人的身份证明； 2．调查询问笔录，或者现场检查（勘察）笔录； 3．责令限期改正决定； 4．责令限期改正通知书及送达回执

可收集的补充证据（证明裁量事实、印证主要事实）	1. 环境监察记录； 2. 固体废物产生的记录； 3. 环境影响评价文件批复、竣工验收批复和竣工验收检测报告； 4. 环保部门处理违法行为的行政决定； 5. 投诉、举报、信访材料
调查事项	1. 违法行为人的基本情况； 2. 不利用或者不能利用的工业固体废物名称、数量、来源； 3. 对暂时不能利用或者不能利用的工业固体废物是否建有贮存场所、设施；是否安全分类存放，或者采取无害化处理措施； 4. 未建设贮存场所、设施，未安全分类存放的原因； 5. 环保部门发现的时间、渠道； 6. 是否对环境造成影响，影响程度如何； 7. 是否对附近居民、单位造成影响，影响程度如何

表 2-4-110　在运输过程中沿途丢弃、遗撒固体废物行为的事实证明和调查事项

主要事实	在运输过程中沿途丢弃、遗撒固体废物的事实
必要证据（证明主要事实）	1. 当事人的身份证明； 2. 调查询问笔录，或者现场检查（勘察）笔录； 3. 责令限期改正决定； 4. 责令限期改正通知书及送达回执
可收集的补充证据（证明裁量事实、印证主要事实）	1. 环境监察记录； 2. 环保部门处理违法行为的行政决定； 3. 投诉、举报、信访材料
调查事项	1. 违法行为人的基本情况； 2. 运输工业固体废物的时间、运输单位、车牌号； 3. 运输工业固体废物的名称、数量、来源、运输目的地； 4. 运输过程中丢弃、遗撒工业固体废物的数量、原因； 5. 是否及时清除被丢弃、遗撒的工业固体废物； 6. 环保部门发现的时间、渠道

表 2-4-111　未采取相应的防范措施，造成工业固体废物扬散、流失、渗漏或者造成其他环境污染行为的事实证明和调查事项

主要事实	1. 未采取防范措施造成工业固体废物扬散、流失、渗漏的事实； 2. 造成环境污染的事实
必要证据（证明主要事实）	1. 当事人的身份证明； 2. 调查询问笔录，或者现场检查（勘察）笔录； 3. 责令限期改正决定； 4. 责令限期改正通知书及送达回执
可收集的补充证据（证明裁量事实、印证主要事实）	1. 环境监察记录； 2. 工业固体废物产生量记录； 3. 环境影响评价文件批复、竣工验收批复和竣工验收检测报告； 4. 环保部门处理违法行为的行政决定； 5. 投诉、举报、信访材料

调查事项	1．违法行为人的基本情况； 2．产生工业固体废物的数量、种类、来源； 3．采取了何种防范措施； 4．造成工业固体废物扬散、遗撒、流失、渗漏或者其他环境污染的原因； 5．环保部门发现的时间、渠道； 6．是否对环境造成影响，影响程度如何；是否对附近居民、单位造成影响，影响程度如何

表 2-4-112　未采取相应的防范措施，造成危险废物扬散、流失、渗漏或者造成其他环境污染行为的事实证明和调查事项

主要事实	1．未采取防范措施造成危险废物扬散、流失、渗漏的事实； 2．造成环境污染的事实
必要证据（证明主要事实）	1．当事人的身份证明； 2．调查询问笔录，或者现场检查（勘察）笔录； 3．责令限期改正决定； 4．责令限期改正通知书及送达回执
可收集的补充证据（证明裁量事实、印证主要事实）	1．环境监察记录； 2．危险废物产生量记录； 3．环境影响评价文件批复、竣工验收批复和竣工验收检测报告； 4．环保部门处理违法行为的行政决定； 5．投诉、举报、信访材料
调查事项	1．违法行为人的基本情况； 2．产生危险废物的数量、种类、来源； 3．采取了何种防范措施； 4．造成危险废物扬散、遗撒、流失、渗漏或者其他环境污染的原因； 5．环保部门发现的时间、渠道； 6．是否对环境造成影响，影响程度如何；是否对附近居民、单位造成影响，影响程度如何

表 2-4-113　不设置危险废物标志行为的事实证明和调查事项

主要事实	未设置危险废物标志的事实
必要证据（证明主要事实）	1．当事人的身份证明； 2．调查询问笔录，或者现场检查（勘察）笔录； 3．责令限期改正决定； 4．责令限期改正通知书及送达回执
可收集的补充证据（证明裁量事实、印证主要事实）	1．环境监察记录； 2．环保部门处理违法行为的行政决定； 3．投诉、举报、信访材料
调查事项	1．违法行为人的基本情况； 2．危险废物装储容器、设备、运输工具的名称、种类、数量； 3．未设置危险废物识别标志的原因

表 2-4-114 将危险废物混入非危险废物中贮存行为的事实证明和调查事项

主要事实	将危险废物混入非危险废物中贮存的事实
必要证据（证明主要事实）	1．当事人的身份证明； 2．调查询问笔录，或者现场检查（勘察）笔录； 3．责令限期改正决定； 4．责令限期改正通知书及送达回执
可收集的补充证据（证明裁量事实、印证主要事实）	1．环境监察记录； 2．环保部门处理违法行为的行政决定； 3．投诉、举报、信访材料
调查事项	1．违法行为人的基本情况； 2．危险废物混入非危险废物中贮存的时间、地点、原因； 3．危险废物的名称、数量、来源； 4．是否对环境造成污染，污染程度如何；是否对周围居民、单位造成影响，影响程度如何

表 2-4-115 未经安全性处置，混合收集、贮存、运输、处置具有不相容性质的危险废物行为的事实证明和调查事项

主要事实	1．将性质不相容的危险废物混合收集、贮存、运输、处置的事实； 2．将性质不相容的危险废物混合收集、贮存、运输、处置，未经安全性处置的事实
必要证据（证明主要事实）	1．当事人的身份证明； 2．调查询问笔录，或者现场检查（勘察）笔录； 3．责令限期改正决定； 4．责令限期改正通知书及送达回执
可收集的补充证据（证明裁量事实、印证主要事实）	1．环境监察记录； 2．危险废物产生的记录； 3．环境影响评价文件批复、竣工验收批复和竣工验收检测报告； 4．环保部门处理违法行为的行政决定； 5．投诉、举报、信访材料
调查事项	1．违法行为人的基本情况； 2．混合收集、贮存、运输、处置具有不相容性质危险废物的时间、地点，数量； 3．收集、贮存、运输、处置不相容性质危险废物的种类、数量、来源、去向； 4．是否对环境造成影响，影响程度如何； 5．是否对附近居民、单位造成影响，影响程度如何

表 2-4-116 将危险废物与旅客在同一运输工具上载运行为的事实证明和调查事项

主要事实	将危险废物与旅客在同一运输工具上载运的事实
必要证据（证明主要事实）	1．当事人的身份证明； 2．调查询问笔录，或者现场检查（勘察）笔录； 3．责令限期改正决定； 4．责令限期改正通知书及送达回执

可收集的补充证据（证明裁量事实、印证主要事实）	1．环境监察记录； 2．环保部门处理违法行为的行政决定； 3．投诉、举报、信访材料
调查事项	1．违法行为人的基本情况； 2．将危险废物与旅客在同一运输工具上载运的时间、地点、目的地、形式； 3．危险废物的数量、种类、来源； 4．与危险废物在同一运输工具上的旅客的数量、姓名、住址、性别、年龄； 5．是否采取有效的防范措施，如包装、隔离等； 6．是否对旅客健康造成影响，或者产生不良的社会影响

表 2-4-117 在运输过程中沿途丢弃、遗撒危险废物行为的事实证明和调查事项

主要事实	在运输过程中沿途丢弃、遗撒危险废物的事实
必要证据（证明主要事实）	1．当事人的身份证明； 2．调查询问笔录，或者现场检查（勘察）笔录； 3．责令限期改正决定； 4．责令限期改正通知书及送达回执
可收集的补充证据（证明裁量事实、印证主要事实）	1．环境监察记录； 2．环保部门处理违法行为的行政决定； 3．投诉、举报、信访材料
调查事项	1．违法行为人的基本情况； 2．运输过程中沿途丢弃、遗撒危险废物的时间、地点、出发点、目的地； 3．丢弃危险废物的名称、数量、来源； 4．是否及时清除被丢弃、遗撒的危险废物； 5．是否对环境造成影响，影响程度如何； 6．是否对附近居民、单位造成影响，影响程度如何

表 2-4-118 未消除污染将收集、贮存、运输、处置危险废物的场所、设施、设备和容器、包装物及其他物品转作他用行为的事实证明和调查事项

主要事实	1．将收集、贮存、运输、处置危险废物的场所、设施、设备、容器、包装物等转作他用的事实； 2．将收集、贮存、运输、处置危险废物的场所、设施、设备、容器、包装物等转作他用未消除污染的事实
必要证据（证明主要事实）	1．当事人的身份证明； 2．调查询问笔录，或者现场检查（勘察）笔录； 3．责令限期改正决定； 4．责令限期改正通知书及送达回执
可收集的补充证据（证明裁量事实、印证主要事实）	1．环境监察记录； 2．环保部门处理违法行为的行政决定； 3．投诉、举报、信访材料

调查事项	1．违法行为人的基本情况； 2．将危险废物收集、贮存、运输、处置场所、设施、设备、容器、包装物转作他用的时间、地点、用途； 3．危险废物收集、贮存、运输、处置场所、设施、设备、容器、包装物的名称、数量、来源； 4．未消除污染的原因； 5．是否对环境造成影响，影响程度如何； 6．是否对附近居民、单位造成影响，影响程度如何

表 2-4-119　矿业固体废物贮存设施停止使用后，未按规定进行封场行为的事实证明和调查事项

主要事实	1．矿业固体废物贮存设施停用的事实； 2．矿业固体废物贮存设施停用后，未按规定进行封场的事实
必要证据（证明主要事实）	1．当事人的身份证明； 2．调查询问笔录，或者现场检查（勘察）笔录； 3．责令限期改正决定； 4．责令限期改正通知书及送达回执
可收集的补充证据（证明裁量事实、印证主要事实）	1．环境监察记录； 2．环境影响评价文件批复、竣工验收批复和竣工验收检测报告； 3．环保部门处理违法行为的行政决定； 4．投诉、举报、信访材料
调查事项	1．违法行为人的基本情况； 2．矿业固体废物贮存设施所在地点、停止使用的时间； 3．矿业固体废物贮存设施名称、数量； 4．矿业固体废物贮存设施停用后，未按规定进行封场的原因； 5．是否对环境造成影响，影响程度如何； 6．是否对附近居民、单位造成影响，影响程度如何

九、违反固体废物、危险废物转移管理规定行为的认定

（一）法律规定

1．擅自转移固体废物出省贮存、处置行为的认定

《固体废物污染环境防治法》第二十三条规定：转移固体废物出省、自治区、直辖市行政区域贮存、处置的，应当向固体废物移出地的省、自治区、直辖市人民政府环境保护行政主管部门提出申请。移出地的省、自治区、直辖市人民政府环境保护行政主管部门应当商经接受地的省、自治区、直辖市人民政府环境保护行政主管部门同意后，方可批准转移该固体废物出省、自治区、直辖市行政区域。未经批准的，不得转移。

《固体废物污染环境防治法》第六十八条第（六）项规定：擅自转移固体废物出省、自治区、直辖市行政区域贮存、处置的，由县级以上人民政府环境保护行政主管部门责令停止违法行为，限期改正，处以 1 万元以上 10 万元以下的罚款。

2．未经批准擅自转移危险废物行为的认定

《固体废物污染环境防治法》第五十九条规定：转移危险废物的，必须按照国家有关规定填写危险废物转移联单，并向危险废物移出地设区的市级以上地方人民政府环境保护行政主管部门提出申请。移出地设区的市级以上地方人民政府环境保护行政主管部门应当商经接受地设区的市级以上地方人民政府环境保护行政主管部门同意后，方可批准转移该危险废物。未经批准的，不得转移。

《固体废物污染环境防治法》第七十五条第（六）项规定：不按照国家规定填写危险废物转移联单或者未经批准擅自转移危险废物的，由县级以上人民政府环境保护行政主管部门责令停止违法行为，限期改正，处以 2 万元以上 20 万元以下的罚款。

3．不按照规定填写危险废物转移联单行为的认定

《固体废物污染环境防治法》第五十九条规定：（略，同上）。

《固体废物污染环境防治法》第七十五条第（六）项规定：（略，同上）。

《危险废物转移联单管理办法》相关规定。

（二）违反固体废物、危险废物转移管理规定行为的事实证明和调查事项

见表 2-4-120 至表 2-4-122。

表 2-4-120　擅自转移固体废物出省贮存、处置行为的事实证明和调查事项

主要事实	1．转移固体废物出省贮存、处置的事实； 2．转移固体废物出省贮存、处置，未经固体废物移出地相关环保部门批准的事实
必要证据（证明主要事实）	1．当事人的身份证明； 2．调查询问笔录，或者现场检查（勘察）笔录； 3．责令限期改正决定； 4．责令限期改正通知书及送达回执
可收集的补充证据（证明裁量事实、印证主要事实）	1．环境监察记录； 2．固体废物产生的记录； 3．环保部门处理违法行为的行政决定； 4．投诉、举报、信访材料
调查事项	1．违法行为人的基本情况； 2．转移固体废物出省的时间、移出地、目的地； 3．转移固体废物的名称、数量、来源； 4．是否向固体废物移出地的省、自治区、直辖市人民政府环境保护行政主管部门提出申请； 5．是否经接受地的省、自治区、直辖市人民政府环境保护行政主管部门同意； 6．移出地未批准申请、接受地未同意接受的原因； 7．未提出申请、未经同意擅自转移固体废物的原因； 8．固体废物转移出省后的用途； 9．转移过程中是否采取防治污染的措施，是否对环境造成污染

表 2-4-121 未经批准擅自转移危险废物行为的事实证明和调查事项

主要事实	1．转移危险废物的事实； 2．转移危险废物未经批准的事实
必要证据（证明主要事实）	1．当事人的身份证明； 2．调查询问笔录，或者现场检查（勘察）笔录； 3．责令限期改正决定； 4．责令限期改正通知书及送达回执
可收集的补充证据（证明裁量事实、印证主要事实）	1．环境监察记录； 2．危险废物产生的记录； 3．环保部门处理违法行为的行政决定； 4．投诉、举报、信访材料
调查事项	1．违法行为人的基本情况； 2．转移危险废物的时间、移出地、目的地； 3．危险废物的来源、名称、数量； 4．转移前是否向移出地设区的市级以上环保部门提出申请； 5．转移前是否经接受地设区的市级以上环保部门同意； 6．未提出申请、未经批准擅自转移危险废物的原因； 7．转移过程中是否采取有效的防范措施； 8．是否造成环境影响，是否对周围居民、单位造成影响，影响程度如何

表 2-4-122 不按照规定填写危险废物转移联单行为的事实证明和调查事项

主要事实	未按规定填写危险废物转移联单的事实
必要证据（证明主要事实）	1．当事人的身份证明； 2．调查询问笔录，或者现场检查（勘察）笔录； 3．责令限期改正决定； 4．责令限期改正通知书及送达回执
可收集的补充证据（证明裁量事实、印证主要事实）	1．环境监察记录； 2．环保部门处理违法行为的行政决定； 3．投诉、举报、信访材料
调查事项	1．违法行为人的基本情况； 2．危险废物是否已转移； 3．转移危险废物的时间、移出地、接受地； 4．转移的危险废物的来源、数量、名称； 5．未填写联单的原因； 6．转移过程是否对环境造成影响，是否对周围居民造成影响，影响程度如何

十、违反危险废物经营许可证管理规定行为的认定

（一）法律规定

1．将危险废物提供或者委托给无经营许可证的单位从事经营活动行为的认定

《固体废物污染环境防治法》第五十七条第三款规定：禁止将危险废物提供或者委托

给无经营许可证的单位从事收集、贮存、利用、处置的经营活动。

《固体废物污染环境防治法》第七十五条第（五）项规定：将危险废物提供或者委托给无经营许可证的单位从事经营活动的，由县级以上人民政府环境保护行政主管部门责令停止违法行为，限期改正，处以 1 万元以上 10 万元以下罚款。

2．无经营许可证从事收集、贮存、利用、处置危险废物经营活动行为的认定

《固体废物污染环境防治法》第五十七条第一、二款规定：从事收集、贮存、处置危险废物经营活动的单位，必须向县级以上环保部门申请领取经营许可证；从事利用危险废物经营活动的单位，必须向国务院环境保护主管部门或者省级环保主管部门申请领取经营许可证。

禁止无经营许可证或者不按照经营许可证规定从事危险废物的收集、贮存、利用、处置的经营活动。

《危险废物经营许可证管理办法》第十五条第一款规定：禁止无经营许可证或者不按照经营许可证规定从事危险废物收集、贮存、处置经营活动。

《固体废物污染环境防治法》第七十七条规定：无经营许可证或者不按照经营许可证规定从事收集、贮存、利用、处置危险废物经营活动的，由县级以上人民政府环境保护行政主管部门责令停止违法行为，没收违法所得，可以并处违法所得 3 倍以下的罚款。

不按照经营许可证规定从事前款活动的，还可以由发证机关吊销经营许可证。

3．不按照经营许可证规定从事危险废物收集、贮存、利用、处置经营活动行为的认定

《固体废物污染环境防治法》第五十七条第一、二款规定：（略，同上）。

《危险废物经营许可证管理办法》第一十五条第一款规定：（略，同上）。

《固体废物污染环境防治法》第七十七条规定：（略，同上）。

4．未按规定申请办理危险废物经营许可证变更手续行为的认定

《危险废物经营许可证管理办法》第十一条规定：危险废物经营单位变更法人名称、法定代表人和住所的，应当自工商变更登记之日起 15 个工作日内，向原发证机关申请办理危险废物经营许可证变更手续。

《危险废物经营许可证管理办法》第二十二条规定：违反本办法第十一条规定的，由县级以上地方人民政府环境保护主管部门责令限期改正，给予警告；逾期不改正的，由原发证机关暂扣危险废物经营许可证。

5．发生重大变更未按规定重新申领危险废物经营许可证行为的认定

《危险废物经营许可证管理办法》第十二条规定：有下列情形之一的，危险废物经营单位应当按照原申请程序，重新申请领取危险废物经营许可证：（一）改变危险废物经营方式的；（二）增加危险废物类别的；（三）新建或者改建、扩建原有危险废物经营设施的；（四）经营危险废物超过原批准年经营规模 20%以上的。

《危险废物经营许可证管理办法》第二十三条规定：违反本办法第十二条、第十三条第二款规定的，由县级以上地方人民政府环境保护主管部门责令停止违法行为；有违法所得的，没收违法所得；违法所得超过 10 万元的，并处违法所得 1 倍以上 2 倍以下的罚款；没有违法所得或者违法所得不足 10 万元的，处 5 万元以上 10 万元以下的罚款。

6．危险废物综合经营许可证有效期满，未申请换证，继续从事危险废物经营活动行为的认定

《危险废物经营许可证管理办法》第十三条规定：危险废物综合经营许可证有效期为 5 年；危险废物收集经营许可证有效期为 3 年。

危险废物经营许可证有效期届满，危险废物经营单位继续从事危险废物经营活动的，应当于危险废物经营许可证有效期届满 30 个工作日前向原发证机关提出换证申请。原发证机关应当自受理换证申请之日起 20 个工作日内进行审查，符合条件的，予以换证；不符合条件的，书面通知申请单位并说明理由。

《危险废物经营许可证管理办法》第二十三条规定：（略，同上）。

7．危险废物经营单位终止经营活动，未对经营设施、场所采取污染防治措施，对未处置的危险废物未作出妥善处理行为的认定

《危险废物经营许可证管理办法》第十四条第一款规定：危险废物经营单位终止从事收集、贮存、处置危险废物经营活动的，应当对经营设施、场所采取污染防治措施，并对未处置的危险废物作出妥善处理。

《危险废物经营许可证管理办法》第二十四条规定：违反本办法第十四条第一款、第二十一条规定的，由县级以上地方人民政府环境保护主管部门责令限期改正；逾期不改正的，处以 5 万元以上 10 万元以下的罚款；造成污染事故，构成犯罪的，依法追究刑事责任。

8．危险废物经营设施未进行无害化处理而废弃或者改作他用行为的认定

《危险废物经营许可证管理办法》第二十一条第一款规定：危险废物的经营设施在废弃或者改作其他用途前，应当进行无害化处理。

《危险废物经营许可证管理办法》第二十四条规定：违反本办法第十四条第一款、第二十一条规定的，由县级以上地方人民政府环境保护主管部门责令限期改正；逾期不改正的，处以 5 万元以上 10 万元以下的罚款；造成污染事故，构成犯罪的，依法追究刑事责任。

9．危险废物填埋设施服役期满未采取封闭措施行为的认定

《危险废物经营许可证管理办法》第二十一条第二款规定：填埋危险废物的经营设施服役期届满后，危险废物经营单位应当按照有关规定对填埋过危险废物的土地采取封闭措施，并在划定的封闭区域设置永久性标记。

《危险废物经营许可证管理办法》第二十四条规定：（略，同上）。

10．伪造、变造、转让危险废物经营许可证行为的认定

《危险废物经营许可证管理办法》第十五条第四款规定：禁止伪造、变造、转让危险废物经营许可证。

《危险废物经营许可证管理办法》第二十五条第二款规定：违反本办法第十五条第四款规定的，由县级以上地方人民政府环境保护主管部门收缴危险废物经营许可证或者由原发证机关吊销危险废物经营许可证，并处以 5 万元以上 10 万元以下的罚款；构成犯罪的，依法追究刑事责任。

11．未按规定定期报告危险废物经营活动情况行为的认定

《危险废物经营许可证管理办法》第十八条第一款规定：县级以上人民政府环境保护

主管部门有权要求危险废物经营单位定期报告危险废物经营活动情况。……

《危险废物经营许可证管理办法》第二十六条规定：违反本办法第十八条规定的，由县级以上地方人民政府环境保护主管部门责令限期改正，给予警告；逾期不改正的，由原发证机关暂扣或者吊销危险废物经营许可证。

12．未建立危险废物经营情况记录行为的认定

《危险废物经营许可证管理办法》第十八规定：……危险废物经营单位应当建立危险废物经营情况记录簿，如实记载收集、贮存、处置危险废物的类别、来源、去向和有无事故等事项。

危险废物经营单位应当将危险废物经营情况记录簿保存 10 年以上，以填埋方式处置危险废物的经营情况记录簿应当永久保存。终止经营活动的，应当将危险废物经营情况记录簿移交所在地县级以上地方人民政府环境保护主管部门存档管理。

《危险废物经营许可证管理办法》第二十六条规定：违反本办法第十八条规定的，由县级以上地方人民政府环境保护主管部门责令限期改正，给予警告；逾期不改正的，由原发证机关暂扣或者吊销危险废物经营许可证。

13．领取危险废物收集许可证的单位，未按规定将危险废物提供或者委托给处置单位行为的认定

《危险废物经营许可证管理办法》第二十条规定：领取危险废物收集经营许可证的单位，应当与处置单位签订接收合同，并将收集的废矿物油和废镉镍电池在 90 个工作日内提供或者委托给处置单位进行处置。

《危险废物经营许可证管理办法》第二十七条规定：违反本办法第二十条规定的，由县级以上地方人民政府环境保护主管部门责令限期改正，给予警告；逾期不改正的，处以 1 万元以上 5 万元以下的罚款，并可以由原发证机关暂扣或者吊销危险废物经营许可证。

附注：

1.《危险废物经营许可证管理办法》第二十八条规定：危险废物经营单位被责令限期整改，逾期不整改或者经整改仍不符合原发证条件的，由原发证机关暂扣或者吊销危险废物经营许可证。

2.《危险废物经营许可证管理办法》第二十九条规定：环境保护主管部门依照本办法规定作出吊销或者收缴危险废物经营许可证的同时，应当通知工商管理部门，由工商管理部门依法吊销营业执照。被依法吊销或者收缴危险废物经营许可证的单位，5 年内不得再申请领取危险废物经营许可证。

（二）违反危险废物经营许可证管理规定行为的事实证明和调查事项

见表 2-4-123 至表 2-4-135。

表 2-4-123 将危险废物提供或者委托给无经营许可证的单位从事经营活动行为的事实证明和调查事项

主要事实	1．将危险废物提供或者委托给他人从事经营活动的事实； 2．从事危险废物经营活动的单位无经营许可证的事实
必要证据（证明主要事实）	1．当事人的身份证明； 2．调查询问笔录，或者现场检查（勘察）笔录； 3．责令限期改正决定； 4．责令限期改正通知书及送达回证

可收集的补充证据（证明裁量事实、印证主要事实）	1. 环境监察记录； 2. 环保部门处理违法行为的行政决定； 3. 投诉、举报、信访材料
调查事项	1. 违法行为人的基本情况； 2. 接受提供或者委托的单位名称、营业执照、经营范围，是否具有危险废物经营资格； 3. 危险废物的来源、种类、数量； 4. 提供或者委托给无经营许可证单位从事经营活动的时间、地点； 5. 将危险废物提供或者委托给无经营许可证单位从事经营活动的原因

表 2-4-124　无经营许可证从事收集、贮存、利用、处置危险废物经营活动行为的事实证明和调查事项

主要事实	1. 从事收集、贮存、利用、处置危险废物经营活动的事实； 2. 无危险废物经营许可证的事实
必要证据（证明主要事实）	1. 当事人的身份证明； 2. 调查询问笔录，或者现场检查（勘察）笔录； 3. 责令限期改正决定； 4. 责令限期改正通知书及送达回证
可收集的补充证据（证明裁量事实、印证主要事实）	1. 环境监察记录； 2. 环保部门处理违法行为的行政决定； 3. 投诉、举报、信访材料
调查事项	1. 违法行为人的基本情况； 2. 从事收集、贮存、利用、处置危险废物的单位的经营范围； 3. 无证从事收集、贮存、利用、处置危险废物活动的时间、地点，危险废物的来源、种类、数量； 4. 非法获利情况； 5. 是否造成环境影响，影响程度如何

表 2-4-125　不按照经营许可证规定从事危险废物收集、贮存、利用、处置经营活动行为的事实证明和调查事项

主要事实	1. 从事危险废物收集、贮存、利用、处置的事实； 2. 收集、贮存、利用、处置危险废物违反经营许可证规定的事实
必要证据（证明主要事实）	1. 当事人的身份证明； 2. 调查询问笔录，或者现场检查（勘察）笔录； 3. 责令限期改正决定； 4. 责令限期改正通知书及送达回证
可收集的补充证据（证明裁量事实、印证主要事实）	1. 环境监察记录； 2. 环保部门处理违法行为的行政决定； 3. 投诉、举报、信访材料
调查事项	1. 违法行为人的基本情况； 2. 收集、贮存、利用、处置危险废物的名称、种类、数量、来源、时间、地点； 3. 经营许可证规定的经营范围、要求； 4. 非法获利情况； 5. 是否对环境造成影响，是否对周围居民、单位造成影响，影响程度如何

表 2-4-126 未按规定申请办理危险废物经营许可证变更手续行为的事实证明和调查事项

主要事实	1. 危险废物经营单位变更法人名称、法定代表人和住所的事实； 2. 未办理危险废物经营许可证变更手续的事实
必要证据（证明主要事实）	1. 当事人的身份证明； 2. 调查询问笔录，或者现场检查（勘察）笔录； 3. 责令限期改正决定； 4. 责令限期改正通知书及送达回证
可收集的补充证据（证明裁量事实、印证主要事实）	1. 环境监察记录； 2. 环保部门处理违法行为的行政决定； 3. 投诉、举报、信访材料
调查事项	1. 违法行为人的基本情况； 2. 变更法人名称、法定代表人和住所的时间； 3. 是否在工商变更登记之日起 15 个工作日内向原发证机关申请办理危险废物经营许可证变更手续，未申请办理的原因

表 2-4-127 发生重大变更未按规定重新申领危险废物经营许可证行为的事实证明和调查事项

主要事实	1. 危险废物经营单位发生重大变更的事实； 2. 发生重大变更未重新申领危险废物经营许可证的事实
必要证据（证明主要事实）	1. 当事人的身份证明； 2. 调查询问笔录，或者现场检查（勘察）笔录； 3. 责令限期改正决定； 4. 责令限期改正通知书及送达回证
可收集的补充证据（证明裁量事实、印证主要事实）	1. 环境监察记录； 2. 环保部门处理违法行为的行政决定； 3. 投诉、举报、信访材料
调查事项	1. 违法行为人的基本情况； 2. 危险废物经营许可证许可的项目； 3. 发生重大变更的内容； 4. 发生重大变更的时间、地点、原因； 5. 未重新申领危险废物经营许可证的原因； 6. 发生重大变更时是否采取污染防治措施；是否对环境造成影响，是否对周围居民、单位造成影响，影响程度如何

表 2-4-128 有效期满，未申请换证，继续从事危险废物经营活动行为的事实证明和调查事项

主要事实	1. 危险废物经营许可证有效期满的事实； 2. 未申请换证而继续从事危险废物经营活动的事实
必要证据（证明主要事实）	1. 当事人的身份证明； 2. 调查询问笔录，或者现场检查（勘察）笔录； 3. 责令限期改正决定； 4. 责令限期改正通知书及送达回证
可收集的补充证据（证明裁量事实、印证主要事实）	1. 环境监察记录； 2. 环保部门处理违法行为的行政决定； 3. 投诉、举报、信访材料

调查事项	1．违法行为人的基本情况； 2．危险废物经营许可证届满的时间；届满后继续从事危险废物经营活动的，是否在期满 30 个工作日内向发证机关提出换证申请； 3．危险废物经营许可证有效期满后继续经营的危险废物的名称、数量、来源、去向，非法赢利数额； 4．未提出换证申请或未获批准的原因； 5．是否对环境、周围居民、单位造成影响，影响程度如何

表 2-4-129　危险废物经营单位终止活动未对经营设施、场所采取消除污染防治措施，对未处置的危险废物没有作出妥善处理行为的事实证明和调查事项

主要事实	1．危险废物经营单位终止活动的事实； 2．终止活动后未对其经营设施、场所采取消除污染措施的事实； 3．终止活动后对未处置的危险废物没有作出妥善处理的事实
必要证据（证明主要事实）	1．当事人的身份证明； 2．调查询问笔录，或者现场检查（勘察）笔录； 3．责令限期改正决定； 4．责令限期改正通知书及送达回证
可收集的补充证据（证明裁量事实、印证主要事实）	1．环境监察记录； 2．环保部门处理违法行为的行政决定； 3．投诉、举报、信访材料
调查事项	1．违法行为人的基本情况； 2．危险废物经营单位终止经营活动的时间、地点； 3．危险废物经营单位经营的危险废物的名称、种类、数量、来源、去向； 4. 危险废物经营单位终止后是否对其经营设施、场所采取过消除污染措施，是否对未处置的危险废物采取过处置措施；未进行此项工作的原因； 5．未处置的危险废物的名称、种类、数量、来源、去向； 6．是否对环境、周围居民、单位造成影响，影响程度如何

表 2-4-130　危险废物经营设施未经无害化处理而废弃或者改作他用行为的事实证明和调查事项

主要事实	1．危险废物经营设施废弃或者改作他用的事实； 2．危险废物经营设施未进行无害化处理的事实
必要证据（证明主要事实）	1．当事人的身份证明； 2．调查询问笔录，或者现场检查（勘察）笔录； 3．责令限期改正决定； 4．责令限期改正通知书及送达回证
可收集的补充证据（证明裁量事实、印证主要事实）	1．环境监察记录； 2．环保部门处理违法行为的行政决定； 3．投诉、举报、信访材料
调查事项	1．违法行为人的基本情况； 2．危险废物经营设施的名称、处理能力、处理内容、所在地； 3．危险废物经营设施废弃或者改作他用的时间，改作他用的用途； 4．危险废物经营设施废弃或者改作他用的原因； 5．废弃或者改作他用前经过何种处理，未进行无害化处理的原因； 6．是否对环境、周围居民、单位造成影响，影响程度如何

表 2-4-131 危险废物填埋设施服役期满未采取封闭措施行为的事实证明和调查事项

主要事实	1. 危险废物填埋设施服役期满的事实； 2. 危险废物填埋设施未采取封闭措施的事实
必要证据（证明主要事实）	1. 当事人的身份证明； 2. 调查询问笔录，或者现场检查（勘察）笔录； 3. 责令限期改正决定； 4. 责令限期改正通知书及送达回证
可收集的补充证据（证明裁量事实、印证主要事实）	1. 环境监察记录； 2. 环保部门处理违法行为的行政决定； 3. 投诉、举报、信访材料
调查事项	1. 违法行为人的基本情况； 2. 危险废物填埋设施名称、所在地，处理内容、处理能力； 3. 危险废物填埋设施服役期满的时间； 4. 危险废物填埋设施服役期满后采取了何种措施；在划定的封闭区域是否设置永久性标记； 5. 危险废物填埋设施服役期满未采取封闭措施和未设置标记的原因； 6. 是否对环境、周围居民、单位造成影响，影响程度如何

表 2-4-132 伪造、变造、转让危险废物经营许可证行为的事实证明和调查事项

主要事实	伪造、变造、转让危险废物经营许可证的事实
必要证据（证明主要事实）	1. 当事人的身份证明； 2. 调查询问笔录，或者现场检查（勘察）笔录； 3. 责令限期改正决定； 4. 责令限期改正通知书及送达回证
可收集的补充证据（证明裁量事实、印证主要事实）	1. 环境监察记录； 2. 环保部门处理违法行为的行政决定； 3. 投诉、举报、信访材料
调查事项	1. 违法行为人的基本情况； 2. 原危险废物经营许可证的许可事项； 3. 伪造、变造、转让危险废物经营许可证的时间、目的； 4. 是否用伪造、变造的危险废物经营许可证从事了危险废物经营活动，非法赢利数额；是否造成环境危害后果； 5. 转让危险废物许可证后，受让方是否用该许可证从事了危险废物经营活动，非法赢利数额；是否造成环境危害后果

表 2-4-133 未按规定定期报告危险废物经营活动情况行为的事实证明和调查事项

主要事实	未按规定定期报告危险废物经营活动情况的事实
必要证据（证明主要事实）	1. 当事人的身份证明； 2. 调查询问笔录，或者现场检查（勘察）笔录 3. 责令限期改正决定； 4. 责令限期改正通知书及送达回证
可收集的补充证据（证明裁量事实、印证主要事实）	1. 环境监察记录； 2. 环保部门处理违法行为的行政决定； 3. 投诉、举报、信访材料
调查事项	1. 违法行为人的基本情况； 2. 是否向环保部门报告过危险废物经营情况； 3. 未定期报告的原因

表 2-4-134　未建立危险废物经营情况记录行为的事实证明和调查事项

主要事实	未建立危险废物经营情况记录的事实
必要证据（证明主要事实）	1．当事人的身份证明； 2．调查询问笔录，或者现场检查（勘察）笔录； 3．责令限期改正决定； 4．责令限期改正通知书及送达回证
可收集的补充证据（证明裁量事实、印证主要事实）	1．环境监察记录； 2．环保部门处理违法行为的行政决定； 3．投诉、举报、信访材料
调查事项	1．违法行为人的基本情况； 2．未建立危险废物经营情况记录的原因； 3. 未有经营情况记录的危险废物经营活动是否涉及违法提供、委托他人处置的情况，违法处置方的基本情况； 4. 未有经营情况记录的危险废物经营活动是否造成环境影响，影响程度如何

表 2-4-135　领取危险废物收集许可证的单位，未按规定将危险废物提供或者委托给有资质的处置单位行为的事实证明和调查事项

主要事实	持证从事危险废物收集活动的单位未将危险废物提供或者委托给有资质的处置单位的事实
必要证据（证明主要事实）	1．当事人的身份证明； 2．调查询问笔录，或者现场检查（勘察）笔录； 3．责令限期改正决定； 4．责令限期改正通知书及送达回证
可收集的补充证据（证明裁量事实、印证主要事实）	1．环境监察记录； 2．环保部门处理违法行为的行政决定； 3．投诉、举报、信访材料
调查事项	1．违法行为人的基本情况； 2．是否与有资质的处置单位签订接受合同，收集危险废物的种类、数量； 3．签订接受合同后是否将收集的废矿物油和非镍铬电池在 90 个工作日内提供或者委托给处置单位进行处置；未按规定办理的原因； 4．是否造成危害后果，程度如何

十一、违反固体废物进口环境管理规定行为的认定

（一）法律规定

1．固体废物非法入境，及非法入境后已造成环境污染行为的认定

《固体废物污染环境防治法》第二十四条规定：禁止中华人民共和国境外的固体废物进境倾倒、堆放、处置。

《固体废物污染环境防治法》第二十五条第一款规定：禁止进口不能用作原料或者不

能以无害化方式利用的固体废物；对可以用作原料的固体废物实行限制进口和自动许可进口分类管理。（国家禁止进口不能用作原料的固体废物；限制进口可以用作原料的固体废物。）

第二十五条第三款规定：禁止进口列入禁止进口目录的固体废物。进口列入限制进口目录的固体废物，应当经国务院环境保护行政主管部门会同国务院对外贸易主管部门审查许可。进口列入自动许可进口目录的固体废物，应当依法办理自动许可手续。

《固体废物污染环境防治法》第八十条规定：对已经非法入境的固体废物，由省级以上人民政府环境保护行政主管部门依法向海关提出处理意见，海关应当依照本法第七十八条的规定作出处罚决定；已经造成环境污染的，由省级以上人民政府环境保护行政主管部门责令进口者消除污染。

2．未执行经营情况记录簿制度、未履行日常环境监测、未按规定报告进口固体废物经营情况和环境监测情况行为的认定

《固体废物进口管理办法》第三十五条规定：进口固体废物利用企业应当建立经营情况记录簿，如实记载每批进口固体废物的来源、种类、重量或者数量、去向，接收、拆解、利用、贮存的时间，运输者的名称和联系方式，进口固体废物加工利用后的残余物种类、重量或者数量、去向等情况。经营记录簿及相关单据、影像资料等原始凭证应当至少保存5年。

进口固体废物利用企业应当对污染物排放进行日常定期监测。监测报告应当至少保存5年。

进口固体废物利用企业应当按照国务院环境保护行政主管部门的规定，定期向所在地省、自治区、直辖市环境保护行政主管部门报告进口固体废物经营情况和环境监测情况。省、自治区、直辖市环境保护行政主管部门汇总后报国务院环境保护行政主管部门。

固体废物的进口者、代理商、承运人等其他经营单位，应当记录所代理的进口固体废物的来源、种类、重量或者数量、去向等情况，并接受有关部门的监督检查。记录资料及相关单据、影像资料等原始凭证应当至少保存3年。

《固体废物进口管理办法》第四十八条规定：违反本办法规定，未执行经营情况记录簿制度、未履行日常环境监测或者未按规定报告进口固体废物经营情况和环境环境监测情况的，由所在地县级以上环境保护行政主管部门责令限期改正，可以并处3万元以下罚款；逾期拒不改正的，可以由发证机关撤销其固体废物进口相关许可证。

3．对进口固体废物加工利用后的残余物未进行无害化利用或者处置行为的认定

《固体废物进口管理办法》第三十六条规定：省、自治区、直辖市环境保护行政主管部门应当组织对进口固体废物利用企业进行实地检查和监督性监测，发现有下列情形之一的，应当在5个工作日内报知国务院环境保护行政主管部门：

（三）对进口固体废物加工利用后的残余物未进行无害化利用或者处置；

《固体废物进口管理办法》第四十七条规定：违反本办法规定，对进口固体废物加工利用后的残余物未进行无害化利用或者处置的，由所在地县级以上环境保护行政主管部门根据《中华人民共和国固体废物污染环境防治法》第六十八条第（二）项的规定责令停止违法行为，限期改正，并处1万元以上10万元以下的罚款；逾期拒不改正的，可以由发证机关撤销其固体废物进口相关许可证。造成污染环境事故的，按照《固体废物污染环境防治法》第八十二条的规定办理。

《固体废物污染环境防治法》第八十二条规定：违反本法规定，造成固体废物污染环境事故的，由县级以上人民政府环境保护行政主管部门处以 2 万元以上 20 万元以下的罚款；造成重大损失的，按照直接损失的 30%计算罚款，但是最高不超过 100 万元，对负有责任的主管人员和其他直接责任人员，依法给予行政处分；造成固体废物污染环境重大事故的，并由县级以上人民政府按照国务院规定的权限决定停业或者关闭。

（二）违反固体废物进口管理规定行为的认定

见表 2-4-136 至表 2-4-138。

表 2-4-136　固体废物非法入境后已造成环境污染的行为的事实证明和调查事项

主要事实	1. 固体废物非法入境的事实； 2. 入境后已造成环境污染的事实
必要证据（证明主要事实）	1. 当事人的身份证明； 2. 调查询问笔录，或者现场检查（勘察）笔录； 3. 责令限期改正决定； 4. 责令限期改正通知书及送达回证
可收集的补充证据（证明裁量事实、印证主要事实）	1. 环境监察记录； 2. 环保部门处理违法行为的行政决定； 3. 投诉、举报、信访材料
调查事项	1. 进口固体废物行为人的基本情况； 2. 非法入境的固体废物的数量、种类、地点、来源、用途； 3. 造成何种环境污染，污染程度如何

表 2-4-137　进口固体废物的单位未执行经营情况记录簿制度、未履行日常环境监测、未按规定报告进口固体废物经营情况和环境监测情况行为的事实证明和调查事项

主要事实	1. 进口固体废物未执行经营情况记录簿制度的事实； 2. 未履行日常环境监测的事实； 3. 未按规定报告进口固体废物经营情况和环境监测情况的事实
必要证据（证明主要事实）	1. 当事人的身份证明； 2. 调查询问笔录，或者现场检查（勘察）笔录； 3. 责令限期改正决定； 4. 责令限期改正通知书及送达回证
可收集的补充证据（证明裁量事实、印证主要事实）	1. 环境监察记录； 2. 环保部门处理违法行为的行政决定； 3. 投诉、举报、信访材料
调查事项	1. 进口固体废物行为人的基本情况； 2. 进口固体废物的单位是否如实记载每批进口固体废物的来源、种类、重量或者数量、去向，接收、拆解、利用、贮存的时间，运输者的名称和联系方式，进口固体废物加工利用后的残余物种类、重量或者数量、去向等情况； 3. 是否将经营记录簿及相关单据、影像资料等原始凭证保存至少 5 年； 4. 是否对污染物排放情况进行日常定期监测； 5. 是否将监测报告保存至少 5 年； 6. 是否按照规定向环保部门报告进口固体废物经营情况和环境监测情况

表 2-4-138 对进口固体废物加工利用后的残余物未进行无害化利用或者处置行为的事实证明和调查事项

主要事实	进口固体废物加工利用后的残余物未进行无害化利用或者处置的事实
必要证据（证明主要事实）	1. 当事人的身份证明； 2. 调查询问笔录，或者现场检查（勘察）笔录； 3. 责令限期改正决定； 4. 责令限期改正通知书及送达回证
可收集的补充证据（证明裁量事实、印证主要事实）	1. 环境监察记录； 2. 环保部门处理违法行为的行政决定； 3. 投诉、举报、信访材料
调查事项	1. 进口固体废物行为人的基本情况； 2. 进口固体废物的地点、时间、种类、数量； 3. 进口固体废物加工的产品的名称、种类、数量、去向； 4. 进口固体废物加工后的残余物的种类、数量、去向； 5. 进口固体废物加工后的残余物是否进行无害化利用或者进行处置，未进行处置的原因； 6. 是否对环境造成影响，影响程度如何； 7. 是否对附近居民、单位造成影响，影响程度如何

十二、违反医疗废物、电器电子废物管理规定行为的认定

对于违反医疗废物和电器电子废物管理规定行为的认定，因地方环保部门纳入管理范畴的不是很多，相关的监管经验有限，因此，本教材对此只编写了法律规定，其他内容暂不涉及。

（一）医疗废物管理的法律规定

1．现场检查时，医疗机构和医疗废物集中处置中心拒绝、阻碍、提供虚假材料的行为

《医疗废物管理条例》第四十一条规定：医疗卫生机构和医疗废物集中处置单位，对有关部门的检查、监测、调查取证，应当予以配合，不得拒绝和阻碍，不得提供虚假材料。

《医疗废物管理条例》第五十条规定：医疗卫生机构、医疗废物集中处置单位，无正当理由，阻碍卫生行政主管部门或者环境保护行政主管部门执法人员执行职务，拒绝执法人员进入现场，或者不配合执法部门的检查、监测、调查取证的，由县级以上地方人民政府卫生行政主管部门或者环境保护行政主管部门按照各自的职责责令改正，给予警告；拒不改正的，由原发证部门暂扣或者吊销执业许可证件或者经营许可证件；触犯《中华人民共和国治安管理处罚条例》，构成违反治安管理行为的，由公安机关依法予以处罚；构成犯罪的，依法追究刑事责任。

《医疗废物管理行政处罚办法》第十二条第二款规定：医疗卫生机构、医疗废物集中处置单位阻碍环境保护行政主管部门执法人员执行职务，拒绝执法人员进入现场，或者不配合执法部门的检查、监测、调查取证的，由县级以上地方人民政府环境保护行政主管部

门依照《中华人民共和国固体废物污染环境防治法》第七十条规定责令限期改正；拒不改正或者在检查时弄虚作假的，处2 000元以上2万元以下的罚款。

2．医疗废物集中处置单位发生医疗废物流失、泄漏、扩散时，未采取紧急措施或者未同时向环保部门报告的行为

《医疗废物管理条例》第十三条第二款规定：发生医疗废物流失、泄漏、扩散时，医疗卫生机构和医疗废物集中处置单位应当采取减少危害的紧急处理措施，对致病人员提供医疗救护和现场救援；同时向所在地的县级人民政府卫生行政主管部门、环境保护行政主管部门报告，并向可能受到危害的单位和居民通报。

《医疗废物管理条例》第四十九条规定：医疗卫生机构、医疗废物集中处置单位发生医疗废物流失、泄漏、扩散时，未采取紧急处理措施，或者未及时向卫生行政主管部门和环境保护行政主管部门报告的，由县级以上地方人民政府卫生行政主管部门或者环境保护行政主管部门按照各自的职责责令改正，给予警告，并处以1万元以上3万元以下的罚款；造成传染病传播或者环境污染事故的，由原发证部门暂扣或者吊销执业许可证件或者经营许可证件；构成犯罪的，依法追究刑事责任。

《医疗废物管理行政处罚办法》第十一条第二款规定：医疗废物集中处置单位发生医疗废物流失、泄漏、扩散时，未采取紧急处理措施，或者未及时向环境保护行政主管部门报告的，由县级以上地方人民政府环境保护行政主管部门责令改正，给予警告，并处以1万元以上3万元以下的罚款。

3．医疗废物集中处置单位对使用后的医疗废物运送车辆未在指定地点及时进行消毒和清洁的行为

《医疗废物管理条例》第二十六条第二款规定：运送医疗废物的专用车辆使用后，应当在医疗废物集中处置场所内及时进行消毒和清洁。

《医疗废物管理条例》第四十五条第（五）项规定：对使用后的医疗废物运送工具或者运送车辆未在指定地点及时进行消毒和清洁的，由县级以上地方人民政府卫生行政主管部门或者环境保护行政主管部门按照各自的职责责令限期改正，给予警告；逾期不改正的，处2 000元以上5 000元以下的罚款。

《医疗废物管理行政处罚办法》第三条第（四）项规定：对使用后的医疗废物运送车辆未在指定地点及时进行消毒和清洁的，由县级以上地方人民政府环境保护行政主管部门责令限期改正，给予警告；逾期不改正的，处以2 000元以上5 000元以下的罚款。

4．医疗废物集中处置单位未及时收集：运送医疗废物的行为

《医疗废物管理条例》第二十五条规定：医疗废物集中处置单位应当至少每2天到医疗卫生机构收集、运送一次医疗废物，并负责医疗废物的贮存、处置。

《医疗废物管理条例》第四十五条第（六）项规定：未及时收集、运送医疗废物的，由县级以上地方人民政府卫生行政主管部门或者环境保护行政主管部门按照各自的职责责令限期改正，给予警告；逾期不改正的，处以2 000元以上5 000元以下的罚款。

《医疗废物管理行政处罚办法》第三条第（五）项规定：未及时收集、运送医疗废物的，由县级以上地方人民政府环境保护行政主管部门责令限期改正，给予警告；逾期不改正的，处以2 000元以上5 000元以下的罚款。

5．医疗废物集中处置单位贮存设施或者设备不符合环保、卫生要求的行为

《医疗废物管理条例》第二十三条第（一）项规定：医疗废物集中处置单位，应当符合下列条件：

（6）具有符合环境保护和卫生要求的医疗废物贮存、处置设施或者设备。

《医疗废物管理条例》第四十六条第（一）项规定：贮存设施或者设备不符合环境保护、卫生要求的由县级以上地方人民政府卫生行政主管部门或者环境保护行政主管部门按照各自的职责责令限期改正，给予警告，可以并处 5 000 元以下的罚款；逾期不改正的，处以 5 000 元以上 3 万元以下的罚款。

《医疗废物管理行政处罚办法》第六条第（一）项规定：贮存设施或者设备不符合环境保护、卫生要求的，由县级以上地方人民政府环境保护行政主管部门责令限期改正，给予警告，可以并处以 5000 元以下的罚款，逾期不改正的，处以 5000 元以上 3 万元以下的罚款。

6．医疗废物集中处置单位未将医疗废物按照类别分置于专用包装物或者容器的行为

《医疗废物管理条例》第二十三条第（一）项规定：医疗废物集中处置单位，应当符合下列条件：

（一）具有符合环境保护和卫生要求的医疗废物贮存、处置设施或者设备。

《医疗废物管理条例》第四十六条第（二）项规定：未将医疗废物按照类别分置于专用包装物或者容器的由县级以上地方人民政府卫生行政主管部门或者环境保护行政主管部门按照各自的职责责令限期改正，给予警告，可以并处 5000 元以下的罚款；逾期不改正的，处以 5000 元以上 3 万元以下的罚款。

《医疗废物管理行政处罚办法》第六条第（二）项规定：未将医疗废物按照类别分置于专用包装物或者容器的，由县级以上地方人民政府环境保护行政主管部门责令限期改正，给予警告，可以并处以 5000 元以下的罚款，逾期不改正的，处以 5000 元以上 3 万元以下的罚款。

7．医疗废物集中处置单位未使用符合标准的专用车辆运送医疗废物的行为

《医疗废物管理条例》第二十六条第一款规定：医疗废物集中处置单位运送医疗废物，应当遵守国家有关危险货物运输管理的规定，使用有明显医疗废物标识的专用车辆。医疗废物专用车辆应当达到防渗漏、防遗撒以及其他环境保护和卫生要求。

《医疗废物管理条例》第四十六条第（三）项规定：未使用符合标准的专用车辆运送医疗废物或者使用运送医疗废物的车辆运送其他物品的，由县级以上地方人民政府卫生行政主管部门或者环境保护行政主管部门按照各自的职责责令限期改正，给予警告，可以并处 5000 元以下的罚款；逾期不改正的，处以 5000 元以上 3 万元以下的罚款。

《医疗废物管理行政处罚办法》第六条第（三）项规定：未使用符合标准的专用车辆运送医疗废物的，由县级以上地方人民政府环境保护行政主管部门责令限期改正，给予警告，可以并处 5000 元以下的罚款，逾期不改正的，处以 5000 元以上 3 万元以下的罚款。

8．医疗废物集中处置单位使用运送医疗废物的车辆运送其他物品的行为

《医疗废物管理条例》第二十六条第三款规定：运送医疗废物的专用车辆不得运送其他物品。

《医疗废物管理条例》第四十六条第（三）项规定：未使用符合标准的专用车辆运送

医疗废物或者使用运送医疗废物的车辆运送其他物品的，由县级以上地方人民政府卫生行政主管部门或者环境保护行政主管部门按照各自的职责责令限期改正，给予警告，可以并处 5000 元以下的罚款；逾期不改正的，处以 5000 元以上 3 万元以下的罚款。

《医疗废物管理行政处罚办法》第六条第（三）项规定：未使用符合标准的专用车辆运送医疗废物的由县级以上地方人民政府环境保护行政主管部门责令限期改正，给予警告，可以并处 5000 元以下的罚款，逾期不改正的，处以 5000 元以上 3 万元以下的罚款。

9．邮寄医疗废物的行为

《医疗废物管理条例》第十五条规定：禁止邮寄医疗废物。

《医疗废物管理条例》第五十三条第一款规定：邮寄或者通过铁路、航空运输医疗废物，……由县级以上地方人民政府环境保护行政主管部门责令转让、买卖双方、邮寄人、托运人立即停止违法行为，给予警告，没收违法所得；违法所得 5000 元以上的，并处违法所得 2 倍以上 5 倍以下的罚款；没有违法所得或者违法所得不足 5000 元的，并处 5000 元以上 2 万元以下的罚款。

《医疗废物管理行政处罚办法》第十六条第一款规定：有《条例》第五十三条规定的情形，……邮寄或者通过铁路、航空运输医疗废物，……由县级以上地方人民政府环境保护行政主管部门责令转让、买卖双方、邮寄人、托运人立即停止违法行为，给予警告，没收违法所得；违法所得 5000 元以上的，并处违法所得 2 倍以上 5 倍以下的罚款；没有违法所得或者违法所得不足 5000 元的，并处 5000 元以上 2 万元以下的罚款。

10．通过铁路、航空运输医疗废物的行为

《医疗废物管理条例》第十五条第二款规定：禁止通过铁路、航空运输医疗废物。

《医疗废物管理条例》第五十三条第一款规定：邮寄或者通过铁路、航空运输医疗废物，……由县级以上地方人民政府环境保护行政主管部门责令转让、买卖双方、邮寄人、托运人立即停止违法行为，给予警告，没收违法所得；违法所得 5000 元以上的，并处违法所得 2 倍以上 5 倍以下的罚款；没有违法所得或者违法所得不足 5000 元的，并处 5000 元以上 2 万元以下的罚款。

《医疗废物管理行政处罚办法》第十六条第一款规定：有《条例》第五十三条规定的情形，……邮寄或者通过铁路、航空运输医疗废物，……由县级以上地方人民政府环境保护行政主管部门责令转让、买卖双方、邮寄人、托运人立即停止违法行为，给予警告，没收违法所得；违法所得 5000 元以上的，并处违法所得 2 倍以上 5 倍以下的罚款；没有违法所得或者违法所得不足 5000 元的，并处 5000 元以上 2 万元以下的罚款。

《医疗废物管理行政处罚办法》第十六条一款规定：（略，同上）。

11．违反规定通过水路运输医疗废物的行为

《医疗废物管理条例》第十五条第三款规定：有陆路通道的，禁止通过水路运输医疗废物；没有陆路通道必需经水路运输医疗废物的，应当经设区的市级以上人民政府环境保护行政主管部门批准，并采取严格的环境保护措施后，方可通过水路运输。

《医疗废物管理条例》第十五条第五款规定：禁止在饮用水源保护区的水体上运输医疗废物。

《医疗废物管理条例》第五十三条第一款规定：……或者违反本条例规定通过水路运输医疗废物的，由县级以上地方人民政府环境保护行政主管部门责令转让、买卖双方、邮寄人、托运人立即停止违法行为，给予警告，没收违法所得；违法所得 5000 元以上的，并处违法所得 2 倍以上 5 倍以下的罚款；没有违法所得或者违法所得不足 5000 元的，并处 5000 元以上 2 万元以下的罚款。

《医疗废物管理行政处罚办法》第十六条第一款规定：（略，同上）。

12．将医疗废物与旅客在同一运输工具上运载的行为

《医疗废物管理条例》第十五条第四款规定：禁止将医疗废物与旅客在同一运输工具上载运。

《医疗废物管理条例》第五十三条规定：……承运人将医疗废物与旅客在同一工具上载运的，按照前款的规定予以处罚。（由县级以上地方人民政府环境保护行政主管部门责令……托运人立即停止违法行为，给予警告，没收违法所得；违法所得 5000 元以上的，并处违法所得 2 倍以上 5 倍以下的罚款；没有违法所得或者违法所得不足 5000 元的，并处 5000 元以上 2 万元以下的罚款。）

《医疗废物管理行政处罚办法》第十六条二款规定：……承运人将医疗废物与旅客在同一工具上载运的，由县级以上人民政府环境保护行政主管部门依照《中华人民共和国固体废物污染环境防治法》第七十五条规定责令停止违法行为，限期改正，处以 1 万元以上 10 万元以下的罚款。

13．承运人明知托运人违反《医疗废物管理条例》的规定运输医疗废物，仍予以运输的行为

《医疗废物管理条例》第五十三条第二款规定：承运人明知托运人违反本条例的规定运输医疗废物，仍予以运输的，……按照前款的规定予以处罚。（由县级以上地方人民政府环境保护行政主管部门责令……托运人立即停止违法行为，给予警告，没收违法所得；违法所得 5000 元以上的，并处违法所得 2 倍以上 5 倍以下的罚款；没有违法所得或者违法所得不足 5000 元的，并处 5000 元以上 2 万元以下的罚款。）

《医疗废物管理行政处罚办法》第十六条第二款规定：承运人明知托运人违反《条例》的规定运输医疗废物，仍予以运输的，按照前款的规定（由县级以上地方人民政府环境保护行政主管部门责令……立即停止违法行为，给予警告，没收违法所得；违法所得 5000 元以上的，并处违法所得 2 倍以上 5 倍以下的罚款；没有违法所得或者违法所得不足 5000 元的，并处 5000 元以上 2 万元以下的罚款）予以处罚。

14．医疗卫生机构在运送过程中丢弃医疗废物的行为

《医疗废物管理条例》第十四条第二款规定：禁止在运送过程中丢弃医疗废物……

《医疗废物管理条例》第四十七条第（一）项规定：在运送过程中丢弃医疗废物……的，由县级以上地方人民政府卫生行政主管部门或者环境保护行政主管部门按照各自的职责责令限期改正，给予警告，并处 5000 元以上 1 万元以下的罚款；逾期不改正的，处 1 万元以上 3 万元以下的罚款；造成传染病传播或者环境污染事故的，由原发证部门暂扣或者吊销执业许可证件或者经营许可证件；构成犯罪的，依法追究刑事责任。

《医疗废物管理行政处罚办法》第七条第（一）项规定：在医疗卫生机构内运送过程中丢弃医疗废物，在非贮存地点倾倒、堆放医疗废物或者将医疗废物混入其他废物和生活垃圾的，由县级以上地方人民政府卫生行政主管部门责令限期改正，给予警告，并处 5000 元以上 1 万元以下的罚款；逾期不改正的，处 1 万元以上 3 万元以下的罚款。

《医疗废物管理行政处罚办法》第七条第二款规定：医疗卫生机构在医疗卫生机构外运送过程中丢弃医疗废物，……由县级以上地方人民政府环境保护行政主管部门依照《中华人民共和国固体废物污染环境防治法》第七十五条规定责令停止违法行为，限期改正，处1万元以上10万元以下的罚款。

15. 医疗废物集中处置单位在非贮存地点倾倒、堆放医疗废物或者将医疗废物混入其他废物和生活垃圾的行为

《医疗废物管理条例》第十四条第二款规定：……禁止在非贮存地点倾倒、堆放医疗废物或者将医疗废物混入其他废物和生活垃圾。

《医疗废物管理条例》第四十七条第（一）项规定：……在非贮存地点倾倒、堆放医疗废物或者将医疗废物混入其他废物和生活垃圾的，由县级以上地方人民政府卫生行政主管部门或者环境保护行政主管部门按照各自的职责责令限期改正，给予警告，并处5000元以上1万元以下的罚款；逾期不改正的，处1万元以上3万元以下的罚款；造成传染病传播或者环境污染事故的，由原发证部门暂扣或者吊销执业许可证件或者经营许可证件；构成犯罪的，依法追究刑事责任。

《医疗废物管理行政处罚办法》第八条规定：医疗废物集中处置单位有《条例》第四十七条规定的情形，在运送过程中丢弃医疗废物，在非贮存地点倾倒、堆放医疗废物或者将医疗废物混入其他废物和生活垃圾的，由县级以上地方人民政府环境保护行政主管部门依照《中华人民共和国固体废物污染环境防治法》第七十五条规定责令停止违法行为，限期改正，处1万元以上10万元以下的罚款。

16. 医疗机构在医疗卫生机构外非贮存地点倾倒、堆放医疗废物或者将医疗废物混入其他废物和生活垃圾的行为

《医疗废物管理条例》第十四条第二款规定：……禁止在非贮存地点倾倒、堆放医疗废物或者将医疗废物混入其他废物和生活垃圾。

《医疗废物管理条例》第四十七条第（一）项规定：……在非贮存地点倾倒、堆放医疗废物或者将医疗废物混入其他废物和生活垃圾的，由县级以上地方人民政府卫生行政主管部门或者环境保护行政主管部门按照各自的职责责令限期改正，给予警告，并处5000元以上1万元以下的罚款；逾期不改正的，处1万元以上3万元以下的罚款；造成传染病传播或者环境污染事故的，由原发证部门暂扣或者吊销执业许可证件或者经营许可证件；构成犯罪的，依法追究刑事责任。

《医疗废物管理行政处罚办法》第七条第二款规定：医疗卫生机构在医疗卫生机构外……非贮存地点倾倒、堆放医疗废物或者将医疗废物混入其他废物和生活垃圾的，由县级以上地方人民政府环境保护行政主管部门依照《中华人民共和国固体废物污染环境防治法》第七十五条规定责令停止违法行为，限期改正，处1万元以上10万元以下的罚款。

17. 医疗机构和医疗废物集中处置单位未执行危险废物转移联单的行为

《医疗废物管理条例》第十一条规定：医疗卫生机构和医疗废物集中处置单位，应当依照《中华人民共和国固体废物污染环境防治法》的规定：执行危险废物转移联单管理制度。

《医疗废物管理条例》第四十七条第（二）项规定：未执行危险废物转移联单管理制度的，由县级以上地方人民政府卫生行政主管部门或者环境保护行政主管部门按照各自的职责责令限期改正，给予警告，并处5000元以上1万元以下的罚款；逾期不改正的，处1万元以上3万元以下的罚款；造成传染病传播或者环境污染事故的，由原发证部门暂扣或者吊销执业许可证件或者经营许可证件；构成犯罪的，依法追究刑事责任。

《医疗废物管理行政处罚办法》第十条第（一）项规定：未执行危险废物转移联单管理制度的，由县级以上人民政府环境保护行政主管部门依照《中华人民共和国固体废物污染环境防治法》第七十五条规定责令停止违法行为，限期改正，处2万元以上20万元以下的罚款。

18．将医疗废物交给或者委托未取得经营许可证的单位或者个人收集、运送、贮存、处置的行为

《医疗废物管理条例》第二十二条规定：从事医疗废物集中处置活动的单位，应当向县级以上人民政府环境保护行政主管部门申请领取经营许可证；未取得经营许可证的单位，不得从事有关医疗废物集中处置的活动。

《医疗废物管理条例》第四十七条第（三）项规定：将医疗废物交给未取得经营许可证的单位或者个人收集、运送、贮存、处置的，由县级以上地方人民政府卫生行政主管部门或者环境保护行政主管部门按照各自的职责责令限期改正，给予警告，并处5000元以上1万元以下的罚款；逾期不改正的，处1万元以上3万元以下的罚款；造成传染病传播或者环境污染事故的，由原发证部门暂扣或者吊销执业许可证件或者经营许可证件；构成犯罪的，依法追究刑事责任。

《医疗废物管理行政处罚办法》第十条第（二）项规定：将医疗废物交给或委托给未取得经营许可证的单位或者个人收集、运送、贮存、处置的，由县级以上人民政府环境保护行政主管部门依照《中华人民共和国固体废物污染环境防治法》第七十五条规定责令停止违法行为，限期改正，处2万元以上20万元以下的罚款。

19．未取得经营许可证从事医疗废物的收集、运送、贮存、处置等活动的行为

《医疗废物管理条例》第二十二条规定：从事医疗废物集中处置活动的单位，应当向县级以上人民政府环境保护行政主管部门申请领取经营许可证；未取得经营许可证的单位，不得从事有关医疗废物集中处置的活动。

《医疗废物管理条例》第五十二条规定：未取得经营许可证从事医疗废物的收集、运送、贮存、处置等活动的，由县级以上地方人民政府环境保护行政主管部门责令立即停止违法行为，没收违法所得，可以并处违法所得1倍以下的罚款。

《医疗废物管理行政处罚办法》第十四条规定：有《条例》第五十二条规定的情形，未取得经营许可证从事医疗废物的收集、运送、贮存、处置等活动的，由县级以上人民政府环境保护行政主管部门依照《中华人民共和国固体废物污染环境防治法》第七十七条规定责令停止违法行为，没收违法所得，可以并处违法所得3倍以下的罚款。

20．医疗废物集中处置单位未设置监控部门或者专（兼）职人员的行为

《医疗废物管理条例》第八条规定：医疗卫生机构和医疗废物集中处置单位，应当制定与医疗废物安全处置有关的规章制度和在发生意外事故时的应急方案；设置监控部门或者专（兼）职人员，负责检查、督促、落实本单位医疗废物的管理工作，防止违反本条例的行为发生。

第四十五条第（一）项规定：未建立、健全医疗废物管理制度，或者未设置监控部门或者专（兼）职人员的由县级以上地方人民政府卫生行政主管部门或者环境保护行政主管部门按照各自的职责责令限期改正，给予警告；逾期不改正的，处以 2000 元以上 5000 元以下的罚款。

《医疗废物管理行政处罚办法》第三条第（一）项规定：未建立、健全医疗废物管理制度，或者未设置监控部门或者专（兼）职人员的，由县级以上地方人民政府环境保护行政主管部门责令限期改正，给予警告；逾期不改正的，处 2000 元以上 5000 元以下的罚款。

21. 医疗废物集中处置单位未对有关人员进行相关法律知识和专业技术、安全防护以及紧急处理等知识培训的行为

《医疗废物管理条例》第十二条规定：医疗卫生机构和医疗废物集中处置单位，应当对医疗废物进行登记，登记内容应当包括医疗废物的来源、种类、重量或者数量、交接时间、处置方法、最终去向以及经办人签名等项目。登记资料至少保存 3 年。

《医疗废物管理条例》第四十五条第（二）项规定：未对有关人员进行相关法律和专业技术、安全防护以及紧急处理等知识的培训的由县级以上地方人民政府卫生行政主管部门或者环境保护行政主管部门按照各自的职责责令限期改正，给予警告；逾期不改正的，处以 2000 元以上 5000 元以下的罚款。

《医疗废物管理行政处罚办法》第三条第（二）项规定：未对有关人员进行相关法律和专业技术、安全防护以及紧急处理等知识培训的，由县级以上地方人民政府环境保护行政主管部门责令限期改正，给予警告；逾期不改正的，处以 2000 元以上 5000 元以下的罚款。

22. 医疗废物集中处置单位未对医疗废物进行登记或者未保存登记资料的行为

《医疗废物管理条例》第十二条规定：医疗卫生机构和医疗废物集中处置单位，应当对医疗废物进行登记，登记内容应当包括医疗废物的来源、种类、重量或者数量、交接时间、处置方法、最终去向以及经办人签名等项目。登记资料至少保存 3 年。

《医疗废物管理条例》第四十五条第（四）项规定：未对医疗废物进行登记或者未保存登记资料的由县级以上地方人民政府卫生行政主管部门或者环境保护行政主管部门按照各自的职责责令限期改正，给予警告；逾期不改正的，处以 2000 元以上 5000 元以下的罚款。

《医疗废物管理行政处罚办法》第三条第（三）项规定：未对医疗废物进行登记或者未保存登记资料的由县级以上地方人民政府环境保护行政主管部门责令限期改正，给予警告；逾期不改正的，处以 2000 元以上 5000 元以下的罚款。

23. 转让、买卖医疗废物的行为

《医疗废物管理条例》第十四条第一款规定：禁止任何单位和个人转让、买卖医疗废物。

《医疗废物管理条例》第五十三条第一款规定：转让、买卖医疗废物，邮寄或者通过铁路、航空运输医疗废物，或者违反本条例规定通过水路运输医疗废物的，由县级以上地方人民政府环境保护行政主管部门责令转让、买卖双方、邮寄人、托运人立即停止违法行为，给予警告，没收违法所得；违法所得 5000 元以上的，并处违法所得 2 倍以上 5 倍以下的罚款；没有违法所得或者违法所得不足 5000 元的，并处 5000 元以上 2 万元以下的罚款。

《医疗废物管理行政处罚办法》第十六条第一款规定：有《条例》第五十三条规定的情形，转让、买卖医疗废物……的，由县级以上地方人民政府环境保护行政主管部门责令转让、买卖双方、邮寄人、托运人立即停止违法行为，给予警告，没收违法所得；违法所得5000元以上的，并处违法所得2倍以上5倍以下的罚款；没有违法所得或者违法所得不足5000元的，并处5000元以上2万元以下的罚款。

24. 医疗废物集中处置单位对医疗废物的处置不符合国家规定的环境保护、卫生标准、规范的行为

《医疗废物管理条例》第二十九条规定：医疗废物集中处置单位处置医疗废物，应当符合国家规定的环境保护、卫生标准、规范。

《医疗废物管理条例》第四十七条第（四）项规定：对医疗废物的处置不符合国家规定的环境保护、卫生标准、规范的，由县级以上地方人民政府卫生行政主管部门或者环境保护行政主管部门按照各自的职责责令限期改正，给予警告，并处5000元以上1万元以下的罚款；逾期不改正的，处1万元以上3万元以下的罚款；造成传染病传播或者环境污染事故的，由原发证部门暂扣或者吊销执业许可证件或者经营许可证件；构成犯罪的，依法追究刑事责任。

《医疗废物管理行政处罚办法》第九条规定：医疗废物集中处置单位……有《条例》第四十七条规定的情形，对医疗废物的处置不符合国家规定的环境保护、卫生标准、规范的，由县级以上地方人民政府环境保护行政主管部门责令限期改正，给予警告，并处5000元以上1万元以下的罚款；逾期不改正的，处1万元以上3万元以下的罚款。

25. 建有医疗废物处置设施的医疗卫生机构对医疗废物的处置不符合国家规定的环境保护、卫生标准、规范的行为

《医疗废物管理条例》第二十九条规定：医疗废物集中处置单位处置医疗废物，应当符合国家规定的环境保护、卫生标准、规范。

《医疗废物管理条例》第四十七条第（四）项规定：（医疗卫生机构）对医疗废物的处置不符合国家规定的环境保护、卫生标准、规范的，由县级以上地方人民政府卫生行政主管部门或者环境保护行政主管部门按照各自的职责责令限期改正，给予警告，并处5000元以上1万元以下的罚款；逾期不改正的，处1万元以上3万元以下的罚款；造成传染病传播或者环境污染事故的，由原发证部门暂扣或者吊销执业许可证件或者经营许可证件；构成犯罪的，依法追究刑事责任。

《医疗废物管理行政处罚办法》第九条规定：……依照《条例》自行建有医疗废物处置设施的医疗卫生机构，有《条例》第四十七条规定的情形，对医疗废物的处置不符合国家规定的环境保护、卫生标准、规范的，由县级以上地方人民政府环境保护行政主管部门责令限期改正，给予警告，并处5000元以上1万元以下的罚款；逾期不改正的，处1万元以上3万元以下的罚款。

26. 不具备集中处置医疗废物条件的农村医疗卫生机构未按照环境污染防治的要求处置医疗废物的行为

《医疗废物管理条例》第二十一条规定：不具备集中处置医疗废物条件的农村，医疗卫生机构应当按照县级人民政府卫生行政主管部门、环境保护行政主管部门的要求，自行就地处置其产生的医疗废物。自行处置医疗废物的，应当符合下列基本要求：（一）使用后的一次性医疗器具和容易致人损伤的医疗废物，应当消毒并作毁形处理；（二）能够焚烧的，应当及时焚烧；（三）不能焚烧的，消毒后集中填埋。

《医疗废物管理条例》第五十一条规定：不具备集中处置医疗废物条件的农村，医疗卫生机构未按照本条例的要求处置医疗废物的，由县级人民政府卫生行政主管部门或者环境保护行政主管部门按照各自的职责责令限期改正，给予警告；逾期不改正的，处 1 000 元以上 5000 元以下的罚款；造成传染病传播或者环境污染事故的，由原发证部门暂扣或者吊销执业许可证件；构成犯罪的，依法追究刑事责任。

《医疗废物管理行政处罚办法》第十三条规定：有《条例》第五十一条规定的情形，不具备集中处置医疗废物条件的农村，医疗卫生机构未按照卫生行政主管部门有关疾病防治的要求处置医疗废物的，由县级人民政府卫生行政主管部门责令限期改正，给予警告；逾期不改正的，处 1000 元以上 5000 元以下的罚款；未按照环境保护行政主管部门有关环境污染防治的要求处置医疗废物的，由县级人民政府环境保护行政主管部门责令限期改正，给予警告；逾期不改正的，处 1000 元以上 5000 元以下的罚款。

27. 医疗废物集中处置单位未定期对医疗废物处置设施的污染防治和卫生学效果进行检测、评价或者未将检测、评价效果存档、报告的行为

《医疗废物管理条例》第三十条规定：医疗废物集中处置单位应当按照环境保护行政主管部门和卫生行政主管部门的规定，定期对医疗废物处置设施的环境污染防治和卫生学效果进行检测、评价。检测、评价结果存入医疗废物集中处置单位档案，每半年向所在地环境保护行政主管部门和卫生行政主管部门报告一次。

《医疗废物管理条例》第四十五条第（七）项规定：未定期对医疗废物处置设施的环境污染防治和卫生学效果进行检测、评价，或者未将检测、评价效果存档、报告的由县级以上地方人民政府卫生行政主管部门或者环境保护行政主管部门按照各自的职责责令限期改正，给予警告；逾期不改正的，处 2000 元以上 5000 元以下的罚款。

《医疗废物管理行政处罚办法》第三条第（六）项规定：未定期对医疗废物处置设施的污染防治和卫生学效果进行检测、评价，或者未将检测、评价效果存档、报告的，由县级以上地方人民政府环境保护行政主管部门责令限期改正，给予警告；逾期不改正的，处 2000 元以上 5000 元以下的罚款。

28. 医疗废物集中处置单位未安装污染物排放在线监控设备或者监控装置未经常处于正常运行状态的行为

《医疗废物管理条例》第二十八条规定：医疗废物集中处置单位应当安装污染物排放在线监控装置，并确保监控装置经常处于正常运行状态。

《医疗废物管理条例》第四十六条第（四）项规定：未安装污染物排放在线监控装置或者监控装置未经常处于正常运行状态的，由县级以上地方人民政府卫生行政主管部门或者环境保护行政主管部门按照各自的职责责令限期改正，给予警告，可以并处 5000 元以下的罚款；逾期不改正的，处 5000 元以上 3 万元以下的罚款。

《医疗废物管理行政处罚办法》第六条第（四）项规定：未安装污染物排放在线监控装置或者监控装置未经常处于正常运行状态的，由县级以上地方人民政府环境保护行政主管部门责令限期改正，给予警告，可以并处 5000 元以下的罚款，逾期不改正的，处 5000 元以上 3 万元以下的罚款。

（二）违反电子废物管理规定行为的法律规定

1．拒绝现场检查或者检查时弄虚作假的行为

《电子废物污染环境防治管理办法》第十九条规定：违反本办法规定，拒绝现场检查的，由县级以上人民政府环境保护行政主管部门依据《固体废物污染环境防治法》责令限期改正；拒不改正或者在检查时弄虚作假的，处2000元以上2万元以下的罚款；情节严重，但尚构不成刑事处罚的，并由公安机关依据《治安管理处罚法》处5日以上10日以下拘留；构成犯罪的，依法追究刑事责任。

2．未取得废弃电器电子产品处理资格擅自从事废弃电器电子产品处理活动的行为

《废弃电器电子产品回收处理管理条例》第十二条第二款规定：废弃电器电子产品回收经营者对回收的废弃电器电子产品进行处理，应当依照本条例规定取得废弃电器电子产品处理资格；未取得处理资格的，应当将回收的废弃电器电子产品交有废弃电器电子产品处理资格的处理企业处理。

《废弃电器电子产品回收处理管理条例》第二十二条第二款规定：除本条例第三十四条规定外，禁止未取得废弃电器电子产品处理资格的单位和个人处理废弃电器电子产品。

《废弃电器电子产品回收处理管理条例》第二十八条规定：违反本条例规定，未取得废弃电器电子产品处理资格擅自从事废弃电器电子产品处理活动的，由工商行政管理机关依照《无照经营查处取缔办法》的规定予以处罚。

环境保护主管部门查出的，由县级以上人民政府环境保护主管部门责令停业、关闭，没收违法所得，并处5万元以上50万元以下的罚款。

3．违法采用国家明令淘汰的技术和工艺处理废弃电器电子产品的行为

《废弃电器电子产品回收处理管理条例》第十五条第二款规定：禁止采用国家明令淘汰的技术和工艺处理废弃电器电子产品。

《废弃电器电子产品回收处理管理条例》第二十九条规定：违反本条例规定，采用国家明令淘汰的技术和工艺处理废弃电器电子产品的，由县级以上人民政府环境保护主管部门责令限期改正；情节严重的，由设区的市级人民政府环境保护主管部门依法暂停直至撤销其废弃电器电子产品处理资格。

《电子废物污染环境防治管理办法》第十一条第二、三、四、五款规定：

禁止使用落后的技术、工艺和设备拆解、利用和处置电子废物。

禁止露天焚烧电子废物。

禁止使用冲天炉、简易反射炉等设备和简易酸浸工艺利用、处置电子废物。

禁止以直接填埋的方式处置电子废物。

《电子废物污染环境防治管理办法》第二十一条第（二）项规定：拆解、利用和处置电子废物不符合有关电子废物污染防治的相关标准、技术规范和技术政策的要求，或者违反本办法规定的禁止性技术、工艺、设备要求的，由所在地县级以上人民政府环境保护行政主管部门责令限期整改，并处3万元以下罚款。

4．违法未向环保部门报送废弃电器电子产品处理基本数据和有关情况的行为

《废弃电器电子产品回收处理管理条例》第十七条规定：处理企业应当建立废弃电器电子产品的数据信息管理系统，向所在地的设区的市级人民政府环境保护主管部门报送废

弃电器电子产品处理的基本数据和有关情况。废弃电器电子产品处理的基本数据的保存期限不得少于 3 年。

《废弃电器电子产品回收处理管理条例》第三十一条规定：违反本条例规定，处理企业未建立废弃电器电子产品的数据信息管理系统，未按规定报送基本数据和有关情况或者报送基本数据、有关情况不真实，或者未按规定期限保存基本数据的，由所在地的设区的市级人民政府环境保护主管部门责令限期改正，可以处以 5 万元以下的罚款。

《电子废物污染环境防治管理办法》二十一条第（四）项规定：未按规定记录经营情况、日常环境监测数据、所产生工业电子废物的有关情况等，或者环境监测数据、经营情况记录弄虚作假的，由所在地县级以上人民政府环境保护行政主管部门责令限期整改，并处以 3 万元以下罚款。

5．违反法律规定未建立日常环境监测制度或者未开展日常环境监测的行为

《废弃电器电子产品回收处理管理条例》第十六条规定：处理企业应当建立废弃电器电子产品处理的日常环境监测制度。

《废弃电器电子产品回收处理管理条例》第三十二条规定：违反本条例规定，处理企业未建立日常环境监测制度或者未开展日常环境监测的，由县级以上人民政府环境保护主管部门责令限期改正，可以处以 5 万元以下的罚款。

《电子废物污染环境防治管理办法》二十一条第（四）项规定：未按规定记录经营情况、日常环境监测数据、所产生工业电子废物的有关情况等，或者环境监测数据、经营情况记录弄虚作假的，由所在地县级以上人民政府环境保护行政主管部门责令限期整改，并处以 3 万元以下罚款。

6．将未完全拆解、利用或者处置的电子废物提供或者委托给列入名录（包括临时名录）且具有相应经营范围的拆解利用处置单位（包括个体工商户）以外的单位或者个人从事拆解、利用、处置活动的行为

《电子废物污染环境防治管理办法》第七条第五款规定：禁止任何个人和未列入名录（包括临时名录）的单位（包括个体工商户）从事拆解、利用、处置电子废物的活动。

《电子废物污染环境防治管理办法》第二十一条第（一）项规定：将未完全拆解、利用或者处置的电子废物提供或者委托给列入名录（包括临时名录）且具有相应经营范围的拆解利用处置单位（包括个体工商户）以外的单位或者个人从事拆解、利用、处置活动的，由所在地县级以上人民政府环境保护行政主管部门责令限期整改，并处以3万元以下罚款。

7．拆解、利用和处置电子废物不符合有关电子废物污染防治的相关标准、技术规范和技术政策的要求的行为

《电子废物污染环境防治管理办法》第十一条第一款规定：拆解、利用和处置电子废物，应当符合国家环境保护总局制定的有关电子废物污染防治的相关标准、技术规范和技术政策的要求。

《电子废物污染环境防治管理办法》第二十一条第（二）项规定：拆解、利用和处置电子废物不符合有关电子废物污染防治的相关标准、技术规范和技术政策的要求，或者违反本办法规定的禁止性技术、工艺、设备要求的，由所在地县级以上人民政府环境保护行政主管部门责令限期整改，并处以 3 万元以下罚款。

8．贮存、拆解、利用、处置电子废物的作业场所不符合要求的行为

《电子废物污染环境防治管理办法》第十一条第六、七款规定：

拆解、利用、处置电子废物应当在专门作业场所进行。作业场所应当采取防雨、防地面渗漏的措施，并有收集泄漏液体的设施。拆解电子废物，应当首先将铅酸电池、镉镍电池、汞开关、阴极射线管、多氯联苯电容器、制冷剂等去除并分类收集、贮存、利用、处置。

贮存电子废物，应当采取防止因破碎或者其他原因导致电子废物中有毒有害物质泄漏的措施。破碎的阴极射线管应当贮存在有盖的容器内。电子废物贮存期限不得超过 1 年。

《电子废物污染环境防治管理办法》第二十一条第（三）项规定：贮存、拆解、利用、处置电子废物的作业场所不符合要求的，由所在地县级以上人民政府环境保护行政主管部门责令限期整改，并处以 3 万元以下罚款。

9．从事拆解、利用、处置电子废物活动的单位（包括个体工商户），未按培训制度和计划进行培训的行为

《电子废物污染环境防治管理办法》第十条规定：从事拆解、利用、处置电子废物活动的单位（包括个体工商户），应当按照经验收合格的培训制度和计划进行培训。

《电子废物污染环境防治管理办法》第二十一条第（五）项规定：未按培训制度和计划进行培训的，由所在地县级以上人民政府环境保护行政主管部门责令限期整改，并处 3 万元以下罚款。

10．贮存电子废物超过 1 年的行为

《电子废物污染环境防治管理办法》第十一条七款规定：电子废物贮存期限不得超过 1 年。

《电子废物污染环境防治管理办法》第二十一条第（六）项规定：贮存电子废物超过一年的，由所在地县级以上人民政府环境保护行政主管部门责令限期整改，并处 3 万元以下罚款。

11．处理废弃电器电子产品造成环境污染的行为

《废弃电器电子产品回收处理管理条例》第三十条规定：处理废弃电器电子产品造成环境污染的，由县级以上人民政府环境保护主管部门按照固体废物污染环境防治的有关规定予以处罚。

《电子废物污染环境防治管理办法》第二十三条规定：列入名录（包括临时名录）的单位（包括个体工商户）违反《固体废物污染环境防治法》等有关法律、行政法规规定，有造成固体废物或液态废物严重污染环境的下列情形之一的，由所在地县级以上人民政府环境保护行政主管部门依据《固体废物污染环境防治法》和《国务院关于落实科学发展观加强环境保护的决定》的规定：责令限其在 3 个月内进行治理，限产限排，并不得建设增加污染物排放总量的项目；逾期未完成治理任务的，责令其在 3 个月内停产整治；逾期仍未完成治理任务的，报经本级人民政府批准关闭：（一）危害生活饮用水水源的；（二）造成地下水或者土壤重金属环境污染的；（三）因危险废物扬散、流失、渗漏造成环境污染的；（四）造成环境功能丧失无法恢复环境原状的；（五）其他造成固体废物或者液态废物严重污染环境的情形。

思考题

1. 简述建设项目实施过程中主要环境违法行为。

2. 简述对违反建设项目环境管理规定的行为进行处罚时应注意的问题。

3. 如何认定试生产超过 1 年未申请验收的行为？

4. 简述违反建设项目竣工环保验收管理规定行为的认定。

5. 试述故意不正常使用、闲置或者拆除水污染治理设施行为的构成要件。

6. 简述私设暗管或者其他规避监管的方式排放水污染物行为的认定。

7. 试述未按规定制定水污染事故应急方案的法律规定。

8. 简述在禁止销售、使用高污染燃料的区域内逾期继续使用高污染燃料行为的认定及处罚要件。

9. 未经当地环保部门批准，向大气排放转炉气、电石气、电炉法黄磷尾气、有机烃类尾气的行为是否违法，为什么？

10. 《环境噪声污染防治法》规定什么情况下企事业单位及建筑施工单位需要排污申报登记。

11. 某市精细化工有限公司在生产过程中积聚了一大批含有苯、甲苯等多种有毒成分的化工废料，苦于无法处理，于是委托其总经理助理×××全权处理此事。2005 年 6 月 13 日×××找到与其有业务往来的废品回收个体户×××，以 600 元/车的价钱要求个体户×××替他处理掉这批化工废料。该精细化工有限公司的行为是否违法？如需处罚，处罚的法律依据是什么？

12. 医疗废物集中处置单位贮存设施或者设备不符合环保、卫生要求的行为如何认定？

13. 对违法采用国家明令淘汰的技术和工艺处理废弃电器电子产品的行为如何处罚？

14. 对违反《废弃电器电子产品回收处理管理条例》未建立日常环境监测制度或者未开展日常环境监测的行为如何认定和处罚？

第五章　环境行政处罚文书制作

一、法律文书种类

法律文书有广义和狭义之分，广义的法律文书是指一切涉及法律内容的文书。包括两方面内容：一是具有普遍约束力的规范性文件，具体指各种法律、行政法规、地方性法规和规章等；二是不具有普遍约束力的非规范性法律文件及狭义的法律文书，一般是指司法行政机关及当事人、律师等在解决诉讼和非诉案件时使用的具有法律效力或法律意义的非规范性文件的总称。非规范性文件只适用于特定的人和特定的事。

法律文书按照制作主体进行分类，可分为：侦查文书、检察文书、诉讼文书、公证文书、仲裁文书、律师实务文书等；如以写作和表达方式的不同进行分类可分为：文字叙述式文书、填空式文书、表格式文书和笔录式文书；按文种的不同可分为：报告类文书、通知类文书、判决类文书、裁定类文书、决定类文书等。

本章内容仅限于狭义的法律文书中的环境行政处罚常用法律文书。依据《环境行政处罚主要文书制作指南》（环办[2010]51 号）中规定，环境行政处罚常用法律文书大致有 20 种，包括：环境违法行为立案审批表、环境违法案件销案审批表、调查询问笔录、现场检查（勘察）笔录、先行登记保存证据通知书、解除先行登记保存证据通知书、查封（暂扣）决定书、解除查封（暂扣）决定书、责令改正违法行为决定书、行政处罚事先（听证）告知书、行政处罚听证通知书、听证笔录、行政处罚决定书、当场处罚决定书、同意分期（延期）缴纳罚款通知书、送达回执、强制执行申请书、案件移送函、罚没物品处理记录、结案审批表。

二、制作要求

（一）法律文书制作的合法性

法律文书制作的合法性包括制作主体合法性，制作的法律文书必须有相应的法律规定，应正确地适用实体法且符合法定程序等几个方面。

（1）制作环境行政执法文书是环境行政执法部门依法行使职权、表达意志的体现，不是随意的个人行为。制作环境行政处罚法律文书的主体必须是环境行政执法部门，即依法成立并能以自己的名义行使环境保护的职权和承担特定义务的国家行政机关或组织。环境行政执法部门根据管理的需要，在法定的职权内制发环境行政行政处罚法律文书，任何超越自己职权范围而制发的环境行政处罚法律文书不仅是无效的，如果因该文书给当事人或他人造成损失的，还要负相应的赔偿责任。

（2）环境行政处罚文书必须依照特定的格式。不同内容的环境行政执法文书有特定的书面形式和符合法律规定的格式、必备的内容及专门的法律用语。环境行政执法文书要根据特定的内容和目的，选择与之相应的体例和格式，不能任意混用。如该用复议类文书的，不能用行政处罚类文书，《决定书》不能写成《裁定书》等。甚至用纸都有其特殊的要求，对制作文书所用纸张的大小尺寸、质量颜色等都有较严格的规定，不能随意使用。这种固定格式和用纸规定，是环境保护行政主管部门行使法定职权的权威性的要求，是依法行政的保障。环境行政处罚法律文书对语言的要求不同于一般的文体，要尽可能地使用法言、法语，做到用语严密准确、庄重简洁、明了通畅。

（3）环境行政处罚法律文书的制作须经特定程序。环境行政处罚法律文书的制作、发出机关是环境保护行政执法部门，文书的具体撰写人仅仅作为执笔者或执法人员完成执法文书的草稿。因此，撰写人撰写完毕，要经过严格的审批程序，最后定稿、制作完成。有些文书如不履行法定程序，其文书则不能生效，如《行政处罚法》第三十八条第二款规定："对情节复杂或者重大违法行为给予较重的行政处罚，行政机关的负责人应当集体讨论决定。"

（二）具体制作法律文书时，对引证法律的基本要求

1．引用法律要有针对性

在制作环境行政处罚决定书等法律文书时，应针对具体的违法行为引用外延较小，恰恰适用本案的内容的法律条文，避免出现处罚的条款与违法的条款不一致的现象；且适用的法律本身应是合法有效的，不能引用未生效的或者已经失效的法律文件。

2．适用的法律要到位

引用法律凡有条、款、项的，应引到条下的款或项。在不影响文字表述的情况下，尽可能引出法律的条文，但应注意条文文意的完整，不能断章取义；在法律文书的制作过程中，应先引用法律的有关规定，后引用行政法规、地方性法规及规章。适用的法律法规应符合法律适用规则。应避免出现适用的款、项不准（未引用到最底层）的情况。

（三）具体制作法律文书时，对叙述事实的基本要求

1．基本事实要描述清楚

法律文书描述事实时，要求将违法行为发生的时间、发现的时间，违法行为发生的地点，违法的行为、实施的原因，造成的后果，包括环境污染、生态破坏、财产损失、人员伤亡及消除污染的情况，当事人的态度以及证据等均应言简意赅的描述清楚。

2．认定的违法行为要件必须准确

认定的违法行为要件必须全面、准确。如对建设项目环保设施未验收，主体工程即投入生产或者使用的描述，要清楚描述是否配备环保设施、是否正式投产、是否产生污染物等具体情况。

3．具体制作法律文书时，裁量事实要描述清楚

应文字精练地将相关裁量事实描述清楚，如：①危害大小，包括：环境污染大小、人身伤亡、社会影响、财产损失；②情节的轻重，包括：当事人的故意还是过失、是多次还

是初次、是否配合调查取证、是否采取减少污染的措施等。

法律文书是形式规范的一类非规范性法律文件，具有固定的结构和用语，在制作法律文书时应遵循格式要求，写全事项；语言应精确，朴实庄重，忌用口语和方言土语。另外，不得擅自增加未调查的内容和擅自涂改已经制作完成的法律文书。

三、环境行政处罚主要文书式样

（一）环境行政处罚主要文书

适用简易程序的法律文书包括：《现场检查（勘验）笔录》《当场处罚决定书》和《结案审批表》等。

适用一般程序的法律文书主要包括：

（1）立案阶段：《环境违法行为立案审批表》《环境违法行为销案审批表》。

（2）调查取证阶段：①《现场检查（勘验）笔录》；②《调查询问笔录》；③《先行登记保存证据通知书》；④《解除先行登记保存证据通知书》；⑤《查封（暂扣）决定书》；⑥《解除查封（暂扣）决定书》等。

（3）审理阶段：《责令改正违法行为决定书》《行政处罚事先（听证）告知书》《行政处罚听证通知书》《听证笔录》。

（4）作出决定：《行政处罚决定书》《责令改正通知书》《同意分期（延期）缴纳罚款通知书》。

（5）送达：《送达回执》。

（6）执行：《罚款催缴通知书》《强制执行申请书》《罚没物品处理记录》《强制执行催告书》（在2012年1月1日《行政强制法》实施后环保部门在向法院提出强制执行的申请前还应向当事人送达催告书，催告书送达10日后当事人仍未履行义务的，向人民法院提出申请）。

（7）结案：《结案审批表》《案件移送函》。

《环境行政处罚主要文书制作指南》对20种行政处罚文书的适用范围、文书内容、文书制作的注意事项均做了详细的说明介绍。各地环保部门可以根据实际需要参照环境保护部门的要求自行规范其行政处罚文书的制作。

（二）环境行政处罚主要文书式样

详细见附录一（11）。

思考题

1. 简述法律文书的种类。
2. 简述法律文书的制作要求。

第六章　环境行政处罚常见疑难问题解析

本章就我们收集到的基层环保部门在日常环境行政处罚中碰到的一些常见问题，按照问题的性质进行了梳理，在此结合法律的规定和我们的理解做一简要阐述。

一、关于行政执法主体的有关问题

1．由省环保部门批准环境影响评价文件的建设项目，其污染防治设施没有与主体工程同时投入运行，县级环保部门发现后能否进行处罚

对于建设项目“三同时”管理的权限分工，法律法规作出了明确规定。《建设项目环境保护管理条例》第二十八条规定：违反本条例规定，建设项目需要配套建设的环境保护设施未建成、未经验收或者经验收不合格，主体工程正式投入生产或者使用的，由审批该建设项目环境影响报告书、环境影响报告表或者环境影响登记表的环境保护行政主管部门责令停止生产或者使用，可以处10万元以下的罚款。《建设项目竣工环境保护验收管理办法》第九条规定：建设项目竣工后，建设单位应当向有审批权的环境保护行政主管部门，申请该建设项目竣工环境保护验收。《大气污染防治法》第四十七条规定：违反本法第十一条规定，建设项目的大气污染防治设施没有建成或者没有达到国家有关建设项目环境保护管理的规定的要求，投入生产或者使用的，由审批该建设项目的环境影响报告书的环境保护行政主管部门责令停止生产或者使用，可以并处1万元以上10万元以下罚款。《固体废物污染环境防治法》和《环境噪声污染环境防治法》也做了类似的规定。唯一不同的，是2008年修订的《水污染防治法》，该法第七十一条规定：违反本法规定，建设项目的水污染防治设施未建成、未经验收或者验收不合格，主体工程即投入生产或者使用的，由县级以上人民政府环境保护主管部门责令停止生产或者使用，直至验收合格，处以5万元以上50万元以下的罚款。

从上述法律规定可以认定，一般情况下，对于建设项目污染防治设施没有建成、未经验收或者验收不合格主体工程即投入生产或者使用行为的处罚，其实施主体应是审批该建设项目环境影响评价文件的环保部门，其他环保部门无权就此实施环境行政处罚；但是，如果是水污染防治设施没未建成、未经验收或者验收不合格，主体工程即投入生产或者使用的，依据《水污染防治法》的规定：县级环保部门是有权作出环境行政处罚决定的。

2．环境监察机构能否责令排放环境噪声超过国家标准的歌舞厅停业整顿

《环境噪声污染防治法》第六条第二款规定：县级以上地方人民政府环境保护行政主管部门对本行政区域内的环境噪声污染防治实施统一监督管理。

依据该法规定，对下列九种行为可由环保部门处罚：

①建设项目需要配套建设的环境噪声污染防治设施没有建成或者没有达到国家规定的要求，主体工程擅自投入生产或者使用的；

②拒报或者谎报规定的环境噪声排放申报登记事项的；

③未经环保部门批准擅自拆除或者闲置环境噪声污染防治设施，致使环境噪声排放超过国家规定标准的；

④不按照国家规定缴纳超标排污费的；

⑤逾期未完成限期治理任务的；

⑥要求小型环境噪声严重污染的企业限期治理；

⑦夜间禁止进行的产生环境噪声污染的建筑施工作业的；

⑧文化娱乐场所经营管理者未按规定采取措施，造成环境噪声污染的；商业经营活动中使用空调器和冷却塔等设备或者设施的经营者，未按照规定采取措施而造成环境噪声污染的；

⑨拒绝环保部门现场检查或者在被检查时弄虚作假的。

对于排放环境噪声超过国家标准的歌舞厅，环保部门可以依据《环境噪声污染防治法》第四十三条第二款规定（经营中的文化娱乐场所，其经营管理者必须采取有效措施，使其边界噪声不超过国家规定的环境噪声排放标准）及第五十九条规定（违反本法第四十三条第二款、第四十四条第二款的规定，造成环境噪声污染的，由县级以上地方人民政府环境保护行政主管部门责令改正，可以并处罚款），责令该歌舞厅改正违法行为，并处以罚款；但是无权责令其停业整顿。

依据《行政处罚法》第十五条规定：行政处罚由具有行政处罚权的行政机关在法定职权范围内实施。环境行政处罚的主体包括：县级以上环保部门；经法律、行政法规、地方性法规授权的环境监察机构在授权范围内实施环境行政处罚；环境保护行政主管部门在法定职权范围内委托环境监察机构实施行政处罚。且行政处罚必须在法定职权范围内实施，否则行政处罚无效。无论是授权执法的环境监察部门还是接受委托执法的环境监察机构都无权作出停业整顿的处罚。

3．没有危险废物收集许可证的废品收购企业违法收购废矿物油后，环境监察机构能否责令其停止收购废矿物油

该问题涉及两方面的问题：一是环境监察机构是否有权作出责令其停止收购废矿物油的决定，即环境监察机构是否可以成为环境行政处罚的主体。该问题我们在前面已经做了详细的论述，在此不再详述。二是该决定是否符合相关法律的规定。

根据《国家危险废物名录》的规定：废矿物油属于HW08类的危险废物。《固体废物污染环境防治法》第五十七条第二款规定：禁止无经营许可证或者不按照经营许可证规定从事危险废物收集、贮存、利用、处置的经营活动。第七十七条规定，无经营许可证或者不按照经营许可证规定从事收集、贮存、利用、处置危险废物经营活动的，由县级以上人民政府环境保护行政主管部门责令停止违法行为，没收违法所得，可以并处违法所得3倍以下的罚款。

不按照经营许可证规定从事前款活动的，还可以由发证机关吊销经营许可证。

依照上述法律规定，环境监察机构可以以环保部门的名义（如授权执法可以以自己的名义）作出责令停止违法行为，没收违法所得，并处罚款的处罚。但不能作出责令其停止收购废矿物油的处罚，因法无明文规定不受罚。

4．环保部门能否认定“企业污水未超标，不会因此造成养殖鱼虾的死亡”

环境标准是判断企业污染物排放是否合法的依据。《水污染防治法》第九条规定：排放水污染物，不得超过国家或者地方规定的水污染物排放标准和重点水污染物排放总量控

制指标。第七十四条规定：违反本法规定，排放水污染物超过国家或者地方规定的水污染物排放标准，或者超过重点水污染物排放总量控制指标的，由县级以上人民政府环境保护主管部门按照权限责令限期治理，处应缴纳排污费数额 2 倍以上 5 倍以下的罚款。

企业排放污水没有超标，只表明企业污染物的排放行为是合法的，但并不表示一定不会造成环境污染和养殖鱼虾的死亡，二者没有因果关系。环保部门若作出“企业污水未超标，不会因此造成养殖鱼虾的死亡”的判断，是没有法律依据的。

如果是因养殖鱼虾死亡而要求赔偿的案件，环保部门的职责仅只是调解，而不能在没有鉴定机构作出科学结论前无根据的作出判断。且根据《水污染防治法》第八十三条规定，造成渔业污染事故或者渔业船舶造成水污染事故的，由渔业主管部门进行处罚。因此，如果是鱼虾养殖水体出现了污染问题，应由渔业部门进行处理，而不是由环保部门处理。

二、关于如何确认行政处罚相对人主体的有关问题

1. 对于无照经营的小型工业企业的环境违法行为如何进行处罚

对于这个问题，2004 年国家环保总局“关于如何确认无照经营行政处罚相对人主体的复函”已作出了明确解释：“《无照经营查处取缔办法》第四条规定：应当取得而未依法取得许可证或者其他批准文件和营业执照，擅自从事经营活动的无照经营行为，或者超出核准登记的经营范围、擅自从事应当取得许可证或者其他批准文件方可从事的经营活动的违法经营行为，除由工商部门查处外，环保部门也应当依照法律、法规赋予的职责对环境违法行为予以查处。

根据以上规定，对既未取得工商营业执照，也未取得环保许可批准文件，擅自从事经营活动的，环保部门应当对实际经营者的环境违法行为，依照有关环保法律法规予以处罚，同时还应就其无照经营行为移送工商行政管理部门查处。对此类无照经营活动实施行政处罚时，应以实际经营者作为处罚相对人。”

根据国家环保总局的解释，环保部门可以针对无照经营的小型企业的具体环境违法行为进行处罚，处罚之后再对其无照经营的问题依据《环境行政处罚办法》第十六条有关外部移送的规定，对发现的不属于环境保护主管部门管辖的案件，按照有关要求和时限移送有管辖权的机关处理（依照相关法律规定，将其移送工商管理部门进行进一步处理）。

2. 对经营小饭店的个体户的环境违法行为能否进行处罚

这里涉及两个问题：

其一，个体户是否可以成为环境行政处罚的对象。依据《行政处罚法》第三条的规定：“公民、法人或者其他组织违反行政管理秩序的行为，应当给予行政处罚的，依照本法由法律、法规或者规章规定，并由行政机关依照本法规定的程序实施。”这里并没有规定被处罚对象一定是法人组织的要求，无论是公民、法人还是其他组织只要从事违法行为，都可以处罚。具体到某一个案件，还要考虑其承担行政责任的能力，也就是被处罚人对其违法行为承担行政处罚责任的能力。经营小饭店的个体户只要有可以以自己的财产承担法律义务与责任的资格，就可以作为行政处罚的对象。

其二，如何对小饭店进行处罚。小饭店在现实生活中数量较大，多开在居民聚居区，群众投诉比较多。对这些小饭店如何进行管理呢？

1995 年 2 月 21 日国家环保局与国家工商行政管理局联合发布的《关于加强饮食娱乐服务企业环境管理的通知》（环监[1995]100 号）第五条规定，饮食、娱乐、服务企业，有涉及污染项目的，应执行防治污染的设施与主体工程同时设计、同时施工、同时投产使用的“三同时”制度。

《建设项目环境保护管理条例》第二十八条规定：建设项目需要配套建设的环境保护设施未建成、未经验收或者经验收不合格，主体工程正式投入生产或者使用的，由审批该建设项目环境影响报告书、环境影响报告表或者环境影响登记表的环境保护行政主管部门责令停止生产或者使用，可以处以 10 万元以下的罚款。

根据上述规定，环保部门对污染防治设施未经验收的饮食、娱乐、服务企业，应当依法予以处罚。

对污染防治设施未经验收合格，擅自经营的饮食等服务企业，可以责令停止营业，违反“三同时”制度的饮食、娱乐、服务企业，由于其营业行为造成环境污染，环保部门依照《建设项目环境保护管理条例》第 28 条的规定：对此类违法营业行为实施处罚时，可以针对行为人的具体行为特征（即违反环保法律、法规规定擅自投入营业），作出“责令停止营业”的处罚决定。

如属于无照经营，依照《无照经营查处取缔办法》（国务院令第 370 号）第三条、第四条和第十七条的规定：环保部门可以对未依法取得环保许可，擅自从事经营活动的无照经营行为，依照《建设项目环境保护管理条例》的规定进行处罚，然后再移送工商部门对无照经营的问题进行处罚。

《饮食业油烟排放标准（试行）》（GB 18483—2001）规定，未经任何油烟净化设施净化的油烟排放视同超标；安装并运行符合要求的油烟净化设施的饮食业单位视同排放达标，可不进行现场浓度监测。环保部门在对饮食服务行业特别是小型的饭店进行管理时，可依据该标准的规定，在不进行现场浓度监测的情况下依法进行处罚。

此外，饮食业在经营过程中除排放大气污染物外，还可能有水污染、噪声污染、固体废物污染等，各类污染的防治均有不同的法律法规，并有相应的违法责任规定，环保部门在作出行政处罚决定时，可以针对某种具体的污染，依据相应的规定进行处罚，而不一定特别强调饮食服务业。

三、对同一企业多个环境违法行为的处罚

（一）对同一环境违法行为同时违反多个具有包容关系的多个法条的处罚

1．对闲置污染防治设施且超标排放污染物的企业应如何处罚

环境违法行为是指违反环境法律规范的行为，在不同环境法律、法规及行政规章中规定的标准不尽相同。有的规定相对人在客观上有违法行为即可以处罚；有的规定除违法行为外，其行为还必须达到一定程度才能进行处罚；有的规定除有违法行为外，相对人在行为时，主观上还须有故意等。总之，单行法律、法规及行政规章对于什么是应当给予行政处罚的违法行为并没有一个统一的标准，而是需要按照规范这一违法行为的单行法律、法规及行政规章的具体规定，去判断是否构成了违法行为。

对闲置污染防治设施的处罚，《环境保护法》规定：当事人除有闲置的行为外，其行为还必须达到一定程度即超标排放污染物才能处罚。而《大气污染防治法》《水污染防治法》《固体废物污染环境防治法》规定：只要有“闲置污染防治设施”的行为就可以处罚；对“闲置污染防治设施”行为进行处罚时还要看“闲置”的是什么污染防治设施。

如对即“闲置”且“超标排放污染物”的企业进行处罚，“超标”只能作为处罚时应考虑的自由裁量情节，不宜作为一种环境违法行为进行处罚。

又如某企业为了避免建设项目执行“三同时”，而向环保部门谎报情况，结果在建设时未建本应建设的“三同时”设施，就只能处罚违反“三同时”规定的行为，谎报情况只能作为违反“三同时”的一个情节加以考虑。

2. 对农药生产企业将报废药品委托给无危险废物经营许可证的单位处理，且转移危险废物时未填写危险废物转移联单企业的处罚

报废药品是《国家危险废物名录》中 HW04 类的危险废物。《固体废物污染环境防治法》第五十七条第三款规定：禁止将危险废物提供或者委托给无经营许可证的单位从事收集、贮存、利用、处置的经营活动。第五十九条规定，转移危险废物的，必须按照国家有关规定填写危险废物转移联单，……第七十五条规定：违反本法有关危险废物污染环境防治的规定，有下列行为之一的，由县级以上人民政府环境保护行政主管部门责令停止违法行为，限期改正，处以 2 万元以上 20 万元以下罚款：（五）将危险废物提供或者委托给无经营许可证的单位从事经营活动的；（六）不按照国家规定填写危险废物转移联单或者未经批准擅自转移危险废物的。

本案中，农药生产企业在处理报废药品的过程中即违反了危险废物经营许可证管理的规定，又违反了危险废物转移管理的规定，这样就出现了一个环境违法行为违反了同一法律的不同条文的现象。在进行行政处罚时，是应当按照不同法律条文分别处罚，还是选择一个法律条文进行处罚呢？

《环境行政处罚办法》第九条规定：当事人的一个违法行为同时违反两个以上环境法律、法规或者规章条款，应当适用效力等级较高的法律、法规或者规章；效力等级相同的，可以适用处罚较重的条款。

《行政处罚法》第二十四条规定：对当事人的同一个违法行为，不得给予两次以上罚款的行政处罚。

因本案只有一个违法行为事实，因而不应当认定为多个违法行为。由于法律规定，对同一违法行为（同一违法行为是指同一行为主体基于同一事实和理由实施的一次性行为）不得给予多次处罚，所以就出现了如何处理法规竞合情况下的法律适用问题。

法规竞合的实质在于同一违法行为同时触犯多个法律条文。其两个要件分别为“同一违法行为”与“多个法律条文”。法规竞合的产生原因，主要在于法律条文的交叉性或者重合性，即主要是由于不同的法律条文，可以同时适用于同一违法行为，因而导致如何定性和选择适用法律条文的问题。正是由于不同的环保法律或者同一法律的不同条文，在调整的行为或者适用对象等方面，相互之间存在一定的交叉、重合、部分或者全部包容，这才导致同一行为同时触犯多个法条，从而产生法规竞合。在环境法律、法规中法规竞合的现象还有很多，除上述问题中涉及的同一法律中不同条文的竞合外，还有很多情况是不同环保法律之间的竞合。如某制药有限公司未按经过批准的《环境影响报告书》的要求将高浓度废医药母液交由符合条件的危险废物处置者处置，而是在距居民点仅 50 米处擅自焚烧，这里就出现了《大气污染防治法》和《固体废物污染环境防治法》竞合的问题。

因此，环保部门在环境行政执法实践中，对法规竞合，亦即同一违法行为同时触犯多个法律条文的案件，应当按照《环境行政处罚办法》的规定：在数个法律条文之中，选择处罚较重的条文规定，并据以认定行为性质，同时确定相应的行政处罚。

上述问题在《固体废物污染环境防治法》中规定的处罚都是 2 万元以上 20 万元以下的罚款，选择哪一条处罚均可。笔者认为选择委托给没有经营许可证的单位处置危险废物可能更好一点，另外的条款可以作为处罚中应考虑的情节加以处理。

在法律应用时还应注意，《环境行政处罚办法》第九条的规定是在效力等级相同的情况下，可以适用处罚较重的条款，换句话说，是否适用较重的条款还要考虑其他方面的因素，如果是重大案件还应集体讨论。

（二）对同一企业多个违法行为同时、分别进行处罚的问题

某企业的扩建项目在未报批环境影响评价文件的情况下开始建设，环保部门发现时该企业没有经环保设施竣工验收即已投入生产，对该企业应如何处罚

行政处罚以行为的违法性作为前提，而每一个违法行为的构成又都有不同的客观方面和主观方面，并造成不同的社会影响，只有对各种不同的违法行为都给予制裁，才能达到惩治违法和预防违法的目的。因此，对每一个违法行为不管是发生在同一人身上，还是分别发生在不同人身上，都是应当处罚的。

具体到本案，该企业既违反了环境影响评价制度又违反了“三同时”制度，这是我国环境法律规定的两种不同的违法行为，当然应当同时、分别进行处罚。

至于环境行政处罚决定书如何制作，《环境行政处罚办法》第五十三条[处罚决定书的制作]中做了明确规定：“对同一当事人的两个或者两个以上环境违法行为，可以分别制作行政处罚决定书，也可以列入同一行政处罚决定书。”

如果将对同一企业几种不同违法行为的处罚列入同一行政处罚决定书时，应注意一定要写清对每一个违法行为的罚款数额，以表明对多个违法行为的合并处罚。如果分别制作行政处罚决定书，应注意在现场检查和制作现场检查证据时，应对每一个违法行为分别制作，以符合一案一档的管理规定和要求。

四、法律法规具体适用的部分常见问题

1. 京郊某采沙场在开采过程中产生的扬尘和噪声对周围环境产生很大影响，附近居民投诉不断，环保部门将情况反映给采沙管理部门，该部门没有处理，群众继续投诉，在此种情况下，对该采沙场环保部门能否进行处罚

《环境保护法》第七条规定：县级以上人民政府环境保护行政主管部门对本辖区的环境保护工作实施统一监督管理。因此，环保部门对采沙场的环境污染问题应有权采取措施，解决相应的问题。

《大气污染防治法》第三十六条规定：向大气排放粉尘的排污单位，必须采取除尘措施。第五十六条规定：违反本法规定，有下列行为之一的，由县级以上地方人民政府环境

保护行政主管部门或者其他依法行使监督管理权的部门责令停止违法行为，限期改正，可以处以 5 万元以下罚款：（一）未采取有效污染防治措施，向大气排放粉尘、恶臭气体或者其他含有有毒物质气体的。

依据以上规定，环保部门可以要求采沙场采取除尘措施，减少其对大气的污染。

对采沙场生产过程中产生的环境噪声，环保部门可以按照《环境噪声污染防治法》第十六条之规定“产生环境噪声污染的单位，应当采取措施进行治理，并按照国家规定缴纳超标准排污费”，第二十五条之规定“产生环境噪声污染的工业企业，应当采取有效措施，减轻噪声对周围生活环境的影响”，要求其采取措施减少环境噪声对周围的影响；如果其场界噪声超过《工业企业厂界环境噪声排放标准》规定的限值，且对周围居民造成严重影响，可以报请当地政府要求其限期治理。如需关停可以将相关情况移送治沙管理办公室由其作出相应的决定。

2．某市一沥青拌和站建于 20 世纪 80 年代，当时远离居民区；随着城市面积的不断扩大，该拌和站已被居民区包围。该拌和站主要为该地区公路段维护供料，年拌和量数百吨，用煤 100 多吨，柴油数吨，没有任何净化装置，烟气直排。对该拌和站应如何处罚，法律依据是什么

筑路养路设备不可避免地都会对环境产生一定的影响，特别是这种 80 年代的设备，其沥青加热过程中产生的沥青烟、煤烟对环境造成的影响还是比较大的。

对这类问题，我们首先应考虑该设备和生产工艺是否属于限期淘汰的落后生产工艺和设备，如果是，则应将该问题在初步调查的基础上移送经济综合主管部门，由其处理。因该问题中没有详细介绍该沥青拌和站的生产方式，所以我们没有办法给出这方面详细的解释。

此外，环保部门还可以从以下几方面考虑：

① 该城市是否是大气污染防治重点城市，该拌和站是否位于禁燃高污染燃料的区域内？如果是，那么应依据《大气污染防治法》第二十五条第二款之规定（大气污染防治重点城市人民政府可以在本辖区内划定禁止销售、使用国务院环境保护行政主管部门规定的高污染燃料的区域。该区域内的单位和个人应当在当地人民政府规定的期限内停止燃用高污染燃料，改用天然气、液化石油气、电或者其他清洁能源）及第五十一条之规定（违反本法第二十五条第二款或者第二十九条第一款的规定，在当地人民政府规定的期限届满后继续燃用高污染燃料的，由所在地县级以上地方人民政府环境保护行政主管部门责令拆除或者没收燃用高污染燃料的设施），责令该拌和站改用其他清洁能源，以解决在人口密集地区产生污染的问题。

② 如果拌和站在酸雨控制区和二氧化硫污染控制区内，属于企业超过规定的污染物排放标准排放大气污染物的，可以依照《大气污染防治法》第四十八条的规定（违反本法规定，向大气排放污染物超过国家和地方规定排放标准的，应当限期治理，并由所在地县级以上地方人民政府环境保护行政主管部门处以 1 万元以上 10 万元以下罚款。限期治理的决定权限和违反限期治理要求的行政处罚由国务院规定），责令其限期治理，并处以 1 万元以上 10 万元以下罚款。

对于其无防护措施向大气排放沥青烟的问题，可以依据《大气污染防治法》第三十六条第二款之规定（严格限制向大气排放含有毒物质的废气和粉尘；确需排放的，必须经过净化处理，不超过规定的排放标准），第五十六条之规定（违反本法规定，有下列行为之一的，由县级以上地方人民政府环境保护行政主管部门或者其他依法行使监督管理权的部门责令停止违法行为，限期改正，可以处以 5 万元以下罚款：（一）未采取有效污染防治措施，向大气排放粉尘、恶臭气体或者其他含有有毒物质气体的；……）对其处以罚款。

究竟应依据哪条进行管理，还要看其所在位置和具体情况。不能以先有拌和站而后有居民区作为不治理的理由，任何情况下居民都有在清洁环境里生存的权利。

③ 该拌和站在生产过程中还会产生一些危险废物，如沥青废渣、废油、含油的手套等，应注意对相关问题的处罚和管理。

3. 某 PVC 生产企业正常生产情况下废水全部循环利用，没有对外排污口。但某日该企业发生管道爆裂，生产废水直接排入环境，时间长达一天半。该企业的行为是否属于环境违法行为，应如何处罚

《水污染防治法》第二十条规定：……直接或者间接向水体排放工业废水和医疗污水以及其他按照规定应当取得排污许可证方可排放的废水、污水的企业事业单位，应当取得排污许可证；……禁止企业事业单位无排污许可证或者违反排污许可证的规定向水体排放前款规定的废水、污水。

第六十七条规定：可能发生水污染事故的企业事业单位，应当制定有关水污染事故的应急方案，做好应急准备，并定期进行演练。

作为 PVC 的生产企业，应按照《水污染防治法》的规定制定防治水污染事故的应急预案，建应急事故池或者设置围堰，避免发生事故时废水外溢导致环境污染。企业的应急预案还应进行演练，使各岗位的人员都能熟悉该预案，一旦发生管道爆裂这类情况时应能及时启动应急预案，避免废水直接排入环境。

显然该企业的行为违反了以上规定，属于环境违法行为。

该案例显示，“该企业发生管道爆裂，生产废水直接排入环境，时间长达一天半。”对此，环保部门可以依据《水污染防治法》第六十八条和第八十二条的规定予以处罚。

《水污染防治法》第六十八条规定：企业事业单位发生事故或者其他突发性事件，造成或者可能造成水污染事故的，应当立即启动本单位的应急方案，采取应急措施，并向事故发生地的县级以上地方人民政府或者环境保护主管部门报告。环境保护主管部门接到报告后，应当及时向本级人民政府报告，并抄送有关部门。

第八十二条规定：企业事业单位有下列行为之一的，由县级以上人民政府环境保护主管部门责令改正；情节严重的，处以 2 万元以上 10 万元以下的罚款：

（二）水污染事故发生后，未及时启动水污染事故的应急方案，采取有关应急措施的。

4. 某地一电力项目，环评批复已同意建设。在申请试生产时，由于不符合要求，因此环保部门未同意其试生产；但该企业擅自进行了试生产。环保部门可否责令该建设项目停止试生产

这类问题在基层执法中比较常见。有一些建设项目，根本不向环保部门提出试生产申请，被环保部门发现时已经开始试生产；还有一些建设项目提出试生产申请，但并未获得批准即擅自开始试生产。

对此类问题的处理，法律、法规规定的不是很明确。因此，在进行处罚时不太容易把握。然而，国家环保总局 2007 年 7 月 29 日发出《关于企业试生产期间违法行为行政处罚意见的复函》（环函[2007]112 号），该复函针对企业试生产期间不同的环境违法行为，要求环保部门应视不同情况分别实施行政处罚：

① 对建设项目配套环保设施未与主体工程同时投入试运行的，应依据《条例》（这里指《建设项目环境保护管理条例》，下同）第二十六条的规定，责令其限期改正；逾期不改正的，责令停止试生产，可以处以 5 万元以下的罚款。

② 对建设项目投入试生产超过 3 个月未申请环保设施竣工验收的，应依据《条例》第二十七条的规定：责令限期办理环保设施竣工验收手续；逾期未办理的，责令停止试生产，可以处 5 万元以下的罚款。

③ 对试生产期间企业未经环保部门同意擅自拆除或者闲置污染防治设施，排污超标的，应分别依据《水污染防治法》第四十八条、《大气污染防治法》第四十六条、《环境噪声污染防治法》第五十条、《固体废物污染环境防治法》第六十八条和第七十五条的规定予以处罚。

④ 对试生产期间造成环境污染事故的，应分别依据《水污染防治法》第五十三条、《大气污染防治法》第六十一条、《固体废物污染环境防治法》第八十二条的规定予以处罚。

⑤ 对试生产超过 1 年（核设施建设项目为 2 年）仍未申请环保设施竣工验收的，可认定为试生产结束投入正式生产，应依据《环境保护法》第三十六条和《条例》第二十八条的规定：责令停止生产或使用，可处 10 万元以下的罚款。

现有法律对于没有提出试生产申请，或者提出试生产申请但环保部门没有批准，擅自开始试生产的建设单位，只有义务要求，没有违法责任。因此，如果没有上述环境违法行为的，环保部门就只能提出批评，不能进行处罚，或者作出责令停止试生产的行政命令。

5.《环境噪声污染防治法》第二条第二款规定："本法所称环境噪声污染，是指所产生的环境噪声超过国家规定的环境噪声排放标准，并干扰他人正常生活、工作和学习的现象。"这里所说的"干扰他人正常生活、工作和学习的现象"如何界定？如果没有群众投诉，是否可以认定为没有干扰

对于是否干扰他人正常生活、工作和学习的现象，不应以其是否有居民投诉为唯一标准。如果在居民居住区附近，工业或者商业噪声超过排放标准，但并没有居民投诉，并不等于其环境噪声没有造成干扰。判断噪声是否扰民的依据应是《声环境质量标准》。

《声环境质量标准》适用于对声环境质量的评价与管理。该标准按区域功能使用特点和环境质量要求，将人们生活的区域按不同性质划分为五类，并对不同的环境功能区规定了不同的环境噪声限值。如果工业或者商业噪声超出该限值的规定，而工业或者商业厂界噪声排放又是超标的，就可以认定为干扰他人正常生活、工作和学习的现象存在，也就是说该工业或者商业造成了环境噪声污染。

6. 对限期治理期间超标排放污染物是否可以处罚？对没能按期完成限期治理任务的单位，是否可以延期治理？是否可以处罚款

关于限期治理期间超标排放污染物是否可以处罚的问题，我国几部污染防治法都作了相应规定，但这些规定略有不同，在此我们仅以大气污染物的限期治理和水污染物的限期治理为例加以说明。

（1）大气污染物的限期治理。

《大气污染防治法》第四十八条规定："违反本法规定，向大气排放污染物超过国家和地方规定排放标准的，应当限期治理，并由所在地县以上地方人民政府环境保护行政主管部门处以 1 万元以下 10 万元以上罚款。"

按照这一规定，对超标排放大气污染物的单位，在责令其限期治理的同时，可以给予罚款的处罚。

当对企业限期治理的是某一种大气污染物（如 SO_2），而限期治理期间企业排放的其他大气污染物（如 NO_x）也产生超标的问题时，亦可以按照《大气污染防治法》第四十八条的规定对其进行处罚；如果限期治理期间企业超标排放的大气污染物是正在限期治理的污染物（如同为 SO_2），若要因此再进行处罚，在现行的大气污染防治法中没有相应的依据，且涉嫌一事二罚。

（2）水污染物的限期治理。

《水污染防治法》第七十四条规定："违反本法规定，排放水污染物超过国家或者地方规定的水污染物排放标准，或者超过重点水污染物排放总量控制指标的，由县级以上人民政府环境保护主管部门按照权限责令限期治理，处应缴纳排污费数额2倍以上5倍以下的罚款。

限期治理期间，由环境保护主管部门责令限制生产、限制排放或者停产整治。限期治理的期限最长不超过1年；逾期未完成治理任务的，报经有批准权的人民政府批准，责令关闭。"

《限期治理管理办法（试行）》具体明确了限期治理期间的管理和处罚的规定和要求。

《限期治理管理办法（试行）》第二十二条规定："限期治理期间，排放水污染物不得超标或者超总量。"

第二十三条规定："限期治理期间，水污染物处理设施需要试运行并排放污染物的，排污单位应当事先书面报知环境保护行政主管部门。

试运行期间，排污单位应当在污染源监测规范规定的采样频次基础上，相应增加采样频次，进行加密监测。

在试运行期间，因水污染物处理工艺调试等原因所产生的水污染物不可避免超标或者超总量的，排污单位必须将所产生的水污染物存放于应急储存池或者其他临时储存设施，不得直接向环境排放；确需排放的，必须事先报经环境保护行政主管部门批准，并制定突发环境事件应急预案。"

第二十五条规定："负责跟踪检查的工作机构发现被责令限期治理的污染源在限期治理期间排放水污染物超标或者超总量的，应当报由环境保护行政主管部门责令限产限排或者责令停产整治。"

环保部门可以按照以上规定和要求对企业进行监管和处罚。

（3）没能按期完成限期治理任务的单位，是否可以延期治理。

限期治理的期限，目前只有《水污染防治法》有明确规定。《水污染防治法》第七十四条第二款规定："……限期治理的期限最长不超过 1 年；逾期未完成治理任务的，报经有批准权的人民政府批准，责令关闭。"

《限期治理管理办法（试行）》第六条规定："环境保护行政主管部门应当根据完成限期治理任务的实际需要，合理确定限期治理期限。

限期治理期限最长不得超过1年。但完全由于不可抗力的原因，导致被限期治理的排污单位不能按期完成治理任务的除外。

环境保护行政主管部门不得通过重复下达限期治理决定等方式，变相延长限期治理期限。"

限期治理期限是行政执法机关的自由裁量决定的，从理论上讲，如果在执行期间发现其有不合理地方，经一定的程序是可以延长其限期治理的期限的，只是不能突破法律规定的底线，如《水污染防治法》规定的1年。

（4）对于没能按期完成限期治理任务的单位，是否可以处罚款。

无论是《水污染防治法》还是《大气污染防治法》均规定：对没有按期完成限期治理任务的企业，报经有批准权的人民政府批准，责令关闭。只有《环境保护法》第三十九条规定：对经限期治理逾期未完成治理任务的企业事业单位，除依照国家规定加收超标准排污费外，可以根据所造成的危害后果处以罚款，或者责令停业、关闭。因此，如果是依据《环境保护法》第三十九条进行处罚，对逾期未完成治理任务的企业是可以根据所造成的危害后果处罚款的。

7. 建筑施工单位夜间以生产工艺要求进行施工，没有取得环保部门的批准，而且其环境噪声未超标。对此，环保部门能否对该施工单位进行处罚

对建筑施工单位夜间施工的管理，主要依据是《环境噪声污染防治法》第三十条和第五十六条的规定。

《环境噪声污染防治法》第三十条规定："在城市市区噪声敏感建筑物集中区域内，禁止夜间进行产生环境噪声污染的建筑施工作业，但抢修、抢险作业和因生产工艺上要求或者特殊需要必须连续作业的除外。

因特殊需要必须连续作业的，必须有县级以上人民政府或者其有关主管部门的证明。

前款规定的夜间作业，必须公告附近居民。"

对违反《环境噪声污染防治法》第三十条的行为，依据《环境噪声污染防治法》第五十六条进行处罚。

《环境噪声污染防治法》第五十六条规定："建筑施工单位违反本法第三十条第一款的规定，在城市市区噪声敏感建筑物集中区域内，夜间进行禁止进行的产生环境噪声污染的建筑施工作业的，由工程所在地县级以上地方人民政府环境保护行政主管部门责令改正，可以并处罚款。"

综合上述两个条款的规定，对夜间进行建筑施工的建筑单位进行处罚必须具备五个条件：

①建筑施工必须是在城市市区噪声敏感建筑物集中区域内；

②所进行的建筑施工必须是在夜间；

③所进行的建筑施工产生了环境噪声污染；

④所进行的建筑施工不是抢修、抢险作业；

⑤所进行的夜间建筑施工未取得县级以上人民政府或者其有关主管部门的证明。

以上五个条件缺一不能进行处罚。

我们具体分析一下以上五个条件。首先，要了解该建筑施工单位的工作位置是否在城市市区的噪声敏感建筑物集中区域内。"噪声敏感建筑物集中区域"是指医疗区、文教科研区和机关或者居民住宅为主的区域。其次，该建筑施工是否是在夜间进行的。所谓"夜间"是指晚22点至次日晨6点之间的期间。第三，施工过程中是否产生了环境噪声污染。所谓环境噪声污染，是指《环境噪声污染防治法》所称的环境噪声污染，即指"所产生的环境噪声超过国家规定的环境噪声排放标准，并干扰他人正常生活、工作和学习的现象"。也就是说，产生环境噪声污染必须具体"超标"和"扰民"二个条件。第四，该建筑施工是否是抢修、抢险作业。例如燃气管道、生活上下水管道等公共设施突发事故的抢修、抢险作业，属特殊情况，不在环境行政处罚之列。最后，若该施工属于因特殊需要必须连续作业的，是否取得了县级以上人民政府或者其有关主管部门的证明。

本案中的施工单位虽然没有获得环保部门的批准擅自在夜间进行施工，但是，其产生的环境噪声并未超标，因此不属于《环境噪声污染防治法》规定的环境噪声污染。因此，环保部门也就不能依据《环境噪声污染防治法》的规定对其进行处罚。如果地方性法规和政府规章对违法进行夜间建筑施工作业的处罚另有规定的，可以适用其规定。

8．对于新建煤矿以生产工程煤为借口，拒绝承认其没有经“三同时”验收而投入生产的事实，环保部门应如何处罚

煤矿在建设矿井的过程中会产生少量的工程煤，这部分煤理论上不可以销售，因为没有纳税，没有安全生产许可证，没有通过“三同时”验收。不过，有一些煤矿将其产生的工程煤卖给就近的农户，也有的悄悄卖给其他正在生产的煤矿；在工程煤产生量大时，也有的煤矿向税务机关、煤管局、安全局、当地政府写个申请，上交一定的费用，正常出售。但都不属于正式生产。

如何判断该煤矿是否已经正式生产呢？

一方面可以查询建设矿井工程煤的核定量。如国有重点煤炭集团公司的建设矿井的工程煤量，由所属集团公司提出申请，持合法有效的批准开工报告文件，报省煤炭管理部门审核确认。各市、县建设矿井的工程煤量，由矿井建设企业持合法有效的批准开工报告文件，到市煤炭管理部门报批审核后，由市煤炭管理部门汇总上报省煤炭管理部门确认备案。建设矿井的工程煤量每季度核定一次。

另一方面可以查看其销售记录和审批手续，包括纳税证明等，也可以了解其是否已正式投入生产。如果确实属于以出工程煤为借口，实际已正式生产或者使用，可以按照《环境项目环境保护管理条例》第二十八条进行处罚。

在查处这类问题时，如果能和煤炭管理部门以及安全生产管理部门联合执法可能效果会更好。

9．对所有没有进行噪声排污申报登记的建筑施工单位，是否均应按照违反排污申报登记的规定进行处罚

对于建筑施工单位的噪声排污申报登记，法律有明确的规定。《环境噪声污染防治法》第二十九条规定：“在城市市区范围内，建筑施工过程中使用机械设备，可能产生环境噪声污染的，施工单位必须在工程开工 15 日以前向工程所在地县级以上地方人民政府环境保护行政主管部门申报该工程的项目名称、施工场所和期限、可能产生的环境噪声值以及所采取的环境噪声污染防治措施的情况。”

如果建筑施工过程中产生的干扰周围生活环境的声音，超过了《建筑施工场界噪声限值》（GB 12523—90）规定的对不同施工阶段作业噪声限值，而该施工单位施工地点又在城市市区范围内，且没有在工程开工 15 日以前进行环境噪声排污申报登记，环保部门可以依据《环境噪声污染防治法》第四十九条的规定给予警告或者处以罚款。

《环境噪声污染防治法》第四十九条规定：“违反本法规定，拒报或者谎报规定的环境噪声排放申报事项的，县级以上地方人民政府环境保护行政主管部门可以根据不同情节，给予警告或者处以罚款。”

附 录

一、环境行政处罚有关法律、法规、规章

（一）中华人民共和国行政处罚法

1996 年 3 月 17 日第八届全国人民代表大会第四次会议通过
1996 年 3 月 17 日中华人民共和国主席令第 63 号公布
自 1996 年 10 月 1 日起施行

第一章　总　则

第一条　为了规范行政处罚的设定和实施，保障和监督行政机关有效实施行政管理，维护公共利益和社会秩序，保护公民、法人或者其他组织的合法权益，根据宪法，制定本法。

第二条　行政处罚的设定和实施，适用本法。

第三条　公民、法人或者其他组织违反行政管理秩序的行为，应当给予行政处罚的，依照本法由法律、法规或者规章规定，并由行政机关依照本法规定的程序实施。

没有法定依据或者不遵守法定程序的，行政处罚无效。

第四条　行政处罚遵循公正、公开的原则。

设定和实施行政处罚必须以事实为依据，与违法行为的事实、性质、情节以及社会危害程度相当。

对违法行为给予行政处罚的规定必须公布；未经公布的，不得作为行政处罚的依据。

第五条　实施行政处罚，纠正违法行为，应当坚持处罚与教育相结合，教育公民、法人或者其他组织自觉守法。

第六条　公民、法人或者其他组织对行政机关所给予的行政处罚，享有陈述权、申辩权；对行政处罚不服的，有权依法申请行政复议或者提起行政诉讼。

公民、法人或者其他组织因行政机关违法给予行政处罚受到损害的，有权依法提出赔偿要求。

第七条　公民、法人或者其他组织因违法受到行政处罚，其违法行为对他人造成损害的，应当依法承担民事责任。

违法行为构成犯罪，应当依法追究刑事责任，不得以行政处罚代替刑事处罚。

第二章　行政处罚的种类和设定

第八条　行政处罚的种类：

（一）警告；

（二）罚款；

（三）没收违法所得、没收非法财物；

（四）责令停产停业；

（五）暂扣或者吊销许可证、暂扣或者吊销执照；

（六）行政拘留；

（七）法律、行政法规规定的其他行政处罚。

第九条 法律可以设定各种行政处罚。

限制人身自由的行政处罚，只能由法律设定。

第十条 行政法规可以设定除限制人身自由以外的行政处罚。

法律对违法行为已经作出行政处罚规定，行政法规需要作出具体规定的，必须在法律规定的给予行政处罚的行为、种类和幅度的范围内规定。

第十一条 地方性法规可以设定除限制人身自由、吊销企业营业执照以外的行政处罚。

法律、行政法规对违法行为已经作出行政处罚规定，地方性法规需要作出具体规定的，必须在法律、行政法规规定的给予行政处罚的行为、种类和幅度的范围内规定。

第十二条 国务院部、委员会制定的规章可以在法律、行政法规规定的给予行政处罚的行为、种类和幅度的范围内作出具体规定。

尚未制定法律、行政法规的，前款规定的国务院部、委员会制定的规章对违反行政管理秩序的行为，可以设定警告或者一定数量罚款的行政处罚。罚款的限额由国务院规定。

国务院可以授权具有行政处罚权的直属机构依照本条第一款、第二款的规定，规定行政处罚。

第十三条 省、自治区、直辖市人民政府和省、自治区人民政府所在地的市人民政府以及经国务院批准的较大的市人民政府制定的规章可以在法律、法规规定的给予行政处罚的行为、种类和幅度的范围内作出具体规定。

尚未制定法律、法规的，前款规定的人民政府制定的规章对违反行政管理秩序的行为，可以设定警告或者一定数量罚款的行政处罚。罚款的限额由省、自治区、直辖市人民代表大会常务委员会规定。

第十四条 除本法第九条、第十条、第十一条、第十二条以及第十三条的规定外，其他规范性文件不得设定行政处罚。

第三章 行政处罚的实施机关

第十五条 行政处罚由具有行政处罚权的行政机关在法定职权范围内实施。

第十六条 国务院或者经国务院授权的省、自治区、直辖市人民政府可以决定一个行政机关行使有关行政机关的行政处罚权，但限制人身自由的行政处罚权只能由公安机关行使。

第十七条 法律、法规授权的具有管理公共事务职能的组织可以在法定授权范围内实施行政处罚。

第十八条 行政机关依照法律、法规或者规章的规定，可以在其法定权限内委托符合本法第十九条规定条件的组织实施行政处罚。行政机关不得委托其他组织或者个人实施行政处罚。

委托行政机关对受委托的组织实施行政处罚的行为应当负责监督，并对该行为的后果承担法律责任。

受委托组织在委托范围内，以委托行政机关名义实施行政处罚；不得再委托其他任何组织或者个人实施行政处罚。

第十九条 受委托组织必须符合以下条件：

（一）依法成立的管理公共事务的事业组织；

（二）具有熟悉有关法律、法规、规章和业务的工作人员；

（三）对违法行为需要进行技术检查或者技术鉴定的，应当有条件组织进行相应的技术检查或者技术鉴定。

第四章　行政处罚的管辖和适用

第二十条　行政处罚由违法行为发生地的县级以上地方人民政府具有行政处罚权的行政机关管辖。法律、行政法规另有规定的除外。

第二十一条　对管辖发生争议的，报请共同的上一级行政机关指定管辖。

第二十二条　违法行为构成犯罪的，行政机关必须将案件移送司法机关，依法追究刑事责任。

第二十三条　行政机关实施行政处罚时，应当责令当事人改正或者限期改正违法行为。

第二十四条　对当事人的同一个违法行为，不得给予两次以上罚款的行政处罚。

第二十五条　不满十四周岁的人有违法行为的，不予行政处罚，责令监护人加以管教；已满十四周岁不满十八周岁的人有违法行为的，从轻或者减轻行政处罚。

第二十六条　精神病人在不能辨认或者不能控制自己行为时有违法行为的，不予行政处罚，但应当责令其监护人严加看管和治疗。间歇性精神病人在精神正常时有违法行为的，应当给予行政处罚。

第二十七条　当事人有下列情形之一的，应当依法从轻或者减轻行政处罚：

（一）主动消除或者减轻违法行为危害后果的；

（二）受他人胁迫有违法行为的；

（三）配合行政机关查处违法行为有立功表现的；

（四）其他依法从轻或者减轻行政处罚的。

违法行为轻微并及时纠正，没有造成危害后果的，不予行政处罚。

第二十八条　违法行为构成犯罪，人民法院判处拘役或者有期徒刑时，行政机关已经给予当事人行政拘留的，应当依法折抵相应刑期。

违法行为构成犯罪，人民法院判处罚金时，行政机关已经给予当事人罚款的，应当折抵相应罚金。

第二十九条　违法行为在二年内未被发现的，不再给予行政处罚。法律另有规定的除外。

前款规定的期限，从违法行为发生之日起计算；违法行为有连续或者继续状态的，从行为终了之日起计算。

第五章　行政处罚的决定

第三十条　公民、法人或者其他组织违反行政管理秩序的行为，依法应当给予行政处罚的，行政机关必须查明事实；违法事实不清的，不得给予行政处罚。

第三十一条　行政机关在作出行政处罚决定之前，应当告知当事人作出行政处罚决定的事实、理由及依据，并告知当事人依法享有的权利。

第三十二条　当事人有权进行陈述和申辩。行政机关必须充分听取当事人的意见，对当事人提出的事实、理由和证据，应当进行复核；当事人提出的事实、理由或者证据成立的，行政机关应当采纳。

行政机关不得因当事人申辩而加重处罚。

第一节　简易程序

第三十三条　违法事实确凿并有法定依据，对公民处以五十元以下、对法人或者其他组织处以 1000 元以下罚款或者警告的行政处罚的，可以当场作出行政处罚决定。当事人应当依照本法第四十六条、第四十七条、第四十八条的规定履行行政处罚决定。

第三十四条 执法人员当场作出行政处罚决定的，应当向当事人出示执法身份证件，填写预定格式、编有号码的行政处罚决定书。行政处罚决定书应当当场交付当事人。

前款规定的行政处罚决定书应当载明当事人的违法行为、行政处罚依据、罚款数额、时间、地点以及行政机关名称，并由执法人员签名或者盖章。

执法人员当场作出的行政处罚决定，必须报所属行政机关备案。

第三十五条 当事人对当场作出的行政处罚决定不服的，可以依法申请行政复议或者提起行政诉讼。

第二节 一般程序

第三十六条 除本法第三十三条规定的可以当场作出的行政处罚外，行政机关发现公民、法人或者其他组织有依法应当给予行政处罚的行为的，必须全面、客观、公正地调查，收集有关证据；必要时，依照法律、法规的规定，可以进行检查。

第三十七条 行政机关在调查或者进行检查时，执法人员不得少于两人，并应当向当事人或者有关人员出示证件。当事人或者有关人员应当如实回答询问，并协助调查或者检查，不得阻挠。询问或者检查应当制作笔录。

行政机关在收集证据时，可以采取抽样取证的方法；在证据可能灭失或者以后难以取得的情况下，经行政机关负责人批准，可以先行登记保存，并应当在七日内及时作出处理决定，在此期间，当事人或者有关人员不得销毁或者转移证据。

执法人员与当事人有直接利害关系的，应当回避。

第三十八条 调查终结，行政机关负责人应当对调查结果进行审查，根据不同情况，分别作出如下决定：

（一）确有应受行政处罚的违法行为的，根据情节轻重及具体情况，作出行政处罚决定；

（二）违法行为轻微，依法可以不予行政处罚的，不予行政处罚；

（三）违法事实不能成立的，不得给予行政处罚；

（四）违法行为已构成犯罪的，移送司法机关。

对情节复杂或者重大违法行为给予较重的行政处罚，行政机关的负责人应当集体讨论决定。

第三十九条 行政机关依照本法第三十八条的规定给予行政处罚，应当制作行政处罚决定书。行政处罚决定书应当载明下列事项：

（一）当事人的姓名或者名称、地址；

（二）违反法律、法规或者规章的事实和证据；

（三）行政处罚的种类和依据；

（四）行政处罚的履行方式和期限；

（五）不服行政处罚决定，申请行政复议或者提起行政诉讼的途径和期限；

（六）作出行政处罚决定的行政机关名称和作出决定的日期。

行政处罚决定书必须盖有作出行政处罚决定的行政机关的印章。

第四十条 行政处罚决定书应当在宣告后当场交付当事人；当事人不在场的，行政机关应当在七日内依照民事诉讼法的有关规定，将行政处罚决定书送达当事人。

第四十一条 行政机关及其执法人员在作出行政处罚决定之前，不依照本法第三十一条、第三十二条的规定向当事人告知给予行政处罚的事实、理由和依据，或者拒绝听取当事人的陈述、申辩，行政处罚决定不能成立；当事人放弃陈述或者申辩权利的除外。

第三节 听证程序

第四十二条 行政机关作出责令停产停业、吊销许可证或者执照、较大数额罚款等行政处罚决定之前，应当告知当事人有要求举行听证的权利；当事人要求听证的，行政机关应当组织听证。当事人不承担行政机关组织听证的费用。听证依照以下程序组织：

（一）当事人要求听证的，应当在行政机关告知后三日内提出；

（二）行政机关应当在听证的七日前，通知当事人举行听证的时间、地点；

（三）除涉及国家秘密、商业秘密或者个人隐私外，听证公开举行；

（四）听证由行政机关指定的非本案调查人员主持；当事人认为主持人与本案有直接利害关系的，有权申请回避；

（五）当事人可以亲自参加听证，也可以委托一至二人代理；

（六）举行听证时，调查人员提出当事人违法的事实、证据和行政处罚建议；当事人进行申辩和质证；

（七）听证应当制作笔录；笔录应当交当事人审核无误后签字或者盖章。

当事人对限制人身自由的行政处罚有异议的，依照治安管理处罚条例有关规定执行。

第四十三条 听证结束后，行政机关依照本法第三十八条的规定，作出决定。

第六章 行政处罚的执行

第四十四条 行政处罚决定依法作出后，当事人应当在行政处罚决定的期限内，予以履行。

第四十五条 当事人对行政处罚决定不服申请行政复议或者提起行政诉讼的，行政处罚不停止执行，法律另有规定的除外。

第四十六条 作出罚款决定的行政机关应当与收缴罚款的机构分离。

除依照本法第四十七条、第四十八条的规定当场收缴的罚款外，作出行政处罚决定的行政机关及其执法人员不得自行收缴罚款。

当事人应当自收到行政处罚决定书之日起十五日内，到指定的银行缴纳罚款。银行应当收受罚款，并将罚款直接上缴国库。

第四十七条 依照本法第三十三条的规定当场作出行政处罚决定，有下列情形之一的，执法人员可以当场收缴罚款：

（一）依法给予二十元以下的罚款的；

（二）不当场收缴事后难以执行的。

第四十八条 在边远、水上、交通不便地区，行政机关及其执法人员依照本法第三十三条、第三十八条的规定作出罚款决定后，当事人向指定的银行缴纳罚款确有困难，经当事人提出，行政机关及其执法人员可以当场收缴罚款。

第四十九条 行政机关及其执法人员当场收缴罚款的，必须向当事人出具省、自治区、直辖市财政部门统一制发的罚款收据；不出具财政部门统一制发的罚款收据的，当事人有权拒绝缴纳罚款。

第五十条 执法人员当场收缴的罚款，应当自收缴罚款之日起二日内，交至行政机关；在水上当场收缴的罚款，应当自抵岸之日起二日内交至行政机关；行政机关应当在二日内将罚款缴付指定的银行。

第五十一条 当事人逾期不履行行政处罚决定的，作出行政处罚决定的行政机关可以采取下列措施：

（一）到期不缴纳罚款的，每日按罚款数额的百分之三加处罚款；

（二）根据法律规定，将查封、扣押的财物拍卖或者将冻结的存款划拨抵缴罚款；

（三）申请人民法院强制执行。

第五十二条 当事人确有经济困难，需要延期或者分期缴纳罚款的，经当事人申请和行政机关批准，可以暂缓或者分期缴纳。

第五十三条 除依法应当予以销毁的物品外，依法没收的非法财物必须按照国家规定公开拍卖或者按照国家有关规定处理。

罚款、没收违法所得或者没收非法财物拍卖的款项，必须全部上缴国库，任何行政机关或者个人不得以任何形式截留、私分或者变相私分；财政部门不得以任何形式向作出行政处罚决定的行政机关返还罚款、没收的违法所得或者返还没收非法财物的拍卖款项。

第五十四条 行政机关应当建立健全对行政处罚的监督制度。县级以上人民政府应当加强对行政处罚的监督检查。

公民、法人或者其他组织对行政机关作出的行政处罚，有权申诉或者检举；行政机关应当认真审查，发现行政处罚有错误的，应当主动改正。

第七章 法律责任

第五十五条 行政机关实施行政处罚，有下列情形之一的，由上级行政机关或者有关部门责令改正，可以对直接负责的主管人员和其他直接责任人员依法给予行政处分：

（一）没有法定的行政处罚依据的；

（二）擅自改变行政处罚种类、幅度的；

（三）违反法定的行政处罚程序的；

（四）违反本法第十八条关于委托处罚的规定的。

第五十六条 行政机关对当事人进行处罚不使用罚款、没收财物单据或者使用非法定部门制发的罚款、没收财物单据的，当事人有权拒绝处罚，并有权予以检举。上级行政机关或者有关部门对使用的非法单据予以收缴销毁，对直接负责的主管人员和其他直接责任人员依法给予行政处分。

第五十七条 行政机关违反本法第四十六条的规定自行收缴罚款的，财政部门违反本法第五十三条的规定向行政机关返还罚款或者拍卖款项的，由上级行政机关或者有关部门责令改正，对直接负责的主管人员和其他直接责任人员依法给予行政处分。

第五十八条 行政机关将罚款、没收的违法所得或者财物截留、私分或者变相私分的，由财政部门或者有关部门予以追缴，对直接负责的主管人员和其他直接责任人员依法给予行政处分；情节严重构成犯罪的，依法追究刑事责任。

执法人员利用职务上的便利，索取或者收受他人财物、收缴罚款据为已有，构成犯罪的，依法追究刑事责任；情节轻微不构成犯罪的，依法给予行政处分。

第五十九条 行政机关使用或者损毁扣押的财物，对当事人造成损失的，应当依法予以赔偿，对直接负责的主管人员和其他直接责任人员依法给予行政处分。

第六十条 行政机关违法实行检查措施或者执行措施，给公民人身或者财产造成损害、给法人或者其他组织造成损失的，应当依法予以赔偿，对直接负责的主管人员和其他直接责任人员依法给予行政处分；情节严重构成犯罪的，依法追究刑事责任。

第六十一条 行政机关为牟取本单位私利，对应当依法移交司法机关追究刑事责任的不移交，以行政处罚代替刑罚，由上级行政机关或者有关部门责令纠正；拒不纠正的，对直接负责的主管人员给予行政处分；徇私舞弊、包庇纵容违法行为的，比照刑法第一百八十八条的规定追究刑事责任。

第六十二条 执法人员玩忽职守，对应当予以制止和处罚的违法行为不予制止、处罚，致使公民、法人或者其他组织的合法权益、公共利益和社会秩序遭受损害的，对直接负责的主管人员和其他直接责任人员依法给予行政处分；情节严重构成犯罪的，依法追究刑事责任。

第八章 附 则

第六十三条 本法第四十六条罚款决定与罚款收缴分离的规定，由国务院制定具体实施办法。

第六十四条 本法自1996年10月1日起施行。

本法公布前制定的法规和规章关于行政处罚的规定与本法不符合的，应当自本法公布之日起，依照本法规定予以修订，在1997年12月31日前修订完毕。

（二）中华人民共和国行政强制法

（2011年6月30日第十一届全国人民代表大会常务委员会第二十一次会议通过）

目 录

第一章 总 则

第一条 为了规范行政强制的设定和实施，保障和监督行政机关依法履行职责，维护公共利益和社会秩序，保护公民、法人和其他组织的合法权益，根据宪法，制定本法。

第二条 本法所称行政强制，包括行政强制措施和行政强制执行。

行政强制措施，是指行政机关在行政管理过程中，为制止违法行为、防止证据损毁、避免危害发生、控制危险扩大等情形，依法对公民的人身自由实施暂时性限制，或者对公民、法人或者其他组织的财物实施暂时性控制的行为。

行政强制执行，是指行政机关或者行政机关申请人民法院，对不履行行政决定的公民、法人或者其他组织，依法强制履行义务的行为。

第三条 行政强制的设定和实施，适用本法。

发生或者即将发生自然灾害、事故灾难、公共卫生事件或者社会安全事件等突发事件，行政机关采取应急措施或者临时措施，依照有关法律、行政法规的规定执行。

行政机关采取金融业审慎监管措施、进出境货物强制性技术监控措施，依照有关法律、行政法规的规定执行。

第四条 行政强制的设定和实施，应当依照法定的权限、范围、条件和程序。

第五条 行政强制的设定和实施，应当适当。采用非强制手段可以达到行政管理目的的，不得设定和实施行政强制。

第六条 实施行政强制，应当坚持教育与强制相结合。

第七条 行政机关及其工作人员不得利用行政强制权为单位或者个人谋取利益。

第八条 公民、法人或者其他组织对行政机关实施行政强制，享有陈述权、申辩权；有权依法申请行政复议或者提起行政诉讼；因行政机关违法实施行政强制受到损害的，有权依法要求赔偿。

公民、法人或者其他组织因人民法院在强制执行中有违法行为或者扩大强制执行范围受到损害的，有权依法要求赔偿。

第二章 行政强制的种类和设定

第九条 行政强制措施的种类：

（一）限制公民人身自由；

（二）查封场所、设施或者财物；

（三）扣押财物；

（四）冻结存款、汇款；

（五）其他行政强制措施。

第十条 行政强制措施由法律设定。

尚未制定法律，且属于国务院行政管理职权事项的，行政法规可以设定除本法第九条第一项、第四项和应当由法律规定的行政强制措施以外的其他行政强制措施。

尚未制定法律、行政法规，且属于地方性事务的，地方性法规可以设定本法第九条第二项、第三项的行政强制措施。

法律、法规以外的其他规范性文件不得设定行政强制措施。

第十一条 法律对行政强制措施的对象、条件、种类作了规定的，行政法规、地方性法规不得作出扩大规定。

法律中未设定行政强制措施的，行政法规、地方性法规不得设定行政强制措施。但是，法律规定特定事项由行政法规规定具体管理措施的，行政法规可以设定除本法第九条第一项、第四项和应当由法律规定的行政强制措施以外的其他行政强制措施。

第十二条 行政强制执行的方式：

（一）加处罚款或者滞纳金；

（二）划拨存款、汇款；

（三）拍卖或者依法处理查封、扣押的场所、设施或者财物；

（四）排除妨碍、恢复原状；

（五）代履行；

（六）其他强制执行方式。

第十三条 行政强制执行由法律设定。

法律没有规定行政机关强制执行的，作出行政决定的行政机关应当申请人民法院强制执行。

第十四条 起草法律草案、法规草案，拟设定行政强制的，起草单位应当采取听证会、论证会等形式听取意见，并向制定机关说明设定该行政强制的必要性、可能产生的影响以及听取和采纳意见的情况。

第十五条 行政强制的设定机关应当定期对其设定的行政强制进行评价，并对不适当的行政强制及时予以修改或者废止。

行政强制的实施机关可以对已设定的行政强制的实施情况及存在的必要性适时进行评价，并将意见报告该行政强制的设定机关。

公民、法人或者其他组织可以向行政强制的设定机关和实施机关就行政强制的设定和实施提出意见和建议。有关机关应当认真研究论证，并以适当方式予以反馈。

第三章 行政强制措施实施程序

第一节 一般规定

第十六条 行政机关履行行政管理职责，依照法律、法规的规定，实施行政强制措施。

违法行为情节显著轻微或者没有明显社会危害的，可以不采取行政强制措施。

第十七条 行政强制措施由法律、法规规定的行政机关在法定职权范围内实施。行政强制措施权不得委托。

依据《中华人民共和国行政处罚法》的规定行使相对集中行政处罚权的行政机关，可以实施法律、法规规定的与行政处罚权有关的行政强制措施。

行政强制措施应当由行政机关具备资格的行政执法人员实施，其他人员不得实施。

第十八条 行政机关实施行政强制措施应当遵守下列规定：

（一）实施前须向行政机关负责人报告并经批准；

（二）由两名以上行政执法人员实施；

（三）出示执法身份证件；

（四）通知当事人到场；

（五）当场告知当事人采取行政强制措施的理由、依据以及当事人依法享有的权利、救济途径；

（六）听取当事人的陈述和申辩；

（七）制作现场笔录；

（八）现场笔录由当事人和行政执法人员签名或者盖章，当事人拒绝的，在笔录中予以注明；

（九）当事人不到场的，邀请见证人到场，由见证人和行政执法人员在现场笔录上签名或者盖章；

（十）法律、法规规定的其他程序。

第十九条 情况紧急，需要当场实施行政强制措施的，行政执法人员应当在二十四小时内向行政机关负责人报告，并补办批准手续。行政机关负责人认为不应当采取行政强制措施的，应当立即解除。

第二十条 依照法律规定实施限制公民人身自由的行政强制措施，除应当履行本法第十八条规定的程序外，还应当遵守下列规定：

（一）当场告知或者实施行政强制措施后立即通知当事人家属实施行政强制措施的行政机关、地点和期限；

（二）在紧急情况下当场实施行政强制措施的，在返回行政机关后，立即向行政机关负责人报告并补办批准手续；

（三）法律规定的其他程序。

实施限制人身自由的行政强制措施不得超过法定期限。实施行政强制措施的目的已经达到或者条件已经消失，应当立即解除。

第二十一条 违法行为涉嫌犯罪应当移送司法机关的，行政机关应当将查封、扣押、冻结的财物一并移送，并书面告知当事人。

第二节 查封、扣押

第二十二条 查封、扣押应当由法律、法规规定的行政机关实施，其他任何行政机关或者组织不得实施。

第二十三条 查封、扣押限于涉案的场所、设施或者财物，不得查封、扣押与违法行为无关的场所、设施或者财物；不得查封、扣押公民个人及其所扶养家属的生活必需品。

当事人的场所、设施或者财物已被其他国家机关依法查封的，不得重复查封。

第二十四条 行政机关决定实施查封、扣押的，应当履行本法第十八条规定的程序，制作并当场交付查封、扣押决定书和清单。

查封、扣押决定书应当载明下列事项：

（一）当事人的姓名或者名称、地址；

（二）查封、扣押的理由、依据和期限；

（三）查封、扣押场所、设施或者财物的名称、数量等；

（四）申请行政复议或者提起行政诉讼的途径和期限；

（五）行政机关的名称、印章和日期。

查封、扣押清单一式二份，由当事人和行政机关分别保存。

第二十五条 查封、扣押的期限不得超过三十日；情况复杂的，经行政机关负责人批准，可以延长，但是延长期限不得超过三十日。法律、行政法规另有规定的除外。

延长查封、扣押的决定应当及时书面告知当事人，并说明理由。

对物品需要进行检测、检验、检疫或者技术鉴定的，查封、扣押的期间不包括检测、检验、检疫或者技术鉴定的期间。检测、检验、检疫或者技术鉴定的期间应当明确，并书面告知当事人。检测、检验、检疫或者技术鉴定的费用由行政机关承担。

第二十六条 对查封、扣押的场所、设施或者财物，行政机关应当妥善保管，不得使用或者损毁；造成损失的，应当承担赔偿责任。

对查封的场所、设施或者财物，行政机关可以委托第三人保管，第三人不得损毁或者擅自转移、处置。因第三人的原因造成的损失，行政机关先行赔付后，有权向第三人追偿。

因查封、扣押发生的保管费用由行政机关承担。

第二十七条 行政机关采取查封、扣押措施后，应当及时查清事实，在本法第二十五条规定的期限内作出处理决定。对违法事实清楚，依法应当没收的非法财物予以没收；法律、行政法规规定应当销毁的，依法销毁；应当解除查封、扣押的，作出解除查封、扣押的决定。

第二十八条 有下列情形之一的，行政机关应当及时作出解除查封、扣押决定：

（一）当事人没有违法行为；

（二）查封、扣押的场所、设施或者财物与违法行为无关；

（三）行政机关对违法行为已经作出处理决定，不再需要查封、扣押；

（四）查封、扣押期限已经届满；

（五）其他不再需要采取查封、扣押措施的情形。

解除查封、扣押应当立即退还财物；已将鲜活物品或者其他不易保管的财物拍卖或者变卖的，退还拍卖或者变卖所得款项。变卖价格明显低于市场价格，给当事人造成损失的，应当给予补偿。

第三节 冻结

第二十九条 冻结存款、汇款应当由法律规定的行政机关实施，不得委托给其他行政机关或者组织；其他任何行政机关或者组织不得冻结存款、汇款。

冻结存款、汇款的数额应当与违法行为涉及的金额相当；已被其他国家机关依法冻结的，不得重复冻结。

第三十条 行政机关依照法律规定决定实施冻结存款、汇款的，应当履行本法第十八条第一项、第二项、第三项、第七项规定的程序，并向金融机构交付冻结通知书。

金融机构接到行政机关依法作出的冻结通知书后，应当立即予以冻结，不得拖延，不得在冻结前向当事人泄露信息。

法律规定以外的行政机关或者组织要求冻结当事人存款、汇款的，金融机构应当拒绝。

第三十一条 依照法律规定冻结存款、汇款的，作出决定的行政机关应当在三日内向当事人交付冻结决定书。冻结决定书应当载明下列事项：

（一）当事人的姓名或者名称、地址；

（二）冻结的理由、依据和期限；

（三）冻结的账号和数额；

（四）申请行政复议或者提起行政诉讼的途径和期限；

（五）行政机关的名称、印章和日期。

第三十二条 自冻结存款、汇款之日起三十日内，行政机关应当作出处理决定或者作出解除冻结决定；情况复杂的，经行政机关负责人批准，可以延长，但是延长期限不得超过三十日。法律另有规定的除外。

延长冻结的决定应当及时书面告知当事人，并说明理由。

第三十三条 有下列情形之一的，行政机关应当及时作出解除冻结决定：

（一）当事人没有违法行为；

（二）冻结的存款、汇款与违法行为无关；

（三）行政机关对违法行为已经作出处理决定，不再需要冻结；

（四）冻结期限已经届满；

（五）其他不再需要采取冻结措施的情形。

行政机关作出解除冻结决定的，应当及时通知金融机构和当事人。金融机构接到通知后，应当立即解除冻结。

行政机关逾期未作出处理决定或者解除冻结决定的，金融机构应当自冻结期满之日起解除冻结。

第四章 行政机关强制执行程序

第一节 一般规定

第三十四条 行政机关依法作出行政决定后，当事人在行政机关决定的期限内不履行义务的，具有行政强制执行权的行政机关依照本章规定强制执行。

第三十五条 行政机关作出强制执行决定前，应当事先催告当事人履行义务。催告应当以书面形式作出，并载明下列事项：

（一）履行义务的期限；

（二）履行义务的方式；

（三）涉及金钱给付的，应当有明确的金额和给付方式；

（四）当事人依法享有的陈述权和申辩权。

第三十六条 当事人收到催告书后有权进行陈述和申辩。行政机关应当充分听取当事人的意见，对当事人提出的事实、理由和证据，应当进行记录、复核。当事人提出的事实、理由或者证据成立的，行政机关应当采纳。

第三十七条 经催告，当事人逾期仍不履行行政决定，且无正当理由的，行政机关可以作出强制执行决定。

强制执行决定应当以书面形式作出，并载明下列事项：

（一）当事人的姓名或者名称、地址；

（二）强制执行的理由和依据；

（三）强制执行的方式和时间；

（四）申请行政复议或者提起行政诉讼的途径和期限；

（五）行政机关的名称、印章和日期。

在催告期间，对有证据证明有转移或者隐匿财物迹象的，行政机关可以作出立即强制执行决定。

第三十八条 催告书、行政强制执行决定书应当直接送达当事人。当事人拒绝接收或者无法直接送达当事人的，应当依照《中华人民共和国民事诉讼法》的有关规定送达。

第三十九条 有下列情形之一的，中止执行：

（一）当事人履行行政决定确有困难或者暂无履行能力的；

（二）第三人对执行标的主张权利，确有理由的；

（三）执行可能造成难以弥补的损失，且中止执行不损害公共利益的；

（四）行政机关认为需要中止执行的其他情形。

中止执行的情形消失后，行政机关应当恢复执行。对没有明显社会危害，当事人确无能力履行，中止执行满三年未恢复执行的，行政机关不再执行。

第四十条 有下列情形之一的，终结执行：

（一）公民死亡，无遗产可供执行，又无义务承受人的；

（二）法人或者其他组织终止，无财产可供执行，又无义务承受人的；

（三）执行标的灭失的；

（四）据以执行的行政决定被撤销的；

（五）行政机关认为需要终结执行的其他情形。

第四十一条 在执行中或者执行完毕后，据以执行的行政决定被撤销、变更，或者执行错误的，应当恢复原状或者退还财物；不能恢复原状或者退还财物的，依法给予赔偿。

第四十二条 实施行政强制执行，行政机关可以在不损害公共利益和他人合法权益的情况下，与当事人达成执行协议。执行协议可以约定分阶段履行；当事人采取补救措施的，可以减免加处的罚款或者滞纳金。

执行协议应当履行。当事人不履行执行协议的，行政机关应当恢复强制执行。

第四十三条 行政机关不得在夜间或者法定节假日实施行政强制执行。但是，情况紧急的除外。

行政机关不得对居民生活采取停止供水、供电、供热、供燃气等方式迫使当事人履行相关行政决定。

第四十四条 对违法的建筑物、构筑物、设施等需要强制拆除的，应当由行政机关予以公告，限期当事人自行拆除。当事人在法定期限内不申请行政复议或者提起行政诉讼，又不拆除的，行政机关可以依法强制拆除。

第二节 金钱给付义务的执行

第四十五条 行政机关依法作出金钱给付义务的行政决定，当事人逾期不履行的，行政机关可以依法加处罚款或者滞纳金。加处罚款或者滞纳金的标准应当告知当事人。

加处罚款或者滞纳金的数额不得超出金钱给付义务的数额。

第四十六条 行政机关依照本法第四十五条规定实施加处罚款或者滞纳金超过三十日，经催告当事人仍不履行的，具有行政强制执行权的行政机关可以强制执行。

行政机关实施强制执行前，需要采取查封、扣押、冻结措施的，依照本法第三章规定办理。

没有行政强制执行权的行政机关应当申请人民法院强制执行。但是，当事人在法定期限内不申请行政复议或者提起行政诉讼，经催告仍不履行的，在实施行政管理过程中已经采取查封、扣押措施的行政机关，可以将查封、扣押的财物依法拍卖抵缴罚款。

第四十七条 划拨存款、汇款应当由法律规定的行政机关决定，并书面通知金融机构。金融机构接到行政机关依法作出划拨存款、汇款的决定后，应当立即划拨。

法律规定以外的行政机关或者组织要求划拨当事人存款、汇款的，金融机构应当拒绝。

第四十八条 依法拍卖财物，由行政机关委托拍卖机构依照《中华人民共和国拍卖法》的规定办理。

第四十九条 划拨的存款、汇款以及拍卖和依法处理所得的款项应当上缴国库或者划入财政专户。任何行政机关或者个人不得以任何形式截留、私分或者变相私分。

第三节 代履行

第五十条 行政机关依法作出要求当事人履行排除妨碍、恢复原状等义务的行政决定，当事人逾期不履行，经催告仍不履行，其后果已经或者将危害交通安全、造成环境污染或者破坏自然资源的，行政机关可以代履行，或者委托没有利害关系的第三人代履行。

第五十一条 代履行应当遵守下列规定：

（一）代履行前送达决定书，代履行决定书应当载明当事人的姓名或者名称、地址，代履行的理由和依据、方式和时间、标的、费用预算以及代履行人；

（二）代履行三日前，催告当事人履行，当事人履行的，停止代履行；

（三）代履行时，作出决定的行政机关应当派员到场监督；

（四）代履行完毕，行政机关到场监督的工作人员、代履行人和当事人或者见证人应当在执行文书上签名或者盖章。

代履行的费用按照成本合理确定，由当事人承担。但是，法律另有规定的除外。

代履行不得采用暴力、胁迫以及其他非法方式。

第五十二条 需要立即清除道路、河道、航道或者公共场所的遗洒物、障碍物或者污染物，当事人不能清除的，行政机关可以决定立即实施代履行；当事人不在场的，行政机关应当在事后立即通知当事人，并依法作出处理。

第五章 申请人民法院强制执行

第五十三条 当事人在法定期限内不申请行政复议或者提起行政诉讼，又不履行行政决定的，没有行政强制执行权的行政机关可以自期限届满之日起三个月内，依照本章规定申请人民法院强制执行。

第五十四条 行政机关申请人民法院强制执行前，应当催告当事人履行义务。催告书送达十日后当事人仍未履行义务的，行政机关可以向所在地有管辖权的人民法院申请强制执行；执行对象是不动产的，向不动产所在地有管辖权的人民法院申请强制执行。

第五十五条 行政机关向人民法院申请强制执行，应当提供下列材料：

（一）强制执行申请书；

（二）行政决定书及作出决定的事实、理由和依据；

（三）当事人的意见及行政机关催告情况；

（四）申请强制执行标的情况；

（五）法律、行政法规规定的其他材料。

强制执行申请书应当由行政机关负责人签名，加盖行政机关的印章，并注明日期。

第五十六条 人民法院接到行政机关强制执行的申请，应当在五日内受理。

行政机关对人民法院不予受理的裁定有异议的，可以在十五日内向上一级人民法院申请复议，上一级人民法院应当自收到复议申请之日起十五日内作出是否受理的裁定。

第五十七条 人民法院对行政机关强制执行的申请进行书面审查，对符合本法第五十五条规定，且行政决定具备法定执行效力的，除本法第五十八条规定的情形外，人民法院应当自受理之日起七日内作出执行裁定。

第五十八条 人民法院发现有下列情形之一的，在作出裁定前可以听取被执行人和行政机关的意见：

（一）明显缺乏事实根据的；

（二）明显缺乏法律、法规依据的；

（三）其他明显违法并损害被执行人合法权益的。

人民法院应当自受理之日起三十日内作出是否执行的裁定。裁定不予执行的，应当说明理由，并在五日内将不予执行的裁定送达行政机关。

行政机关对人民法院不予执行的裁定有异议的，可以自收到裁定之日起十五日内向上一级人民法院申请复议，上一级人民法院应当自收到复议申请之日起三十日内作出是否执行的裁定。

第五十九条 因情况紧急，为保障公共安全，行政机关可以申请人民法院立即执行。经人民法院院长批准，人民法院应当自作出执行裁定之日起五日内执行。

第六十条 行政机关申请人民法院强制执行，不缴纳申请费。强制执行的费用由被执行人承担。

人民法院以划拨、拍卖方式强制执行的，可以在划拨、拍卖后将强制执行的费用扣除。

依法拍卖财物，由人民法院委托拍卖机构依照《中华人民共和国拍卖法》的规定办理。

划拨的存款、汇款以及拍卖和依法处理所得的款项应当上缴国库或者划入财政专户，不得以任何形式截留、私分或者变相私分。

第六章　法律责任

第六十一条　行政机关实施行政强制，有下列情形之一的，由上级行政机关或者有关部门责令改正，对直接负责的主管人员和其他直接责任人员依法给予处分：

（一）没有法律、法规依据的；

（二）改变行政强制对象、条件、方式的；

（三）违反法定程序实施行政强制的；

（四）违反本法规定，在夜间或者法定节假日实施行政强制执行的；

（五）对居民生活采取停止供水、供电、供热、供燃气等方式迫使当事人履行相关行政决定的；

（六）有其他违法实施行政强制情形的。

第六十二条　违反本法规定，行政机关有下列情形之一的，由上级行政机关或者有关部门责令改正，对直接负责的主管人员和其他直接责任人员依法给予处分：

（一）扩大查封、扣押、冻结范围的；

（二）使用或者损毁查封、扣押场所、设施或者财物的；

（三）在查封、扣押法定期间不作出处理决定或者未依法及时解除查封、扣押的；

（四）在冻结存款、汇款法定期间不作出处理决定或者未依法及时解除冻结的。

第六十三条　行政机关将查封、扣押的财物或者划拨的存款、汇款以及拍卖和依法处理所得的款项，截留、私分或者变相私分的，由财政部门或者有关部门予以追缴；对直接负责的主管人员和其他直接责任人员依法给予记大过、降级、撤职或者开除的处分。

行政机关工作人员利用职务上的便利，将查封、扣押的场所、设施或者财物据为己有的，由上级行政机关或者有关部门责令改正，依法给予记大过、降级、撤职或者开除的处分。

第六十四条　行政机关及其工作人员利用行政强制权为单位或者个人谋取利益的，由上级行政机关或者有关部门责令改正，对直接负责的主管人员和其他直接责任人员依法给予处分。

第六十五条　违反本法规定，金融机构有下列行为之一的，由金融业监督管理机构责令改正，对直接负责的主管人员和其他直接责任人员依法给予处分：

（一）在冻结前向当事人泄露信息的；

（二）对应当立即冻结、划拨的存款、汇款不冻结或者不划拨，致使存款、汇款转移的；

（三）将不应当冻结、划拨的存款、汇款予以冻结或者划拨的；

（四）未及时解除冻结存款、汇款的。

第六十六条　违反本法规定，金融机构将款项划入国库或者财政专户以外的其他账户的，由金融业监督管理机构责令改正，并处以违法划拨款项二倍的罚款；对直接负责的主管人员和其他直接责任人员依法给予处分。

违反本法规定，行政机关、人民法院指令金融机构将款项划入国库或者财政专户以外的其他账户的，对直接负责的主管人员和其他直接责任人员依法给予处分。

第六十七条　人民法院及其工作人员在强制执行中有违法行为或者扩大强制执行范围的，对直接负责的主管人员和其他直接责任人员依法给予处分。

第六十八条　违反本法规定，给公民、法人或者其他组织造成损失的，依法给予赔偿。

违反本法规定，构成犯罪的，依法追究刑事责任。

第七章 附 则

第六十九条 本法中十日以内期限的规定是指工作日，不含法定节假日。

第七十条 法律、行政法规授权的具有管理公共事务职能的组织在法定授权范围内，以自己的名义实施行政强制，适用本法有关行政机关的规定。

第七十一条 本法自 2012 年 1 月 1 日起施行。

（三）罚款决定与罚款收缴分离实施办法

中华人民共和国国务院令 第 235 号

现发布《罚款决定与罚款收缴分离实施办法》，自 1998 年 1 月 1 日起施行。

总理 李鹏

1997 年 11 月 17 日

第一条 为了实施罚款决定与罚款收缴分离，加强对罚款收缴活动的监督，保证罚款及时上缴国库，根据《中华人民共和国行政处罚法》（以下简称行政处罚法）的规定，制定本办法。

第二条 罚款的收取、缴纳及相关活动，适用本办法。

第三条 作出罚款决定的行政机关应当与收缴罚款的机构分离；但是，依照行政处罚法的规定可以当场收缴罚款的除外。

第四条 罚款必须全部上缴国库，任何行政机关、组织或者个人不得以任何形式截留、私分或者变相私分。行政机关执法所需经费的拨付，按照国家有关规定执行。

第五条 经中国人民银行批准有代理收付款项业务的商业银行、信用合作社（以下简称代收机构），可以开办代收罚款的业务。具体代收机构由县级以上地方人民政府组织本级财政部门、中国人民银行当地分支机构和依法具有行政处罚权的行政机关共同研究，统一确定。海关、外汇管理等实行垂直领导的依法具有行政处罚权的行政机关作出罚款决定的，具体代收机构由财政部、中国人民银行会同国务院有关部门确定。依法具有行政处罚权的国务院有关部门作出罚款决定的，具体代收机构由财政部、中国人民银行确定。代收机构应当具备足够的代收网点，以方便当事人缴纳罚款。

包含

第六条 行政机关应当依照本办法和国家有关规定，同代收机构签订代收罚款协议。代收罚款协议应当包括下列事项：

（一）行政机关、代收机构名称；

（二）具体代收网点；

（三）代收机构上缴罚款的预算科目、预算级次；

（四）代收机构告知行政机关代收罚款情况的方式、期限；

（五）需要明确的其他事项。

自代收罚款协议签订之日起 15 日内，行政机关应当将代收罚款协议报上一级行政机关和同级财政部门备案；代收机构应当将代收罚款协议报中国人民银行或者其当地分支机构备案。

处罚

第七条 行政机关作出罚款决定的行政处罚决定书应当载明代收机构的名称、地址和当事人应当缴纳罚款的数额、期限等，并明确对当事人逾期缴纳罚款是否加处罚款。

当事人应当按照行政处罚决定书确定的罚款数额、期限，到指定的代收机构缴纳罚款。

第八条 代收机构代收罚款，应当向当事人出具罚款收据。

罚款收据的格式和印制，由财政部规定。

第九条 当事人逾期缴纳罚款，行政处罚决定书明确需要加处罚款的，代收机构应当按照行政处罚决定书加收罚款。

当事人对加收罚款有异议的，应当先缴纳罚款和加收的罚款，再依法向作出行政处罚决定的行政机关申请复议。

第十条 代收机构应当按照代收罚款协议规定的方式、期限，将当事人的姓名或者名称、缴纳罚款的数额、时间等情况书面告知作出行政处罚决定的行政机关。

第十一条 代收机构应当按照行政处罚法和国家有关规定，将代收的罚款直接上缴国库。

第十二条 国库应当按照《中华人民共和国国家金库条例》的规定：定期同财政部门和行政机关对账，以保证收受的罚款和上缴国库的罚款数额一致。

第十三条 代收机构应当在代收网点、营业时间、服务设施、缴款手续等方面为当事人缴纳罚款提供方便。

第十四条 财政部门应当向代收机构支付手续费，具体标准由财政部制定。

补充

第十五条 法律、法规授权的具有管理公共事务职能的组织和依法受委托的组织依法作出的罚款决定与罚款收缴，适用本办法。

第十六条 本办法由财政部会同中国人民银行组织实施。

第十七条 本办法自 1998 年 1 月 1 日起施行。

（四）行政执法机关移送涉嫌犯罪案件的规定

中华人民共和国国务院令　第 310 号

《行政执法机关移送涉嫌犯罪案件的规定》已经 2001 年 7 月 4 日国务院第 42 次常务会议通过，现予公布，自公布之日起施行。

总理 朱镕基

2001 年 7 月 9 日

第一条 为了保证行政执法机关向公安机关及时移送涉嫌犯罪案件，依法惩罚破坏社会主义市场经济秩序罪、妨害社会管理秩序罪以及其他罪，保障社会主义建设事业顺利进行，制定本规定。

第二条 本规定所称行政执法机关，是指依照法律、法规或者规章的规定，对破坏社会主义市场经济秩序、妨害社会管理秩序以及其他违法行为具有行政处罚权的行政机关，以及法律、法规授权的具有管理公共事务职能、在法定授权范围内实施行政处罚的组织。

第三条 行政执法机关在依法查处违法行为过程中，发现违法事实涉及的金额、违法事实的情节、违法事实造成的后果等，根据刑法关于破坏社会主义市场经济秩序罪、妨害社会管理秩序罪等罪的规定和最高人民法院、最高人民检察院关于破坏社会主义市场经济秩序罪、妨害社会管理秩序罪等罪的司法解释以及最高人民检察院、公安部关于经济犯罪案件的追诉标准等规定，涉嫌构成犯罪，依法需要追究刑事责任的，必须依照本规定向公安机关移送。

第四条 行政执法机关在查处违法行为过程中，必须妥善保存所收集的与违法行为有关的证据。

行政执法机关对查获的涉案物品，应当如实填写涉案物品清单，并按照国家有关规定予以处理。对易腐烂、变质等不宜或者不易保管的涉案物品，应当采取必要措施，留取证据；对需要进行检验、鉴定的涉案物品，应当由法定检验、鉴定机构进行检验、鉴定，并出具检验报告或者鉴定结论。

第五条 行政执法机关对应当向公安机关移送的涉嫌犯罪案件，应当立即指定 2 名或者 2 名以上行政执法人员组成专案组专门负责，核实情况后提出移送涉嫌犯罪案件的书面报告，报经本机关正职负责人或者主持工作的负责人审批。

行政执法机关正职负责人或者主持工作的负责人应当自接到报告之日起 3 日内作出批准移送或者不批准移送的决定。决定批准的，应当在 24 小时内向同级公安机关移送；决定不批准的，应当将不予批准的理由记录在案。

第六条 行政执法机关向公安机关移送涉嫌犯罪案件，应当附有下列材料：

（一）涉嫌犯罪案件移送书；

（二）涉嫌犯罪案件情况的调查报告；

（三）涉案物品清单；

（四）有关检验报告或者鉴定结论；

（五）其他有关涉嫌犯罪的材料。

第七条 公安机关对行政执法机关移送的涉嫌犯罪案件，应当在涉嫌犯罪案件移送书的回执上签字；其中，不属于本机关管辖的，应当在 24 小时内转送有管辖权的机关，并书面告知移送案件的行政执法机关。

第八条 公安机关应当自接受行政执法机关移送的涉嫌犯罪案件之日起 3 日内，依照刑法、刑事诉讼法以及最高人民法院、最高人民检察院关于立案标准和公安部关于公安机关办理刑事案件程序的规定，对所移送的案件进行审查。认为有犯罪事实，需要追究刑事责任，依法决定立案的，应当书面通知移送案件的行政执法机关；认为没有犯罪事实，或者犯罪事实显著轻微，不需要追究刑事责任，依法不予立案的，应当说明理由，并书面通知移送案件的行政执法机关，相应退回案卷材料。

第九条 行政执法机关接到公安机关不予立案的通知书后，认为依法应当由公安机关决定立案的，可以自接到不予立案通知书之日起 3 日内，提请作出不予立案决定的公安机关复议，也可以建议人民检察院依法进行立案监督。

作出不予立案决定的公安机关应当自收到行政执法机关提请复议的文件之日起 3 日内作出立案或者不予立案的决定，并书面通知移送案件的行政执法机关。移送案件的行政执法机关对公安机关不予立案的复议决定仍有异议的，应当自收到复议决定通知书之日起 3 日内建议人民检察院依法进行立案监督。

公安机关应当接受人民检察院依法进行的立案监督。

第十条 行政执法机关对公安机关决定不予立案的案件，应当依法作出处理；其中，依照有关法律、法规或者规章的规定应当给予行政处罚的，应当依法实施行政处罚。

第十一条 行政执法机关对应当向公安机关移送的涉嫌犯罪案件，不得以行政处罚代替移送。

行政执法机关向公安机关移送涉嫌犯罪案件前已经作出的警告，责令停产停业，暂扣或者吊销许可证、暂扣或者吊销执照的行政处罚决定，不停止执行。

依照行政处罚法的规定，行政执法机关向公安机关移送涉嫌犯罪案件前，已经依法给予当事人罚款的，人民法院判处罚金时，依法折抵相应罚金。

第十二条 行政执法机关对公安机关决定立案的案件，应当自接到立案通知书之日起3日内将涉案物品以及与案件有关的其他材料移交公安机关，并办结交接手续；法律、行政法规另有规定的，依照其规定。

第十三条 公安机关对发现的违法行为，经审查，没有犯罪事实，或者立案侦查后认为犯罪事实显著轻微，不需要追究刑事责任，但依法应当追究行政责任的，应当及时将案件移送同级行政执法机关，有关行政执法机关应当依法作出处理。

第十四条 行政执法机关移送涉嫌犯罪案件，应当接受人民检察院和监察机关依法实施的监督。

任何单位和个人对行政执法机关违反本规定，应当向公安机关移送涉嫌犯罪案件而不移送的，有权向人民检察院、监察机关或者上级行政执法机关举报。

第十五条 行政执法机关违反本规定，隐匿、私分、销毁涉案物品的，由本级或者上级人民政府，或者实行垂直管理的上级行政执法机关，对其正职负责人根据情节轻重，给予降级以上的行政处分；构成犯罪的，依法追究刑事责任。

对前款所列行为直接负责的主管人员和其他直接责任人员，比照前款的规定给予行政处分；构成犯罪的，依法追究刑事责任。

第十六条 行政执法机关违反本规定，逾期不将案件移送公安机关的，由本级或者上级人民政府，或者实行垂直管理的上级行政执法机关，责令限期移送，并对其正职负责人或者主持工作的负责人根据情节轻重，给予记过以上的行政处分；构成犯罪的，依法追究刑事责任。

行政执法机关违反本规定，对应当向公安机关移送的案件不移送，或者以行政处罚代替移送的，由本级或者上级人民政府，或者实行垂直管理的上级行政执法机关，责令改正，给予通报；拒不改正的，对其正职负责人或者主持工作的负责人给予记过以上的行政处分；构成犯罪的，依法追究刑事责任。

对本条第一款、第二款所列行为直接负责的主管人员和其他直接责任人员，分别比照前两款的规定给予行政处分；构成犯罪的，依法追究刑事责任。

第十七条 公安机关违反本规定，不接受行政执法机关移送的涉嫌犯罪案件，或者逾期不作出立案或者不予立案的决定的，除由人民检察院依法实施立案监督外，由本级或者上级人民政府责令改正，对其正职负责人根据情节轻重，给予记过以上的行政处分；构成犯罪的，依法追究刑事责任。

对前款所列行为直接负责的主管人员和其他直接责任人员，比照前款的规定给予行政处分；构成犯罪的，依法追究刑事责任。

第十八条 行政执法机关在依法查处违法行为过程中，发现贪污贿赂、国家工作人员渎职或者国家机关工作人员利用职权侵犯公民人身权利和民主权利等违法行为，涉嫌构成犯罪的，应当比照本规定及时将案件移送人民检察院。

第十九条 本规定自公布之日起施行。

（五）环境行政处罚办法

《环境行政处罚办法》已由环境保护部2009年第三次部务会议于2009年12月30日修订通过。现将修订后的《环境行政处罚办法》公布，自2010年3月1日起施行。

1999年8月6日国家环境保护总局发布的《环境保护行政处罚办法》同时废止。

环境保护部部长 周生贤

二〇一〇年一月十九日

第一章 总 则

第一条[立法目的]为规范环境行政处罚的实施，监督和保障环境保护主管部门依法行使职权，维护公共利益和社会秩序，保护公民、法人或者其他组织的合法权益，根据《中华人民共和国行政处罚法》及有关法律、法规，制定本办法。

第二条[适用范围]公民、法人或者其他组织违反环境保护法律、法规或者规章规定，应当给予环境行政处罚的，应当依照《中华人民共和国行政处罚法》和本办法规定的程序实施。

第三条[罚教结合]实施环境行政处罚，坚持教育与处罚相结合，服务与管理相结合，引导和教育公民、法人或者其他组织自觉守法。

第四条[维护合法权益]实施环境行政处罚，应当依法维护公民、法人及其他组织的合法权益，保守相对人的有关技术秘密和商业秘密。

第五条[查处分离]实施环境行政处罚，实行调查取证与决定处罚分开、决定罚款与收缴罚款分离的规定。

第六条[规范自由裁量权]行使行政处罚自由裁量权必须符合立法目的，并综合考虑以下情节：

（一）违法行为所造成的环境污染、生态破坏程度及社会影响；

（二）当事人的过错程度；

（三）违法行为的具体方式或者手段；

（四）违法行为危害的具体对象；

（五）当事人是初犯还是再犯；

（六）当事人改正违法行为的态度和所采取的改正措施及效果。

同类违法行为的情节相同或者相似、社会危害程度相当的，行政处罚种类和幅度应当相当。

第七条[不予处罚情形]违法行为轻微并及时纠正，没有造成危害后果的，不予行政处罚。

第八条[回避情形]有下列情形之一的，案件承办人员应当回避：

（一）是本案当事人或者当事人近亲属的；

（二）本人或者近亲属与本案有直接利害关系的；

（三）法律、法规或者规章规定的其他回避情形。

符合回避条件的，案件承办人员应当自行回避，当事人也有权申请其回避。

第九条[法条适用规则]当事人的一个违法行为同时违反两个以上环境法律、法规或者规章条款，应当适用效力等级较高的法律、法规或者规章；效力等级相同的，可以适用处罚较重的条款。

第十条[处罚种类]根据法律、行政法规和部门规章，环境行政处罚的种类有：

（一）警告；

（二）罚款；

（三）责令停产整顿；

（四）责令停产、停业、关闭；

（五）暂扣、吊销许可证或者其他具有许可性质的证件；

（六）没收违法所得、没收非法财物；

（七）行政拘留；

（八）法律、行政法规设定的其他行政处罚种类。

第十一条[责令改正与连续违法认定]环境保护主管部门实施行政处罚时，应当及时作出责令当事人改正或者限期改正违法行为的行政命令。

责令改正期限届满，当事人未按要求改正，违法行为仍处于继续或者连续状态的，可以认定为新的环境违法行为。

第十二条[责令改正形式]根据环境保护法律、行政法规和部门规章，责令改正或者限期改正违法行为的行政命令的具体形式有：

（一）责令停止建设；

（二）责令停止试生产；

（三）责令停止生产或者使用；

（四）责令限期建设配套设施；

（五）责令重新安装使用；

（六）责令限期拆除；

（七）责令停止违法行为；

（八）责令限期治理；

（九）法律、法规或者规章设定的责令改正或者限期改正违法行为的行政命令的其他具体形式。

根据最高人民法院关于行政行为种类和规范行政案件案由的规定，行政命令不属行政处罚。行政命令不适用行政处罚程序的规定。

第十三条[处罚不免除缴纳排污费义务]实施环境行政处罚，不免除当事人依法缴纳排污费的义务。

第二章　实施主体与管辖

第十四条[处罚主体]县级以上环境保护主管部门在法定职权范围内实施环境行政处罚。

经法律、行政法规、地方性法规授权的环境监察机构在授权范围内实施环境行政处罚，适用本办法关于环境保护主管部门的规定。

第十五条[委托处罚]环境保护主管部门可以在其法定职权范围内委托环境监察机构实施行政处罚。受委托的环境监察机构在委托范围内，以委托其处罚的环境保护主管部门名义实施行政处罚。

委托处罚的环境保护主管部门，负责监督受委托的环境监察机构实施行政处罚的行为，并对该行为的后果承担法律责任。

第十六条[外部移送]发现不属于环境保护主管部门管辖的案件，应当按照有关要求和时限移送有管辖权的机关处理。

涉嫌违法依法应当由人民政府实施责令停产整顿、责令停业、关闭的案件，环境保护主管部门应当立案调查，并提出处理建议报本级人民政府。

涉嫌违法依法应当实施行政拘留的案件，移送公安机关。

涉嫌违反党纪、政纪的案件，移送纪检、监察部门。

涉嫌犯罪的案件，按照《行政执法机关移送涉嫌犯罪案件的规定》等有关规定移送司法机关，不得以行政处罚代替刑事处罚。

第十七条[案件管辖]县级以上环境保护主管部门管辖本行政区域的环境行政处罚案件。

造成跨行政区域污染的行政处罚案件，由污染行为发生地环境保护主管部门管辖。

第十八条[优先管辖]两个以上环境保护主管部门都有管辖权的环境行政处罚案件，由最先发现或者最先接到举报的环境保护主管部门管辖。

第十九条[管辖争议解决]对行政处罚案件的管辖权发生争议时，争议双方应报请共同的上一级环境保护主管部门指定管辖。

第二十条[指定管辖]下级环境保护主管部门认为其管辖的案件重大、疑难或者实施处罚有困难的，可以报请上一级环境保护主管部门指定管辖。

上一级环境保护主管部门认为下级环境保护主管部门实施处罚确有困难或者不能独立行使处罚权的，经通知下级环境保护主管部门和当事人，可以对下级环境保护主管部门管辖的案件指定管辖。

上级环境保护主管部门可以将其管辖的案件交由有管辖权的下级环境保护主管部门实施行政处罚。

第二十一条[内部移送]不属于本机关管辖的案件，应当移送有管辖权的环境保护主管部门处理。

受移送的环境保护主管部门对管辖权有异议的，应当报请共同的上一级环境保护主管部门指定管辖，不得再自行移送。

第三章　一般程序

第一节　立案

第二十二条[立案条件]环境保护主管部门对涉嫌违反环境保护法律、法规和规章的违法行为，应当进行初步审查，并在7个工作日内决定是否立案。

经审查，符合下列四项条件的，予以立案：

（一）有涉嫌违反环境保护法律、法规和规章的行为；

（二）依法应当或者可以给予行政处罚；

（三）属于本机关管辖；

（四）违法行为发生之日起到被发现之日止未超过2年，法律另有规定的除外。违法行为处于连续或继续状态的，从行为终了之日起计算。

第二十三条[撤销立案]对已经立案的案件，根据新情况发现不符合第二十二条立案条件的，应当撤销立案。

第二十四条[紧急案件先行调查取证]对需要立即查处的环境违法行为，可以先行调查取证，并在7个工作日内决定是否立案和补办立案手续。

第二十五条[立案审查后的案件移送]经立案审查，属于环境保护主管部门管辖，但不属于本机关管辖范围的，应当移送有管辖权的环境保护主管部门；属于其他有关部门管辖范围的，应当移送其他有关部门。

第二节 调查取证

第二十六条[专人负责调查取证]环境保护主管部门对登记立案的环境违法行为，应当指定专人负责，及时组织调查取证。

第二十七条[协助调查取证]需要委托其他环境保护主管部门协助调查取证的，应当出具书面委托调查函。

受委托的环境保护主管部门应当予以协助。无法协助的，应当及时将无法协助的情况和原因函告委托机关。

第二十八条[调查取证出示证件]调查取证时，调查人员不得少于两人，并应当出示中国环境监察证或者其他行政执法证件。

第二十九条[调查人员职权]调查人员有权采取下列措施：

（一）进入有关场所进行检查、勘察、取样、录音、拍照、录像；

（二）询问当事人及有关人员，要求其说明相关事项和提供有关材料；

（三）查阅、复制生产记录、排污记录和其他有关材料。

环境保护主管部门组织的环境监测等技术人员随同调查人员进行调查时，有权采取上述措施和进行监测、试验。

第三十条[调查人员责任]调查人员负有下列责任：

（一）对当事人的基本情况、违法事实、危害后果、违法情节等情况进行全面、客观、及时、公正的调查；

（二）依法收集与案件有关的证据，不得以暴力、威胁、引诱、欺骗以及其他违法手段获取证据；

（三）询问当事人、证人或者其他有关人员，应当告知其依法享有的权利；

（四）对当事人、证人或者其他有关人员的陈述如实记录。

第三十一条[当事人配合调查]当事人及有关人员应当配合调查、检查或者现场勘验，如实回答询问，不得拒绝、阻碍、隐瞒或者提供虚假情况。

第三十二条[证据类别]环境行政处罚证据，主要有书证、物证、证人证言、视听资料和计算机数据、当事人陈述、监测报告和其他鉴定结论、现场检查（勘察）笔录等形式。

证据应当符合法律、法规、规章和最高人民法院有关行政执法和行政诉讼证据的规定，并经查证属实才能作为认定事实的依据。

第三十三条[现场检查笔录]对有关物品或者场所进行检查时，应当制作现场检查（勘察）笔录，可以采取拍照、录像或者其他方式记录现场情况。

第三十四条[现场检查取样]需要取样的，应当制作取样记录或者将取样过程记入现场检查（勘察）笔录，可以采取拍照、录像或者其他方式记录取样情况。

第三十五条[监测报告要求]环境保护主管部门组织监测的，应当提出明确具体的监测任务，并要求提交监测报告。

监测报告必须载明下列事项：

（一）监测机构的全称；

（二）监测机构的国家计量认证标志（CMA）和监测字号；

（三）监测项目的名称、委托单位、监测时间、监测点位、监测方法、检测仪器、检测分析结果等内容；

（四）监测报告的编制、审核、签发等人员的签名和监测机构的盖章。

第三十六条[在线监测数据可为证据]环境保护主管部门可以利用在线监控或者其他技术监控手段收集违法行为证据。经环境保护主管部门认定的有效性数据，可以作为认定违法事实的证据。

第三十七条[现场监测数据可为证据]环境保护主管部门在对排污单位进行监督检查时，可以现场即时采样，监测结果可以作为判定污染物排放是否超标的证据。

第三十八条[证据的登记保存]在证据可能灭失或者以后难以取得的情况下，经本机关负责人批准，调查人员可以采取先行登记保存措施。

情况紧急的，调查人员可以先采取登记保存措施，再报请机关负责人批准。

先行登记保存有关证据，应当当场清点，开具清单，由当事人和调查人员签名或者盖章。

先行登记保存期间，不得损毁、销毁或者转移证据。

第三十九条[登记保存措施与解除]对于先行登记保存的证据，应当在 7 个工作日内采取以下措施：

（一）根据情况及时采取记录、复制、拍照、录像等证据保全措施；

（二）需要鉴定的，送交鉴定；

（三）根据有关法律、法规规定可以查封、暂扣的，决定查封、暂扣；

（四）违法事实不成立，或者违法事实成立但依法不应当查封、暂扣或者没收的，决定解除先行登记保存措施。

超过 7 个工作日未作出处理决定的，先行登记保存措施自动解除。

第四十条[依法实施查封暂扣]实施查封、暂扣等行政强制措施，应当有法律、法规的明确规定，并应当告知当事人有申请行政复议和提起行政诉讼的权利。

第四十一条[查封暂扣实施要求] 查封、暂扣当事人的财物，应当当场清点，开具清单，由调查人员和当事人签名或者盖章。

查封、暂扣的财物应当妥善保管，严禁动用、调换、损毁或者变卖。

第四十二条[查封暂扣解除]经查明与违法行为无关或者不再需要采取查封、暂扣措施的，应当解除查封、暂扣措施，将查封、暂扣的财物如数返还当事人，并由调查人员和当事人在财物清单上签名或者盖章。

第四十三条[当事人与现场调查取证]环境保护主管部门调查取证时，当事人应当到场。

下列情形不影响调查取证的进行：

（一）当事人拒不到场的；

（二）无法找到当事人的；

（三）当事人拒绝签名、盖章或者以其他方式确认的；

（四）暗查或者其他方式调查的；

（五）当事人未到场的其他情形。

第四十四条[调查终结]有下列情形之一的，可以终结调查：

（一）违法事实清楚、法律手续完备、证据充分的；

（二）违法事实不成立的；

（三）作为当事人的自然人死亡的；

（四）作为当事人的法人或者其他组织终止，无法人或者其他组织承受其权利义务，又无其他关系人可以追查的；

（五）发现不属于本机关管辖的；

（六）其他依法应当终结调查的情形。

第四十五条[案件移送审查]终结调查的，案件调查机构应当提出已查明违法行为的事实和证据、初步处理意见，按照查处分离的原则送本机关处罚案件审查部门审查。

第三节 案件审查

第四十六条[案件审查的内容]案件审查的主要内容包括：

（一）本机关是否有管辖权；

（二）违法事实是否清楚；

（三）证据是否确凿；

（四）调查取证是否符合法定程序；

（五）是否超过行政处罚追诉时效；

（六）适用依据和初步处理意见是否合法、适当。

第四十七条[补充或重新调查取证]违法事实不清、证据不充分或者调查程序违法的，应当退回补充调查取证或者重新调查取证。

第四节 告知和听证

第四十八条[处罚告知和听证]在作出行政处罚决定前，应当告知当事人有关事实、理由、依据和当事人依法享有的陈述、申辩权利。

在作出暂扣或吊销许可证、较大数额的罚款和没收等重大行政处罚决定之前，应当告知当事人有要求举行听证的权利。

第四十九条[当事人申辩的处理]环境保护主管部门应当对当事人提出的事实、理由和证据进行复核。当事人提出的事实、理由或者证据成立的，应当予以采纳。

不得因当事人的申辩而加重处罚。

第五十条[处罚听证的执行]行政处罚听证按有关规定执行。

第五节 处理决定

第五十一条[处罚决定]本机关负责人经过审查，分别作出如下处理：

（一）违法事实成立，依法应当给予行政处罚的，根据其情节轻重及具体情况，作出行政处罚决定；

（二）违法行为轻微，依法可以不予行政处罚的，不予行政处罚；

（三）符合本办法第十六条情形之一的，移送有权机关处理。

第五十二条[重大案件集体审议]案情复杂或者对重大违法行为给予较重的行政处罚，环境保护主管部门负责人应当集体审议决定。

集体审议过程应当予以记录。

第五十三条[处罚决定书的制作]决定给予行政处罚的，应当制作行政处罚决定书。

对同一当事人的两个或者两个以上环境违法行为，可以分别制作行政处罚决定书，也可以列入同一行政处罚决定书。

第五十四条[处罚决定书的内容]行政处罚决定书应当载明以下内容：

（一）当事人的基本情况，包括当事人姓名或者名称、组织机构代码、营业执照号码、地址等；

（二）违反法律、法规或者规章的事实和证据；

（三）行政处罚的种类、依据和理由；

（四）行政处罚的履行方式和期限；

（五）不服行政处罚决定，申请行政复议或者提起行政诉讼的途径和期限；

（六）作出行政处罚决定的环境保护主管部门名称和作出决定的日期，并且加盖作出行政处罚决定环境保护主管部门的印章。

第五十五条[作出处罚决定的时限]环境保护行政处罚案件应当自立案之日起的 3 个月内作出处理决定。案件办理过程中听证、公告、监测、鉴定、送达等时间不计入期限。

第五十六条[处罚决定的送达]行政处罚决定书应当送达当事人，并根据需要抄送与案件有关的单位和个人。

第五十七条[送达方式]送达行政处罚文书可以采取直接送达、留置送达、委托送达、邮寄送达、转交送达、公告送达、公证送达或者其他方式。

送达行政处罚文书应当使用送达回证并存档。

第四章　简易程序

第五十八条[简易程序的适用]违法事实确凿、情节轻微并有法定依据，对公民处以 50 元以下、对法人或者其他组织处以 1 000 元以下罚款或者警告的行政处罚，可以适用本章简易程序，当场作出行政处罚决定。

第五十九条[简易程序规定]当场作出行政处罚决定时，环境执法人员不得少于两人，并应遵守下列简易程序：

（一）执法人员应向当事人出示中国环境监察证或者其他行政执法证件；

（二）现场查清当事人的违法事实，并依法取证；

（三）向当事人说明违法的事实、行政处罚的理由和依据、拟给予的行政处罚，告知陈述、申辩权利；

（四）听取当事人的陈述和申辩；

（五）填写预定格式、编有号码、盖有环境保护主管部门印章的行政处罚决定书，由执法人员签名或者盖章，并将行政处罚决定书当场交付当事人；

（六）告知当事人如对当场作出的行政处罚决定不服，可以依法申请行政复议或者提起行政诉讼。

以上过程应当制作笔录。

执法人员当场作出的行政处罚决定，应当在决定之日起 3 个工作日内报所属环境保护主管部门备案。

第五章　执　行

第六十条[处罚决定的履行]当事人应当在行政处罚决定书确定的期限内，履行处罚决定。

申请行政复议或者提起行政诉讼的，不停止行政处罚决定的执行。

第六十一条[强制执行的适用]当事人逾期不申请行政复议、不提起行政诉讼、又不履行处罚决定的，由作出处罚决定的环境保护主管部门申请人民法院强制执行。

第六十二条[强制执行的期限]申请人民法院强制执行应当符合《最高人民法院关于执行〈中华人民共和国行政诉讼法〉若干问题的解释》的规定：并在下列期限内提起：

（一）行政处罚决定书送达后当事人未申请行政复议且未提起行政诉讼的，在处罚决定书送达之日起 60 日后起算的 180 日内；

（二）复议决定书送达后当事人未提起行政诉讼的，在复议决定书送达之日起 15 日后起算的 180 日内；

（三）第一审行政判决后当事人未提出上诉的，在判决书送达之日起 15 日后起算的 180 日内；

（四）第一审行政裁定后当事人未提出上诉的，在裁定书送达之日起 10 日后起算的 180 日内；

（五）第二审行政判决书送达之日起 180 日内。

第六十三条[被处罚企业资产重组后的执行]当事人实施违法行为，受到处以罚款、没收违法所得或者没收非法财物等处罚后，发生企业分立、合并或者其他资产重组等情形，由承受当事人权利义务的法人、其他组织作为被执行人。

第六十四条[延期或者分期缴纳罚款]确有经济困难，需要延期或者分期缴纳罚款的，当事人应当在行政处罚决定书确定的缴纳期限届满前，向作出行政处罚决定的环境保护主管部门提出延期或者分期缴纳的书面申请。

批准当事人延期或者分期缴纳罚款的，应当制作同意延期（分期）缴纳罚款通知书，并送达当事人和收缴罚款的机构。延期或者分期缴纳的最后一期缴纳时间不得晚于申请人民法院强制执行的最后期限。

第六十五条[没收物品的处理]依法没收的非法财物，应当按照国家规定处理。

销毁物品，应当按照国家有关规定处理；没有规定的，经环境保护主管部门负责人批准，由两名以上环境执法人员监督销毁，并制作销毁记录。

处理物品应当制作清单。

第六十六条[罚没款上缴国库]罚没款及没收物品的变价款，应当全部上缴国库，任何单位和个人不得截留、私分或者变相私分。

第六章　结案和归档

第六十七条[结案]有下列情形之一的，应当结案：

（一）行政处罚决定由当事人履行完毕的；

（二）行政处罚决定依法强制执行完毕的；

（三）不予行政处罚等无须执行的；

（四）行政处罚决定被依法撤销的；

（五）环境保护主管部门认为可以结案的其他情形。

第六十八条[立卷归档]结案的行政处罚案件，应当按照下列要求将案件材料立卷归档：

（一）一案一卷，案卷可以分正卷、副卷；

（二）各类文书齐全，手续完备；

（三）书写文书用签字笔、钢笔或者打印；

（四）案卷装订应当规范有序，符合文档要求。

第六十九条[归档顺序]正卷按下列顺序装订：

（一）行政处罚决定书及送达回证；

（二）立案审批材料；

（三）调查取证及证据材料；

（四）行政处罚事先告知书、听证告知书、听证通知书等法律文书及送达回证；

（五）听证笔录；

（六）财物处理材料；

（七）执行材料；

（八）结案材料；
（九）其他有关材料。
副卷按下列顺序装订：
（一）投诉、申诉、举报等案源材料；
（二）涉及当事人有关技术秘密和商业秘密的材料；
（三）听证报告；
（四）审查意见；
（五）集体审议记录；
（六）其他有关材料。

第七十条[案卷管理]案卷归档后，任何单位、个人不得修改、增加、抽取案卷材料。案卷保管及查阅，按档案管理有关规定执行。

第七十一条[案件统计]环境保护主管部门应当建立行政处罚案件统计制度，并按照环境保护部有关环境统计的规定向上级环境保护主管部门报送本行政区的行政处罚情况。

第七章 监 督

第七十二条[信息公开]除涉及国家机密、技术秘密、商业秘密和个人隐私外，行政处罚决定应当向社会公开。

第七十三条[监督检查]上级环境保护主管部门负责对下级环境保护主管部门的行政处罚工作情况进行监督检查。

第七十四条[处罚备案]环境保护主管部门应当建立行政处罚备案制度。

下级环境保护主管部门对上级环境保护主管部门督办的处罚案件，应当在结案后 20 日内向上一级环境保护主管部门备案。

第七十五条[纠正、撤销或变更]环境保护主管部门通过接受当事人的申诉和检举，或者通过备案审查等途径，发现下级环境保护主管部门的行政处罚决定违法或者显失公正的，应当督促其纠正。

环境保护主管部门经过行政复议，发现下级环境保护主管部门作出的行政处罚违法或者显失公正的，依法撤销或者变更。

第七十六条[评议和表彰]环境保护主管部门可以通过案件评查或者其他方式评议行政处罚工作。对在行政处罚工作中做出显著成绩的单位和个人，可依照国家或者地方的有关规定给予表彰和奖励。

第八章 附 则

第七十七条[违法所得的认定]当事人违法所获得的全部收入扣除当事人直接用于经营活动的合理支出，为违法所得。

法律、法规或者规章对“违法所得”的认定另有规定的，从其规定。

第七十八条[较大数额罚款的界定] 本办法第四十八条所称“较大数额”罚款和没收，对公民是指人民币（或者等值物品价值）5000 元以上、对法人或者其他组织是指人民币（或者等值物品价值）50000 元以上。

地方性法规、地方政府规章对“较大数额”罚款和没收的限额另有规定的，从其规定。

第七十九条[期间规定]本办法有关期间的规定，除注明工作日（不包含节假日）外，其他期间按自然日计算。

期间开始之日，不计算在内。期间届满的最后一日是节假日的，以节假日后的第一日为期间届满的日期。期间不包括在途时间，行政处罚文书在期满前交邮的，视为在有效期内。

第八十条[相关法规适用]本办法未作规定的其他事项，适用《行政处罚法》《罚款决定与罚款收缴分离实施办法》《环境保护违法违纪行为处分暂行规定》等有关法律、法规和规章的规定。

第八十一条[核安全处罚适用例外]核安全监督管理的行政处罚，按照国家有关核安全监督管理的规定执行。

第八十二条[生效日期]本办法自2010年3月1日起施行。

1999年8月6日国家环境保护总局发布的《环境保护行政处罚办法》同时废止。

（六）主要环境违法行为行政处罚自由裁量权细化参考指南

（环境保护部　环办[2009]107号）

附件二：主要环境违法行为行政处罚自由裁量权细化参考指南

说明：

1．此为参考指南，用以指导地方行政处罚自由裁量权标准的细化工作。

2．本指南选择了日常执法常见且裁量幅度较大的7类24项主要环境违法行为。

3．对环境可能造成重大影响的建设项目和污染较重的建设项目的类型，适用《建设项目环境影响评价文件分级审批规定》（环境保护部令第5号）和《建设项目环境影响评价分类管理名录》（环境保护部令第2号）的规定。

4．本表“环境敏感区”、“重点行业”、“特殊时期”等因素，各地可根据本地方的实际情况予以认定。

5．“以上”、“以下”均包括本数。

<table>
<tr><th>序号</th><th>处 罚 依 据</th><th>综合裁量的考虑因素</th><th colspan="2">违法程度分级示例</th></tr>
<tr><td colspan="2">一、违反环境影响评价制度类</td><td></td><td colspan="2"></td></tr>
<tr><td rowspan="9">1</td><td rowspan="9">《环境影响评价法》第三十一条建设单位未依法报批建设项目环境影响评价文件，或者未依照本法第二十四条的规定重新报批或者报请重新审核环境影响评价文件，擅自开工建设的，……责令停止建设，限期补办手续；逾期不补办手续的，可以处以5万元以上20万元以下的罚款……建设项目环境影响评价文件未经批准或者未经原审批部门重新审核同意，建设单位擅自开工建设的，……可以处5万元以上20万元以下的罚款……</td><td rowspan="12">一、主要考虑因素
1．环评审批类别；
2．建设项目类型（对环境可能造成重大影响的建设项目和污染较重的建设项目，按对应处罚幅度细化标准的上限处罚）；
3．主体工程建设、投产进度；
4．已经造成的环境影响；
5．投诉、举报、信访情况。
二、一般考虑因素
6．项目规模；
7．违反环评制度的历史情况；
8．配合案件调查情况；
9．改正违法行为情况；
10．违法行为的持续时间。</td><td rowspan="3">（1）登记表类</td><td>A．已停止建设的</td></tr>
<tr><td>B．未停止建设或者主体工程已建成的</td></tr>
<tr><td>C．主体工程已投入试生产、生产或使用</td></tr>
<tr><td rowspan="3">（2）报告表类</td><td>A．已停止建设的</td></tr>
<tr><td>B．未停止建设或者主体工程已建成的</td></tr>
<tr><td>C．主体工程已投入试生产、生产或使用的</td></tr>
<tr><td rowspan="3">（3）报告书类</td><td>A．已停止建设的</td></tr>
<tr><td>B．未停止建设或者主体工程已建成的</td></tr>
<tr><td>C．主体工程已投入试生产、生产或使用的</td></tr>
<tr><td rowspan="3">2</td><td rowspan="3">《海洋环境保护法》第八十条未持有经审核和批准的环境影响报告书，兴建海岸工程建设项目的，……并处以5万元以上20万元以下的罚款……</td><td colspan="2">（1）主体工程已开工但未建成的</td></tr>
<tr><td colspan="2">（2）主体工程已建成的</td></tr>
<tr><td colspan="2">（3）主体工程已投入试生产、生产或使用的</td></tr>
</table>

<table>
<tr><th>序号</th><th>处 罚 依 据</th><th>综合裁量的考虑因素</th><th colspan="2">违法程度分级示例</th></tr>
<tr><td colspan="3">二、违反建设项目“三同时”制度类</td><td colspan="2"></td></tr>
<tr><td rowspan="13">3</td><td rowspan="11">《水污染防治法》第七十一条 建设项目的水污染防治设施未建成、未经验收或者验收不合格，主体工程即投入生产或者使用的，……处以 5 万元以上 50 万元以下的罚款</td><td rowspan="11">一、主要考虑因素
1. 环评审批类别；
2. 建设项目的类型（对环境可能造成重大影响的建设项目和污染较重的建设项目，按对应处罚幅度细化标准的上限处罚）；
3. 污染防治设施建设、验收进度；
4. 已经造成的环境影响；
5. 投诉、举报、信访情况
二、一般考虑因素
6. 项目规模；
7. 违反“三同时”制度的历史情况；
8. 配合案件调查情况；
9. 改正违法行为情况；
10. 违法行为的持续时间</td><td rowspan="3">（1）登记表类</td><td>A. 水污染防治设施已建成但未经验收或验收不合格的</td></tr>
<tr><td>B. 水污染防治设施已动工建设尚未建成的</td></tr>
<tr><td>C. 水污染防治设施尚未建设的</td></tr>
<tr><td rowspan="4">（2）报告表类</td><td>A. 水污染防治设施已建成但未经验收或验收不合格的</td></tr>
<tr><td>B. 水污染防治设施已动工建设尚未建成的</td></tr>
<tr><td>C. 水污染防治设施尚未建设的</td></tr>
<tr><td>D. 水污染防治设施尚未建设，并造成环境污染或者引发投诉、信访的</td></tr>
<tr><td rowspan="4">（3）报告书类</td><td>A. 水污染防治设施已建成但未经验收或验收不合格的</td></tr>
<tr><td>B. 水污染防治设施已动工建设尚未建成的</td></tr>
<tr><td>C. 水污染防治设施尚未建设的</td></tr>
<tr><td>D. 水污染防治设施尚未建设，并且水污染物排放超标或引发投诉、举报、信访的</td></tr>
<tr><td rowspan="2">《海洋环境保护法》第八十一条 海岸工程建设项目未建成环境保护设施，或者环境保护设施未达到规定要求即投入生产、使用的，……并处 2 万元以上 10 万元以下的罚款。</td><td rowspan="9">一、主要考虑因素
1. 环评审批类别；
2. 建设项目的类型（对环境可能造成重大影响的建设项目和污染较重的建设项目，按对应处罚幅度细化标准的上限处罚）；
3. 污染防治设施建设、验收进度；
4. 已经造成的环境影响；
5. 投诉、举报、信访情况
二、一般考虑因素
6. 项目规模；
7. 违反“三同时”制度的历史情况；
8. 配合案件调查情况；
9. 改正违法行为情况；
10. 违法行为的持续时间</td><td colspan="2">（1）环境保护设施（或污染防治设施，下同）已建成但未经验收或验收不合格</td></tr>
<tr><td colspan="2">（2）环境保护设施已动工建设尚未建成的</td></tr>
<tr><td rowspan="7">4</td><td rowspan="5">《大气污染防治法》第四十七条 建设项目的大气污染防治设施没有建成或者没有达到国家有关建设项目环境保护管理的规定的要求，投入生产或者使用的，……可以并处 1 万元以上 10 万元以下罚款。</td><td colspan="2">（3）环境保护设施尚未建设的</td></tr>
<tr><td colspan="2">（4）环境保护设施尚未建设，并且污染物排放超标或引发投诉、举报、信访的</td></tr>
<tr><td rowspan="3">（1）登记表类</td><td>A. 环保设施已建成但未经验收或验收不合格的</td></tr>
<tr><td>B. 环保设施已动工建设尚未建成的</td></tr>
<tr><td>C. 环保设施尚未建设的</td></tr>
<tr><td rowspan="2">《固体废物污染环境防治法》第六十九条建设项目需要配套建设的固体废物污染环境防治设施未建成、未经验收或者验收不合格，主体工程即投入生产或者使用的，……</td><td rowspan="2">（2）报告表类</td><td>A. 环保设施已建成但未经验收或验收不合格的</td></tr>
<tr><td>B. 环保设施已动工建设尚未建成的</td></tr>
</table>

<table>
<tr><th>序号</th><th>处罚依据</th><th>综合裁量的考虑因素</th><th colspan="2">违法程度分级示例</th></tr>
<tr><td rowspan="6">5</td><td rowspan="6">可以并处 10 万元以下的罚款。
《建设项目环境保护管理条例》第二十八条建设项目需要配套建设的环境保护设施未建成、未经验收或者经验收不合格，主体工程正式投入生产或者使用的，……可以处以 10 万元以下的罚款。</td><td rowspan="6">一、主要考虑因素
1. 环评审批类别；
2. 建设项目的类型（对环境可能造成重大影响的建设项目和污染较重的建设项目，按对应处罚幅度细化标准的上限处罚）；
3. 污染防治设施建设、验收进度；
4. 已经造成的环境影响；
5. 投诉、举报、信访情况
二、一般考虑因素
6. 项目规模；
7. 违反“三同时”制度的历史情况；
8. 配合案件调查情况；
9. 改正违法行为情况；
10. 违法行为的持续时间</td><td rowspan="2"></td><td>C. 环保设施尚未建设的</td></tr>
<tr><td>D. 环保设施尚未建设，并造成环境污染或引发投诉、举报、信访的</td></tr>
<tr><td rowspan="4">（3）报告书类</td><td>A. 环保设施已建成但未经验收或验收不合格的</td></tr>
<tr><td>B. 环保设施已动工建设尚未建成的</td></tr>
<tr><td>C. 环保设施尚未建设的</td></tr>
<tr><td>D. 环境保护设施尚未建设，并造成环境污染或引发投诉、举报、信访的</td></tr>
<tr><td colspan="5">三、不正常使用或者擅自拆除、闲置污染处理设施类</td></tr>
<tr><td rowspan="3">6</td><td rowspan="3">《水污染防治法》第七十三条不正常使用水污染物处理设施，或者未经环境保护主管部门批准拆除、闲置水污染物处理设施的，……处应缴纳排污费数额 1 倍以上 3 倍以下的罚款。</td><td rowspan="15">一、主要考虑因素
1. 环评审批类别；
2. 建设项目类型；
3. 不正常使用或者擅自拆除、闲置污染处理设施的历史情况；
4. 已经造成的环境影响；
5. 违法行为的持续时间；
6. 投诉、举报、信访情况。
二、一般考虑因素
7. 配合案件调查情况；
8. 改正违法行为的情况。</td><td colspan="2">（1）登记表类</td></tr>
<tr><td colspan="2">（2）报告表类</td></tr>
<tr><td colspan="2">（3）报告书类；污水处理厂；对环境可能造成重大影响的建设项目和污染较重的建设项目；水污染物超标排放的；造成环境污染的；引发投诉、举报、信访的；第二次及以上的同种违法行为</td></tr>
<tr><td rowspan="3">7</td><td rowspan="3">《大气污染防治法》第四十六条……（三）排污单位不正常使用大气污染物处理设施，或者未经环境保护行政主管部门批准，擅自拆除、闲置大气污染物处理设施的……给予警告或者处以五万元以下罚款</td><td colspan="2">（1）登记表类</td></tr>
<tr><td colspan="2">（2）报告表类</td></tr>
<tr><td colspan="2">（3）报告书类；对环境可能造成重大影响的建设项目和污染较重的建设项目；大气污染物超标排放的；造成环境污染的；引发投诉、举报、信访的；第二次及以上的同种违法行为</td></tr>
<tr><td rowspan="3">8</td><td rowspan="3">《固体废物污染环境防治法》第六十八条（四）擅自关闭、闲置或者拆除工业固体废物污染环境防治设施、场所的；……处以 1 万元以上 10 万元以下的罚款。</td><td colspan="2">（1）登记表类</td></tr>
<tr><td colspan="2">（2）报告表类</td></tr>
<tr><td colspan="2">（3）报告书类；工业固体废物集中处置单位；对环境可能造成重大影响的建设项目和污染较重的建设项目；造成环境污染的；引发投诉、举报、信访的；第二次及以上的同种违法行为</td></tr>
<tr><td rowspan="3">9</td><td rowspan="3">《固体废物污染环境防治法》第七十五条（三）擅自关闭、闲置或者拆除危险废物集中处置设施、场所的；……处以 2 万元以上 20 万元以下的罚款。</td><td colspan="2">（1）登记表类</td></tr>
<tr><td colspan="2">（2）报告表类</td></tr>
<tr><td colspan="2">（3）报告书类；危险废物集中处置单位；对环境可能造成重大影响的建设项目和污染较重的建设项目；造成环境污染的；引发投诉、举报、信访的；第二次及以上的同种违法行为</td></tr>
<tr><td rowspan="3">10</td><td rowspan="3">《海洋环境保护法》第七十八条擅自拆除、闲置环境保护设施的，……并处以 1 万元以上 10 万元以下的罚款。</td><td colspan="2">（1）登记表类</td></tr>
<tr><td colspan="2">（2）报告表类</td></tr>
<tr><td colspan="2">（3）报告书类；对环境可能造成重大影响的建设项目和污染较重的建设项目；超标排放的；造成环境污染的；引发投诉、举报、信访的；第二次及以上的同种违法行为</td></tr>
</table>

<table>
<tr><th>序号</th><th>处 罚 依 据</th><th>综合裁量的考虑因素</th><th colspan="2">违法程度分级示例</th></tr>
<tr><td colspan="3">四、违反排污口设置规定类</td><td colspan="2"></td></tr>
<tr><td rowspan="6">11</td><td rowspan="6">《水污染防治法》第七十五条第二款 违反法律、行政法规和国务院环境保护主管部门的规定设置排污口或者私设暗管的，由县级以上地方人民政府环境保护主管部门责令限期拆除，处以2万元以上10万元以下的罚款；逾期不拆除的，强制拆除，所需费用由违法者承担，处以10万元以上50万元以下的罚款；……</td><td rowspan="6">一、主要考虑因素
1. 污染物排放情况（是否排放、是否达标、排放量）；
2. 所处位置的环境敏感程度；
3. 已经造成的环境影响；
4. 投诉、举报、信访情况；
5. 违反排污口设置规定的历史情况。
二、一般考虑因素
6. 企业规模；
7. 配合案件调查情况；
8. 改正违法行为情况；
9. 违法行为的持续时间。</td><td rowspan="3">违反规定设置排污口或私设暗管的</td><td>（1）尚未排放水污染物的</td></tr>
<tr><td>（2）达标排放水污染物</td></tr>
<tr><td>（3）超标排放水污染物的；造成环境污染；引发投诉、举报、信访的；环境敏感区内；重点行业；特殊时期；第二次及以上的同种违法行为</td></tr>
<tr><td rowspan="3">逾期不拆除的</td><td>（1）尚未排放水污染物的</td></tr>
<tr><td>（2）达标排放水污染物</td></tr>
<tr><td>（3）超标排放水污染物的；造成环境污染；引发投诉、举报、信访的；环境敏感区内；重点行业；特殊时期；第二次及以上的同种违法行为</td></tr>
<tr><td colspan="3">五、在禁止建设区域内违法建设类</td><td colspan="2"></td></tr>
<tr><td rowspan="5">12</td><td rowspan="5">《水污染防治法》第八十一条有下列行为之一的，……处十万元以上五十万元以下的罚款；（一）在饮用水水源一级保护区内新建、改建、扩建与供水设施和保护水源无关的建设项目的；（二）在饮用水水源二级保护区内新建、改建、扩建排放污染物的建设项目的；（三）在饮用水水源准保护区内新建、扩建对水体污染严重的建设项目，或者改建建设项目增加排污量的。在饮用水水源一级保护区内从事网箱养殖或者组织进行旅游、垂钓或者其他可能污染饮用水水体的活动的，……处以2万元以上10万元以下的罚款。</td><td rowspan="5">一、主要考虑因素
1. 环评审批类型；
2. 项目规模；
3. 所处位置的环境敏感程度；
4. 同种违法的历史情况；
5. 已经造成的环境影响；
6. 投诉、举报、信访情况。
二、一般考虑因素
7. 配合案件调查情况；
8. 改正违法行为情况。</td><td rowspan="3">第一款</td><td>（1）登记表类</td></tr>
<tr><td>（2）报告表类</td></tr>
<tr><td>（3）报告书类；环境敏感区；重点行业；特殊时期；造成环境污染；引发投诉、举报、信访；第二次及以上的同种违法行为</td></tr>
<tr><td rowspan="2">第二款</td><td>（1）第一次被处罚的</td></tr>
<tr><td>（2）第二次及以上被处罚的</td></tr>
<tr><td rowspan="3">13</td><td rowspan="3">《固体废物污染环境防治法》第六十八条 ……（五）在自然保护区、风景名胜区、饮用水水源保护区、基本农田保护区和其他需要特别保护的区域内，建设工业固体废物集中贮存、处置的设施、场所和生活垃圾填埋场；……处以1万元以上10万元以下的罚款。</td><td rowspan="3">一、主要考虑因素
1. 固体废物集中贮存、处置的设施、场所和生活垃圾填埋场的规模；
2. 已经造成的环境影响；
3. 同种违法的历史情况；
4. 投诉、举报、信访情况。
二、一般考虑因素
5. 配合案件调查情况；
6. 改正违法行为情况。</td><td colspan="2">（1）贮存、处置或填埋能力为1 000立方米以下的</td></tr>
<tr><td colspan="2">（2）贮存、处置或填埋能力为1 000立方米以上10 000立方米以下的</td></tr>
<tr><td colspan="2">（3）贮存、处置或填埋能力为10 000立方米以上的；造成环境污染的；引发投诉、举报、信访；第二次及以上的同种违法行为</td></tr>
</table>

序号	处罚依据	综合裁量的考虑因素	违法程度分级示例
六、违反排污申报登记规定类			
14	《水污染防治法》第七十二条拒报或者谎报国务院环境保护主管部门规定的有关水污染物排放申报登记事项，逾期不改正的，处以1万元以上10万元以下的罚款。《大气污染防治法》第四十六条拒报或者谎报国务院环境保护行政主管部门规定的有关污染物排放申报事项的，给予警告或者处以5万元以下罚款。《固体废物污染环境防治法》第六十八条不按照国家规定申报登记工业固体废物，或者在申报登记时弄虚作假的，处5000元以上5万元以下的罚款；第七十五条：不按照国家规定申报登记工业固体废物，或者在申报登记时弄虚作假的，处以1万元以上10万元以下的罚款。《海洋环境保护法》第七十四条：不按规定申报，甚至拒报污染物排放有关事项，或者在申报登记时弄虚作假的，处以2万元以下的罚款。	一、主要考虑因素 1．同种违法的历史情况； 2．改正违法行为的情况； 3．单位规模。 二、一般考虑因素 4．配合案件调查情况。	（1）第一次被处罚的 （2）第二次被处罚的
七、违反现场检查规定类			
15	《水污染防治法》第七十条 拒绝环境保护部门现场检查，或者在接受监督检查时弄虚作假的，处以1万元以上10万元以下的罚款。《大气污染防治法》第四十六条拒绝环境保护行政主管部门现场检查或者在被检查时弄虚作假的，给予警告或者处以5万元以下罚款。《固体废物污染环境防治法》第七十条 拒绝县级以上人民政府环境保护行政主管部门现场检查，责令限期改正；拒不改正或者在检查时弄虚作假的，处2000元以上2万元以下的罚款。《海洋环境保护法》第七十五条拒绝现场检查，或者在被检查时弄虚作假的，予以警告，并处以2万元以下的罚款。	一、主要考虑因素 1．同种违法的历史情况； 2．改正违法行为的情况； 3．单位规模。 二、一般考虑因素 4．配合案件调查情况。	（1）第一次被处罚的 （2）第二次及以上被处罚的

（七）关于规范行使环境监察执法自由裁量权的指导意见

（环境保护部 环办[2009]107号）

为学习实践科学发展观，贯彻落实国务院《全面推进依法行政实施纲要》《国务院关于加强市县政府依法行政的决定》的要求，规范环境监察执法自由裁量权的行使，提高依法行政水平，提高行政执法效能，从源头预防腐败，现提出如下指导意见：

一、行使环境监察执法自由裁量权的基本原则

1．合法原则

行使环境监察执法自由裁量权，应当由环保部门及其委托的环境监察机构，或者法律、法规授权的环境监察机构，在法律、法规、规章确定的裁量条件、种类、范围、幅度内行使。

2．合理原则

行使环境监察执法自由裁量权，应当符合立法目的，充分考虑、全面衡量地区经济社会发展状况、执法对象情况、危害后果等相关因素，所采取的措施和手段应当必要、适当。

3．公平公正原则

行使环境监察执法自由裁量权，应当平等对待行政管理相对人，对做出具体行政行为所依据的事实、性质、情节、后果等因素充分考虑，对事实、性质、情节、后果相同的情况应当给予相同的处理。

4．公开原则

行使环境监察执法自由裁量权，应当向社会公开裁量标准，向当事人公开裁量所基于的事实、理由、依据等内容。

二、行使环境监察执法自由裁量权的具体要求

1．严格执行裁量标准

各级环境监察机构要根据有关法律、法规和规章的规定，结合本地区经济社会发展状况、环境问题特点等实际情况，配合做好行政处罚等自由裁量幅度条款的细化、量化和规范工作，协助制定有关环境监察执法自由裁量权的裁量标准。

所属环保部门已经制定裁量标准的，各级环境监察机构要严格遵照执行。

2．严格遵守执法程序

各级环境监察机构实施行政监察执法自由裁量行为，必须严格遵守法律、法规和规章规定的有关现场检查、排污申报登记、排污费征收、限期治理、执法后督察、挂牌督办和行政处罚等程序。凡法律、法规和规章要求举行听证的，必须依法组织听证，并充分考虑听证意见。

3．健全规范配套制度

——裁量公开制度。在办公场所或利用政府网站等载体公示裁量标准。执法时告知当事人裁量所根据的事实、理由、依据，除涉及国家秘密、商业秘密或者个人隐私以外，允许当事人查阅。

——执法职能分离制度。将环境监察执法的调查、审核、决定、执行等执法职能进行相对分离，使执法权力分段行使，执法人员相互监督，逐步建立既相互协调、又相互制约的权力运行机制。

——执法回避制度。环境监察执法人员与其所管理事项或者当事人有直接利害关系、可能

影响公平公正处理的，不得参与相关案件的调查和处理。

——执法记录制度。对立案、调查、审查、决定、执行程序以及执法时间、地点、对象、事实、结果等做出详细记录，使执法过程有案可查。

——重大或复杂裁量事项集体会办制度。对涉及自由裁量的重大或者复杂事项，环境监察机构负责人应当集体讨论，共同研究后作出决定。视情况可组织专家进行评议，提出专家建议供决策参考。

——自由裁量说明制度。环境监察执法人员应当充分听取当事人的陈述、申辩，对当事人的申辩意见是否采纳及理由、处理决定中从重、从轻、减轻的理由予以说明。

——执法时限制度。对法律、法规和规章明确规定的执法时限，各级环境监察机构应当严格执行；对未明确规定具体时限的，应当尽快办理，并可通过制定裁量标准等形式予以明确。

——案卷评查制度。环境监察执法过程中形成的现场检查记录、证据材料、执法文书等应当立卷归档。环境监察机构可以结合工作实际，组织环境监察执法案卷评查，将案卷质量高低作为衡量执法水平的重要依据。

——执法统计制度。对本机构环境监察执法状况进行全面、及时、准确的统计，认真分析执法统计信息，加强对信息的分析处理，注重分析成果的应用。

——裁量判例制度。环境监察机构可以结合工作实践，组织对各类典型或者重大、复杂的裁量事项进行评议，为环境监察执法自由裁量权的行使提供参照案例。

——裁量标准执行后评估制度。根据社会经济发展状况、法律法规变更情况及执法实际情况，环境监察机构可以及时提出修订裁量标准的意见和建议。

三、规范行使环境监察执法自由裁量权的保障措施

1. 加强对环境监察人员的培训

加强对环境监察人员法律知识和职业道德的教育培训，树立正确的权力观和服务意识，全面掌握和熟练运用法律、法规和规章，明确自身在环境监察执法自由裁量方面的职责、权限和违法责任，提高环境监察执法行为的合法性和合理性。

2. 加强对行使环境监察执法自由裁量权的监督

加强内部监督。违反环境监察执法自由裁量行为规范、滥用环境监察执法自由裁量权、侵害公民、法人和其他组织合法权益的，各级环境监察机构应当主动纠正，并依法追究相关人员的责任。

接受外部监督。自觉接受本机关法制部门和纪检、监察部门的监督，接受行政复议层级监督，接受人民法院司法监督，接受人大的法律监督和政协的民主监督，接受公众监督。

（八）环境行政处罚听证程序规定

（环境保护部　环办[2010]174 号）

第一章　总　则

第一条　为规范环境行政处罚听证程序，监督和保障环境保护主管部门依法实施行政处罚，保护公民、法人和其他组织的合法权益，根据《中华人民共和国行政处罚法》《环境行政

处罚办法》等法律、行政法规和规章的有关规定，制定本程序规定。

第二条 环境保护主管部门作出行政处罚决定前，当事人申请举行听证的，适用本程序规定。

第三条 环境保护主管部门组织听证，应当遵循公开、公正和便民的原则，充分听取意见，保证当事人陈述、申辩和质证的权利。

第四条 除涉及国家秘密、商业秘密或者个人隐私外，听证应当公开举行。

公开举行的听证，公民、法人或者其他组织可以申请参加旁听。

第二章 听证的适用范围

第五条 环境保护主管部门在作出以下行政处罚决定之前，应当告知当事人有申请听证的权利；当事人申请听证的，环境保护主管部门应当组织听证：

（一）拟对法人、其他组织处以人民币 50000 元以上或者对公民处以人民币 5000 元以上罚款的；

（二）拟对法人、其他组织处以人民币（或者等值物品价值）50000 元以上或者对公民处以人民币（或者等值物品价值）5000 元以上的没收违法所得或者没收非法财物的；

（三）拟处以暂扣、吊销许可证或者其他具有许可性质的证件的；

（四）拟责令停产、停业、关闭的。

第六条 环境保护主管部门认为案件重大疑难的，经商当事人同意，可以组织听证。

第三章 听证主持人和听证参加人

第七条 听证由拟作出行政处罚决定的环境保护主管部门组织。

第八条 环境保护主管部门指定 1 名听证主持人和 1 名记录员具体承担听证工作，必要时可以指定听证员协助听证主持人。

听证主持人、听证员和记录员应当是非本案调查人员。

涉及专业知识的听证案件，可以邀请有关专家担任听证员。

第九条 听证主持人履行下列职责：

（一）决定举行听证会的时间、地点；

（二）依照规定程序主持听证会；

（三）就听证事项进行询问；

（四）接收并审核证据，必要时可要求听证参加人提供或者补充证据；

（五）维持听证秩序；

（六）决定中止、终止或者延期听证；

（七）审阅听证笔录；

（八）法律、法规、规章规定的其他职责。

听证员协助听证主持人履行上述职责。

记录员承担听证准备和听证记录的具体工作。

第十条 听证主持人负有下列义务：

（一）决定将听证通知送达案件听证参加人；

（二）公正地主持听证，保障当事人行使陈述权、申辩权和质证权；

（三）具有回避情形的，自行回避；

（四）保守听证案件涉及的国家秘密、商业秘密和个人隐私；

（五）向本部门负责人书面报告听证会情况。

记录员应当如实制作听证笔录，并承担本条第（三）、（四）项所规定的义务。

第十一条 有下列情形之一的，听证主持人、听证员、记录员应当自行回避，当事人也有权申请其回避：

（一）是本案调查人员或者调查人员的近亲属；

（二）是本案当事人或者当事人的近亲属；

（三）是当事人的代理人或者当事人代理人的近亲属；

（四）是本案的证人、鉴定人、监测人员；

（五）与本案有直接利害关系；

（六）与听证事项有其他关系，可能影响公正听证的。

前款规定，也适用于鉴定、监测人员。

第十二条 当事人应当在听证会开始前书面提出回避申请，并说明理由。

在听证会开始后才知道回避事由的，可以在听证会结束前提出。

在回避决定作出前，被申请回避的人员不停止参与听证工作。

第十三条 听证员、记录员、证人、鉴定人、监测人员的回避，由听证主持人决定；听证主持人的回避，由听证组织机构负责人决定；听证主持人为听证组织机构负责人的，其回避由环境保护主管部门负责人决定。

第十四条 当事人享有下列权利：

（一）申请或者放弃听证；

（二）依法申请不公开听证；

（三）依法申请听证主持人、听证员、记录员回避；

（四）可以亲自参加听证，也可以委托 1 至 2 人代理参加听证；

（五）就听证事项进行陈述、申辩和举证、质证；

（六）进行最后陈述；

（七）审阅并核对听证笔录；

（八）依法查阅案卷材料。

第十五条 当事人负有下列义务：

（一）依法举证、质证；

（二）如实陈述和回答询问；

（三）遵守听证纪律。

案件调查人员、第三人、有关证人亦负有上述义务。

第十六条 与案件有直接利害关系的公民、法人或其他组织要求参加听证会的，环境保护主管部门可以通知其作为第三人参加听证。

第三人超过 5 人的，可以推选 1 至 5 名代表参加听证，并于听证会前提交授权委托书。

第四章 听证的告知、申请和通知

第十七条 对适用听证程序的行政处罚案件，环境保护主管部门应当在作出行政处罚决定前，制作并送达《行政处罚听证告知书》，告知当事人有要求听证的权利。

《行政处罚听证告知书》应当载明下列事项：

（一）当事人的姓名或者名称；

（二）已查明的环境违法事实和证据、处罚理由和依据；

（三）拟作出的行政处罚的种类和幅度；

（四）当事人申请听证的权利；

（五）提出听证申请的期限、申请方式及未如期提出申请的法律后果；

（六）环境保护主管部门名称和作出日期，并且加盖环境保护主管部门的印章。

第十八条 当事人要求听证的，应当在收到《行政处罚听证告知书》之日起 3 日内，向拟作出行政处罚决定的环境保护主管部门提出书面申请。当事人未如期提出书面申请的，环境保护主管部门不再组织听证。

以邮寄方式提出申请的，以寄出的邮戳日期为申请日期。

因不可抗力或者其他特殊情况不能在规定期限内提出听证申请的，当事人可以在障碍消除的 3 日内提出听证申请。

第十九条 环境保护主管部门应当在收到当事人听证申请之日起 7 日内进行审查。对不符合听证条件的，决定不组织听证，并告知理由。对符合听证条件的，决定组织听证，制作并送达《行政处罚听证通知书》。

第二十条 有下列情形之一的，由拟作出行政处罚决定的环境保护主管部门决定不组织听证：

（一）申请人不是本案当事人的；

（二）未在规定期限内提出听证申请的；

（三）不属于本程序规定第五条、第六条规定的听证适用范围的；

（四）其他不符合听证条件的。

第二十一条 同一行政处罚案件的两个以上当事人分别提出听证申请的，可以合并举行听证会。

案件有两个以上当事人，其中部分当事人提出听证申请的，环境保护主管部门可以通知其他当事人参加听证。

只有部分当事人参加听证的，可以只对涉及该部分当事人的案件事实、证据、法律适用进行听证。

第二十二条 听证会应当在决定听证之日起 30 日内举行。

《行政处罚听证通知书》应当载明下列事项，并在举行听证会的 7 日前送达当事人和第三人：

（一）当事人的姓名或者名称；

（二）听证案由；

（三）举行听证会的时间、地点；

（四）公开举行听证与否及不公开听证的理由；

（五）听证主持人、听证员、记录员的姓名、单位、职务等信息；

（六）委托代理权、对听证主持人和听证员的回避申请权等权利；

（七）提前办理授权委托手续、携带证据材料、通知证人出席等注意事项；

（八）环境保护主管部门名称和作出日期，并盖有环境保护主管部门印章。

第二十三条 当事人申请变更听证时间的，应当在听证会举行的 3 日前向组织听证的环境保护主管部门提出书面申请，并说明理由。

理由正当的，环境保护主管部门应当同意。

第二十四条 环境保护主管部门可以根据场地等条件，确定旁听听证会的人数。

第二十五条 委托代理人参加听证的，应当在听证会前提交授权委托书。授权委托书应当载明下列事项：

（一）委托人及其代理人的基本信息；

（二）委托事项及权限；

（三）代理权的起止日期；

（四）委托日期；

（五）委托人签名或者盖章。

第二十六条 案件调查人员、当事人、第三人可以通知鉴定人、监测人员和证人出席听证会，并在听证会举行的1日前将前述人员的基本情况和拟证明的事项书面告知组织听证的环境保护主管部门。

第五章 听证会的举行

第二十七条 听证会按下列程序进行：

（一）记录员查明听证参加人的身份和到场情况，宣布听证会场纪律和注意事项，介绍听证主持人、听证员和记录员的姓名、工作单位、职务；

（二）听证主持人宣布听证会开始，介绍听证案由，询问并核实听证参加人的身份，告知听证参加人的权利和义务；询问当事人、第三人是否申请听证主持人、听证员和记录员回避；

（三）案件调查人员陈述当事人违法事实，出示证据，提出初步处罚意见和依据；

（四）当事人进行陈述、申辩，提出事实理由依据和证据；

（五）第三人进行陈述，提出事实理由依据和证据；

（六）案件调查人员、当事人、第三人进行质证、辩论；

（七）案件调查人员、当事人、第三人作最后陈述；

（八）听证主持人宣布听证会结束。

第二十八条 听证参加人和旁听人员应当遵守如下会场纪律：

（一）未经听证主持人允许，听证参加人不得发言、提问；

（二）未经听证主持人允许，听证参加人不得退场；

（三）未经听证主持人允许，听证参加人和旁听人员不得录音、录像或者拍照；

（四）旁听人员不得发言、提问；

（五）听证参加人和旁听人员不得喧哗、鼓掌、哄闹、随意走动、接打电话或者进行其他妨碍听证的活动。

听证参加人和旁听人员违反上述纪律，致使听证会无法顺利进行的，听证主持人有权予以警告直至责令其退出会场。

第二十九条 听证申请人无正当理由不出席听证会的，视为放弃听证权利。

听证申请人违反听证纪律被听证主持人责令退出会场的，视为放弃听证权利。

第三十条 在听证过程中，听证主持人可以向案件调查人员、当事人、第三人和证人发问，有关人员应当如实回答。

第三十一条 与案件相关的证据应当在听证中出示，并经质证后确认。

涉及国家秘密、商业秘密和个人隐私的证据，由听证主持人和听证员验证，不公开出示。

第三十二条 质证围绕证据的合法性、真实性、关联性进行，针对证据证明效力有无以及证明效力大小进行质疑、说明与辩驳。

第三十三条 对书证、物证和视听资料进行质证时，应当出示证据的原件或者原物。

有下列情形之一，经听证主持人同意可以出示复制件或者复制品：

（一）出示原件或者原物确有困难的；

（二）原件或者原物已经不存在的。

第三十四条 视听资料应当在听证会上播放或者显示，并进行质证后认定。

第三十五条 环境保护主管部门应当对听证会全过程制作笔录。听证笔录应当载明下列事项：
（一）听证案由；
（二）听证主持人、听证员和记录员的姓名、工作单位、职务；
（三）听证参加人的基本情况；
（四）听证的时间、地点；
（五）听证公开情况；
（六）案件调查人员陈述的当事人违法事实、证据，提出的初步处理意见和依据；
（七）当事人和其他听证参加人的主要观点、理由和依据；
（八）相互质证、辩论情况；
（九）延期、中止或者终止的说明；
（十）听证主持人对听证活动中有关事项的处理情况；
（十一）听证主持人认为应当记入听证笔录的其他事项。

听证结束后，听证笔录交陈述意见的案件调查人员、当事人、第三人审核无误后当场签字或者盖章。拒绝签字或者盖章的，将情况记入听证笔录。

听证主持人、听证员、记录员审核无误后在听证笔录上签字或者盖章。

第三十六条 听证终结后，听证主持人将听证会情况书面报告本部门负责人。

听证报告包括以下内容：
（一）听证会举行的时间、地点；
（二）听证案由、听证内容；
（三）听证主持人、听证员、书记员、听证参加人的基本信息；
（四）听证参加人提出的主要事实、理由和意见；
（五）对当事人意见的采纳建议及理由；
（六）综合分析，提出处罚建议。

第三十七条 有下列情形之一的，可以延期举行听证会：
（一）因不可抗力致使听证会无法按期举行的；
（二）当事人在听证会上申请听证主持人回避，并有正当理由的；
（三）当事人申请延期，并有正当理由的；
（四）需要延期听证的其他情形。

听证会举行前出现上述情形的，环境保护主管部门决定延期听证并通知听证参加人；听证会举行过程中出现上述情形的，听证主持人决定延期听证并记入听证笔录。

第三十八条 有下列情形之一的，中止听证并书面通知听证参加人：
（一）听证主持人认为听证过程中提出的新的事实、理由、依据有待进一步调查核实或者鉴定的；
（二）其他需要中止听证的情形。

第三十九条 延期、中止听证的情形消失后，环境保护主管部门决定恢复听证的，应书面通知听证参加人。

第四十条 有下列情形之一的，终止听证：
（一）当事人明确放弃听证权利的；
（二）听证申请人撤回听证申请的；
（三）听证申请人无正当理由不出席听证会的；
（四）听证申请人在听证过程中声明退出的；

（五）听证申请人未经听证主持人允许中途退场的；

（六）听证申请人为法人或者其他组织的，该法人或者其他组织终止后，承受其权利、义务的法人或者组织放弃听证权利的；

（七）听证申请人违反听证纪律，妨碍听证会正常进行，被听证主持人责令退场的；

（八）因客观情况发生重大变化，致使听证会没有必要举行的；

（九）应当终止听证的其他情形。

听证会举行前出现上述情形的，环境保护主管部门决定终止听证，并通知听证参加人；听证会举行过程中出现上述情形的，听证主持人决定终止听证并记入听证笔录。

第四十一条 举行听证会的期间，不计入作出行政处罚的时限内。

第六章 附 则

第四十二条 本程序规定所称当事人是指被事先告知将受到适用听证程序的行政处罚的公民、法人或者其他组织。

本程序规定所称案件调查人员是指环境保护主管部门内部具体承担行政处罚案件调查取证工作的人员。

第四十三条 经法律、法规授权的环境监察机构，适用本程序规定关于环境保护主管部门的规定。

第四十四条 环境保护主管部门在作出责令停止建设、责令停止生产或使用的行政命令之前，认为需要组织听证的，可以参照本程序规定执行。

第四十五条 环境保护主管部门组织听证所需经费，列入本行政机关的行政经费，由本级财政予以保障。

当事人不承担环境保护主管部门组织听证的费用。

第四十六条 听证主持人、听证员、记录员违反有关规定的，由所在单位依法给予行政处分。

第四十七条 地方性法规、地方政府规章另有规定的，从其规定。

第四十八条 本规定自2011年2月1日起施行。

（九）环境行政处罚案件办理程序暂行规定

（环境保护部环境监察局　环监函[2009]42号）

第一条 为规范环境保护部环境行政处罚案件（以下简称“处罚案件”，不含核与辐射行政处罚案件）的办理，依据《行政处罚法》《环境保护行政处罚办法》《环境保护部机关“三定”实施方案》和《环境保护部环境监察局工作规则》等规定：结合处罚工作实际，制定本程序规定。

第二条 环境监察局办理处罚案件的内部工作程序，适用本规定。

第三条 环境监察局行政执法处罚处（以下简称“处罚处”）负责组织处罚案件的办理。包括具体承担立案、审查、告知、听取陈述申辩、复核、结案工作，组织调查取证、听证、文书送达和处罚决定的执行监督工作。

环境监察局其他处（室）可以承担处罚案件的调查取证工作。

第四条 环境监察局其他处（室）通过群众举报、执法检查等途径发现环境违法行为并认为环境保护部有权实施处罚的，将有关案件线索材料移送处罚处办理。

环境保护部各司（办）及应急调查中心、各督查中心等单位移送环境监察局并建议由环境保护部实施处罚的，经环境监察局领导批示后由处罚处办理。

地方环保部门移送环境保护部并建议由环境保护部实施处罚的，经环境监察局领导批示后由处罚处办理。

第五条 处罚处指定两名工作人员具体承办处罚案件。

符合回避条件的，案件承办人员应当回避。

第六条 案件承办人员按照立案条件对案件线索材料进行初步审查，分类提出处理建议，并按程序报环境监察局局长批准实施：

1．符合立案条件的，填写统一编号的《环境违法行为立案登记表》并提出调查取证和案件办理的建议；

2．不符合立案条件的，不予立案，并将不予立案的理由反馈移送单位。其中，对属于其他机关管辖的案件，起草《案件移送函》移送有权机关；

3．案件线索材料已附相关证据材料且证据充分、违法事实清楚、调查程序合法的，补办立案手续后进入审查程序。

立案审查工作一般在 7 个工作日内完成。

第七条 委托部环境保护督查中心或者地方环保部门调查取证的，案件承办人员起草《委托调查函》（环境监察局文件），由分管局领导审核后报局长签发。《委托调查函》应当明确调查取证的具体要求和时限。

环境监察局可以委派处罚处以外的执法人员进行调查取证。

必要时，案件承办人员可以赴现场实地了解案情，但不得取证。

第八条 案件调查人员不得少于两人，并应当持有中国环境监察执法证等有效执法证件。

案件调查人员应当对当事人的基本情况、违法事实、危害后果、违法情节等情况进行全面、客观的调查，调取当事人营业执照和组织机构证代码复印件，制作调查询问笔录，并可以视具体案情制作现场检查（勘察）笔录，收集照片、录像、证人证言等其他相关证据。

视具体案情，案件调查人员可以依法采取先行登记保存、查封、暂扣等措施，并可以组织取样、监测。

调查取证工作一般在立案后 20 个工作日内完成。

第九条 调查完毕，案件调查人员应当提交调查报告。

调查报告的主要内容包括企业基本情况、查明的主要违法事实、初步处罚建议，并附上证据材料（如当事人营业执照和组织机构证代码复印件、调查询问笔录、现场检查（勘察）笔录、监测报告、照片、视听资料等）。

第十条 案件承办人员按照案件审查内容负责对调查报告及所附证据材料进行审查，分类提出处理建议，按程序报环境监察局局长批准后实施：

1．发现不符合立案条件的，撤销立案；

2．违法事实不清，或者证据不充分，或者调查程序不合法的，退回案件调查人员补充调查取证或者重新调查取证；

3．违法事实清楚、证据充分、调查程序合法的，进入告知程序。

第十一条 案件承办人员起草《行政处罚事先（听证）告知书》，按程序报请分管局领导审查后报局长审核，会签相关业务司（办）和政策法规司后，报分管部领导签发。

第十二条 案件承办人员负责听取当事人的陈述、申辩和组织听证。

案件承办人员可以接受当事人的书面陈述、申辩材料。当事人要求当面陈述、申辩的，案件承办人员应当约定当事人在工作时间和工作地点听取，并制作笔录。

当事人申请听证的，案件承办人员提出听证方案，按程序报分管局领导批准后实施。听证的具体程序按照环境保护部有关规定执行。

听证主持人一般由局长或分管局领导担任，也可委派处罚处负责人担任。必要时，可以邀请有关专家担任听证主持人。听证会记录员由案件承办人员担任，可以聘请速录人员协助。

听证地点的选择可以考虑方便当事人和案件调查人员，并有助于了解案情。

第十三条 案件承办人员负责对当事人的陈述申辩意见（包括书面材料和听证会意见）进行复核，并对采纳情况及理由作出书面说明。

第十四条 根据违法行为的事实、证据和有关法律、法规和规章的规定，结合调查人员提出的初步处罚意见、当事人的陈述申辩意见（包括书面材料和听证会意见）及采纳情况，案件承办人员提出处罚建议。

必要时，可以请有关专家出具法律意见。

第十五条 案件承办人员将处罚建议按程序报分管局领导审核，并建议提请局务会（案件审查委员会）审议。

局务会议对处罚案件的事实认定、法律适用和当事人意见等问题进行全面审查，形成审议意见记入局务会会议纪要。

第十六条 案件承办人员负责落实局务会议审议意见。

决定予以处罚的，案件承办人员按程序报分管部领导批准后起草行政处罚决定书。

第十七条 涉及当事人实体权利的行政处罚法律文书（如《行政处罚事先（听证）告知书》《行政处罚决定书》和《环境违法行为（限期）改正通知书》等），采用“环境保护部行政处罚与复议文件”文种，由分管局领导审查后报局长审核，会签相关业务司局和政策法规司后，报分管部领导签发。

程序性法律文书（如《行政处罚听证通知书》等）采用“环境保护部行政处罚与复议函”文种，由分管局领导审查后报局长审核，会签相关业务司局和政策法规司后，报办公厅领导签发。

行政处罚法律文书可以标注为“内部急件”，但不在印发的正式文书中显示。

第十八条 案件承办人员负责将行政处罚文书送达当事人，抄送相关督查中心、所在地省级和市级环保部门，并送相关业务司（办）和政策法规司。

行政处罚文书送达当事人应当使用送达回证。

委托地方环保部门代为送达行政处罚文书的，应当办理书面委托手续。

第十九条 案件承办人员负责信息公开的跟踪和配合工作。

《行政处罚决定书》和《环境违法行为（限期）改正通知书》在环境保护部政府网站（www.mep.gov.cn）向社会公开，并送中国人民银行、银监会、证监会等相关部门。其他行政处罚文书部内公开。

第二十条 当事人申请行政复议或者提起行政诉讼的，案件承办人员负责提出初步答辩意见，提交作出处罚决定的证据、依据和其他有关材料，并配合政策法规司办理。

第二十一条 案件承办人员负责监督行政处罚决定书的执行。必要时，环境监察局可以组织后督察。

当事人逾期不申请行政复议、不提起行政诉讼、又不履行处罚决定的，案件承办人员提出申请人民法院强制执行的建议，按程序报分管部领导审批。

部领导审批同意的，案件承办人员起草《行政处罚强制执行申请书》，由分管局领导审查后报局长审核，会签相关业务司局和政策法规司后，报分管部领导签发。

案件承办人员负责办理书面委托手续，将《行政处罚强制执行申请书》及《行政处罚决定书》、有关证据等材料送达人民法院，并配合人民法院的强制执行工作。

案件承办人员还应将《行政处罚强制执行申请书》抄送相关督查中心、所在地省级和市级环保部门，并送相关业务司（办）和政策法规司。

第二十二条 符合结案条件的，案件承办人员予以结案，并填写《行政处罚案件结案登记表》。

第二十三条 结案的行政处罚案件，案件承办人员负责配合办公厅文档处进行立卷归档。案卷保管及查阅，按档案管理有关规定执行。

（十）环境行政处罚证据指南

（环境保护部 环办[2011]66号）

前 言

本指南介绍了环境行政处罚证据，分析了各种证据形式的特点，阐明了收集证据的方式和要求、审查证据的方法和要求、证据效力的判断方法，提供了常见证据的证明对象示例、常见环境违法行为的事实证明和证据收集示例、常见证据制作示例。

本指南适用于全国各级环保部门办理行政处罚案件时收集、审查和认定证据的工作，供行政处罚案件调查人员和审查人员参考。

本指南为首次发布。

本指南起草单位为中国人民大学。

本指南由环境保护部环境监察局组织制订。

本指南由环境保护部解释。

1．适用范围

本指南适用于各级环保部门办理行政处罚案件时，依照国家有关规定收集、审查和认定证据的活动。

2．术语和定义

下列术语和定义适用于本指南。

2.1 当事人

指涉嫌违反环境保护法律、法规、规章，被环保部门立案调查的单位或者个人。

2.2 证据

指在环境行政处罚案件办理中用以证明案件事实的材料，主要包括：

（1）证明当事人身份的材料；

（2）证明违法事实及其性质、程度的材料；

（3）证明从重、从轻、减轻、免除处罚情节的材料；

（4）证明执法程序的材料；

（5）证明行政处罚前置程序已经实施的材料；

（6）证明案件管辖权的材料；

（7）证明环境执法人员身份的材料；

（8）其他证明案件事实的材料。

2.3 书证

指以文字、符号、图形等在物体（主要是纸张）上记载的内容、含义或表达的思想来反映案件情况的材料，如环境影响评价文件、企业生产记录、环保设施运行记录、合同、发票等缴款凭据，环保部门的环评批复、验收批复、排污许可证、危险废物经营许可证，举报信等。

2.4 物证

指以其存在状况、形状、特征、质量、属性等反映案件情况的物品和痕迹，如厂房、生产设施、环保设施、排污口标志牌、暗管，污水、废气、固体废物，受污染的农作物、水产品等。

2.5 视听资料

指以录音、拍照、摄像等方式记录声音、图像、影像来反映案件情况的资料，如录音、录像、照片等。

2.6 证人证言

指当事人以外的其他人员就了解的案件情况向环保部门所作的反映案件情况的陈述，如企业附近居（村）民的陈述、污染受害人的陈述等。

2.7 当事人陈述

指当事人就案件情况向环保部门所作的陈述，如当事人的陈述申辩意见、当事人的听证会意见等。

2.8 环境监测报告

指具有资质的监测机构，按照有关环境监测技术规范，运用物理、化学、生物、遥感等技术，对各环境要素的状况、污染物排放状况做进行定性、定量分析后得出的数据报告和书面结论，如水、气、声等环境监测报告。

2.9 自动监控数据

指以污染源自动监控系统、dcs 系统、cems 系统等计算机系统运行过程中产生的反映案件情况的电子数据，如污染源自动监控数据、dcs 系统数据、cems 系统数据、监控仪器运行参数数据等。

2.10 鉴定结论

指具有资质的鉴定机构，受环保部门、当事人或者相关人委托，运用专门知识和技能，通过分析、检验、鉴别、判断对专门性问题做出的数据报告和书面结论，如环境污染损害评估报告、渔业损失鉴定、农产品损失鉴定等。

2.11 现场检查（勘察）笔录

指执法人员对有关物品、场所等进行检查、勘察时当场制作的反映案件情况的文字记录，如现场检查笔录、现场勘察笔录等。

2.12 调查询问笔录

指执法人员向案件当事人、证人和其他有关人员询问案件情况时当场制作的文字记录，如对当事人的询问笔录、对证人的询问笔录、对污染受害人的询问笔录等。

3．工作依据

3.1 法律

《中华人民共和国环境保护法》

《中华人民共和国水污染防治法》

《中华人民共和国大气污染防治法》

《中华人民共和国固体废物污染环境防治法》

《中华人民共和国环境噪声污染防治法》

《中华人民共和国环境影响评价法》

《中华人民共和国清洁生产促进法》

《中华人民共和国行政处罚法》

《中华人民共和国行政复议法》

《中华人民共和国行政诉讼法》

《中华人民共和国民事诉讼法》

3.2 行政法规

《中华人民共和国自然保护区条例》（国务院令第 167 号）

《淮河流域水污染防治暂行条例》（国务院令第 183 号）

《建设项目环境保护管理条例》（国务院令第 253 号）

《排污费征收使用管理条例》（国务院令第 369 号）

《医疗废物管理条例》（国务院令第 380 号）

《危险废物经营许可证管理办法》（国务院令第 408 号）

《废弃电器电子产品回收处理管理条例》（国务院令第 551 号）

《规划环境影响评价条例》（国务院令第 559 号）

《消耗臭氧层物质管理条例》（国务院令第 573 号）

《中华人民共和国行政复议法实施条例》（国务院令第 499 号）

3.3 部门规章

《废物进口环境保护管理暂行规定》（国家环保局、对外贸易经济合作部、海关总署、国家工商局、国家商检局，环控[1996]204 号，国家环保总局令第 6 号修正）

《畜禽养殖污染防治管理办法》（国家环保总局令第 9 号）

《淮河和太湖流域排放重点水污染物许可证管理办法》（国家环保总局令第 11 号）

《医疗废物管理行政处罚办法》（卫生部、国家环保总局令第 21 号）

《环境污染治理设施运营资质许可管理办法》（国家环保总局令第 23 号）

《建设项目环境影响评价资质管理办法》（国家环保总局令第 26 号）

《废弃危险化学品污染环境防治办法》（国家环保总局令第 27 号）

《污染源自动监控管理办法》（国家环保总局令第 28 号）

《病原微生物实验室生物安全环境管理办法》（国家环保总局令第 32 号）

《电子废物污染环境防治管理办法》（国家环保总局令第 40 号）

《危险废物出口核准管理办法》（国家环保总局令第 47 号）

《新化学物质环境管理办法》（环境保护部令第 7 号）

《环境行政处罚办法》（环境保护部令第 8 号）

3.4 司法文件

《最高人民法院关于执行中华人民共和国行政诉讼法若干问题的解释》（法释[2000]8 号）

《最高人民法院关于行政诉讼证据若干问题的规定》（法释[2002]21 号）

4．证据收集

4.1 工作要求

4.1.1 依法、及时、全面、客观、公正地收集证据。

4.1.2 执法人员不得少于两人，出示中国环境监察执法证或者其他行政执法证件，告知当事人申请回避的权利和配合调查的义务。

4.1.3 保守国家秘密、商业秘密，保护个人隐私。

对涉及国家秘密、商业秘密或者个人隐私的证据，提醒提供人标注。

4.1.4 收集证据时应当通知当事人到场。但在当事人拒不到场、无法找到当事人、暗查等情形下，当事人未到场不影响调查取证的进行。

当事人拒绝签名、盖章或者不能签名、盖章的，应当注明情况，并由两名执法人员签名。有其他人在现场的，可请其他人签名。

执法人员可以用录音、拍照、录像等方式记录证据收集的过程和情况。

4.1.5 证据收集工作在行政处罚决定作出之前完成。

4.1.6 禁止违反法定程序收集证据。

4.1.7 禁止采取利诱、欺诈、胁迫、暴力等不正当手段收集证据。

4.1.8 不得隐匿、毁损、伪造、变造证据。

4.2 收集方式

4.2.1 收集证据可以采取下列方式：

（1）查阅、复制保存在国家机关及其他单位的相关材料；

（2）进入有关场所进行检查、勘察、采样、监测、录音、拍照、录像、提取原物原件；

（3）查阅、复制当事人的生产记录、排污记录、环保设施运行记录、合同、缴款凭据等材料；

（4）询问当事人、证人、受害人等有关人员，要求其说明相关事项、提供相关材料；

（5）组织技术人员、委托相关机构进行监测、鉴定；

（6）调取、统计自动监控数据；

（7）依法采取先行登记保存措施；

（8）依法采取查封、扣押（暂扣）措施；

（9）申请公证进行证据保全；

（10）听取当事人陈述、申辩，听取当事人听证会意见；

（11）依法可以采取的其他措施。

4.2.2 采取查封、扣押（暂扣）措施的，要有法律、法规的明确规定。

4.2.3 采取证据先行登记保存措施的，要符合以下条件：

（1）证据可能灭失的；

（2）证据以后难以取得的。

4.3 证据要求

4.3.1 证据能确认环境违法行为的实施人，能证明环境违法事实、执法程序事实、行使自由裁量权的基础事实，能反映环保部门实施行政处罚的合法性和合理性。

4.3.2 尽可能收集书证原件，书证的原本、正本和副本均属于书证的原件。

收集原件有困难的，可以对原件进行复印、扫描、照相、抄录，经提供人和执法人员核对后，在复制件、影印件、抄录件或者节录本上注明“原件存××处，经核对与原件无误”。

书证要注明调取时间、提供人和执法人员姓名，并由提供人、执法人员签名或者盖章。

要收集当事人的身份证明。当事人是单位的，收集企业营业执照复印件或事业单位法人证书复印件、组织机构代码证复印件；当事人是个体工商户的，收集个体工商户营业执照复印件、组织机构代码证复印件；当事人是自然人的，收集居民身份证复印件。

送达回证要由受送达人记明收到日期，并签名或者盖章。受送达人是公民的，本人不在时可交他的同住成年家属签收；受送达人是单位的，由该单位的法定代表人、主要负责人或者办公室、收发室、值班室等负责收件的人签收。委托送达的，要出具委托函，并附送达回证。留置送达的，由送达人在送达回证上记明情况并签名或者盖章，见证人也可签名或者盖章。邮寄送达的，要收集回执及投递单随卷归档。公告送达的，要收集公告、登载载体随卷归档。

对专业性较强的书证，如图纸、会计账册、专业技术资料、科技文献等，要附有说明材料。对外文书证，要附有中文译本。

4.3.3 尽可能收集物证原物，并附有对该物证的来源、调取时间、提供人和执法人员姓名、证明对象的说明，并由提供人、执法人员签名或者盖章。对大量同类物，可以抽样取证。

收集原物有困难的，可以对原物进行拍照、录像、复制。物证的照片、录像、复制件要附有对该物证的保存地点、保存人姓名、调取时间、执法人员姓名、证明对象的说明，并由执法人员签名或者盖章。

4.3.4 视听资料和自动监控数据要提取原始载体。

无法提取原始载体或者提取原始载体有困难的，可以采取打印、拷贝、拍照、录像等方式复制，制作笔录记载收集时间、地点、参与人员、技术方法、过程、事项名称、内容、规格、类别等信息。

声音资料还要附有该声音内容的文字记录。

4.3.5 证人证言要写明证人的姓名、年龄、性别、职业、住址、与本案关系等基本信息，注明出具日期，由证人签名、盖章或者按指印，并附有居民身份证复印件、工作证复印件等证明证人身份的材料。

证人证言中的添加、删除、改正文字之处，要有证人的签名、盖章或者按指印。

4.3.6 当事人陈述要写明当事人基本信息，注明出具日期，并由当事人签名、盖章或者按指印。

当事人陈述中的添加、删除、改正文字之处，要有当事人的签名、盖章或者按指印。

4.3.7 环境监测报告要载明委托单位、监测项目名称、监测机构全称、国家计量认证标志（cma）和监测字号、监测时间、监测点位、监测方法、检测仪器、检测分析结果等信息，并有编制、审核、签发等人员的签名和监测机构的盖章。

4.3.8 鉴定结论要载明委托人、委托鉴定的事项、向鉴定部门提交的相关材料、鉴定依据和使用的科学技术手段、鉴定部门和鉴定人的鉴定资格说明，并有鉴定人的签名和鉴定部门的盖章。

通过分析获得的鉴定结论，应当说明分析过程。

4.3.9 现场检查（勘察）笔录要记录执法人员出示执法证件表明身份和告知当事人申请回避权利、配合调查义务的情况；现场检查（勘察）的时间、地点、主要过程；被检查场所概况及与当事人的关系；与违法行为有关的物品、工具、设施的名称、规格、数量、状况、位置、使用情况及相关书证、物证；与违法行为有关人员的活动情况；当事人及其他人员提供证据和配合检查情况；现场拍照、录音、录像、绘图、抽样取证、先行登记保存情况；执法人员检查发现的事实；执法人员签名等内容。

现场图示要注明绘制时间、方位。

4.3.10 调查询问笔录要记录执法人员出示执法证件表明身份和告知当事人申请回避权利、配合调查义务的情况；被询问人基本信息；问答内容；被询问人对笔录的审阅确认意见；执法人员签名等内容。

调查询问笔录应当有被询问人的签名、盖章或者按指印。被询问人拒不审阅确认或者拒不签名、盖章或者按指印的，由记录人予以注明，并附反映询问过程的现场录像、录音。

5. 证据审查

5.1 工作要求

5.1.1 认定案件事实，必须以证据为基础。

5.1.2 案件审查人员应当依据法律、法规和规章规定，运用专门知识、逻辑推理和工作经验，对取得的所有证据进行全面、客观和公正的分析判断，确定证据材料与待证事实间的证明关系，排除不具有关联性的证据材料，准确认定案件事实。

5.1.3 对收集的证据要逐一审查，对全部证据要综合审查，确定证据与案件事实之间的证明关系。

5.1.4 案件审查人员不得现场收集证据。

5.2 审查内容

5.2.1 对单个证据的审查，按照证据形式进行，重点审查证据的关联性、合法性、真实性。

5.2.2 证据的关联性审查主要认定证据与待证事实之间的联系，重点从下列方面判断：

（1）证据与待证事实之间是否存在法律上的客观联系；

（2）证据与待证事实的联系程度；

（3）全部证据、单个证据拟证明的各事实要素能否共同指向据以作出行政处罚决定的事实结论，该事实结论是否唯一；

（4）是否有影响证据关联性的因素。

5.2.3 证据的合法性审查主要认定证据是否符合法定形式、是否按照法律要求和法定程序取得，重点从下列方面判断：

（1）执法人员资格和数量；

（2）执法程序；

（3）收集证据的时间、方式和手段；

（4）证据形式；

（5）是否存在影响证据效力的因素。

5.2.4 证据的真实性审查主要认定证据能否反映案件事实，重点从下列方面判断：

（1）证据形成的原因、过程；

（2）发现证据的客观环境；

（3）证据是否是原件、原物，复制品、复制件是否与原件、原物相符；

（4）证据提供人、证人与当事人是否有利害关系或者其他关系可能影响公正处理的；

（5）证据与拟证明事实之间是否存在无法解释的矛盾；

（6）是否有影响证据真实性的因素。

5.2.5 证据综合审查主要对所有证据进行全面、客观和公正的分析判断，确定证据材料与案件事实之间的证明关系，排除不具有关联性、合法性、真实性的证据。

证据综合审查重点从下列方面判断：

（1）证据之间是否存在无法解释的矛盾；

（2）证据与情理之间是否存在无法解释的矛盾；

（3）证据是否充分；

（4）证据是否足以认定案件事实；

（5）证据是否形成证据链等。

5.3 审查方法

5.3.1 对书证的审查，可以从下列方面进行：

（1）书证与案件是否有联系；

（2）书证的形式是否符合要求；

（3）查明书证的制作者、制作过程、制作方法，判断书证有无伪造、变造、涂改、增减、与原件是否一致；

（4）将书证与其他证据进行比较，分析当事人对书证的意见，判断书证记载的内容是否虚假。

5.3.2 对物证的审查，可以从下列方面进行：

（1）物证与案件事实是否有联系；

（2）查明物证的收集者、提供者、形成时间、地点、原因、经过，是原件还是复制件；

（3）物证是否伪造，是否因自然原因发生变化，是否因为提取、固定、保管的手段、方法等不当导致物证发生变化。

5.3.3 对证人证言的审查，可以从下列方面进行：

（1）查明证人的基本情况、证人与案件当事人之间的关系、证人与案件处理结果之间的利害关系；

（2）根据证人证言形成的主客观条件判断其真实性；

（3）查明证人证言的形成过程和方式，判断是否存在威胁、引诱、欺骗等情况，询问方法是否恰当，来源是否可信。

5.3.4 对当事人陈述的审查，可以从下列方面进行：

（1）当事人是否因规避不利法律后果而提供虚假陈述；

（2）当事人是否因表述能力等主观原因导致陈述瑕疵；

（3）当事人陈述是否与其他证据吻合，是否有其他证据印证，是否能排除其他证据的矛盾。

5.3.5 对视听资料的审查，可以从下列方面进行：

（1）形成和取得是否合法；

（2）是否有残缺、失真；

（3）现场有无伪造、伪装迹象；

（4）是否有剪辑、加工、删节或者篡改迹象。

5.3.6 对环境监测报告的审查，可以从下列方面进行：

（1）有无监测机构印章；

（2）有无编制、审核、签发等人员的签名；

（3）有无国家计量认证标志（cma）；

（4）监测机构有无资质；

（5）监测人员有无执业资格、上岗证书；

（6）监测人员是否有应当回避的情形。

5.3.7 对自动监控数据的审查，可以从下列方面进行：

（1）有无环保部门出具的自动监测设备有效性审核文件（包括比对监测报告和现场核查报告）及有效性审核合格标志发放文件；

（2）形成和收集是否合法；

（3）是否残缺；

（4）是否为原始数据，有无伪造、剪裁、删改迹象；

（5）是否明显失真。

5.3.8 对鉴定结论的审查，可以从下列方面进行：

（1）鉴定人是否具备鉴定资格；

（2）鉴定机构是否符合法定条件；

（3）鉴定人是否签名；

（4）鉴定机构是否盖章；

（5）鉴定人是否有应当回避的情形；

（6）鉴定结论有无明显矛盾。

5.3.9 对现场检查（勘查）笔录的审查，可以从下列方面进行：

（1）现场是否有两名执法人员；

（2）执法人员是否表明身份、出示执法证件、告知权利义务（暗查等无法出示和告知的情形除外）；

（3）是否有执法人员的签名；

（4）现场情况有无伪造或者破坏迹象；

（5）检查（勘查）方法是否科学；

（6）记载是否客观、准确、全面。

5.3.10 对调查询问笔录的审查，可以从下列方面进行：

（1）现场是否有两名执法人员；

（2）执法人员是否表明身份、出示执法证件、告知权利义务；

（3）是否有执法人员的签名；

（4）是否有被询问人的审核确认意见；

（5）是否有被询问人的签名、盖章或者按指印；

（6）被询问人身份；

（7）记载是否客观、准确、全面。

6．证据认定

6.1 直接认定

6.1.1 下列事实可以直接认定：

（1）众所周知的事实；

（2）自然规律及定理；

（3）按照法律规定推定的事实；

（4）已经依法证明的事实；

（5）根据日常生活经验法则推定的事实。

前款（1）（3）（4）（5）项，当事人有相反证据足以推翻的除外。

6.1.2 对生效的人民法院裁判文书、仲裁机构裁决文书所确认的事实，除当事人有相反证据足以推翻外，可以直接认定。

6.2 证明效力

6.2.1 案件审查人员发现就同一事实存在相互矛盾的证据时，应当结合具体情况，判断各个证据的证明效力，并对证明效力较大的证据予以确认。

6.2.2 证明同一事实的数个证据，其证明效力一般为：

（1）国家机关以及其他职能部门依职权制作的公文文书优于其他书证；

（2）现场检查（勘验）笔录、环境监测报告、鉴定结论、档案材料、经过公证或者登记的书证优于其他书证、视听资料和证人证言；

（3）原件、原物优于复制件、复制品；

（4）法定鉴定部门的鉴定结论优于其他鉴定部门的鉴定结论；

（5）原始证据优于传来证据；

（6）其他证人证言优于与当事人有亲属关系或者其他密切关系的证人提供的对该当事人有

利的证言；

（7）数个种类不同、内容一致的证据优于一个孤立的证据。

附一：常见证据的证明对象示例

附二：常见环境违法行为的事实证明和证据收集示例

附三：常见证据制作示例

附一：常见证据的证明对象示例

序号	常见证据	证明对象示例
1	企业营业执照复印件、事业单位法人证书复印件、组织机构代码证复印件、居民身份证复印件、工作证复印件	1．证明当事人身份； 2．证明陈述人、证人身份等
2	中国环境监察证或其他行政执法证件的复印件	证明环境执法人员身份
3	投诉、举报、信访材料	证明案件的来源、性质、案情、社会影响等
4	环境监察记录	1．证明当事人环境守法的历史情况； 2．证明环保部门现场执法的历史情况； 3．证明当事人履行环保部门行政决定的情况等
5	建设项目的环境影响评价文件及当事人有关建设项目的规划、选址、设计、建设等材料	1．证明业主单位； 2．证明环评单位； 3．证明建设项目的名称、性质、地点、规模、工艺、可能的环境影响、拟采取的环保措施等情况； 4．证明建设项目的周边状况，如环境功能区、敏感区等情况
6	土地、规划、经济综合等行政机关的项目审批材料	证明其他行政机关对建设项目的审批情况、批复要求、批复机关、批复日期等
7	当事人的试生产申请、验收申请、延期验收申请及环保部门的受理回执	证明当事人是否申请试生产、申请验收及申请日期等
8	环保部门的环评批复、试生产批复、环保竣工验收批复	1．证明建设项目是否通过环评审批、试生产审批、环保竣工验收审批； 2．证明环评批复、试生产批复、环保竣工验收批复的批复机关、批复日期、批复要求； 3．证明排污口的设置要求等
9	调查询问笔录、现场检查（勘察）笔录、照片、录像、录音、采样记录、调取自动监控数据记录、排污口规范化整治记录、自动监控设施的运营维修或定期检验记录、近期数据比对监测报告	1．证明执法程序； 2．证明建设项目的业主名称、性质、规模、主要生产工艺、环境保护措施、设施等情况； 3．证明建设项目周边情况，如环境功能区、敏感区等； 4．证明建设项目开工建设的日期、地点、进度； 5．证明建设项目投入（试）生产的日期、进度； 6．证明配套环保设施的建设、运行情况； 7．证明环境保护措施的落实情况； 8．证明生产经营情况； 9．证明污染物排放情况； 10．证明排污口设置情况； 11．证明环境污染状况等

序号	常 见 证 据	证明对象示例
10	当事人的生产记录、环保设施运行记录、排污记录、财务报表、合同、发票等缴费凭据	1．证明生产经营情况； 2．证明环保设施的运行情况； 3．证明环保措施的落实情况； 4．证明污染物排放情况等
11	自动监控数据、采样记录及环境监测报告	1．证明污染物排放状况； 2．证明环境污染状况等
12	排污许可证	1．证明允许排放的污染物质的种类、浓度、总量等情况； 2．证明排污口设置情况； 3．证明排污许可证的颁发机关、日期、有效期
13	排污申报通知书、排污费核定通知书、排污费缴费通知单、收款单据	1．证明环保部门的申报要求、发文机关、日期； 2．证明环保部门对污染物排放的核定结果、核定机关、核定日期； 3．证明环保部门的缴费要求、发文机关、日期； 4．证明当事人排污费的缴纳情况
14	环境污染损害评估鉴定、渔业损失鉴定、农产品损失鉴定、发票等缴款凭据	证明经济损失的范围、程度及经济损失的大小
15	居（村）民或受害人的陈述	证明案情、社会影响、损失、投诉情况等
16	合同、发票等缴费凭据	1．证明当事人编制环境影响评价文件的进度、委托日期； 2．证明当事人的设备购买、安装、调试进度； 3．证明当事人水、气、电的使用情况； 4．证明当事人委托处理污染物的情况； 5．证明经济损失大小及赔偿情况； 6．证明罚款、没收违法所得等处罚的履行情况
17	环保部门的行政决定（如行政处罚决定书、责令改正违法行为决定书）及送达回证	1．证明作出决定的环保部门名称、日期； 2．证明环保部门对当事人提出的行政要求、当事人收到的日期； 3．证明当事人因环境违法被行政处理的历史情况； 4．证明环保部门的执法程序； 5．证明处罚前置程序的实施情况等

附二：常见环境违法行为的事实证明和证据收集示例

一、拒绝环保部门检查

（一）主要事实

1．环保部门进行检查的事实；

2．当事人拒绝检查的事实。

（二）必要证据（证明主要事实）

1．现场检查（勘察）笔录；

2．现场录像。

（三）可收集的补充证据（证明裁量事实、印证主要事实）

1．环境监察记录；

2．环保部门处理违法行为的行政决定；

3．投诉、举报、信访材料。

二、在环保部门检查时弄虚作假

（一）主要事实

1．环保部门进行检查的事实；

2．当事人弄虚作假的事实。

（二）必要证据（证明主要事实）

1．当事人的身份证明；

2．调查询问笔录，或者现场检查（勘察）笔录；或者反映实际情况的材料及当事人提供的虚假材料等。

（三）可收集的补充证据（证明裁量事实、印证主要事实）

1．现场照片、录像；

2．环境监察记录；

3．环保部门处理违法行为的行政决定；

4．投诉、举报、信访材料。

三、违反排污申报登记规定

（一）主要事实

1．拒报或者谎报污染物排放申报登记事项的事实；

2．环保部门责令限期改正的事实和当事人逾期不改正的事实（适用《水污染防治法》第七十二条的）。

（二）必要证据（证明主要事实）

1．拒报污染物排放申报登记事项的：

（1）当事人的身份证明；

（2）排污申报通知书及送达回证；

（3）企业排放污染物申报登记情况查询材料；

（4）环保部门责令限期改正决定及送达回证（适用《水污染防治法》第七十二条的）。

2．谎报污染物排放申报登记事项的：

（1）当事人的身份证明；

（2）排放污染物申报登记表；

（3）排污费核定通知书；

（4）环境监测报告，或者通过有效性审核的自动监控数据，或者物料衡算结果等；

（5）环保部门责令限期改正决定及送达回证（适用《水污染防治法》第七十二条的）。

（三）可收集的补充证据（证明裁量事实、印证主要事实）

1．煤质分析报告等技术报告，用电、用水、用煤合同及发票，生产记录、财务报表等；

2．投诉、举报、信访材料；

3．环境监察记录；

4．环保部门处理违法行为的行政决定。

四、未按规定缴纳排污费

（一）主要事实

1．未按照规定缴纳排污费的事实；

2．环保部门责令限期缴纳的事实；

3．当事人逾期仍不缴纳的事实。

（二）必要证据（证明主要事实）

1．当事人的身份证明；

2．排污费缴纳通知单及送达回证；

3．责令限期缴纳通知单及送达回证；

4．排污费缴纳情况查询材料。

（三）可收集的补充证据（证明裁量事实、印证主要事实）

1．环境监察记录；

2．环保部门处理违法行为的行政决定；

3．投诉、举报、信访材料。

五、违反建设项目环境影响评价制度

（一）主要事实

1．未依法报批、未依法重新报批或者报请重新审核环境影响评价文件的事实；

2．建设项目已经开工建设的事实；

3．环保部门责令停止建设、限期补办手续的事实和当事人逾期未补办手续的事实（适用《环境影响评价法》第三十一条第一款的）。

（二）必要证据（证明主要事实）

1．当事人的身份证明；

2．调查询问笔录，或者现场检查（勘察）笔录。

（三）可收集的补充证据（证明裁量事实、印证主要事实）

1．现场照片、录像；

2．环境监察记录；

3．企业有关建设项目的规划、选址、设计、建设等材料；

4．企业有关环保资料，如环境保护业务咨询服务登记表、环评大纲、环评报告书、评估意见等；

5．土地、规划、经济综合等行政机关的项目审批材料；

6．附近居（村）民或者受害人的证言；

7．环保部门处理违法行为的行政决定；

8．投诉、举报、信访材料。

六、违反建设项目“三同时”制度

（一）主要事实

1．建设项目的环境保护设施未建成、未经验收或者经验收不合格的事实；

2．主体工程（正式）投入生产或者使用的事实。

（二）必要证据（证明主要事实）

1．当事人的身份证明；

2．调查询问笔录，或者现场检查（勘察）笔录。

（三）可收集的补充证据（证明裁量事实、印证主要事实）

1．现场照片、录像；

2．环境监察记录；

3．环境影响评价文件；

4．环保部门的环评批复；

5．企业试生产申请、验收申请、延期验收申请等材料；

6．企业生产记录、排污记录、财务报表等材料；

7．环境监测报告，或者通过有效性审核的自动监控数据；

8．环保部门处理违法行为的行政决定；

9．附近居（村）民或者受害人的证言；

10．投诉、举报、信访材料。

七、不正常使用污染处理设施

（一）主要事实（符合其中之一即可）

1．将部分或全部污水、废气不经过处理设施而直接排入环境的事实；

2. 将未处理达标的污水、废气从处理设施的中间工序或旁路引出直接排入环境的事实；

3．将部分或者全部处理设施停止运行的事实；

4．违反操作规程使用处理设施致使处理设施不能正常运行的事实（包括操作规程要求、实际操作情况及违规程度、处理设施不能正常运行的事实等）；

5．不按规程进行检查和维修致使处理设施不能正常运行的事实（包括操作规程要求、实际检查维修情况及违规程度、处理设施不能正常运行的事实等）；

6．违反处理设施正常运行所需条件致使处理设施不能正常运行的事实（包括处理设施正常运行所需条件、实际运行条件、处理设施不能正常运行的事实等）。

（二）必要证据（证明主要事实）

1．当事人的身份证明；

2．调查询问笔录，或者现场检查（勘察）笔录。

（三）可收集的补充证据（证明裁量事实、印证主要事实）

1．现场照片、录像；

2．污染处理设施的操作规程要求，环保设施的设计使用要求、产品资料、设计图纸等；

3．污染处理设施的运行记录；

4．环境监察记录；

5．环境监测报告，或者通过有效性审核的自动监控数据；

6．环境影响评价文件、建设项目环保竣工验收监测或调查报告（表）；

7．环保部门的环评批复、环保竣工验收批复；

8．企业生产记录、排污记录、财务报表等材料；

9．附近居（村）民或者受害人的证言；

10．环保部门处理违法行为的行政决定；

11．投诉、举报、信访材料。

八、擅自拆除、闲置、关闭污染处理设施、场所

（一）主要事实

1．拆除、闲置、关闭污染处理设施、场所的事实；

2．未经环保部门批准的事实。

（二）必要证据（证明主要事实）

1．当事人的身份证明；

2．调查询问笔录，或者现场检查（勘察）笔录。

（三）可收集的补充证据（证明裁量事实、印证主要事实）

1．现场照片、录像；

2．污染处理设施的运行记录；

3．环境监察记录；

4．环境监测报告，或者通过有效性审核的自动监控数据；

5．环境影响评价文件、建设项目环保竣工验收监测或调查报告（表）；

6．环保部门的环评批复、环保竣工验收批复；

7．企业生产记录、排污记录、财务报表等材料；
8．附近居（村）民或者受害人的证言；
9．环保部门处理违法行为的行政决定；
10．投诉、举报、信访材料。

九、违反环境法律规定造成环境污染事故

（一）主要事实

1．违反法律规定的事实；
2．排放污染物的事实；
3．造成环境污染事故的事实；
4．直接经济损失的数额大小。

（二）必要证据（证明主要事实）

1．当事人的身份证明；
2．调查询问笔录，或者现场检查（勘察）笔录；
3．环境监测报告，或者通过有效性审核的自动监控数据；
4．环境污染损害评估鉴定、渔业损失鉴定、农产品损失鉴定、合同、发票等损失统计材料。

（三）可收集的补充证据（证明裁量事实、印证主要事实）

1．现场照片、录像；
2．环境监察记录；
3．环境影响评价文件、建设项目环保竣工验收监测或调查报告（表）；
4．环保部门的环评批复、环保竣工验收批复；
5．附近居（村）民或者受害人的证言；
6．环保部门处理违法行为的行政决定；
7．投诉、举报、信访材料。

十、违反排污口设置规定

（一）主要事实

1．排污口的设置要求及违反规定设置排污口的事实；
2．私设暗管的事实。

（二）必要证据（证明主要事实）

1．当事人的身份证明；
2．调查询问笔录，或者现场检查（勘察）笔录。

（三）可收集的补充证据（证明裁量事实、印证主要事实）

1．现场照片、录像；
2．环境监察记录；
3．环境影响评价文件、建设项目环保竣工验收监测或调查报告（表）；
4．环保部门的环评批复、环保竣工验收批复；
5．企业生产记录、排污记录、财务报表等材料；
6．环境监测报告，或者通过有效性审核的自动监控数据；
7．环保部门处理违法行为的行政决定；
8．附近居（村）民或者受害人的证言；
9．投诉、举报、信访材料。

十一、在禁止建设区域内违法建设

（一）主要事实

1．新建、改建、扩建建设项目的事实；

2．该建设项目位于禁止建设区域内（如饮用水水源一级保护区、二级保护区、准保护区等）的事实；

3．该建设项目与供水设施和保护水源无关的事实，或者排放污染物的事实，或者严重污染水体的事实，或者增加排污量的事实（适用《水污染防治法》第八十一条的）；

4．在自然保护区、风景名胜区、饮用水水源保护区、基本农田保护区和其他需要特别保护的区域内，建设工业固体废物集中贮存、处置的设施、场所和生活垃圾填埋场的事实（适用《固体废物污染环境防治法》第六十八条的）；

5．在城市集中供热管网覆盖地区新建燃煤供热锅炉的事实（适用《大气污染防治法》第五十二条的）。

（二）必要证据（证明主要事实）

1．当事人的身份证明；

2．调查询问笔录或者现场检查（勘察）笔录。

（三）可收集的补充证据（证明裁量事实、印证主要事实）

1．现场照片、录像；

2．项目所在的禁止建设区域（如饮用水水源一级保护区、二级保护区、准保护区等）的材料；

3．环境监察记录；

4．GPS 定位记录；

5．企业有关建设项目的规划、选址、设计、建设等材料；

6．企业生产记录、排污记录、财务报表等材料；

7．环境监测报告，或者通过有效性审核的自动监控数据；

8．环保部门处理违法行为的行政决定；

9．附近居（村）民或者受害人的证言；

10．投诉、举报、信访材料；

11．土地、规划、经济综合等行政机关的项目审批材料。

附三：常见证据制作示例

示例 1：调查询问笔录（涉嫌违反环评、“三同时”制度）

（×××环境保护局）

调查询问笔录

时间：______年___月___日___时___分至___时___分

地点：____

询问人姓名及执法证号：_______、_______记录人：_______

工作单位：____________________________________

被询问人姓名：_______年龄：_____公民身份证号码：__________________________

工作单位：_______________职务：________与本案关系：__________________

地址：___________________邮编：________________电话：_______________

其他参加人姓名及工作单位：____

问：我们是×××环境保护局（环境监察支队、大队）的行政执法人员，这是我们的执法证件（向当事人出示证件，并记录持证人员姓名和执法证件号），请过目确认。今天我们依法进行检查并了解有关情况，你应当配合调查，如实回答询问和提供材料，不得拒绝、阻碍、隐瞒或者提供虚假情况。如果你认为我们与本案有利害关系，可能影响公正办案，可以申请我们回避，并说明理由。听清楚了吗？

答：（听清楚了。我不申请执法人员回避。）

问：请介绍一下你个人的基本情况。

答：（姓名、公民身份证号码、住址、单位及职务。）

问：你与被调查单位（当事人）是什么关系？

答：（是劳动合同关系的写明职务，是亲属关系写明夫妻、子女、兄弟姐妹等。）

问：被调查单位（当事人）名称（姓名）？法定代表人（或负责人、投资人、合伙人、户主）姓名？生产经营范围？

答：（写明全称，有营业执照的同营业执照。）

问：被调查单位建设项目概况？

答：（写明性质、规模、产量、主要生产设备、地点、采用的生产工艺、污染物排放总量或者防治污染、防止生态破坏的措施等信息。）

问：被调查单位建设项目何时开工建设？何时建成？环境影响评价文件何时经哪个环保部门批准？批复要求有哪些？

答：（时间写明××××年××月××日，该项目的环境影响报告书（报告表、登记表）于××××年××月××日经×××环保局批准同意，批准文号××，具体批复要求是……）

问：（建设项目环境影响评价文件未经环保部门批准的，追问：）被调查单位何时开始（重新）编制环境影响评价文件？何时向哪个环保部门（重新）报送环境影响评价文件？环保部门是否受理？何时受理？不受理是何原因？

答：（区分已委托编制在编、未重新报批、已报未受理、已报待批、已报未批准、重大变动等不同情形。）

问：被检查单位建设项目何时投入试生产？何时经哪个环保部门审批同意？

答：（时间写明××××年××月××日，该项目于××××年××月××日经×××环保局批准同意试生产，批准文号××。）

问：被检查单位建设项目何时（正式）投入生产（使用）？何时经哪个环保部门批准？

答：（时间写明××××年××月××日，该项目于××××年××月××日经×××环保局批准同意（正式）生产，批准文号××。）

问：（建设项目未通过环保竣工验收的，追问：）被调查单位（当事人）有没有落实环评批复的上述要求，具体情况如何？

答：（主要环境保护设施措施详细写明，其他设施措施略写；明确区分未建、在建、建成、未经验收、未验收合格等不同情形。）

（接下页）

以上笔录已阅无误。

被询问人签名：　　　　　　　　　　　　年　　月　　日

询问人签名：　　　　　　　　　　　　　年　　月　　日

记录人签名：　　　　　　　　　　　　　年　　月　　日

参加人签名：　　　　　　　　　　　　　年　　月　　日

第　页共　页

（续前页）

问：被检查单位目前生产状况如何？环境保护设施运行情况如何？污染物处理及排放情况如何？

答：（简要点明主要生产车间生产状况，主要环境保护设施运行情况（运行正常、未运行、运行不正常具体情形等），主要污染物处理及排放情况；点明污染物排放途径、去向。）

问：近三年被检查单位是否被环保部门处理过？何时？何违法行为？哪个环保部门？何种处理？履行情况？

答：（写明违法行为性质、作出决定的环保部门名称、文书名称、文号、处理结果、执行情况。）

问：有没有其他要反映的情况？有没有其他资料要提供？

答：（……。）

（可根据了解的情况进行追问。）

以下空白（划线）。

以上笔录已阅无误。

被询问人签名：　　　　　　年　月　日

询问人签名：　　　　　　年　月　日

记录人签名：　　　　　　年　月　日

参加人签名：　　　　　　年　月　日

第　页共　页

示例 2：现场检查笔录（根据案件线索可有详有略）

（×××环境保护局）

现场检查（勘察）笔录

时间：______年___月___日___时___分至___时___分

地点：____

检查（勘察）人及执法证号：________、________记录人：______________

工作单位：____

被检查人名称或姓名：__________法定代表人（负责人）姓名：__________

现场负责人姓名：______年龄：____公民身份证号码：__________________

工作单位：__________________职务：______与本案关系：____________

地址：____________________电话：__________邮编：____________

其他参加人姓名及工作单位（地址）：______________________________

我们是×××环境保护局（环境监察支队、大队）的行政执法人员，这是我们的执法证件（向当事人出示证件，并记录持证人员姓名和执法证件号），请过目确认。今天我们依法进行检查并了解有关情况，你应当配合调查，如实回答询问和提供材料，不得拒绝、阻碍、隐瞒或者提供虚假情况。如果你认为我们与本案有利害关系，可能影响公正办案，可以申请我们回避，并说明理由。（暗查等无法告知的情形除外）

（接下页）

以上笔录已阅无误。

被询问人签名：　　　　　　年　月　日

询问人签名：　　　　　　年　月　日

记录人签名：　　　　　　年　月　日

参加人签名：　　　　　　年　月　日

第　页共　页

（续前页）

现场情况：

1．建设项目概况。根据案件实际情况选择写明其中的有关事项：建设项目的性质、规模、产量、主要生产设备、地点、采用的生产工艺、污染物排放总量或者防治污染、防止生态破坏的措施。建设项目有重大变动的，写明变动情况。配套环境保护设施情况。

2．建设项目环评情况。（建设项目环境影响报告书（报告表、登记表）于××××年××月××日经×××环保局批准同意（文号××），具体批复要求是……未经环保部门批复的，写明已委托编制、正在编制、未报批、已报待批、已报未批准、已批复同意等不同情形。）

3．建设项目环保竣工验收情况。（建设项目于××××年××月××日经×××环保局环保竣工验收（文号××），具体批复要求是……未经环保部门批复的，写明未建、在建、建成、未经验收、验收不合格等不同情形。）

4．排污许可情况。×××年××月××日经×××环保局颁发排污许可证（证号××），许可内容是……

5．现场检查时的建设、生产、设施运行、污染物处理、排放情况。

1）建设情况（区分未开工、已开工、已建成等情形）。

2）生产情况（区分未生产、试生产、正式生产等情形）。

3）主要生产车间分布，包括主要生产工艺流程和主要污染物来源、性质、种类、数量等。

4）主要环境保护设施运行情况（运行正常、未运行、运行不正常具体情形等）。

5）主要污染物处理及排放情况，点明污染物排放途径、路线、去向（区分正常情形和现场发现非正常情形、规避监管的方式）。

6）排污口状况和位置（如果有私设暗管或非法设置排污口的行为，则详细区分法定和非法排污口、明沟暗管、明确位置、口径质材）

7）水污染物防治设施重点检查以下内容：全面检查企业污水收集管道。重点检查污水收集管道沿线、污水处理设施前半部、厂区是否雨污分流、企业排污口周边等。属制革、电镀等企业重金属生产废水的，检查是否单独收集处理。检查环保设施是否正常运行，是否按设计工艺和操作规程运行；核查企业进出水量是否平衡。检查企业废水产生量与实际处理量以及排放量等是否一致。其中，总排污口的排放量=总用水量（企业用水来自城市供水公司的检查企业每月缴纳水费的发票；企业用水为地下水或抽取河水溪水的，必须安装供水计量装置，水泵抽水必须完整记录供水时间）－回用水量－行业的水损耗量（进入产品、蒸发等）。

核查企业的污泥产生量是否合理。过检查污泥处置合同、污泥运输磅秤记录等，判断污泥产生量是否合理。如废纸造纸企业的污泥量约为 70kg/t，制浆造纸企业的污泥量约为 70～150 kg/t；城市污水处理厂的污泥产生量，因处理工艺不同污泥的产生量也不同。

核查企业污水处理设施用药量是否平衡。

检查企业排污口是否规范化，废水是否全部过处理后经法定排污口排放。

8）大气污染物防治设施重点检查以下内容：（以火电企业和其他工业企业的脱硫设施为例，处理工艺主要有石灰石-石膏法脱硫、海水脱硫、循环流化床脱硫、双碱法烟气脱硫、氨法脱硫等。）

检查企业的 dcs 系统和 cems 系统的在线监测监控数据、企业用煤量和入炉煤的硫分检测报告；

检查有无按照工艺要求使用脱硫剂，查看购买脱硫剂的发票、使用记录等；

（接下页）

以上笔录已阅无误。

现场负责人签名：　　　　　　　　　　年　　月　　日

检查（勘察）人签名：　　　　　　　　年　　月　　日

记录人签名：　　　　　　　　　　　　年　　月　　日

其他参加人签名：　　　　　　　　　　年　　月　　日

第　页共　页

<table>
<tr><td>（续前页）
检查是否开启旁路偷排；
检查碱洗碱喷淋等是否正常运转，是否有加药记录；
检查除尘设施是否运转。干式除尘要查看除尘设施电流表度数与往常是否异常，有无破袋掉极，有无漏气漏风或堵塞；湿式除尘要查看除尘灰水的色泽与流量，无除尘灰水说明水膜除尘器不运行，除尘灰水流量小除尘器运行不正常。
检查无组织烟尘排放状况，收尘率是否达到要求。
6. 绘制勘察示意图。根据案情实际，合理布图、详略得当，突出涉嫌违法部分，如建设项目位置及周边环境、建设项目厂区分布（主要生产车间、主要生产工艺流程、主要污染点源）、环境保护设施措施、排污口位置、排污途径、路线和去向、采样位置。
7. 其他内容。（执法人员对现场进行拍照、录像、录音取证。调取当事人营业执照复印件、组织机构代码证复印件、当事人居民身份证复印件，环境影响评价文件复印件、环保部门环评批复和环保竣工验收批复复印件、排污许可证复印件、在线监测仪记录。采样人员于××（位置）采集外排废水水样（废气气样）××组××个。）
以下空白（划线）。

以上笔录已阅无误。
现场负责人签名：　　　　　　年　月　日
检查（勘察）人签名：　　　　年　月　日
记录人签名：　　　　　　　　年　月　日
其他参加人签名：　　　　　　年　月　日

第　页共　页</td></tr>
</table>

示例3：现场照片、录像的说明

<table>
<tr><td>

（录像的片名或者照片的图片）</td></tr>
<tr><td>证明对象：</td></tr>
<tr><td>证物袋
（存底片、光盘等）</td></tr>
<tr><td>拍摄时间：　　年　月　日　时　分</td></tr>
<tr><td>拍摄地点：</td></tr>
<tr><td>拍摄人：</td></tr>
<tr><td>当事人、见证人（签名、盖章或者按指印）：</td></tr>
<tr><td>执法人员（签名）：

执法证号：</td></tr>
</table>

（十一）环境行政处罚主要文书制作指南

（环境保护部 环办[2010]51 号）

样式一：环境违法行为立案审批表
样式二：环境违法案件销案审批表
样式三：调查询问笔录
样式四：现场检查（勘察）笔录
样式五：先行登记保存证据通知书
样式六：解除先行登记保存证据通知书
样式七：查封（暂扣）决定书
样式八：解除查封（暂扣）决定书
样式九：责令改正违法行为决定书
样式十：行政处罚事先（听证）告知书
样式十一：行政处罚听证通知书
样式十二：听证笔录
样式十三：行政处罚决定书
样式十四：当场行政处罚决定书
样式十五：同意分期（延期）缴纳罚款通知书
样式十六：送达回证
样式十七：强制执行申请书
样式十八：案件移送函
样式十九：罚没物品处理记录
样式二十：结案审批表

处罚文书参考样式一：环境违法行为立案审批表

（×××环境保护局）

环境违法行为立案审批表

<table>
<tr><td>案件来源</td><td colspan="2"></td><td>立案号</td><td></td></tr>
<tr><td>案　　由</td><td colspan="4"></td></tr>
<tr><td rowspan="4">当事人</td><td>名称或姓名</td><td colspan="3"></td></tr>
<tr><td>住址（地址）</td><td></td><td>邮政编码</td><td></td></tr>
<tr><td>营业执照注册号
（公民身份证号码）</td><td></td><td>组织机构代码</td><td></td></tr>
<tr><td>法定代表人（负责人）</td><td></td><td>职务</td><td></td></tr>
<tr><td>案情简介
及
立案理由</td><td colspan="4"></td></tr>
<tr><td>承办人
意见</td><td colspan="4">签名：　　　　年　月　日</td></tr>
<tr><td>承办机构
负责人
审核意见</td><td colspan="4">签名：　　　　年　月　日</td></tr>
<tr><td>环保部门
负责人
审批意见</td><td colspan="4">签名：　　　　年　月　日</td></tr>
<tr><td>备注</td><td colspan="4"></td></tr>
</table>

制 作 指 南

一、适用范围

（一）环保部门内部文书。

（二）适用于对环境违法案件的立案审批。

二、文书内容

（一）有环保部门名称、文书名称和立案号。

（二）有案件来源信息。如检查发现、投诉举报、来信来访、媒体披露、上级交办、有关部门移送等途径。

（三）有案由信息。书写形式为："涉嫌+违法行为类别+案"，如"涉嫌违反环评制度案"、"涉嫌违法排放污染物案"、"涉嫌违反排污申报登记制度案"、"涉嫌违反排污收费制度案"、"涉嫌违反现场检查制度案"等。

（四）有当事人信息。根据案件线索，写明已经掌握的当事人信息；尚未掌握的，可不填写。

当事人为法人或组织的，写明单位名称（与营业执照一致）、住址（与营业执照一致）、邮政编码、营业执照注册号、组织机构代码、法定代表人（负责人）姓名及职务；当事人为公民或者个体工商户、个人合伙的，注明姓名（营业执照中有经营字号的应注明登记字号）、公民身份证号码、住址（与居民身份证、营业执照一致）。无营业执照的填写实际地址。

（五）有案情信息。根据案件线索，写明已经掌握的案情信息；尚未掌握的，可不填写。

一是案件来源信息。如检查发现的填写检查机关、检查时间、地点和检查结果；投诉举报和来信来访的填写收到时间和反映的情况（投诉人姓名可不填）；媒体披露的填写媒体名称和期号；上级交办和有关部门移送的填写收到时间、机关名称。

二是违法行为信息。如违法行为的发生时间、地点、行为等基本情况；承办人对违法事实、情节的初步判断。

（六）有立案理由。如初步判断符合《环境行政处罚办法》第二十二条规定的立案条件。

（七）有承办人建议立案与否的意见、签名及日期。

（八）有承办机构负责人同意或不同意立案的意见、签名及日期。

（九）有环保部门负责人同意或不同意立案的审批意见、签名及日期。

（十）备注栏可视情况填写其他有关信息。

三、注意事项

（一）立案应当符合《环境行政处罚办法》第二十二条规定的全部四项条件：1. 有涉嫌违反环境保护法律、法规和规章的行为；2. 依法应当或者可以给予行政处罚；3. 属于本机关管辖；4. 违法行为发生之日起到被发现之日止未超过 2 年（法律另有规定的除外）。

（二）立案审查在 7 个工作日内完成。

（三）对需要立即查处的环境违法行为，可以按照《环境行政处罚办法》第二十四条的规定先行调查取证，然后 7 日内补办立案手续。

（四）不符合立案条件，但属其他机关管辖的，移送有管辖权的机关。

（五）本文书原件随卷归档。

处罚文书参考样式二：环境违法案件销案审批表

（×××环境保护局）

环境违法案件销案审批表

<table>
<tr><td>案件来源</td><td colspan="2"></td><td>原立案号</td><td></td></tr>
<tr><td>案　　由</td><td colspan="4"></td></tr>
<tr><td rowspan="4">当事人</td><td>名称或姓名</td><td colspan="3"></td></tr>
<tr><td>住址（地址）</td><td></td><td>邮政编码</td><td></td></tr>
<tr><td>营业执照注册号
（公民身份证号码）</td><td></td><td>组织机构
代码</td><td></td></tr>
<tr><td>法定代表人（负责人）</td><td></td><td>职　　务</td><td></td></tr>
<tr><td>案情简介
及
销案理由</td><td colspan="4"></td></tr>
<tr><td>承办人
意见</td><td colspan="4"></td></tr>
<tr><td>承办机构
负责人
审核意见</td><td colspan="4"></td></tr>
<tr><td>环保部门
负责人
审批意见</td><td colspan="4"></td></tr>
<tr><td>备注</td><td colspan="4"></td></tr>
</table>

制 作 指 南

一、适用范围

（一）环保部门内部文书。

（二）适用于撤销立案的审批。

二、文书内容

（一）有环保部门名称、文书名称和原立案号。

（二）有案件来源信息。如检查发现、投诉举报、来信来访、媒体披露、上级交办、有关部门移送等途径。

（三）有案由信息。书写形式为："涉嫌+违法行为类别+案"，如"涉嫌违反环评制度案"、"涉嫌违法排放污染物案"、"涉嫌违反排污申报登记制度案"、"涉嫌违反排污收费制度案"、"涉嫌违反现场检查制度案"等。

（四）有当事人信息。根据案件线索，写明已经掌握的当事人信息；尚未掌握的，可不填写。

当事人为法人或组织的，写明单位名称（与营业执照一致）、住址（与营业执照一致）、邮政编码、营业执照注册号、组织机构代码、法定代表人（负责人）姓名及职务；当事人为公民或者个体工商户、个人合伙的，注明姓名（营业执照中有经营字号的应注明登记字号）、公民身份证号码、住址。无营业执照的填写实际地址。

（五）有案情信息。根据案件线索，写明已经掌握的案情信息；尚未掌握的，可不填写。

一是案件来源信息。如检查发现的填写检查机关、检查时间、地点和检查结果；投诉举报和来信来访的填写收到时间和反映的情况（投诉人姓名可不填）；媒体披露的填写媒体名称和期号；上级交办和有关部门移送的填写收到时间、机关名称。

二是违法行为信息。如违法行为的发生时间、地点、行为等基本情况。

（六）有销案理由。如立案后根据新情况发现不符合《环境行政处罚办法》第二十二条规定的立案条件之一。

（七）有承办人建议撤销立案与否的意见、签名及日期。

（八）有承办机构负责人同意或不同意撤销立案的意见、签名及日期。

（九）有环保部门负责人同意或不同意撤销立案的审批意见、签名及日期。

（十）备注栏可视情况填写其他有关信息。

三、注意事项

（一）已经立案的，非经审批程序不得撤销立案。

（二）撤销立案的审批程序与立案审批程序相同，撤销条件为根据新情况发现不符合《环境行政处罚办法》第二十二条规定的立案条件之一。

（三）本文书原件随卷归档。

处罚文书参考样式三：调查询问笔录

（×××环境保护局）
调查询问笔录

时间：________年_______月_______日________时______分至_______时________分

地点：____

询问人姓名及执法证号：________________、_______________记录人：__________________

工作单位：____

被询问人姓名：_____________________年龄：____公民身份证号码：__________________

工作单位：________________________ 职务：________与本案关系：__________________

地址：_____________________________邮编：_________电话：_________________________

其他参加人姓名及工作单位：____

____

执法人员出示执法证件、表明身份的记录及被询问人的确认记录：

告知当事人申请回避权利和配合调查义务的记录：

询问内容：

被询问人对笔录的审阅确认意见：

被询问人签名： 年 月 日

询问人签名： 年 月 日

记录人签名： 年 月 日

参加人签名：

第 页共 页

制 作 指 南

一、适用范围

（一）环保部门内部文书。

（二）适用于调查人员取证，记录调查人员对违法嫌疑人、污染受害人、证人等有关人员的询问过程和问答内容。

二、文书内容

（一）有环保部门名称和文书名称。

（二）有询问的起止时间、地点。

（三）有询问人、记录人基本信息，如姓名、执法证号、工作单位。

（四）有被询问人的基本信息。如姓名、年龄、公民身份证号码、工作单位、职务、电话、地址、邮政编码等，与本案关系是指被询问人在本案中的身份，如违法嫌疑单位的工作人员、污染受害人、证人等。

（五）有向当事人出示执法证件、表明身份的记录和当事人的确认记录，如“我们是××环境保护局的行政执法人员，这是我们的执法证件（向当事人出示证件，并记录持证人员姓名和执法证件号），请过目确认”和“我确认”。

（六）有告知当事人申请回避权利和配合调查义务的记录，如“今天我们依法进行检查并了解有关情况，你应当配合调查，如实回答询问和提供材料，不得拒绝、阻碍、隐瞒或者提供虚假情况。如果你认为我们与本案有利害关系，可能影响公正办案，可以申请我们回避，并说明理由。”

（七）有询问内容。包括反映本案事实的时间、地点、行为、情节、动机、后果等。

（八）有被询问人对笔录的审阅确认意见，如注明“以上笔录已阅无误”，并逐页签名、注明日期。有被询问人拒不审阅确认或者拒不签名的，由记录人予以注明。

（九）有询问人、记录人的逐页签名，并注明日期。

（十）有其他参加人的，填写其他参加人姓名、工作单位；无工作单位的，填写居住地址。其他参加人也逐页签名，并注明日期。

（十一）笔录字迹要端正，保证可以正常阅读。

（十二）笔录必须当场制作，不得事后补记、增删。当场有修改的，由被询问人在修改处签名或者压指印。

（十三）笔录不能随意空行，空白处注明“以下空白”或者划有斜线。

三、注意事项

（一）每份《调查询问笔录》只对应一个被询问人。必要时，可以对被询问人进行多次询问，每一次询问分别制作调查询问笔录。

（二）询问必须有两名以上（含）持合法有效执法证件的行政执法人员同时在场，并出示执法证件，表明身份。

（三）符合《环境行政处罚办法》第八条规定回避条件的，调查人员应当自行回避；当事人申请其回避，应当审查同意。

回避条件为以下之一：1. 本案当事人或者当事人近亲属的；2. 本人或者近亲属与本案有直接利害关系的；3. 法律、法规或者规章规定的其他回避情形。

（四）笔录应当全面、如实记录被询问人与案件相关的陈述。

（五）可以采取拍照、录像、录音或者其他方式记录询问情况。

（六）本文书原件随卷归档。

处罚文书参考样式四：现场检查（勘察）笔录

（×××环境保护局）

现场检查（勘察）笔录

时间：________年_______月_______日________时______分至_______时________分

地点：____

检查（勘察）人及执法证号：____________、____________记录人：____________________

工作单位：____

被检查人名称姓名：____________________ 法定代表人（负责人）姓名：______________

现场负责人姓名：__________________年龄：____公民身份证号码：________________

工作单位：______________________ 职务：________与本案关系：________________

地址：____________________________电话：___________邮编：______________________

其他参加人姓名及工作单位（地址）：______________________________________

____

执法人员出示执法证件、表明身份的记录及被询问人的确认记录：

告知当事人申请回避权利和配合调查义务的记录：

现场情况：

现场负责人对笔录的审阅确认意见：

现场负责人签名： 年 月 日

检查（勘察）人签名： 年 月 日

记录人签名： 年 月 日

参加人签名：

第 页共 页

制 作 指 南

一、适用范围

（一）环保部门内部文书。

（二）适用于调查人员取证，记录调查人员对违法嫌疑人的生产经营场所、污染受害现场等有关现场进行检查（勘察）的过程和发现的情况。

二、文书内容

（一）有环保部门名称和文书名称。

（二）有现场检查（勘察）的起止时间、地点。

（三）有检查（勘察）人、记录人基本信息，如姓名、执法证号、工作单位。

（四）有被检查（勘察）人、当时在场的现场负责人的基本信息。如姓名、年龄、公民身份证号码、工作单位等。与本案关系是指现场负责人在本案中的身份，如违法嫌疑单位的工作人员、污染受害人、证人等。

现场负责人不在场的，可不填写现场负责人信息。

（五）有向现场负责人出示执法证件、表明身份的记录和现场负责人的确认记录，如“我们是××环境保护局的行政执法人员，这是我们的执法证件（向当事人出示证件，并记录持证人员姓名和执法证件号），请过目确认”和“我确认”。暗查等无法出示和确认的情形除外。

（六）有告知现场检查人申请回避权利和配合调查义务的记录，如“今天我们依法进行检查并了解有关情况，你应当配合调查，如实回答询问和提供材料，不得拒绝、阻碍、隐瞒或者提供虚假情况。如果你认为我们与本案有利害关系，可能影响公正办案，可以申请我们回避，并说明理由。”暗查等无法告知的情形除外。

（七）有现场情况，包括有关的设施物品名称、数据、位置、状态等，可附示意图。

（八）有被检查（勘察）人对笔录的审阅确认意见，并逐页签名、注明日期。被检查（勘察）人无异议的，注明“以上笔录已阅无误”；被检查（勘察）人有异议的，注明异议内容；被检查（勘察）人拒不签字的，由执法人员注明。

（九）有检查（勘察）人、记录人的逐页签名，并注明日期。

（十）有其他参加人的，填写其他参加人姓名、工作单位；无工作单位的，填写居住地址。其他参加人也逐页签名，并注明日期。

（十一）笔录字迹要端正，保证可以正常阅读。

（十二）笔录必须当场制作，不得事后补记、增删。当场有修改的，由检查（勘察）人在修改处签名或者压指印。

（十三）笔录不能随意空行，空白处注明“以下空白”或者划有斜线。

三、注意事项

（一）一个案件有多处现场的，分别制作笔录；对现场需进行多次检查的，每次均制作笔录。

（二）现场检查（勘察）必须有两名以上（含）持合法有效执法证件的行政执法人员同时在场进行。

（三）符合《环境行政处罚办法》第八条规定回避条件的，调查人员应当自行回避；当事人申请其回避，应当审查同意。回避条件为以下之一：1. 本案当事人或者当事人近亲属的；2. 本人或者近亲属与本案有直接利害关系的；3. 法律、法规或者规章规定的其他回避情形。

（四）笔录应当全面、如实记录现场检查（勘察）发现的情况。

（五）为增加证明力，可要求被检查（勘察）人加盖公章。

（六）可以采取拍照、录像或者其他方式记录检查（勘察）情况。

（七）本文书原件随卷归档。

处罚文书参考样式五：先行登记保存证据通知书

（×××环境保护局）
先行登记保存证据通知书
××[ ]×号

（当事人名称或姓名，与营业执照、居民身份证一致）：______
地址：（与营业执照、居民身份证一致）______
法定代表人（负责人）：（姓名）______

因你（单位）______（案由）______的行为，涉嫌违反了______（法律、法规、规章的名称和条款号）______的规定。为防止证据灭失或者以后难以取得，依照《中华人民共和国行政处罚法》第三十七条第二款的规定，我局对清单所列证据予以先行登记保存。

先行登记保存的证据自______年___月___日至______年____月____日，以（就地或者异地）方式，存放于______（地点）______。在此期间，你（单位）不得损毁、销毁或者转移证据。

年 月 日
（××环境保护局）

附：先行登记保存证据清单

序号	物品名称	规格	数量	生产日期（批号）	生产单位	备注

以上清单，物品与实物一致。
现场负责人签名：______ ______年_____月______日
执法人员签名及执法证件号：________、__________ ______年_____月______日

制 作 指 南

一、适用范围

（一）环保部门外部文书，送达当事人。

（二）用于调查人员取证，适用于在证据可能灭失或者以后难以取得情况下先行登记保存证据。

二、文书内容

（一）有环保部门名称、文书名称和发文字号。

（二）有当事人名称或姓名、地址。当事人为法人或者其他组织的，填写名称和地址（与营业执照一致）、法定代表人（负责人）姓名；当事人为公民或者个体工商户、个人合伙的，填写姓名（营业执照中有经营字号的应注明登记字号）和地址（与居民身份证、营业执照一致）。

（三）有法律、法规、规章依据和法定事由。法律、法规、规章名称用全称，如《中华人民共和国行政处罚法》。

（四）有先行登记保存证据的方式、期限和地点。

（五）有环保部门印章和作出决定的日期。

（六）附有先行登记保存证据清单，清单载有下列内容：

1．标明物品名称、规格、数量、生产日期（批号）、生产单位等信息。

2．有当事方现场负责人的确认意见，如“以上清单，物品与实物一致”，并签名、注明日期。

3．有执法人员签名，并注明执法证号、日期。

三、注意事项

（一）采取先行登记保存措施的前提条件是“证据有可能灭失”或“证据以后难以取得”。不符合此情形之一的，不得采取先行登记保存措施。

（二）办理程序上应当经过环保部门负责人批准。情况紧急的，可以先采取登记保存措施，再报请机关负责人批准。

（三）对先行登记保存的物品，当场清点后详细填写物品名称、规格、数量、生产日期（批号）、生产单位等信息。可以采取拍照、录像或者其他方式记录现场情况。

（四）先行登记保存的证据应当在七日内依法处理，有关措施见《环境行政处罚办法》第三十九条。

（五）就地保存的，由当事人负责保存，在向当事人送达《先行登记保存证据通知书》时，在证据物品上加贴环保部门封条，说明有关情况及应遵守的义务；异地保存的，注明保存地点。

（六）本文书一份送达当事人（使用送达回证），一份随登记保存的证据备查，一份随卷归档（附送达回证）。

处罚文书参考样式六：解除先行登记保存证据通知书

（×××环境保护局）
解除先行登记保存证据通知书
××[　　]×号

（当事人名称或者姓名，与营业执照、居民身份证一致）：
地址：　　　　　（与营业执照、居民身份证一致）
法定代表人（负责人）：　（姓名）

我局于______年___月___日以《×××环境保护局先行登记保存证据通知书》（××[　　]×号）对你（单位）的 （先行登记保存证据名称） 进行了先行登记保存。先行登记保存的证据以 （就地或者异地） 方式，存放于 （地点） 。

现决定对 （先行登记保存证据全部或部分） 于______年____月____日起予以解除先行登记保存措施。

年　　月　　日
（×××环境保护局印章）

附：解除先行登记保存证据清单

序号	物品名称	规格	数量	生产日期（批号）	生产单位	备注

以上清单，物品与实物一致。
现场负责人签名：____________________________　　_________年____月____日
执法人员签名及执法证件号：__________、__________　　_________年____月____日

制 作 指 南

一、适用范围

（一）环保部门外部文书，送达当事人。

（二）用于调查人员取证，适用于解除先行登记保存证据。

二、文书内容

（一）有环保部门名称、文书名称和发文字号。

（二）有当事人名称或姓名、地址。当事人为法人或者其他组织的，填写名称和地址（与营业执照一致）、法定代表人（负责人）姓名；当事人为公民或者个体工商户、个人合伙的，填写姓名（营业执照中有经营字号的应注明登记字号）和地址（与居民身份证、营业执照一致）。

（三）有先行登记保存证据通知书的名称和文号。

（四）有先行登记保存证据的方式、地点。

（五）有环保部门印章和作出决定的日期。

（六）附有解除先行登记保存证据清单，清单载有下列内容：

1．标明物品名称、规格、数量、生产日期（批号）、生产单位等信息。

2．有当事方现场负责人的确认意见，如“以上清单，物品与实物一致”，并签名、注明日期。

3．有执法人员签名，并注明执法证号、日期。

三、注意事项

（一）采取先行登记保存证据措施的，应当根据《环境行政处罚办法》第三十九条的规定在 7 个工作日内及时处理。违法事实不成立，或者违法事实成立但依法不应当查封、暂扣或者没收的，决定解除先行登记保存措施。

（二）超过 7 个工作日未作出处理决定的，先行登记保存措施自动解除。

（三）对解除先行登记保存的物品，当场清点后详细填写物品名称、规格、数量、生产日期（批号）、生产单位等信息。可以采取拍照、录像或者其他方式记录现场情况。

（四）本文书一份送达当事人（使用送达回证），一份随卷归档（附送达回证）。

处罚文书参考样式七：查封（暂扣）决定书

（×××环境保护局）
查封（暂扣）决定书
××[ ]×号

（当事人名称或者姓名，与营业执照、居民身份证一致）：

地址：（与营业执照、居民身份证一致）

法定代表人（负责人）：（姓名）

因你（单位）（案由）的行为，涉嫌违反了（法律、法规、规章的名称和条款号）的规定。依据（法律、法规、规章的名称和条款号）的规定，我局决定对你（单位）（涉案场所、物品予以查封或者暂扣）。

（查封或者暂扣的场所、物品）自____年___月___日至____年___月___日，以（就地或者异地）方式，存放于（地点）。在此期间，你（单位）不得动用、调换、损毁、变卖。

你（单位）如对本查封（暂扣）决定不服，可在收到本决定之日起六十日内向×××环境保护局或者×××人民政府申请行政复议，也可在收到本决定之日起三个月内向×××人民法院提起行政诉讼。

年 月 日
（×××环境保护局印章）

附：（查封或者暂扣） 物品清单

序号	物品名称	规格	数量	生产日期（批号）	生产单位	备注

以上清单，物品与实物一致。

现场负责人签名：________________ ________年____月____日

执法人员签名及执法证件号：________、________ ________年____月____日

制 作 指 南

一、适用范围

（一）环保部门外部文书，送达当事人。

（二）本样式含两种文书：一是《查封决定书》，适用于决定对涉案场所、物品予以查封；二是《暂扣决定书》，适用于决定对涉案物品予以暂扣。

二、文书内容

（一）有环保部门名称、文书名称和发文字号。

（二）有当事人名称或姓名、地址。当事人为法人或者其他组织的，填写名称和地址（与营业执照一致）、法定代表人（负责人）姓名；当事人为公民或者个体工商户、个人合伙的，注明姓名（营业执照中有经营字号的应注明登记字号）、地址（与营业执照、居民身份证一致）。无营业执照的填写实际地址。

（三）有实施查封（暂扣）的法律、行政法规、地方性法规依据和法定事由，如《医疗废物管理条例》第三十九条。法律、法规、规章名称用全称，如《中华人民共和国固体废物污染环境防治法》。

（四）有查封（暂扣）的场所（物品）名称、期限和存放地点。

（五）告知不服查封（暂扣）措施的救济途径和期限，如“你（单位）如对本查封（暂扣）决定不服，可在收到本决定之日起六十日内向×××环境保护局或者×××人民政府申请行政复议，也可在收到本决定之日起三个月内向 ×××人民法院提起行政诉讼”。

（六）有环保部门印章和作出决定的日期。

（七）附有查封（暂扣）物品清单，清单载有下列内容：

1. 标明物品名称、规格、数量、生产日期（批号）、生产单位等信息。

2. 有当事方现场负责人的确认意见，如“以上清单，物品与实物一致”，并签名、注明日期。

3. 有执法人员签名，并注明执法证件号、日期。

三、注意事项

（一）实施查封或者暂扣措施必须有法律、行政法规和地方性法规的明确规定。没有法律、行政法规和地方性法规明确规定的，不得采取查封或者暂扣措施。

（二）实施查封或者暂扣措施的，必须按照法律、行政法规和地方性法规规定的条件、程序和期限执行。

（三）实施其他措施就可以实现管理目的的，不采取查封、暂扣措施。

（四）实施暂扣且异地保存的，注明保存地点。

当事人负责保存的，或者查封的，在向当事人送达《查封（暂扣）决定书》时，在场所（物品）加贴环保部门封条，说明有关情况及应遵守的义务。

（五）可以采取拍照、录像或者其他方式记录现场情况。

（六）本文书一份送达当事人（使用送达回证），一份随查封（暂扣）物品备查，一份随卷归档（附送达回证）。

处罚文书参考样式八：解除查封（暂扣）决定书

（×××环境保护局）
解除查封（暂扣）决定书
××[　　]×号

（当事人名称或者姓名，与营业执照、居民身份证一致）：
地址：（与营业执照、居民身份证一致）
法定代表人（负责人）：（姓名）

我局于______年___月___日以《×××环境保护局查封（暂扣）决定书》（××[　　]×号）对你（单位）的（场所、物品予以查封、暂扣）。

根据调查处理结果，现决定对你（单位）（被查封、暂扣的场所、物品），自_____年___月___日起（全部或部分）解除（查封、暂扣）措施。（异地暂扣物品的，注明：请于_____年___月___日前到（物品存放地点）领取。逾期不领取的，我局将按照有关规定予以处理。）

年　月　日
（×××环境保护局印章）

附：解除（查封、暂扣）物品清单

序号	物品名称	规格	数量	生产日期（批号）	生产单位	备注

以上清单，物品与实物一致。
现场负责人签名：______________________　　________年____月____日
执法人员签名及执法证件号：________、________　　________年____月____日

制 作 指 南

一、适用范围

（一）环保部门外部文书，送达当事人。

（二）本样式含两种文书：一是《解除查封决定书》，适用于对已经实施查封措施的涉案物品、场所予以解除查封措施；二是《解除暂扣决定书》，适用于对已经实施暂扣措施的涉案物品予以解除暂扣措施。

二、文书内容

（一）有环保部门名称、文书名称和发文字号。

（二）有当事人名称或姓名、地址。当事人为法人或者其他组织的，填写名称和地址（与营业执照一致）、法定代表人（负责人）姓名和职务；当事人为公民或者个体工商户、个人合伙的，注明姓名（营业执照中有经营字号的应注明登记字号）、公民身份证号码、住址（与居民身份证、营业执照一致）。

（三）有当初实施查封（暂扣）的文书名称、文号和作出决定的日期。

（四）有当初实施查封（暂扣）的信息，如采取的措施、场所（物品）概况。

（五）有解除查封（暂扣）措施的起始日期。

（六）注明是全部解除还是部分解除。异地暂扣物品的，注明：“请于_____年___月___日前到（物品存放地点）_______领取。逾期不领取的，我局将按照有关规定予以处理。”

（七）有环保部门印章和作出决定的日期。

（八）附有解除查封（暂扣）物品的清单，清单载有下列内容：

1．标明物品的名称、规格、数量、生产日期、生产单位等信息。

2．有当事方现场负责人的确认意见，如“以上清单，物品与实物一致”，并签名、注明日期。

3．有执法人员签名，并注明执法证件号、日期。

三、注意事项

（一）经查明与违法行为无关或者不再需要采取查封（暂扣）措施的，应当解除查封（暂扣）措施。

（二）解除查封（暂扣）措施的决定，应当由当初作出查封（暂扣）决定书的环保部门作出。

（三）本文书一份送达当事人（使用送达回证），一份随查封（暂扣）物品备查，一份随卷归档（附送达回证）。

处罚文书参考样式九：责令改正违法行为决定书

（×××环境保护局）
责令改正违法行为决定书
××[ ]×号

（当事人名称或者姓名，与营业执照、居民身份证一致）：
营业执照注册号（公民身份证号码）：________组织机构代码：________
地址：（与营业执照、居民身份证一致）
法定代表人（负责人）（姓名）

我局于_____年___月___日对你（单位）进行了调查，发现你（单位）实施了以下环境违法行为：

1.（陈述违法事实，如违法行为发生的时间、地点、情节、动机、危害后果等内容）；

2.________。

有（列举证据形式，阐述证据所要证明的内容）等证据为凭。

你（单位）的上述行为违反了（相关法律、法规、规章名称及条款序号）的规定。依据《中华人民共和国行政处罚法》第二十三条和（相关法律、法规、规章名称及条款序号），责令你（单位）（于_____年___月___日之前）（改正违法行为的具体形式），并于_____年___月___日前将改正情况书面报告我局。（法律、法规、规章有禁止性规定但无罚则的，可写明：你（单位）的上述行为违反了（相关法律、法规、规章名称及条款序号）的规定，责令你（单位）（于_____年___月___日之前）改正上述违法行为，并于____年___月___日前将改正情况书面报告我局。）

我局将对你（单位）改正违法行为的情况进行监督。（逾期）未改正的，我局将申请××人民法院强制执行。（法律、法规、规章规定限期改正为行政处罚前置条件的，注明：逾期未改正的，我局将依据（相关法律、法规、规章名称及条款序号）实施行政处罚。）

你（单位）如对本决定不服，可在收到本决定书之日起六十日内向×××环境保护局或者×××人民政府申请行政复议，也可在收到本决定书之日起三个月内向×××人民法院提起行政诉讼。

年 月 日
（×××环境保护局印章）

制 作 指 南

一、适用范围

（一）环保部门外部文书，送达当事人。

（二）适用于经过调查取证确认当事人存在环境违法行为，命令当事人改正或者限期改正。

二、文书内容

（一）有环保部门名称、文书名称和发文字号。

（二）有当事人名称或姓名、地址。当事人为法人或者其他组织的，填写名称和地址（与营业执照一致）、营业执照注册号、组织机构代码、法定代表人（负责人）姓名和职务；当事人为公民或者个体工商户、个人合伙的，注明姓名（营业执照中有经营字号的应注明登记字号）、公民身份证号码、住址（与居民身份证、营业执照一致）。无营业执照的填写实际地址。

（三）有调查机构名称、调查时间。

（四）有违法行为信息，如时间、地点、行为、情节、动机、后果等。

（五）有证据信息，如证据名称、提取（作出）时间、提供（作出）单位、证明内容等。

（六）有违反的法律、法规、规章名称和条款序号。法律、法规、规章名称用全称，如《中华人民共和国固体废物污染环境防治法》。

（七）有责令（限期）改正的依据，如注明“依据《中华人民共和国行政处罚法》第二十三条和（相关法律、法规、规章名称及条款序号）”。法律、法规、规章有禁止性规定但无罚则的，可不写本项。

（八）有责令改正的具体内容和期限。《环境行政处罚办法》第十二条对责令改正的具体形式进行了列举，如责令停止建设、责令停止试生产、责令停止生产或者使用、责令限期建设配套设施、责令重新安装使用、责令限期拆除、责令停止违法行为、责令限期治理等。

法律、法规、规章有禁止性规定但无罚则的，可写明“责令你（单位）（于_____年___月___日之前）改正上述违法行为”。

（九）有对违法行为改正情况进行监督的信息，如“我局将对你（单位）改正违法行为的情况进行监督。”

（十）有逾期不改正的法律后果。如“逾期未改正的，我局将申请××人民法院强制执行。”对法律、法规、规章规定限期改正为行政处罚前置条件的，写明“逾期未改正的，我局将依据（相关法律、法规、规章名称及条款序号）实施行政处罚。”

（十一）告知不服行政命令的救济途径和期限，如“你（单位）如对决定不服，可在收到本决定书之日起六十日内向×××环境保护局或者×××人民政府申请行政复议，也可在收到本决定书之日起三个月内向×××人民法院提起行政诉讼。”

（十二）有环保部门印章、作出决定的日期。

三、注意事项

（一）尽可能注明改正期限，期限应合法、适当。责令改正期限届满，当事人未按要求改正，违法行为仍处于继续或者连续状态的，可以认定为新的环境违法行为。

（二）加强对违法行为改正情况的监督，及时申请人民法院强制执行，确保执行到位。

（三）为精简文书，责令改正的具体内容也可以写在《行政处罚决定书》中，不再单独作出《责令改正违法行为决定书》。但因责令改正的起诉期限是三个月，行政处罚的起诉期限是十五日，应分开告知起诉期限。

（四）此文书一份送达当事人（使用送达回证）、一份随卷归档（附送达回证）。

处罚文书参考样式十：行政处罚事先（听证）告知书

（×××环境保护局）

行政处罚事先（听证）告知书

××[ ]×号

（当事人名称或者姓名，与营业执照、居民身份证一致）：

我局于_____年___月___日对你（单位）进行了调查，发现你（单位）实施了以下环境违法行为：

1．（陈述违法事实，如违法行为发生的时间、地点、情节、动机、危害后果等内容）；

2．________________________________。

有（列举证据形式，阐述证据所要证明的内容）等证据为凭。

你（单位）的上述行为违反了（相关法律、法规、规章名称及条款序号）的规定。依据（相关法律、法规、规章名称及条款序号）的规定，我局拟对你（单位）作出如下行政处罚：

1．________________________；

2．________________________。（其中为罚款的，罚款数额大写。）

根据《中华人民共和国行政处罚法》第三十二条的规定：你（单位）如有异议，可以向我局提出书面陈述申辩意见；未提出陈述申辩意见的，视为你（单位）放弃陈述和申辩权利。

（《行政处罚听证告知书》还注明：其中对你（单位）拟作出的（符合听证条件的处罚种类、幅度），符合听证条件。根据《中华人民共和国行政处罚法》第四十二条的规定：你（单位）有要求举行听证的权利。你（单位）如果要求听证，可以在收到本告知书之日起三日内向我局提出听证申请；逾期未提出听证申请的，视为你（单位）放弃听证要求。）

联系人： 电 话：

地 址： 邮政编码：

年 月 日

（×××环境保护局印章）

制 作 指 南

一、适用范围

（一）环保部门外部文书，送达当事人。

（二）本样式含两种文书：一是行政处罚事先告知书，适用于在作出行政处罚决定之前，告知当事人陈述申辩权；二是行政处罚听证告知书，适用于对符合听证条件的行政处罚，在作出行政处罚决定之前，告知当事人听证申请权。

二、文书内容

（一）有环保部门名称、文书名称和发文字号。

（二）有当事人名称或姓名（与营业执照、居民身份证一致）。

（三）有调查机构名称、调查时间。

（四）有违法行为信息，如时间、地点、行为、情节、动机、后果等。

（五）有证据信息，如证据名称、提取（作出）时间、提供（作出）单位、证明内容等。

（六）有违反的法律、法规、规章名称和条款序号。法律、法规、规章名称用全称，如《中华人民共和国固体废物污染环境防治法》。

（七）有拟处罚的法律、法规、规章依据。

（八）拟作出行政处罚的种类、幅度等信息。

（九）告知当事人陈述、申辩权利及联系方式。符合听证条件的，可不发《行政处罚事先告知书》，在《行政处罚听证告知书》中一并告知陈述申辩权、听证申请权和期限。

（十）有联系人信息，如电话、地址、邮政编码。

（十一）有环保部门印章、作出决定的日期。

三、注意事项

（一）行政处罚事先告知是必须履行的一项法定程序。如果环保部门作出行政处罚决定之前没有告知给予行政处罚的事实、理由和依据，则违反法定程序，行政处罚不能成立。

（二）本文书一份送达当事人（使用送达回证），一份随卷归档（附送达回证）。

处罚文书参考样式十一：行政处罚听证通知书

（×××环境保护局）
行政处罚听证通知书
××[　　]×号

（当事人名称或者姓名，与营业执照、居民身份证一致）：

你（单位）_____年___月___日就（案由）__________一案提出听证要求，我局决定于_____年___月___日___时___分在（听证地点）（公开或者不公开）举行听证会。

本次听证会由（姓名、单位、职务）为听证主持人，（姓名、单位、职务）为记录员。

如你（单位）认为听证主持人、听证员与本案有直接利害关系的，有权申请其回避。申请听证主持人、听证员回避的，可在_____年___月___日前向我局提出书面申请并说明理由。

申请延期举行听证会的，可在_____年___月___日前向我局提出书面申请并说明理由。若无正当理由缺席，视为你（单位）放弃听证权利，听证终止。

你（单位法定代表人）可以亲自参加听证，也可以委托 1～2 名代理人参加听证。

注意事项：

1．委托代理人参加听证的，在听证会举行前提交授权委托书，载明委托的事项、权限和期限。

2．携带当事人（委托代理人）的身份证明原件、复印件和有关证据材料。

3．通知有关证人出席作证，并事先告知我局联系人。

联系人：　　　　　　　　　　电　话：
地　址：　　　　　　　　　　邮政编码：

年　月　日
（×××环境保护局印章）

制 作 指 南

一、适用范围

（一）环保部门外部文书，送达当事人。

（二）适用于决定举行听证会后，通知当事人听证会的时间、地点、权利和注意事项。

二、文书内容

（一）有环保部门名称、文书名称和发文字号。

（二）有当事人名称或姓名（与营业执照、居民身份证一致）。

（三）告知举行听证的案由、时间、地点、方式。涉及国家秘密、商业秘密或者个人隐私的听证，不公开举行。

（四）告知听证主持人、听证员、记录员的姓名、单位、职务等信息。

（五）告知当事人权利，如对听证主持人和听证员的回避申请权、延期申请权、委托代理权。

（六）告知参加听证的注意事项，如提前办理授权委托手续、携带证据材料、通知证人出席作证。

（七）有联系人信息，如电话、地址和邮政编码。

（八）有环保部门印章、作出决定的日期。

三、注意事项

（一）提前7日通知当事人举行听证的时间、地点和方式。

（二）可根据需要决定是否设置听证员。

（三）当事人提出延期申请，理由正当的，环保部门予以采纳。

（四）本文书一份送达当事人（使用送达回证），一份随卷归档（附送达回证）。

处罚文书参考样式十二：听证笔录

（×××环境保护局）
听证笔录

案由：______________________________立案号：__________
时间：_____年_____ 月_____ 日_____ 时 ____分至_____时 ____分
地点：________________________________听证方式：__________
听证主持人姓名：__________工作单位及职务：______________________
听证员姓名：_____________工作单位及职务：______________________
记录员姓名：_____________工作单位及职务：______________________

听证申请人名称或姓名：______________________地址：________________
法定代表人姓名：__________________职务：________________________
委托代理人（一）姓名：________________________电话：____________
工作单位：___________________________________职务：____________
委托代理人（二）姓名：________________________电话：____________
工作单位：___________________________________职务：____________
有关证人姓名及工作单位：____
____

案件调查人（一）姓名：__________工作单位及执法证号：_______________
案件调查人（二）姓名：__________工作单位及执法证号：_______________
有关证人姓名及工作单位：____
____

听证笔录（正文）：____
____
____

以上笔录已阅无误。
听证申请人及委托代理人、有关证人签名：________________ _____年__月__日
案件调查人及有关证人签名：___________________________ _____年__月__日
听证主持人签名：_____________________________________ _____年__月__日
记录员签名：____ _____年__月__日

第 页共 页

制 作 指 南

一、适用范围

（一）环保部门内部文书。

（二）适用于记录听证会情况。

二、文书内容

（一）有环保部门名称和文书名称。

（二）案由信息和立案号同《环境违法行为立案审批表》。

（三）有举行听证的起止时间、地点、方式。

（四）有听证主持人、记录员的姓名、工作单位及职务。

（五）有听证申请人名称或姓名、地址。

当事人为法人或者其他组织的，填写名称和地址（与营业执照一致）、法定代表人（负责人）姓名和职务；当事人为公民或者个体工商户、个人合伙的，填写姓名（营业执照中有经营字号的应注明登记字号）和地址（与居民身份证、营业执照一致）。有委托代理人、证人的，写明其姓名、工作单位、职务、电话。

（六）有案件调查人姓名、工作单位及执法证号、电话。有证人的，写明其姓名、工作单位（地址）、电话。

（七）有正文。主要包括：

1．举行听证会的内容和目的。

2．介绍和核实听证参加人的姓名和身份。

3．告知当事人、委托代理人和其他听证参加人依法享有的权利。

4．宣布听证的纪律。

5．案件调查人员陈述当事人违法的事实、证据、处罚依据及处罚建议。

6．当事人对案件涉及的事实、证据等进行陈述、申辩的内容。

7．案件调查人员和当事人双方质证、辩论的内容和证据。

8．当事人的最后陈述意见。

（八）有听证申请人及其委托代理人、案件调查人员、证人的审阅确认意见，如注明“以上笔录已阅无误”，并逐页签名、注明日期。

（九）有听证主持人、记录员的签名，并注明日期。

（十）笔录字迹要端正，保证可以正常阅读。

（十一）笔录必须当场制作，不得事后补记、增删。当场有文字修改的，由修改人在修改处签名或者压指印。

（十二）笔录不能随意空行，空白处注明“以下空白”或者划有斜线。

三、注意事项

（一）笔录应当全面、如实记录听证会上的陈述。

（二）听证会上出示的证据，制作证据目录，附在听证笔录之后。

（三）在听证会上提供的书面发言材料和书面陈述申辩材料，附在听证笔录之后。

（四）本文书原件随卷归档。

处罚文书参考样式十三：行政处罚决定书

（×××环境保护局）
行政处罚决定书
××[　　]×号

（当事人名称或者姓名，与营业执照、居民身份证一致）：
营业执照注册号（公民身份证号码）：__________组织机构代码：__________
地址：（与营业执照、居民身份证一致）
法定代表人（负责人）：（姓名）

一、调查情况及发现的环境违法事实、证据和陈述申辩（听证）及采纳情况

我局于____年___月___日对你（单位）进行了调查，发现你（单位）实施了以下环境违法行为：

1．（陈述违法事实，如违法行为发生的时间、地点、情节、动机、危害后果等内容）；

2．__________。

以上事实，有（列举证据形式，阐述证据所要证明的内容）等证据为凭。

你（单位）的上述行为违反了（相关法律、法规、规章名称及条款序号）的规定。

我局于____年___月___日以《行政处罚事先（听证）告知书》（××[　　]×号）告知你（单位）陈述申辩权（听证申请权）。____年___月___日，（叙述陈述申辩及听证过程、当事人意见理由及证据、环保部门采纳当事人意见的情况及理由。有从重、从轻、减轻或其他有裁量幅度的，说明法定理由和依据。）

二、行政处罚的依据、种类及其履行方式、期限

依据（相关法律、法规、规章名称及条款序号）的规定，我局决定对你（单位）处以如下行政处罚：

1．罚款（大写）__________元。限于接到本处罚决定之日起十五日内缴至指定银行和账号。逾期不缴纳罚款的，我局将每日按罚款数额的 3%加处罚款。

收款银行：__________　户名：__________

账号：__________

2．__________

三、申请行政复议或者提起行政诉讼的途径和期限

如不服本处罚决定，可在收到本处罚决定书之日起六十日内向×××环境保护局或者向×××人民政府申请复议，也可在十五日内直接向×××人民法院起诉。

申请行政复议或者提起行政诉讼，不停止行政处罚决定的执行。

逾期不申请行政复议，不提起行政诉讼，又不履行本处罚决定的，我局将依法申请人民法院强制执行。

年　月　日
（×××环境保护局印章）

制 作 指 南

一、适用范围

（一）环保部门外部文书，送达当事人。

（二）适用于经过调查取证确认当事人存在环境违法行为，作出行政处罚决定。

二、文书内容

（一）有环保部门名称、文书名称和发文字号。

（二）有当事人名称或姓名、地址。当事人为法人或者其他组织的，填写名称和地址（与营业执照一致）、营业执照注册号、组织机构代码、法定代表人姓名和职务；当事人为公民或者个体工商户、个人合伙的，填写姓名（营业执照中有经营字号的应注明登记字号）和地址（与居民身份证、营业执照一致）。

（三）有调查机构名称、调查时间。

（四）有违法行为信息，如时间、地点、行为、情节、动机、后果等。

（五）有证据信息，如证据名称、提取（作出）时间、提供（作出）单位、证明内容等。

（六）有违反的法律、法规、规章名称和条款序号。法律、法规、规章名称用全称，如《中华人民共和国固体废物污染环境防治法》。

（七）有陈述申辩、听证过程、当事人意见理由及证据、环保部门采纳当事人意见的情况及理由。

当事人放弃陈述、申辩的，也予以说明。

（八）有从重、从轻、减轻或其他有裁量幅度的，说明法定理由和依据。

（九）有行政处罚的依据，如注明“依据（相关法律、法规、规章名称及条款序号）的规定”。

（十）有行政处罚的种类、幅度信息。

（十一）有行政处罚的履行方式、期限信息。

（十二）告知不服行政处罚决定的救济途径和期限，如“你（单位）如对本行政处罚决定不服，可在收到本行政处罚决定之日起六十日内向×××环境保护局或者×××人民政府申请行政复议，也可在收到本行政处罚决定之日起十五日内向×××人民法院提起行政诉讼。”

（十三）有不履行处罚决定的法律后果，如“逾期不申请行政复议，不提起行政诉讼，又不履行本处罚决定的，我局将依法申请人民法院强制执行。”

（十四）有环保部门印章、作出决定的日期。

三、注意事项

（一）行政处罚决定一经作出，非经法定程序不得擅自变更或者撤销。

（二）加强对行政处罚决定书履行情况的监督，及时申请人民法院强制执行，确保执行到位。

（三）本文书一份送达当事人（使用送达回证），一份随卷归档（附送达回证）。

处罚文书参考样式十四：当场行政处罚决定书（存根联）

（×××环境保护局）

当场行政处罚决定书（存根联）

统一编号：××[ ]×号

（当事人名称或者姓名，与营业执照、居民身份证一致）____于____年___月___日___时，在（违法地点）____ 因 （行为方式）____的行为，违反了（法律、法规、规章名称及条款序号）____ 的规定。我局执法人员当场告知违法事实、依据和权利，（并听取了你（单位）的陈述申辩（或：你（单位）未作陈述申辩）____。依据（法律、法规、规章名称及条款序号），我局当场决定处以____（警告、罚款 元）____。

缴款方式：（1）当场收缴。（2）在收到本处罚决定之日起 15 日内将罚款交至（银行名称、账号、账户）____。

当事人（现场负责人）签名：________ 营业执照注册号（公民身份证号码）：________

地址：________________ 邮政编码：________ 电话：________

执法人员签名及执法证号：________________

____年___月___日

……………………………（加盖环保部门骑缝章）……………………………

（×××环境保护局）

当场处罚决定书

统一编号：××[ ]×号

（当事人名称或者姓名，与营业执照、居民身份证一致）____：

营业执照注册号（公民身份证号码）：________ 组织机构代码：________

地址：____（与营业执照、居民身份证一致）____

法定代表人（负责人）：（姓名）____ 职务：________

你（单位）的 ____（违法行为）____，违反了（法律、法规、规章名称及条款序号）。我局执法人员当场向你（单位）告知了违法事实、依据和依法享有的权利，（并听取了你（单位）的陈述申辩（或：你（单位）未作陈述申辩）____。

依据（法律、法规、规章名称及条款序号）____和《中华人民共和国行政处罚法》第三十三条的规定：我局决定当场对你（单位）给予以下行政处罚：

1．警告。

2．罚款（大写）________元。

缴款方式：（1）当场收缴。（2）在收到本处罚决定之日起十五日内将罚款缴至指定银行和账号。

逾期不缴纳罚款的，我局将每日按罚款数额的 3%加处罚款。

收款银行：____________ 户名：________

账 号：____________________

如不服本处罚决定，可在收到本处罚决定书之日起六十日内向×××环境保护局或者向×××人民政府申请行政复议，也可在十五日内直接向×××人民法院提起行政诉讼。

申请行政复议或者提起行政诉讼，不停止行政处罚决定的执行。

逾期不申请行政复议，不提起行政诉讼，又不履行本处罚决定的，我局将依法申请人民法院强制执行。

执法人员签名及执法证件号：________________________________

年　月　日

（×××环境保护局印章）

制　作　指　南

一、适用范围

（一）环保部门外部文书，送达当事人。

（二）适用于对违法事实确凿、情节轻微并有法定依据，对公民处以 50 元以下、对法人或者其他组织处以 1 000 元以下罚款或者警告的行政处罚，当场作出行政处罚决定。

二、文书内容

（一）分“存根联”和“当事人联”，加盖环保部门骑缝章。

（二）“存根联”和“当事人联”均有环保部门名称、文书名称和统一编号。

（三）“存根联”和“当事人联”均有当事人名称或姓名、地址。

当事人为法人或者其他组织的，填写名称和地址（与营业执照一致）、营业执照注册号、组织机构代码、法定代表人（负责人）姓名和职务；当事人为公民或者个体工商户、个人合伙的，填写姓名（营业执照中有经营字号的应注明登记字号）和地址（与居民身份证、营业执照一致）。

（四）“存根联”和“当事人联”均有违法行为信息，如时间、地点、行为、情节、动机、后果等。

（五）“存根联”和“当事人联”均有违反的法律、法规、规章名称和条款序号。法律、法规、规章名称用全称，如《中华人民共和国固体废物污染环境防治法》。

（六）“存根联”和“当事人联”均告知当事人陈述申辩权利及听取当事人陈述、申辩的情况。

当事人放弃陈述、申辩的，也予以说明。

（七）“存根联”和“当事人联”均有行政处罚的依据，如注明

“依据（相关法律、法规、规章名称及条款序号）的规定”。

（八）“存根联”和“当事人联”均有行政处罚的种类、幅度信息。

（九）“存根联”和“当事人联”均有行政处罚的履行方式、期限信息。

（十）“存根联”和“当事人联”均有执法人员签名及执法证件号。

（十一）“当事人联”告知不服行政处罚决定的救济途径和期限，如“你（单位）如对本行政处罚决定不服，可在收到本行政处罚决定之日起六十日内向×××环境保护局或者×××人民政府申请行政复议，也可在收到本行政处罚决定之日起十五日内向××人民法院提起行政

诉讼。”

（十二）“当事人联”有不履行处罚决定的法律后果，如“逾期不申请行政复议，不提起行政诉讼，又不履行本处罚决定的，我局将依法申请人民法院强制执行。”

（十三）“当事人联”有环保部门印章、作出决定的日期。

（十四）“存根联”有当事人基本信息，如营业执照注册号（公民身份证号码）、地址、邮政编码、电话。

（十五）“存根联”有当事人签名。当事人拒绝签名的，予以注明。

三、注意事项

（一）除法律另有规定的外，《当场行政处罚决定书》只适用于违法事实确凿、情节轻微并有法定依据，对公民处以 50 元以下、对法人或者其他组织处以 1 000 元以下罚款或者警告的行政处罚。

（二）执法人员填写《当场行政处罚决定书》后，当场宣读并将“当事人联”交付当事人。

（三）当事人和执法人员在《当场行政处罚决定书》上填写的日期一致。

（四）当场收缴罚款的应交付法定罚款票据，并及时交至所属环保部门。

（五）执法人员作出当场行政处罚决定后，在 3 个工作日内报所属环保部门备案。

（六）“存根联”作为案卷存档。

处罚文书参考样式十五：同意分期（延期）缴纳罚款通知书

（×××环境保护局）

同意分期（延期）缴纳罚款通知书

××[　　]×号

（当事人名称或者姓名，与营业执照、居民身份证一致）_____：

营业执照注册号（公民身份证号码）：______________组织机构代码：__________

地址：_____（与营业执照、居民身份证一致）____________________

法定代表人（负责人）：____（姓名）__________职务：______________

我局____年___月___日《行政处罚决定书》（××[　　]×号）________，对你（单位）罚款________________________元（大写）。你（单位）于____年___月___日申请（分期、延期缴纳罚款）________。

依据《中华人民共和国行政处罚法》第五十二条的规定：我局同意你（单位）延期至____年___月___日（大写）前缴纳罚款。（批准分期缴纳罚款的，写明：依据《中华人民共和国行政处罚法》第五十二条的规定：我局同意你（单位）分期缴纳罚款。第____期至____年___月___日（大写）前，缴纳罚款____元（大写）；第____期至____年___月___日（大写）前，缴纳罚款____元（大写）；第____期至____年___月___日（大写）前，缴纳罚款_____元（大写）；第____期至____年___月___日（大写）前，缴纳罚款_____元（大写）。）

代收机构以本通知书为据，办理收款手续。

逾期缴纳罚款的，依据《中华人民共和国行政处罚法》第五十一条第（一）项的规定，每日按罚款数额的3%加处罚款。加处的罚款由代收机构直接收缴。

年　月　日

（×××环境保护局印章）

制 作 指 南

一、适用范围

（一）环保部门外部文书，送达当事人。

（二）适用于对确有经济困难的当事人分期或者延期缴纳罚款的申请，批复同意。

二、文书内容

（一）有环保部门名称、文书名称和发文字号。

（二）有当事人名称或姓名、地址。当事人为法人或者其他组织的，填写名称和地址（与营业执照一致）、营业执照注册号、组织机构代码、法定代表人姓名和职务；当事人为公民或者个体工商户、个人合伙的，填写姓名（营业执照中有经营字号的应注明登记字号）和地址（与居民身份证、营业执照一致）。

（三）有作出罚款的《行政处罚决定书》的基本信息。如“____年___月___日《行政处罚决定书》（××[　　]×号），对你（单位）罚款________________元（大写）”。

（四）有当事人的申请信息，如“你（单位）于_____年___月___日申请（分期或者延期缴纳罚款）”。

（五）有同意分期或延期的依据。如《中华人民共和国行政处罚法》第五十二条。

（六）有分期或者延期的具体期限信息。同意延期缴纳的，写明缴纳的最后期限；同意分期缴纳的，写明期次、每期金额和每期期限。

（七）告知逾期缴纳罚款的法律后果。

（八）有环保部门印章、作出决定的日期。

三、注意事项

（一）同意延期或者分期缴纳罚款的审批条件是“确有经济困难”。

（二）行政处罚决定书确定的缴纳期限届满后提出申请的，不予批准。

（三）延期或者分期缴纳的最后一期缴纳时间不得晚于申请人民法院强制执行的最后期限。

（四）本文书一份送达当事人（使用送达回证），一份送达罚款收缴机构，一份随卷归档（附送达回证）。

处罚文书参考样式十六：送达回证

（×××环境保护局）
送达回证
××[　　]×号

送达文书名称及文号	
当事人名称或姓名	
送达地点	
送达方式	
收件人签名（盖） 及收件日期	（与当事人的关系：　　　　　　）　　　　　　　年　月　日
送达人签名	年　月　日
送达机关盖章	
备注	

制 作 指 南

一、适用范围

（一）环保部门内部文书。

（二）适用于文书送达，证明当事人已经收到法律文书。

二、文书内容

（一）有环保部门名称、文书名称和编号。

（二）有送达的文书名称和发文文号。

（三）有当事人名称或姓名（与处罚文书一致）。

（四）有送达日期和送达地点信息。

（五）注明送达方式。委托送达、留置送达的在备注中注明情况；公告送达将公告文书随卷归档；邮寄送达的将挂号信回执粘贴于备注中。

（六）有收件人签名并注明收件日期。当事人以外的其他人代收的，注明与当事人关系。当事人拒收的，在备注栏注明拒收情况，并请见证人签名。

（七）有送达人签名。

（八）有送达机关印章。

三、注意事项

（一）行政处罚文书的送达方式和期限参照《中华人民共和国民事诉讼法》有关规定执行：

第七十七条 送达诉讼文书必须有送达回证，由受送达人在送达回证上记明收到日期，签名或者盖章。

受送达人在送达回证上的签收日期为送达日期。

第七十八条 送达诉讼文书，应当直接送交受送达人。受送达人是公民的，本人不在交他的同住成年家属签收；受送达人是法人或者其他组织的，应当由法人的法定代表人、其他组织的主要负责人或者该法人、组织负责收件的人签收；受送达人有诉讼代理人的，可以送交其代理人签收；受送达人已向人民法院指定代收人的，送交代收人签收。

受送达人的同住成年家属，法人或者其他组织的负责收件的人，诉讼代理人或者代收人在送达回证上签收的日期为送达日期。

第七十九条 受送达人或者他的同住成年家属拒绝接收诉讼文书的，送达人应当邀请有关基层组织或者所在单位的代表到场，说明情况，在送达回证上记明拒收事由和日期，由送达人、见证人签名或者盖章，把诉讼文书留在受送达人的住所，即视为送达。

第八十条 直接送达诉讼文书有困难的，可以委托其他人民法院代为送达，或者邮寄送达。邮寄送达的，以回执上注明的收件日期为送达日期。

第八十一条 受送达人是军人的，通过其所在部队团以上单位的政治机关转交。

第八十二条 受送达人是被监禁的，通过其所在监所或者劳动改造单位转交。

受送达人是被劳动教养的，通过其所在劳动教养单位转交。

第八十三条 代为转交的机关、单位收到诉讼文书后，必须立即交受送达人签收，以在送达回证上的签收日期，为送达日期。

第八十四条 受送达人下落不明，或者用本节规定的其他方式无法送达的，公告送达。自发出公告之日起，经过六十日，即视为送达。

公告送达，应当在案卷中记明原因和经过。

（二）送达方式为直接送达的，由被送达人签收，被送达人不在时可由其他有关人员代签收，注明与被送达人的关系；被送达人拒绝签收的，执法人员可留置送达，在备注栏注明情况，并邀请见证人签名；邮寄送达的，用挂号信或者快递，并作登记和索要回执；公告送达的，登记公告时间、公告期和公告范围、形式及载体，并将公告载体随卷归档。

（三）送达回证附在所送文书后随卷归档。

处罚文书参考样式十七：强制执行申请书

（×××环境保护局）
强制执行申请书
××[　　]×号

申请人名称：________________ 地址：________________
法定代表人姓名：________职务：______ 电话：______邮政编码：________
委托代理人姓名：________工作单位及职务：________ 电话：________
被申请人名称或姓名：________________地址：________________
法定代表人（负责人）姓名：__________ 电话：______ 邮政编码：________

对＿＿（当事人及其违法行为）＿＿＿＿＿＿一案，我局＿＿年＿＿月＿＿日＿＿（行政处罚文书名称、文号）＿＿＿。（叙述当事人不履行行政处罚文书载明法定义务的情况。叙述行政复议和行政诉讼情况。）

依照《中华人民共和国行政诉讼法》**第六十六条**[申请强制执行处罚决定书的，还注明：《中华人民共和国行政处罚法》第五十一条和《中华人民共和国环境保护法》第四十条]之规定，特申请你院强制执行下列项目：

1．________________________________

2．________________________________

附：1.《行政处罚决定书》（或者《当场行政处罚决定书》《责令改正违法行为决定书》）副本______；

2．法定代表人身份证明、授权委托书各一份；

3．证明具体行政行为合法的材料______件。

此致

____________________人民法院

年　月　日

（×××环境保护局印章）

制 作 指 南

一、适用范围

（一）环保部门外部文书，送达人民法院。

（二）适用于在当事人不履行《行政处罚决定书》（或者《当场行政处罚决定书》《责令改正违法行为决定书》载明法定义务，向人民法院申请强制执行。

二、文书内容

（一）有环保部门名称、文书名称和发文文号。

（二）有申请人（作出处罚文书的环保部门）基本信息，如环保部门名称、地址、法定代表人姓名、职务、联系电话和邮政编码。委托代理人的，写明委托代理人姓名、工作单位、职务、电话。

（三）被申请人基本信息。被申请人为法人或者其他组织的，写明单位名称、地址、法定代表人（负责人）姓名、职务、电话、邮政编码；被申请人为公民的，写明姓名、地址、电话、邮政编码。

（四）有处罚文书已经生效的信息，如处罚文书名称、发文文号、送达日期。

（五）有当事人不履行处罚文书载明法定义务的情况，包括当事人未履行、部分未履行。

（六）有行政复议和行政诉讼的情况说明。如“被申请人在法定期限内既未申请行政复议又未提起行政诉讼”；经过行政复议的，写明“复议决定书送达后当事人未提起行政诉讼”；经过人民法院一审判决的，写明“第一审行政判决后当事人未提出上诉”；经过人民法院一审裁定的，写明“第一审行政裁定后当事人未提出上诉”；经过人民法院二审的，写明“第二审行政判决书已经送达”。

（七）有申请强制执行的法律依据，如《中华人民共和国行政诉讼法》第六十六条、《中华人民共和国行政处罚法》第五十一条和《中华人民共和国环境保护法》第四十条”。

（八）有申请强制执行的请求内容。

（九）有送达的人民法院名称。

（十）附有材料清单，如申请执行的处罚文书、法定代表人身份证明、授权委托书、证明具体行政行为合法的材料。

（十一）有环保部门印章、作出日期。

三、注意事项

（一）《中华人民共和国行政诉讼法》第六十六条规定：“公民、法人或者其他组织对具体行政行为在法定期限内不提起诉讼又不履行的，行政机关可以申请人民法院强制执行，或者依法强制执行。”

《最高人民法院关于执行〈中华人民共和国行政诉讼法〉若干问题的解释》第八十七条规定：“法律、法规没有赋予行政机关强制执行权，行政机关申请人民法院强制执行的，人民法院应当依法受理。”

行政处罚与责令改正均为具体行政行为的一种，因此，可申请强制执行的处罚文书有：《行政处罚决定书》《当场行政处罚决定书》《责令改正违法行为决定书》。

（二）人民法院受理强制执行申请的条件见《最高人民法院关于执行〈中华人民共和国行政诉讼法〉若干问题的解释》第八十六条，具体有：

1．具体行政行为依法可以由人民法院执行；

2．具体行政行为已经生效并具有可执行内容；

3．申请人是作出该具体行政行为的行政机关或者法律、法规、规章授权的组织；

4．被申请人是该具体行政行为所确定的义务人；

5．被申请人在具体行政行为确定的期限内或者行政机关另行指定的期限内未履行义务；

6．申请人在法定期限内提出申请；

7．被申请执行的行政案件属于受理申请执行的人民法院管辖。

（三）环保部门要及时向人民法院申请强制执行，可在下列期限内尽早提起：

1.《责令改正违法行为决定书》送达后当事人未申请行政复议且未提起行政诉讼的，在处罚文书送达之日起3个月后起算的180日内；

2.《行政处罚决定书》《当场行政处罚决定书》送达后当事人未申请行政复议且未提起行政诉讼的，在处罚文书送达之日起60日后起算的180日内；

3．复议决定书送达后当事人未提起行政诉讼的，在复议决定书送达之日起15日后起算的180日内；

4.第一审行政判决后当事人未提出上诉的，在判决书送达之日起15日后起算的180日内；

5.第一审行政裁定后当事人未提出上诉的，在裁定书送达之日起10日后起算的180日内；

6．第二审行政判决书送达之日起180日内。

（四）受理法院一般为环保部门所在地基层人民法院；执行对象为不动产的，受理法院一般为不动产所在地的基层法院。

（五）按人民法院要求办理授权委托手续。

（六）本文书一份送达人民法院，一份随卷归档。

处罚文书参考样式十八：案件移送函

（×××环境保护局）
案件移送函
××[　　]×号

(受移送单位名称)：

我局于_____年___月___日（叙述案件来源信息，如检查发现、投诉举报、来信来访等。叙述案件基本情况）。此案不在我局管辖范围之内。

_____（叙述移送依据、理由）_____________________，现将该案移送你单位处理。

联系人：________________________ 电话：______________

地址：__________________________ 邮政编码：___________

附：有关材料和证据清单

年　月　日
（×××环境保护局印章）

制 作 指 南

一、适用范围

（一）环保部门外部文书，送达对案件有管辖权的机关。

（二）适用于发现不属于本机关管辖的案件，移送有管辖权的机关处理。

二、文书内容

（一）有环保部门名称、文书名称和发文文号。

（二）有受移送单位名称。

（三）有案件来源信息。

（四）有案件基本情况。

（五）有移送案件的依据和理由。

（六）有联系人信息，如电话、地址、邮政编码。

（七）附有有关材料和证据，并列有清单。

三、注意事项

（一）不属于本机关管辖的案件，及时移送。

（二）受移送单位按下列情形确定：

1．不属于本机关管辖但属于环保部门管辖的案件，移送有管辖权的环保部门。

2．涉嫌违法依法应当实施行政拘留的案件，移送公安机关。

3．涉嫌违反党纪、政纪的案件，移送纪检、监察部门。

4．涉嫌犯罪的案件，移送司法机关。

5．涉及经济综合、工商、建设、工业信息、安全监管等行政机关职责的，移送有关机关。

（三）涉嫌违法依法应当由人民政府实施责令停产整顿、责令停业、关闭的案件，环保部门应当立案调查并提出处理建议报本级人民政府，不得移送。

处罚文书参考样式十九：罚没物品处理记录

（×××环境保护局）
罚没物品处理记录

处理时间：____________________ 处理地点：____________________
执行人姓名：____________________、____________________
记录人姓名：____________ 见证人姓名及工作单位：____________________
处理理由及依据：____

处理方式及处理结果：____

执行人签名：____________、____________ ____年__月__日
见证人签名：____________________ ____年__月__日
环保部门负责人签名：____________________ ____年__月__日

附：处理物品清单

序号	物品名称	数量	规格	生产单位	原持有人	行政处罚决定书及文号

制 作 指 南

一、适用范围

（一）环保部门内部文书。

（二）适用于记录罚没物品的处理情况。

二、文书内容

（一）环保部门名称、文书名称。

（二）有处理时间、处理地点。

（三）有执行人、记录人姓名。有见证人的，注明见证人姓名、工作单位或者地址。

（四）有处理理由及依据。

（五）有处理方式和处理结果。处理方式一般有：

1．直接上缴国库；

2．将依法拍卖、变卖后将所得款项上缴国库；

3．依法销毁；

4．国家规定的其他处理方式。

（六）有执行人、见证人、环保部门负责人签名，注明日期。

（七）附有处理物品清单，注明物品名称、数量、原持有人、行政处罚决定书及文号等信息。

三、注意事项

（一）处理罚没物品，应当经环保部门负责人批准。

（二）可以采取拍照、录像或者其他方式记录现场情况。

（三）本文书原件随卷归档（附缴销凭证）。

处罚文书参考样式二十：结案审批表

（×××环境保护局）
结案审批表

立案日期		立案号	
案由		案件来源	
当事人 名称或姓名		地　址	
法定代表人（负责人）姓名		职　务	
调查人员姓名 及工作单位		案件审查人员姓名及工作单位	
处罚文书名称 及文号			
案件调查 处理过程			
处理依据 及结果			
行政复议、行政诉讼情况			
执行情况			
罚没财物 处理情况			
承办人意见	签名：	年　月　日	
承办机构负责人审核意见	签名：	年　月　日	
环保部门负责人审批意见	签名：	年　月　日	
备注			

制 作 指 南

一、适用范围

（一）环保部门内部文书。

（二）适用于行政处罚案件办理完毕的结案审批。

二、文书内容

（一）有环保部门名称、文书名称。

（二）有立案基本信息，如立案日期、立案号、案由，案件来源。

（三）有当事人基本信息，如名称或姓名、地址，法定代表人（负责人）姓名、职务。

（四）有案件调查处理基本信息，如调查人员姓名及工作单位、案件调查处理过程；案件审查人员姓名及工作单位，处罚文书名称及文号、处理结果及依据。

（五）有行政复议、行政诉讼基本信息。如是否经过行政复议、行政诉讼及结果（注明复议决定书、法院判决书、裁定书的结论）。

（六）有案件执行的基本信息。如是当事人自动履行，还是人民法院强制执行。

（七）罚没财物处理基本信息。如处置方式、处置结果。

（八）承办人建议结案的理由、签名及日期。

（九）承办机构负责人同意或不同意结案的意见、签名及日期

（十）环保部门负责人同意或不同意结案的意见、签名及日期。

三、注意事项

（一）《环境行政处罚办法》第六十七条规定了结案条件：

1．行政处罚决定由当事人履行完毕的；

2．行政处罚决定依法强制执行完毕的；

3．不予行政处罚等无须执行的；

4．行政处罚决定被依法撤销的；

5．环境保护主管部门认为可以结案的其他情形。

（二）环保部门同意分期（延期）履行行政处罚决定的，予以注明。

（三）本文书原件随卷归档。

（十二）关于《水污染防治法》第七十三条和第七十四条“应缴纳排污费数额”具体应用问题的通知

环境保护部、财政部、国家发展和改革委员会 函
（环函[2011]32 号）

各省、自治区、直辖市环境保护厅（局）、财政厅（局）、发展改革委、物价局：

2008 年修订的《水污染防治法》第七十三条规定：“违反本法规定，不正常使用水污染物处理设施，或者未经环境保护主管部门批准拆除、闲置水污染物处理设施的，由县级以上人民政府环境保护主管部门责令限期改正，处应缴纳排污费数额一倍以上三倍以下的罚款。”第七十四条规定：“违反本法规定，排放水污染物超过国家或者地方规定的水污染物排放标准，或者超过重点水污染物排放总量控制指标的，由县级以上人民政府环境保护主管部门按照权限责令限期治理，处应缴纳排污费数额二倍以上五倍以下的罚款。”

根据《全国人民代表大会常务委员会关于加强法律解释工作的决议》，经请示全国人民代表大会常务委员会法制工作委员会，现就《水污染防治法》第七十三条和第七十四条所指“应缴纳排污费数额”的具体应用问题，通知如下：

一、《水污染防治法》第七十三条和第七十四条所指“应缴纳排污费数额”，是法律授权环保部门参照排污费征收标准及计算方法确定并用以裁定罚款数额的基数。

二、确定“应缴纳排污费数额”时，对水污染物的种类、浓度和污水排放量的认定，按照以下方法执行：

1. 关于水污染物的种类、浓度，应当按照国家有关水污染源在线监测技术规范或者监督性监测方法，对违法行为发生时所排水污染物的种类、浓度进行认定。

2. 关于污水排放量，排污者实施违法行为不超过 30 天的，应当按照 30 天的污水排放量进行认定；超过 30 天的，应当按照实际违法行为期间污水排放量进行认定。

三、排污者具备法定减缴、免缴、不缴排污费情形的，不影响环保部门参照排污费征收标准及计算方法确定并用以裁定罚款数额的基数。

四、关于《水污染防治法》第七十三条和第七十四条“应缴纳排污费数额”具体应用问题，环境保护部此前所作的规定与本通知不一致的，按本通知执行。

环境保护部、财政部、发展改革委
二〇一一年二月二十二日

（十三）环境行政执法后督察办法

（环境保护部令第 14 号）

《环境行政执法后督察办法》已由环境保护部 2010 年第二次部务会议于 2010 年 11 月 5 日审议通过。现予公布，自 2011 年 3 月 1 日起施行。

环境保护部部长 周生贤

二〇一〇年十二月十五日

主题词：环保 法规 后督察 令

第一条 为了规范环境行政执法后督察工作，提高环境行政执法效能，制定本办法。

第二条 本办法所称环境行政执法后督察，是指环境保护主管部门对环境行政处罚、行政命令等具体行政行为执行情况进行监督检查的行政管理措施。

第三条 县级以上人民政府环境保护主管部门负责组织实施环境行政执法后督察。

对县级以上人民政府或者其环境保护主管部门依法作出的环境行政处罚、行政命令等具体行政行为，由县级以上人民政府环境保护主管部门的环境监察机构负责具体实施环境行政执法后督察。

对环境保护部依法作出的环境行政处罚、行政命令等具体行政行为，可以由环境保护部委托其派出的环境保护督查机构负责具体实施环境行政执法后督察。

第四条 县级以上人民政府环境保护主管部门应当将环境行政执法后督察纳入环境行政执法工作计划。

对有重大影响或者造成严重污染的环境违法案件，县级以上人民政府环境保护主管部门应当制定后督察工作方案，并组织实施。

第五条 县级以上人民政府环境保护主管部门应当在环境行政处罚、行政命令等具体行政行为执行期限届满之日起 60 日内，进行环境行政执法后督察。

第六条 县级以上人民政府环境保护主管部门应当对下列事项进行环境行政执法后督察：

（一）罚款，责令停产整顿，责令停产、停业、关闭，没收违法所得、没收非法财物等环境行政处罚决定的执行情况；

（二）责令改正或者限期改正违法行为、责令限期缴纳排污费等环境行政命令的执行情况；

（三）其他具体行政行为的执行情况。

第七条 县级以上人民政府环境保护主管部门进行环境行政执法后督察时，执法人员（以下统称“后督察人员”）不得少于两人，并可以根据工作需要，依法采取下列措施：

（一）进入有关场所进行检查、勘察、录音、拍照、录像、取样或者监测；

（二）询问当事人和有关人员，要求其对相关事项作出说明；

（三）查阅、复制生产记录、排污记录、监测报告和其他有关资料；

（四）依法可以采取的其他措施。

后督察人员应当对现场检查情况制作《环境行政执法后督察现场检查记录》。

后督察人员有义务为被督察的单位保守在检查中获取的技术秘密和商业秘密。

第八条 环境行政执法后督察工作结束后，负责具体实施后督察工作的机构应当向本级人民政府环境保护主管部门提交《环境行政执法后督察报告》，报告具体行政行为执行情况、后督察开展情况、发现的问题等，并提出处理建议。

第九条 县级以上人民政府环境保护主管部门应当根据《环境行政执法后督察报告》提出的处理建议，依法进行处理或者处罚：

（一）逾期未依法履行行政处罚决定的，申请人民法院强制执行；

（二）逾期未按要求完成限期治理任务的，报请有批准权的人民政府责令停产、停业、关闭；

（三）逾期未按要求改正环境违法行为的，依据相关法律法规的规定采取罚款、责令停产停业、暂扣或者吊销许可证等行政处罚措施，或者采取责令停止建设、责令停止试生产、强制拆除、指定有治理能力的单位代为治理或者代为处置等行政强制措施；

（四）逾期拒不缴纳排污费的，依法予以处罚，并报经有批准权的人民政府批准，责令停产停业整顿；

（五）逾期未履行或者未落实本办法第六条所列的行政处罚、行政命令等具体行政行为，严重污染环境或者造成重大社会影响的，依照有关规定进行挂牌督办或者暂停审批建设项目环境影响评价文件；已经实施挂牌督办或者暂停审批建设项目环境影响评价文件的，不予解除；

（六）国有企业或者国有控股企业逾期未履行或者未落实本办法第六条所列的行政处罚、行政命令等具体行政行为的，依法移送监察机关追究相关人员相应责任；

（七）当事人或者相关责任人涉嫌犯罪的，依法移送司法机关追究刑事责任。

第十条 县级以上人民政府环境保护主管部门可以将环境行政执法后督察情况以及相关处罚或者处理情况向商务部门、工商部门、监察机关、人民银行等有监管职责的部门或者机构通报。

第十一条 县级以上人民政府环境保护主管部门应当在职责范围内向社会公开拒不执行已生效的环境行政处罚决定的企业名单。

第十二条 后督察人员在环境行政执法后督察过程中玩忽职守、滥用职权、徇私舞弊的，依法给予处分；涉嫌犯罪的，依法移送司法机关追究刑事责任。

第十三条 对下级人民政府环境保护主管部门作出的环境行政处罚、行政命令等具体行政行为，上级人民政府环境保护主管部门可以按照本办法的规定对其执行情况进行后督察，并将督察情况、存在问题、处理意见等及时向下级人民政府环境保护主管部门反馈，同时责成下级人民政府环境保护主管部门依法进行处罚或者处理。必要时，上级人民政府环境保护主管部门可以向相关地方人民政府进行反馈，或者联合纪检监察机关进行调查，追究有关责任人的行政责任。

上级人民政府环境保护主管部门开展环境行政执法后督察的，应当在具体行政行为执行期限届满后进行，并不受本办法第五条规定的60日期限限制。

第十四条 本办法自2011年3月1日起施行。

（十四）环境行政处罚案卷评查指南

关于印发《环境行政处罚案卷评查指南》的通知

（环办[2012]98 号）

各省、自治区、直辖市环境保护厅（局），新疆生产建设兵团环境保护局，辽河保护区管理局，副省级城市环境保护局，各环境保护督查中心：

为规范和监督环境行政处罚行为，提高环保部门办理行政处罚案件的质量和水平，推进依法行政，我部组织编制了《环境行政处罚案卷评查指南》。现印发给你们，供参考。电子版可通过我部网站 http://www.mep.gov.cn 或“12369”环保热线网站 http://www.12369.gov.cn 下载。

附件：环境行政处罚案卷评查指南

环境保护部

二〇一二年七月十六日

附件：

环境行政处罚案卷评查指南

前 言

本指南介绍了环境行政处罚案卷评查的主要内容、工作程序、评查方法，提供了案卷评查单样式、实体评查评分标准、卷面评查评分标准。

本指南适用于各级环保部门对环境行政处罚案卷质量进行评价。

本指南为首次发布。

本指南起草单位为中国人民大学。

本指南由环境保护部环境监察局组织制订。

本指南由环境保护部解释。

目 录

1 适用范围

本指南适用于各级环保部门对环境行政处罚案卷质量进行评价。

2 术语和定义

2.1 行政处罚案卷（以下简称案卷）

指环保部门按照《中华人民共和国行政处罚法》等法律、法规、规章的规定和档案管理的要求，将行政处罚实施过程中收集的证据、制作的文书等材料进行整理归档而形成的卷宗材料。

责令改正违法行为的案卷，可参考本指南关于行政处罚案卷的规定。

2.2 法定处罚主体

指依法具有行政处罚权的环保部门。

经法律、法规授权的环境监察机构在授权范围内实施行政处罚，适用本指南关于环保部门的规定。

2.3 当事人

指违反环境保护法律、法规、规章的规定，被环保部门依法给予行政处罚的单位和个人。

2.4 环保部门负责人

指环保部门的法定代表人或者主管负责人。

经委托或者授权的环境监察机构的法定代表人或者主管负责人，视为“环保部门负责人”。

3 工作依据

3.1 法律

《中华人民共和国行政处罚法》

《中华人民共和国行政复议法》

《中华人民共和国行政诉讼法》

《中华人民共和国民事诉讼法》

《中华人民共和国行政强制法》

3.2 部门规章

《环境行政处罚办法》（环境保护部令第 8 号）

《环境行政执法后督察办法》（环境保护部令第 14 号）

3.3 司法文件

《最高人民法院关于执行〈中华人民共和国行政诉讼法〉若干问题的解释》(法释[2000]8 号)

《最高人民法院关于行政诉讼证据若干问题的规定》(法释[2002]21 号)

4 评查内容

4.1 主体合法

4.1.1 行政处罚的实施主体具有法定资格。

4.1.2 实施行政处罚符合法定权限。

4.1.3 案件承办人员具备行政执法资格。

4.1.4 对当事人的认定正确。

4.2 事实清楚

4.2.1 对当事人行为的描述清楚。

4.2.2 对当事人行为的定性准确。

4.2.3 当事人的行为违反了法律、法规或者规章的规定。

4.2.4 当事人的行为依法应当或者可以给予行政处罚。

4.3 证据充分

4.3.1 卷内证据的收集和认定符合法律、法规、规章和其他规范性文件的规定。

4.3.2 证据形式符合法律、法规、规章和其他规范性文件的要求。

4.3.3 卷内证据充分，证据之间能相互印证，形成证据链。

4.3.4 卷内证据能证明当事人行为、有关法律事件的事实、性质、情节、后果。

4.4 适用法律正确

4.4.1 认定违法事实和实施行政处罚的依据是有效的法律、法规、规章。

4.4.2 认定违法事实和实施行政处罚引用法律、法规、规章依据及其条、款、项、目准确无误。

4.4.3 行政处罚种类和幅度符合法律、法规、规章和有关规范自由裁量权的规定。

4.5 程序合法

4.5.1 按照立案、调查取证（或者调查取证、补充立案)、告知、审查决定、送达、执行、结案等基本流程实施。

4.5.2 由两名以上执法人员进行调查取证，并向当事人出示证件、表明身份、告知回避申请权。

4.5.3 抽样取证、先行登记保存证据、查封扣押物品场所符合法定条件和程序。

4.5.4 作出行政处罚决定前，告知当事人拟作出行政处罚决定的事实、理由、依据和当事人依法享有的权利，并听取其陈述、申辩。

4.5.5 符合听证条件的，告知当事人听证权利。当事人要求听证的，依法举行听证。

4.5.6 行政处罚决定经过环保部门负责人批准。

4.5.7 重大行政处罚案件经过集体审议。

4.5.8 法律文书依照法定程序和时限送达，并附有送达回证。

4.5.9 依法应当移送司法机关或其他机关处理的案件，及时移送。

4.6 文书规范

4.6.1 文书各要素齐全。

4.6.2 条理清楚，表述准确，结构严谨。

4.6.3 字词规范，标点正确。

4.7 执行到位

4.7.1 当事人自行履行的，行政处罚决定书所载明的各项义务得到全面、足额的履行。

4.7.2 申请人民法院强制执行的，按照有关程序、时限等要求将强制执行申请书递交有管辖权的人民法院。

4.7.3 收缴罚款、没收财物使用财政部门统一印制或者监制的罚没票据。

4.7.4 无须执行或者无法执行的，附有相关说明材料。

4.8 归档规范

4.8.1 案卷分年度归档。

4.8.2 一案一卷。

4.8.3 卷内目录及备考表填写规范。

4.8.4 卷内材料排列有序，装订整齐。

5 评查程序

5.1 制定评查工作计划。

5.2 书面通知评查事项，告知评查流程、范围、形式、时限、标准、案件类型、调阅案卷数量、评查项目、工作要求等。

5.3 抽取一定数量的案卷。

5.4 对照评分标准进行案卷评查，计算得分，填写案卷评查单。

5.5 对案卷初评结果和存在的问题进行复核，在案卷评查单上注明复核意见。

5.6 听取被评查单位对案卷评查结果的意见。

5.7 对案卷评查结果进行复核和修正，确认案卷成绩。

5.8 通报评查结果。

6 评查办法

6.1 案卷评查分为实体评查和卷面评查两部分。实体评查主要针对行政处罚是否合法、能否成立，卷面评查主要针对卷内证据的调取和文书的制作是否规范。

6.2 案卷计分采用百分制，分为实体分（满分为 50 分）、卷面分（满分为 50 分）和加分三部分。案卷总分=实体分+卷面分+加分。

6.3 实体分设两档分值，其中实体内容全部符合规定的，实体分计 50 分；实体内容任何一项不符合规定的，实体分计 0 分。评分标准详见附二。

6.4 卷面评分可以根据证据类型和文书种类确定评查项目，并逐项记分。卷面分=50*对应评查项目得分之和/参与评查项目标准分之和。评分标准详见附三。

附一：

案卷评查单样式

<table>
<tr><td>被评查单位</td><td></td><td>总分</td><td></td></tr>
<tr><td>案卷编号</td><td></td><td>实体分</td><td></td></tr>
<tr><td>案卷名称</td><td></td><td>卷面分</td><td></td></tr>
<tr><td>案件类型</td><td></td><td>加分</td><td></td></tr>
<tr><td>存在问题及建议</td><td colspan="3">评查人员签名、日期</td></tr>
<tr><td>复核意见</td><td colspan="3">复核人员签名、日期</td></tr>
<tr><td>被评查单位意见</td><td colspan="3">被评查单位代表签名、日期</td></tr>
<tr><td>备注</td><td colspan="3">案卷总分=实体分+卷面分+加分。
评分标准及实体分、卷面分详细得分情况附后。</td></tr>
</table>

附二：

实体评查评分标准

使用说明：

1. 本标准用于评查案卷实体内容。

2. 不符合法律规定的描述见下表。与其中任何一项描述吻合的，实体分计0分；与全部描述都不吻合的，实体分计50分。

序号	评查项目	评分细则	在吻合处打√	实体分	备注
1	主体资格	1. 以非法定处罚主体的名义实施行政处罚（如以环保部门内设机构的名义、以非法定授权机构的名义、行政处罚决定书和责令改正违法行为决定书加盖非法定处罚主体印章）。 2. 超越授权范围实施行政处罚。 3. 行使了其他部门的处罚权。 4. 行政处罚决定书、责令改正违法行为决定书没有加盖环保部门印章或者印章模糊不清、无法辨认。 5. 进行调查取证的人员无行政执法证件。 6. 当事人身份认定错误（如当事人不是环境违法行为人）。 7. 当事人名称模糊不清、无法辨认。 8. 同一案件不同文书中的当事人名称不一致，且无合理解释。 9. 行政处罚决定书的当事人与实际履行处罚决定的主体名称不一致，且无合理解释			
2	事实证据	10. 违法事实认定错误。 11. 违法事实不清（如同一案件不同材料的事实描述相互矛盾且无相关说明）。 12. 主要证据不足，不能证明当事人有违法事实（如询问笔录中没有被询问人的签名或者盖章，且无现场录像或者录音，导致唯一或者主要证据失效；卷内证据不符合法定形式，不能作为证据使用，导致唯一或者主要证据失效；证据取得的方式、手段、途径不符合法定要求，导致唯一或者主要证据失效）。 13. 认定的事实与适用法条的描述完全不同，且无有权机关正式解释			
3	适用法律	14. 无法律、法规或者规章依据（如认定违法事实或者给予行政处罚没有引用任何依据；仅有规章（不含）以下规范性文件为依据；以未生效的法律、法规或者规章为依据；以已失效的法律、法规或者规章为依据；以法律、法规或者规章中已失效的条款为依据）。 15. 认定违法事实或者给予行政处罚所引用法律、法规或者规章的名称错误。 16. 认定违法事实或者给予行政处罚所引用法律、法规或者规章的条款错误。 17. 认定违法事实或者给予行政处罚没有点出所引用法律、法规或者规章的相应条款。 18. 超出法定处罚种类。 19. 超出法定幅度范围且无法定减轻处罚情节			

序号	评查项目	评分细则	在吻合处打√	实体分	备注
4	履行程序	20．处罚决定日期早于调查取证日期。 21．处罚决定日期早于事先告知日期。 22．未履行法定程序；或者案卷中无证据证明已经履行。 23．履行法定程序不符合法定形式要件。 24．调查取证仅由一名执法人员进行。 25．作出处罚决定前，没有告知当事人拟作出行政处罚的事实、理由、依据，或者案卷中无证据证明已经事先告知。 26．没有告知当事人陈述、申辩权利；或者案卷中无证据证明已经告知。 27．符合法定听证条件的，没有告知当事人听证申请权；或者案卷中无证据证明已经告知。 28．符合法定听证条件且当事人要求听证的，未举行听证；或者案卷中无证据证明已经举行了听证			
5	实体分小计				

附三：

卷面评查评分标准

使用说明：

1. 本标准用于评查案卷卷面内容。
2. 可以根据证据类型和所发文书种类确定评查项目。
3. 卷面分=50×对应评查项目得分之和/参与评查项目标准分之和。
4. 加分单列。
5. 内容完整、规范、正确的，得相应分值。不完整、不规范或者不正确的，不得分。

序号	评查项目	评分细则	标准分	得分	加分
1	立案审批表	1. 无立案审批表的，本项得0分 得分项： 2. 环保部门名称、文书名称。（1分） 3. 立案号。（1分） 4. 当事人名称或者姓名。（2分） 5. 对涉嫌违法行为的简要描述。（2分） 6. 承办人的立案建议及签名、日期。（2分） 7. 环保部门负责人的审批意见及签名、日期（2分） 加分项： 8. 有案件来源信息。（1分） 9. 立案审查在7个工作日内完成（1分）	10分		
2	调查询问笔录	得分项： 1. 环保部门名称、文书名称。（1分） 2. 询问的起止时间、地点。（1分） 3. 询问人、记录人基本信息。（2分） 4. 被询问人的基本信息。（2分） 5. 向当事人出示执法证件、表明身份的记录和当事人的确认记录。（2分） 6. 告知当事人申请回避权利的记录。（2分） 7. 询问内容与涉嫌违法行为相关、记录详实。（4分） 8. 被询问人对笔录的审阅确认意见和逐页签名、日期。被询问人拒不审阅确认或者拒不签名的，有记录人的注明。（2分） 9. 询问人、记录人的逐页签名、日期。（2分） 10. 修改处有被询问人签名或者压指印。（1分） 11. 无空行，空白处注明“以下空白”或者划有斜线（1分） 加分项： 12. 其他参加人的逐页签名、日期。（2分） 13. 当事人公章或者加盖当事人公章的授权委托书等补强证据（2分）	20分		

序号	评查项目	评分细则	标准分	得分	加分
3	现场检查（勘察）笔录	得分项： 1. 环保部门名称、文书名称。（1分） 2. 现场检查（勘察）的起止时间、地点。（1分） 3. 检查（勘察）人、记录人基本信息。（2分） 4. 现场负责人在场的，有出示执法证件、表明身份的记录和现场负责人的确认记录。（2分） 5. 现场负责人在场的，有告知现场负责人申请回避权利记录。（2分） 6. 现场情况与涉嫌违法行为相关、记录详实。（6分） 7. 现场负责人拒不签字的，有执法人员的注明。（2分） 8. 检查（勘察）人、记录人的逐页签名、日期。（2分） 9. 修改处有检查（勘察）人的签名或者压指印。（1分） 10. 无空行，空白处注明“以下空白”或者划有斜线（1分）	20分		
3	现场检查（勘察）笔录	加分项： 11. 现场负责人的审阅确认意见、逐页签名、日期。（2分） 12. 现场示意图。（2分） 13. 其他参加人的逐页签名、日期。（2分） 14. 被检查（勘察）人公章等补强证据（2分）			
4	环境监测报告	得分项： 1. 环境监测机构全称。（1分） 2. 国家计量认证标志（CMA）和监测字号。（1分） 3. 委托单位全称、监测项目的名称。（1分） 4. 采样时间与监测报告出具时间符合逻辑。（1分） 5. 监测点位与取样记录采样点位一致（委托单位未提供的除外）。（1分） 6. 监测方法、检测仪器。（1分） 7. 检测分析结果。（2分） 8. 编制、审核、签发人员签名。（1分） 9. 环境监测机构印章、日期（1分）	10分		
5	收集的证据	得分项： 1. 企业、个体工商户营业执照复印件或事业单位法人证书复印件、居民身份证复印件。（5分） 2. 当事人组织机构代码证复印件（5分） 加分项： 3. 在书证的复制件、影印件、抄录件或者节录本上注明出处和“经核对与原件无误”。（1分） 4. 书证注明调取时间、提供人。（1分） 5. 书证由提供人、执法人员签名或者盖章。（1分） 6. 照片、录像注明证明对象。（1分） 7. 照片、录像注明拍摄时间、地点、拍摄人。（1分） 8. 照片、录像经当事人签名、盖章或者按指印。（1分） 9. 照片、录像经见证人签名、盖章或者按指印。（1分） 10. 证人证言有证人基本情况、证人签名或者盖章、日期（1分）	10分		

序号	评查项目	评分细则	标准分	得分	加分
6	案件调查报告	得分项： 1. 调查报告的形式完整：案由、调查过程、主要证据、调查结论、提出的处理处罚建议等基本要素是否齐全。（3分） 2. 违法行为事实清楚，且与适用法条的描述一致。（2分） 3. 证据充分，足以证明当事人有违法事实，且不同证据之间能够形成证据链。（3分） 4. 提出的处理处罚建议有明确的法律法规依据（2分）	10分		
7	先行登记保存证据通知书	1. 不符合“证据有可能灭失”或“证据以后难以取得”适用条件的，本项得0分 得分项： 2. 环保部门名称、文书名称、发文字号。（1分） 3. 当事人名称或姓名、地址。（1分） 4. 法律、法规、规章依据和法定事由。（2分） 5. 先行登记保存证据的方式、期限和地点。（2分） 6. 环保部门印章、日期。（1分） 7. 附载有物品信息的证据清单。（2分） 8. 送达回证（1分） 加分项： 9. 当事人公章或者当事方现场负责人的确认意见。（1分） 10. 执法人员签名、执法证号、日期（1分）	10分		
8	查封（暂扣）决定书	1. 实施查封或者暂扣措施没有法律、行政法规或者地方性法规明确规定的，本项得0分 得分项： 2. 环保部门名称、文书名称、发文字号。（1分） 3. 当事人名称或姓名、地址。（1分） 4. 实施查封（暂扣）的法律、行政法规、地方性法规依据和法定事由。（2分） 5. 查封（暂扣）的场所（物品）名称、期限和存放地点。（2分） 6. 申请行政复议、提起行政诉讼的途径、期限。（1分） 7. 环保部门印章、日期。（1分） 8. 附载有物品信息的清单。（1分） 9. 送达回证（1分） 加分项： 10. 当事人公章或者当事方现场负责人的确认意见、签名、日期。（1分） 11. 执法人员签名、执法证件号、日期（1分）	10分		
9	责令改正违法行为决定书	得分项： 1. 环保部门名称、文书名称、发文字号。（2分） 2. 当事人名称或姓名、地址。（2分） 3. 案件调查机构名称、调查时间。（2分） 4. 违法行为信息。（2分） 5. 证据信息。（2分） 6. 违反的法律、法规、规章名称和条款序号。（2分） 7. 责令改正的具体内容和期限。（2分） 8. 申请行政复议、提起行政诉讼的途径、期限。（2分） 9. 环保部门印章、日期。（2分） 10. 送达回证（2分）	20分		

序号	评查项目	评分细则	标准分	得分	加分
9	责令改正违法行为决定书	加分项： 11．当事人身份信息，如营业执照号码、组织机构代码、公民身份号码。（2 分） 12．对违法行为改正情况进行监督的信息。（2 分） 13．逾期不改正的法律后果。（2 分） 14．社会公开。（2 分） 15．录入“环境行政处罚案件办理信息系统”（www.12369.gov.cn）（2 分）			
10	行政处罚事先（听证）告知书	得分项： 1．环保部门名称、文书名称、发文字号。（1 分） 2．当事人名称或姓名。（1 分） 3．违法行为信息。（1 分） 4．违反的法律、法规、规章名称和条款序号。（1 分） 5．拟处罚的法律、法规、规章依据。（1 分） 6．拟作出行政处罚的种类、幅度。（1 分） 7．告知当事人陈述、申辩权利及联系方式。符合听证条件的，告知听证申请权和期限。（1 分） 8．联系人信息，如电话、地址、邮政编码。（1 分） 9．环保部门印章、日期。（1 分） 10．送达回证（1 分）	10 分		
11	行政处罚听证通知书	得分项： 1．环保部门名称、文书名称、发文字号。（1 分） 2．当事人名称或姓名。（1 分） 3．举行听证的案由、时间、地点、方式。（2 分） 4．听证主持人、听证员、记录员的姓名、单位、职务等信息。（1 分） 5．当事人权利，如对听证主持人和听证员的回避申请权、委托代理权。（1 分） 6．参加听证的注意事项，如提前办理授权委托手续、携带证据材料、通知证人出席作证。（1 分） 7．联系人信息，如电话、地址和邮政编码。（1 分） 8．环保部门印章、日期。（1 分） 9．送达回证（1 分）	10 分		
12	听证笔录	得分项： 1．环保部门名称、文书名称。（0.5 分） 2．举行听证的起止时间、地点、方式。（0.5 分） 3．听证主持人、听证员、记录员的姓名、工作单位及职务。（1 分） 4．听证申请人名称或姓名、地址。有证人的，写明其姓名、工作单位（地址）、电话。（1 分） 5．案件调查人姓名、工作单位及执法证号、电话。有证人的，写明其姓名、工作单位（地址）、电话。（1 分） 6．案件调查人员陈述当事人违法的事实、证据、处罚依据及处罚建议。（1 分） 7．当事人对案件涉及的事实、证据等进行陈述、申辩的内容。（1 分） 8．当事人的最后陈述意见。（1 分） 9．听证申请人及其委托代理人、案件调查人员、证人的审阅确认意见、逐页签名、日期。（1 分） 10．听证主持人、记录员的签名、日期。（1 分） 11．修改处有签名或者压指印。（0.5 分） 12．无空行，空白处注明“以下空白”或者划有斜线（0.5 分）	10 分		

序号	评查项目	评分细则	标准分	得分	加分
13	行政处罚决定书	得分项： 1．环保部门名称、文书名称、发文字号。（2分） 2．当事人名称或姓名、地址。（1分） 3．调查机构名称、调查时间。（1分） 4．违法行为信息。（2分） 5．证据信息等。（2分） 6．违反的法律、法规、规章名称和条款序号。（1分） 7．行政处罚的依据条款。（2分） 8．行政处罚的种类、幅度。（2分） 9．行政处罚的履行方式、期限信息。（1分） 10．申请行政复议、提起行政诉讼的途径、期限。（2分） 11．不履行处罚决定的法律后果。（1分） 12．环保部门印章、日期。（2分） 13．送达回证（1分）	20分		
		加分项： 14．陈述申辩、听证过程。当事人放弃陈述、申辩的，予以说明。（2分） 15．当事人意见、理由及证据。（2分） 16．环保部门采纳当事人意见的情况及理由。（2分） 17．从重、从轻、减轻或其他有裁量幅度的，说明法定理由和依据。（2分） 18．自立案之日起的3个月内作出处罚决定。听证、公告、监测、鉴定、送达等时间不计入期限。（2分） 19．社会公开。（2分） 20．录入“环境行政处罚案件办理信息系统”（www.12369.gov.cn）（2分）			
14	督促履行义务催告书	得分项： 1．环保部门名称、文书名称、发文字号。（1分） 2．当事人名称或姓名、地址。（1分） 3．原行政处罚决定书或者原责令改正违法行为决定书的名称、文号、确定的义务。（1分） 4．原行政处罚决定书或者责令改正违法行为决定书的送达情况。（1分） 5．履行义务的期限。（1分） 6．履行义务的方式。涉及金钱给付的，有明确的金额和给付方式。（1分） 7．陈述权、申辩权。（1分） 8．联系人信息，如电话、地址和邮政编码。（1分） 9．环保部门印章、日期。（1分） 10．送达回证（1分）	10分		

序号	评查项目	评分细则	标准分	得分	加分
15	强制执行申请书	得分项： 1．环保部门名称、文书名称、发文字号。（1分） 2．人民法院名称。（1分） 3．申请人（即作出行政处罚决定书或者责令改正违法行为决定书的环保部门）基本信息。（1分） 4．被申请人（即处罚案件当事人）基本信息。（1分） 5．原行政处罚决定书或者原责令改正违法行为决定书已经生效的信息，如文书名称、发文字号、送达日期。（1分） 6．当事人不履行义务的情况、行政复议和行政诉讼的情况。（1分） 7．申请强制执行的法律依据。（1分） 8．申请强制执行的请求内容。（1分） 9．附有材料清单，如原行政处罚决定书或者原责令改正违法行为决定书、法定代表人身份证明、授权委托书、证明具体行政行为合法的材料、催告情况、标的情况。（1分） 10．环保部门负责人签名、环保部门印章、日期（1分）	10分		
16	结案表	1．无结案表的，本项得0分。 得分项： 2．环保部门名称、文书名称。（1分） 3．立案基本信息，如立案日期、立案号、案由。（1分） 4．当事人基本信息。（1分） 5．案件调查处理基本信息，如处理过程、文书名称及文号、处理结果。（2分） 6．行政复议、行政诉讼基本信息。（1分） 7．案件执行的基本信息。（2分） 8．附执行有关文书。如罚没收据、处置、销毁凭证和监销记录；后督察记录；申请人民法院强制执行有相关文书及记载（2分） 加分项： 9．结案信息录入“环境行政处罚案件办理信息系统”（www.12369.gov.cn）（2分）	10分		
17	案卷	得分项： 1．一案一卷。（1分） 2．一案一号。（1分） 3．统一规范的卷皮。（1分） 4．卷内目录填写规范。（1分） 5．卷内材料排列有序。（1分） 6．卷内材料有页号。（1分） 7．装订整齐无金属物。（1分） 8．纸张无破损、大小规格统一。（1分） 9．卷内文字使用钢笔、签字笔或毛笔。（1分） 10．案卷美观、整洁（1分）	10分		
18	卷面分小计				

二、环境行政处罚执法方面的解释

（一）关于环境行政处罚主体资格有关问题的复函

（国家环境保护总局　环函[2001]120 号）

山东省环境保护局：

你局《关于环境行政处罚主体资格有关问题的请示》（鲁环发[2001]116 号）收悉。经研究，函复如下：

根据《行政处罚法》第 15 条和第 20 条的规定："行政处罚由具有行政处罚权的行政机关在法定职权范围内实施"，并"由违法行为发生地的县级以上地方人民政府具有行政处罚权的行政机关管辖"。《环境保护行政处罚办法》（国家环境保护总局令第 7 号）第 9 条进一步明确，县级以上环境保护行政主管部门在法定职权范围内实施环境保护行政处罚。

另据《行政处罚法》第 18 条的规定：行政机关可以依法在其法定权限内委托符合条件的组织实施行政处罚。《环境保护行政处罚办法》第 10 条也规定，环境保护行政主管部门可以在其法定职权范围内委托环境监理机构实施行政处罚。

由此可见，环境保护行政处罚依法应由具有行政处罚权的环境保护行政机关实施，其他组织未经法律、法规授权，依法不具有实施环境保护行政处罚的主体资格；行政机关委托其他组织实施环境保护行政处罚的，也应在其法定权限之内委托处罚，超越法定职权委托处罚应属无效。

根据《环境保护行政处罚办法》第 15 条第二款的规定：对发生在既无环境保护行政主管部门，也无法律、法规授权实施环境保护行政处罚的其他组织，委托实施处罚又超越法定职权的地方的环境违法案件，上级环境保护行政主管部门可以对其直接实施行政处罚。

二〇〇一年六月十四日

（二）关于对同一行为违反不同法规实施行政处罚时适用法规问题的复函

（国家环境保护总局　环函[2002]166 号）

江苏省环境保护厅：

你局《关于对违反不同法律规定的同一行为如何进行处罚等问题的请示》（苏环法[2002]15 号）收悉。经研究，函复如下：

根据《固体废物污染环境防治法》第 75 条的规定，液态废物和置于容器中的气态废物的污染防治，适用于固体废物污染环境防治的法律规定。

另据《国家危险废物名录》的规定：从医用药品的生产制作过程中产生的医药废物，属于危险废物。

《固体废物污染环境防治法》第 16 条规定，处置固体废物的单位和个人，必须采取防止污染环境的措施。处置危险废物还必须遵守该法第四章关于危险废物污染环境防治的特别规定。

又据《大气污染防治法》第 41 条的规定：在人口集中地区和其他依法需要特殊保护的区域内，禁止焚烧产生有毒有害烟尘和恶臭气体的物质。

根据以上规定，有关单位在人口集中地区和其他依法需要特殊保护的区域内，焚烧高浓度医药废液，该行为同时违反《固体废物污染环境防治法》和《大气污染防治法》的有关规定。按照《行政处罚法》第 24 条关于“对当事人的同一违法行为，不得给予两次以上罚款的行政处罚”的规定，环保部门对违法行为人可依照两种法律规定中处罚较重的规定，定性处罚。

二〇〇二年六月十四日

（三）关于经过上级环保部门批准的环境行政处罚案件复议管辖问题的复函

（国家环境保护总局　环函[2002]255 号）

四川省环境保护局：

你局《关于行政处罚案件行政复议管辖问题的请示》川环发[2002]272 号收悉。经研究，现函复如下：

关于经上级行政机关批准的行政行为的责任主体，最高司法机关已有相关解释。《最高人民法院关于执行〈中华人民共和国行政诉讼法〉若干问题的解释》（2000 年 3 月 8 日 法释[2000]8 号）第十九条规定：“当事人不服经上级行政机关批准的具体行政行为，向人民法院提起诉讼的，应当以在对外发生法律效力的文书上署名的机关为被告。”

根据上述司法解释和《中华人民共和国行政复议法》第十二条第一款“对县级以上地方各级人民政府工作部门的具体行政行为不服的，由申请人选择，可以向该部门的本级人民政府申请行政复议，也可以向上一级主管部门申请行政复议”的规定，我们认为对经上一级环保行政主管部门批准的罚款等处罚案件的行政复议，应由在对外发生法律效力文书上署名的环保行政主管部门的上一级环保行政主管部门管辖，并以署名的环保行政部门作为被申请人；申请人也可向署名的环境保护行政部门的本级人民政府申请行政复议。

二〇〇二年九月二十六日

（四）关于对医疗废物产生单位实施行政处罚有关问题的复函

（国家环境保护总局　环函[2003]11 号）

浙江省环境保护局：

你局关于《对医疗废物产生单位实施行政处罚有关问题的请示》（浙环函[2002]303 号）收悉。经研究，函复如下：

一、国家对危险废物的处置实行严格管理

《固体废物污染环境防治法》第 46 条规定：“产生危险废物的单位，必须按照国家有关规定处置；不处置的，由所在地县级以上地方人民政府环境保护行政主管部门责令限期改正；逾期不处置或者处置不符合国家有关规定的，由所在地方人民政府环境保护行政主管部门指定单位按照国家有关规定代为处置，处置费用由产生危险废物的单位承担。”第 49 条规定，国家对危险废物实行经营许可证管理制度，禁止无经营许可证的单位从事危险废物的处置经营活动。第 64 条规定，危险废物产生者不处置其产生的危险废物或者不承担依法应当承担的处置费用，由环境保护行政主管部门责令停止违法行为、限期改正，并处罚款。

部分地方人大和政府对危险废物的处置制定了具体实施性规定。你省《杭州市有害固体废物管理暂行办法》（杭州市人民政府令第 148 号）第 14 条规定：“本市实行危险废物集中代处置制度。产生的危险废物，应当由市环境保护行政主管部门认定的具有危险废物处置能力的单位承担。禁止擅自处理危险废物。”关于医疗废物代处置费的收费标准，由于国家尚无统一规定，杭州市物价管理部门核定了有关医疗固体废物处置费的具体收费标准。

医疗废物属于危险废物。因此，医疗废物的处置必须遵守上述法律和有关地方性环保法规和政府规章的规定。

二、接受危险废物代处置服务的单位必须依法承担处置费用

基于以上规定，如果危险废物产生单位不具备危险废物处置能力或者不按国家有关规定处置其产生的危险废物，环保部门依法可以为其指定具备处置能力的单位代为处置；如果产生单位接受代处置服务后不交纳处置费用，环保部门可以依法予以处罚。

你局请示反映，杭州市环保局依据《杭州市有害固体废物管理暂行办法》（杭州市人民政府令第 148 号）关于“集中代处置”的有关规定，为医疗废物产生单位指定符合条件的集中处置单位；并对接受代处置服务后不承担代处置费用的医疗废物产生单位，根据《固体废物污染环境防治法》第 64 条第（七）项对其实施处罚，并无不当。

二〇〇三年一月十五日

（五）关于行政执法过程中采样频率问题的复函

（国家环境保护总局　环函[2003]358 号）

江苏省环境保护厅：

你厅《关于行政执法过程中采样频率问题的请示》（苏环法［2003］31 号）收悉。经研究，函复如下：

对排污单位排放污染物情况进行正常的监督性监测，应按照国家相应的污染物排放标准中规定的采样频率进行。

环保部门在现场监督检查时，如发现排污单位有故意不正常使用污染治理设施或者偷排污染物的，按照我局《关于执行〈污水综合排放标准〉有关问题的复函》（环函[1998]12 号）关于“若排污单位故意不正常使用水污染处理设施，偷排污水，为严格执法，经查明偷排事实后，当地环境保护部门可依据偷排事件发生时的一次监测结果，依法处理”的规定，可以一次采样监测的结果作为行政执法的证据。

（六）关于不按规定缴纳排污费行政处罚法律适用问题的复函

（国家环境保护总局　环函[2004]425 号）

河南省环境保护局：

你局《关于不按规定缴纳排污费行政处罚法律适用问题的请示》（豫环法[2004]10 号）收悉。经研究，函复如下：

关于法律、法规的适用规则，我国《立法法》已有相关规定。《立法法》第七十九条规定："法律的效力高于行政法规。"第八十三条规定："同一机关制定的法律、行政法规、地方性法规、自治条例和单行条例、规章，特别规定与一般规定不一致的，适用特别规定；新的规定与旧的规定不一致的，适用新的规定。"

根据以上规定，对未按规定缴纳排污费的环境违法行为，应按以下规则处理：

一、环境法律的效力高于环境行政法规，故应优先适用。《固体废物污染环境防治法》《环境噪声污染防治法》等法律和《排污费征收使用管理条例》等行政法规规定不一致的，在具体的执法中应当首先适用法律的规定。

二、《排污费征收使用管理条例》和《水污染防治法实施细则》属于同位阶的环境行政法规，但《排污费征收使用管理条例》是新的规定：按照优先适用新的规定的规则，应当适用《排污费征收使用管理条例》的规定。

二〇〇四年十一月二十四日

（七）关于如何确认无照经营行政处罚相对人主体的复函

（国家环境保护总局　环函[2004]434 号）

福建省环境保护局：

你局《关于如何确认无照经营行政处罚相对人主体的请示》（闽环保法[2004]42 号）收悉。经研究，函复如下：

《无照经营查处取缔办法》第四条规定，应当取得而未依法取得许可证或者其他批准文件和营业执照，擅自从事经营活动的无照经营行为，或者超出核准登记的经营范围、擅自从事应当取得许可证或者其他批准文件方可从事的经营活动的违法经营行为，除由工商部门查处外，环保部门也应当依照法律、法规赋予的职责对环境违法行为予以查处。

根据以上规定，对既未取得工商营业执照，也未取得环保许可批准文件，擅自从事经营活动的，环保部门应当对实际经营者的环境违法行为，依照有关环保法律法规予以处罚，同时还应就其无照经营行为移送工商行政管理部门查处。对此类无照经营活动实施行政处罚时，应以实际经营者作为处罚相对人。

二〇〇四年十二月一日

（八）关于企业试生产期间违法行为行政处罚意见的复函

（国家环境保护总局　环函[2007]112 号）

河南省环境保护局：

你局《关于企业试生产期间有关法律问题的请示》（豫环文[2007]33 号）收悉。经研究，函复如下：

一、有关法规对企业试生产提出了严格要求

根据《建设项目环境保护管理条例》（以下简称《条例》）第十八条、第十九条和第二十条第二款的规定，需要进行试生产的建设项目，其配套建设的环保设施必须与主体工程同时投入试运行，并在投入试生产之日起 3 个月内申请竣工验收；建设项目试生产期间，建设单位应当对环保设施运行情况和建设项目对环境的影响进行监测。

根据《建设项目竣工环境保护验收管理办法》（环保总局令第 13 号）（以下简称《办法》）第七条和第八条的规定：建设项目试生产前，建设单位应提出试生产申请。试生产申请经环保部门同意后，建设单位方可进行试生产。

《办法》第十条规定：对试生产 3 个月确不具备环保验收条件的建设项目，建设单位应当在试生产的 3 个月内，向环保部门提出该建设项目环保延期验收申请，说明延期验收的理由及拟进行验收的时间。经批准后建设单位方可继续进行试生产。试生产的期限最长不超过 1 年。核设施建设项目试生产的期限最长不超过 2 年。

二、对企业试生产期间的环境违法行为，有关法律法规设定了相应的行政处罚，环保部门应视不同情况分别实施行政处罚

（一）对建设项目配套环保设施未与主体工程同时投入试运行的，应依据《条例》第二十六条的规定，责令其限期改正；逾期不改正的，责令停止试生产，可以处 5 万元以下的罚款。

（二）对建设项目投入试生产超过 3 个月未申请环保设施竣工验收的，应依据《条例》第二十七条的规定，责令限期办理环保设施竣工验收手续；逾期未办理的，责令停止试生产，可以处 5 万元以下的罚款。

（三）对试生产期间企业未经环保部门同意擅自拆除或者闲置污染防治设施，排污超标的，应分别依据《水污染防治法》第四十八条、《大气污染防治法》第四十六条、《环境噪声污染防治法》第五十条、《固体废物污染环境防治法》第六十八条和第七十五条的规定予以处罚。

（四）对试生产期间造成环境污染事故的，应分别依据《水污染防治法》第五十三条、《大气污染防治法》第六十一条、《固体废物污染环境防治法》第八十二条的规定予以处罚。

（五）对试生产超过 1 年（核设施建设项目为 2 年）仍未申请环保设施竣工验收的，可认定为试生产结束投入正式生产，应依据《环境保护法》第三十六条和《条例》第二十八条的规定，责令停止生产或使用，可处 10 万元以下的罚款。

二〇〇七年三月二十九日

（九）关于未批先建环境违法行为行政处罚适用问题的复函

（环境保护部　环函[2009]258 号）

河北省环境保护厅：

你厅《关于未批先建环境违法行为行政处罚适用问题的请示》（冀环法[2009]316 号）收悉。经研究，函复如下：

《中华人民共和国环境影响评价法》第三十一条第一款规定：建设单位未依法报批建设项目环境影响评价文件擅自开工建设的，由有权审批该项目环境影响评价文件的环境保护行政主管部门责令停止建设，限期补办手续；逾期不补办手续的，可以处罚款。该条第二款规定，建设项目环境影响评价文件未经批准，建设单位擅自开工建设的，由有权审批该项目环境影响评价文件的环境保护行政主管部门责令停止建设，可以处罚款。

建设单位未依法编制环评文件擅自开工建设，经环保部门依法责令停止建设，限期补办环评手续，建设单位已停止建设并报批环评文件，但有权审批的环保部门决定暂缓审批其环评文件的，如果建设单位在报批环评文件后未获批准前又重新擅自开工建设的，按照第三十一条第二款的规定予以处罚；如果建设单位在报批环评文件后未获批准前未重新擅自开工建设的，则不能适用第三十一条第二款的规定予以处罚。

二〇〇九年十月二十二日

（十）关于“十五小”征收排污费及行政处罚有关问题的复函

（环境保护部　环函[2009]285 号）

河北省环境保护厅：

你厅《关于对“十五小”征收排污费及行政处罚有关问题的请示》（冀环法[2009]376 号）收悉。经研究，函复如下：

“十五小”是指国家法律法规明令取缔关停的十五种重污染小企业。这些企业严重破坏资源、污染环境、产品质量低劣、技术装备落后、不符合安全生产条件，一经发现，应当报请政府予以取缔。

根据《排污费征收使用管理条例》第二条“直接向环境排放污染物的单位和个体工商户，应当依照本条例的规定缴纳排污费”的规定，对“十五小”企业取缔的同时，应当对其征收排污费；如同时存在违反环评制度、环保“三同时"制度等其他环境违法行为的，也应当按照相关法律法规予以处罚。

二〇〇九年十一月二十四日

（十一）关于城市生活垃圾处理设施渗滤液超标排放行为行政处罚适用意见的复函

（环境保护部 环函[2010]96 号）

湖南省环境保护厅：

你厅《关于城市生活垃圾处理设施渗漏液超标排放执法问题的请示》（湘环报[2010]3 号）收悉。经研究，函复如下：

一、有关法律对生活垃圾处理提出了明确要求

根据《中华人民共和国水污染防治法》第四十六条的规定：建设生活垃圾填埋场应当采取防渗漏措施，防止造成水污染。

根据《中华人民共和国固体废物污染环境防治法》第十七条的规定：处置固体废物的单位必须采取防渗漏措施。该法第四十一条和第四十四条还规定，建设生活垃圾处置设施，必须符合环境保护和环境卫生标准；处置城市生活垃圾应当遵守国家有关环境保护和环境卫生管理的规定。《生活垃圾填埋场污染控制标准》（GB 16889—2008）规定，生活垃圾填埋场应设置污水处理设施，生活垃圾渗滤液等污水经处理并符合本标准规定的污染物排放控制要求后可直接排放。

二、对城市生活垃圾处理设施渗滤液超标排放的违法行为，应当依据《中华人民共和国水污染防治法》第七十四条处罚

《中华人民共和国水污染防治法》第七十四条规定：排放污染物超过国家或者地方规定的水污染物排放标准的，责令限期治理，处应缴纳排污费数额 2 倍以上 5 倍以下的罚款。城市生活垃圾处理设施超标排放渗滤液的，应当据此处罚。但有《限期治理管理办法（试行）》（环境保护部令第 6 号）第三条所列情形之一的，不适用限期治理。

二〇一〇年三月十九日

（十二）关于环保部门可以申请人民法院强制执行责令改正决定的复函

（环境保护部 环函[2010]214 号）

福建省环境保护厅：

你厅《关于请求解释执行环境行政处罚办法有关问题的请示》（闽环保法[2010]6 号）收悉。经研究，函复如下：

一、环保部门可以申请人民法院强制执行责令改正决定

《中华人民共和国行政诉讼法》第六十六条规定：公民、法人或者其他组织对具体行政行为在法定期限内不提起诉讼又不履行的，行政机关可以申请人民法院强制执行。《最高人民法院关于执行〈中华人民共和国行政诉讼法〉若干问题的解释》第八十六条——第九十一条对行政机关申请执行其具体行政行为的条件、程序、期限、要求做了具体规定。

责令改正决定属于具体行政行为的一种形式。因此，根据上述法律规定，当事人逾期不申请行政复议、不提起行政诉讼又不履行责令改正决定的，环保部门可以向人民法院申请强制执

行，并遵守《最高人民法院关于执行〈中华人民共和国行政诉讼法〉若干问题的解释》规定的有关条件和要求。

二、环保部门作出责令改正决定时，应当告知行政管理相对人依法享有申请行政复议或者提起行政诉讼的权利

《中华人民共和国行政复议法》第六条规定：公民、法人或者其他组织认为行政机关的具体行政行为侵犯其合法权益的，可以申请行政复议。《中华人民共和国行政诉讼法》第十一条规定：人民法院受理公民、法人或者其他组织对具体行政行为不服提起的诉讼。《全面推进依法行政实施纲要》第七条规定：行政机关作出对行政管理相对人、利害关系人不利的行政决定后，应当告知行政管理相对人依法享有申请行政复议或者提起行政诉讼的权利。

责令改正决定属于具体行政行为的一种形式。因此，根据上述规定，环保部门作出责令改正决定时，应当告知行政管理相对人依法享有申请行政复议或者提起行政诉讼的权利。公民、法人或者其他组织认为环保部门作出的责令改正决定侵犯其合法权益的，可以申请行政复议和提起行政诉讼。

三、是“责令停产”还是“责令停止生产”，应当结合违法行为的性质和具体的法律法规规章条款选择适用

《环境行政处罚办法》第十条、第十二条是对环境法律、行政法规和部门规章规定的行政处罚和责令改正违法行为的主要形式的列举，并不是新的创设性规定。在具体案件的处理中是“责令停产”还是“责令停止生产”，应当结合违法行为的性质，选择适用相应的具体法律法规规章条款。

二〇一〇年七月二十二日

（十三）关于地方法规对《水污染防治法》有关“应缴纳排污费数额”已有规定情况下法律适用问题的复函

（环境保护部 环函[2011]76 号）

浙江省环境保护厅：

你厅《关于〈浙江省水污染防治条例〉第五十七条和第五十八条“应缴纳排污费按年计算”适用问题的请示》（浙环[2011]7 号）收悉。经研究，现函复如下：

对《水污染防治法》第七十三条和第七十四条所指“应缴纳排污费数额”的具体应用问题，环境保护部、财政部、国家发展和改革委员会于 2011 年 2 月 25 日联合印发了《关于〈水污染防治法〉第七十三条和第七十四条“应缴纳排污费数额”具体应用问题的通知》（环函[2011]32 号）。

地方性法规、地方政府规章对“应缴纳排污费数额”具体应用问题已有规定的，可从其规定。

（十四）关于机动车维修企业产生的废弃机油桶是否属于危险废物以及相关法律适用问题的复函

（环境保护部　环函[2011]87 号）

天津市人民政府法制办公室：

你办《关于对相关危险废物的环境保护管理如何具体适用法律和部门规章的请示》（津政法制[2011]3 号）收悉。经研究，函复如下：

一、机动车维修企业产生的废机油（包括未使用完毕残留附着在机油桶中的废机油），属于《国家危险废物名录》（环境保护部令第 1 号）所列“900-249-08 其他生产、销售、使用过程中产生的废矿物油”。

二、机动车维修企业使用过但仍含有或直接沾染废机油的废弃机油桶属于《国家危险废物名录》（环境保护部令第 1 号）所列“900-041-49 含有或直接沾染危险废物的废弃包装物、容器、清洗杂物”。

三、机动车维修企业将含有或直接沾染废机油的废弃机油桶与非危险废物毗邻并列存放，属于《中华人民共和国固体废物污染环境防治法》第五十八条第三款规定的“将危险废物混入非危险废物中贮存”的情形。

二〇一一年四月七日

参考文献

[1] 环境部环境监察局．环境行政处罚办法释义．北京：中国环境科学出版社，2011.

[2] 陆新元．环境监察（第三版）．北京：中国环境科学出版社，2009.

[3] 王灿发，常纪文．环境法案例教程．北京：清华大学出版社，北京交通大学出版社，2008.

[4] 刘定慧．企业环境法律实务．北京：中国环境科学出版社，2011.

[5] 毛应淮，刘定慧．工业污染源现场检查执法指南．北京：中国环境科学出版社，2003.

[6] 朴光洙，刘定慧，马品懿．环境法与环境执法．北京：中国环境科学出版社，2004.

[7] 周玉华．环境行政法学．哈尔滨：东北林业大学出版社，2002.

[8] 姜明安．行政执法研究．北京：北京大学出版社，2004.

[9] 罗豪才．行政法．北京：北京大学出版社，2001.

[10] 全国人大常委会法制工作委员会行政法室．中华人民共和国行政强制法解读．北京：中国法制出版社，2011.

[11] 崔卓兰．新编行政法学．北京：科学出版社，2004.

[12] 胡锦光，刘飞宇．行政处罚听证程序研究．北京：法律出版社，2004.

[13] 贺荣．行政执法与行政审判实务——行政处罚与行政强制．北京：人民法院出版社，2005.

[14] 肖金明．行政处罚制度研究．济南：山东大学出版社，2004.

[15] 冯军．政处罚法新论．北京：中国检察出版社，2003.

[16] 张朝霞．行政处罚法学与行政许可法学．兰州：甘肃人民出版社，2006.

[17] 吴清海．行政执法证据的收集与运用．南京：江苏科学技术出版社，2007.

[18] 蓝楠．环境行政处罚及2010年《办法》的适用．环境保护，2010（4）.

[19] 汪自成，胡卓然．“一事不再罚”原则确立标准的反思与重构．南京工业大学学报：社会科学版，2005（4）.

[20] 裴敬伟．环境行政处罚发展趋势探析．黑龙江省政法管理干部学院学报，2010（6）.

[21] 环境保护部环境监察局．细化处罚程序规范处罚行为——修订后的《环境行政处罚办法》解读．环境保护，2010（4）.

[22] 李铮．《环境行政处罚办法》的八大亮点．环境保护，2010（3）.

[23] 于文轩．环境行政处罚：规则完善与困境破解．环境保护，2010（6）.

[24] 杨寅．行政处罚类政府信息公开中的法律问题．法学评论，2010（2）.

后　记

本次编制完成的环境监察系列培训教材是主干教材《环境监察》（第三版）的辅助教材，包括正式出版的《污染源环境监察》、《排污收费与排污申报》、《生态环境监察》、《环境典型案例分析与执法要点解析》、《环境行政处罚》和参考讲义《建设项目及集中式污染处理设施环境监察》、《挂牌督办典型环境违法案件》、《环境执法后督察》、《限期治理项目环境监察》、《环境监察廉洁执法》等。

为了使环境监察执法理念及工作方法的研究工作更加科学合理，欢迎大家将上述培训系列教材使用过程中的建议和工作中好的经验、实例及时反馈给我们，使得环境监察培训系列教材能够不断地推陈出新，更好地适应新形势下环境监察工作的需要。